AF822354

Η τετραετία που έφερε την Ευρυζωνικότητα στην Ελλάδα (2005-2009)

Καθηγητή Νικήτα Αλεξανδρίδη

πρώην Προέδρου της ΕΕΤΤ
(Εθνικής Επιτροπής Τηλεπικοινωνιών και Ταχυδρομείων)

Καθηγητής Νικήτας Αλεξανδρίδης
email: nalexandridis@gmail.com
web: https://sites.google.com/site/nikitasalexandridis/home

Στις χαμένες ευκαιρίες

Μέρος Α: Ευρυζωνικότητα

Ευρυζωνικότητα
Όπου και αν είσαι,
είσαι στο κέντρο του κόσμου!
Γνωρίστε το ευρυζωνικό διαδίκτυο

Μέρος Α: Ευρυζωνικότητα

«Με την Ευρυζωνικότητα, όπου κι αν είσαι, είσαι στο κέντρο του κόσμου»
(17/5/2007)

Πρόλογος

Μία από τις σημαντικότερες τεχνολογικές προόδους στη χώρα μας στην πρώτη δεκαετία του 21ου αιώνα ήταν η εντυπωσιακή ανάπτυξη της Ευρυζωνικότητας (Broadband) και του ευρυζωνικού Διαδικτύου (του «γρήγορου» Ίντερνετ) που επετεύχθη στην τετραετία 2005-2009.

Έχει σήμερα περάσει μια δεκαετία από τον Αύγουστο του 2005 που άρχισε η τετραετής μου θητεία στην Προεδρία της «ΕΕΤΤ» (Εθνική Επιτροπή Τηλεπικοινωνιών και Ταχυδρομείων) και αποφάσισα ότι ήταν πλέον καιρός να μαζέψω όλα μου τα έγγραφα και σημειώσεις και να παρουσιάσω στο κοινό τα σημαντικά γεγονότα εκείνης της τετραετίας που άνοιξε την αγορά των Ηλεκτρονικών Επικοινωνιών (Η.Ε.) και έφερε στην Ελλάδα την Ευρυζωνικότητα. Επιπλέον, θεώρησα ότι ήταν ανάγκη να αναδείξω τον καταλυτικό ρόλο που έπαιξε η Ανεξάρτητη Ρυθμιστική Αρχή ΕΕΤΤ στην ουσιαστική απελευθέρωση του κλάδου των τηλεπικοινωνιών, στη θεμελίωση ενός υγιούς ανταγωνισμού και στην εξάπλωση της Ευρυζωνικότητας, επιβάλλοντας με αποφασιστικότητα τη *«συνεγκατάσταση»* των εναλλακτικών παρόχων στα Αστικά Κέντρα (Α/Κ) του ΟΤΕ και την *«απελευθέρωση τού Τοπικού του Βρόχου»*. (Ο «Τοπικός βρόχος» είναι το καλώδιο που συνδέει τον χώρο του συνδρομητή με το Α/Κ του ΟΤΕ, η δε «απελευθέρωσή» του είναι η δυνατότητα χρήσης αυτού του καλωδίου και από άλλους τηλεπικοινωνιακούς παρόχους για να μπορέσουν να προσφέρουν στον συνδρομητή ευρυζωνική πρόσβαση στο Διαδίκτυο μέσω δικών τους συνδέσεων και να του παρέχουν νέες πρωτοπόρες υπηρεσίες, διαφοροποιούμενοι από την εμπορική πολιτική του ΟΤΕ). Τέλος, ήθελα να αποδείξω ότι, όταν μια Ανεξάρτητη Αρχή (ή, γενικότερα, μια Υπηρεσία του Κράτους) κάνει καλά τη δουλειά της - με σωστές αρμοδιότητες και δίχως εξωτερικές παρεμβάσεις «διαφόρων» - μπορεί πράγματι να φέρει απτά θετικά αποτελέσματα στη χώρα.

Αποτέλεσμα αυτού του εγχειρήματος είναι το παρόν βιβλίο που ελπίζω να μας βοηθήσει να ταξιδεύσουμε μαζί πίσω στον χρόνο και να ξαναζήσουμε την συναρπαστική ατμόσφαιρα εκείνης της εποικοδομητικής τετραετίας, τις προσπάθειες που έγιναν απ' όλους τους εμπλεκόμενους παίκτες και φορείς, τις επιτυχίες και αποτυχίες, καθώς και τις ευχάριστες στιγμές αλλά και τις απογοητεύσεις της.

Η ΤΕΧΝΟΛΟΓΙΚΗ ΥΣΤΕΡΗΣΗ ΤΗΣ ΕΛΛΑΔΑΣ

α) Τελευταίοι στην Ε.Ε.

Το Αύγουστο του 2005 που ανέλαβα τη διοίκηση της ΕΕΤΤ (των 220 ατόμων τότε), η χώρα ήταν η τελευταία των 25 της Ευρωπαϊκής Ένωσης Ε.Ε., γεγονός που μου προκαλούσε βαθύτατη θλίψη διότι πιστεύω ότι σαν χώρα είμαστε ικανοί να καταφέρουμε περισσότερα. Γι’ αυτό θεωρούσα ότι: (α) χρειαζόταν ένα φιλόδοξο όραμα που να το πιστέψουμε και να το ασπαστούμε όλοι, (β) έπρεπε να αντιληφθούμε πλέον το κατεπείγον του θέματος, διότι δεν είχαμε την πολυτέλεια του χρόνου, καθώς οι τεχνολογικές εξελίξεις έτρεχαν με ξέφρενους ρυθμούς, (γ) ήταν ανάγκη το κράτος και οι επιχειρήσεις να κάνουν επιτυχημένες επενδύσεις και (δ) έπρεπε όλοι μας να συνεργαστούμε αποτελεσματικά ώστε να πετύχουμε τον εθνικό στόχο της γεφύρωσης του τεχνολογικού χάσματος που μας χώριζε από τις περισσότερο ανεπτυγμένες χώρες. Θα έπρεπε να παύσουμε να ακολουθούμε την πεπατημένη, να προωθήσουμε δραστικά καινοτόμες λύσεις και όλοι μας να *«σκεφτούμε έξω από το κουτί» (think outside the box)*[1]

> *«Ζούμε πλέον σήμερα στην εποχή της ψηφιακής επανάστασης, σε μια παγκόσμια κοινωνία της γνώσης και της πληροφορίας στην οποία, για να επιβιώσουμε, θα πρέπει να διαθέτουμε τις κατάλληλες υποδομές και τα εργαλεία ανάπτυξης, βασικότερα των οποίων είναι τα ευρυζωνικά δίκτυα και οι διαδικτυακές υπηρεσίες των Ηλεκτρονικών Επικοινωνιών. Όσο πιο γρήγορα μια χώρα αυξήσει την «διαδικτυακή της ετοιμότητα» (δηλαδή εκπαιδεύσει τους πολίτες της και τους προσφέρει ελκυστικές και χρήσιμες υπηρεσίες ευρυζωνικού Διαδικτύου και δημιουργήσει εκείνες τις συνθήκες που θα αυξήσουν την ικανότητα της χώρας να αξιοποιήσει τις δυνατότητες των νέων τεχνολογιών στους τομείς του Διαδικτύου και της πληροφορικής), τόσο πιο γρήγορα θα πετύχει την οικονομική και κοινωνική της ανάπτυξη. Δυστυχώς όμως για τη χώρα μας, οι τεχνολογικές εξελίξεις*

και ο ανταγωνισμός κινούνται διεθνώς με ταχύτητες πολύ μεγαλύτερες απ' αυτές που είχαμε συνηθίσει ως τώρα και απαιτούν πλέον μεγαλύτερη τόλμη και ταχύτερες αντιδράσεις. Είναι μεγάλη ανάγκη αυτό να γίνει αντιληπτό από όλους, κυρίως όμως απ' αυτούς που παίρνουν τις τελικές αποφάσεις. Συνεπώς, είναι επιτακτικό να δράσουμε άμεσα, ακόμα και αν διατρέχουμε τον κίνδυνο να γίνουν κάποια λάθη. Η αδράνεια είναι η καταστροφικότερη επιλογή»[2].

Εάν αυτά ίσχυαν τότε που τα έλεγα στο 1ο Διεθνές Συνέδριο της ΕΕΤΤ το 2006, φανταστείτε πόσο περισσότερο επιτακτικά είναι σήμερα το 2015 που γράφω αυτό το βιβλίο!

β) Δυσκολία προσαρμογής μας και έλλειψη μεθοδολογίας

Πιστεύω ότι η δική μας κοινωνία έχει γενικώς δυσκολίες προσαρμογής στις νέες τεχνολογίες. Είναι όμως σχεδόν αδύνατο για μια χώρα να πορευθεί προς το ταχέως και ορμητικά ερχόμενο τεχνολογικό μέλλον όταν ένα μεγάλο ποσοστό του πληθυσμού της διακατέχεται από *συμπτώματα τεχνοφοβίας*. Όσοι δεν επιδιώκουν να ενημερωθούν σωστά για τις νέες εξελίξεις, τα προβλήματα αλλά και τα πλεονεκτήματα των νέων τεχνολογιών, εθελοτυφλούν. Και με τέτοια νοοτροπία θα είναι πολύ δύσκολο η χώρα να πάει μπροστά γρήγορα.

Αναρωτιέμαι συχνά γιατί στη χώρα μας δεν μπορούμε να είμαστε υπερήφανοι για τις επιδόσεις μας όσον αφορά στους κρίσιμους τομείς των Τεχνολογιών Πληροφορικής και Επικοινωνιών (ΤΠΕ); Γιατί ως χώρα καταλαμβάνουμε τις χαμηλότερες θέσεις σε κάθε σχετική κατάταξη ως προς τη διάδοση του Διαδικτύου και την ανάπτυξη της Ευρυζωνικότητας, τη στιγμή που η Ελλάδα φιγουράρει ανάμεσα στις ανεπτυγμένες χώρες και το «επιχειρηματικό δαιμόνιο» της έχει δείξει στο εξωτερικό ότι μπορεί να λειτουργήσει πολύ ικανοποιητικά; Πιστεύω, πως εδω μάς ταλαιπωρεί η «ασθένεια» της ελλιπούς συνεργασίας και μεθοδολογίας για την επίτευξη ενός κοινού στόχου. Όπως σε κάθε εθνική προσπάθεια, έτσι και στο συγκεκριμένο θέμα των ΤΠΕ, «παίζουν» - εκ φύσεως - πολλοί παράγοντες, ο καθένας απο τους οποίους συμβάλλει με τον δικό του τρόπο στην επίτευξη του στόχου. Ο στόχος όμως μπορεί να επιτευχθεί, μόνον υπό την προϋπόθεση ότι όλοι τους συντονίζονται σωστά και συστρατεύονται και συν-ενεργούν μεταξύ τους αποτελεσματικά. Φαντασθείτε πόσο διαφορετικά θα αντιμετωπίζαμε την υστέρησή μας στο Διαδίκτυο και την Ευρυζωνικότητα εάν σε πολιτικό, ακαδημαϊκό και επιχειρηματικό επίπεδο, όλοι οι εμπλεκόμενοι φορείς συμφωνούσαν σε ένα κοινό όραμα και συνεργάζονταν στη σχεδίαση και υλοποίηση ενός «οδικού χάρτη», με τους συγκεκριμένους ενδιάμεσους στόχους που απαιτούνται για την πραγματοποίηση του οράματος.

γ) Η πρόκληση

Βλέποντας, συνεπώς, ότι η Ελλάδα αποτελούσε το 2005 ουραγό μεταξύ των κρατών μελών της Ε.Ε. - με τη χαμηλότερη «ευρυζωνική διείσδυση»*[3]* και το μικρότερο ρυθμό ετήσιας αύξησης – θεώρησα ότι η ανάπτυξη της Ευρυζωνικότητας και του ευρυζωνικού Διαδικτύου αποτελούσε πλέον μια σημαντική πρόκληση για την Πολιτεία, αλλά και για μας στην ΕΕΤΤ, ως Ρυθμιστική Αρχή των Η.Ε. της χώρας. Για να πετύχουμε τον σκοπό αυτόν, επικεντρώσαμε όλη μας την προσπάθεια στην ουσιαστική υλοποίηση της *«Αδεσμοποίητης Πρόσβασης στον Τοπικό Βρόχο» ή ΑΠΤΒ (LLU[4]) - δηλαδή την ελεύθερη πρόσβαση των εναλλακτικών τηλεπικοινωνιακών παρόχων στο «τελευταίο μίλι» του δικτύου του ΟΤΕ που τον συνδέει με τους συνδρομητές* - διότι είχαμε την πεποίθηση ότι αυτός ήταν ο αποτελεσματικότερος τρόπος να αναπτυχθεί «*ανταγωνισμός σε επίπεδο υποδομών*» (infrastructure based competition), ο οποίος μέχρι τότε βρισκόταν σε εμβρυακό στάδιο καθόσον στις εταιρείες του κλάδου επικρατούσε το «*μοντέλο μεταπώλησης υπηρεσιών του ΟΤΕ*» (service based competition). Ο νέος ανταγωνισμός σε επίπεδο δικτυακών υποδομών αποτελεί διεθνώς μονόδρομο για την προσέλκυση επενδύσεων στις ευρυζωνικές δικτυακές υποδομές, γιατί στο σημερινό περιβάλλον υψηλής ψηφιακής τεχνολογίας, η ανταγωνιστικότητα ενός κράτους είναι στενά συνυφασμένη με το *είδος, την ποιότητα, την προσβασιμότητα και την επεκτασιμότητα* των ευρυζωνικών δικτυακών υποδομών που διαθέτει. Παράλληλα με την οικονομική της πλευρά όμως, υποστήριζα ταυτόχρονα ότι η *«Ευρυζωνικότητα θα πρέπει σήμερα να αντιμετωπίζεται ως κοινωνικό αγαθό, η έλλειψη το οποίου οδηγεί σταδιακά αλλά αναπόφευκτα σε κοινωνικό αποκλεισμό»*[5].

ΤΟ ΔΙΑΔΙΚΤΥΟ ΚΑΙ ΟΙ ΕΥΡΥΖΩΝΙΚΕΣ ΣΥΝΔΕΣΕΙΣ

α) Το ευρυζωνικό Διαδίκτυο

Το ευρυζωνικό Διαδίκτυο συνδέει (πολλές φορές δε, με ασύρματο τρόπο) τους πολίτες, τους διοικούντες και λαμβάνοντες τις αποφάσεις, τις αγορές και τις κοινωνίες, χωρίς κανέναν γεωγραφικό περιορισμό, μέσω ενός ακαριαία ανταποκρινόμενου επικοινωνιακού μέσου. Ενώ όμως τελικά όλοι θα ωφεληθούν από μια τέτοια διασυνδεσιμότητα, θα πρέπει ως χώρα να είμαστε ιδιαίτερα προσεκτικοί, γιατί δεν θα ωφεληθούν όλοι οι πολίτες στον ίδιο βαθμό.

Όπως γράφουν οι Eric Schmidt και Jared Cohen της Google, *«το Διαδίκτυο είναι ένα από τα λίγα πράγματα που κατασκεύασε ο άνθρωπος το οποίο δεν καταλαβαίνει πώς λειτουργεί!»*[6]. Είναι ο μεγαλύτερος ακυβέρνητος χώρος, ο οποίος όμως παρέχει στον πολίτη τόση ισχύ που ποτέ του δεν είχε στην ιστορία της ανθρωπότητας. Μετασχηματίζει έθνη, επιχειρήσεις και τις ζωές όλων μας (με τα θετικά και τα αρνητικά του αποτελέσματα). Η ασύρματη κινητή διαδικτυακή συνδεσιμότητα (internet-enabled mobile connectivity) εξελίσσεται με τέτοιους φρενήρεις και συνεχώς επιταχυνόμενους ρυθμούς, που οι υπάρχοντες θεσμοί, επιχειρήσεις, οργανισμοί και ιεραρχίες θα πρέπει να προσαρμοστούν ταχύτατα, αλλιώς διατρέχουν τον κίνδυνο να καταστούν απαρχαιωμένοι και άσχετοι με τη σύγχρονη κοινωνία. Σύντομα δε, ο πολίτης θα ζει ταυτόχρονα - έχοντας πολλαπλές προσωπικότητες - σε δύο όχι αμοιβαία αποκλειόμενους κόσμους: στον φυσικό «πραγματικό κόσμο» και σε έναν άλλον «εικονικό κόσμο» (virtual world) που υπάρχει online στο Διαδίκτυο, περιστοιχιζόμενος από ολογράμματα άλλων ατόμων.

Το Διαδίκτυο αποτελεί μια «διαρρηκτική τεχνολογία» (disruptive technology) με πάρα πολλά οφέλη για τους καταναλωτές, τις επιχειρήσεις, τον Δημόσιο τομέα και την κοινωνία. Αντί, συνεπώς, να φέρνουν εμπόδια, θα πρέπει όλοι να σπεύσουν να το αγκαλιάσουν.

Η σημαντική διάδοση του ευρυζωνικού Διαδικτύου στην Ελλάδα άρχισε ουσιαστικά στα μέσα του 2005 (όταν διορίστηκε νέα Διοίκηση στην ΕΕΤΤ) με αρχές του 2006 (όταν – μετά από καθυστέρηση δύο ετών και αφού η Ευρωπαϊκή Επιτροπή κατήγγειλε τη χώρα στο Ευρωπαϊκό Δικαστήριο – η Κυβέρνηση Καραμανλή ψήφισε τελικά το νέο τηλεπικοινωνιακό νόμο 3431/2006). Ο νόμος αυτός προσάρμοσε το Εθνικό Δίκαιο για τις Ηλεκτρονικές Επικοινωνίας στο Κοινοτικό και εφοδίασε την ΕΕΤΤ με τα κατάλληλα ρυθμιστικά εργαλεία που της επέτρεψαν να απελευθερώσει πλήρως την τηλεπικοινωνιακή αγορά, να εγκαθιδρύσει υγιή ανταγωνισμό και να συμβάλει αποφασιστικά στην θεμελίωση και ανάπτυξη της Ευρυζωνικότητας στη χώρα.

β) Ευρυζωνικότητα

Η ανάπτυξη της ευρυζωνικής αγοράς αποτελεί σήμερα υψηλή προτεραιότητα για την Ευρωπαϊκή Ένωση και για όλα τα ανεπτυγμένα κράτη γιατί συνδέεται με την επιτάχυνση της οικονομικής ευημερίας, τη δημιουργία νέων θέσεων εργασίας και τη βελτίωση του βιοτικού επιπέδου των πολιτών τους. Μελέτες έχουν δείξει ότι μια αύξηση κατά 10% στην ευρυζωνική διείσδυση προσθέτει από ένα μέχρι τρία τα εκατό στο ΑΕΠ (Ακαθάριστο Εθνικό Προϊόν) μιας χώρας. Όλοι δε πλέον συμφωνούν ότι προηγμένες δικτυακές υποδομές που παρέχουν τέτοιου είδους ευρυζωνική πρόσβαση στο Διαδίκτυο για το μεγαλύτερο μέρος του πληθυσμού αποτελούν σήμερα τη βάση πάνω στην οποία μπορεί να θεμελιωθεί η ανταγωνιστικότητα μιας χώρας και η εν γένει τεχνολογική της ανάπτυξη.

Πότε όμως μια σύνδεση στο Διαδίκτυο χαρακτηρίζεται ως *«ευρυζωνική»;* Με απλά λόγια (πληρέστερο ορισμό θα δώσω αργότερα), μια τηλεπικοινωνιακή σύνδεση χαρακτηρίζεται ως ευρυζωνική εάν διακρίνεται από τα παρακάτω χαρακτηριστικά:

1) έχει υψηλή ταχύτητα μετάδοσης δεδομένων ώστε, μέσω αυτού, ο χρήστης να έχει πρόσβαση σε διαδραστικές υπηρεσίες πλούσιου

περιεχομένου (όπως, π.χ., βίντεο-τηλεφωνία, διαδραστική διαδικτυακή τηλεόραση και βίντεο κατά παραγγελία, ταχύτερη πλοήγηση στον παγκόσμιο ιστό, κ.λπ.),
2) παρέχει ποιοτικές (μεγάλης χωρητικότητας και υψηλής απόδοσης και διαθεσιμότητας) συνδέσεις στο Διαδίκτυο,
3) προσφέρει αδιάλειπτη πρόσβαση στο Διαδίκτυο από όσο το δυνατόν μεγαλύτερο μέρος του πληθυσμού και
4) είναι ικανή να αναβαθμίζεται συνεχώς ώστε να συνεχίζει να καλύπτει τις αυξανόμενες σε ταχύτητα και ποιότητα μελλοντικές ανάγκες των χρηστών.

Επειδή στη χώρα μας μία σειρά από εμπόδια και καθυστερήσεις είχαν ως αποτέλεσμα η Ελλάδα να υπολείπεται των άλλων ευρωπαϊκών κρατών στην ευρυζωνική διείσδυση, θέσαμε πλέον ως στρατηγικό στόχο της νέας διοίκησης της ΕΕΤΤ την προώθηση των ευρυζωνικών υπηρεσιών και τη διάδοση των πλεονεκτημάτων τους.

ΟΙ ΤΡΕΙΣ ΠΑΡΑΓΟΝΤΕΣ ΠΟΥ ΕΠΗΡΕΑΖΟΥΝ ΤΗΝ ΑΓΟΡΑ ΤΩΝ Η.Ε.

Αποτέλεσμα των ενεργειών μας ήταν οτι στο τέλος της τετραετούς μας θητείας το 2009, *η αγορά των Η.Ε. είχε καταστεί πλέον η μόνη ίσως πλήρως απελευθερωμένη αγορά στη χώρα μας,* στην οποία ο ανταγωνισμός απέφερε πληθώρα νέων προϊόντων και υπηρεσιών, με συνεχώς μειούμενες τιμές, με συνεχώς αυξανόμενες ευρυζωνικές ταχύτητες και με νέες υπηρεσίες και εφαρμογές για τον πολίτη/καταναλωτή.

Όπως θα εξηγήσω στο επόμενο Κεφάλαιο 1, πολλοί ήταν αυτοί που εκείνη την περίοδο *συνέβαλαν με τον δικό τους τρόπο στην ανάπτυξη της Ευρυζωνικότητας στη χώρα μας.* Γενικά όμως, κατάσταση στην ελληνική αγορά των Η.Ε. διαμορφώνεται από τρείς βασικούς παράγοντες (μη συμπεριλαμβανομένου του Κράτους): την ΕΕΤΤ (που ως ρυθμιστική αρχή καθορίζει τους κανόνες του παιχνιδιού), τον ΟΤΕ (στον οποίο, ως πρώην κρατικό μονοπώλιο, η Ε.Ε. έχει επιβάλλει συγκεκριμένες υποχρεώσεις) και τους εναλλακτικούς τηλεπικοινωνιακούς παρόχους.

α) Η ΕΕΤΤ

Η ΕΕΤΤ δεν είναι (και δεν πρέπει να είναι) μέρος της κυβερνητικής μηχανής. Η λειτουργική και η οικονομική της ανεξαρτησία είναι κατοχυρωμένες από το Κοινοτικό και Εθνικό Δίκαιο, ενώ έχει δικά της έσοδα και δεν επιβαρύνει καθόλου τον κρατικό προϋπολογισμό. Μπορώ δε να βεβαιώσω ότι καθ' όλη τη διάρκεια της θητείας μου ως Προέδρου της ΕΕΤΤ, δεν επιτρέψαμε καμία πολιτική ή άλλου είδους παρέμβαση στο έργο μας και ποτέ δεν δώσαμε δικαιώματα για να αμφισβητηθούν η ανεξαρτησία και αντικειμενικότητα των αποφάσεών μας. Αντιθέτως μάλιστα, πολύ συχνά ερχόμασταν σε αντιπαράθεση με πολιτικούς παράγοντες για την αναβλητικότητά τους, καθώς και με μεγάλα και ισχυρά επιχειρηματικά συμφέροντα τα οποία, εκ φύσεως, εξυπηρετούν τα συμφέροντα των δικών τους μετόχων.

Σκοπός μου ήταν να καταστεί η ΕΕΤΤ μια Ανεξάρτητη Αρχή ευρωπαϊκών προδιαγραφών, η οποία θα ανελάμβανε στρατηγικό ρόλο στην ανάπτυξη του κλάδου των ευρυζωνικών επικοινωνιών και του Διαδικτύου στη χώρα μας. Μία Υπηρεσία η οποία θα συνέβαλε αποφασιστικά στη διαμόρφωση ενός ανταγωνιστικού περιβάλλοντος στην αγορά το οποίο θα της επέτρεπε να παρέχει στον καταναλωτή τη δυνατότητα να μπορεί να απολαμβάνει καινοτόμες, φθηνές, ποιοτικές τηλεπικοινωνιακές υπηρεσίες από τον πάροχο της επιλογής του.

Η θετική συνεισφορά της ΕΕΤΤ κατά την περίοδο 2005-2009 έτυχε της αναγνώρισης τόσο της Ευρωπαϊκής Επιτροπής (η οποία εκθείαζε το έργο της ΕΕΤΤ και της καταλόγιζε ως *δικό της επίτευγμα την αύξηση των ευρυζωνικών συνδέσεων στην Ελλάδα και την επέκταση του ανταγωνισμού στις Η.Ε.)[7]*, όσο και της ελληνικής αγοράς τηλεπικοινωνιών (η οποία τη βράβευσε το 2008 *«για τη συμβολή της στην ανάπτυξη της Ευρυζωνικότητας στην Ελλάδα»)[8]*.

β) Ο ΟΤΕ

Ο ΟΤΕ όμως που είχε (και συνεχίζει να έχει) το μοναδικό δίκτυο πρόσβασης που υπάρχει στην Ελλάδα, προσπαθούσε να διατηρήσει τα μονοπωλιακά του προνόμια και έθετε συνεχώς εμπόδια στην ανάπτυξη του ανταγωνισμού παρεμποδίζοντας τους αντιπάλους του εναλλακτικούς παρόχους και προσπαθώντας έτσι να κερδίσει χρόνο.

Ο Οργανισμός είχε επιδείξει αδυναμία να αναγνωρίσει έγκαιρα και να αξιοποιήσει τις ευκαιρίες που θα του παρείχε η ευρυζωνική αγορά και για μεγάλο χρονικό διάστημα παρουσιαζόταν προσκολλημένος στις υπηρεσίες της παραδοσιακής τηλεφωνίας, όπως παραδεχόταν ο Πρόεδρος του με μεταγενέστερη δήλωση του το 2010: *«το 2004 μας είχε βρει απροετοίμαστους χωρίς ADSL»*[9]. Επί χρόνια κρατούσε τη χώρα δέσμια στο αργό του δίκτυο τεχνολογίας ISDN και με δυσκολία και με αργό ρυθμό εισήγαγε την πιο γρήγορη τεχνολογία ADSL. Αλλά και όταν αυτό έγινε, έγινε ανορθόδοξα, με υλικό ADSL «μωσαϊκό» τεσσάρων τεχνολογιών (Siemens, Intracom, Alcatel, ZTE) που μέχρι τα μέσα του 2005 προσπαθούσε ακόμα να ξεπεράσει τις «παιδικές τεχνολογικές του ασθένειες» και να λύσει τα σοβαρά προβλήματα που υπήρχαν στα συστήματα διαχείρισης του δικτύου του[10]. Ο ΟΤΕ προώθησε το ADSL πιο ουσιαστικά και επιθετικά αρκετά αργότερα, μόνον όταν η ΕΕΤΤ απελευθέρωσε τον τοπικό βρόχο και αύξησε τον ανταγωνισμό και ο Οργανισμός άρχισε πλέον να αισθάνεται σημαντική πίεση από τους εναλλακτικούς παρόχους που του αποσπούσαν μεγάλο μερίδιο της πελατείας του.

Όπως θα περιγράψω λεπτομερώς στα επόμενα κεφάλαια, καθ' όλη τη διάρκεια της τετραετίας μας, ο ΟΤΕ ακολουθούσε αντιδραστικές πρακτικές μη θέλοντας να ικανοποιήσει τις από τον νόμο ρυθμιστικές του υποχρεώσεις και είχε συνεχείς προστριβές με την ΕΕΤΤ (η οποία προσπαθούσε να εφαρμόσει τον νόμο), με αποτέλεσμα να γίνεται αποδέκτης των τσουχτερών προστίμων της. Στην τετραετία 2005-2009 επιβάλλαμε στον ΟΤΕ πρόστιμα συνολικού ύψους 72 εκατ. ευρώ.

Είχα κατά καιρούς δημοσίως πιστώσει στη διοίκηση του ΟΤΕ την αποφασιστική του επένδυση στο ευρυζωνικό Ίντερνετ ADSL, ειδικά μετά τα πρώτα δύο χρόνια της θητείας μας κατά τα οποία οι εναλλακτικοί πάροχοι άρχισαν πλέον να επενδύουν αποφασιστικά στην συνεγκατάσταση και να εμφανίζουν σημαντική αύξηση στο πελατολόγιό τους. Δήλωνα όμως ταυτόχρονα, ότι η πρόοδος εκείνη δεν ήταν αρκετή για να αποκολλήσει τη χώρα από την τελευταία της θέση στην Ε.Ε., ούτε μπορούσε να θεωρηθεί «άλλοθι» για τις πρακτικές παρεμπόδισης του ανταγωνισμού από την πλευρά του. Ο δε στόχος που έθετε ο ΟΤΕ για τον συνολικό αριθμό συνδέσεων ADSL, όχι μόνο υπολείπονταν του στρατηγικού στόχου που είχε θέσει η Κυβέρνηση (μολονότι και αυτός ήταν χαμηλός), αλλά ακόμα και αν τον πετύχαινε, ήταν προφανές ότι, με μόνον τον ΟΤΕ, δεν θα μπορούσε η χώρα να ξεφύγει από την τελευταία θέση. Απαιτείτο η ουσιαστική συμβολή και των υπόλοιπων παικτών της αγοράς.

γ) Οι εναλλακτικοί τηλεπικοινωνιακοί πάροχοι

Οι σημαντικές δυσλειτουργίες που υπήρχαν στην αγορά των Η.Ε. το 2005, το γεγονός ότι η σχέση αγοράς-πώλησης δεν λειτουργούσε ικανοποιητικά μεταξύ του ΟΤΕ και των πελατών του χονδρικής (δηλαδή, των εναλλακτικών τηλεπικοινωνιακών παρόχων) και η αμοιβαία «καχυποψία» τους, επηρέαζαν αρνητικά τις υπηρεσίες που απολάμβανε ο καταναλωτής και οι οποίες δεν θα διαμορφώνονταν έτσι αν υπήρχαν συνθήκες αποτελεσματικού ανταγωνισμού. Η μέχρι τότε μη προσαρμογή του κοινοτικού τηλεπικοινωνιακού πλαισίου στο εθνικό δίκαιο αποθάρρυνε τους εναλλακτικούς παρόχους (οι οποίοι τότε ήταν μικροί στο μέγεθος και πολλοί στον αριθμό για την ελληνική αγορά) να εισέλθουν δυναμικά στην ευρυζωνική αγορά, να κάνουν σημαντικές επενδύσεις και να προωθήσουν ανταγωνιστικά πακέτα υπηρεσιών. Συνέχιζαν να βασίζουν την κύρια δράση τους στη μεταπώληση υπηρεσιών του ΟΤΕ, δηλαδή, αγόραζαν χονδρική και πωλούσαν στους πελάτες τους λιανική πρόσβαση στο Διαδίκτυο.

ΕΠΙΤΥΧΙΕΣ ΤΗΣ ΤΕΤΡΑΕΤΙΑΣ 2005-2009

Η νέα διοίκηση της ΕΕΤΤ αντιμετώπισε το 2005 μια τεχνοφοβική κοινωνία η οποία δεν ήξερε καν τι σημαίνει Ευρυζωνικότητα – μερικοί μάλιστα την αποκαλούσαν *«Ευρωζωνικότητα»* (από το Ευρωζώνη;) - η «ευρυζωνική διείσδυση» ήταν μηδαμινή, οι ταχύτητες πρόσβασης στο Διαδίκτυο απελπιστικά χαμηλές (384 Kbps) και το κόστος μιας σύνδεσης απαγορευτικό. Ο ελληνικός Τύπος έγραφε τότε χαρακτηριστικά[11]: «*Το ελληνικό Ίντερνετ … καίει κάρβουνο*» και «*το 70% των Ελλήνων θεωρούσε πως το Διαδίκτυο δεν του ήταν χρήσιμο*»[12] και συνεπώς δεν χρειαζόταν να γίνει συνδρομητής.

Μέσα στα πρώτα δύο χρόνια της τετραετίας όμως, ξεφύγαμε τελικά από την παλιά τεχνολογία ISDN του ΟΤΕ, με τις πολύ χαμηλές του ταχύτητες, και μπήκαμε στην *εποχή της Ευρυζωνικότητας* με το ταχύτερο ADSL. Με την καθοριστική συμβολή της ΕΕΤΤ:

> *1) άλλαξε το μεταπρατικό μοντέλο με το οποίο λειτουργούσε ως τότε η αγορά των Η.Ε.,*
> *2) άνοιξε η αγορά των Η.Ε. και ενισχύθηκε ο ανταγωνισμός όταν οι εναλλακτικοί απέκτησαν τον έλεγχο του τοπικού βρόχου,*
> *3) αυξήθηκε δραματικά η ευρυζωνική διείσδυση,*
> *4) σε αντίθεση με όλες τις άλλες αγορές στην Ελλάδα που οι τιμές των προϊόντων τους συνεχώς αυξάνονταν, η αγορά των Η.Ε. ήταν η μόνη στην οποία οι τιμές τους συνεχώς μειώνονταν και, τέλος,*
> *5) εμφανίστηκαν νέες πρωτοπόρες διαδικτυακές εφαρμογές για τον καταναλωτή, όπως double και triple play (συνδυασμοί σταθερής και κινητής τηλεφωνίας και Ίντερνετ), ψηφιακή διαδικτυακή τηλεόραση και video, κινητή Ευρυζωνικότητα, κ.λπ.*

Στο τέλος της τετραετίας, σύμφωνα με τις εκθέσεις της Κομισιόν: «η Ελλάς αναδείχθηκε το 2009 η φθηνότερη χώρα στις χρεώσεις ευρυζωνικών συνδέσεων στην ευρωζώνη»[13], αποτελούσε τη χώρα στη ζώνη του ΟΟΣΑ «με τη μεγαλύτερη ταχύτητα αύξησης της διείσδυσης των ευρυζωνικών συνδέσεων»[14], ήταν «μια από τις ταχύτερα αναπτυσσόμενες ευρυζωνικές αγορές στην Ευρωπαϊκή Ένωση», οι δε «Έλληνες καταναλωτές απολάμβαναν καλής προστασίας από αθέμιτες πρακτικές των εταιρειών, εναντίον των οποίων ο αριθμός των καταγγελιών μειώθηκε σημαντικά»[15].

Σε μια τετραετία, οι καταναλωτές είχαν πλέον αποκτήσει πλειάδα διαδικτυακών προϊόντων και υπηρεσιών, σε υψηλές ταχύτητες και ανταγωνιστικές τιμές, από τον τηλεπικοινωνιακό πάροχο της αρεσκείας τους. Όλοι παραδέχονται σήμερα ότι *οι τηλεπικοινωνίες είναι το χαρακτηριστικό παράδειγμα απελευθέρωσης αγοράς στη Ελλάδα.*

Με την πρόοδο που επιτεύχθηκε τότε και με την ευκαιρία που δόθηκε στους Έλληνες να γευτούν τα πλεονεκτήματα της ευρυζωνικής πρόσβασης στο Διαδίκτυο και όλα του τα περιεχόμενα, το «τζίνι είχε πλέον βγει από το μπουκάλι» και αποκλείεται να ξαναμπεί μέσα. Οποιεσδήποτε προσπάθειες για περιορισμό της διασυνδεσιμότητας και της συνεχώς αυξανόμενης απαίτησης για ταχύτερη πρόσβαση στο Διαδίκτυο, πάντα πλέον θα αποτυγχάνουν.

Δυστυχώς όμως, μετά την οικονομική κρίση του 2009, τόσο οι επενδύσεις στις τηλεπικοινωνίες όσο και ο αριθμός των εταιρειών του κλάδου μειώθηκαν σημαντικά. (Το 2015 η On Telecoms υπέβαλε αίτηση πτώχευσης και αποτέλεσε μία ακόμη περίπτωση μικρής εταιρείας των telecoms που χρεοκόπησε ή/και έπαυσε να λειτουργεί τα τελευταία χρόνια μαζί με τις Vivodi, Altec, Teledome, Lannet, Algonet, Netone, και άλλες).

ΣΥΓΚΡΟΥΣΕΙΣ ΚΑΙ ΡΗΞΕΙΣ ΜΕ ΣΥΜΦΕΡΟΝΤΑ

Όλα αυτά επετεύχθησαν με μεγάλη προσπάθεια και πολύ κόπο εκ μέρους μας. Πίστευα ότι για να φέρει το έργο μου αποτελέσματα, θα ήταν αναγκαίο να συγκρουστώ με ισχυρά συμφέροντα, κατεστημένα, παλαιολιθικές νοοτροπίες, πολιτική αδράνεια, κ.λπ. Γνώριζα ότι την εποχή εκείνη στη Ελλάδα υπήρχε ένας εθνικός και πολιτικός «συναισθηματισμός» υπέρ του ΟΤΕ, στον οποίον ήμουν αναγκασμένος να πάω κόντρα, αφού στόχος μου ήταν να «ξεκολλήσει» η Ελλάδα από την τελευταία θέση των χωρών-μελών της Ε.Ε. στον τομέα της Ευρυζωνικότητας βάζοντας τέλος στο δικτυακό μονοπώλιο του ΟΤΕ.

Από την πρώτη μέρα της αναλήψεως των καθηκόντων μου, προσπάθησα να κάνω σε όλους γνωστό πως βασική μου θέση ήταν ότι θεωρώ καταστροφική την αρχή της «ήσσονος προσπάθειας», την αποθέωση του «γενικευμένου κρατισμού» και τη διαλυτική αντίληψη ότι «αυτά δεν γίνονται στη χώρα μας». Αποδέχθηκα τη θέση του Προέδρου της Ρυθμιστικής Αρχής, γιατί πίστευα ότι μου δινόταν μια πρώτης τάξεως ευκαιρία να προωθήσω και να πετύχω το πλήρες άνοιγμα της τηλεπικοινωνιακής αγοράς και τη μαζική χρήση του ευρυζωνικού Διαδικτύου και κατ' αυτόν τον τρόπο να συμβάλω στο να σπάσει ο κύκλος της υστέρησης της χώρας μας στην αξιοποίηση των νέων τεχνολογιών. Προτεραιότητά μου δεν ήταν να είμαι «ένας συμπαθητικός και αρεστός κύριος» – προς τις επιχειρήσεις του κλάδου, προς το πολιτικό σύστημα ή προς τις συντεχνίες που πάντα αντιστέκονται σε οποιαδήποτε αλλαγή του status quo – όσο το να επιτελέσω σωστά το έργο μου και να φέρω γρήγορα απτά αποτελέσματα προς όφελος του πολίτη.

Πίστευα - και ήμουν διατεθειμένος να το κάνω (και το έκανα) - ότι για να πετύχω, θα έπρεπε να έλθω σε δημιουργικές ρήξεις, τόσο με την εταιρεία «με σημαντική ισχύ» στην αγορά των τηλεπικοινωνιών (τον ΟΤΕ), έμμεσα με την ίδια την Κυβέρνηση που τότε ήταν και ο βασικός μέτοχος του ΟΤΕ, με τις υπόλοιπες τηλεπικοινωνιακές εταιρείες σταθερής και κινητής τηλεφωνίας, καθώς και με κατεστημένα του Δημοσίου, των συνδικαλιστών, των τηλεοπτικών καναλιών, κ.λπ.

α) Με τον ΟΤΕ

Η ΕΕΤΤ είχε πολλές – και μερικές φορές σοβαρές – συγκρούσεις με τον κατεστημένο κυρίαρχο παίκτη της αγοράς και αυτό γιατί είναι λογικό ένα τηλεπικοινωνιακό μονοπώλιο να μην θέλει να ανοίξει η αγορά και να χάσει τα προνόμια του.

Καθ' όλη τη διάρκεια της τετραετούς θητείας μας, ο ΟΤΕ είχε καταπιαστεί σε μια πρωτοφανή εκστρατεία απαξίωσης του έργου της ΕΕΤΤ, αμφισβητώντας θεμελιώδεις αρχές που διέπουν την απελευθέρωση της αγοράς των Η.Ε. σε όλη την Ε.Ε. Έπαιζε δε αποτελεσματικά το «χαρτί» του «συναισθηματισμού» που ανέφερα νωρίτερα, επιτιθέμενος στην ΕΕΤΤ και πολλές φορές προσωποποιώντας τις κατηγορίες του στο πρόσωπο του Προέδρου της[16], ενώ ταυτόχρονα πίεζε την Κυβέρνηση «να καταργήσει τη ρύθμιση»(!), δηλαδή τον μηχανισμό ελέγχων και ισορροπιών που διαθέτουν όλες οι προηγμένες ευνομούμενες κοινωνίες. Δύο από τις σοβαρότερες ίσως περιπτώσεις αντίδρασης του ήταν (α) στη προετοιμασία μας να του επιβάλουμε «Λειτουργικό Διαχωρισμό» (Κεφάλαιο 8) και (β) στην προώθησή μας κατασκευής ενός «εθνικού δικτύου οπτικής ίνας μέχρι το σπίτι» FTTH[17] που θα κάλυπτε στα 7 πρώτα χρόνια τουλάχιστον 2.000.000 νοικοκυριά σ' όλη τη χώρα με ταχύτητες τουλάχιστον 100 Mbps (Κεφάλαιο 9). Τελικά, ο ΟΤΕ από κοινού με τη Deutsche Telecom (DT) - η οποία είχε εν τω μεταξύ εξαγοράσει μεγόλο ποσοστό του και είχε αναλάβει την διοίκηση του - κατάφεραν τους Υπουργούς της τότε Κυβέρνησης να μην υποστηρίξουν τον ενδεχόμενο «Λειτουργικό Διαχωρισμό» του και να καθυστερήσουν -- και ουσιαστικά τελικά να ματαιώσουν -- την έναρξη κατασκευής του εθνικού δικτύου FTTH που ο ίδιος ο Πρωθυπουργός είχε εξαγγείλει.

Δεν γνωρίζω άλλη ρυθμιστική αρχή της Ε.Ε. προς την οποία το τοπικό πρώην μονοπώλιο να έχει συμπεριφερθεί κατά τον ανάρμοστο τρόπο που είχε συμπεριφερθεί ο ΟΤΕ προς την ΕΕΤΤ. Η κρίση στις σχέσεις ΕΕΤΤ-ΟΤΕ αντανακλούσε την ενίσχυση του ανταγωνισμού στην αγορά, κάτι που ο ΟΤΕ ήθελε να τορπιλίσει με κάθε μέσο. Κατά τον ΟΤΕ, για το ότι η επιχείρηση είχε δυσκολίες, δεν πήγαινε καλά και δεν μπορούσε να ανταγωνιστεί τους άλλους παρόχους, έφταιγε πάντα η ΕΕΤΤ. Γι' αυτό, τελικά, όπως έγραψε ο τύπος, η μη ανανέωση της θητείας μου στην ΕΕΤΤ το 2009 «γιορτάστηκε» στον ΟΤΕ[18].

β) Με τους καναλάρχες μετόχους της DIGEA

Υπήρχαν σοβαρές αντιδράσεις από τους καναλάρχες - που ταυτόχρονα ήταν όλοι τους και μέτοχοι (!) της εταιρείας DIGEA η οποία τους είχε στήσει το δίκτυο ευρυεκπομπής για τα τηλεοπτικά τους προγράμματα - οι οποίοι διαφωνούσαν ριζικά με τις προτάσεις μας να μπει μια τάξη και μεθοδολογία στη μετάβαση από την αναλογική στη ψηφιακή τηλεόραση και να δοθεί το μεγαλύτερο μέρος του «ψηφιακού μερίσματος» (δηλαδή των συχνοτήτων που η μετάβαση αυτή θα απελευθέρωνε) στους παρόχους κινητής τηλεφωνίας και όχι στα ΜΜΕ που το ήθελαν όλο δικό τους (όπως άλλωστε γινόταν και στις υπόλοιπες χώρες της Ε.Ε.), ώστε να μπορέσουν οι πρώτοι να αναπτύξουν νέες εφαρμογές κινητής Ευρυζωνικότητας.

Τελικά το Κράτος ακολούθησε την πρόταση μας για το ψηφιακό μέρισμα, με μεγάλη όμως καθυστέρηση το 2014 και με ένα τίμημα μόνο 18,39 εκατ. ευρώ για όλες τις τηλεοπτικές συχνότητες (πολύ μικρότερο αυτού που θα επιτυγχάνονταν αν γινόταν νωρίτερα πριν την οικονομική κρίση) που δόθηκαν στη DIGEA (με αμφιλεγόμενους όρους διαγωνιστικής διαδικασίας).

γ) Με κυβερνητικούς παράγοντες

Είχα δημόσια κατακρίνει τους αργοκίνητους μηχανισμούς του Κράτους και τις καθυστερήσεις Υπουργείων και κυβερνητικών φορέων στην εφαρμογή των αποφάσεων της ΕΕΤΤ που «έπνιγαν» το έργο της, πατούσαν φρένο στην ώθηση για περαιτέρω ανάπτυξη των τηλεπικοινωνιών και δεν ήραν τις αγκυλώσεις που εμπόδιζαν την ταχεία εγκατάσταση νέων, σύγχρονων τηλεπικοινωνιακών υποδομών στη χώρα μας. Ορισμένοι δε Υπουργοί δεν βλέπανε με καλό μάτι την ΕΕΤΤ επειδή - καθώς δρούσαμε με ανεξάρτητο τρόπο – οι ενέργειες και αποφάσεις μας ξέφευγαν από τον έλεγχο τους. Άλλοι πάλι δέχονταν πιέσεις από τον ΟΤΕ, τα συνδικάτα του και τους καναλάρχες να υποστηρίξουν τις δικές τους θέσεις έναντι αυτών της ΕΕΤΤ.

ΣΕ ΠΡΟΣΩΠΙΚΟ ΕΠΙΠΕΔΟ

Από την πρώτη στιγμή ανάληψης της Προεδρίας της ΕΕΤΤ αισθάνθηκα ότι αποτελούσα μέρος ενός γεγονότος που ήταν τόσο συναρπαστικό και προκλητικό (challenging) - κυρίως καθόσον ήμουν εκτός πολιτικού ή άλλου συστήματος της χώρας - που θα μου επέτρεπε να συμβάλω αποτελεσματικά στη βελτίωση του (τεχνολογικού) περιβάλλοντος της χώρας. Ήθελα να παίξω δημιουργικό ρόλο ώστε να σπάσει ο κύκλος της υστέρησης της χώρας μας στην αξιοποίηση των νέων τεχνολογιών και να συνδέσω το όνομά μου με το πλήρες άνοιγμα της αγοράς των Η.Ε. και τη μαζική χρήση του ευρυζωνικού Διαδικτύου.

Δεν μπορούσα να κρύψω τον ενθουσιασμό μου τη στιγμή που οι ευρυζωνικές συνδέσεις στη χώρα μας μέσα σε μόλις δυο χρόνια είχαν στα τέλη του 2007 ήδη ξεπεράσει το ένα εκατομμύριο, διαψεύδοντας όσους υποστήριζαν ότι δεν επρόκειτο να υπάρξει τέτοια ζήτηση πριν από το τέλος της δεκαετίας. Επίσης, με ικανοποιούσε το γεγονός ότι είχαν αυξηθεί σημαντικά οι ταχύτητες πρόσβασης στο Ίντερνετ, παράλληλα με τη σημαντικότατη μείωση των λιανικών τους τιμών.

Καθ' όλη την διάρκεια της θητείας μου στην ΕΕΤΤ είχα άψογη δημιουργική συνεργασία με τα υπόλοιπα μέλη της Ολομέλειας καθώς και με το επιστημονικό και διοικητικό προσωπικό της Υπηρεσίας. Συχνά όμως απογοητευόμουν και δυσανασχετούσα με τη δυσλειτουργία του Κράτους, από το οποίο ανέμενα μεγαλύτερη κατανόηση για αλλαγή. Τις στιγμές εκείνες είχα σκεφτεί να υποβάλω την παραίτησή μου ή εξέφραζα την επιθυμία να μη ζητήσω την ανανέωση της θητείας μου. Έβλεπα όμως ότι, έστω και με δυσκολία και με τεράστιες εκ μέρους μας προσπάθειες, φέρναμε σημαντικά αποτελέσματα στον κλάδο. Επιπλέον δε, θεωρούσα ότι θα χρειαζόταν άλλη μια τετραετία για να επιτευχθεί και ο επόμενος στόχος μας, που ήταν να συμβάλει η ΕΕΤΤ ενεργά στη δρομολόγηση της κατασκευής ενός εθνικού «δικτύου πρόσβασης επόμενης γενιάς» (NGA) με «οπτική ίνα μέχρι το σπίτι» (FTTH) που θα προσέφερε στον πολίτη Ευρυζωνικότητα απεριόριστων ταχυτήτων.

Δυστυχώς τα σχέδια και οι μελέτες της ΕΕΤΤ για έναν ενδεχόμενο «λειτουργικό διαχωρισμό» του ΟΤΕ και για κατασκευή του «εθνικού δικτύου FTTH» - που είχε εγκρίνει και ανακοινώσει η τότε Κυβέρνηση - τελικά μετά από έξωθεν πιέσεις προς την Κυβέρνηση ματαιώθηκαν. Μέχρι σήμερα (2015) δεν έγινε τίποτε προς αυτήν την κατεύθυνση και ούτε προγραμματίζεται κάτι ανάλογο για το εύλογο μέλλον. Ως αποτέλεσμα, η χώρα θα συνεχίσει να παραμένει εγκλωβισμένη για πολλά έτη στο πεπαλαιωμένο χάλκινο ακραίο δίκτυο του ΟΤΕ με πλαφόν ταχυτήτων τα 50 Mbps, παρακολουθώντας ανήμπορη την επανεγκαθίδρυση του μονοπωλίου στην ελληνική αγορά των Η.Ε., τώρα πλέον από την γερμανική DT.

Παρ' όλες αυτές τις δυσκολίες, η υπηρεσία μου στην ΕΕΤΤ ήταν για μένα μια από τις πιο ενδιαφέρουσες, ευχάριστες και αποδοτικές περιόδους της καριέρας μου. Ένοιωθα ότι προσφέρω στον τόπο μου. Όπως δήλωσα στην τελευταία μου συνέντευξη τύπου το 2009, ***«για*** *μένα η ΕΕΤΤ ήταν έρωτας».* (Περισσότερα επί προσωπικού επιπέδου στο Κεφάλαιο 15).

Η θητεία μου όμως δεν ανανεώθηκε και αυτό γιατί φαίνεται ότι κατά τη διάρκεια της είχα κάνει πολλούς εχθρούς: πρώτον τον ΟΤΕ, τους συνδικαλιστές του και την DT γιατί με την αποτελεσματική μας ρύθμιση και το άνοιγμα της αγοράς χάνανε το μονοπώλιο τους, δεύτερον ορισμένους Υπουργούς της Κυβέρνησης και το πολιτικό σύστημα που καυτηρίαζα και κατηγορούσα για έλλειψη οράματος, για χαμηλούς στόχους, για αναποτελεσματικότητα και αναβλητικότητα και, τρίτον, τους καναλάρχες που θέλανε να κρατήσουν όλο το «ψηφιακό μέρισμα» δικό τους. Δεν πρέπει δε να παραβλέψουμε και τους άρχοντες της Τοπικής Αυτοδιοίκησης, που με τα δικαιώματα και τέλη διέλευσης που προσπαθούσε να επιβάλλει η ΕΕΤΤ, θεωρούσαν ότι έχαναν μέρος του έλεγχου που αυτοί είχαν.

Τελικά όμως, εάν μετά απ' όλες μας τις προσπάθειες καταφέραμε να φέρουμε απτά και χρήσιμα αποτελέσματα για τον τόπο, αυτό θα το κρίνει η αγορά, η κοινωνία, εσείς και (αργότερα) ... η ιστορία.

<u>ΛΙΓΑ ΛΟΓΙΑ ΓΙΑ ΤΟ ΒΙΒΛΙΟ</u>

Το βιβλίο περιγράφει την εντυπωσιακή ανάπτυξη της Ευρυζωνικότητας και των Η.Ε. που επετεύχθη στην Ελλάδα στην τετραετία 2005-2009, δοσμένη από την οπτική γωνιά και εμπειρία των γεγονότων εκείνης της περιόδου όπως τα έζησα ως Πρόεδρος της ΕΕΤΤ - που εκτός από Ρυθμιστική Αρχή ήταν και η Επιτροπή Ανταγωνισμού στις Η.Ε. – η οποία παρακολουθούσε, επόπτευε και ήλεγχε την αγορά των τηλεπικοινωνιών. Από την εποπτική και ελεγκτική μου αυτή θέση, είχα την πληρέστερη εικόνα των γεγονότων στην αγορά, των επιχειρήσεων που δραστηριοποιούνταν στον κλάδο των Η.Ε. (σταθερών και κινητών ψηφιακών επικοινωνιών και δικτύων τηλεφωνίας και τηλεόρασης) και του μεταξύ τους ανταγωνισμού, καθώς και των σωματείων, φορέων και κοινωνικών εταίρων του δημόσιου και ιδιωτικού τομέα, που άμεσα ή έμμεσα είχαν σχέση και δρομολογούσαν ή επηρέαζαν καταστάσεις στις τηλεπικοινωνίες της χώρας μας. Είχα την ευκαιρία να παρακολουθώ μια αγορά που άλλαζε δυναμικά μπροστά στα μάτια μου.

Το βιβλίο αυτό το έγραψα αρχίζοντας από … το τέλος του. Δηλαδή στην αρχή σκέφτηκα να μαζέψω και να ταξινομήσω χρονολογικά σε κάποια μορφή «ημερολογίου» τα γεγονότα, για κάθε ένα από τα τέσσερα χρόνια της θητείας μου. Όταν αυτό ολοκληρώθηκε, σκέφτηκα ότι ένα τέτοιο ημερολόγιο θα παρουσίαζε ενδιαφέρον μόνο για τους λίγους ειδικούς οι οποίοι ασχολούνται και ενδιαφέρονται για τον κλάδο των Η.Ε. και θέλουν να εντρυφήσουν στις λεπτομέρειες των γεγονότων εκείνης της εποχής ή/και να το έχουν σαν μια ιστορική αναφορά. Στη συνέχεια όμως σκέφτηκα ότι, αντί της απλής χρονολογικής καταγραφής τους, ίσως θα ήταν προτιμότερο να οργανώσω τα γεγονότα σε κεφάλαια, ανάλογα με το αντίστοιχο θέμα και με τρόπο που να μπορεί να διαβάζεται ακόμα και από τον μη ειδικό ή αυτόν που θα ήθελε να αποκτήσει μια γενικότερη μόνον άποψη, χωρίς όλες τις λεπτομέρειες. Στο τέλος, αποφάσισα να συμπεριλάβω και τα δύο στο βιβλίο, δηλαδή το πρώτο μέρος του να περιέχει 16 κεφάλαια ανά θεματική ενότητα και το δεύτερο να καταγράφει το χρονικό των γεγονότων εκείνης της περιόδου ανά έτος.

α) Σε ποιούς απευθύνεται

Το βιβλίο απευθύνεται τόσο στους ειδικούς του κλάδου που εργάζονται και ασχολούνται με τις Η.Ε., όσο και στους λιγότερο μυημένους και περιπτωσιακούς αναγνώστες που απλώς επιθυμούν να είναι ενήμεροι για τις εξελίξεις στον τομέα των Τεχνολογιών Πληροφορικής και Επικοινωνιών και την γενικότερη τεχνολογική ανάπτυξη της χώρας μας. Για τους πρώτους, πιστεύω ότι θα αποτελέσει μια ιστορική καταγραφή και τεχνική περιγραφή των αποφάσεων και γεγονότων της τετραετίας (με πολλές εγκυκλοπαιδικές πληροφορίες για θέματα τηλεπικοινωνιών και ρύθμισης, με πλήρη βιβλιογραφική υποστήριξη). Για τους δεύτερους - που θα μπορούν να παραλείψουν τα τεχνικά εδάφια και να εστιάσουν επιλεκτικά σ' εκείνα που κεντρίζουν το ενδιαφέρον τους περισσότερο - ελπίζω να προσφέρει μια εποπτική ματιά της τηλεπικοινωνιακής κατάστασης στη χώρα και μια γεύση των όσων σπουδαίων διαδραματίζονταν την περίοδο εκείνη. Λεπτομερείς πίνακες περιεχομένων διευκολύνουν την πλοήγηση του αναγνώστη μέσα στο βιβλίο, ιδιαίτερα αυτόν που δεν θέλει να το διαβάσει ολόκληρο και επιθυμεί να διαλέξει επιλεκτικά εκείνα τα κεφάλαια ή τις παραγράφους που περιέχουν θέματα ενδιαφέροντος του.

Μέσω των αναφορών της βιβλιογραφίας παρέχεται στον αναγνώστη η δυνατότητα πρόσβασης στις πρωτότυπες πηγές καταγραφής των γεγονότων, όπως δημοσιεύματα εφημερίδων, ομιλίες, συνεντεύξεις, αποφάσεις και μελέτες της ΕΕΤΤ, κ.λπ. (Συνιστώ δε να ανατρέξετε στις πηγές αυτές, καθώς παρουσιάζουν ιδιαίτερο ενδιαφέρον, ενώ πολλές φορές είναι αρκετά γλαφυρές και ξαναζωντανεύουν την ατμόσφαιρα εκείνης της περιόδου).

β) Σκοπός του βιβλίου

Ο σκοπός του είναι διττός: Πρώτον, να καταγράψει τα γεγονότα, τις κρίσιμες αποφάσεις της ΕΕΤΤ, τα μέτρα ρύθμισης και τις πρωτοβουλίες που ανέλαβε, καθώς και τα πρόστιμα που αναγκάστηκε να επιβάλλει στον ΟΤΕ και στις άλλες τηλεπικοινωνιακές εταιρείες μέχρις ότου όλοι τους συμμορφωθούν πλήρως και αρχίσουν να τηρούν τους κανόνες του παιχνιδιού. Δεύτερον, να αποτυπώσει τα αποτελέσματα και την καθοριστική συμβολή της ΕΕΤΤ στην αύξηση της ανταγωνιστικότητας και στην σημαντική πρόοδο που συντελέστηκε στον κλάδο των Η.Ε., με κύρια έμφαση στην σταθερή και κινητή Ευρυζωνικότητα, στις ασύρματες επικοινωνίες και στην αποτελεσματική διαχείριση του φάσματος ραδιοσυχνοτήτων. Και τέλος να αναδείξει τις «χαμένες ευκαιρίες» για μια πιο μακροπρόθεσμη τεχνολογική ανάπτυξη της χώρας. Όλα τα ντοκουμέντα και πληροφορίες εκείνης της εποχής είναι κατ' αυτόν τον τρόπο συγκεντρωμένα σε ένα βιβλίο.

Μέσα από αυτήν την καταγραφή, ελπίζουμε να αντιληφθεί ο αναγνώστης: (1) τη σημασία της Ευρυζωνικότητας και του ευρυζωνικού Διαδικτύου στην ανάπτυξη της χώρας, ως αγαθό, ως ενδυνάμωση του πολίτη (empowerment) και ως απελευθερωτική δύναμη απεξάρτησης της κοινωνίας από την καταπίεση του Κράτους, (2) την κατάσταση που βρήκαμε στις Η.Ε. και την Ευρυζωνικότητα το 2005, (3) τις ανησυχίες, τα οράματα και τις προσπάθειές μας για την ανάπτυξή τους στη χώρα μας, (4) τις σφοδρές αντιδράσεις που αντιμετωπίσαμε στο έργο μας και τις επιθέσεις που δεχόταν η ΕΕΤΤ από τον ΟΤΕ, (5) τις δυσκολίες μας καθώς ήμασταν αναγκασμένοι να λειτουργούμε μέσα σ' ένα δυσκίνητο και αρτηριοσκληρωτικό Κράτος και, τέλος, (6) τις πολλές προτάσεις που υποβάλλαμε στην Κυβέρνηση (οι περισσότερες των οποίων δεν εισακούστηκαν) για έργα και δράσεις, όχι μόνο όσον αφορά στον στενό τομέα της αρμοδιότητας μας (τις Η.Ε.), αλλά και ευρύτερα για τον καλύτερο συντονισμό των ενεργειών των εμπλεκόμενων φορέων ώστε να πετύχει η «ευρυζωνικοποίηση» (broadbandization) και τεχνολογική ανάπτυξη της χώρας. Προσπαθούσαμε απεγνωσμένα να δώσουμε σε όλους να καταλάβουν ότι *«η νέα παγκοσμιοποιημένη κοινότητα που αναπτύσσεται τάχιστα σε όλες τις γωνιές του πλανήτη, δεν έχει καμιά διάθεση ή υποχρέωση να μας περιμένει».*

γ) Θα υπάρξει ενδιαφέρον;

Βέβαια, το παρόν βιβλίο δεν διεκδικεί ούτε και έχει φιλολογικές φιλοδοξίες και θα πρέπει να παραβλέψετε την (μη) συγγραφική ικανότητα του γράφοντος. Απλώς, θέλει να σας μεταφέρει να ζήσετε την ατμόσφαιρα της εποχής εκείνης κατά τη διάρκεια της οποίας αναπτυσσόταν η Ευρυζωνικότητα και το ευρυζωνικό Διαδίκτυο στην Ελλάδα. Και όπως λέει ο Don Draper της σειράς *Mad Men* (το "Mad" προέρχεται από την οδό Madison Avenue στη Νέα Υόρκη, το κέντρο των διαφημιστικών επιχειρήσεων): «*Δεν αγοράζεις το προϊόν. Είναι μια μηχανή του χρόνου. Αγοράζεις το ότι ξαναζείς το χθες*».

Μολονότι προσωπικά πιστεύω στη χρησιμότητα ενός τέτοιου εγχειρήματος, δεν ξέρω πόσων την περιέργεια θα τραβήξει αυτό το βιβλίο. Επειδή όμως γενικά λίγοι δείχνουν ενδιαφέρον για τέτοια πράγματα στη χώρα μας, φαντάζομαι ότι το αναγνωστικό του κοινό θα είναι μάλλον περιορισμένο. Εύλογα συνεπώς, θα με ρωτήσετε εσείς (και με το δίκιο σας): γιατί αποφάσισα να καταπιαστώ με το έργο της συγγραφής αυτού του βιβλίου; ποιος θα ενδιαφερθεί γι' αυτά τα πράγματα στην Ελλάδα; Πραγματικά, δεν ξέρω! Ίσως ελάχιστοι. Αλλά από την άλλη μεριά, ίσως πάλι να ενδιαφερθούν .... κάποιοι νέοι στο μέλλον.

Δεν πειράζει όμως. Θεωρώ ότι όφειλα στον εαυτό μου, στο επιστημονικό προσωπικό της ΕΕΤΤ και για την ιστορία να παρουσιάσω τα γεγονότα σ' εκείνα τα εξαιρετικά ενδιαφέροντα πρώτα χρόνια της ανάπτυξης της Ευρυζωνικότητας στην Ελλάδα, από μια άλλη πιο σφαιρική οπτική γωνιά, διαφορετική απ' αυτήν που συνήθως παρουσιάζουν δημοσιογραφικά, επιχειρηματικά, ιδεολογικά ή πολιτικά συμφέροντα. Επιπλέον ήθελα να αναδείξω και να υπερασπιστώ το έργο της ΕΕΤΤ.

ΠΕΡΙΕΧΟΜΕΝΑ ΤΟΥ ΒΙΒΛΙΟΥ

Το βιβλίο χωρίζεται σε τρία μέρη:

α) Το πρώτο μέρος με τίτλο «Ευρυζωνικότητα» περιλαμβάνει τα κάτωθι κεφάλαια:

Κεφάλαιο 1: Εισαγωγή
Παρουσιάζω ένα νέο εθνικό όραμα ανάπτυξης των νέων τεχνολογιών στη χώρα, μερικά εισαγωγικά στοιχεία για το Διαδίκτυο και τις ευρυζωνικές συνδέσεις, τι είναι η ΕΕΤΤ, ποιές οι αρμοδιότητές της σχετικά με την Ευρυζωνικότητα και την αγορά των Ηλεκτρονικών Επικοινωνιών (Η.Ε.) και τέλος, πώς η ΕΕΤΤ άλλαξε το μεταπρατικό μοντέλο της τηλεπικοινωνιακής αγοράς και ποιά ήταν η γενικότερη συνεισφορά της στο άνοιγμα της αγοράς και στην ανάπτυξη της Ευρυζωνικότητας στην Ελλάδα.

Κεφάλαιο 2: Όραμα, πρωτοβουλίες και πρώτα αποτελέσματα
Διατυπώνω την πρότασή μου οτι θα έπρεπε «μέχρι το 2015 να καταστεί η Ελλάδα μια Διαδικτυακή δύναμη στην Ευρώπη και μέχρι το 2020 να έχει μετατραπεί σε μια εξωστρεφή κοινωνία παροχής ανταγωνιστικών υπηρεσιών και προϊόντων υψηλής τεχνολογίας (high-tech society)» και πώς θα μπορούσε αυτό να επιτευχθεί με ένα μοντέλο διαχείρισης με έναν υπεύθυνο σε ανώτατο επίπεδο περιστοιχιζόμενο από μια «dream team» τεχνοκρατών. Επίσης περιγράφω το στοίχημα της ΕΕΤΤ για την

τετραετία, την προετοιμασία της χώρας για τα μελλοντικά τηλεπικοινωνιακά δίκτυα επόμενης γενιάς και ποια ήταν τα πρώτα αποτελέσματα των προσπαθειών μας.

Κεφάλαιο 3: Το άνοιγμα της αγοράς των Η.Ε.
Αναλύω τα αίτια της μέχρι τότε καθυστέρησης στο άνοιγμα της αγοράς των Η.Ε. στην Ελλάδα, πόσο απροετοίμαστοι ήταν το 2005 ο ΟΤΕ και οι εναλλακτικοί πάροχοι, πώς η ΕΕΤΤ κατάφερε να ανοίξει την αγορά με τις αυξημένες αρμοδιότητες που της παρείχε ο νέος νόμος και την πρόοδο που επετεύχθη στις τηλεπικοινωνίες μέσα σε μιά τετραετία.

Κεφάλαιο 4: Ισχυρή αντίσταση του ΟΤΕ στο άνοιγμα της αγοράς
Περιγραφή των διενέξεων μεταξύ ΟΤΕ και εναλλακτικών παρόχων, της ισχυρής αντίστασης του ΟΤΕ στις αλλαγές, της αντι-ανταγωνιστικής του συμπεριφοράς και, τέλος, των οξύτατων επιθέσεών του στην ΕΕΤΤ.

Κεφάλαιο 5: Έτος 2005: «Ευρυζωνικότητα» = άγνωστος όρος στην Ελλάδα
Αναφέρομαι αναλυτικότερα στον ορισμό της Ευρυζωνικότητας, στους παράγοντες που την επηρεάζουν, στην κατάστασή της στη χώρα το 2005 και στους λόγους της μέχρι τότε καθυστέρησής της, στον ΟΤΕ και στους εναλλακτικούς παρόχους οι οποίοι ήταν ανέτοιμοι τότε να την προωθήσουν δυναμικά και στις προτάσεις της ΕΕΤΤ για την ευρυζωνική σύγκλιση της χώρας με την Ε.Ε.

Κεφάλαιο 6: Η ΕΕΤΤ ανοίγει το δρόμο της Ευρυζωνικότητας (μέσω της ΑΠΤΒ)
Περιγράφεται ο τρόπος με τον οποίο η ΕΕΤΤ άνοιξε το δρόμο της Ευρυζωνικότητας επιβάλλοντας αυξημένες ρυθμιστικές υποχρεώσεις στον ΟΤΕ, προωθώντας νέο μοντέλο λειτουργίας της αγοράς με βάση τον «ανταγωνισμό στις υποδομές» και υποχρεώνοντας τον ΟΤΕ να ανοίξει τα Κέντρα του στη συνεγκατάσταση εναλλακτικών παρόχων και να υλοποιήσει την «Αδεσμοποίητη Πρόσβασή τους στον Τοπικό του Βρόχο» (ΑΠΤΒ). Επίσης, καταγράφω τα πρώτα βήματα στην εφαρμογή της ΑΠΤΒ και τις αντιστάσεις που παρουσιάζει ο ΟΤΕ.

Κεφάλαιο 7: ΟΤΕ, COSMOTE, «ΓΕΡΜΑΝΟΣ» και στο ...βάθος DT

Παρέχω ορισμούς και διευκρινήσεις για το εάν το δίκτυο του ΟΤΕ είναι δημόσιο ή ιδιωτικό, παρουσιάζω την εξαγορά της «ΓΕΡΜΑΝΟΣ» από την COSMOTE και τον θόρυβο που προκλήθηκε για το τίμημα της εξαγοράς, καθώς και την μετέπειτα συγχώνευση του ΟΤΕ με την COSMOTE, περιγράφω πώς η Κυβέρνηση μπλόκαρε απόπειρα της MIG για συμμετοχή της στη διοίκηση του ΟΤΕ μέσω «επιθετικής εξαγοράς του» και στη συνέχεια τον παραχώρησε στη DT και, τέλος, αναλύω τον ρόλο που θα είχε η ΕΕΤΤ σχετικά με την οποιαδήποτε τιμολογιακή πολιτική της DT.

Κεφάλαιο 8: «Λειτουργικό διαχωρισμός» του ΟΤΕ

Εξηγώ τι είναι ο λειτουργικός διαχωρισμός μιας τηλεπικοινωνιακής εταιρείας με τον οποίον απειλούσαμε τον ΟΤΕ (και ο οποίος συνάντησε τη δριμεία αντίδραση του ΟΤΕ και της DT που πίεζαν τους Υπουργούς της Κυβέρνησης για μη πραγματοποίησή του) και παρουσιάζω τι είχε γίνει σχετικά σε άλλες χώρες, τα πλεονεκτήματα και μειονεκτήματα του λειτουργικού διαχωρισμού και τα διάφορα μοντέλα υλοποίησής του. Η σχετική μελέτη μας για λειτουργικό διαχωρισμό του ΟΤΕ ολοκληρώθηκε στις 27/7/2009 και προετοιμαζόμασταν να τη θέσουμε σε δημόσια διαβούλευση. Μια εβδομάδα αργότερα στις 5/8/2009 έληξε η θητεία μου και δεν ανανεώθηκε από την Κυβέρνηση (της οποίας Υπουργός ΥΜΕ ήταν τότε ο κ. Ε. Στυλιανίδης)*[19],[20].*

Κεφάλαιο 9: Εθνικό δίκτυο οπτικών ινών FTTH: Μια άλλη χαμένη ευκαιρία

Παρουσιάζω την εισήγηση της ΕΕΤΤ για την κατασκευή ενός εθνικού δικτύου FTTH μέχρι το σπίτι (Fiber to the Home), την οποία απεδέχθη η Κυβέρνηση και του οποίου την κατασκευή ανακοίνωσε ο Πρωθυπουργός κ. Κ. Καραμανλής, το οποίο όμως έργο μετά από διάφορες εξωτερικές πιέσεις σε Υπουργούς της Κυβέρνησης δυστυχώς δεν προχώρησε. Περιγράφω την ανάγκη και τα οφέλη ενός τέτοιου εθνικού δικτύου FTTH, πώς προωθήσαμε την ιδέα στην Κυβέρνηση και συμβάλαμε στη μελέτη του, δίνω την τεχνική του περιγραφή και τέλος, αναφέρω τα δημοσιεύματα του Τύπου σχετικά με τις αντιδράσεις, «απειλές» και πιέσεις των ΟΤΕ και DT προς την Κυβέρνηση ώστε το έργο να μην πραγματοποιηθεί.

Κεφάλαιο 10: Ασύρματη (σταθερή και κινητή) Ευρυζωνικότητα

Περιγράφω την κατάσταση στην κινητή τηλεφωνία το 2005, τις δράσεις της ΕΕΤΤ για προώθηση της ασύρματης Ευρυζωνικότητας μέσω της απελευθέρωσης φάσματος (π.χ., απελευθέρωση του Wi-Fi, αδειοδότηση του WiMax, κ.λπ.) και την ανάπτυξή της στην τετραετία 2005-2009. Επίσης παρουσιάζω τη διαδικασία και τα προβλήματα αδειοδότησης των κεραιών κινητής τηλεφωνίας και τις αντίστοιχες προσπάθειες της ΕΕΤΤ για διευκόλυνση της κατάστασης.

Κεφάλαιο 11: Σύγκλιση τηλεπικοινωνιών και ΜΜΕ

Η ΕΕΤΤ προειδοποιεί για την επερχόμενη σύγκλιση των τηλεπικοινωνιών με τα ΜΜΕ και την ίδια εποχή της ανατίθενται νέες αρμοδιότητες ως προς τα ραδιοτηλεοπτικά (ρ/τ). Κατακρίνει τον ασυντόνιστο τρόπο με τον οποίο επιχειρείται η μετάβαση στη ψηφιακή τηλεόραση και προτείνει νέα μεθοδολογία, τροποποιεί τον κανονισμό αδειών ρ/τ δικτύων και φέρνει στην επιφάνεια το σοβαρό θέμα της αποτελεσματικής διάθεσης του «ψηφιακού μερίσματος», με τη διενέργεια ειδικής Ημερίδας και την εκπόνηση και υποβολή σχετικής μελέτης. Τέλος, περιγράφω τη μεγάλη αντίδραση που υπήρξε από τους καναλάρχες στην πρότασή μας να διατεθεί το μεγαλύτερο μέρος του ψηφιακού μερίσματος στις τηλεπικοινωνιακές εταιρείες για κινητή Ευρυζωνικότητα και για νέες πρωτοπόρες εφαρμογές.

Κεφάλαιο 12: Λοιπές δράσεις της ΕΕΤΤ

Καταγράφω τις σπουδαιότερες από τις υπόλοιπες δράσεις της ΕΕΤΤ στην τετραετία, όπως τη μεγάλη εκστρατεία ενημέρωσης του κοινού για την Ευρυζωνικότητα και άλλα συναφή θέματα, τη μέριμνά της για τον καταναλωτή με την έκδοση σχετικών Κανονισμών (όπως Κανονισμό δεοντολογίας εταιρειών, Κανονισμό δεικτών ποιότητας υπηρεσιών, κ.λπ.), τη διαβούλευση και εισήγησή της για την ασφάλεια και ακεραιότητα των δικτύων Ηλεκτρονικών Επικοινωνιών, την οργάνωση του Forum Ευρυζωνικότητας, την κατασκευή του Γεωγραφικού

Συστήματος Ευρυζωνικότητας (GIS) και συστήματος online μετρήσεως ευρυζωνικών χαρακτηριστικών, τις ηλεκτρονικές υπογραφές, κ.α.

Κεφάλαιο 13: Κρατικό περιβάλλον: αργόσυρτο, δυσλειτουργικό, άτολμο και αναποτελεσματικό

Αναφέρομαι στις αντίξοες συνθήκες και στο δυσλειτουργικό κρατικό περιβάλλον μέσα στο οποίο λειτουργούσε η ΕΕΤΤ, στις δικαστικές καθυστερήσεις όσον αφορά στην εφαρμογή αποφάσεών της και επιβολή προστίμων της, στη μη έκδοση των απαραίτητων κοινών υπουργικών αποφάσεων (ΚΥΑ) μετά από μελέτες και εισηγήσεις της ΕΕΤΤ (όπως π.χ. μη έκδοση της ΚΥΑ για τα «δικαιώματα διέλευσης»), στη μη εκτέλεση από το Κράτος δράσεων για την περαιτέρω ανάπτυξη της Ευρυζωνικότητας που πρότεινε η ΕΕΤΤ, κ.λπ.

Κεφάλαιο 14: Ο ανελέητος πόλεμος του ΟΤΕ στην ΕΕΤΤ

Το κεφάλαιο τούτο εστιάζει ειδικότερα στην καταγραφή των συνεχών επιθέσεων και βαρύτατων κατηγοριών του ΟΤΕ και του Προέδρου του, τόσο εναντίον της ΕΕΤΤ όσο και εμού προσωπικά, στην προσπάθεια τους να απαξιώσουν την Ρυθμιστική Αρχή και να φιμώσουν ή/και να θέσουν υπο αμφισβήτηση τον Πρόεδρό της χαρακτηρίζοντάς τον «παράνομο» και απαιτώντας από την Κυβέρνηση να παρέμβει και να ελέγξει το έργο μας ή ακόμα και «να καταργήσει τη ρύθμιση των τηλεπικοινωνιών» (!), κάτι που ισχύει πανευρωπαϊκά. Όλες οι κατηγορίες και αναλήθειες του ΟΤΕ αντικρούονται, ενώ ταυτοχρονα παρουσιάζονται οι αντίστοιχες θέσεις της ΕΕΤΤ.

Κεφάλαιο 15: Σε προσωπικό επίπεδο

Στο κεφάλαιο αυτό δίνω στοιχεία κυρίως προσωπικού επιπέδου, όπως τον τρόπο επιλογής μου στη θέση του Προέδρου της ΕΕΤΤ, τις προσπάθειες και τις συγκρούσεις μου με το σύστημα και τα μεγάλα συμφέροντα που μου δημιούργησαν αρκετούς εχθρούς, τις ευχάριστες στιγμές αποδοτικού αγώνα αλλά και τις απογοητεύσεις μου, τις αμφιταλαντεύσεις μου για το αν θα ήθελα ή όχι την ανανέωση της θητείας μου και, τέλος, τις πιέσεις του ΟΤΕ και της DT σε Υπουργούς της Κυβέρνησης για τη μη ανανέωσή της.

Κεφάλαιο 16: Επίλογος

Σ' αυτό το τελευταίο κεφάλαιο του βιβλίου καταγράφω όλες τις προόδους της τετραετίας αλλά και τι δεν μπορέσαμε να καταφέρουμε, αναφέρω ποιοι ήταν οι παράγοντες που συνέβαλαν στην πρόοδο της Ευρυζωνικότητας και σημειώνω την τελική αναγνώριση του έργου της ΕΕΤΤ τόσο από την Ευρωπαϊκή Επιτροπή όσο και από την ελληνική αγορά τηλεπικοινωνιών. Ακολουθούν λίγα λόγια για το τι έχει γίνει έκτοτε από το 2009 μέχρι σήμερα το 2015, ποια είναι σημερινή κατάσταση των Ηλεκτρονικών Επικοινωνιών στη χώρα μας και ολοκληρώνω με μερικά τελευταία μου συμπεράσματα για την επερχόμενη επιστροφή της αγοράς στο παρελθόν.

β) Το δεύτερο μέρος με τίτλο «*Χρονικό 2005-2009*» παραθέτει μια λεπτομερέστερη χρονολογική αποτύπωση των γεγονότων με μια σύντομη περίληψη για το καθένα.

γ) Τέλος, στο τρίτο μέρος με τίτλο *«Παραρτήματα: Δημοσιεύματα και ενημερωτικά έντυπα της ΕΕΤΤ»* εμπεριέχεται εκτεταμένο εκδοτικό υλικό της ΕΕΤΤ εκείνης της τετραετίας, με πολύ χρήσιμες πληροφορίες για τον ενδιαφερόμενο, όπως: τα τεύχη του περιοδικού «Επικοινωνίες Εν Τάχει» της ΕΕΤΤ, οι διάφορες ημερίδες και παρουσιάσεις της ΕΕΤΤ, τα ετήσια τεύχη των πεπραγμένων της, οι ετήσιες ανασκοπήσεις της ΕΕΤΤ για την αγορά των Η.Ε., κ.λπ.

ΕΥΧΑΡΙΣΤΙΕΣ

Τέλος, μολονότι δεν γνώριζα από πριν σχεδόν κανένα από τα υπόλοιπα 9 μέλη του Διοικητικού Συμβουλίου (της «Ολομέλειας») της ΕΕΤΤ, εντούτοις η συνεργασία μας υπήρξε πολύ αρμονική και παραγωγική, οι συνεδριάσεις της Ολομέλειας γίνονταν πάντα σε φιλική ατμόσφαιρα συνεργασίας και σχεδόν όλες οι αποφάσεις της αυτά τα τέσσερα χρόνια είχαν ληφθεί με ομοφωνία.

Από το σημείο αυτό, θα 'θελα συνεπώς να ευχαριστήσω θερμά αυτούς που χωρίς την συμπαράσταση, υποστήριξη, ενθάρρυνση και σκληρή τους δουλειά δεν θα μπορούσαμε να φέρουμε αυτά τα αποτελέσματα που περιγράφω στο βιβλίο, για τα οποία είμαι πολύ υπερήφανος:

(α) ***Τα μέλη της Ολομέλειας*** (ήμουν τυχερός που είχαν τον σωστό συνδυασμό ταλέντου και προσωπικότητας): *Νικόλαο Κουλούρη* (Δικηγόρο, Αντιπρόεδρο των Ηλεκτρονικών Επικοινωνιών), *Θεόδωρο Δραβίλλα* (Διπλωματούχο Ηλεκτρολόγο Μηχανικό του ΕΜΠ, Αντιπρόεδρο των Ταχυδρομικών Υπηρεσιών), *Παναγιώτη Κωττή* (Καθηγητή ΕΜΠ), *Ιωάννη Παλαιολόγο* (Αν. Καθηγητή Πανεπιστημίου Πειραιά), *Μιχαήλ Σακκά* (Μηχανολόγο Ηλεκτρολόγο ΕΜΠ και αργότερα Αντιπρόεδρο των Ταχυδρομικών Υπηρεσιών), *Παναγιώτη Τσανάκα* (Καθηγητή ΕΜΠ), *Γεώργιο Τσαπρούνη* (Δικηγόρο), *Αλκιβιάδη-Κωνσταντίνο Ψάρρα* (Δικηγόρο).

(β) Το ***προσωπικό της ΕΕΤΤ*** για τον επαγγελματισμό τους, τη σκληρή τους δουλειά με τις μακρές ώρες εργασίας, την αφοσίωση τους στο έργο και το ότι είχαν πιστέψει και ασπαστεί στο όραμα της ανάπτυξης της Ευρυζωνικότητας στη χώρα. Όλοι τους διέπονταν από πνεύμα ομαδικής εργασίας (teamwork), σε σημείο που πολλές φορές μου θύμιζαν τις ευχάριστες σχέσεις που είχα στο πανεπιστημιακό μου εργαστήριο με τους μεταπτυχιακούς φοιτητές.

(γ) Τα άτομα που κατά καιρούς παρείχαν χρήσιμες ***συμβουλευτικές υπηρεσίες*** στην ΕΕΤΤ: Νομικό Σύμβουλο Επίκουρο Καθηγητή Β. Κονδύλη, Καθηγητή Κώστα Χαλάτση, Καθηγητή Τάκη Καραφωτιά, Δρ. Λευτέρη Σπίθα, Χρίστο Κόκιο, Πάνο Μπάσιο, Γιώργο Βαρβαλούκα και Ζήση Παλάσκα.

(δ) Τους ***δημοσιογράφους*** (μερικοί των οποίων δεν βρίσκονται πλέον κοντά μας) στων οποίων τα κείμενα κάνω εκτεταμένες παραπομπές μέσα στο βιβλίο, τους ***κοινωνικούς εταίρους*** (ΣΕΠΕ, ΣΑΤΠΕ, ΕΠΥ, ΜΚΟ, κ.λπ.), τον ***ιστότοπο adslgr.com*** και τα σωματεία ***ΕΕΧΙ*** (Ένωση Ελλήνων Χρηστών Ιντερνετ) και ***ΑΜΔΑ*** (Ασύρματο Μητροπολιτικό Δίκτυο Αθηνών) για το ενδιαφέρον τους και την εποικοδομητική συνεργασία που είχαμε και που, άμεσα ή έμμεσα, με την ενημέρωση που παρείχαν, τα σχόλια τους, την κριτική τους και τις παρατηρήσεις τους υπήρξαν υποστηρικτές και πολλαπλασιαστές των μηνυμάτων μας και συνέβαλαν και αυτοί στην ανάπτυξη της Ευρυζωνικότητας στη χώρα μας.

Αθήνα Δεκέμβριος 2015

Καθηγητής Νικήτας Αλεξανδρίδης
π. Πρόεδρος της ΕΕΤΤ
email: nalexandridis@gmail.com
web: https://sites.google.com/site/nikitasalexandridis/home

Η Ολομέλεια της ΕΕΤΤ (Αύγουστος 2005)

από αριστερά: Μ. Σακκάς, Π. Κωττής, Α. Ψάρρας, Ν. Κουλούρης, Ν. Αλεξανδρίδης, Θ. Δραβίλλας, Ι. Παλαιολόγος, Π. Τσανάκας, Γ. Τσαπρούνης

Κεφάλαιο 1: Εισαγωγή

«Διαβεβαιώνω ότι ο Ρυθμιστής δεν θα επιτρέψει οι παράγοντες της αγοράς να επανέλθουν στην εσωστρέφεια του πρόσφατου παρελθόντος, που κράτησε την Ελλάδα στη «ψηφιακώς λίθινη εποχή» για χρόνια». (2/10/2007)

Κεφάλαιο 1: Εισαγωγή

Στο κεφάλαιο αυτό παρουσιάζω μια εποπτική άποψη των θεμάτων τα οποία θα αναπτύξω λεπτομερέστερα στο υπόλοιπο του βιβλίου: τι είναι η Ευρυζωνικότητα, την υστέρηση της χώρας μας στην Ευρυζωνικότητα και γενικότερα στις Ηλεκτρονικές Επικοινωνίες (Η.Ε.), σε ποια κατάσταση τις βρήκαμε το 2005 και την πρώτη μου επιστολή στου Μαξίμου για το όραμα και τους νέους εθνικούς στόχους που απαιτούντο για την τεχνολογική αναβάθμιση της Ελλάδας και τη μετεξέλιξη της *σε κοινωνία υπηρεσιών υψηλής τεχνολογίας*. Αφού πρώτα εξηγήσω ποια είναι η ΕΕΤΤ και τι αρμοδιότητες έχει, στη συνέχεια παρουσιάζω τον ρόλο που αυτή έπαιξε στο άνοιγμα της αγοράς των Η.Ε. και στην ανάπτυξη της Ευρυζωνικότητας και κάνω μια σύντομη περιγραφή των επιτευγμάτων της στην τετραετία 2005-2009.
Τρία άλλα θέματα που θίγω συνοπτικά σ' αυτό το κεφάλαιο, που έχουν κυρίως να κάνουν με το τι είδους Ευρυζωνικότητα θέλουμε να έχει η Ελλάδα στο μέλλον, είναι αυτά του *«λειτουργικού διαχωρισμού»* του ΟΤΕ, της κατασκευής υποδομών για *«τηλεπικοινωνιακά δίκτυα επόμενης γενιάς»* (για σταθερή Ευρυζωνικότητα) και του *«ψηφιακού μερίσματος»* (για κινητή Ευρυζωνικότητα), των οποίων η λεπτομερής ανάπτυξη γίνεται αργότερα σε ξεχωριστά κεφάλαια.

ΑΠΑΙΤΕΙΤΑΙ ΕΘΝΙΚΟ ΟΡΑΜΑ ΓΙΑ ΤΙΣ ΝΕΕΣ ΤΕΧΝΟΛΟΓΙΕΣ

α) Οι τηλεπικοινωνίες στην Ελλάδα το 2005

Ενώ είχαν ήδη περάσει πέντε χρόνια απελευθέρωσης της αγοράς τηλεπικοινωνιών, ο ΟΤΕ συνέχιζε το 2005 να έχει την παντοδυναμία*[21]* σε μια μη ανταγωνιστική αγορά που μόλις τότε εμφάνιζε την τεχνολογία ADSL*[22]*. Το γεγονός ότι είχε το μονοπώλιο των δικτύων πρόσβασης και δεν είχε ακόμα ανοίξει τα Αστικά του Κέντρα (Α/Κ) στη συνεγκατάσταση των εναλλακτικών παρόχων, είχε περιορίσει τις ευρυζωνικές γραμμές τοπικού βρόχου στον ελαχιστότατο αριθμό των μόλις 5.200 γραμμών σ' όλη την επικράτεια! Η μέχρι τότε μη υγιής λειτουργία του ανταγωνισμού στην ελληνική αγορά τηλεπικοινωνιών και η καθυστέρηση της απελευθέρωσης του τοπικού βρόχου, μας είχε κατατάξει στην τελευταία θέση στην Ευρώπη από πλευράς διείσδυσης των ευρυζωνικών συνδέσεων. Κάθε επενδυτική προσπάθεια είχε «παγώσει» και οι τελικοί χρήστες είχαν στερηθεί τη δυνατότητα πρόσβασης σε πρωτοποριακές, ποιοτικές και προ πάντων οικονομικά προσιτές ευρυζωνικές υπηρεσίες[23], ενώ ο διεθνής οίκος αξιολόγησης Fitch αμφέβαλε για την γρήγορη προώθηση της Ευρυζωνικότητας στην Ελλάδα. Σχετικό άρθρο στην εφημερίδα Κέρδος το 2005 ανέφερε ότι *«ο ΟΤΕ λειτουργεί χωρίς ανταγωνισμό»* και συμπλήρωνε: *«Ο διεθνής οίκος Fitch είναι προβληματισμένος από το ευνοϊκό (προς τον ΟΤΕ) ρυθμιστικό περιβάλλον καθώς η ΕΕΤΤ έχει περιορισμένη ανεξαρτησία και αρμοδιότητες, ενώ πολλά στελέχη της ασκούν ή ασκούσαν καθήκοντα σε κυβερνητικά πόστα. Η Ε.Ε. είναι πολύ πιθανόν να ασκήσει περισσότερη πίεση στην Ελλάδα να προσαρμόσει το θεσμικό της πλαίσιο, εξαναγκάζοντας έτσι τον ΟΤΕ να λειτουργήσει υπό νέο ανταγωνιστικό καθεστώς και να ωθήσει τις δικές του ευρυζωνικές υπηρεσίες στην αγορά, όπως συμβαίνει με τις πιο φιλελεύθερες αγορές της Ευρώπης»*[24].

Συνεπώς, η στρατηγική μας στην ΕΕΤΤ για την τετραετία 2005-2009 εστιαζόταν (α) στο άνοιγμα της αγοράς των Η.Ε. και την ενίσχυση του ανταγωνισμού και (β) στη θεμελίωση και ανάπτυξη της Ευρυζωνικότητας. Για την επόμενη τετραετία 2009-2013 (εάν ανανεώνονταν η θητεία μας) η στρατηγική μας εστιαζόταν (α) στις σταθερές ψηφιακές υποδομές νέας γενιάς (ευρυζωνικά δίκτυα πρόσβασης «οπτικών ινών μέχρι το σπίτι» FTTH και δίκτυα επίγειας ψηφιακής τηλεόρασης) και (β) στις ασύρματες δικτυακές υποδομές (για κινητή Ευρυζωνικότητα, πολυμεσικότητα και πρόσβαση στο Διαδίκτυο).

β) Η Ελλάς ως «κοινωνία υπηρεσιών υψηλής τεχνολογίας»

Από τους πρώτους μήνες της θητείας μου, «βομβάρδιζα» το Μέγαρο Μαξίμου και τους αρμόδιους Υπουργούς με διάφορες προτάσεις και ιδέες για δράσεις, τόσο για τις Η.Ε. και το ευρυζωνικό Διαδίκτυο, όσο και για την γενικότερη επιτάχυνση της τεχνολογικής προόδου της χώρας.

Ένα πρώτο τέτοιο εμπιστευτικό non-paper που έστειλα στις 13/3/2006 στον Πρωθυπουργό με προτάσεις μου για το νέο όραμα που χρειάζεται η χώρα ώστε «να μεταλλαχτεί η Ελλάς σε κοινωνία υπηρεσιών υψηλής τεχνολογίας» (high tech society) περιλάμβανε τα ακόλουθα:

1) "Το Όραμα: Η Ελλάς να μεταλλαχτεί σε κοινωνία υπηρεσιών υψηλής τεχνολογίας":

(α) Νέο Εθνικό Όραμα: Η Ελλάδα θα πρέπει τάχιστα να μετεξελιχθεί σε Κοινωνία υπηρεσιών υψηλής τεχνολογίας και αυτό να επιτευχθεί με τις τεχνολογίες του ευρυζωνικού Ίντερνετ και της Πληροφορικής. Η κατάσταση δεν είναι απλώς «κατεπείγουσα» αλλά έχει πλέον γίνει «κρίσιμη» και πρέπει να ληφθούν έκτακτα μέτρα αντιμετώπισής της.

(β) Νέοι μεγάλοι Εθνικοί Στόχοι: (1) να γίνουμε ανταγωνιστικοί όχι μόνον με τις πιο ανεπτυγμένες χώρες της Ε.Ε. αλλά και παγκοσμίως (η Ε.Ε. συνεχώς παραμένει πίσω και εμείς ακόμα πιο πίσω) και (2) μέχρι το 2020 η Ελλάδα να είναι στις πρώτες χώρες παροχής υπηρεσιών και εφαρμογών Ίντερνετ.

(γ) Τι απαιτείται: (1) να πειστούν όλοι και να πιστέψουν στο όραμα, (2) η πολιτική βούληση εκ μέρους της Κυβέρνησης και η συμφωνία των δύο μεγάλων κομμάτων στο όραμα (και να πείσουν τον κόσμο για το «κρίσιμο» της κατάστασης), (3) συμφωνία στο ότι οι Υπηρεσίες Διαδικτύου και Πληροφορικής αποτελούν κλειδί για την οικονομική και κοινωνική ανάπτυξη της χώρας και κλάδο που έχει προοπτική μεγάλης ελληνικής επιτυχίας στο εξωτερικό, (4) όπως μέχρι τώρα το μεγαλύτερο τμήμα των κοινοτικών πόρων διοχετεύτηκε στην κατασκευή δρόμων, λιμανιών, αεροδρομίων, κλπ., κατ' αντίστοιχο τρόπο το μεγαλύτερο μέρος του 4ου ΚΠΣ θα πρέπει να επενδυθεί πλέον στην επίτευξη αυτού του οράματος και (5) να πιστέψουμε όλοι στις ικανότητες μας και ότι απαιτείται αλλαγή νοοτροπίας στο ότι «μπορούμε να τα καταφέρουμε».

2) Άμεσες ενέργειες: (1) να γίνει μεγάλη καμπάνια ώστε να «εμποτιστεί» το όραμα στον κόσμο, (2) να καθιερωθούν μεταβατικά κίνητρα για την ανάπτυξη νέων δικτυακών υποδομών οπτικών ινών με την απαλλαγή από τα τέλη διέλευσης και την απλούστευση των διαδικασιών αδειοδότησης για όσους παρόχους υποβάλλουν σχετική επενδυτική πρόταση εντός προκαθορισμένου χρονικού διαστήματος και (3) να χρησιμοποιηθούν μερικά από τα 110 εκατ. ευρώ που πήρε το κράτος από τα αποθεματικά της ΕΕΤΤ ή/και τα πρόσφατα 22 εκατ. ευρώ που έλαβε η ΕΕΤΤ από την πώληση της Q Telecom, για τη σύνδεση όλων των σχολείων με το Ίντερνετ μέσω γραμμών υψηλής ταχύτητας.

3) Ενδιάμεσοι Στόχοι μέχρι το 2012: (1) να γίνει η Ελλάδα «Ιντερνετικός κόμβος» Νοτιο- Ανατολικής Μεσογείου (Βαλκάνια, Μέση Ανατολή, Βόρια Αφρική), (2) Ευρυζωνικότητα για όλους τους Έλληνες, (3) ψηφιακή τηλεόραση (παύση αδειών αναλογικής το 2010), (4) υψηλής ταχύτητας διασύνδεση όλου του Δημοσίου και των εκπαιδευτικών και ερευνητικών Ιδρυμάτων της χώρας και όλες οι συναλλαγές του πολίτη να γίνονται ηλεκτρονικά, (5) προσέλκυση μεγάλου εύρωστου ανταγωνιστή του ΟΤΕ για δημιουργία εναλλακτικών υποδομών ευρυζωνικού Διαδικτύου και (6) υποστήριξη της ανάπτυξης εξαγώγιμων ευρυζωνικών Διαδικτυακών υπηρεσιών και εφαρμογών.

4) Πώς θα φτάσουμε ως εκεί (μερικές πρόχειρες σκέψεις): (1) άρση νομοθετικών εμποδίων στην εξάπλωση του Ίντερνετ, π.χ., να θεσπιστεί η τηλεργασία στο Δημόσιο και να δοθούν φορολογικά κίνητρα για επενδύσεις στο Ίντερνετ, (2) άμεσες επενδύσεις στην έρευνα, στη γνώση και στις νέες τεχνολογίες, (3) βελτίωση του επενδυτικού κλίματος, (4) εμπορική αξιοποίηση του φάσματος συχνοτήτων, (5) εντατική διετία ενημέρωσης του κοινού για τα οφέλη, (6) δημιουργία κατάλληλου επιχειρηματικού περιβάλλοντος, (7) η Πολιτεία, ο ΟΤΕ, οι εναλλακτικοί, οι κινητοί, και άλλοι φορείς να συμφωνήσουν στους στόχους και (8) όλοι οι τηλεπικοινωνιακοί πάροχοι να πειστούν σε μεθοδολογία που θα «μεγαλώσει τη πίτα» και να δεχθούν ότι φταίνε και οι ίδιοι για ό,τι τους συμβαίνει και να μη μέμφονται μόνον δυνάμεις εκτός του εαυτού τους.

5) Εάν υπάρχει εκ μέρους σας ενδιαφέρον, μπορούμε να ετοιμάσουμε λεπτομερέστερο σχέδιο δράσης για τις πιο πάνω ενέργειες».

Δεν έλαβα καμία απάντηση!

Όπως θα δούμε στο επόμενο Κεφάλαιο, ανάλογη αναλυτικότερη πρόταση για στρατηγικό όραμα υπέβαλα και στην Επιτροπή Έρευνας και Τεχνολογίας της Βουλής. Ούτε απ’ αυτήν υπήρξε κάποια συνέχεια.

Η ΕΕΤΤ

Προκειμένου η Ευρωπαϊκή Ένωση (Ε.Ε.) να φτάσει στη δημιουργία μιας ενιαίας αγοράς Η.Ε., συνέταξε ο 2003 ένα ρυθμιστικό πλαίσιο που περιείχε μια δέσμη κανόνων λειτουργίας της αγοράς. Στόχος της ενιαίας αγοράς ήταν οι πολίτες - οπουδήποτε ζουν ή ταξιδεύουν μέσα στη Ε.Ε. - να επωφελούνται από καλύτερες και φθηνότερες υπηρεσίες Η.Ε., τηλεφωνικών συνδιαλέξεων, ευρυζωνικού διαδικτύου ή ψηφιακής τηλεόρασης. Η δέσμη αυτή εγκρίθηκε από το Ευρωπαϊκό Κοινοβούλιο και απέκτησε ισχύ νόμου. Το κανονιστικό αυτό πλαίσιο μεταφέρθηκε σε όλα τα κράτη μέλη της Ε.Ε. και αποτέλεσε νόμο του κάθε κράτους. Ως υπεύθυνα όργανα που θα εξασφάλιζαν ότι αυτοί οι κανόνες της αγοράς και οι κανονιστικές ρυθμίσεις θα εφαρμόζονται με συνέπεια, ανεξαρτησία και χωρίς προστατευτισμό, ορίστηκαν οι αντίστοιχες εθνικές Ρυθμιστικές Αρχές τηλεπικοινωνιών των κρατών μελών. Η Ελλάδα μετέφερε το ευρωπαϊκό κανονιστικό πλαίσιο στο εθνικό Δίκαιο με πολύ μεγάλη καθυστέρηση, τον Φεβρουάριο του 2006, ενδυναμώνοντας την ΕΕΤΤ που ήταν η Ρυθμιστική Αρχή και η Αρχή Ανταγωνισμού της χώρας σε ότι άφορα τις Η.Ε.

Ως αποτέλεσμα αυτού, συντάξαμε ένα πολυεπίπεδο και φιλόδοξο πρόγραμμα για την διάδοση των ευρυζωνικών υπηρεσιών στη χώρα, εξασφαλίζοντας ταυτόχρονα συνθήκες υγιούς ανταγωνισμού προς όφελος των καταναλωτών και της ελληνικής οικονομίας. Ο γενικότερος στόχος μας ήταν να εξασφαλίσουμε ότι τα οφέλη των ευρυζωνικών δικτύων και των σχετικών ψηφιακών υπηρεσιών θα είναι διαθέσιμα σε όλους, ώστε να βελτιωθεί η ποιότητα ζωής των πολιτών (π.χ., μέσω πιο εύκολων, φιλικών και ανοιχτών online δημόσιων υπηρεσιών και της οικονομικής και κοινωνικής δικτύωσης) και να ενισχυθεί η ανταγωνιστικότητα των ελληνικών επιχειρήσεων.

α) ΕΕΤΤ: Ο εθνικός Ρυθμιστής των τηλεπικοινωνιών

Η Ευρωπαϊκή Οδηγία 2002/21/ΕΚ προβλέπει ότι: «*τα κράτη μέλη θα πρέπει να εγγυώνται την ανεξαρτησία της εθνικής Ρυθμιστικής Αρχής ούτως ώστε να εξασφαλίζεται η αμεροληψία των αποφάσεών της*». Η ΕΕΤΤ είναι «Κοινοτικά κατοχυρωμένη Ανεξάρτητη Αρχή η οποία αποτελεί τον *Εθνικό Ρυθμιστή* (NRA) που ελέγχει, ρυθμίζει και εποπτεύει: (α) την αγορά Η.Ε., στην οποία δραστηριοποιούνται οι εταιρείες σταθερής και κινητής τηλεφωνίας, ασύρματων επικοινωνιών και Διαδικτύου και δικτύων ευρυεκπομπής (τηλεόρασης) και (β) την ταχυδρομική αγορά στην οποία δραστηριοποιούνται οι εταιρείες παροχής ταχυδρομικών υπηρεσιών και υπηρεσιών ταχυμεταφοράς. Επιπλέον, η ΕΕΤΤ ασκεί αρμοδιότητες και της *Επιτροπής Ανταγωνισμού στις εν λόγω αγορές*».

Η συγκρότηση και λειτουργία της ΕΕΤΤ ρυθμίζονται νομοθετικά, σε πλήρη αρμονία με τις συνταγματικές αρχές οργάνωσης και στελέχωσης των Ανεξάρτητων Διοικητικών Αρχών. Στα πλαίσια αυτά, αποτελεί συλλογικό όργανο, με ΔΣ από εννέα μέλη (την «Ολομέλεια»), τα οποία επιλέγονται «*μεταξύ προσώπων με αναγνωσμένο κύρος εθνικής αλλά και διεθνούς εμβέλειας και επιστημονική κατάρτιση στον τεχνικό, οικονομικό ή νομικό τομέα*». Υποστηρίζεται δε από ανωτάτου επιπέδου προσωπικό, αποτελούμενο από 250 περίπου εξαιρετικά εξειδικευμένους επιστήμονες.

Πιο συγκεκριμένα, *ο νόμος εξασφαλίζει την ανεξαρτησία της ΕΕΤΤ*, ορίζοντας ότι τα μέλη της Ολομέλειάς της, κατά την άσκηση των καθηκόντων τους, *απολαμβάνουν εγγυήσεων πλήρους προσωπικής και λειτουργικής ανεξαρτησίας*, ενώ παράλληλα υποχρεούνται να τηρούν τις αρχές της αντικειμενικότητας και της αμεροληψίας. Η *λειτουργική ανεξαρτησία της ΕΕΤΤ* συνίσταται στον αποκλεισμό οιουδήποτε ιεραρχικού ελέγχου στην εσωτερική της δομή και λειτουργία, η οποία της παρέχει την αναγκαία ευελιξία ώστε να δρα όσο το δυνατόν πιο αποτελεσματικά ως προς τη ρύθμιση και εποπτεία της αγοράς. Κατά την τετραετή μου προεδρία, κανένας δεν είχε επιχειρήσει να ασκήσει την όποια πίεση, επιρροή ή παρέμβαση στην ανεξάρτητη λειτουργία της ΕΕΤΤ και στις διαδικασίες αποφάσεων της διοίκησής της. Η ΕΕΤΤ εφάρμοζε το νόμο ανεξάρτητα, δίχως καμία παρέμβαση.

β) Τι είναι η «ρύθμιση»

Ο όρος *«ρύθμιση»* αναφέρεται πάντα στην από την ΕΕΤΤ *«εκ των προτέρων»* (ex ante) κανονιστική ρύθμιση των εταιρειών που η ΕΕΤΤ - μετά από διενέργεια *«ανάλυσης αγοράς»* και σε συνεργασία με την Ευρωπαϊκή Επιτροπή – έχει αποδείξει ότι κατέχουν αυτό που λέγεται *ΣΙΑ, δηλαδή «Σημαντική Ισχύ στην Αγορά»* ή *«Δεσπόζουσα Θέση»* στην αγορά. Στις Η.Ε. που ελέγχει και εποπτεύει η ΕΕΤΤ υπάρχουν 18 τέτοιες διαφορετικές επί μέρους αγορές (υπο-αγορές). Επειδή δε οι αλλαγές στον κλάδο είναι συνεχείς, λόγω των ραγδαίων τεχνολογικών εξελίξεων, όλες οι Εθνικές Ρυθμιστικές Αρχές της Ε.Ε. είναι υποχρεωμένες να διεξάγουν τέτοια «ανάλυση» για όλες τις υπο-αγορές που εποπτεύουν το αργότερο κάθε δυο χρόνια.

Μία εταιρεία ορίζεται ότι κατέχει ΣΙΑ σε μια υπο-αγορά όταν αποδειχθεί ότι στην υπο-αγορά αυτή δεν υφίσταται ακόμα αποτελεσματικός ανταγωνισμός (είναι δηλαδή μία «μη ανταγωνιστική» υπο-αγορά). Μια υπο-αγορά κρίνεται ως «μη ανταγωνιστική» (και συνεπώς εμπίπτει σε «εκ των προτέρων» ρύθμιση) όταν ικανοποιούνται σωρευτικά τα εξής *τρία κριτήρια του ανταγωνισμού:*

1) υφίστανται υψηλοί και μη παροδικοί φραγμοί εισόδου για άλλους «παίκτες» σ' αυτήν την υπο-αγορά (barriers to entry),
2) η διάρθρωση της υπο-αγοράς είναι τέτοια που δεν τείνει προς την κατεύθυνση ενός αποτελεσματικού ανταγωνισμού (towards effective competition) μέσα στον σχετικό χρονικό ορίζοντα και
3) το δίκαιο περί ανταγωνισμού κρίνεται ανεπαρκές να αντιμετωπίσει από μόνο του, αποτελεσματικά, τις εκάστοτε αστοχίες της υπο-αγοράς (can not address market failures).

Στην Ελλάδα, η ρυθμιζόμενη εταιρεία που ορίστηκε ότι κατέχει ΣΙΑ (στις περισσότερες από τις υπο-αγορές των Η.Ε.) είναι ο ΟΤΕ.

Η ΕΕΤΤ (όπως και οι υπόλοιπες Ρυθμιστικές Αρχές της Ε.Ε.) είναι υποχρεωμένη να κοινοποιεί όλα τα αποτελέσματα των «αναλύσεων αγοράς» στην Ευρωπαϊκή Επιτροπή για την σύμφωνη γνώμη της. Κατά συνέπεια, κάθε φορά ο ΟΤΕ επιθυμεί να προσφέρει κάποιο προϊόν, ή συνδυαστικά πακέτα (bundled offers) στα οποία ένα από τα προϊόντα του συνδυασμού εμπίπτει σε υπο-αγορά που παραμένει ρυθμιζόμενη με «εκ των προτέρων» έλεγχο, ο ΟΤΕ έχει την υποχρέωση να παρέχει στην ΕΕΤΤ όλα τα απαραίτητα στοιχεία και να ζητάει από πριν την έγκριση της. Στη συνέχεια η ΕΕΤΤ είναι υποχρεωμένη να ελέγχει ότι αυτό δεν θα δημιουργήσει αθέμιτο ανταγωνισμό (ο οποίος μεσοπρόθεσμα και μακροπρόθεσμα θα καταλήξει εις βάρος του καταναλωτή) μέσω πιθανής εφαρμογής εκ μέρους του ΟΤΕ κάποιων αντι-ανταγωνιστικών πρακτικών, όπως: της «συμπίεσης περιθωρίου κέρδους» (margin squeeze), της «ληστρικής τιμολόγησης» (predatory pricing), των «σταυροειδών επιδοτήσεων» (cross subsidization), της «μη επαναληψιμότητας» (non replicability) του πακέτου από ανταγωνιστές του, κ.λπ.

Αλλά ακόμα και μετά το πέρας αυτής της «εκ των προτέρων ανάλυσης αγοράς», η ΕΕΤΤ υποχρεούται να συνεχίσει να ελέγχει και *«εκ των υστέρων»* (ex post) όλες τις επί μέρους αγορές των Η.Ε. και όλες τις πρακτικές ή αποφάσεις *όλων* των τηλεπικοινωνιακών εταιρειών (αυτή τη φορά όχι μόνον του ΟΤΕ), καθόσον η ΕΕΤΤ «εξουσιοδοτείται από τον νόμο να ασκεί και τις αρμοδιότητες της Επιτροπής Ανταγωνισμού σε όλες τις αγορές που εποπτεύει και να επεμβαίνει διορθωτικά όταν η εποπτεία της αποδείξει ότι κάποια πρακτική, συμφωνία ή απόφαση εταιρείας/ων δημιουργεί/ούν περιορισμό ή νόθευση του ανταγωνισμού».

ΕΥΡΥΖΩΝΙΚΟΤΗΤΑ ΚΑΙ Η ΑΓΟΡΑ ΤΩΝ Η.Ε.

α) Η ΑΠΤΒ (Αδεσμοποίητη Πρόσβαση στον Τοπικό Βρόχο)

Κομβικό σημείο για το άνοιγμα της αγοράς των Η.Ε. και την ανάπτυξη της Ευρυζωνικότητας και του ευρυζωνικού Διαδικτύου απετέλεσε η έγκριση από την Ευρωπαϊκή Επιτροπή του σχεδίου μέτρων που της παρουσίασε η ΕΕΤΤ στις αρχές του 2006, σχετικά με το άνοιγμα των Α/Κ του ΟΤΕ και την ΑΠΤΒ. Με τα μέτρα αυτά η ΕΕΤΤ επέβαλε στον ΟΤΕ μια σειρά κανονιστικών υποχρεώσεων, οι οποίες συνετέλεσαν αποφασιστικά στο άνοιγμα της αγοράς και στην προώθηση της Ευρυζωνικότητας και άνοιξαν το δρόμο των ευρυζωνικών δικτύων για τους υπόλοιπους ιδιώτες εναλλακτικούς τηλεπικοινωνιακούς παρόχους.

β) Η ΕΕΤΤ αλλάζει το μεταπρατικό μοντέλο της τηλεπικοινωνιακής αγοράς

Ένας από τους πρώτους στόχους μας ήταν να προωθήσουμε στην αγορά το *«μοντέλο ανταγωνισμού με βάση τις υποδομές»* και να αλλάξουμε το μέχρι τότε *«μοντέλο ανταγωνισμού με βάση τις υπηρεσίες»*. Ενώ μέχρι τότε ο βασικός τρόπος που οι εναλλακτικοί πάροχοι προσέφεραν ευρυζωνικές υπηρεσίες στους πελάτες τους ήταν η χονδρική αγορά ευρυζωνικών συνδέσεων από τον ΟΤΕ και η μεταπώληση τους στη λιανική (προεπιλογή bitstream), το νέο μοντέλο που προωθήσαμε – και που αποτελεί διεθνώς το επόμενο σκαλοπάτι «στην κλίμακα επενδύσεων» – ήταν να υπάρξει ενισχυμένος ανταγωνισμός «με βάση τις υποδομές» που θα επιτυγχάνετο με την συνεγκατάσταση και την ΑΠΤΒ. Το αποτέλεσμα ήταν οι Έλληνες καταναλωτές να αποκτήσουν πλέον τη δυνατότητα να επιλέγουν άλλον τηλεπικοινωνιακό πάροχο (πλην του ΟΤΕ) για τη σύνδεση τους στο «γρήγορο» ευρυζωνικό Διαδίκτυο και την πρόσβαση σε όλες τις προχωρημένες υπηρεσίες που αυτό παρέχει.

γ) Διαχωρισμός δικτύων από υπηρεσίες

Ένα άλλο θέμα που μας απασχόλησε στην ΕΕΤΤ ήταν αυτό του διαχωρισμού δικτύων και υπηρεσιών. Ο διαχωρισμός δικτύων από υπηρεσίες εφαρμόζεται τόσο στις τηλεπικοινωνίες όσο και στη ψηφιακή τηλεόραση. Η μεν πρώτη περίπτωση αναφέρεται στον «Λειτουργικό Διαχωρισμό» του ΟΤΕ που σκεφτόμασταν να του επιβάλουμε, η δε δεύτερη στην κατάτμηση του λεγόμενου «ψηφιακού μερίσματος», αφού πρώτα γίνει ο διαχωρισμός του/των «παρόχων δικτύου» από τον/τους «παρόχους περιεχομένου» (που τελικά ασπάστηκε και ψήφισε η Κυβέρνηση μετά από εισήγηση της ΕΕΤΤ).

Ο «Λειτουργικός Διαχωρισμός» (Λ.Δ.) έχει να κάνει με τη χάραξη μιας διαχωριστικής γραμμής σε μια «βασική υποδομή» (essential facility), δηλαδή μεταξύ του δικτύου πρόσβασης του πρώην μονοπωλίου (ΟΤΕ) και των διαφόρων υπηρεσιών που αυτός παρέχει κάνοντας χρήση αυτής της «δημόσιας» δικτυακής υποδομής. Μολονότι εκ πρώτης όψεως ίσως να μη φαίνεται να έχουν καμιά σχέση μεταξύ τους, ανάλογη περίπτωση ισχύει και για το «ψηφιακό μέρισμα» που έχει σχέση με την κατάτμηση μεταξύ δικτύων ανταγωνιστικών χρήσεων ενός σπάνιου δημόσιου πόρου, όπως είναι το φάσμα συχνοτήτων που απελευθερώνεται με τη μετάβαση από την αναλογική τηλεόραση στην ψηφιακή. Και τα δύο αναφέρονται σε κάτι που πρέπει να χωριστεί και να «μεριστεί».

Στη μεν περίπτωση του Λ.Δ. το πρόβλημα είναι με ποιο τρόπο θα διαχωριστεί μια «βασική τηλεπικοινωνιακή υποδομή» (το δίκτυο του πρώην μονοπωλίου) ώστε να υπάρχει εγγύηση για «μη-διακριτική» (non-discriminatory) πρόσβαση σ΄ αυτό απ' όλους τους εναλλακτικούς τηλεπικοινωνιακούς παρόχους, ενώ στην περίπτωση του ψηφιακού μερίσματος, με ποιο τρόπο θα υπάρχει εγγύηση για μια δίκαιη μοιρασιά ενός «πεπερασμένου πόρου» μεταξύ των «παρόχων δικτύων ασύρματης επικοινωνίας» και των «παρόχων δικτύων ευρυεκπομπής τηλεοπτικών προγραμμάτων».

δ) Η ΕΕΤΤ προτείνει την κατασκευή εθνικού δικτύου FTTH

Η ΕΕΤΤ ανέλαβε το 2006 την πρωτοβουλία να εκπονήσει σχετική μελέτη για την υιοθέτηση δικτύων πρόσβασης επόμενης γενιάς στην Ελλάδα, την οποία ασπάστηκε η Κυβέρνηση και δια στόματος του Πρωθυπουργού κ. Κ. Καραμανλή ανακοίνωσε στις 20/5/2009*[25]* την κατασκευή ενός *«εθνικού δικτύου FTTH με οπτική ίνα μέχρι το σπίτι»*. (Λεπτομέρειες στο Κεφάλαιο 9). Το δίκτυο αυτό θα παρείχε μια νέα πλατφόρμα οπτικών ινών πάνω στην οποία *όλοι* οι τηλεπικοινωνιακοί πάροχοι θα μπορούσαν, με τον ίδιο τρόπο, να αναπτύξουν τις δικές τους υπηρεσίες και να παρέχουν μοναδικές και καινοτόμες προσφορές στο κοινό. Το ανακοινωθέν κυβερνητικό σχέδιο προέβλεπε τη σύνδεση, σε πρώτη φάση, δύο εκατομμυρίων νοικοκυριών της χώρας και η διάρκεια ανάπτυξης του έργου θα ήταν 7 χρόνια. (Εάν είχε προχωρήσει τότε το έργο, θα είχε σήμερα το 2015 ολοκληρωθεί στο μεγαλύτερο μέρος του).

Η πρωτοβουλία μας για το «εθνικό δίκτυο FTTH» ήταν ένα από τα διάφορα σημεία σύγκρουσής μου με τον ΟΤΕ και την DT (μολονότι ο ΟΤΕ είχε στην αρχή συμφωνήσει να συμμετάσχει και αυτός στο έργο), οι οποίοι - όπως έγραφε ο Τύπος - πίεζαν φορτικά τους Υπουργούς της Κυβέρνησης να μην υλοποιήσουν την εξαγγελία του Πρωθυπουργού και να «απομακρυνθώ» από την θέση μου[26],[27],[28]. Βλέπετε, το εθνικό αυτό δίκτυο (που θα ικανοποιούσε για πολλές δεκαετίες τη συνεχώς αυξανόμενη ζήτηση στη χώρα μας για ευρυζωνικές συνδέσεις με πολύ υψηλές ταχύτητες) ερχόταν σε μετωπική σύγκρουση με τα συμφέροντα και τα σχέδια των δύο αυτών εταιρειών, οι οποίες πάσχιζαν να κρατήσουν το μονοπώλιο στο υπάρχον χάλκινο δίκτυο πρόσβασης του ΟΤΕ, επεκτείνοντας το με την – περιορισμένων ταχυτήτων - τεχνολογία VDSL και κατ' αυτόν τον τρόπο να παρεμποδίσουν στην ουσία την κατασκευή άλλου ανταγωνιστικού δικτύου. Έτσι, μια ιστορία ανάλογη αυτής του ISDN - μια τεχνολογία που ο ΟΤΕ υπερασπιζόταν με πάθος, καθυστερώντας για χρόνια την έλευση της Ευρυζωνικότητας μέσω τεχνολογίας ADSL - θα επαναλαμβάνονταν με το VDSL.

Οι πιέσεις τους δυστυχώς απέδωσαν, καθόσον αφενός μεν η κατασκευή του εθνικού δικτύου FTTH ματαιώθηκε, αφετέρου δε η θητεία της Ολομέλειας της ΕΕΤΤ δεν ανανεώθηκε για δεύτερη τετραετία. Τουλάχιστον, λίγο πριν το τέλος της θητείας της τον Αύγουστο 2009, η Ολομέλεια αποφάσισε να θέσει υπό την εποπτεία της και το νέο δίκτυο VDSL του ΟΤΕ, με το να συμπεριλάβει στη ρύθμιση και τον υπο-βρόχο του, δηλαδή το τελευταίο τμήμα χαλκού που συνδέει την καμπίνα του δρόμου (Καφάο ή ONU) με το σπίτι του καταναλωτή[29].

Με τη ματαίωση του έργου FTTH, οι υπόλοιποι τηλεπικοινωνιακοί πάροχοι θα συνεχίσουν για πολλά χρόνια να είναι πάλι εξαρτημένοι να νοικιάζουν γραμμές από το δίκτυο πρόσβασης VDSL της DT.

ΕΠΙΤΕΥΓΜΑΤΑ ΤΗΣ ΤΕΤΡΑΕΤΙΑΣ 2005-2009

α) Χαρακτηριστικά της τετραετίας

Οκτώ σημεία χαρακτήρισαν την περίοδο 2005-2009, τα οποία άλλαξαν ριζικά το τηλεπικοινωνιακό τοπίο στην Ελλάδα:

1) Νέος Νόμος: Η ψήφιση του νέου τηλεπικοινωνιακού Νόμου 3431/2006 που ενσωμάτωσε στην Ελληνική Νομοθεσία το Ευρωπαϊκό κανονιστικό πλαίσιο του 2002. Με την από την ΕΕΤΤ α) αποτελεσματική εφαρμογή του, β) ταχύτατη ολοκλήρωση της «ανάλυσης των αγορών» και γ) άμεση εκπόνηση του συνόλου της δευτερογενούς νομοθεσίας (απαραίτητη προϋπόθεση για την ομαλή λειτουργία του κανονιστικού πλαισίου), η αγορά των Η.Ε. απογειώθηκε.
2) Υγιής ανταγωνισμός: Η μεγάλη έμφαση που έδωσε η ΕΕΤΤ στο άνοιγμα της αγοράς των Η.Ε. και στη διασφάλιση υγιούς ανταγωνισμού που συνέβαλαν σημαντικά στη μείωση του μονοπωλίου του ΟΤΕ και που κατέστησαν την ελληνική αγορά των Η.Ε. μία από τις ταχύτερα αναπτυσσόμενες στην Ευρωπαϊκή Ένωση.
3) Ανάπτυξη της Ευρυζωνικότητας: Η θεμελίωση και ανάπτυξη της Ευρυζωνικότητας, αποτέλεσμα της από την ΕΕΤΤ πετυχημένης εφαρμογής της συνεγκατάστασης και της ΑΠΤΒ, που επέτρεψαν την προώθηση νέων πακέτων σε ανταγωνιστικές τιμές, υψηλές ταχύτητες και συχνά σε συνδυασμό υπηρεσιών (όπως double, triple και quadruple play).
4) Καταναλωτής: Η αλλαγή στην προσέγγιση της ΕΕΤΤ προς τον πολίτη-καταναλωτή, με την θέσπιση κανόνων και κωδίκων δεοντολογίας για την καλύτερη εξυπηρέτηση του και την παροχή στον καταναλωτή διαδραστικών εργαλείων για αρτιότερη ενημέρωσή του.
5) Εποπτικές παρεμβάσεις: Η εντατικοποίηση των εποπτικών παρεμβάσεων της ΕΕΤΤ, στο πλαίσιο των οποίων μέσα στην τετραετία επιβλήθηκαν πρόστιμα άνω των 60 εκατομμυρίων ευρώ για παραβιάσεις της τηλεπικοινωνιακής νομοθεσίας και άνω των 40 εκατομμυρίων ευρώ για παραβιάσεις του δικαίου περί ανταγωνισμού.
6) Κινητή Ευρυζωνικότητα: Η απελευθέρωση από την ΕΕΤΤ του Wi-Fi, η αδειοδότηση του ασύρματου WiMax, η εμφάνιση των κινητών επικοινωνιών τρίτης γενιάς και η εμπορική διάθεση σχετικών υπηρεσιών, μέσω την οποίων έγινε πράξη και στη χώρα μας η έναρξη της κινητής Ευρυζωνικότητας.

7) <u>Δίκτυα ψηφιακής τηλεόρασης</u>: Η έναρξη της διαδικασίας μετάβασης στη ψηφιακή τηλεόραση, στο πλαίσιο της οποίας αδειοδοτήθηκαν από την ΕΕΤΤ τα πρώτα ψηφιακά δίκτυα ευρυεκπομπής.
8) <u>Εποπτεία φάσματος</u>: Η αυστηρή εποπτεία του Ραδιοτηλεοπτικού Φάσματος με το κλείσιμο παράνομων ραδιοφωνικών και τηλεοπτικών σταθμών και την επιβολή σημαντικών χρηματικών κυρώσεων.
9) <u>Εθνικό δίκτυο FTTH</u>: Η μελέτη και πρόταση μας και η εξαγγελία της Κυβέρνησης για την κατασκευή εθνικού δικτύου νέας γενιάς με οπτική ίνα μέχρι το σπίτι.

β) Η πρόοδος με ποσοτικά στοιχεία

Στο σημείο αυτό θεωρώ χρήσιμη μια σύντομη ποσοτική ανασκόπηση των επιτευγμάτων και της προόδου στην Ευρυζωνικότητα κατά την τετραετία 2005-2009, που απεικονίζονται στον πίνακα του Σχ. 1.1:

1) Αύξηση της Ευρυζωνικότητας: *Αύξηση της Ευρυζωνικής διείσδυσης κατά 1.890% (από το 0,9% τον Δεκέμβριο του 2005 στο 17+% στο τέλος του 2009).*
2) Κόστος:

(α) Μείωση του κόστους πρόσβασης *σε Ευρυζωνικές συνδέσεις κατά 60-80% (ανάλογα με την ταχύτητα πρόσβασης).*
(β) Στην κινητή τηλεφωνία, με το glide path που θέσπισε η ΕΕΤΤ, το 2012 η μέση χρέωση ανά λεπτό έφτασε να είναι χαμηλότερη από εκείνη του μέσου όρου της Ευρώπης*[30].*

3) Ταχύτητες: *Κατακόρυφη αύξηση των ταχυτήτων πρόσβασης στο Διαδίκτυο από τα 384 Kbps τον Δεκέμβριο του 2005 στα 24 Mbps στα μέσα του 2009.*
4) Εναλλακτικοί πάροχοι: Αύξηση των γραμμών ΑΠΤΒ των εναλλακτικών παρόχων, από 5.200 τον Αύγουστο του 2005 σε 830.000 τον Αύγουστο του 2009 και αύξηση του μεριδίου τους στις ευρυζωνικές συνδέσεις στο ίδιο διάστημα από 24,6% σε 42%.

Η ΣΥΝΕΙΣΦΟΡΑ ΤΗΣ ΕΕΤΤ

Όπως θα περιγράψω λεπτομερέστερα στο Κεφάλαιο 16, αυτοί που εκείνη την περίοδο *συνέβαλαν με τον δικό τους τρόπο στην ανάπτυξη της Ευρυζωνικότητας* στη χώρα μας ήταν: οι τηλεπικοινωνιακοί πάροχοι, η Κυβέρνηση με τα διάφορα κυβερνητικά προγράμματα*[31]* που χρηματοδοτούσε η ΚτΠ*[32]*, η Ευρωπαϊκή Επιτροπή και τέλος, η ΕΕΤΤ που έπαιξε καταλυτικό ρόλο καθώς με τις κανονιστικές της αποφάσεις*[33]* επέφερε την ουσιαστική απελευθέρωση του κλάδου και δημιούργησε ένα πρωτόγνωρο περιβάλλον ανταγωνισμού στην αγορά των Η.Ε.

Το έργο και η σημαντική συνεισφορά της ΕΕΤΤ έτυχαν της καλής μαρτυρίας της Ευρωπαϊκής Επιτροπής*[34]*, καθώς και της ελληνικής αγοράς τηλεπικοινωνιών*[35]*.

Χαρακτηριστικά	8/2005	8/2009
1. Αύξηση ευρυζωνικότητας	• 93.000 ευρυζωνικές γραμμές • Ευρυζωνική διείσδυση = 0.9%	• 1.850.000 ευρυζωνικές γραμμές • Ευρυζωνική διείσδυση ~17% (αύξηση ευρυζωνικής διείσδυσης κατά 1.890%)
2. Κατανομή ευρυζωνικών γραμμών (αριθμός, και % επί του συνόλου των γραμμών)	• OTE ADSL = 69.500 (74%) • Εναλλακτικοί ARYS = 17.500 (19%) • Εναλλακτικοί LLU = 5.200 (6%)	• OTEADSL = 940.000 (50.8%) • Εναλλακτικοί ARYS= 75.800 (4.1%) • Εναλλακτικοί LLU = 830.000 (44.8%) (αύξηση ευρυζωνικών γραμμών LLU κατά 15.860%)
3. Αύξηση ταχυτήτων πρόσβασης στο Διαδίκτυο	• 384 Kbps (το 82% των γραμμών) • 0,5-1Mbps (το 12% των γραμμών) • 1-2 Mbps (το 6% των γραμμών)	• 1-2 Mbps (το 34% των γραμμών) • 2-10 Mbps (το 28% των γραμμών)) • >10 Mbps (το 38% των γραμμών) (δηλ. από τα 384Kbps στα 20Mbps)
4. Μείωση Κόστους πρόσβασης στο Διαδίκτυο	• 384 Kbps = 43 ευρώ • 0,5-1Mbps = 60 ευρώ • 1-2 Mbps = 106 ευρώ	• 1-2 Mbps = 17 ευρώ • 2-10 Mbps = 20 ευρώ • >10 Mbps = 23 ευρώ (μείωση κόστους κατά 78%)
5. Αύξηση Αστικών Κέντρων ΟΤΕ με συνεγκατάσταση	1	165
6. Αύξηση του ανταγωνισμού (μερίδια ευρυζωνικής αγοράς)	• OTE = 74% • Εναλλακτικοί = 24.6%	• OTE = 58% • Εναλλακτικοί = 42%

Σχ. 1.1: Συνοπτικός πίνακας με ποσοτικά στοιχεία της προόδου στην 4ετία

Άποψη αίθουσας διεθνούς συνεδρίου της ΕΕΤΤ

Κεφάλαιο 2: Όραμα, πρωτοβουλίες και πρώτα αποτελέσματα

«Το κοινό όραμα που προτείνω είναι μέχρι το 2020 να έχει μετατραπεί η Ελλάδα σε μια κοινωνία ανταγωνιστικών υπηρεσιών υψηλής τεχνολογίας». (12/4/2006)

Κεφάλαιο 2: Όραμα, πρωτοβουλίες και πρώτα αποτελέσματα

Στο κεφάλαιο αυτό θα περιγράψω την ανάγκη ανάπτυξης γενικά των Τεχνολογιών Πληροφορικής και Επικοινωνιών (ΤΠΕ) στη χώρα (γιατί πιστεύω ότι στον τομέα αυτόν μπορεί η Ελλάδα να πετύχει σημαντική εξωστρεφή ανάπτυξη), τη σημασία που έχει η επέκταση του ευρυζωνικού Διαδικτύου (καθόσον αυτό θα επιτρέψει στην οικονομία μας να παράγει εξαγώγιμες Διαδικτυακές υπηρεσίες), το «στρατηγικό μας όραμα 20/20», την πρόταση Σ.Ο.Σ.Σ. (δηλαδή, Συναίνεση, Όραμα, Συντονισμός και Στρατηγική) που είχα από την πρώτη στιγμή διατυπώσει και την πραγματοποίησή τους μέσω μοντέλου διαχείρισης με έναν υπεύθυνο (ικανότατο άτομο, κοινής αποδοχής) περιστοιχιζόμενο από μια μικρή υπερκομματική ομάδα (την «Dream Team» των Νέων Τεχνολογιών) υποστηριζόμενη από συμβούλους διεθνούς βεληνεκούς. Στη συνέχεια θα αναδείξω την ανάγκη προετοιμασίας της χώρας για τα «τηλεπικοινωνιακά δίκτυα επόμενης γενιάς» και κατασκευής ενός εθνικού δικτύου οπτικών ινών FTTH. Θα κλείσω το κεφάλαιο αναφέροντας τους εθνικούς στόχους που είχαμε θέσει ως ΕΕΤΤ, το «εσωτερικό μας στοίχημα» και τα αρχικά αποτελέσματα των δράσεών μας στα δύο πρώτα χρόνια της θητείας μας.

Ο ΑΝΤΑΓΩΝΙΣΜΟΣ ΚΑΙ Η ΑΓΟΡΑ ΕΙΝΑΙ ΔΙΕΘΝΕΙΣ

Μετά τον τουρισμό, οι ΤΠΕ (Τεχνολογίες Πληροφορικής και Επικοινωνιών) είναι ο δεύτερος τομέας στον οποίον πίστευα ότι η Ελλάδα είχε ακόμα μερικές ελπίδες να μπορέσει να πετύχει σημαντική εξωστρεφή ανάπτυξη και βελτίωση της διεθνούς ανταγωνιστικής της θέσης. Και αυτό γιατί Διαδικτυακά προϊόντα και υπηρεσίες μπορούν να παραχθούν εύκολα σε μικρές χώρες, από μικρές εταιρείες και να εξαχθούν με μεγάλη ευκολία στον υπόλοιπο κόσμο, καθώς οι απαιτούμενες υλικές εταιρικές υποδομές είναι μικρές, ενώ αυτό που κυρίως απαιτείται είναι εκπαιδευμένο «ανθρώπινο κεφάλαιο» (human capital) και ένα ευέλικτο επιχειρηματικό πνεύμα.

Από την αρχή έλεγα ότι, για να επιτευχθεί ταχύτερη εξάπλωση του ευρυζωνικού Διαδικτύου και των εφαρμογών του στη χώρα, έπρεπε, αφενός μεν να ενισχυθεί ο ανταγωνισμός ανάμεσα στις εγχώριες τηλεπικοινωνιακές εταιρείες, αφετέρου δε να αλλάξει η στόχευση που μέχρι τότε είχαν αυτές, αλλιώς θα παραμέναμε επικεντρωμένοι στο «δένδρο» χωρίς να βλέπουμε το «δάσος». Δηλαδή, μπορεί να κατορθώναμε να ενισχύσουμε αποτελεσματικά τον εσωτερικό ανταγωνισμό, αλλά – επειδή η κάθε εταιρεία ανταγωνίζεται σήμερα όχι μόνο με εταιρείες στο εσωτερικό της χώρας, αλλά κυρίως με αυτές που εδρεύουν στο εξωτερικό - να αποτυγχάναμε εναντίον του εξωτερικού ανταγωνισμού, μη κατορθώνοντας να αποτρέψουμε να έλθει στο εγγύς μέλλον μια Google ή μια eBAY (για να μη πω κάποια άγνωστη μέχρι τότε Κινέζικη ή Ινδική εταιρεία) και να απορροφήσει/κλείσει όλες τις δικές μας. Οι Έλληνες επιχειρηματίες του κλάδου θα έπρεπε σύντομα να ξεφύγουν από την ελληνική εσωστρέφεια και οι (βασικά κρατικοδίαιτες) επιχειρήσεις να αντιληφθούν τάχιστα ότι οι ανταγωνιστές τους είναι πλέον έξω από τη χώρα (και μάλιστα ο ανταγωνισμός έχει αρχίσει να έρχεται από χώρες που ούτε καν θα το φανταζόμασταν μέχρι πριν λίγα μόνο χρόνια). Ότι η αγορά του Διαδικτύου στην οποία θα πρέπει να απευθύνονται δεν περιορίζεται μόνο στην Ελλάδα και ότι οι πελάτες τους είναι παντού σε όλο τον κόσμο. Το Διαδίκτυο και ο ψηφιακός κόσμος δεν έχουν σύνορα και η παραγωγή αγαθών και υπηρεσιών δεν είναι απαραίτητο να έχει γεωγραφική γειτνίαση με το σημείο παραλαβής ή κατανάλωσής τους, η δε ανταγωνιστικότητα μιας εταιρείας θα βασίζεται όλο και περισσότερο σε ένα υψηλής ταχύτητας ευρυζωνικό Διαδίκτυο και σε καλύτερη αξιοποίηση των εφαρμογών που αυτό επιτρέπει. Όσο πιο γρήγορα γίνει αυτό αντιληπτό από μια εταιρεία, τόσο μεγαλύτερη η πιθανότητα επιβίωσής της.

Η βελτίωση της διαδικτυακής ετοιμότητας της χώρας σε συνδυασμό με ένα φιλόδοξο σχέδιο τεχνολογικής ανάπτυξης που θα αξιοποιήσει το λιμνάζον επιστημονικό δυναμικό, θα επιτρέψει την εξωστρέφεια και επέκταση της χώρας σε νέες παγκόσμιες αγορές με την διάθεση καινοτόμων υπηρεσιών και προϊόντων υψηλής τεχνολογίας.

Η ελληνική αγορά των Η.Ε., με βασικό όχημα την Ευρυζωνικότητα, μπορεί και πρέπει να παίξει το ρόλο βασικού πυλώνα της ελληνικής οικονομίας, που θα συμβάλει στη βελτίωση της ποιότητας ζωής των πολιτών, στην προσέλκυση ελληνικών και ξένων κεφαλαίων και στη δημιουργία σημαντικά αυξημένου αριθμού νέων θέσεων εργασίας. Όπως και να την ορίσουμε, η Ευρυζωνικότητα αποτελεί το απαραίτητο όχημα μιας χώρας για να την καταστήσει ανταγωνιστική στον παγκόσμιο στίβο της ψηφιακής επανάστασης της πληροφορίας. Η Ευρυζωνικότητα θα επιτρέψει την οικονομία μας να γίνει εξωστρεφής και την Ελλάδα να παράγει εξαγώγιμα προϊόντα.

ΕΞΑΓΩΓΙΜΕΣ ΥΠΗΡΕΣΙΕΣ ΜΕΣΩ ΕΥΡΥΖΩΝΙΚΟΥ ΔΙΑΔΙΚΤΥΟΥ

Το ευρυζωνικό Διαδίκτυο (το οποίο αποτελεί την αιχμή του δόρατος των Η.Ε.) καθιστά τον κόσμο μία «γειτονιά», γεφυρώνοντας αποστάσεις και καταργώντας γεωγραφικούς, οικονομικούς ή κοινωνικούς φραγμούς. Η σημασία του έχει αναγνωρισθεί σε όλες τις προηγμένες χώρες που κατέληξαν στο συμπέρασμα ότι η εξάπλωση της Ευρυζωνικότητας οδηγεί σε άνοδο του Ακαθάριστου Εγχώριου Προϊόντος και σε ανάπτυξη της απασχόλησης, ενώ η έλλειψή της λειτουργεί ανασχετικά σε όλους τους οικονομικούς δείκτες. Η Ευρυζωνικότητα αποτελεί βασικό μοχλό, όχι μόνο οικονομικής, αλλά και κοινωνικής ανάπτυξης μιας χώρας και συνεπώς καθίσταται *«δικαίωμα τού πολίτη»[36].*

Το ευρυζωνικό Διαδίκτυο και οι νέες τεχνολογίες πληροφορικής έχουν επιτρέψει εργασία και κεφάλαιο γνώσης (knowledge work and intellectual capital) να παράγονται και να διανέμονται από οπουδήποτε στον πλανήτη. Διαδικτυακές εφαρμογές και εφαρμογές λογισμικού που παράγονται στις ΗΠΑ και εξάγονται στον υπόλοιπο κόσμο, μπορούν εξίσου εύκολα να παραχθούν και στην Ελλάδα και με την ίδια ευκολία να εξαχθούν στον υπόλοιπο κόσμο. Με το ευρυζωνικό Διαδίκτυο έχουμε υπηρεσίες 24/7 (24 ώρες το εικοσιτετράωρο, 7 μέρες την εβδομάδα), δηλαδή υπηρεσίες που «ποτέ δεν κοιμούνται» και οι οποίες μας παρέχονται από ένα ή περισσότερα - κατά πάσα πιθανότητα απομακρυσμένα - σημεία του πλανήτη μας.

Θα έπρεπε συνεπώς, η Πολιτεία, ο ΟΤΕ, οι εναλλακτικοί τηλεπικοινωνιακοί πάροχοι, οι πάροχοι κινητής τηλεφωνίας και άλλοι συναρμόδιοι φορείς να καθίσουν σ' ένα τραπέζι και να συμφωνήσουν σε ορισμένα πράγματα και σε συγκεκριμένα βήματα δράσης: (α) Ο ΟΤΕ να πιστέψει ότι πρέπει να συνεργαστεί. Όχι μόνον γιατί υποχρεούται από το Νόμο, αλλά και διότι και ο ίδιος θα έχει σημαντικά οικονομικά οφέλη από τη διεύρυνση της αγοράς των ψηφιακών επικοινωνιών και Διαδικτυακών υπηρεσιών που φέρνει ο υγιής ανταγωνισμός. (β) Όλοι οι εναλλακτικοί παίχτες της αγοράς θα πρέπει να πεισθούν ότι αγωνίζονται για να «μεγαλώσει η γενικότερη τηλεπικοινωνιακή πίτα» και όχι για το πώς θα μοιράσουν την εσωτερική πίτα, η οποία εξάλλου δεν μεγαλώνει, καθόσον παραμένουμε 11 περίπου εκατομμύρια άτομα και το μέσο εισόδημα μας δεν αυξάνει ραγδαία. (Το 2006 δεν μπορούσα να φανταστώ την σημαντική μείωση που επρόκειτο να επέλθει έκτοτε στο εισόδημα του Έλληνα).

Σε κάθε μου ευκαιρία, διατύπωνα παντού ότι το μέλλον ανήκει στο ευρυζωνικό Διαδίκτυο και οι ευρυζωνικές υπηρεσίες αποτελούν βασικό εργαλείο και αγαθό. Το Διαδίκτυο επιτρέπει τη διασύνδεση ανθρώπων με βάση τα αμοιβαία/κοινά τους ενδιαφέροντα και όχι βάσει της (τυχαίας) γεωγραφικής τους γειτνίασης και επιπλέον παρέχει όχι μόνο την ελευθερία στη διακίνηση ιδεών και πληροφοριών αλλά και τις δυνατότητες κινητοποίησης ιδιωτών για επενδύσεις στην καινοτομία σε μια αντίληψη έξω από την αγκαλιά του Κράτους. Έλεγα ότι *«με την Ευρυζωνικότητα, όπου και αν είσαι, είσαι στο κέντρο του κόσμου»[37]*. Είναι ένα παράθυρο στον κόσμο. Παραφράζοντας δε τον Κομφούκιο θα έλεγε κανείς ότι «ζούμε σε μια πολύ μικρή χώρα αλλά μέσα από το Διαδίκτυο βλέπουμε σ' έναν πολύ μεγάλο κόσμο».

ΗΜΑΣΤΑΝ ΟΙ ΤΕΛΕΥΤΑΙΟΙ ΣΤΗΝ ΕΥΡΥΖΩΝΙΚΟΤΗΤΑ

Ανέκαθεν είχα αγωνία για την μεγάλη καθυστέρηση που παρουσίαζε η χώρα μας στις νέες τεχνολογίες. Ειδικά δε στις Η.Ε. και την Ευρυζωνικότητα, ήμασταν οι τελευταίοι των τελευταίων στην Ε.Ε. σε όλους τους δείκτες (βλέπε Σχ. 2.1). Η χώρα δεν διέθετε ούτε σύγχρονα ψηφιακά δίκτυα πρόσβασης αλλά, δυστυχώς, ούτε και δίκτυα υποδομής εναλλακτικών τεχνολογιών (π.χ. καλωδιακής τηλεόρασης) που θα μπορούσαν να χρησιμοποιηθούν και για την ανάπτυξη της ευρυζωνικής πρόσβασης στο Διαδίκτυο, όπως είχε γίνει στις άλλες χώρες της Ευρώπης στα πρώτα τους στάδια ανάπτυξης της Ευρυζωνικότητας. Επιπλέον δε, είχαμε χάσει σαν χώρα μια ανάλογη ευκαιρία που μας είχε παρουσιαστεί νωρίτερα πριν μερικά χρόνια να κατασκευάσουμε ένα δίκτυο οπτικής ίνας FTTH χρησιμοποιώντας σαν πλατφόρμα το αστικό δίκτυο φυσικού αερίου όταν αυτό διανοιγόταν.

Το 2005, ο δημοσιογράφος Θ. Τσίρος παρουσίασε συνοπτικά μια έρευνα της εταιρείας Kantor που αποτύπωνε την μέχρι τότε κατάσταση στο κλάδο των τηλεπικοινωνιών στην Ελλάδα[38]. (Λεπτομερέστερη καταγραφή των αιτίων της καθυστέρησης στο άνοιγμα της αγοράς των Η.Ε. δίνω στα Κεφάλαια 3 & 4 και αυτών της καθυστέρησης στην Ευρυζωνικότητα στο Κεφάλαιο 5).

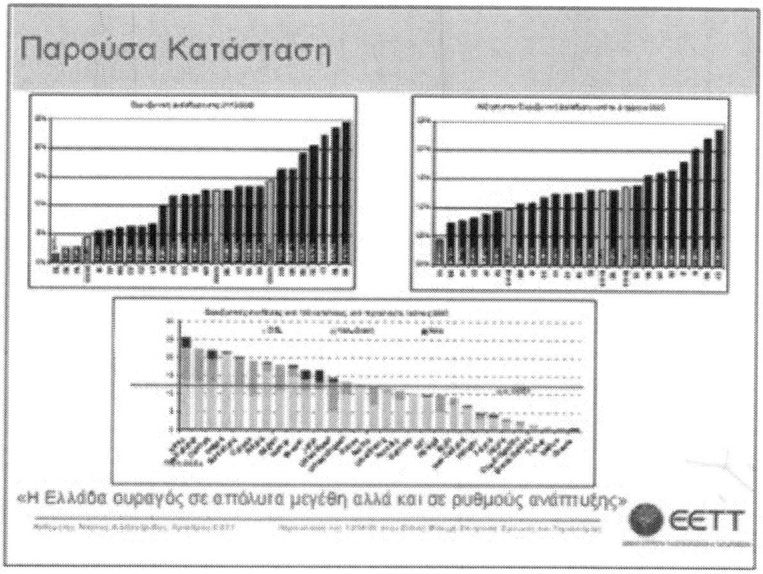

Σχ. 2.1: 2005: οι τελευταίοι των τελευταίων στην Ε.Ε. (Η Ελλάδα είναι με το κόκκινο χρώμα)

Σύντομα μετά την ανάληψη των καθηκόντων μου, έλεγα στη Βουλή τον Απρίλιο του 2006 ότι *«εκ του αποτελέσματος, ότι δηλαδή είμαστε ουραγοί, όλοι μας μπορούμε να καταλήξουμε στο ασφαλές συμπέρασμα ότι η μέχρι τώρα μεθοδολογία που ακολουθήσαμε ως χώρα στις Ηλεκτρονικές Επικοινωνίες δεν υπήρξε αποτελεσματική. Τι θα έλεγε ο κάθε απλός άνθρωπος σ' αυτήν την περίπτωση; Θα έλεγε, βρε παιδί μου, αφού η μεθοδολογία αυτή δεν πέτυχε, άλλαξέ την και προσπάθησε κάτι άλλο. Σε κρίσιμες δε καταστάσεις όπως αυτή, εγώ θα έλεγα πως οτιδήποτε διαφορετικό δοκιμάσουμε, αυτό θα έχει μεγαλύτερες πιθανότητες επιτυχίας – έστω και μερικής».* (Όπως έλεγε και ο Αϊνστάιν, τρέλα είναι να κάνεις το ίδιο πράγμα και να περιμένεις ότι θα έχεις διαφορετικό αποτέλεσμα). Και συνέχιζα: *«Αν όλοι μας συμφωνούμε σ' αυτό, θα πρέπει επίσης να συμφωνήσουμε ότι ακολουθώντας την ίδια μεθοδολογία είναι μαθηματικώς βέβαιο ότι θα συνεχίζουμε την ίδια αναποτελεσματικότητά μας και στο μέλλον. Ο χρόνος έχει παρέλθει προ πολλού για σπασμωδικές κινήσεις και απαιτείται πλέον τώρα μια «κοινωνική συστράτευση». Άλλωστε, δεν υπάρχει Έλληνας που να μη συμφωνεί ότι η τεχνολογική επανάσταση που συντελείται, με κέντρο τις Ηλεκτρονικές Επικοινωνίες, δεν αποτελεί απλά ευκαιρία για επίτευξη μόνο κερδοσκοπικών στόχων, αλλά και ευκαιρία προόδου και ευημερίας του πολίτη. Δεν τίθεται ως ερώτημα το εάν θα ενταχθούμε σε αυτή την πορεία, αλλά το πότε και πώς ακριβώς θα επιτευχθεί αυτό»[39].*

Ολοκλήρωνα δε προσθέτοντας ότι: *«Θα έπρεπε συνεπώς προ πολλού να είχε γίνει σε όλους μας αντιληπτή η αίσθηση της σπουδαιότητας και του κατεπείγοντος του θέματος. Όπως στην δεκαετία του '50 υπήρξε ο εθνικός στόχος του εξηλεκτρισμού της χώρας και της ομοιόμορφης εξάπλωσης της ηλεκτρικής ενέργειας σ' όλη την επικράτεια, υπάρχει πλέον τώρα η ανάγκη για συστράτευση όλων κάτω από το κοινό όραμα και στόχο της αντίστοιχης εξάπλωσης των Η.Ε. Ταυτόχρονα θα έπρεπε να είχε καλλιεργηθεί συστηματικά σε όλους τους πολίτες, και κυρίως στη νέα γενιά, η νοοτροπία ότι, αν στοχεύσουμε με αποφασιστικότητα, τότε μπορούμε να το πετύχουμε».*

Απαιτούντο συνεπώς γενναίες και τολμηρές αποφάσεις από την Πολιτεία που δεν θα υπολόγιζαν το πρόσκαιρο «πολιτικό κόστος». Όσο πιο γρήγορα αυξάναμε την τεχνολογική ετοιμότητά μας ως χώρα, τόσο ταχύτερα θα πετυχαίναμε την οικονομική και κοινωνική μας ανάπτυξη και θα διασφαλίζαμε μια κοινωνία ευημερίας για τα παιδιά μας. *Θα έπρεπε να δημιουργηθεί ένα υγιές κύμα «εθνικού πανικού».* Αν δεν πορευόμασταν όλοι μαζί, στοιχισμένοι για την επίτευξη ενός μεγάλου οράματος, φοβόμουν ότι η μεθοδολογία των πολλών, μικρών, ασυντόνιστων μεταξύ τους έργων, θα μπορούσε ίσως να φέρει μεν μια κάποια μικρή βελτίωση στην κατάστασή μας, αλλά δυστυχώς δεν θα μας επέτρεπε να ξεφύγουμε από τη θέση του ουραγού της Ε.Ε.

ΤΟ «ΟΡΑΜΑ 20/20»

Με ποιο τρόπο, συνεπώς, θα μπορούσαμε να είχαμε πορευτεί προς το ευρυζωνικό μέλλον; Μερικές από τις προτάσεις που είχα καταθέσει στην τότε Κυβέρνηση και στην Επιτροπή Έρευνας και Τεχνολογίας της Βουλής στις 12/4/2006 περιλάμβαναν το πιο κάτω *«στρατηγικό όραμα 20/20»* και το *«μοντέλο διαχείρισης με έναν υπεύθυνο συντονιστή».*

Εάν η αναγκαιότητα, όπως περιγράφηκε πριν από λίγο, μπολιαστεί με στοιχεία ενός οράματος (με διάθεση προσφοράς και με γνώμονα το καλό των επερχόμενων γενιών) τότε ίσως να μπορέσουμε να πετύχουμε και κάτι καλύτερο και περισσότερο ωφέλιμο για την κοινωνία, από απλά να παρακολουθούμε το τελευταίο βαγόνι του τρένου της νέας εποχής που απομακρύνεται.

Πολλά ήταν τα διλλήματα και οι προκλήσεις (challenges) όταν αναλάβαμε τη διοίκηση της ΕΕΤΤ. Λαμβάνοντας λοιπόν όλα αυτά υπ' όψιν και συνδυάζοντάς τα με το γεγονός ότι όχι μόνον ήμασταν οι τελευταίοι στη Ε.Ε. αλλά ότι κάθε νέο μέλος που έμπαινε μας ξεπερνούσε σύντομα, έπρεπε γρήγορα να εξασφαλίσουμε ότι δεν θα μέναμε εκτός ψηφιακής εποχής.

Για να καλύψουμε τάχιστα το «ψηφιακό χάσμα», τόσο με τις άλλες χώρες της Ε.Ε. όσο και στο εσωτερικό της χώρας μας, απαιτείτο πανεθνική συστράτευση για την επίτευξη μίας αναγκαιότητας που θα ήταν καθοριστική για την πορεία της χώρα μας σε τομείς όπως η δημόσια διοίκηση, η υγεία, η παιδεία, η ανάπτυξη της έρευνας και της τεχνολογίας, οι επενδύσεις, η αναζωογόνηση της επιχειρηματικότητας, κ.α. Η εξέλιξή μας ως κοινωνία συνολικά, περνάει μέσα από την συνειδητοποίηση ότι οι Η.Ε. και το Διαδίκτυο μπορούν να αποτελέσουν τον κύριο μοχλό ανάπτυξης και στήριξης πολλών κλάδων της οικονομίας και της κοινωνίας μας.

Όσον αφορά στο πώς θα έπρεπε να πορευθούμε συνολικά σαν χώρα για την γενικότερη οικονομική μας ανάπτυξη, υπήρχε ανάγκη να εστιάσουμε τάχιστα την προσοχή μας στην ανάπτυξη υπηρεσιών υψηλής τεχνολογίας (high tech) και στην «ψηφιακή οικονομία των διαδικτυακών εφαρμογών» (digital economy). Θεωρούσα ότι πρώτα απ' όλα, χρειαζόταν να αλλάξουμε νοοτροπία και να σταματήσουμε να λέμε ότι «εδώ είναι Ελλάδα» και «αυτά δεν γίνονται εδώ». Από μεν τη πλευρά της Κυβέρνησης, να βάλει μακροπρόθεσμους στόχους και να επικεντρωθεί συναινετικά στην επίτευξη τους, να καταστήσει το Κράτος περισσότερο αποτελεσματικό και διαφανές ώστε να μη δημιουργεί εμπόδια στην επιχειρηματικότητα και, τέλος, να καταστήσει σε όλους αντιληπτό ότι αυτό που κυρίως απαιτείται είναι εκπαιδευμένο ανθρώπινο κεφάλαιο και απελευθερωμένο και ευέλικτο επιχειρηματικό πνεύμα. Με διάφορες παρεμβάσεις μου (τις οποίες παραθέτω στα αντίστοιχα κεφάλαια του βιβλίου) είχα κατά καιρούς προτείνει αυτά που πίστευα ότι ήταν τα απαιτούμενα άλματα και οι δράσεις που θα έπρεπε να υλοποιήσει η Κυβέρνηση. Από την πλευρά των επιχειρήσεων, θα έπρεπε να ξεφύγουν από το θανάσιμο εναγκαλισμό και την εξάρτησή τους από το κράτος και να στραφούν προς εξαγώγιμες καινοτόμες υπηρεσίες και προϊόντα.

Για να επιτευχθούν αυτά και άλλα που χρειάζονταν, θα έπρεπε να υπάρξει ένα μεγάλο και φιλόδοξο *στρατηγικό όραμα* (μια «αφήγηση») που θα συναρπάσει τον λαό, το Κράτος και την επιχειρηματική κοινότητα. Κάτι που όλοι μας θα πιστεύαμε και θα ασπαζόμασταν και που θα μας ωθούσε να συνεργαστούμε ώστε να πετύχουμε αυτόν τον εθνικό στόχο, αντιλαμβανόμενοι πλέον το κατεπείγον του θέματος (καθόσον δεν είχαμε την πολυτέλεια του χρόνου) και την ανάγκη το κράτος και οι επιχειρήσεις να κάνουν επιτυχημένες επενδύσεις.

Το «*Όραμα 20/20*» ***(Vision 20/20)*** – Σχ. 2.2 - που είχα προτείνει από την αρχή της θητείας μου ήταν: *«η Ελλάδα να καταστεί τάχιστα μια Διαδικτυακή δύναμη στην Ευρώπη και μέχρι το 2020 να έχει μετατραπεί σε μια εξωστρεφή κοινωνία παροχής ανταγωνιστικών υπηρεσιών και προϊόντων υψηλής τεχνολογίας (high-tech society)».* Μέσω του ευρυζωνικού Διαδικτύου μικρές ομάδες - ακόμα και μεμονωμένα άτομα - μπορούν να ανταγωνιστούν σε παγκόσμια κλίμακα με εξαγώγιμα Διαδικτυακά προϊόντα και υπηρεσίες, ένα μοντέλο ανάπτυξης που νομίζω ότι ταιριάζει περισσότερο στο χαρακτήρα και τις ικανότητες του λαού μας. Οι υπηρεσίες του Διαδικτύου - που όπως είπα δεν απαιτούν πολύ μεγάλα επενδυτικά κεφάλαια και υλικές υποδομές - μπορούν να αποτελέσουν κίνητρο για συνεχή εισροή ξένου συναλλάγματος και επενδύσεων στη χώρα μας και μπορούν εύκολα να παραχθούν από μικρές εταιρείες και να εξαχθούν με μεγάλη ευκολία στον υπόλοιπο κόσμο. (Άλλες προτάσεις μας στο Κεφάλαιο 13).

Στην πρώτη μου δε δημόσια ομιλία στις 1/2/2006 είχα πει ότι *«ο στόχος της Πολιτείας θα πρέπει να είναι η δημιουργία κατάλληλων συνθηκών που θα επιτρέψουν να βρεθούν οι δύο Έλληνες φοιτητές που θα επινοήσουν στο «γκαράζ» τους την επόμενη εφαρμογή Skype ή τη σύσταση της επόμενης Google.»* (Στη διατύπωση μου αυτή, δημοσιογράφος είχε κάνει την επόμενη μέρα το εξής χιουμοριστικό σχόλιο: *«δεν πάμε μπροστά, γιατί δεν έχουμε αρκετά γκαράζ»*!)

Σχ. 2.2: Το «Όραμα 20/20» (Vision 20/20)

<u>ΠΡΟΤΑΣΗ «Σ.Ο.Σ.Σ.»</u>

Ένα μήνα αργότερα, στις 16/5/2006, στην ίδια Επιτροπή της Βουλής κατέθεσα την πρόταση Σ.Ο.Σ.Σ. Το ίδιο έκανα και στη συνέχεια με εμπιστευτική εισήγηση στον πρωθυπουργό κ. Κ. Καραμανλή.

Η πρόταση Σ.Ο.Σ.Σ.*[40]* χρησιμοποιούσε τα αρχικά των λέξεων Συναίνεση, Όραμα, Συντονισμός και Στρατηγική και μ' αυτήν εννοούσα τα κάτωθι:

1) Η <u>Συναίνεση</u> αναφερόταν στο ότι θα έπρεπε οι αρχηγοί των (τουλάχιστον δύο μεγαλυτέρων) κομμάτων να αντιληφθούν το κατεπείγον του θέματος και να συμφωνήσουν πρωτίστως στο όραμα, στο ότι οι υπηρεσίες Διαδικτύου και Πληροφορικής αποτελούν κλάδο που έχει προοπτική μεγάλης ελληνικής επιτυχίας στις αγορές του εξωτερικού, και να διατυπώσουν μια μακροπρόθεσμη εθνική στρατηγική.

Συνεπώς, θα έπρεπε να αλλάξει άρδην το μοντέλο ανάπτυξης της χώρας.

Για να φτάσουμε εκεί, και επειδή το πρόβλημα ήταν πολυσύνθετο, απαιτούντο κινήσεις και αποφάσεις στο υψηλότατο πολιτικό επίπεδο. Ο Πρωθυπουργός και ο αρχηγός της αξιωματικής αντιπολίτευσης θα έπρεπε να συμφωνήσουν σε ένα φιλόδοξο μακροπρόθεσμο εθνικό όραμα, να συναινέσουν και να δείξουν ότι το υποστηρίζουν ένθερμα στα κόμματα του Κοινοβουλίου, στις επιχειρήσεις του κλάδου και στους πολίτες και να αποφασίσουν ότι η κοινή εθνική στρατηγική απαιτούσε το μεγαλύτερο μέρος του 4ου ΚΠΣ να επενδυθεί προς επίτευξη αυτού του οράματος.

2) Το Όραμα αναφερόταν στο όραμα 20/20 που ανέφερα στην προηγούμενη παράγραφο.

3) Ο Συντονισμός αναφερόταν στην εφαρμογή του «μοντέλου διαχείρισης με έναν υπεύθυνο» (όπως εξηγώ πιο κάτω).

4) Η Στρατηγική ήταν αυτό που απαιτείτο για την επίτευξη του «οράματος 20/20» και αναφερόταν στην κατάστρωση ενός κοινά αποδεκτού και υλοποιήσιμου «οδικού χάρτη» για τη ψηφιακή και Διαδικτυακή ανάπτυξη της χώρας με ορίζοντα το 2020. Συγκεκριμένα, πρότεινα τους κάτωθι ενδιάμεσους σταθμούς:

(α) μέχρι το 2010 *να έχουμε πετύχει:*
ι) την παροχή ευρυζωνικών υπηρεσιών σ' όλους τους Έλληνες,
ιι) τη μετάβαση στην Ψηφιακή Τηλεόραση,
ιιι) την υψηλής ταχύτητας διασύνδεση όλων των δημόσιων υπηρεσιών, εκπαιδευτικών ιδρυμάτων, σχολείων και ερευνητικών ιδρυμάτων,
(β) μέχρι το 2015 να έχει ολοκληρωθεί το μεγαλύτερο μέρος ενός εθνικού δικτύου οπτικών ινών μέχρι το σπίτι (FTTH) και η Ελλάδα να έχει καταστεί «Διαδικτυακός Κόμβος» της ευρύτερης περιοχής (ΝΑ Ευρώπη, Μέση Ανατολή, Β. Αφρική) και
(γ) μέχρι το 2020 η χώρα να συγκαταλέγεται ανάμεσα στις πρώτες χώρες που παρέχουν ανταγωνιστικές υπηρεσίες υψηλής τεχνολογίας.

ΜΟΝΤΕΛΟ ΔΙΑΧΕΙΡΙΣΗΣ ΜΕ ΕΝΑΝ ΥΠΕΥΘΥΝΟ

Για να πετύχει αυτό, πρότεινα να αλλάξει ο τρόπος με τον οποίο διαχειρίζεται η Πολιτεία τα μεγάλα έργα με την πανσπερμία συναρμοδιοτήτων που τα καθιστά χρονοβόρα, ασυντόνιστα και πάντα εκτός προϋπολογισμού και χρονικών περιθωρίων.

Στην προαναφερθείσα ομιλία μου της 1/2/2006 (στην ημερίδα του ΕΜΠ «Ψηφιακή γνώση και ευημερία»), και ενώπιον υπουργών και σχετικών αρμοδίων φορέων του Κράτους, εισηγήθηκα «*να ορισθεί ένα ικανότατο άτομο, κοινής αποδοχής, ως το μόνο υπεύθυνο για θέματα Διαδικτύου και Πληροφορικής (καθόσον δύο υπεύθυνοι ίσον κανένας υπεύθυνος). Αυτό το άτομο θα προΐστατο ενός ευέλικτου και αποτελεσματικού Γραφείου Τεχνολογίας παρά τω Πρωθυπουργώ (αποτελούμενο από 2-5 ειδικούς τεχνοκράτες), με σκοπό:*

> *1) τον αποτελεσματικότερο συντονισμό όλων των εμπλεκόμενων φορέων που έχουν σχέση με δράσεις και ενέργειες που σκοπό έχουν να συντείνουν στην υλοποίηση του οράματος,*
> *2) την καλύτερη αξιοποίηση των μέχρι τότε μελετών και προσπαθειών και*
> *3) την εντατικοποίηση παρακολούθησης της εκτέλεσης όλων των σχετικών έργων και δράσεων».*

Το μοντέλο συμπεριλάβανε επιπρόσθετα και «*τη σύσταση μιας υπερκομματικής ομάδας (της «Dream Team» των Νέων Τεχνολογιών), με συμβούλους διεθνούς βεληνεκούς, η οποία θα βοηθούσε ώστε:*

> *1) να καταστρωθεί άμεσα (δεν υπήρχαν πλέον άλλα χρονικά περιθώρια) μια ολοκληρωμένη, φιλόδοξη και επιθετική εθνική στρατηγική (βασική προϋπόθεση για τηνεπιτυχή υλοποίηση του οράματος) και που θα ήταν κάτι μεγαλύτερο και πέραν του Επιχειρησιακού Προγράμματος της «Κοινωνίας της Πληροφορίας» (το οποίο είχε ορίζοντα μόνο μέχρι το 2013 και του οποίου οι πόροι έτσι και αλλιώς δεν επαρκούσαν για την υλοποίηση ενός τόσο τολμηρού και μακροπρόθεσμου οράματος) και*
> *2) να μετουσιωθεί η στρατηγική αυτή σε έργα, δρομολογώντας αποτελεσματικές και καλά συντονισμένες προσπάθειες με*

συγκεκριμένους ενδιάμεσους μετρήσιμους στόχους, δηλαδή ενός κοινώς αποδεκτού «οδικού χάρτη» για την επίτευξη των στόχων.

3) Ο/η συντονιστής αυτός/η καθώς και η στρατηγική θα έπρεπε εξ' αρχής να έχουν τη συναίνεση των πολιτικών κομμάτων ώστε να διασφαλίζεται η συνέχειά τους, ανεξάρτητα πολιτικών αλλαγών, η δε εκάστοτε Κυβέρνηση θα ήταν υπεύθυνη για την υλοποίηση του προγράμματος, ενώ η μόνιμη Επιτροπή Έρευνας και Τεχνολογίας της Βουλής θα παρακολουθούσε εποπτικά (σε υψηλό επίπεδο) την επίτευξη των στρατηγικών στόχων».

Όταν δεν έγινε τίποτε προς αυτήν την κατεύθυνση, ενάμιση χρόνο αργότερα, τον Σεπτέμβριο του 2007, ακολούθησε ο αρμόδιος φορέας ΣΕΠΕ (Σύνδεσμος Επιχειρήσεων Πληροφορικής & Επικοινωνιών Ελλάδας) με μια παρεμφερή πρόταση για «την αναγκαιότητα σύστασης Υπουργείου Τεχνολογιών Πληροφορικής & Επικοινωνιών». Για να καταλάβει δε κανείς πόσο γρήγορα (!) πάνε τα πράγματα στην Ελλάδα, 8 ολόκληρα χρόνια αργότερα, την Άνοιξη του 2014 (και επειδή βέβαια δεν είχε γίνει τίποτε σχετικό μέχρι τότε), ο ΣΕΠΕ επανέρχεται πάλι με νέα εισήγηση για τη «δημιουργία νέας δομής που θα λειτουργεί παρά τω πρωθυπουργώ»[41], το δε Φθινόπωρο του ιδίου έτους, ο τότε Πρόεδρος της ΕΕΤΤ επαναπροτείνει τη δημιουργία ενός Chief Technology Officer σε επίπεδο μόνιμου υφυπουργού, ο οποίος να αναφέρεται κατευθείαν στον Πρωθυπουργό. Και όπως εύστοχα σχολίασε τότε για το θέμα αυτό (φαντάζομαι με απογοήτευση) η δημοσιογράφος κ. Τ. Ηγουμενίδη στη Ναυτεμπορική: *«μετά από τόσα χρόνια, στο ίδιο έργο θεατές»*[42].

ΠΡΟΕΤΟΙΜΑΣΙΑ ΓΙΑ ΤΑ ΜΕΛΛΟΝΤΙΚΑ ΔΙΚΤΥΑ

α) Δίκτυα επόμενης γενιάς NGAs

Εκτός από τις πιο πάνω προτάσεις, από την πρώτη στιγμή θεωρούσα ότι η Πολιτεία θα έπρεπε ταυτόχρονα να σχεδιάσει το επόμενο μεγάλο έργο που θα κάλυπτε πλήρως όλες τις μελλοντικές ανάγκες της χώρας στην πρόσβαση, χρήση, αξιοποίηση και εκμετάλλευση του ευρυζωνικού Διαδικτύου. Αυτό δεν ήταν άλλο από την κατασκευή «*Δικτύων Πρόσβασης Επόμενης Γενιάς*» NGAs[43] με «*Οπτικές Ίνες Μέχρι το Σπίτι*» (FTTH).

Η Ελλάδα θα έπρεπε σύντομα να καταστρώσει στρατηγικό σχέδιο κατασκευής των τηλεπικοινωνιακών Δικτύων Πρόσβασης Επόμενης Γενιάς. Ο μακροπρόθεσμος στόχος θα ήταν ότι, όπως κάθε νοικοκυριό διέθετε τότε τηλεφωνική γραμμή χαλκού, θα πρέπει στο σύντομο μέλλον να έχει πρόσβαση σε οπτική ίνα. Στα αρχικά στάδια της προσπάθειας, ή για τις αραιοκατοικημένες περιοχές, θα ήταν δυνατόν να εξοικονομηθούν σημαντικά κεφάλαια εάν ποσοστό των γραμμών ίνας δεν έφτανε απαραίτητα στον χώρο του καταναλωτή αλλά σταματούσε στο πεζοδρόμιο (δίκτυο FTTC – Fiber to the Curb) ή στην είσοδο του κτιρίου (δίκτυο FTTB – Fiber to the Building).

Επειδή στην Ελλάδα ο αναμενόμενος ρυθμός απόδοσης των έργων οπτικών ινών ενδεχομένως να μην είναι ελκυστικός για τις τηλεπικοινωνιακές εταιρείες (τουλάχιστον βραχυπρόθεσμα), εάν ήταν να περιμένουμε ιδιωτικά κεφάλαια να επενδυθούν στα δίκτυα επόμενης γενιάς, μάλλον θα περιμέναμε για δεκαετίες. Όπως διερωτούνται στην Ε.Ε., «*θα έπρεπε να περιμένουμε από τους κατασκευαστές οχημάτων να κατασκευάσουν τους αυτοκινητόδρομους;*»[44].

Σε γενικές γραμμές, υπάρχουν τρία μοντέλα που είχαν ακολουθηθεί στο εξωτερικό για την υλοποίηση τέτοιων δικτύων οπτικών ινών. Το *πρώτο μοντέλο* δεν προβλέπει καμιά δημόσια παρέμβαση και είναι αυτό που έχει ακολουθηθεί στις ΗΠΑ, στις οποίες όμως υπάρχουν πολλαπλές ευρυζωνικές τεχνολογίες και ένας ιδιαίτερα έντονος ανταγωνισμός στις υποδομές μεταξύ των τηλεπικοινωνιακών εταιρειών. Το *δεύτερο μοντέλο* είναι αυτό της έντονης κρατικής παρέμβασης που ακολουθείται από χώρες της Ασίας (Κορέα, Ιαπωνία). Τέλος, το *τρίτο μοντέλο* που συναντάται στη Ευρώπη χαρακτηρίζεται από ποικιλομορφία διαφόρων εθνικών σκηνικών, με τις περισσότερες να κλίνουν προς κάποια μορφή δημόσιας παρέμβασης.

β) Δέκα μύθοι και πραγματικότητες για τα NGAs

Από τις πρώτες μέρες είχα υποστηρίξει ότι η μόνη λύση για τη πλήρη απαγκίστρωση από το μονοπωλούμενο δίκτυο πρόσβασης του ΟΤΕ ήταν να κάνει η χώρα το «πήδημα του βατράχου» (leapfrog) στην κατασκευή «δικτύου πρόσβασης επόμενης γενιάς». Προκειμένου δε να ενημερώσουμε την Κυβέρνηση για τα νέα αυτά ψηφιακά δίκτυα και θέλοντας να την προϊδεάσουμε για τη αντίστοιχη μελέτη που ετοιμάζαμε στην ΕΕΤΤ από το 2007 για την κατασκευή του «εθνικού δικτύου οπτικών ινών μέχρι το σπίτι FTTH» (Κεφάλαιο 9), προετοίμασα με τη βοήθεια συναδέλφων και έστειλα στις αρχές του 2008, σε ανώτατο κυβερνητικό επίπεδο, το ακόλουθο non-paper που περιείχε 10 μύθους και πραγματικότητες σχετικά με τα νέα «ευρυζωνικά δίκτυα πρόσβασης επόμενης γενιάς»:

Μύθος 1: *Η Τεχνολογία DSL (στον χαλκό) μπορεί να εξελίσσεται και να καλύπτει τις αυξημένες ανάγκες των χρηστών*

Είναι γεγονός ότι υπάρχουν αρκετές ερευνητικές προσπάθειες που στοχεύουν στη βελτίωση της απόδοσης των τεχνολογιών DSL με βάση τα χάλκινα καλώδια, κυρίως μέσω της μείωσης του θορύβου που προκαλείται όταν αυτά μεταφέρουν τα σήματα δεδομένων. Όπως όμως οι ίδιοι ερευνητές παραδέχονται, οι αλγόριθμοι αυτοί είναι κυρίως ερευνητικής αξίας που ίσως μπορέσουν να αξιοποιηθούν μετά από αρκετά χρόνια, δεδομένου ότι ο αυξανόμενος θόρυβος που προκαλείται από τον πολλαπλασιασμό των συνδέσεων ADSL οδηγεί σε ελάττωση της πραγματικής ταχύτητας αυτών των συνδέσεων. Είναι επομένως σαφές ότι οι βελτιώσεις της τεχνολογίας DSL δεν μπορούν να αναιρέσουν τους εγγενείς περιορισμούς του φυσικού μέσου (χαλκός), ο οποίος αδυνατεί να προσφέρει αξιόπιστα τις ταχύτητες που σύντομα θα απαιτούν οι περισσότεροι οικιακοί καταναλωτές. Για τον λόγο αυτόν, φορείς όπως ο ΟΟΣΑ και η Ε.Ε. επιμένουν ότι το μόνο μέσο μετάδοσης που «αντέχει στο χρόνο» (future proof) για την κάλυψη των αυξανόμενων αναγκών των χρηστών και των εφαρμογών είναι τα «επεκτάσιμα» (scalable) δίκτυα πρόσβασης με οπτικές ίνες FTTH, οι οποίες δίνουν απεριόριστες ταχύτητες, έχουν χαμηλή κατανάλωση ισχύος, δεν παρουσιάζουν πρόβλημα θορύβου, κοστίζουν λιγότερο από τα χάλκινα καλώδια και προσφέρουν αυξημένη ασφάλεια.

Μύθος 2: *Γρήγορο Ιντερνετ = xDSL*

Αυτό ισχύει σήμερα αλλά είναι σχεδόν βέβαιο ότι δεν θα ισχύει σε 3-4 χρόνια. Όλες οι έγκυρες μελέτες δείχνουν ότι οι διαδικτυακές εφαρμογές πολλαπλασιάζονται σε πλήθος και γίνονται όλο και πιο απαιτητικές. Συντηρητικές εκτιμήσεις (Σχ. 2.3) προβλέπουν ότι το 2014, οι ανάγκες των νοικοκυριών στο εξωτερικό θα απαιτούν ταχύτητες που θα πλησιάζουν τα 100 Mbps, κάτι που δεν μπορεί να δοθεί αξιόπιστα με οποιαδήποτε τεχνολογία DSL των χάλκινων καλωδίων. Λαμβάνοντας δε υπόψη μόνο τις επερχόμενες εφαρμογές τηλε-διάσκεψης και διανομής βίντεο και τηλεοπτικού περιεχομένου υψηλής ευκρίνειας μέσω Ίντερνετ, γίνεται φανερό ότι οι τεχνολογίες DSL, σε οποιαδήποτε μορφή τους, θα είναι σύντομα συνώνυμες με το «αργό» Ίντερνετ. Έτσι, όσες χώρες παραμείνουν στα χάλκινα καλώδια θα πρέπει να αναμένουν ραγδαία υποβάθμιση της τεχνολογικής τους θέσης έναντι αυτών που θα περάσουν εγκαίρως στην εποχή των οπτικών δικτύων πρόσβασης.

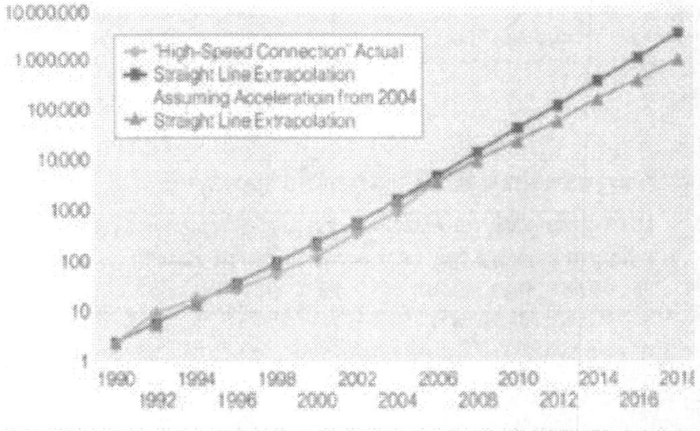

Σχήμα 1: How Much Bandwidth (from FTTH Worldwide Market & Technology Forecast, 2006–2011; Heavy Reading Report, June 2006)

Σχ. 2.3: Απαιτήσεις για Ευρυζωνικές ταχύτητες διεθνώς τα επόμενα χρόνια

Μύθος 3: Τα δίκτυα οπτικών ινών είναι αναγκαία μόνο για επιχειρηματικούς χρήστες

Με τις συνεχιζόμενες προόδους στις τεχνολογίες των οπτικών ινών, έχουμε φτάσει στο σημείο όπου είναι πιο οικονομική η εξ αρχής εγκατάσταση οπτικής καλωδίωσης σε νέα κτίρια, σε σύγκριση με την εγκατάσταση χάλκινων καλωδίων. Οι χώρες της ανατολικής Ασίας επενδύουν μαζικά σε «οπτικές ίνες μέχρι το σπίτι» FTTH. Το ίδιο συμβαίνει σε πολλές χώρες της βόρειας Ευρώπης και της βόρειας Αμερικής. Πρόσφατα (το 2007), η Γαλλική Κυβέρνηση πέρασε κανονισμό που καθιστά υποχρεωτική την οπτική καλωδίωση όλων των νέων κτιρίων. Είναι επομένως σαφές ότι οι πλέον προηγμένες χώρες του πλανήτη έχουν αντιληφθεί την σπουδαιότητα της χρήσης των οπτικών ινών για τη διασύνδεση όλων των χρηστών με το Ίντερνετ της επόμενης γενιάς.

Μύθος 4: Η ελληνική αγορά δεν χρειάζεται ακόμα μεγάλες ταχύτητες σύνδεσης με το Ίντερνετ

Η ίδια η ελληνική αγορά έχει αποδείξει πως τέτοιου τύπου μειωτικές αναφορές είναι *αβάσιμες*. Μέσα στα πρώτα δύο χρόνια της θητείας μας (2005-2007), που βελτιώθηκε σημαντικά η μέση ταχύτητα πρόσβασης στο Ίντερνετ, παρατηρήθηκε μία σαφής ανταπόκριση από την πλευρά της ζήτησης. Οι έλληνες χρήστες απορρόφησαν άμεσα όλες αυτές τις βελτιώσεις, *διαψεύδοντας τις θεωρίες* περί «καθυστερημένης» αγοράς, και «ανώριμων» χρηστών. Τελευταία μάλιστα είμαστε μάρτυρες της ανάπτυξης νέων προηγμένων εφαρμογών υψηλής προστιθέμενης αξίας, όπως π.χ., στην ηλεκτρονική εκπαίδευση και στην on-line διανομή τηλεοπτικών προγραμμάτων.

Μύθος 5: Το κόστος των υποδομών FTTH είναι απαγορευτικό

Αυτό ίσχυε μέχρι πρόσφατα πριν από την εμφάνιση νέων τεχνολογιών εγκατάστασης οπτικών καλωδίων. Με τα γιγαντιαία διεθνή προγράμματα ανάπτυξης υποδομών FTTH, δημιουργούνται ιδεώδεις προϋποθέσεις για οικονομίες κλίμακας, που οδηγούν σε διαρκή συρρίκνωση του κόστους οπτικής σύνδεσης ανά κατοικία. Για την κάλυψη 1.000.000 ελληνικών νοικοκυριών σε σχετικά

πυκνοκατοικημένες περιοχές, το μέσο κόστος ανά σύνδεση μπορεί – υπό προϋποθέσεις – να πέσει κάτω από τα 1.000 ευρώ. Λαμβάνοντας υπόψη ότι μία τέτοια επένδυση έχει ορίζοντα 30 ετών, γίνεται σαφές πως το κόστος δεν είναι πλέον απαγορευτικό για τη χώρα μας, στην οποία δεν έχει γίνει μέχρι τώρα καμία αντίστοιχη επένδυση. Τουναντίον, εάν ληφθούν υπόψη όλες οι οικονομικές παράμετροι, όπως το *μειωμένο κόστος λειτουργίας και η ανώτερη αξιοπιστία των οπτικών συνδέσεων*, γίνεται σαφές πως οι σχετικές επενδύσεις είναι εφικτές, εύλογες και ασφαλώς βιώσιμες.
Εάν θεωρηθεί πως μία επένδυση 1 δις ευρώ για την τηλεπικοινωνιακή κάλυψη 1 εκ. ελληνικών νοικοκυριών και επιχειρήσεων για τα επόμενα 30 χρόνια είναι αδικαιολόγητη, τότε θα δυσκολευτούμε να βρούμε οποιαδήποτε άλλη «αξιόλογη» επένδυση υποδομών στη χώρα μας.

Μύθος 6: *Είναι σοφότερο αντί να κάνουμε άλματα, να ακολουθούμε τα βήματα* των άλλων

Η τακτική αυτή μπορεί να είναι χρήσιμη για άλλους τομείς της οικονομίας που κινούνται με βραδύτερους κύκλους ζωής από ότι οι τεχνολογίες της Πληροφορίας και των Ηλεκτρονικών Επικοινωνιών. Μία τεχνολογική υστέρηση τεσσάρων ετών στη υιοθέτηση των τεχνολογιών αυτών, είναι αρκετή για να σε κατατάξει στην κατηγορία των χωρών του τρίτου κόσμου, με ανυπολόγιστες συνέπειες για την κοινωνική και οικονομική ανέλιξη της χώρας. Είναι συνεπώς επιτακτική ανάγκη να προσπεράσουμε τα στάδια που διένυσαν οι άλλες προηγμένες χώρες, προκειμένου *να μειώσουμε γρήγορα το χάσμα* και να εκμεταλλευτούμε τα πλεονεκτήματα της πλέον σύγχρονης τεχνολογίας. Μόνον έτσι έχουμε πιθανότητες να βελτιώσουμε τη θέση μας σε ένα διεθνές περιβάλλον που γίνεται ολοένα πιο ανοιχτό και εξόχως ανταγωνιστικό.

Μύθος 7: *Η Ελλάδα είναι καταδικασμένη να μείνει μια μικρή περιφερειακή χώρα, χωρίς ουσιαστικές δυνατότητες στην παγκόσμια κοινωνία της γνώσης*

Αυτό μπορεί να συμβεί μόνο εάν πεισθούμε εμείς ότι συμβαίνει. Στην πραγματικότητα όμως, οι νέες τεχνολογίες Ηλεκτρονικών Επικοινωνιών μπορούν να φέρουν οποιαδήποτε «περιφερειακή» χώρα στο κέντρο του κόσμου. Το Διαδίκτυο και οι εφαρμογές του έχουν ήδη δώσει ανάσες ζωής σε πολλές «ξεγραμμένες» περιοχές (π.χ., χώρες της Βαλτικής), προσφέροντας πρωτόγνωρες δημιουργικές ευκαιρίες σε πολίτες που μέχρι πρότινος περιορίζονταν από τα γεωγραφικά μειονεκτήματα του τόπου κατοικίας τους. Εάν φέρουμε τη χώρα μας πιο κοντά στο διεθνές Ίντερνετ, με πολύ μεγαλύτερες ταχύτητες και χαμηλότερο κόστος σύνδεσης, θα έχουμε κάνει ένα σημαντικό βήμα για την άρση της απομόνωσης της χώρας μας. Θα έχουμε δημιουργήσει προϋποθέσεις για την ενεργό συμμετοχή των πολιτών και των επιχειρήσεων μας στην διαρκώς διογκούμενη διεθνή κοινωνία της γνώσης. Μόνο έτσι μπορεί να γίνει η χώρα μας εξαγωγέας καινοτόμων προϊόντων και υπηρεσιών υψηλής προστιθέμενης αξίας και πόλος προσέλκυσης ξένων επενδύσεων.

Μύθος 8: *Ο Έλληνες είναι τεχνολογικώς «αναλφάβητοι», με χαμηλές δυνατότητες αφομοίωσης των νέων διαδικτυακών εφαρμογών.*
Παρά τις πρόσφατες βελτιώσεις, είναι γεγονός πως όλοι οι διεθνείς δείκτες *κατατάσσουν τη χώρα μας σε χαμηλές κλίμακες ως προς την αξιοποίηση των νέων τεχνολογιών*, σχεδόν σε όλες τις κοινωνικές δραστηριότητες. Η παρατηρούμενη αποξένωση σημαντικής μερίδας του πληθυσμού είναι εξαιρετικά επικίνδυνη, επειδή συντελεί στη διατήρηση του «ψηφιακού χάσματος». Αυτό το πρόβλημα, ωστόσο, δεν λύνεται με την παραίτηση από την προσπάθεια εκσυγχρονισμού των υποδομών ούτε με την κυνική παραδοχή πως «τίποτα δεν μπορεί να γίνει». Αντίθετα.

Μύθος 9: *Οι νέες διαδικτυακές εφαρμογές είναι μόνο για τους μυημένους στις ΤΠΕ* (Τεχνολογίες Πληροφορικής και Επικοινωνιών).
Ουδέν αναληθέστερον! Οι νέες εφαρμογές του Ίντερνετ, που αξιοποιούν πολλαπλές πηγές πληροφοριών και μεγαλύτερες ταχύτητες σύνδεσης, *είναι πολύ πιο εύχρηστες και αξιόπιστες από τις παλαιότερες εφαρμογές.* Αυτή είναι άλλωστε η αιτία που έχουν πολλαπλασιαστεί οι χρήστες του Ίντερνετ σε όσες χώρες διαθέτουν προηγμένες δικτυακές υποδομές πρόσβασης.

Μύθος 10: *Το δίκτυο είναι του ΟΤΕ και μπορεί να το κάνει ό,τι θέλει*
Μολονότι είναι ιδιοκτησία του, το δίκτυο του από το νόμο θεωρείται «δημόσιο» και δεν μπορεί «να το κάνει ό,τι θέλει». Ο νόμος τού επιβάλλει *ειδικές υποχρεώσεις*, όπως π.χ., της συντήρησης, ποιότητας, ασφάλειας, τιμολόγησης και συμμόρφωσης με τις διατάξεις της κείμενης τηλεπικοινωνιακής νομοθεσίας και της νομοθεσίας περί προστασίας του ανταγωνισμού. Ο ΟΤΕ υποχρεούται από το νόμο (όσο κατέχει δεσπόζουσα θέση στην αγορά) να «εξασφαλίζει την πρόσβαση στο δίκτυό του, *χωρίς διακρίσεις, χωρίς να παραβιάζεται η αρχή της ισότιμης πρόσβασης και με τρόπο ίδιον μ' αυτόν που την παρέχει στις εταιρείες του δικού του ομίλου* και στους εναλλακτικούς τηλεπικοινωνιακούς παρόχους ώστε να μπορούν αυτοί να έχουν πρόσβαση (επί αμοιβή) στον εξοπλισμό, στα ακίνητα, στα δικαιώματα διέλευσης και στο ακραίο δίκτυο του ΟΤΕ». Η ΕΕΤΤ είναι επιφορτισμένη με το έργο να παρακολουθεί ότι όλα τα ανωτέρω τηρούνται από τον ΟΤΕ και να του τα επιβάλλει στις περιπτώσεις που αυτός δεν τα τηρεί.

γ) Κατασκευή ενός εθνικού δικτύου FTTH

Ένα από τα *πρώτα βήματα* μας στην ΕΕΤΤ ήταν η πρωτοβουλία που αναλάβαμε το 2006 να προωθήσουμε την ιδέα ανάπτυξης σύγχρονων δικτύων οπτικών ινών FTTH σ' όλη την Ελλάδα. Στις αρχές του 2007, καταστρώνοντας τη στρατηγική*[45]* της ΕΕΤΤ για το διάστημα 2008-2011, διερευνήσαμε το κανονιστικό πλαίσιο που θα πρέπει να διέπει αυτά τα τηλεπικοινωνιακά δίκτυα FTTH*[46]* και στη συνέχεια εκπονήσαμε ειδική μελέτη για κατασκευή στη χώρα ενός εξ ολοκλήρου νέου εθνικού δικτύου FTTH. Η Μελέτη μας περιελάμβανε ενδελεχή επισκόπηση των τρόπων υλοποίησης τέτοιων δικτύων στις διάφορες χώρες του κόσμου, καθώς και λεπτομερή ανάλυση του κόστους εναλλακτικών μοντέλων κατασκευής και εντοπισμό εφικτών μεθόδων πραγματοποίησής τους στην Ελλάδα. Τη μελέτη την υποβάλαμε το 2007 στην Κυβέρνηση, προτείνοντας ότι, για να ενθαρρύνει τις επενδύσεις και να καλύψει εν μέρει το κενό ανάμεσα στις αμφισβητούμενες αποδόσεις των επενδύσεων και την ανάγκη υλοποίησης του έργου, θα έπρεπε το Κράτος να συμμετάσχει (τουλάχιστον στην αρχή) σε κάποιο ποσοστό στα έξοδα προωθώντας την κατασκευή του έργου με τη διαδικασία των ΣΔΙΤ (Συνεργασία Δημόσιου και Ιδιωτικού Τομέα). Η Κυβέρνηση υιοθέτησε αμέσως την μελέτη μας και, αφού πρόσθεσε δικές της τροποποιήσεις, ο πρωθυπουργός κ. Κ. Καραμανλής εξήγγειλε επίσημα[47] την κατασκευή του έργου στις 20/5/2009. (Όλες οι λεπτομέρειες για το «εθνικό δίκτυο FTTH» παρουσιάζονται στο Κεφαλαίο 9).

Συμπληρωματικά, για να ενθαρρύνει την υλοποίηση του προγράμματος εγκατάστασης δικτύων οπτικών ινών σε όλη την ελληνική επικράτεια και την προσέλκυση επενδύσεων για ανάπτυξη δικτυακών υποδομών παροχής ευρυζωνικών υπηρεσιών σε όλους τους πολίτες, η ΕΕΤΤ διεξήγαγε διάφορες διαβουλεύσεις και υπέβαλε στην Κυβέρνηση προς νομοθέτηση δύο βασικούς σχετικούς κανονισμούς: α) για τα «Δικαιώματα Διέλευσης, Εγκατάστασης και Λειτουργίας» δικτύων Η.Ε. σε δημόσιους και ιδιωτικούς χώρους και β) για τα «Τέλη Διέλευσης και Χρήσης». (Βλέπε Κεφάλαιο 13). Δυστυχώς όμως μέχρι σήμερα το 2015 το θέμα των «δικαιωμάτων και τελών διέλευσης» παραμένει σε εκκρεμότητα.

ΤΟ «ΣΤΟΙΧΗΜΑ» ΤΗΣ ΕΕΤΤ

α) Στόχοι της ΕΕΤΤ

Μέσα σε όλα αυτά, τι ρόλο θα έπρεπε να παίξει η ΕΕΤΤ με βάση τις αρμοδιότητες που της παρείχε ο νόμος;

Η πρώτη μου δήλωση προς τον Τύπο μόλις ανέλαβα τη θητεία μου τον Αύγουστο του 2005 ήταν: *«Κύριοι στόχοι μας είναι η προώθηση της ψηφιακής επικοινωνίας και των εφαρμογών Διαδικτύου στον 21ο αιώνα προς όφελος των καταναλωτών, εξασφαλίζοντας την πρόσβαση όλων των πολιτών, ακόμα και των πιο απομακρυσμένων περιοχών, σε υπηρεσίες υψηλής ποιότητας. Η ΕΕΤΤ θα συμβάλει στην περαιτέρω ανάπτυξη της τηλεπικοινωνιακής αγοράς, στην εισροή νέων επενδύσεων, καθώς και στην ανάπτυξη των ευρυζωνικών υπηρεσιών από άποψη διαθεσιμότητας, ποιότητας και τιμής, με γνώμονα τον καταναλωτή. Θα επιτελέσουμε το έργο μας με διαφάνεια, αμεροληψία και αποτελεσματικότητα, εξασφαλίζοντας την τήρηση του κανονιστικού πλαισίου και παράλληλα θα έχουμε συνεργασία με όλους τους εμπλεκόμενους φορείς προκειμένου να πετύχουμε το καλύτερο αποτέλεσμα για την αγορά και κυρίως για τον πολίτη»[48].*

Η δε πρώτη μου δήλωση προς το προσωπικό της ΕΕΤΤ ανέφερε: *«Αναγνωρίζω ότι όσοι εργάζονται σε έναν τόσο ευαίσθητο και προβεβλημένο τομέα όπως η Ρυθμιστική Αρχή των Η.Ε., θα γίνονται συχνά στόχος πολλών αντιμαχόμενων συμφερόντων, που ορισμένες φορές εξαντλούν όλα τα μέσα για να προωθήσουν αντίστοιχα επιχειρηματικά τους οφέλη. Είναι σίγουρο ότι κατά τη διάρκεια της θητείας μας εδώ - και στην προσπάθειά μας να επιτελέσουμε ένα σωστό και δίκαιο έργο - θα συγκρουστούμε με μεγάλα συμφέροντα που ενδεχομένως θεωρήσουν ότι οι πράξεις μας θίγουν τα δικά τους συμφέροντα. Προσωπικά είμαι και έτοιμος και διατεθειμένος να το κάνω και θα ήθελα να ζητήσω να έχω και τη δική σας υποστήριξη, βοήθεια και συμπαράσταση»[49].*

Δεν έβλεπα τον ρόλο της ΕΕΤΤ μόνο σαν μία (έστω καλή και αποτελεσματική) διαχειριστική Αρχή του καθημερινού της έργου. Αυτό που ήθελα να πετύχω επιπρόσθετα ήταν, η ΕΕΤΤ να παίξει έναν περισσότερο στρατηγικό ρόλο έτσι ώστε να αποτελέσει βασικό όχημα ανάπτυξης και ραγδαίας εξάπλωσης των Η.Ε. στην χώρα μας. Ήθελα η ΕΕΤΤ, οι ρυθμιστικές της ενέργειες και οι αποφάσεις που παίρνει να βλέπουν μπροστά και να στοχεύουν το μέλλον, να υποστηρίζουν καινοτόμα και νέα ανταγωνιστικά προϊόντα και διαδικτυακές υπηρεσίες, να θέτουν νέες στρατηγικές και να παρακολουθούν την εφαρμογή τους ώστε να συμβάλουν αποφασιστικά στην εγκαθίδρυση υγιούς ανταγωνισμού στην αγορά των Η.Ε. και στην ανάπτυξη της Ευρυζωνικότητας και των νέων εφαρμογών Διαδικτύου. Μια καινοτόμα Υπηρεσία, που θα προτείνει νέες λύσεις, σκεπτόμενη «έξω από το κουτί»*[50].*

Πώς θα επιτυγχάνονταν αυτά και σε ποιο βαθμό τα πετύχαμε, περιγράφονται στα επόμενα κεφάλαια του βιβλίου.

β) Το «εθνικό» στοίχημα

Το «εθνικό στοίχημα» που είχα θέσει από την πρώτη μέρα, ήταν, αφενός μεν να έλθει στην Ελλάδα η Ευρυζωνικότητα μέσω ανταγωνισμού σε επίπεδο υποδομών, αφετέρου δε να αναπτυχθεί υγιής ανταγωνισμός στις Η.Ε. με την εξάλειψη μονοπωλιακών συμπεριφορών. Ως ΕΕΤΤ, ήταν επιτακτικό να δράσουμε άμεσα. Επειδή όμως οράματα δίχως αποτέλεσμα αποτελούν απλώς αυταπάτες, η στρατηγική μας απέβλεπε στην επίτευξη μετρήσιμων απτών αποτελεσμάτων τα οποία δημοσιοποιούσαμε σε τακτά χρονικά διαστήματα.

Όλο το στοίχημα που είχα βάλει με τον εαυτόν μου για την 4ετή θητεία μου συνοψίζονταν σε μία λέξη: ***Ευρυζωνικότητα***.

Εάν το όραμά μας για την τετραετία ήταν ***«η θεμελίωση και ανάπτυξη της Ευρυζωνικότητας»*** με το άνοιγμα των Αστικών Κέντρων του ΟΤΕ στη συνεγκατάσταση των εναλλακτικών παρόχων και με την απελευθέρωση του τοπικού βρόχου (που θα επέτρεπαν στις εταιρείες να παρέχουν στους πολίτες νέα ανταγωνιστικά ευρυζωνικά προϊόντα με υψηλότερες ταχύτητες και χαμηλότερες τιμές και νέες καινοτόμες υπηρεσίες), το όραμά μας για την επόμενη τετραετία ήταν «***οι προχωρημένες δικτυακές υποδομές για το νέο ψηφιακό περιβάλλον***», τόσο των Σταθερών Δικτύων (ευρυζωνικά δίκτυα πρόσβασης οπτικών ινών & δίκτυα επίγειας ψηφιακής τηλεόρασης), όσο και των Ασύρματων Δικτύων (δίκτυα κινητής Ευρυζωνικότητας, πολυμεσικότητας και Διαδικτύου) που θα γεφύρωναν το ψηφιακό χάσμα και θα μας κατέτασσαν στις πρωτοπόρες χώρες της Ε.Ε.. Ένας αρχαίος Έλληνας φιλόσοφος, ο Ισοκράτης, είχε πει: *"προνοείν δεί και ού μετανοείν τον άνδρα τον σοφόν"*.

γ) Το «εσωτερικό» στοίχημα στην ΕΕΤΤ

Για να επιτευχθούν οι στόχοι μας, είχα θέσει από την αρχή την πρώτη μου πρόκληση προς το προσωπικό της ΕΕΤΤ: να μελετήσουν και να εισηγηθούν τρόπους μείωσης των διεκπεραιωτικής φύσης εργασιών που τους απασχολούν, έτσι ώστε με αξιοκρατική κατανομή καθηκόντων να γίνεται καλύτερη αξιοποίηση τού υψηλά εξειδικευμένου δυναμικού της και να τού δίδεται η ευκαιρία να αναδεικνύει περισσότερο την ευρηματικότητα και τα ταλέντα που διαθέτει.

Το δε εσωτερικό στοίχημα που τους έθεσα για την Ευρυζωνικότητα είχε ως εξής: *«Σήμερα η ευρυζωνική διείσδυση είναι 0,9%. Μπορεί να συμβάλει η ΕΕΤΤ ώστε με το τέλος της θητείας μας σε 4 χρόνια (δηλαδή το 2009) η ευρυζωνική διείσδυση της χώρας να έχει ξεπεράσει τον σημερινό μέσο όρο της Ευρώπης που είναι 20%;»*. Θυμάμαι ότι τότε σε πολλούς στο ακρωτήριο προκάλεσε ένα ειρωνικό μειδίαμα αμφισβήτησης (συνοδευόμενο με την απαραίτητη ανύψωση του φρυδιού) για το αν θα μπορούσε να επιτευχθεί ένας τέτοιος φιλόδοξος στόχος. Και εθεωρείτο φιλόδοξος, συγκρινόμενος με τον στόχο που είχε θέσει τότε η Κυβέρνηση, η οποία δια στόματος του Υπουργού Οικονομικών και Οικονομίας κ. Γ. Αλογοσκούφη - κατά την παρουσίαση του στις 25/10/2005 της Ψηφιακής Στρατηγικής της Κυβέρνησης - δήλωνε ότι ο στόχος και ο δικός τους ορισμός για το «ψηφιακό άλμα» ήταν *«η αύξηση της διείσδυσης της ευρυζωνικών συνδέσεων στο 7% το 2008»*[51]. Για να αντιληφθεί κανείς πόσο χαμηλά είχε θέσει τον πήχη η τότε Κυβέρνηση, αρκεί να αναφέρουμε ότι στο τέλος του 2008 η διείσδυση είχε ήδη υπερβεί το 13%. (Όταν ρώτησα γιατί είχαν βάλει τόσο χαμηλά τον πήχη, η απάντηση από το άμεσο περιβάλλον του Υπουργού ήταν *«για να μπορούμε να ισχυριστούμε αργότερα ότι πετύχαμε τον στόχο μας»!)*.

Μολονότι η πραγματική διείσδυση της Ευρυζωνικότητας που επετεύχθη στο τέλος του 2009 στην χώρα δεν έφτασε στο φιλόδοξο στόχο του στοιχήματος μας στο 20%, εν τούτοις τον πλησίασε σημαντικά φτάνοντας στο 17+% (από το 0,9% που είχε όταν αρχίσαμε την προσπάθεια).

ΔΙΑΒΟΥΛΕΥΣΗ ΜΕ ΤΗΝ ΑΓΟΡΑ ΑΛΛΑ ΚΑΙ ΠΡΟΣΤΙΜΑ

Το Ιανουάριο του 2007 αποφάσισα να πάρω τις απόψεις των φορέων της αγοράς ως προς (α) τα προβλήματα και τις δυσκολίες που αντιμετωπίζει ο κλάδος τους και τους στόχους και τις απαραίτητες προϋποθέσεις που θέτουν για να τους πετύχουν και (β) τη δυνατότητα αύξησης της διείσδυσης της Ευρυζωνικότητας από τους τότε 500.000 συνδρομητές στους (θέτοντας ψηλά τον πήχη) 1.500.000 συνδρομητές μέσα σε ένα χρόνο. Προς τον σκοπό αυτόν έστειλα την κάτωθι εμπιστευτική επιστολή υπό μορφή non-paper στους προέδρους και διευθύνοντες συμβούλους 17 τηλεπικοινωνιακών παρόχων της χώρας. Τους ζητούσα να μου καταθέσουν τις ιδέες τους ώστε να τις επεξεργαστούμε για να πετύχουμε αυτόν το φιλόδοξο στόχο:

5 Ιανουαρίου 2007

Προς: Επισυναπτόμενο Πινάκα Αποδεκτών

Αξιότιμοι Κύριοι:

Κατ αρχάς θέλω να ευχηθώ στον καθένα σας Καλή Χρονιά με υγεία και ευτυχία.

Σας στέλνω αυτό το non-paper με το οποίο σας παρακαλώ να μου στείλετε (με επίσης εμπιστευτικό non-paper) ό,τι ιδέες έχετε (έστω και «τρελές») για το τι πρέπει να γίνει ώστε η ευρυζωνική διείσδυση στην Ελλάδα να φτάσει στο τέλος του 2007 στο 15% ή 1.500.000 συνδέσεις (από τις 500.000 συνδέσεις που έχει σήμερα). Πιο συγκεκριμένα, ιδέες για το:

α) τι πρέπει να κάνει η ΕΕΤΤ μέσα στο 2007,
β) τι πρέπει να κάνει η Πολιτεία μέσα στο 2007,
γ) τι πρέπει να κάνει ο ΟΤΕ μέσα στο 2007,
δ) τι πρέπει να κάνουν οι εναλλακτικοί πάροχοι ή/και οι κινητοί μέσα στο 2007 και.
ε) οτιδήποτε άλλο θα βοηθήσει να πετύχουμε τον στόχο αυτόν.

Θα σας παρακαλούσα να είστε σύντομοι και όσο το δυνατόν πιο συγκεκριμένοι και ποσοτικοποιημένοι, ώστε να μπορούν να βγουν από την άτυπη αυτή διαβούλευση συγκεκριμένες προτάσεις/δράσεις με συγκεκριμένους τρόπους υλοποιήσής τους. (Θα ήταν δε πολύ χρήσιμο, αν μπορούσατε να αναφέρετε ποσοτικά στοιχεία στο κατά πόσο και πώς θα βοηθήσει η κάθε σας ιδέα στη αύξηση της διείσδυσης).

Με τη συλλογή τους (ελπίζω εντός μηνός), θα προσπαθήσω να κλείσω και προσωπική συνάντηση με τον καθένα σας στα γραφεία της ΕΕΤΤ.

Σας ευχαριστώ εκ των προτέρων.

Καθηγητής Νικήτας Αλεξανδρίδης, Πρόεδρος ΕΕΤΤ

Μολονότι αρκετοί παραξενεύτηκαν με αυτήν την πρωτότυπη προσέγγισή μου (κάνα δύο μάλιστα στον Τύπο την κορόιδεψαν), εν τούτοις μπορώ να ισχυριστώ ότι οι απαντήσεις που έλαβα και οι μετέπειτα συναντήσεις που είχα μαζί τους συνετέλεσαν και αυτές στη διαμόρφωση πιο συντονισμένων και περισσότερο αποτελεσματικών δράσεων της ΕΕΤΤ, που ενίσχυσαν τον ανταγωνισμό μεταξύ των παρόχων στα δίκτυα υποδομών και έδωσαν τρομερή ώθηση στην ανάπτυξη της Ευρυζωνικότητας.

Με αφορμή την ένταση του ανταγωνισμού στην αγορά τηλεπικοινωνιών και με τη διαπίστωση σημαντικών παραβατικών συμπεριφορών και καταστρατήγησης του νόμου από τις εταιρείες, άμεση ενέργεια με την ανάληψη των καθηκόντων μας ήταν να κάνει η ΕΕΤΤ «συστάσεις» προς όλες τις επιχειρήσεις Η.Ε. να τηρούν τους κανόνες ανταγωνισμού και να σέβονται τους καταναλωτές. Στην ΕΕΤΤ εκτιμούσαμε τότε ότι *«το 2007 θα αποτελούσε περίοδο έντασης του τηλεπικοινωνιακού ανταγωνισμού στη χώρα μας και ότι ο καταναλωτής θα είχε περισσότερες επιλογές αλλά και περισσότερες προκλήσεις, λόγω του επιταχυνόμενου ρυθμού σύγκλισης των τεχνολογιών»*. Προειδοποιούσα ότι *«όλες οι εταιρείες που δραστηριοποιούνται στις αγορές ευρυζωνικών δικτύων και υπηρεσιών πρέπει να επιδείξουν την αναγκαία υπευθυνότητα αναφορικά με την ενημέρωση των καταναλωτών»* και πληροφορούσαμε την αγορά ότι *«η ΕΕΤΤ έχει ήδη εντατικοποιήσει την εποπτεία και τον έλεγχό της επί των εν λόγω επιχειρήσεων και επιφυλάσσεται να λάβει, ασκώντας τις εκ του νόμου αρμοδιότητές της, αυστηρά μέτρα, συμπεριλαμβανομένων κυρώσεων κατά των παρόχων που παραβιάζουν ευθέως ή καταστρατηγούν τις διατάξεις της κείμενης νομοθεσίας στον τομέα των Η.Ε., εις βάρος των καταναλωτών»*.

Από τα πρώτα πρόστιμα που επέβαλε η ΕΕΤΤ ήταν:

> *1) για εναρμονισμένη πρακτική στις ταυτόσημες αυξήσεις της τιμής των γραπτών μηνυμάτων (SMS), από 1.000.000 ευρώ σε κάθε μια από τις τρείς εταιρείες κινητής τηλεφωνίας (Vodafone, Cosmote, Tim) και*
> *2) μετά από καταγγελίες καταναλωτών για παραβιάσεις της ισχύουσας νομοθεσίας, στις εταιρείες: Tellas 1.550.000 ευρώ, Vivodi 200.000*

ευρώ, Teledome 1.200.000 ευρώ, Μακνάν 1.000.000 ευρώ, Forthnet 350.000 ευρώ, HOL 50.000 ευρώ και ΟΤΕ 7.250.000 ευρώ[52].

Πράγματι, η ΕΕΤΤ υπήρξε τελικά πολύ αυστηρή, επιβάλλοντας μέσα στην 4^{ετία} πρόστιμα συνολικού ύψους 104 εκατ. ευρώ, εκ των οποίων τα 72 εκατ. ευρώ στον ΟΤΕ και τα υπόλοιπα στους άλλους εναλλακτικούς παρόχους. Πιστεύω ότι αυτό συνέβαλε θετικά στην ομαλή λειτουργία της αγοράς, στην καλύτερη εξυπηρέτηση των καταναλωτών και στην ανάπτυξη της Ευρυζωνικότητας.

ΤΑ ΠΡΩΤΑ ΑΠΟΤΕΛΕΣΜΑΤΑ

α) Εξελίξεις στον πρώτο χρόνο

Μέσα στον πρώτο χρόνο είχαμε σημαντικές εξελίξεις με θεαματικά αποτελέσματα:

1) ψηφίστηκε τελικά τον Φεβρουάριο του 2006 ο νέος νόμος για τις Η.Ε. που έδινε στην ΕΕΤΤ τα κατάλληλα εργαλεία που θα της επέτρεπαν να απελευθερώσει ουσιαστικά την αγορά και να προωθήσει την Ευρυζωνικότητα,
2) ολοκληρώσαμε την «ανάλυση» των 16 υπο-αγορών τηλεπικοινωνιών και εκδώσαμε τις αντίστοιχες κανονιστικές διατάξεις και κανονισμούς,
3) ανοίξαμε τα Αστικά Κέντρα του ΟΤΕ και πιέσαμε και κατορθώσαμε να αυξηθεί σημαντικά ο αριθμός φυσικών συνεγκαταστάσεων εναλλακτικών παρόχων μέσα σ΄αυτά,
4) συμβάλαμε στη σημαντική μείωση των τιμών των ευρυζωνικών συνδέσεων και στην αύξηση των ταχυτήτων,
5) απελευθερώσαμε τα ασύρματα δίκτυα Wi-Fi και αδειοδοτήσαμε το WiMax,
6) προχωρήσαμε σε έγκριση εξαγορών εταιρειών, στην προώθηση του ανταγωνισμού, στην ανάπτυξη της ενιαίας αγοράς και στην προαγωγή των δικαιωμάτων των πολιτών και, τέλος,
7) παίξαμε καταλυτικό ρόλο ώστε οι τηλεπικοινωνιακοί πάροχοι να μπορέσουν να προσφέρουν νέες ψηφιακές υπηρεσίες, όπως VoIP, Triple play, HSDPA, IPTV και ευρυζωνικές συνδέσεις μέσω της ΑΠΤΒ (του τοπικού βρόχου).

Ήδη από το πρώτο έτος της θητείας μας, η Ελλάδα ήταν η ταχύτερα αναπτυσσόμενη χώρα στην Ευρυζωνικότητα παγκοσμίως[53].

β) Τα πρώτα αποτελέσματα

Τον Απρίλιο του 2007 βλέπουμε για πρώτη φορά να αξιοποιείται πρακτικά η ΑΠΤΒ[54] , όταν η ΕΕΤΤ (μετά από ανάλυση της αγοράς, διεξοδικές διαβουλεύσεις και έγκριση της Ευρωπαϊκής Επιτροπής) δημοσιεύει τον Κανονισμό RUO[55] για τον τρόπο υλοποίησης της ΑΠΤΒ. Ο Κανονισμός RUO όριζε τις προϋποθέσεις και τις λεπτομερείς διαδικασίες, με βάση τις οποίες ο ΟΤΕ θα παρείχε τις αναγκαίες υπηρεσίες και ευκολίες (φυσικής συνεγκατάστασης στα Α/Κ του και πρόσβασης στον τοπικό βρόχο) στους εναλλακτικούς τηλεπικοινωνιακούς παρόχους, προκειμένου οι τελευταίοι να παρέχουν, υπό όρους ανταγωνιστικούς, υπηρεσίες «αδεσμοποίητου τοπικού βρόχου» στους καταναλωτές. Έχοντας πλέον τον πλήρη έλεγχο του τοπικού βρόχου, μπορούσαν τώρα οι εναλλακτικοί πάροχοι να προσφέρουν στο κοινό νέα δικά τους προϊόντα και υπηρεσίες, με μεγαλύτερες ευρυζωνικές ταχύτητες και σε χαμηλότερες τιμές, και να ανταγωνιστούν τον ΟΤΕ σε ένα περισσότερο «αλφαδιασμένο γήπεδο» (level playing field). Άνοιγε έτσι το νέο και σπουδαιότερο κεφάλαιο για τη σωστή και αποτελεσματική εφαρμογή του νέου εθνικού ρυθμιστικού πλαισίου. Με την ΑΠΤΒ εγκαινιάζονταν μια νέα εποχή στις Η.Ε. της χώρας, σε ένα πλήρως απελευθερωμένο περιβάλλον δικτυακών υποδομών, όπου οι Έλληνες καταναλωτές θα μπορούσαν πλέον για πρώτη φορά να επιλέξουν τον τηλεπικοινωνιακό πάροχο της αρεσκείας τους για την σταθερή τηλεφωνία, το «γρήγορο» ευρυζωνικό Διαδίκτυο, την IP τηλεφωνία (VoIP), την διαδικτυακή τηλεόραση (IPTV) και λοιπές υπηρεσίες.

Η διαδικασία της ΑΠΤΒ υλοποιήθηκε με επιτυχία κάτω από την αυστηρή και συνεχή επιτήρηση του ΟΤΕ από την ΕΕΤΤ και αφού αναγκαστήκαμε να τον απειλήσουμε ότι θα τον παραπέμψουμε στην Ευρωπαϊκή Επιτροπή Ανταγωνισμού με την τιμωρία επιβολής του «Λειτουργικού Διαχωρισμού»[56]. Στο τέλος του πρώτου έτους εφαρμογής της, η Ευρωπαία Επίτροπος για την «Κοινωνία της

Πληροφορίας και των ΜΜΕ» κ. Β. Ρέντινγκ έδινε τον Οκτώβριο του 2007, τρείς φορές συγχαρητήρια στην ΕΕΤΤ *«για το ρυθμιστικό της έργο μέχρι τότε, την ανάπτυξη της Ευρυζωνικότητας και το «άνοιγμα» της τηλεπικοινωνιακής αγοράς»[57].*

Ήταν πλέον από πολλούς αντιληπτό, ότι μέσα στα πρώτα δύο χρόνια της θητείας μας, είχε ήδη επιτευχθεί *σημαντική πρόοδος* στις ευρυζωνικές επικοινωνίες. Η αποτελεσματική ρυθμιστική πολιτική της ΕΕΤΤ και οι πετυχημένες της παρεμβάσεις καταγράφονται στην 13η έκθεση της Κομισιόν, που αναφέρει ότι*[58]:*

1) «η αποτελεσματική εφαρμογή του νέου νόμου περί Ηλεκτρονικών Επικοινωνιών,
2) η επιβολή ταχείας και ουσιαστικής απελευθέρωσης του τοπικού βρόχου,
3) ο επαναπροσδιορισμός του μοντέλου της αγοράς που οδήγησε τις εταιρείες από τη μεταπώληση υπηρεσιών στον ανταγωνισμό μέσω επενδύσεων σε δικτυακές υποδομές και,
4) η έγκριση των προσφορών συνδυαστικών πακέτων σταθερής και κινητής τηλεφωνίας και ευρυζωνικής πρόσβασης,

επέφεραν τα εξής απτά αποτελέσματα:

α) αύξησαν τις επενδύσεις στις τηλεπικοινωνίες,
β) βελτίωσαν την αγορά και επέτρεψαν τους τηλεπικοινωνιακούς παρόχους να προσφέρουν νέα καινοτόμα προϊόντα,
γ) αύξησαν τη διείσδυση στην Ευρυζωνικότητα που πλησιάζει το 11%,
δ) αύξησαν τον αριθμό των βρόχων (ULLs)[59] *που έχουν συνολικά διατεθεί, σε περίπου 430,000, ισοδύναμο του 35% περίπου όλων των ευρυζωνικών συνδέσεων,*
ε) ενίσχυσαν την ανταγωνιστικότητα που οδήγησε σε σημαντική αύξηση των ευρυζωνικών ταχυτήτων και ουσιαστική μείωση των τιμών τους και,
στ) έδωσαν το σήμα στην αγορά για την έναρξη της σύγκλισης τεχνολογιών και υπηρεσιών».

γ) Αυξημένες επενδύσεις και νέα προϊόντα

Είχα από την αρχή προϊδεάσει ότι οι τεχνολογικές εξελίξεις θα ήταν ταχύτατες, η αγορά των τηλεπικοινωνιών θα αποκτούσε μεγάλη δυναμική και ότι, όποιος δεν προσαρμοζόταν γρήγορα, θα έχανε. Η υλοποίηση της ΑΠΤΒ απετέλεσε υπόθεση μείζονος σημασίας για την ενίσχυση του ανταγωνισμού στις τηλεπικοινωνίες, την προσέλκυση σημαντικών επενδύσεων σε δικτυακές υποδομές και την εκρηκτική ανάπτυξη της Ευρυζωνικότητας. Δήλωνα ότι *«όσοι αναλαμβάνουν το βάρος και το ρίσκο επενδύσεων σε υποδομές, θα έχουν εκ των πραγμάτων πλεονέκτημα στην παροχή καινοτόμων και ποιοτικών υπηρεσιών. Οι άλλοι θα μείνουν πολύ πίσω»[60].* Η πλήρης απελευθέρωση της αγοράς τηλεπικοινωνιών και η ανάπτυξη της Ευρυζωνικότητας άλλαξαν πλήρως τον χάρτη των τηλεπικοινωνιών στην Ελλάδα.

Ο ανταγωνισμός πράγματι άρχισε να φέρνει αποτελέσματα με αυξημένες επενδύσεις από τους εναλλακτικούς τηλεπικοινωνιακούς παρόχους, οι οποίες ανήλθαν το 2007 σε 1.294 εκατ. ευρώ (τα 295 εκατ. ευρώ εξ αυτών επενδύθηκαν από τον ΟΤΕ, ενώ τα υπόλοιπα 999 εκατ. ευρώ από τους εναλλακτικούς παρόχους), έναντι 804,6 εκατ. ευρώ που ήταν το προηγούμενο έτος 2006. *Οι εναλλακτικοί τηλεπικοινωνιακοί πάροχοι ήταν αυτοί (και όχι ο ΟΤΕ, ο οποίος όχι μόνο είχε ολιγωρήσει στην ανάπτυξη των ευρυζωνικών δικτύων αλλά αντιστεκόταν σθεναρά και στο άνοιγμα της αγοράς[61]) που τότε πρώτοι εμφάνισαν στον πολίτη νέες πρωτοπόρες ευρυζωνικές υπηρεσίες, όπως double- και triple-play, διαδικτυακή τηλεόραση (IPTV), video-on-demand, κλπ.* Η Vivodi ήταν η εταιρεία που πρώτη παρουσίασε το καλοκαίρι του 2005 τη διάθεση του ADSL2+ (με υψηλότερες ταχύτητες από το απλό ADSL) και δύο χρόνια αργότερα η On Telecoms ήταν αυτή που πρώτη έφερε το triple-play στη χώρα, δηλαδή συνδυασμένες υπηρεσίες τηλεφωνίας, διαδικτύου, Internet TV και video-on-demand (οπτικοακουστικό περιεχόμενο μέσω γραμμής Διαδικτύου)*[62],[63].*

Αρκεί να φανταστεί κανείς ότι το 2005, ο ΟΤΕ υποστήριζε[64] ότι ο τρόπος να αυξηθεί η χρήση του Internet και των γραμμών DSL ήταν «*η άνοδος της τιμής του φθηνού Internet»(!)*, ενώ στα τέλη του έτους η ζήτηση είχε ήδη αυξηθεί σε σημείο που άρχισαν να παρουσιάζονται τα πρώτα προβλήματα στα τηλεπικοινωνιακά του Κέντρα. Η δε στρατηγική του για τη επόμενη τριετία ήταν να προσφέρει στους συνδρομητές γραμμές ADSL με ταχύτητες που θα φτάνουν *«ακόμα και στα 4 Mbps»*[65] τη στιγμή που το ADSL2+ της Vivodi ήδη προσέφερε συγκρίσιμες ταχύτητες από το 2005.

Κεφάλαιο 3: Το άνοιγμα της αγοράς των Η.Ε.

«Πιστεύουμε, θέλουμε, μπορούμε να πετύχουμε» (2/9/2006)

«Do it!» (ο Πρόεδρος προς το επιστημονικό προσωπικό της ΕΕΤΤ)

Η Επίτροπος για την «Κοινωνία της Πληροφορίας και των ΜΜΕ» κυρία Viviane Reding

Κεφάλαιο 3: Το άνοιγμα της αγοράς των Η.Ε.

Πιστεύω μου είναι ότι η αγορά των Η.Ε. δεν αποτελεί ένα «παιχνίδι μηδενικού αθροίσματος» (zero sum game), όπου το κέρδος του ενός είναι η χασούρα του άλλου. Αντιθέτως, μια δυναμική και εξωστρεφής ανάπτυξή της θα μπορούσε να αυξήσει την «πίτα» προς όφελος όλων, η δε τότε νεοεμφανιζόμενη αγορά των ευρυζωνικών δικτύων και εφαρμογών είχε το μεγαλύτερο περιθώριο ανάπτυξης από όλους τους άλλους τομείς τηλεπικοινωνιών της χώρας. Κατά συνέπεια, η νέα Διοίκηση της ΕΕΤΤ έθεσε ως βασικό της στόχο τη δημιουργία μιας πλήρως απελευθερωμένης και ανταγωνιστικής αγοράς Η.Ε., βασιζόμενης σε σταθερό και προβλέψιμο ρυθμιστικό περιβάλλον, με σκοπό την προσέλκυση επενδύσεων σε υποδομές ευρυζωνικών δικτύων που θα επέτρεπαν την ανάπτυξη και εξαγωγή καινοτόμων προϊόντων και υπηρεσιών χρησιμοποιώντας το Διαδίκτυο.

Αφού πρώτα εκθέσω την καθυστερημένη κατάσταση στην οποία βρίσκονταν οι Η.Ε. το 2005 και εξηγήσω τα μέχρι τότε αίτια που εμπόδισαν το άνοιγμα της αγοράς, θα παρουσιάσω τις νέες αρμοδιότητες και τα ισχυρότερα ρυθμιστικά εργαλεία που ο νέος νόμος του 2006 έδωσε στην ΕΕΤΤ καθώς και τις αυξημένες υποχρεώσεις που όριζε για τον ΟΤΕ, τις οποίες ήταν υποχρεωμένη να επιβεβαιώνει ότι αυτός τις τηρεί. Επίσης θα αναφέρω πόσο απροετοίμαστοι ήταν ο ΟΤΕ και οι εναλλακτικοί πάροχοι να εισέλθουν δυναμικά στην ευρυζωνική αγορά: ο μεν ΟΤΕ - έχοντας τις αγκυλώσεις ενός πρώην κρατικού μονοπωλίου - είχε ολιγωρήσει, προσπαθούσε να βάλει εμπόδια για να κερδίζει χρόνο και αντιδρούσε στην εφαρμογή του νόμου, οι δε εναλλακτικοί στην πλειοψηφία τους δεν διέθεταν τότε την οικονομική ευρωστία και τα επενδυτικά κεφάλαια που απαιτούνταν. Τέλος, θα παρουσιάσω τη στρατηγική, το επιχειρησιακό σχέδιο και τις δράσεις της ΕΕΤΤ για άνοιγμα της αγοράς και θα συνοψίσω τα επιτεύγματα της τετραετίας για όλες πλην της Ευρυζωνικής υπο-αγορές των Η.Ε. (Για την Ευρυζωνικότητα ειδικά θα αφιερώσω δύο ξεχωριστά Κεφάλαια 5 και 6).

Η ΑΓΟΡΑ ΤΩΝ Η.Ε. ΣΤΗΝ ΕΛΛΑΔΑ ΤΟ 2005

Ποια όμως ήταν η κατάσταση των Η.Ε. στη χώρα το 2005 και πως θα έπρεπε να πορευτούμε προς το μέλλον;

Σε εκείνα τα πρώτα στάδια του πλήρους ανοίγματος της τηλεπικοινωνιακής αγοράς, η κατάσταση θύμιζε περίπου περίπτωση τύπου … «far west»:

1) ένα άναρχο τηλεπικοινωνιακό τοπίο και μια αγορά τηλεπικοινωνιών στην οποία δραστηριοποιούνταν πολλές μικρές εταιρείες (πλησίαζαν τις 30), πολύ περισσότερες από όσες μπορούσε να «σηκώσει» η περιορισμένη ελληνική αγορά,
2) προστριβές μεταξύ ΟΤΕ και εναλλακτικών παρόχων, καθώς οι περισσότεροι δρούσαν ως μεταπράτες του κρατικού-ημικρατικού μονοπωλίου ΟΤΕ, με λίγους πελάτες και με μη αποδεκτό επίπεδο εξυπηρέτησης τους, κατηγορώντας τον ότι δεν εκπληρώνει τους όρους των συμβάσεων που έχει υπογράψει μαζί τους,
3) δεν είχε ακόμα εφαρμοστεί η «συνεγκατάσταση» εναλλακτικών παρόχων στα Αστικά Κέντρα του ΟΤΕ ούτε και η ΑΠΤΒ (Αδεσμοποίητη Πρόσβαση στον Τοπικό Βρόχο) που θα έδινε τον έλεγχο του «τελευταίου μιλίου» του δικτύου του ΟΤΕ στους εναλλακτικούς για δικές τους ευρυζωνικές υπηρεσίες,
4) η αγορά παρουσίαζε πολλές δυσλειτουργίες και προβλήματα που δημιουργούνταν τόσο από τον ΟΤΕ («κατέβαζε βιαστικά τον διακόπτη» σε παρόχους, καθυστερούσε αδικαιολόγητα στην παράδοση μισθωμένων κυκλωμάτων, κ.λπ.) όσο και από τους εναλλακτικούς παρόχους (είχαν κεφαλαιακή αδυναμία, δεν ήταν συνεπείς στις οικονομικές τους υποχρεώσεις προς τον ΟΤΕ ή τον κατηγορούσαν ότι δεν τηρεί τις υποχρεώσεις που του επιβάλλει ο νόμος),
5) ο καταναλωτής - στη μέση - να υποφέρει το αποτέλεσμα της μεταξύ τους διένεξης, της από σχεδόν όλους παραπλάνησής του και των κακών υπηρεσιών που του προσέφεραν,
6) η αγορά των Η.Ε. εμφάνιζε όλα τα προβλήματα της «παιδικής ηλικίας», όπως π.χ. υπερβολικές διαφημίσεις των τηλεπικοινωνιακών παρόχων (για υπηρεσίες που δεν ήταν ακόμα πλήρως έτοιμοι να προσφέρουν ικανοποιητικά) και την παραπλάνηση των καταναλωτών και τέλος,

7) στη σταθερή τηλεφωνία κυριαρχούσε ο ΟΤΕ έχοντας το 82.3% της αγοράς, η δε διείσδυση της κινητής τηλεφωνίας στα νοικοκυριά ανήρχετο στο 70% (περίπου 6.200.000 ήταν οι κάτοχοι κινητών τηλεφώνων).

Με το «ξαναμοίρασμα της τράπουλας», θεωρούσα ότι ήταν αναπόφευκτος ο περιορισμός του αριθμού των εταιρειών και η ανάδειξη λιγότερων αλλά ισχυρότερων «παικτών», γεγονός που θα ενέτεινε τον ανταγωνισμό και θα οδηγούσε τελικά στην αύξηση και βελτίωση των παρεχομένων υπηρεσιών προς τον πολίτη[66]. Ο κλάδος απαιτεί μεγάλες επενδύσεις και δεν είναι δυνατόν κάθε μικρή εταιρεία να θέλει να γίνει ένας «μικρός ΟΤΕ».

ΤΑ ΑΙΤΙΑ ΤΗΣ ΚΑΘΥΣΤΕΡΗΣΗΣ ΣΤΟ ΑΝΟΙΓΜΑ ΤΗΣ ΑΓΟΡΑΣ

Ποια ήταν τα μέχρι το 2005 αίτια που εμπόδισαν το άνοιγμα της αγοράς των Η.Ε. στην Ελλάδα; Πολλοί ήταν οι λόγοι και οι «υπεύθυνοι» αυτής της καθυστέρησης[67].

Ενδεικτικά μόνο θα μπορούσα να αναφέρω τους κάτωθι:

1) Ο διττός ρόλος του κράτους: Ένας βασικός λόγος ήταν ο διττός ρόλος του κράτους (ως υποτιθέμενος φορέας ανοίγματος της αγοράς και, ταυτόχρονα, ως βασικός μέτοχος του μεγαλύτερου «παίκτη» της αγοράς, του ΟΤΕ) που έφερνε την εκάστοτε Κυβέρνηση σε άβολη θέση να επιτελέσει σωστά το έργο της και που επέτρεπε την τοπική αυτοδιοίκηση να έχει παράλογες απαιτήσεις από τις υπόλοιπες εταιρείες που ήθελαν να κατασκευάσουν τηλεπικοινωνιακές υποδομές.
2) Η κωλυσιεργία των κυβερνήσεων: Ένας άλλος κύριος λόγος ήταν η, για μικροκομματικούς και ιδεολογικούς λόγους, χρόνια ολιγωρία των κυβερνήσεων στην απελευθέρωση των τηλεπικοινωνιών στην Ελλάδα, γεγονός που συντηρούσε μονοπωλιακές πρακτικές του ΟΤΕ. Αυτό όμως απέτρεπε την ανάπτυξη του ανταγωνισμού ανάμεσα στις επιχειρήσεις του κλάδου, που θα οδηγούσε σε μεγαλύτερη προσφορά υπηρεσιών και σε φθηνότερες τιμές. (Το καλοκαίρι του 2005 η νομοθετική προσαρμογή του εθνικού θεσμικού πλαισίου για τις τηλεπικοινωνίες στο νέο κοινοτικό, που

θα ενδυνάμωνε την ΕΕΤΤ με τα απαραίτητα ρυθμιστικά εργαλεία, είχε ήδη καθυστερήσει κατά 26 μήνες)!

3) Η χαμηλή τεχνολογική ετοιμότητα της χώρας: Μια άλλη βασική αιτία της μεγάλης καθυστέρησης ήταν η χαμηλή ετοιμότητα της χώρας στην αποδοχή νέων τεχνολογιών, όπως έδειχναν τότε και οι σχετικοί δείκτες. Σε μεγάλο βαθμό αυτό σχετίζονταν με τη χαμηλή ετοιμότητα του Δημόσιου Τομέα και τη χαμηλή εξοικείωση των υπαλλήλων του με τις νέες τεχνολογίες, ο οποίος λειτουργούσε με απηρχαιωμένες δομές που δεν παρείχαν χρήσιμες ηλεκτρονικές υπηρεσίες. Η εμπειρία έδειχνε όμως ότι όσες φορές επιχειρήθηκαν τομές, όπως η υποβολή φορολογικών δηλώσεων μέσω του Διαδικτύου, τα αποτελέσματα ήταν ενθαρρυντικά.

4) Το νομικό πλαίσιο: Το υφιστάμενο νομικό πλαίσιο ήταν δυσλειτουργικό. Δεν υπήρχε ξεκάθαρο ρυθμιστικό πλαίσιο, δεν υπήρχε η πρόβλεψη ταχύτατων μηχανισμών επίλυσης διαφορών μεταξύ των τηλεπικοινωνιακών εταιρειών, αλλά ούτε και η έγκαιρη ανταπόκριση της δικαιοσύνης στην επίλυση των ζητημάτων που αναλάμβαναν τα δικαστήρια αναφορικά με διενέξεις στην αγορά των Η.Ε. Η οριστική επίλυση κρίσιμων ζητημάτων αναβάλλονταν και παραπέμπονταν ουσιαστικά στις καλένδες, οδηγώντας σε στρεβλώσεις της αγοράς, αλλά και σε μείωση του δείκτη ασφάλειας δικαίου που ήταν απαραίτητος για την ανάληψη επενδυτικών πρωτοβουλιών. (Μέχρι σήμερα το 2015, η κατάσταση στο δικαστικό σύστημα δεν έχει βελτιωθεί).

Η ΚΥΒΕΡΝΗΣΗ ΨΗΦΙΖΕΙ ΤΟ ΝΕΟ ΝΟΜΟ ΓΙΑ ΤΙΣ Η.Ε.

Τελικά, και μετά από πολύ μεγάλη καθυστέρηση, τον Φεβρουάριο του 2006 η Κυβέρνηση Καραμανλή ψηφίζει το νέο νόμο Ν3431/2006 «Περί Ηλεκτρονικών Επικοινωνιών», ο οποίος εναρμόνιζε την Ελληνική Νομοθεσία για τις Η.Ε. στο νέο Κανονιστικό Πλαίσιο της Ευρωπαϊκής Ένωσης. (Να φανταστεί κανείς ότι η προσαρμογή αυτή θα έπρεπε να είχε ήδη γίνει μέχρι το καλοκαίρι του 2003 και ότι η Κυβέρνηση αναγκάστηκε τελικά να ψηφίσει το νέο νόμο, αφού πρώτα απειλήθηκε από την Ευρωπαϊκή Επιτροπή με αυστηρά πρόστιμα).

Εν πάση περιπτώσει, με την ενσωμάτωση αυτών των οδηγιών, ενισχύονταν επιτέλους η ανεξαρτησία και οι αρμοδιότητες της ΕΕΤΤ. Ο νέος νόμος της έδινε περισσότερα και ισχυρότερα εργαλεία για: (α) να μπορέσει να ασκήσει αποτελεσματικότερα το ρυθμιστικό της έργο, (β) να κινηθεί πιο ενεργά για να ανοίξει τον δρόμο της πλήρους και ουσιαστικής απελευθέρωσης της αγοράς, της ενδυνάμωσης του ανταγωνισμού και της ανάταξης της Ευρυζωνικότητας, (γ) να διαχειριστεί καλύτερα και να ανακατανείμει αποτελεσματικότερα το φάσμα συχνοτήτων και, τέλος, (δ) να ενθαρρύνει τις επενδύσεις σε υποδομές ευρυζωνικών δικτύων (ενσύρματων, ασύρματων, οπτικής ίνας, κ.λπ.)

Οι βασικές αρμοδιότητες του νέου κανονιστικού πλαισίου περιλάμβαναν τον ορισμό 18 «σχετικών αγορών» (relevant markets), ή «υπο-αγορών», στις τηλεπικοινωνίες, για τις οποίες εθεωρείτο απαραίτητη η «εκ των προτέρων» (ex ante) ρύθμιση, καθώς είχαν πανευρωπαϊκά κριθεί ότι ακόμα δεν λειτουργούσαν με ανταγωνιστικό τρόπο. Η ΕΕΤΤ επιφορτιζόταν με το έργο της «ανάλυσης» όλων αυτών των υπο-αγορών, προκειμένου να διαπιστώσει σε ποιες απ' αυτές υπήρχαν τηλεπικοινωνιακοί πάροχοι με ΣΙΑ (Σημαντική Ισχύ στην Αγορά), στους οποίους έπρεπε στη συνέχεια να επιβάλλει τις κατάλληλες ρυθμιστικές υποχρεώσεις (remedies), όπως αυτές είχαν οριστεί πανευρωπαϊκά και είχαν ενσωματωθεί στο νέο εθνικό μας κανονιστικό πλαίσιο. Η ΕΕΤΤ καθίστατο επίσης υπεύθυνη για την εποπτεία των υπο-αγορών αυτών και τη συνεχή ex ante ρύθμισή τους. Συμπληρωματικά, αναλάμβανε την εν γένει απλοποίηση των διαδικασιών αδειοδότησης τηλεπικοινωνιακών εταιρειών, την παρακολούθηση εφαρμογής των κανονιστικών διατάξεων (ειδικότερα των κανόνων του ανταγωνισμού) και την παροχή κατευθυντήριων γραμμών και συστάσεων προς τις εταιρείες και τους χρήστες/καταναλωτές.

Στο πλαίσιο των αρμοδιοτήτων της αναφορικά με τη προσαρμογή του δευτερογενούς Κανονιστικού Πλαισίου στις διατάξεις του Ν.3431/2996, η ΕΕΤΤ προέβει άμεσα στις πρώτες ενέργειες για την ολοκλήρωση της επεξεργασίας όλων των Κανονισμών που όφειλε να εκδώσει: *Κανονισμό διαβουλεύσεων, Κανονισμό γενικών αδειών, Κανονισμό χρήσης, χορήγησης και μεταβίβασης δικαιωμάτων χρήσης ραδιοσυχνοτήτων, Κανονισμό όρων χρήσης μεμονωμένων ραδιοσυχνοτήτων, Κανονισμό αδειών κατασκευής κεραιών, Κανονισμό διαχείρισης και εκχώρησης αριθμοδοτικών πόρων,* κ.λπ.

Μόλις ένα χρόνο μετά τη ψήφιση του νέου νόμου, η Ευρωπαϊκή Επιτροπή στην 13η έκθεση της για το έτος 2007*[68],* ανέφερε ότι η *«πρόοδος της χώρας μας στις Η.Ε. ήταν αποτέλεσμα της ψήφισης του νέου τηλεπικοινωνιακού νόμου, ο οποίος έδωσε στη ρυθμιστική αρχή τα θεσμικά εργαλεία για να επιτελέσει το έργο της και να επιδιώξει την ανάπτυξη της αγοράς και την ενίσχυση του ανταγωνισμού».* Επικροτούσε το έργο της ΕΕΤΤ - όσον αφορά στην υλοποίηση του νέου νόμου και στην προετοιμασία και έκδοση της απαραίτητης δευτερογενούς νομοθεσίας - και το χαρακτήριζε ως «επιτυχημένο, ιδιαίτερα στην προώθηση της φυσικής συνεγκατάστασης και αδεσμοποίητης πρόσβασης στον τοπικό βρόχο». (Περισσότερα στα Κεφάλαια 5 και 6).

ΟΙ ΥΠΟΧΡΕΩΣΕΙΣ ΤΟΥ ΟΤΕ ΜΕ ΤΟ ΝΕΟ ΝΟΜΟ

Με την εγκατάσταση της νέας διοίκησης στην ΕΕΤΤ και τη ψήφιση του νέου Νόμου Ν.3431/2006, ήταν πλέον φανερό ότι ο ΟΤΕ έπρεπε απ' εδώ και πέρα να ανταγωνίζεται τους άλλους παρόχους χωρίς κανένα ειδικό προνόμιο. Επιπλέον δε, επειδή ήταν εταιρεία με ΣΙΑ και μέρος τουλάχιστον της υποδομής του είχε κατασκευαστεί με επιδοτήσεις από την Ε.Ε., είχε από το νόμο διαφορετικές και αυξημένες υποχρεώσεις σε σύγκριση με αυτές των άλλων τηλεπικοινωνιακών παρόχων. Τις υποχρεώσεις αυτές η ΕΕΤΤ ήταν υποχρεωμένη (από το Εθνικό και Κοινοτικό Δίκαιο) να του τις επιβάλλει χρησιμοποιώντας ειδικά «ρυθμιστικά μέτρα» (remedies), εγκεκριμένα από την Ευρωπαϊκή Επιτροπή. Ανάμεσα σ' αυτά συμπεριλαμβάνονταν: προληπτικά μέτρα για την εκ μέρους του αποτροπή «κατάχρησης της δεσπόζουσας θέσης» του, έλεγχος για τυχόν «παραβιάσεις των κανόνων ανταγωνισμού», εκ των προτέρων έλεγχος των τιμών των προγραμμάτων του (των οποίων την εφαρμογή στην αγορά είτε ενέκρινε είτε απέρριπτε η ΕΕΤΤ), επιβολή υλοποίησης της «συνεγκατάστασης» παρόχων στα Α/Κ του, έλεγχοι για την αποφυγή καταστάσεων «αθέμιτης συμπίεσης τιμών» (prize squeeze), «ληστρικής τιμολόγησης» (predatory pricing) ή «πώλησης κάτω του κόστους» (below cost), κ.λπ.

Οι αυξημένες τυπικές υποχρεώσεις του ΟΤΕ που όριζε ο νέος νόμος ήταν ταυτόσημες με τις υποχρεώσεις αντίστοιχων οργανισμών με ΣΙΑ στις άλλες χώρες της Ε.Ε. Θα αναφέρω μόνο τις βασικότερες απ' αυτές που άμεσα επηρεάζουν την ανάπτυξη του ανταγωνισμού και της Ευρυζωνικότητας στη χώρα:

1) Κοστοστρέφεια: Ο ΟΤΕ υποχρεούται από την κείμενη νομοθεσία να παρέχει μέρος των υποδομών του και συγκεκριμένες υπηρεσίες στους άλλους εναλλακτικούς παρόχους σε κοστοστρεφείς τιμές, η δε ΕΕΤΤ είναι υποχρεωμένη να ελέγχει τη συμμόρφωση του με αυτήν την υποχρέωση. Ο όρος «κοστοστρέφεια» σε μια υπηρεσία, σημαίνει τη διαμόρφωση των τιμών της ως το άθροισμα του κόστους παροχής της υπηρεσίας συν μία εύλογη απόδοση επί του κεφαλαίου που απασχολεί ο ΟΤΕ. Ο προσδιορισμός των κοστοστρεφών τιμών των υπηρεσιών του ΟΤΕ γίνεται από την ΕΕΤΤ με συγκεκριμένες μεθοδολογίες κοστολόγησης και πραγματοποιείται με τη βοήθεια ανεξάρτητων διεθνών ελεγκτικών εταιρειών με μεγάλη εμπειρία σε θέματα κοστολογικών ελέγχων.

2) Πρόσβαση: ο ΟΤΕ έχει την υποχρέωση παροχής πρόσβασης και χρήσης σε συγκεκριμένα σημεία του δικτύου του σε κάθε ενδιαφερόμενο πάροχο (όπως, παροχή πλήρους και μεριζόμενης πρόσβασης στους τοπικούς βρόχους και υπο-βρόχους).

3) Συνεγκατάσταση και ΑΠΤΒ: Το θεσμικό πλαίσιο της Ε.Ε. υποχρεώνει τον ΟΤΕ, ως επιχείρηση με ΣΙΑ, να παρέχει στους εναλλακτικούς παρόχους υπηρεσίες συνεγκατάστασης στα Α/Κ του, ΑΠΤΒ (Αδεσμοποίητης Πρόσβασης στον Τοπικό του Βρόχο) και γενικότερης πρόσβασης στο δίκτυό του με συγκεκριμένες διαδικασίες και μέσα σε συγκεκριμένα χρονικά περιθώρια. Αυτό ίσχυε από το 2001. Το γεγονός όμως ότι μέχρι το 2005 ο ΟΤΕ δεν είχε προχωρήσει στις αναγκαίες επενδύσεις για την ανάπτυξη των εν λόγω υπηρεσιών, δεν μπορούσε πλέον να αποτελεί άλλοθι για κωλυσιεργία ή για περαιτέρω αναβλητικότητα στις υποχρεώσεις του. Με πολύ κόπο, πιέσεις και απειλές προς τον ΟΤΕ κατορθώσαμε τελικά να συμφωνήσει με τους εναλλακτικούς παρόχους σε ένα εντατικό σχέδιο κατασκευής μονάδων συνεγκατάστασης στα Α/Κ του, υπό την αυστηρή επίβλεψη της ΕΕΤΤ. Το αποτέλεσμα ήταν να γίνουμε μάρτυρες πολλών καινοτόμων προσφορών από τους τηλεπικοινωνιακούς παρόχους που συνδύαζαν απεριόριστη τηλεφωνία και ευρυζωνική πρόσβαση στο Διαδίκτυο σε ελκυστικές τιμές που επέτρεπαν στη συντριπτική πλειοψηφία των καταναλωτών να μπορούν πλέον να επιλέγουν τον πάροχο της προτιμήσεώς τους, ακόμη και στο επίπεδο του τοπικού βρόχου.

4) Μη διακριτική μεταχείριση: ο ΟΤΕ υποχρεούται επίσης να τηρεί τις αρχές της μη διακριτικής μεταχείρισης προς όφελος του λιανικού του τμήματος (συμπεριλαμβανομένων των θυγατρικών και συνδεδεμένων με αυτόν επιχειρήσεων), η οποία θα πρέπει να συνοδεύεται και από υποχρεώσεις διαφάνειας.

5) Διαφάνεια και λογιστικός διαχωρισμός: είναι η υποχρέωση διαφάνειας που εξειδικεύεται κυρίως στη δημοσίευση προσφοράς αδεσμοποίητης πρόσβασης και η υποχρέωση λογιστικού διαχωρισμού σχετικά με οικονομικές πληροφορίες για όλους τους χωριστούς λογαριασμούς του.

6) Ex ante έλεγχος από την ΕΕΤΤ: όπως αναφέρθηκε πιο πάνω, ο ΟΤΕ υποχρεούται να γνωστοποιεί στην ΕΕΤΤ τις τιμές και τις εκπτώσεις στα πακέτα του πριν τα εμφανίσει στην αγορά, ώστε να μπορεί η ΕΕΤΤ να κάνει τον ex ante προληπτικό έλεγχο των τιμών τους. Οι διαδικασίες, τα χρονοδιαγράμματα και οι κοστοστρεφείς τιμές των πακέτων προαπαιτούν την έγκριση της ΕΕΤΤ πριν αυτά τεθούν σε ισχύ στην αγορά.

ΑΡΜΟΔΙΟΤΗΤΕΣ ΤΗΣ ΕΕΤΤ

α) Αρμοδιότητες

Οι πιο βασικές **αρμοδιότητες** της ΕΕΤΤ, όπως αυτές αυξήθηκαν με τον νέο νόμο Ν3431/2006, περιλαμβάνουν τις εξής:

1) να αδειοδοτεί τις επιχειρήσεις που ενδιαφέρονται να δραστηριοποιηθούν στην παροχή υπηρεσιών Η.Ε.,
2) να εποπτεύει και ελέγχει τους παρόχους δικτύων ή/και υπηρεσιών Η.Ε.,
3) να απευθύνει στις εταιρείες ηλεκτρονικών υπηρεσιών οδηγίες, απαγορεύσεις και συστάσεις, να καλεί σε ακροάσεις και να επιβάλλει

πρόστιμα ή άλλες διοικητικές κυρώσεις στις περιπτώσεις παραβάσεων της τηλεπικοινωνιακής νομοθεσίας,
4) να ελέγχει την κοστοστρέφεια και άλλους περιορισμούς χρέωσης εκ μέρους του ΟΤΕ,
5) να εποπτεύει τις υποχρεώσεις του ΟΤΕ και των τηλεπικοινωνιακών εταιρειών προς τους καταναλωτές αναφορικά με τις υπηρεσίες Αδεσμοποίητης Πρόσβασης στον Τοπικό Βρόχο καθώς και οτιδήποτε αφορά τις ευρυζωνικές υπηρεσίες, όπως καθυστερήσεις, διακοπή υπηρεσιών, βλάβες, κ.λπ.,
6) να εκχωρεί στους παρόχους Η.Ε. δικαιώματα χρήσης ραδιοσυχνοτήτων και τηλεφωνικών αριθμών,
7) να εφαρμόζει τις διατάξεις του Ν.703/1977 «Περί ελέγχου μονοπωλίων και ολιγοπωλίων και προστασίας του ελεύθερου ανταγωνισμού». Ειδικότερα:

(α) να προβαίνει στην ανάλυση της αποτελεσματικότητας του ανταγωνισμού και να ορίζει τις υποχρεώσεις παρόχων με ΣΙΑ στις σχετικές υπο-αγορές,
(β) να εξετάζει συμφωνίες, αποφάσεις και μορφές εναρμονισμένης πρακτικής που συνάπτουν οι επιχειρήσεις Η.Ε.,
(γ) να ελέγχει μορφές καταχρηστικής εκμετάλλευσης της δεσπόζουσας θέσης στην αγορά,
(δ) να προβαίνει στον έλεγχο των συγκεντρώσεων των επιχειρήσεων Η.Ε. και
(ε) να έχει όλες τις εξουσίες και τα δικαιώματα να επιβάλλει πρόστιμα και λοιπές διοικητικές κυρώσεις στις περιπτώσεις παράβασης της νομοθεσίας περί προστασίας του ελεύθερου ανταγωνισμού και άρνησης παροχής στοιχείων ή παρεμπόδισης του έργου της ΕΕΤΤ,

(8) να εκχωρεί Ονόματα Δικτυακών Τόπων, να εκδίδει Κώδικες Δεοντολογίας για την παροχή δικτύων και υπηρεσιών Η.Ε. και συναφών ευκολιών και να εκδίδει κανονισμούς για θέματα προστασίας του καταναλωτή,
9) να ρυθμίζει τα θέματα ηλεκτρονικών υπογραφών, φορητότητας αριθμών, προεπιλογής φορέα και προστασίας του καταναλωτή στον τομέα των Η.Ε.,
10) να χορηγεί τις Άδειες Κατασκευής Κεραιών Σταθμών στη Ξηρά,
11) να συνεργάζεται με τις αντίστοιχες Εθνικές Ρυθμιστικές Αρχές (ΕΡΑ) των υπολοίπων κρατών μελών της Ε.Ε. και να εκπροσωπεί την Ελλάδα στην Ομάδα των Ευρωπαϊκών Ρυθμιστικών Αρχών, κ.α.

β) Ρυθμιστικές παρεμβάσεις

Τι είδους παρεμβάσεις μπορεί να κάνει η ΕΕΤΤ; Ο ρόλος της (από τον οποίο πηγάζουν και οι αποφάσεις της καθώς και οι δράσεις που είναι υποχρεωμένη να αναλαμβάνει) της επιτρέπει ρυθμιστικές παρεμβάσεις που στοχεύουν:

1) στη διασφάλιση και ενδυνάμωση του υγιούς ανταγωνισμού,
2) στην ανάπτυξη της αγοράς των Η.Ε.,
3) στη βελτίωση της ποιότητας των υπηρεσιών που απολαμβάνει ο καταναλωτής,
4) στην προστασία του καταναλωτή και
5) στη γενικότερη ενίσχυση της Εθνικής Οικονομίας, με την προσέλκυση επενδύσεων.

Ο σεβασμός και η τήρηση των ρυθμιστικών κανονιστικών υποχρεώσεων από τον ΟΤΕ και τους λοιπούς τηλεπικοινωνιακούς παρόχους αποτελούν αναγκαία προϋπόθεση για την εύρυθμη λειτουργία του ανταγωνισμού και την εφαρμογή του κοινοτικού και εθνικού πλαισίου για τις Η.Ε., ο δε ρόλος της ΕΕΤΤ είναι να μεριμνά για την ορθή τους εφαρμογή και, όπου αυτό δεν γίνεται, να επεμβαίνει και να επιβάλλει τις αντίστοιχες διοικητικές κυρώσεις (πρόστιμα, ασφαλιστικά μέτρα, κ.λπ.).

γ) Πρόστιμα-τιμωρίες

1) Η ΕΕΤΤ έχει την αρμοδιότητα να επιβάλλει διοικητικές κυρώσεις σ' όλους τους τηλεπικοινωνιακούς παρόχους. Ειδικότερα - κατόπιν κλήσης σε ακρόαση του παρόχου και επιβολής σ' αυτόν ειδικής προθεσμίας αποκατάστασης της νομιμότητας - η ΕΕΤΤ μπορεί να προχωρήσει σε επιβολή

(α) σύστασης,
(β) προστίμου από 7.000 ευρώ έως 2.000.000 ευρώ ή
(γ) σε αναστολή ή ανάκληση των δικαιωμάτων παροχής δικτύου ή/και υπηρεσιών Η.Ε. σε περίπτωση σοβαρών και επανειλημμένων παραβάσεων.

2) Ως προς τις αρμοδιότητες της εφαρμογής του Ν.703/1977 «Περί Ανταγωνισμού», η ΕΕΤΤ μπορεί να επιβάλλει τις ποινικές κυρώσεις που προβλέπει το άρθρο 29 του Ν. 703 αναφορικά με παραβάσεις που αφορούν

(α) σύναψη απαγορευμένων συμπράξεων-πρακτικών επιχειρήσεων,
(β) κάθε μορφή καταχρηστικής εκμετάλλευσης της δεσπόζουσας θέσης και
(γ) θέματα συγκέντρωσης επιχειρήσεων.

Πιο συγκεκριμένα, μπορεί να επιβάλλει χρηματική ποινή από 3.000 έως 30.000 ευρώ. Ειδικά δε σε περιπτώσεις κατάχρησης της δεσπόζουσας θέσης, μπορεί να επιβάλλει στην εταιρεία πρόστιμο μέχρι 15% των ακαθάριστων εσόδων της επιχείρησης, ανάλογα με την σοβαρότητα και διάρκεια της παράβασης.

δ) Το αποθεματικό της ΕΕΤΤ

Μολονότι η ΕΕΤΤ έχει οικονομική αυτοτέλεια, δικά της έσοδα και δεν λαμβάνει χρηματικά ποσά από τον Δημόσιο Προϋπολογισμό, εν τούτοις δεν έχει τον πλήρη έλεγχο και δικαίωμα χειρισμού του αποθεματικού της και αυτό καθιστά τη λειτουργία της λιγότερο ευέλικτη. Τα έσοδα της ΕΕΤΤ προέρχονται από τα τέλη ανταποδοτικότητας που καταβάλουν ετησίως οι εταιρείες τηλεπικοινωνιών της χώρας, από τα τέλη για παροχή ονομάτων Διαδικτύου, από τα πρόστιμα που επιβάλλει, κ.λπ., αλλά δεν της επιτρέπεται να τα χρησιμοποιήσει η ίδια για δράσεις που θα προωθούσαν τον κλάδο των Η.Ε.

Το αποθεματικό της διατίθεται σύμφωνα με τις προβλέψεις του νόμου. Τόσο η προηγούμενη όσο και νέα ισχύουσα νομοθετική ρύθμιση, περιλαμβάνουν την ίδια πρόβλεψη: ότι δηλαδή κάθε διετία, το 80% του αποθεματικού που έχει συγκεντρωθεί στο ταμείο της ΕΕΤΤ, αποδίδεται μέσω του Υπουργείου Οικονομικών στον κρατικό προϋπολογισμό, το δε υπόλοιπο δύναται να το χειριστεί το ΥΜΕ. Για μεν το πρώτο (το 80%) η ΕΕΤΤ δεν μπορεί να κάνει κάτι, παρά να υπενθυμίζει την ρητή πρόβλεψη του τηλεπικοινωνιακού νόμου, ότι δηλαδή το ανωτέρω ποσοστό «διατίθεται πρωτίστως για την εξυπηρέτηση των σκοπών αυτού του νόμου», άρα για τις Ηλεκτρονικές Επικοινωνίες. Για το δεύτερο (το 20%) επίσης δεν μπορεί να κάνει πολλά πράγματα. Το γεγονός όμως ότι το ΥΜΕ εκ της φύσεώς του είναι υπεύθυνο για τις

Ηλεκτρονικές Επικοινωνίες και πολύ πιο κοντά (σε σχέση με το Οικονομικών) στις αρμοδιότητες της ΕΕΤΤ, αυτό που κάναμε για την καλύτερη αξιοποίησή του ήταν να προτείνουμε στο ΥΜΕ δράσεις που θα ενίσχυαν την θέση της Χώρας μας στον χάρτη της Ευρυζωνικότητας, στη χρήση των νέων τεχνολογιών και του Διαδικτύου και στη γεφύρωση του ψηφιακού χάσματος. (Οι διάφορες σχετικές προτάσεις που είχαμε υποβάλει στην Κυβέρνηση αναφέρονται λεπτομερέστερα στο Κεφάλαιο 13).

Τέλος, προτείναμε η Πολιτεία να εμπιστευτεί στην ΕΕΤΤ να μπορεί η ίδια να χρησιμοποιεί μέρος του αποθεματικού της για τη χρηματοδότηση προγραμμάτων και δράσεών της που θα βελτίωναν τη διείσδυση του ευρυζωνικού Διαδικτύου και την ανάπτυξη των εφαρμογών του στην Ελλάδα. (Αυτό βέβαια ουδέποτε έγινε δεκτό από την Κυβέρνηση).

ε) Σε τι δεν έχει αρμοδιότητα η ΕΕΤΤ

Επειδή πολλές φορές της ζητείτο να προβεί σε ενέργειες για τις οποίες δεν της έχουν παρασχεθεί από το Κράτος αντίστοιχες αρμοδιότητες, θεωρώ χρήσιμο για την πληρότητα του θέματος να παραθέσω εδώ, διευκρινιστικά, ότι η ΕΕΤΤ *δεν έχει αρμοδιότητα* στα κάτωθι:

1) Να επιβάλλει την επιστροφή χρημάτων σε καταναλωτές σχετικά με οικονομικές διαφορές τους με τους τηλεπικοινωνιακούς παρόχους ούτε και να επιδικάζει αποζημιώσεις. Το εν λόγω θέμα είναι αρμοδιότητα των πολιτικών δικαστηρίων.
2) Για την εξώδικη επίλυση κάθε είδους διαφορών μεταξύ τηλεπικοινωνιακών παρόχων και καταναλωτών. Το εν λόγω θέμα είναι αρμοδιότητα της ανεξάρτητης αρχής «Συνήγορος του Καταναλωτή» η οποία επιλαμβάνεται των υποθέσεων είτε αυτεπαγγέλτως είτε κατόπιν σχετικής ενυπόγραφης αναφοράς οποιουδήποτε ενδιαφερομένου.
3) Για ζητήματα αθέμιτου ανταγωνισμού (π.χ. παραπλανητικές διαφημίσεις, κ.λπ.) Το εν λόγω θέμα είναι αρμοδιότητα των πολιτικών δικαστηρίων.

4) Για ζητήματα σχετικά με το απόρρητο των επικοινωνιών. Το εν λόγω θέμα είναι αρμοδιότητα της ανεξάρτητης αρχής «Αρχή Διασφάλισης του Απορρήτου των Επικοινωνιών» (ΑΔΑΕ).
5) Για ζητήματα που άπτονται της χρήσης των προσωπικών δεδομένων των καταναλωτών από τις τηλεπικοινωνιακές εταιρείες. Το εν λόγω θέμα είναι αρμοδιότητα της ανεξάρτητης αρχής «Αρχή Προστασίας Δεδομένων Προσωπικού Χαρακτήρα» (ΑΠΔΠΧ).
6) Να ρυθμίζει το ύψος των χρεώσεων των υπηρεσιών πολυμεσικής πληροφόρησης (π.χ., κλήσεις/sms/mms σε αριθμούς της σειράς 901-XXXXXXX. 909-XXXXXXX και σε σύντομους κωδικούς).
7) Για το περιεχόμενο των υπηρεσιών πολυμεσικής πληροφόρησης (π.χ., διεξαγωγή διαγωνισμών, αγορά ringtones, παροχή υπηρεσιών ενηλίκων).
8) Για θέματα ανεπιθύμητης ηλεκτρονικής αλληλογραφίας (spams).
9) Για το περιεχόμενο ιστοσελίδων (websites).
10) Για το περιεχόμενο ραδιοφωνικών και τηλεοπτικών εκπομπών, είτε αυτές λαμβάνονται από τον καταναλωτή με χρήση ραδιοφάσματος είτε με χρήση ευρυζωνικών δικτύων. Το εν λόγω θέμα είναι αρμοδιότητα του «Εθνικού Συμβουλίου Ραδιοτηλεόρασης» (ΕΣΡ).
11) Να επιβάλλει στους παρόχους να προσφέρουν υπηρεσίες Αδεσμοποίητης Πρόσβασης στον Τοπικό Βρόχο «σε όλη τη χώρα», καθώς οι περιοχές δραστηριοποίησής τους άπτονται της εμπορικής τους πολιτικής. Το ίδιο ισχύει και για την περίπτωση των περιοχών που προσφέρεται ADSL από τον ΟΤΕ. (Η Ευρυζωνικότητα δεν συμπεριλαμβάνονταν τότε στις υποχρεώσεις του για «καθολική υπηρεσία»).
12) Για ελαττωματικές τηλεπικοινωνιακές συσκευές (π.χ. σταθερά & κινητά τηλέφωνα, fax, routers, modems, κ.λπ.) ή βλάβες στις εν λόγω συσκευές.
13) Για τυχόν επιπτώσεις των ραδιοεκπομπών στην υγεία των πολιτών.
14) Για πλαστογραφήσεις υπογραφών σε συμβάσεις. Για το θέμα αυτό αρμόδια είναι τα ποινικά δικαστήρια.
15) Για την εξέταση καταχρηστικών όρων σύμβασης.

ΤΟ ΜΟΝΟΠΩΛΙΟ ΤΟΥ ΟΤΕ ΚΑΙ ΟΙ ΕΝΑΛΛΑΚΤΙΚΟΙ ΠΑΡΟΧΟΙ

α) Το μονοπωλιακό δίκτυο του ΟΤΕ

Λόγω έλλειψης εναλλακτικών τηλεπικοινωνιακών δικτύων, όλη η αγορά των Η.Ε. στην Ελλάδα εξαρτάτο (και εξαρτάται ακόμα και σήμερα) από το ένα και μοναδικό δίκτυο πρόσβασης, αυτό που μονοπωλεί ο ΟΤΕ. Ένας οργανισμός που φαινόταν τότε να παλεύει με μεγάλη καθυστέρηση και ήδη επενδυμένα κεφάλαια (πολλά εκ των οποίων κοινοτικά), μεταξύ τού

1) πώς θα μεταλλαχθεί με βάση νέα επιχειρηματικά και οργανωτικά μοντέλα και θα επιζήσει σε ένα νέο ανταγωνιστικό περιβάλλον ευρωπαϊκού πλέον επιπέδου,
2) πώς θα εκπληρώσει τις αδιαπραγμάτευτες υποχρεώσεις του προς την αγορά, ιδίως αναφορικά με την πρόσβαση άλλων παρόχων στις υποδομές του και τέλος,
3) πώς θα συμβάλει στην εθνική επιταγή για ανάπτυξη της Ευρυζωνικότητας και του Διαδικτύου.

Ο ΟΤΕ βέβαια είχε τα δικά του επιχειρηματικά κίνητρα που έρχονταν σε αντίθεση με την υποχρέωση του να προσφέρει «δίκτυο ανοιχτής πρόσβασης», γι' αυτό και ο παρεμβατικός ρόλος του Κράτους (βλέπε ΕΕΤΤ). Εμφάνιζε χαμηλή ανταπόκριση στις υποχρεώσεις του (όπως αυτές προέκυπταν από το κοινοτικό και εθνικό νομικό πλαίσιο) για παροχή στους ανταγωνιστές του πρόσβασης στις υποδομές του, στερώντας από τον καταναλωτή τα συνεπακόλουθα ευεργετικά αποτελέσματα που αυτό θα είχε (όπως π.χ., ελεύθερη επιλογή παρόχου, αυξημένων ευρυζωνικών ταχυτήτων, νέων καινοτόμων υπηρεσιών, κ.λπ.), με αποτέλεσμα να εκτροχιάζει την πορεία της χώρας προς την ευρυζωνική σύγκλιση με τις υπόλοιπες χώρες της Ε.Ε.

β) Ο ΟΤΕ απροετοίμαστος

Ενώ γνώριζε από χρόνια ότι είχε πανευρωπαϊκά ληφθεί η απόφαση για πλήρη απελευθέρωση της τηλεπικοινωνιακής αγοράς και θα ερχόταν η στιγμή που και η Ελλάδα θα ήταν υποχρεωμένη να την εφαρμόσει, σε αντίθεση με τους άλλους ευρωπαϊκούς ομολόγους του, ο ΟΤΕ είχε επιδείξει αδυναμία να αναγνωρίσει έγκαιρα και να αξιοποιήσει τις ευκαιρίες που θα του παρείχε η ευρυζωνική αγορά και για μεγάλο διάστημα παρουσιαζόταν προσκολλημένος στις υπηρεσίες της παραδοσιακής τηλεφωνίας και της αργής πρόσβασης στο Διαδίκτυο με τεχνολογία ISDN.

Πολλά ικανά στελέχη που είχαν απομακρυνθεί από τον ΟΤΕ έλεγαν στα μέσα του 2007 ότι, εν όψει της απελευθέρωσης της αγοράς, έπρεπε ο ΟΤΕ να είχε προετοιμαστεί κατάλληλα. Υποστήριζαν ότι θα έπρεπε, αμέσως μετά τους Ολυμπιακούς, να είχε κάνει τα εξής[69]:

1) να είχε αξιοποιήσει και επεκτείνει αποτελεσματικά τις υποδομές του στην Αττική για να προσφέρει ευρυζωνικό Ίντερνετ υψηλών ταχυτήτων και χαμηλού κόστους (ώστε οι εναλλακτικοί πάροχοι να είχαν χάσει από την αρχή τη δυνατότητα να «χτυπήσουν» τον ΟΤΕ στην αγορά της Αττικής),
2) να είχε συντονίσει καλύτερα τις επί μέρους εταιρείες του ομίλου για να προσφέρει με τον ίδιο λογαριασμό κινητή και σταθερή τηλεφωνία, αλλά και Ίντερνετ υψηλής ταχύτητας (ώστε να είχε «θωρακίσει» τη συνδρομητική του βάση έγκαιρα),
3) να μην είχε απομακρύνει χιλιάδες ικανούς τεχνικούς με την «τυφλή» εθελούσια έξοδο (αρκετούς από τους οποίους επαναπρόσλαβε με νέες συμβάσεις) και
4) να είχε επενδύσει τα κεφάλαια του καλύτερα αντί να προχωρήσει στην άχρηστη και υπερτιμημένη εξαγορά του ομίλου «ΓΕΡΜΑΝΟΣ» (αφού οι άλλες εταιρείες κινητής τηλεφωνίας είχαν ήδη αποφασίσει να δημιουργήσουν ξεχωριστά ιδιόκτητα εμπορικά καταστήματα).

Στο μεταξύ, οι εξελίξεις στην αγορά τηλεπικοινωνιών έτρεχαν με καταιγιστικές ταχύτητες και ο ΟΤΕ ούτε καν ασθμαίνοντας μπορούσε να τις παρακολουθήσει.

Λόγω αυτής της ολιγωρίας του, προσπαθούσε να βάζει εμπόδια για να κερδίζει χρόνο, με αποτέλεσμα να υπάρχει σημαντική καθυστέρηση στην ανάπτυξη της Ευρυζωνικότητας. Όπως έγραφε τρία χρόνια αργότερα ο δημοσιογράφος Β. Μανδραβέλης στην Καθημερινή, μέχρι που αναλάβαμε ως νέα διοίκηση της ΕΕΤΤ το 2005 «*ο ΟΤΕ έχοντας τις αγκυλώσεις ενός πρώην κρατικού μονοπωλίου και όντας δημόσιος οργανισμός, αγνοούσε επιδεικτικά τη Ρυθμιστική Αρχή των τηλεπικοινωνιών»[70].* Έκτοτε όμως, η κατάσταση άρχισε να βελτιώνεται σίγα σιγά καθώς η ΕΕΤΤ - παρά τις συνεχιζόμενες έντονες αντιδράσεις του και αντιπαραθέσεις - επέβαλε στον ΟΤΕ ρυθμιστικές υποχρεώσεις που επέτρεψαν στους εναλλακτικούς να προσφέρουν δικές τους ευρυζωνικές συνδέσεις, γεγονός που εξανάγκασε και τον ίδιο τον ΟΤΕ να παρουσιάσει μία πιο επιθετική πολιτική στην ευρυζωνική αγορά (με αύξηση ταχυτήτων, μείωση τιμών, προώθηση πακέτων, κ.λπ.)

Στη δημιουργία αντιπαράθεσης έφταιγε η Διοίκηση του Οργανισμού που συνέχιζε να συντηρεί το κλίμα ότι όλοι οι άλλοι είναι εχθροί του (η ΕΕΤΤ, οι ανταγωνιστές του, ακόμα και η Κυβέρνηση που «δεν έχει στρατηγική για τις τηλεπικοινωνίες») που θέλουν να τον καταστρέψουν, αντί να πείσει τους εργαζόμενους ότι οι «ανταγωνιστές» του εναλλακτικοί πάροχοι είναι ταυτόχρονα και οι μόνοι σταθεροί του πελάτες που του δίνουν λεφτά, καθόσον είναι πάνω στις δικές του μοναδικές υποδομές (στο τελευταίο μίλι του δικτύου του) που αυτοί «πατάνε», μιας και δεν έχουν που αλλού να πάνε. Ο ΟΤΕ, εκ του γεγονότος ότι είναι πρώην μονοπώλιο και εταιρεία με ΣΙΑ (Σημαντική Ισχύ στην Αγορά), ήταν υποχρεωμένος από τον κοινοτικό και εθνικό νόμο να πουλά σε όλους τους άλλους σε χονδρική τιμή. Οι εναλλακτικοί πάροχοι (που δεν έχουν ΣΙΑ) δεν είναι υποχρεωμένοι να κάνουν το ίδιο σε άλλους.

Ένα χαρακτηριστικό παράδειγμα της αντίδρασης του ΟΤΕ στην εφαρμογή του νόμου ήταν και το ακόλουθο: ο Πρόεδρός του, στην προσπάθειά του να δημιουργήσει κοινό μέτωπο εναντίον της ΕΕΤΤ, έλεγε τον Μάρτιο 2007 απευθυνόμενος στους τεχνικούς του Οργανισμού, ότι *«η παραχώρηση υποδομών του Οργανισμού στον ανταγωνισμό είναι ζήτημα εκτός λογικής»* και συμπλήρωνε κεντρίζοντας τους[71],[72]: *«Βάζουμε ξένους. Όχι απλώς ξένους, αλλά τους ανταγωνιστές μας μέσα στα Κέντρα μας. Ξέρω πώς αισθάνεστε γιατί κι εγώ αισθάνομαι το ίδιο … η ρύθμιση μας αναγκάζει συχνά να γινόμαστε υπηρέτες των ανταγωνιστών μας»*. Και παράλληλα ζητούσε από την Κυβέρνηση ... «*να προστατεύσει τον ΟΤΕ από την ΕΕΤΤ*»!

Δύο μήνες αργότερα, σε συνέντευξη μου τον Μάιο του 2007 - με ευκαιρία της παρουσίασης του έργου της ΕΕΤΤ και του νέου κανονισμού RUO (Reference Unbundling Offer) για την ΑΠΤΒ - καλούσα τον ΟΤΕ *«να εφαρμόσει τους κανόνες λειτουργίας της αγοράς τηλεπικοινωνιών και να αξιοποιήσει τους συγκεκριμένους κανόνες προς δικό του όφελος, αναπτύσσοντας νέα προϊόντα και καινοτόμες υπηρεσίες»[73],[74]*.

Δυστυχώς όμως ο ΟΤΕ είχε συνηθίσει τόσα χρόνια να είναι το αργοκίνητο κρατικό μονοπώλιο που νόμιζε - θάβοντας το κεφάλι του στην άμμο - ότι θα μπορούσε να συνεχίζει να κάνει ό,τι θέλει, χωρίς κανέναν έλεγχο, κρατώντας την αγορά κλειστή και τον καταναλωτή εγκλωβισμένο σ' αυτόν, μη παρέχοντάς του το αναφαίρετο δικαίωμα να επιλέξει τον πάροχο που θα του προσφέρει τις τηλεπικοινωνιακές υπηρεσίες που αυτός επιθυμεί.

γ) Οι εναλλακτικοί πάροχοι ανέτοιμοι

Από την άλλη μεριά, οι εναλλακτικοί πάροχοι στην πλειοψηφία τους δεν διέθεταν το 2005 την οικονομική ευρωστία, τα επενδυτικά κεφάλαια και την κρίσιμη μάζα για να εισέλθουν δυναμικά στην ευρυζωνική αγορά με την προώθηση ανταγωνιστικών πακέτων και υπηρεσιών. Στήριζαν τη βασική τους μεταπρατική δράση σε μεταπώληση υπηρεσιών του ΟΤΕ, ενώ ταυτόχρονα ισχυρίζονταν μέσω του προέδρου του ΣΕΠΕ (Σύνδεσμος Επιχειρήσεων Πληροφορικής & Τηλεπικοινωνιών) ότι ο ΟΤΕ *«επί χρόνια πωλούσε στη χονδρική με περιθώρια κέρδους που δεν άφηναν τον κλάδο ν' αναπτυχθεί»[75]*. Σημαντικό ρόλο έπαιξε και το γεγονός ότι παρά τη διαφαινόμενη προοπτική ανάπτυξης της ελληνικής αγοράς, δεν υπήρξε μέχρι τότε σημαντική είσοδος επενδυτικών κεφαλαίων από τις επιχειρήσεις του κλάδου.

Την ίδια εποχή με δηλώσεις μου ισχυριζόμουν ότι η αγορά δεν αντέχει τόσους πολλούς εναλλακτικούς και ότι ο αριθμός τους θα μειωθεί, με «λουκέτα» στους μικρούς παρόχους, καθώς *«μερικές επιχειρήσεις δεν θα αντέξουν τον ανταγωνισμό και ή θα κλείσουν ή θα συγχωνευτούν με μεγαλύτερους παίχτες»[76],[77].*

Από το 2005 και μετά όμως, παρατηρείται μια αξιόλογη κινητικότητα με την εμφάνιση Ελλήνων και ξένων επενδυτών, ενώ παράλληλα παρατηρούμε από τους εναλλακτικούς παρόχους μία σειρά από επιθετικές επιχειρηματικές κινήσεις στην ευρυζωνική αγορά.

Η ΕΕΤΤ ΑΝΟΙΓΕΙ ΤΗΝ ΑΓΟΡΑ ΤΩΝ Η.Ε.

α) Προτάσεις για ανάπτυξη της αγοράς Η.Ε.

Στην εμφάνισή μου ενώπιον της Επιτροπής Έρευνας και Τεχνολογίας της Βουλής στις 12/4/2006 δήλωνα ότι *«αν και προαπαιτείται η χάραξη και η συμφωνία ενός οδικού χάρτη (για την προώθηση της Ευρυζωνικότητας και την ανάπτυξη της αγοράς των Η.Ε.) δεν θα αντισταθώ τον πειρασμό να προτείνω μερικές ενέργειες που θα είχαν άμεσο αποτέλεσμα»*. Τέτοιες ήταν:

1) Χρήση του 4ου ΚΠΣ: Προγραμματισμό οικονομικής ενίσχυσης των σχετικών τηλεπικοινωνιακών δράσεων από μεγάλο μέρος του 4ου ΚΠΣ με γνώμονα τη σπουδαιότητα του οράματος για τη χώρα.

2) Κίνητρα για επιχειρηματικές δράσεις, όπως:

(α) ανάπτυξη υποδομών οπτικής ίνας,

(β) ανάπτυξη καινοτόμων ασύρματων δικτύων που θα καταστήσουν την Ελλάδα testbed για νέες τεχνολογίες και

(γ) σχεδιασμό οποιασδήποτε κοινότητας/οικιστικού έργου κατά τρόπο που να προβλέπει την ευρυζωνική πρόσβαση.

3) Περιφέρεια: Για τον πολίτη της περιφέρειας (που για να εξοικειωθεί με τις ευρυζωνικές υπηρεσίες θα πρέπει πρακτικά να τις «αγγίξει»), να δημιουργηθούν «κιόσκια» (stands) σε δημοτικά/κρατικά διοικητικά κτήρια ή φορητοί σταθμοί με ευρυζωνική πρόσβαση και επιλεγμένες demo υπηρεσίες.

4) Δημόσιο με one-stop shopping:

(α) Μία πύλη (portal) για όλες τις υπηρεσίες του Δημοσίου και διαδικτυακή επικοινωνία με την Πολιτεία (πιστοποιητικά γέννησης και γάμου, άδειες οδηγήσεως, τηλε-ιατρική, τηλε-εκπαίδευση, κ.λπ.) Η ταχύτερη ανάπτυξη online υπηρεσιών δημοσίου συνδέεται άμεσα με την οποιαδήποτε προσπάθεια αποκέντρωσης.

(β) Κίνητρα στους Δημόσιους Υπαλλήλους για χρήση Η/Υ και Διαδικτύου (π.χ., τοποθετήσεις, προαγωγές, αυξήσεις, κ.λπ.)

(γ) Όσον αφορά τη χαμηλή εξοικείωση των υπαλλήλων του δημοσίου με τις νέες τεχνολογίες, μπορούν να καθιερωθούν και άλλα πρακτικά κίνητρα, όπως π.χ. γενναία έκπτωση στην αρχική ετήσια συνδρομή ADSL σε όλους τους δημοσίους υπαλλήλους, ώστε να αποκτήσουν προσωπικό υπολογιστή και οικιακή πρόσβαση στο ευρυζωνικό Internet. (Θα μπορούσε να εφαρμοστεί το μοντέλο του προγράμματος «Δίοδος» που είχε βρει μεγάλη ανταπόκριση όταν εφαρμόστηκε με επιτυχία για τους φοιτητές, με χαμηλές τιμές, ενώ θα μπορούσαμε σε μερικές περιπτώσεις να φανούμε ακόμα πιο τολμηροί και να μιλήσουμε για δωρεάν παροχή DSL).

5) Επιπλέον:

(α) την εντός του έτους ευρυζωνική πρόσβαση υψηλών ταχυτήτων όλων των δημόσιων υπηρεσιών, σχολείων, διοικητικών περιφερειών, νοσοκομείων κ.λπ.,

(β) την υιοθέτηση προγράμματος προνομιακής διάθεσης υπολογιστών σε μαθητές και σπουδαστές (αντίστοιχο με το πρόγραμμα του Nicholas Negreponte για παροχή laptop αξίας $100 στους μαθητές),

(γ) φορολογικές ελαφρύνσεις τόσο για πρόσβαση στο Internet όσο και για το δικτυακό εξοπλισμό εταιρειών και των υπαλλήλων τους και,

(δ) ρύθμιση ώστε να επιτρέπονται οι δωρεές παλαιού εξοπλισμού δημοσίου για τις ανάγκες απομακρυσμένων περιοχών.

β) Οι πρώτες δράσεις της ΕΕΤΤ

Ο ρόλος της ΕΕΤΤ ήταν (και είναι) καθοριστικής σημασίας για την υγιή και ταχεία ανάπτυξη του τομέα των Η.Ε. στη χώρα μας καθώς και για την εμπέδωση της εμπιστοσύνης των χρηστών και των επενδυτών σε αυτήν τη ραγδαία αναπτυσσόμενη αγορά. Με τη ψήφιση του νέου Νόμου 3431/2006, η ΕΕΤΤ ανέπτυξε έντονη κανονιστική και ρυθμιστική δραστηριότητα. Ενδεικτικά αναφέρω μερικές από τις σχετικές μας *δράσεις των πρώτων μηνών:*

1) διενέργεια ουσιαστικών διαβουλεύσεων με την αγορά και τους φορείς της,
2) άμεση σύνταξη και δημοσίευση Κανονισμών που εξειδίκευαν το νέο θεσμικό πλαίσιο,
3) καθορισμός μέτρων και υποχρεώσεων του ΟΤΕ για τις Αγορές που είχαν να κάνουν με την ΑΠΤΒ και με τις υπηρεσίες ευρυζωνικής πρόσβασης,
4) απελευθέρωση των δικτύων Wi-Fi (με κατάργηση της υποχρέωσης αδειοδότησης των δικτύων και των ειδικών τους κεραιών) που επέτρεψαν την ταχεία τους ανάπτυξη πανελλαδικά,
5) διεξαγωγή δημοπρασίας για την χορήγηση ραδιοσυχνοτήτων για ανάπτυξη ασύρματου δικτύου τεχνολογίας WiMAX (που θα μπορούσε να παρέχει γρήγορη και σχετικά εύκολη λύση, ώστε τα νησιά και οι ακριτικές και απομακρυσμένες περιοχές της χώρας να έχουν ευρυζωνική πρόσβαση στο Διαδίκτυο και, μέσου αυτού, στις υπηρεσίες και πληροφορίες όλου του κόσμου),
6) ενθάρρυνση και υποστήριξη νέων ψηφιακών εφαρμογών, όπως VoIP, ηλεκτρονικές υπογραφές,
κ.λπ.

γ) Η ρυθμιστική στρατηγική της ΕΕΤΤ

Η ρυθμιστική στρατηγική που καταστρώσαμε για την τετραετία περιλάμβανε 5 βασικούς στρατηγικούς άξονες, οι οποίοι πλαισιώνονταν από βραχυπρόθεσμους και μεσοπρόθεσμους στόχους και υποστηρίζονταν από πολυάριθμες δράσεις της ΕΕΤΤ[78]. Οι κύριοι *στρατηγικοί άξονες* ήταν οι εξής:

1) Ενθάρρυνση του ανταγωνισμού σε επίπεδο υπηρεσιών.
2) Πλήρης ανάπτυξη του ανταγωνισμού σε τηλεπικοινωνιακές υποδομές, με την παροχή ισότητας στην πρόσβαση και την ενθάρρυνση ανάπτυξης προηγμένων τεχνολογιών (π.χ., οπτικές ίνες μέχρι το σπίτι).
3) Βελτίωση της διαθεσιμότητας του φάσματος και υποστήριξη δημιουργίας προηγμένης υποδομής σε ασύρματα δίκτυα, ώστε να

ευνοηθεί η αποδοτικότερη χρήση του και να καλλιεργηθεί ο ανταγωνισμός.
4) Διασφάλιση της διαθεσιμότητας καινοτόμων υπηρεσιών προς τους καταναλωτές.
5) Διασφάλιση των ωφελειών προς τους καταναλωτές σε όρους ποιότητας, διαθεσιμότητας υπηρεσιών και διαφάνειας στην πληροφόρηση.

Επιπλέον, καταστρώσαμε ένα *επιχειρησιακό σχέδιο* για τις Η.Ε. που υλοποιήσαμε σ' όλη την τετραετία και που περιελάμβανε τουλάχιστον 25 επί μέρους δράσεις*[79]*.

Το *πρώτο μας έτος* στην ΕΕΤΤ (2006) ήταν το *«έτος προετοιμασίας»*: η ΕΕΤΤ προσάρμοσε πλήρως και ταχύτατα το Κοινοτικό Δίκαιο για τις Η.Ε. στο Εθνικό Δίκαιο, περαίωσε την «ανάλυση αγορών» και εξέδωσε όλες τις απαραίτητες σχετικές κανονιστικές πράξεις και τη δευτερογενή νομοθεσία.

Το *δεύτερο έτος 2007*, ήταν *«έτος εφαρμογής»*: Η ΕΕΤΤ εφάρμοσε αυστηρά όλες αυτές τις κανονιστικές πράξεις, άνοιξε την αγορά των Η.Ε. στον ανταγωνισμό, άλλαξε το μεταπρατικό μοντέλο της τηλεπικοινωνιακής αγοράς, υλοποίησε αποτελεσματικά τη συνεγκατάσταση και την ΑΠΤΒ και έδωσε τη δυνατότητα στους εναλλακτικούς παρόχους να προσφέρουν νέα προϊόντα (όπως σύγκλιση σταθερής με κινητή τηλεφωνία και συνδυασμούς τηλεφωνίας, Ίντερνετ και TV/video) σε υψηλότερες ταχύτητες και με χαμηλότερες τιμές.

Τα *επόμενα δύο χρόνια εφαρμόσαμε* το νόμο αποτελεσματικά ώστε να προσεγγίσουμε το όραμα μας, που περιλάμβανε:
1) τη «δημιουργία μιας πλήρως απελευθερωμένης και ανταγωνιστικής αγοράς Η.Ε.»,
2) την «αύξηση της Ευρυζωνικότητας και του ευρυζωνικού Διαδικτύου» και
3) την καλύτερη «εξυπηρέτηση και ικανοποίηση του καταναλωτή».

Ταυτόχρονα, θέταμε τις βάσεις για τη μελλοντική κατασκευή του εθνικού δικτύου οπτικών ινών μέχρι το σπίτι (FTTH), την αδειοδότηση των δικτύων ψηφιακής ευρυεκπομπής (digital broadcasting) και την καλύτερη αξιοποίηση του ψηφιακού μερίσματος (digital dividend).

ΠΡΟΟΔΟΣ ΣΤΗΝ ΑΓΟΡΑ ΤΩΝ Η.Ε.

Όπως προανέφερα, για το μέρος εκείνο της αγοράς των Η.Ε. που έχει να κάνει ειδικά με την ανάπτυξη και εξέλιξη της Ευρυζωνικότητας, αφιερώνω αργότερα τα δύο Κεφάλαια 5 και 6. Εδώ θα συνοψίσω τα επιτεύγματα της τετραετίας στις υπόλοιπες υπο-αγορές των Η.Ε., δηλαδή αυτές που έχουν να κάνουν με την τηλεφωνία, τη φορητότητα αριθμών και τις τιμές της κινητής τηλεφωνίας.

α) Κατανομή της αγοράς Η.Ε. μεταξύ ΟΤΕ και εναλλακτικών παρόχων

Η αύξηση του ανταγωνισμού υποδηλώνεται από το μερίδιο της αγοράς που απέκτησαν οι εναλλακτικοί πάροχοι μέσα στην τετραετία. Στο τέλος της 4ετίας οι ευρυζωνικοί συνδρομητές ήταν περίπου ίσα κατανεμημένοι μεταξύ του πρώην μονοπωλίου του ΟΤΕ και των υπόλοιπων εναλλακτικών παρόχων ευρυζωνικών υπηρεσιών. Ο καταναλωτής είχε πλέον αποκτήσει την δυνατότητα επιλογής παρόχου και υπηρεσιών της αρεσκείας του.

β) Τηλεφωνία

Ανταγωνισμός υποδομών στην σταθερή τηλεφωνία: Η περίοδος 2005-2009 χαρακτηρίζεται επίσης και από τη σημαντική ανάπτυξη του ανταγωνισμού σε επίπεδο υποδομών και στη σταθερή τηλεφωνία. Πολλοί πάροχοι αξιοποίησαν τις δυνατότητες της ΑΠΤΒ για να προσφέρουν στους καταναλωτές μια ποικιλία τηλεφωνικών προϊόντων (μεταφορά αριθμού, προεπιλογή φορέα, VoIP, κ.λπ.) με ιδιαίτερα ευνοϊκούς όρους. Ως αποτέλεσμα, τον Ιούνιο 2009, περίπου 15% των κύριων τηλεφωνικών γραμμών εξυπηρετούνταν από εναλλακτικούς παρόχους (Σχ. 3.1).

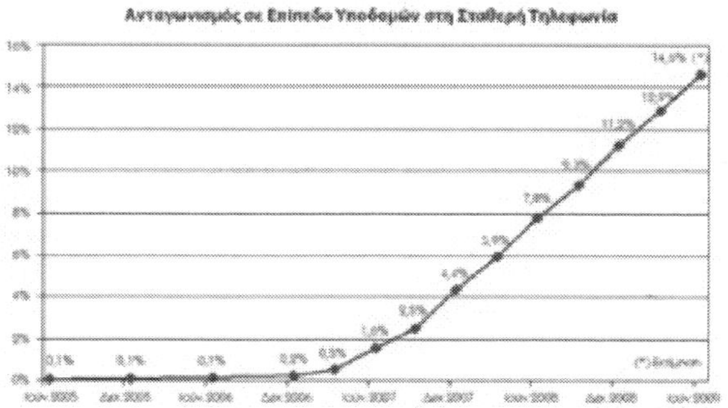

Σχ. 3.1: Ανταγωνισμός σε επίπεδο υποδομών στη σταθερή τηλεφωνία

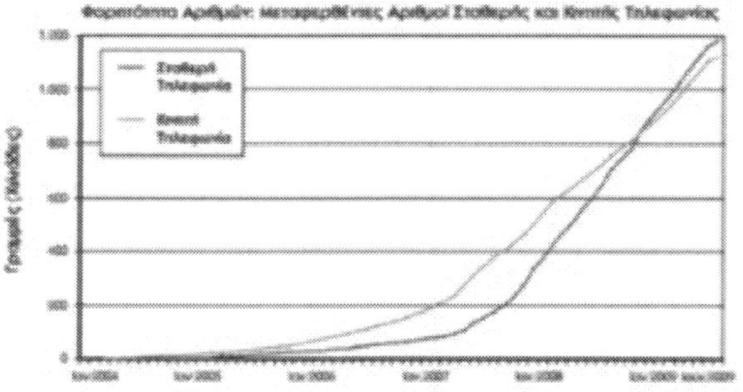

Σχ. 3.2: Φορητότητα αριθμών στην σταθερή και κινητή τηλεφωνία

γ) Φορητότητα τηλεφωνικού αριθμού (από έναν πάροχο σε άλλον)

Η συνεχής και ταχεία αύξηση της φορητότητας, τόσο στην κινητή όσο (και εντονότερα) στη σταθερή τηλεφωνία, επίσης αντικατοπτρίζει την εντεινόμενη λειτουργία του ανταγωνισμού (Σχ. 3.2).

δ) Τιμές στην κινητή τηλεφωνία

Οι προτεινόμενες από την ΕΕΤΤ ρυθμιστικές υποχρεώσεις για τον πάροχο κινητής τηλεφωνίας με ΣΙΑ (που όπως και στη σταθερή τηλεφωνία ήταν ο ΟΤΕ) αφορούσαν, ανάμεσα σε άλλα, και την τιμολόγηση με βάση το κόστος, την παροχή διασύνδεσης και πρόσβασης στους εναλλακτικούς, την αποφυγή συμπεριφορών διακριτικής μεταχείρισης, κ.α.

Επιπλέον θεσμοθετήσαμε στους κινητούς ένα συνεχές *«μονοπάτι διολίσθησης» (glide path)*, μέσω του οποίου η σύγκλιση των *«τελών τερματισμού»* με το κόστος τερματισμού κλήσεων θα επιτυγχάνονταν μέσα σε διάστημα 12 μηνών και μέχρι το τέλος της τετραετίας οι τιμές των τελών τερματισμού της χώρας μας να έχουν συγκλίνει με τον μέσο όρο των τιμών στις υπόλοιπες Ευρωπαϊκές χώρες. Αυτό όχι μόνον επετεύχθη, όπως δείχνει το Σχ. 3.3, αλλά *με το glide path που θέσπισε η ΕΕΤΤ, η μέση χρέωση ανά λεπτό έφτασε το 2012 να είναι χαμηλότερη από εκείνη του μέσου όρου της Ευρώπης[80]*.

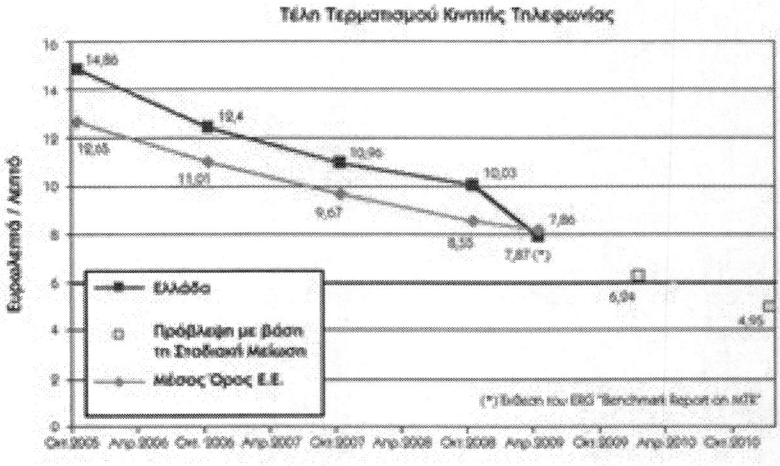

Σχ. 3.3: Τέλη τερματισμού κινητής τηλεφωνίας

ΠΡΟΒΛΕΨΕΙΣ ΓΙΑ ΕΞΑΓΟΡΕΣ ΚΑΙ «ΛΟΥΚΕΤΑ»

Η ΕΕΤΤ άνοιξε την αγορά στον υγιή ανταγωνισμό, επιτρέποντας στους τηλεπικοινωνιακούς παρόχους να επενδύσουν και να ανταγωνιστούν τον ΟΤΕ και ο ένας τον άλλο, με ίσους όρους. Τώρα, αν αυτοί θα προτιμούσαν να συνεχίσουν να είναι κρατικοδίαιτοι και «ΟΤΕ-δίαιτοι» και δεν θα προσπαθούσαν ή δεν θα επιθυμούσαν να εκμεταλλευτούν τη νέα κατάσταση και να κάνουν τις απαιτούμενες επενδύσεις, ήταν άλλο θέμα. Μπορείς να οδηγήσεις το άλογο στην πηγή, αλλά δεν μπορείς να το αναγκάσεις να πιει νερό.

Τον Σεπτέμβριο του 2008 έβλεπα ότι οι εναλλακτικοί πάροχοι ήταν ακόμα παρά πολλοί για μια τόσο μικρή αγορά, με μικρό μέγεθος, με προβλήματα εκπλήρωσης των οικονομικών υποχρεώσεων τους προς τον ΟΤΕ και με μη ικανοποιητική εξυπηρέτηση καταναλωτών (των οποίων τα παράπονα και οι καταγγελίες ήταν πολλά και μας είχαν αναγκάσει να επιβάλλουμε αυστηρά πρόστιμα στις τηλεπικοινωνιακές εταιρείες). Από τότε προέβλεπα «λουκέτα», συγχωνεύσεις και εξαγορές, καθώς εκτιμούσα ότι κάποιες εταιρείες τηλεπικοινωνιών θα αναγκαστούν να κλείσουν υπό το βάρος των υπέρογκων επενδύσεων που θα απαιτηθούν στο άμεσο μέλλον και κάποιες άλλες θα αναγκαστούν να υιοθετήσουν διαφορετικά επιχειρηματικά μοντέλα.

Να επιλέξουν ανάμεσα στη συγχώνευση με μεγαλύτερους παίκτες ή να κλείσουν καλούσα εμμέσως πλην σαφώς όσους ανταγωνιστές του ΟΤΕ αδυνατούσαν να πληρώσουν στον Οργανισμό τα χρέη τους. Είχα πει ότι *«ο ΟΤΕ από ένα σημείο και μετά πρέπει να διεκδικεί τα εύλογα έξοδά του και κατά συνέπεια όταν ένας πάροχος αδυνατεί να πληρώσει τον Οργανισμό, είτε συγχωνεύεται είτε κλείνει»[81]*. Χαρακτηριστικά ανέφερα: *«η διεθνής εμπειρία δείχνει ότι μια μικρή χώρα όπως η Ελλάδα με περιορισμένη αγορά δεν μπορεί να αντέξει μεγάλο αριθμό τέτοιων μικρών εταιρειών και έτσι μερικές δεν θα αντέξουν τον ανταγωνισμό, άλλες θα πρέπει να συγχωνευτούν με μεγάλους παίκτες και άλλες να αλλάξουν μοντέλο λειτουργίας, ποντάροντας στην παροχή ανταγωνιστικών υπηρεσιών και όχι σε υποδομές»[82]*.

ΕΤΗΣΙΑ ΕΠΙΣΚΟΠΗΣΗ ΤΗΣ ΑΓΟΡΑΣ ΤΩΝ Η.Ε. ΣΤΗ ΧΩΡΑ

Από το 2005 και μετά, η ΕΕΤΤ εκπονεί κάθε χρόνο ειδική μελέτη για την αποτύπωση της χρήσης των Η.Ε. και της τηλεπικοινωνιακής κατάστασης στην Ελλάδα για το αντίστοιχο έτος.

Κεφάλαιο 4: Ισχυρή αντίσταση του ΟΤΕ στο άνοιγμα της αγοράς

«Η Πολιτεία πρέπει να δημιουργήσει τις κατάλληλες συνθήκες που θα επιτρέψουν να βρεθούν οι δύο Έλληνες φοιτητές που θα επινοήσουν στο «γκαράζ» τους την επόμενη εφαρμογή Skype ή τη σύσταση της επόμενης Google.» (1/2/2006)

Ο Dr. Robert Kahn (ο "Πατέρας του Ίντερνετ") σε ομιλία που οργάνωσε η ΕΕΤΤ στην Αθήνα για την Ελληνική αγορά Τηλεπικοινωνιών, 23/5/2006

Κεφάλαιο 4: Ισχυρή αντίσταση του ΟΤΕ στο άνοιγμα της αγοράς

Αφού περιέγραψα στο προηγούμενο κεφάλαιο το άνοιγμα της αγοράς των Η.Ε. στην Ελλάδα, θεωρώ σκόπιμο να παρουσιάσω εδώ τα εμπόδια και την ισχυρή αντίσταση που προέβαλε ο ΟΤΕ ώστε να εμποδιστεί, ή τουλάχιστον να καθυστερήσει, όσο το δυνατόν αυτή η απελευθέρωση της τηλεπικοινωνιακής αγοράς.

Θα αναφέρω πρώτα τις προστριβές και διενέξεις μεταξύ του ΟΤΕ και των εναλλακτικών παρόχων, με την ΕΕΤΤ στη μέση να προσπαθεί να βρει έναν σωστό τρόπο συνεργασίας και επικοινωνίας μεταξύ τους, και την ισχυρή αντίσταση και τα προσκόμματα του ΟΤΕ στην ανάπτυξη της αγοράς (όπως π.χ. την προσπάθειά του να πουλά κάτω του κόστους, αρνούμενος την υποχρέωσή του για κοστοστρέφεια, με τον Πρόεδρο του να επιχειρηματολογεί στη Βουλή ότι «*η ΕΕΤΤ με τη στάση της υποστηρίζει τους ... Αιγύπτιους*»!). Στη συνέχεια τεκμηριώνω την αντι-ανταγωνιστική πρακτική του ΟΤΕ κατάχρησης της δεσπόζουσας θέσης του, που εξανάγκασε την ΕΕΤΤ να του επιβάλλει πρόστιμο 20 εκατ. ευρώ και τελειώνω το κεφάλαιο με μερικές από τις οξύτατες επιθέσεις και κατηγορίες του Προέδρου του ότι «*η ΕΕΤΤ υποστηρίζει ξένα συμφέροντα και έχει σχέδιο καταστροφής του ΟΤΕ*», ζητώντας από την Κυβέρνηση να επέμβει στο έργο του ανεξάρτητου εθνικού Ρυθμιστή «*για να μη θίγεται η κερδοφορία του ΟΤΕ*».

Σε επόμενα κεφάλαια θα εξειδικεύσω περισσότερο την αντίσταση του ΟΤΕ: στο *Κεφάλαιο 6* την κωλυσιεργία του και τα εμπόδια στη διάδοση ειδικά της Ευρυζωνικότητας, στο *Κεφάλαιο 8* τη μάχη του κατά του πιθανού λειτουργικού του διαχωρισμού, στο *Κεφάλαιο 9* τις σφοδρές πιέσεις στην Κυβέρνηση να μην προχωρήσει στην κατασκευή του εθνικού δικτύου οπτικών ινών FTTH και τέλος, στο *Κεφάλαιο 14* τον ανελέητο πόλεμο και τις οξύτατες επιθέσεις, απειλές και κατηγορίες του εναντίον της ΕΕΤΤ.

<u>Ο ΟΤΕ, ΟΙ ΕΝΑΛΛΑΚΤΙΚΟΙ ΚΑΙ ΟΙ ΜΕΤΑΞΥ ΤΟΥΣ ΔΙΕΝΕΞΕΙΣ</u>

Με την ανάληψη των καθηκόντων της νέας Διοίκησης, εξετάσαμε τα προβλήματα ανταγωνισμού και προσβασιμότητας στο δίκτυο του ΟΤΕ και καταλήξαμε από νωρίς στα εξής πρώτα συμπεράσματα:

1) ότι συνέχιζαν να υπάρχουν τα διαρθρωτικά προβλήματα ανταγωνισμού που υπήρχαν στην αγορά για μεγάλο διάστημα στο παρελθόν,
2) ότι ούτε οι προ του νέου νόμου του 2006 ρυθμίσεις, αλλά ούτε και η γενική νομοθεσία περί ανταγωνισμού είχαν καταφέρει να επιλύσουν αυτά τα προβλήματα,
3) ότι ο ΟΤΕ είχε τη δυνατότητα και το κίνητρο να κάνει διακρίσεις έναντι των άλλων παρόχων προς όφελος του δικού του τμήματος λιανικής αλλά σε ζημία του ανταγωνισμού και
4) ότι θεμελιώδες πρόβλημα ανταγωνισμού αποτελούσε το γεγονός ότι η σχέση αγορά-πώληση δεν λειτουργούσε ικανοποιητικά μεταξύ του ΟΤΕ και των πελατών του χονδρικής (των υπόλοιπων εναλλακτικών τηλεπικοινωνιακών παρόχων).

Αποτέλεσμα των προβλημάτων αυτών και της ακανθώδους σχέσης μεταξύ του ΟΤΕ και των εναλλακτικών παρόχων ήταν οι σημαντικές δυσλειτουργίες στην αγορά, που επηρέαζαν αρνητικά τις υπηρεσίες που απολάμβανε ο καταναλωτής και οι οποίες δεν θα διαμορφώνονταν έτσι αν υπήρχαν συνθήκες αποτελεσματικού ανταγωνισμού. Η κατάσταση ήταν ακόμα πιο δραματική στην ελληνική Περιφέρεια με την αραιή της δόμηση, της οποίας η ζήτηση για πρόσβαση στο Διαδίκτυο ήταν αρκετά περιορισμένη.

α) Προστριβές μεταξύ ΟΤΕ και εναλλακτικών παρόχων

Ένα χαρακτηριστικό της αγοράς των Η.Ε. εκείνης της εποχής ήταν η μεγάλη διαμάχη και αλληλοκατηγορίες μεταξύ του ΟΤΕ και των εναλλακτικών παρόχων[83], καθόσον:

1) ο μεν ΟΤΕ ισχυριζόταν ότι οι εναλλακτικοί ήταν κακοπληρωτές που είχαν πολλές οικονομικές εκκρεμότητες μαζί του και «κάνανε μπίζνες με δανεικά» εις βάρος του και γι' αυτό προχωρούσε στη διακοπή των τηλεπικοινωνιακών κυκλωμάτων προς αυτούς,
2) οι δε εναλλακτικοί ισχυρίζονταν ότι ο ΟΤΕ εξέδιδε λανθασμένα τιμολόγια και κρατούσε σκληρή στάση με απώτερο σκοπό να «απαλλαγεί» από τους ανταγωνιστές του (που ήταν ταυτόχρονα σημαντικοί πελάτες του) και να ξαναγυρίσει στην εποχή του μονοπωλίου του.

Τα προβλήματα και οι προστριβές που υπήρχαν μεταξύ τους ήταν ως ένα σημείο αναμενόμενα λόγω των διαφορετικών τους προσεγγίσεων που πήγαζαν από τις διαφορετικές τους αναπτυξιακές πολιτικές. Βέβαια παρόμοιες καταστάσεις είχαν παρατηρηθεί νωρίτερα κατά τα πρώτα βήματα της Ευρυζωνικότητας και στα άλλα Κράτη-Μέλη της Ε.Ε., ως φυσιολογική συνέπεια του ισχυρού ανταγωνισμού που αναπτύσσονταν για απόκτηση νέων μεριδίων στην αναδυόμενη αγορά των Η.Ε. Στη δική μας χώρα όμως υπήρχαν και επιπρόσθετα εγγενή προβλήματα που είχαν να κάνουν με (α) την έλλειψη στοιχειώδους συνεννόησης μεταξύ τους, (β) την έλλειψη επικαιροποιημένου ρυθμιστικού πλαισίου, (γ) την απουσία εναλλακτικών δικτύων που θα μπορούσαν να χρησιμοποιηθούν ανταγωνιστικά για ευρυζωνικές υπηρεσίες (π.χ., δίκτυο καλωδιακής τηλεόρασης), (δ) το μικρό μέγεθος και τη διστακτικότητα των εναλλακτικών παρόχων να προβούν σε επενδύσεις και νέες επιχειρηματικές δράσεις για παροχή νέων υπηρεσιών στους καταναλωτές, κ.λπ.

Τόσο ο σύλλογος τους ΣΑΤΠΕ (Σύλλογος Ανεξάρτητων Τηλεπικοινωνιακών Παρόχων Επικοινωνιών), όσο και μεμονωμένοι εναλλακτικοί πάροχοι, παραπονιόνταν για τη μέχρι το 2006 καθυστέρηση στην ανάπτυξη της ευρυζωνικής αγοράς, λόγω των εμποδίων που υπήρχαν στη «συνεγκατάσταση υποδομών» αλλά και των αργών ρυθμών με τους οποίους προχωρούσε η ΑΠΤΒ. Τον Μάιο του 2006, στην παρουσίασή του προς την Ειδική Επιτροπή Έρευνας & Τεχνολογίας της Βουλής, ο ΣΑΤΠΕ δήλωνε ότι *«ο ΟΤΕ διατηρούσε ακόμα μονοπωλιακή φιλοσοφία, είχε αυθαίρετη θεώρηση των υποχρεώσεων του, έθετε εμπόδια στους εναλλακτικούς παρόχους απαγορεύοντας τη διασύνδεση των δικτύων τους με το δικό του δίκτυο και αδιαφορούσε για την κείμενη νομοθεσία και για τις αποφάσεις των αρμοδίων αρχών»*. Από την άλλη μεριά όμως, εκείνη την πρώτη χρονιά εφαρμογής του νέου τηλεπικοινωνιακού νόμου, οι εναλλακτικοί ήταν ακόμα ανέτοιμοι να προχωρήσουν σε επενδύσεις για συνεγκατάσταση, με αποτέλεσμα ακόμα και όταν ο ΟΤΕ τους διέθετε αποδεσμοποιημένες γραμμές, να μην είναι επαρκώς προετοιμασμένοι να τις διαθέσουν όλες εγκαίρως στο ανυπομονούν καταναλωτικό κοινό.

Άλλες φορές πάλι, οι εναλλακτικοί επιτίθεντο στον ΟΤΕ για τις διαφημιστικές του καμπάνιες εναντίον τους. Π.χ., στις 27/3/2009 με ανακοίνωσή τους, τρείς βασικοί εναλλακτικοί πάροχοι κατηγορούσαν το ΟΤΕ ότι με τη διαφημιστική του καμπάνια *«δημιουργεί λάθος εντυπώσεις στους καταναλωτές και δυσφημεί τους παρόχους υπηρεσιών σταθερής τηλεφωνίας και ευρυζωνικών υπηρεσιών, μέσω της γλώσσας, αλλά κυρίως των συμβολισμών που χρησιμοποιεί»[84]*.

Κατά την γνώμη μου, το σημαντικότερο από τα εμπόδια ήταν η αμοιβαία «καχυποψία» που είχε δημιουργηθεί τα προηγούμενα χρόνια μεταξύ εναλλακτικών παρόχων και ΟΤΕ, καθώς οι μεν πρώτοι παρουσιάζονταν διστακτικοί και φειδωλοί στις επενδύσεις τους, ο δε ΟΤΕ, σε συνδυασμό με τις εγγενείς δυσλειτουργίες του, λειτουργούσε ανασταλτικά για την ταχεία ανάπτυξη της Ευρυζωνικότητας μέσω της ΑΠΤΒ.

β) Η ΕΕΤΤ ανάμεσα στα δύο πυρά

Η ΕΕΤΤ κατέβαλε γιγαντιαία προσπάθεια για να βρεθεί ένας σωστός τρόπος συνεργασίας και επικοινωνίας μεταξύ του ΟΤΕ και των εναλλακτικών παρόχων, καθόσον «it takes two to tango». Η συνεργασία τους ήταν προβληματική και αυτό έπρεπε να διορθωθεί. Η ΕΕΤΤ προσπαθούσε, είτε ως ενδιάμεσος, είτε ως επόπτης, να μπορέσει μέσω ρυθμιστικών διαδικασιών να βοηθήσει τις δύο πλευρές να συνεννοηθούν μεταξύ τους αποτελεσματικά. Συνεχώς δεχόμασταν πυρά και από τις δυο πλευρές: π.χ., ο ΣΑΤΠΕ κατηγορούσε την ΕΕΤΤ για τον τρόπο που επέτρεπε στον ΟΤΕ να παρέχει τις υπηρεσίες του χονδρικής, ενώ ο ΟΤΕ αντίκρουε ότι η ΕΕΤΤ άλλαξε τη χονδρική θέλοντας όλοι τους να στραφούν σε επενδύσεις στον τοπικό βρόχο.

Χρειάστηκε εξ αρχής να εκδώσουμε σύγχρονους κανονισμούς, να εφαρμόσουμε πιστά το νέο νόμο και να επιβάλουμε σημαντικά διοικητικά πρόστιμα ώστε να συνετίσουμε τις επιχειρήσεις του κλάδου και να βελτιώσουμε την κατάσταση στην αγορά. Στην τετραετία 2005-2009 επιβάλαμε συνολικά 104 εκατ. ευρώ πρόστιμα (εκ των οποίων τα 72 εκατ. ευρώ στον ΟΤΕ και τα υπόλοιπα στους εναλλακτικούς)*[85]*. Σε αρκετές περιπτώσεις όμως, μολονότι το δικαστήριο στο οποίο προσέφευγε η θιγούσα επιχείρηση απέρριπτε ως αβάσιμες τις αιτιάσεις της κατά της απόφασης της ΕΕΤΤ, εντούτοις προχωρούσε μονομερώς και χωρίς δικαιολόγηση στη μείωση του προστίμου. Αυτό αποτελούσε μεγάλο εμπόδιο για την ταχεία και αποτελεσματική ανάπτυξη της αγοράς των Η.Ε. που επιχειρούσε να επιφέρει η ΕΕΤΤ.

Η ΙΣΧΥΡΗ ΑΝΤΙΣΤΑΣΗ ΤΟΥ ΟΤΕ ΣΤΙΣ ΑΛΛΑΓΕΣ

ΟΤΕ είχε τα δικά του επιχειρηματικά κίνητρα που έρχονταν σε αντίθεση με την υποχρέωση του να παρέχει «δίκτυο ανοιχτής πρόσβασης» και εμφάνιζε ισχυρή αντίσταση και προσκόμματα στην ανάπτυξη της αγοράς. Για πολλά χρόνια, το μονοπώλιο του ΟΤΕ δεν επέτρεπε στους εναλλακτικούς παρόχους να διαφοροποιηθούν από την εμπορική του πολιτική, με αποτέλεσμα τις μέχρι το 2005 χαμηλές ταχύτητες, υψηλές τιμές και μια αγορά σε στάσιμη εμβρυακή κατάσταση με μηδενική καινοτομία.

Είχαν περάσει από το 2001 πέντε χρόνια «απελευθέρωσης» των τηλεπικοινωνιών και οι απελευθερωμένες ευρυζωνικές γραμμές τοπικού βρόχου (LLU) που είχε παραδώσει ο ΟΤΕ στους εναλλακτικούς ήταν σχεδόν μηδαμινές (μόλις 5.200 σ' όλη την Ελλάδα). Στόχος μας συνεπώς, από τις πρώτες μέρες, ήταν η τάχιστη «αποδεσμοποίηση» του τοπικού του βρόχου. Υπήρχαν δύο τρόποι να γίνει αυτό: *Ο πρώτος* ήταν να πιέσουμε τον ΟΤΕ και τους εναλλακτικούς παρόχους μέσω της νομικής οδού. Αυτή ήταν η μέθοδος που είχε ακολουθηθεί μέχρι τότε, η οποία όμως είχε εμφανίσει μικρή μόνο επιτυχία, σε αντίθεση με την εφαρμογή του σε άλλες ευρωπαϊκές χώρες. Μεταξύ άλλων, στην Ελλάδα, η οποιαδήποτε εμφανιζόμενη νομική διαφορά κατέληγε στο Συμβούλιο της Επικρατείας του οποίου η απόφαση καθυστερούσε πάρα πολύ για έναν τέτοιο δυναμικά και τάχιστα μεταβαλλόμενο κλάδο. *Ο δεύτερος* τρόπος που δοκιμάσαμε ήταν να προσπαθήσουμε να δημιουργηθεί μια σχέση συνεννόησης μεταξύ του ΟΤΕ και των εναλλακτικών παρόχων, με την ΕΕΤΤ σε ρόλο διαμεσολαβητή. Σε αυτή τους τη σχέση όμως θα έπρεπε και οι δύο πλευρές να καταλάβουν ορισμένα πράγματα: ο μεν ΟΤΕ ότι είχε συγκεκριμένες από το νόμο υποχρεώσεις στις οποίες θα έπρεπε να ανταποκρίνεται τάχιστα, οι δε εναλλακτικοί ότι, ακόμα και αν είχε τη θέληση να τους εξυπηρετήσει ο ΟΤΕ, υπήρχε στον Οργανισμό μεγάλη αδράνεια (που είχε δημιουργηθεί τα προηγούμενα χρόνια) που δεν του επέτρεπε να ικανοποιεί τις απαιτήσεις τους άμεσα.

Τελικά, όπως θα δούμε στην συνέχεια, καμιά από τις δύο μεθόδους δεν φαινόταν ότι μπορούσε από μόνη της να φέρει τα επιθυμητά αποτελέσματα, κυρίως γιατί ο ΟΤΕ κωλυσιεργούσε ή δεν ανταποκρινόταν καθόλου στις υποχρεώσεις του. Συνεπώς, αναγκαστήκαμε να χρησιμοποιήσουμε περισσότερο δραστικές μεθόδους που περιγράφω στα διάφορα κεφάλαια του βιβλίου (όπως, π.χ., την απειλή να τον καταγγείλουμε στην Επιτροπή Ανταγωνισμού της Ε.Ε.[86] ή/και να του επιβάλουμε τον «λειτουργικό διαχωρισμό», κ.λπ.).

Ένα άλλο θέμα της αντίστασης του ΟΤΕ που δεν είχα παρουσιάσει ως τώρα λεπτομερώς, ήταν η αντίδρασή του στην υποχρέωση που είχε για *«κοστοστρέφεια»* στις λιανικές του τιμές. Πολλές φορές διαμαρτυρόταν ότι, ενώ οι ανταγωνιστές του μείωναν τις τιμές των προϊόντων τους, η ΕΕΤΤ δεν του επέτρεπε να πράξει και αυτός το ίδιο στις δικές του λιανικές τιμές. Ήταν γνωστό βέβαια ότι ο ΟΤΕ δεν επιτρέπεται από το νόμο να πουλά «κάτω του κόστους», δηλαδή υπόκειται σε αυτό που λέγεται *«υποχρέωση κοστοστρέφειας»* γιατί είναι εταιρεία με ΣΙΑ (Σημαντική Ισχύ στην Αγορά). Διότι εάν αυτό επιτρεπόταν, θα οδηγούσε τους άλλους παρόχους στην χρεωκοπία και, αφού θα εκμηδένιζε κατ' αυτόν τον τρόπο τον ανταγωνισμό στην αγορά, θα μπορούσε στη συνέχεια ως μονοπώλιο να αυξήσει πάλι όσο ήθελε τις λιανικές τιμές εις βάρος του καταναλωτή. *«Ο ΟΤΕ, ως επιχείρηση με ΣΙΑ στην αγορά των Η.Ε., δεν επιτρέπεται να διαθέτει εμπορικώς υπηρεσίες με ζημία, δηλαδή κάτω του κόστους. Η πρακτική αυτή ονομάζεται «ληστρική τιμολόγηση» (predatory pricing), είναι πιο επώδυνη από τη «συμπίεση περιθωρίου κέρδους» (margin squeeze) και είναι απολύτως απαγορευμένη σε κάθε ευνομούμενη χώρα με ανοιχτή οικονομία».* Αντίθετα, ένας πάροχος που δεν είναι ΣΙΑ, είναι ελεύθερος να πουλήσει κάτω του κόστους, παίρνοντας από μόνος του και το ρίσκο της ενδεχόμενης χρεωκοπίας του.

Για να υποστηρίξει μάλιστα αυτή τη διαμαρτυρία του ο Πρόεδρος του ΟΤΕ έφτασε στο σημείο να επικαλεστεί την είσοδο της αιγυπτιακής OrasCom στην ελληνική αγορά λέγοντας το 2007 ενώπιον της Επιτροπής Έρευνας και Τεχνολογίας της Βουλής *«Βλέπουμε την OrasCom, η οποία είναι πιο μεγάλη από τον ΟΤΕ και η οποία όντας συνέταιρος της ΔΕΗ (σ.σ. Tellas) έχει δίκτυο μεγαλύτερο από εμάς, να υπολογίζει ότι θα αγοράσει τις υπηρεσίες του ΟΤΕ κάτω του κόστους. Τι θα κάνουμε; θα δουλεύει ο ΟΤΕ για τους Αιγύπτιους μετόχους;»*[87] και κατηγορούσε την ΕΕΤΤ μπροστά στους εμβρόντητους βουλευτές με το περίφημο *«η ΕΕΤΤ με τη στάση της υποστηρίζει τους ... Αιγύπτιους μετόχους της Tellas» (!)*[88]. Είτε όμως σκόπιμα είτε από άγνοια, ο Πρόεδρος του ΟΤΕ απέκρυπτε το γεγονός ότι η εταιρεία που είχε ΣΙΑ στην Ευρυζωνικότητα - και συνεπώς υπόκειτο από τον Νόμο σε κοστοστρέφεια - ήταν μόνον ο ΟΤΕ και όχι η OrasCom ή οποιαδήποτε άλλη εταιρεία, ανεξάρτητα από την σύνθεση ή/και την οικονομική επιφάνεια των μετόχων της. (Σημ. η Tellas ανήκε τότε κατά το ήμισυ στον Αιγύπτιο επιχειρηματία κ. Ναγκίμπ Σαουίρις, ενώ και η ΔΕΗ κατείχε κάποιο άλλο ποσοστό της). Μάλιστα, επειδή ο Πρόεδρος του ΟΤΕ είχε τότε δηλώσει στην Καθημερινή ότι όλες οι επιχειρήσεις, *«συμπεριλαμβανομένου του ΟΤΕ»*, πουλάνε τις ευρυζωνικές συνδέσεις κάτω του κόστους, προγραμματίζαμε να καλέσουμε σε ακρόαση τον ΟΤΕ για να εξηγήσει αυτήν την προφανή παρανομία του. Πάνω στο ίδιο θέμα δε, είχα πολλές φορές και δημόσια δηλώσει ότι *«αν ο ΟΤΕ θέλει να μειώσει τις τιμές λιανικής, δεν θα τον εμποδίσει κανένας, αρκεί ταυτόχρονα να μειώσει και τις τιμές χονδρικής»*. Όσο ο ΟΤΕ δεν άλλαζε νοοτροπία και συμπεριφορά και δεν τηρούσε τις υποχρεώσεις του, ο καταναλωτής δεν θα μπορούσε να απολαμβάνει όσα του αξίζουν.

Άλλες φορές πάλι, ο ΟΤΕ ισχυριζόταν ότι αυτή η υποχρέωση του για κοστοστρέφεια στις ευρυζωνικές του συνδέσεις *«του δημιουργεί εμπόδια για τη δημιουργία επενδύσεων»*. Παρ' όλα αυτά, όταν αργότερα γύρω στο 2010-11 είδε ότι τον συνέφερε, άρχισε - υπό την ιδιοκτησία πλέον της Deutsche Telecom και δίχως να έχει ακυρωθεί η υποχρέωση του για κοστοστρέφεια - να δημιουργεί νέες επενδύσεις στο νέο του δίκτυο VDSL.

Σε άλλα παράπονα του ΟΤΕ, ότι η ΕΕΤΤ καθυστερεί να εγκρίνει τις νέες του υπηρεσίες, άφηνα να εννοηθεί ότι κάποιοι μέσα στον Οργανισμό δεν μας παρέχουν τα στοιχεία που χρειαζόμαστε για να προχωρήσουμε στον έλεγχο τιμών για έγκριση (ή μας τα παρέχουν με μεγάλη καθυστέρηση) και η Διοίκηση του ΟΤΕ πιθανόν να μην το γνωρίζει.

Η ΑΝΤΙ-ΑΝΤΑΓΩΝΙΣΤΙΚΗ ΣΥΜΠΕΡΙΦΟΡΑ ΤΟΥ ΟΤΕ

α) Ο ΟΤΕ εμπόδιο στην ανάπτυξη των Η.Ε.

Επί σειρά ετών ο ΟΤΕ αντιστεκόταν σθεναρά στη δημιουργία ανταγωνισμού σε επίπεδο υποδομών που θα απελευθέρωνε τους εναλλακτικούς παρόχους από το μηνιαίο πάγιο του ΟΤΕ και θα τους επέτρεπε να παρέχουν δικές τους διαφοροποιημένες υπηρεσίες στους πολίτες. Ελάχιστες υπήρξαν οι μεμονωμένες φωνές μέσα στον ΟΤΕ που επεσήμαναν από τις αρχές του 2006 ότι *«στην Ελλάδα υπάρχει έλλειψη ανταγωνισμού σε επίπεδο υποδομών»* και δήλωναν ότι *«ο ανταγωνισμός είναι θεμιτός και είναι ακόμα ένας σημαντικός παράγοντας που επηρεάζει την ανάπτυξη της Ευρυζωνικότητας»[89]*.

Από την αρχή οι εναλλακτικοί πάροχοι μας κατήγγειλαν*[90]* μέσω του συνδέσμου τους ΣΑΤΠΕ, ότι παρά την υποχρέωση του, ο ΟΤΕ δεν έχει ακόμα καταρτίσει και υποβάλλει το υπόδειγμα προσφοράς διασύνδεσης. Το υπόδειγμα αυτό θα αποτελούσε το νομικό και ρυθμιστικό πλαίσιο που έπρεπε να εγκρίνει η ΕΕΤΤ για τις συμβάσεις που υπογράφει ο ΟΤΕ με κάθε εταιρεία-πάροχο για σύνδεσή της στο τελευταίο άκρο του δικτύου του ΟΤΕ.

Επανειλημμένα είχα υποστηρίξει δημόσια ότι ο ΟΤΕ αποτελούσε εμπόδιο στην περαιτέρω ανάπτυξη των Η.Ε. και της Ευρυζωνικότητας στη χώρα, καθώς δεν ήταν συνεπής με τις πιο πάνω υποχρεώσεις του, παρουσίαζε προσκόμματα στην αγορά, ακολουθούσε «αντι-ανταγωνιστική» πρακτική και συνεχώς παρέβαινε το νόμο (όπως θα αναφέρω διεξοδικά πιο κάτω), τα οποία είχαν εξαναγκάσει την ΕΕΤΤ να του επιβάλλει σημαντικά χρηματικά πρόστιμα[91]. Καθ' όλη τη διάρκεια της τετραετίας, ο ΟΤΕ παρενέβαλε ανυπέρβλητα προσκόμματα, παραβίαζε τις σχετικές διατάξεις της Κοινοτικής νομοθεσίας περί «παροχής ανοικτού δικτύου», έκανε «κατάχρηση της δεσπόζουσας θέσης του» στις τηλεπικοινωνίες και έβαζε εμπόδια στην εμπορική προώθηση στην ελληνική αγορά καινοτόμων υπηρεσιών από τις ανταγωνίστριες εταιρείες.

«Ποιός μας έλεγε ότι οι αργές ταχύτητες του ISDN επαρκούν για τα σχολεία μας; Ποιός κρατούσε τη χώρα μέχρι πρότινος αιχμάλωτη σ' αυτήν την τεχνολογία του αργού ISDN, προφασιζόμενος ότι δεν υπήρχε ζήτηση για μεγαλύτερες ταχύτητες ούτε ενδιαφέρον για το Ιντερνετ; Σήμερα η αγορά δεν προλαβαίνει να ικανοποιήσει τη συνεχώς αυξανόμενη ζήτηση και την ανάγκη για μεγαλύτερες ευρυζωνικές ταχύτητες από τις σημερινές». Όταν Ιούνιο του 2008 διατύπωνα αυτά τα σχόλια στο 3ο Διεθνές Συνέδριο της ΕΕΤΤ, ο Πρόεδρος του ΟΤΕ – προφανώς μη συμφωνώντας με τα λεγόμενά μου - αποχώρησε επιδεικτικά από την αίθουσα του συνεδρίου. Δεν ήμουν όμως ο μόνος, γιατί σε παρόμοιες διαπιστώσεις για τον ΟΤΕ είχαν καταλήξει και άλλοι παίκτες της αγοράς ή δημοσιογράφοι που παρακολουθούσαν τον κλάδο των Η.Ε.[92]

Τη συνεχιζόμενη ιστορία του ΟΤΕ σε *αντι-ανταγωνιστικές συμπεριφορές* είχαμε τεκμηριώσει από αριθμό ακροάσεων και ποινών που του επέβαλε η ΕΕΤΤ και από την σχετική Μελέτη που είχαμε εκπονήσει ειδικά για το θέμα αυτό[93]. Αναφέρω πιο κάτω μερικά ενδεικτικά παραδείγματα προσκομμάτων:

> *1) Παρόλα τα πρόστιμα που του επέβαλε η ΕΕΤΤ, η συμπεριφορά του αυτή συνεχιζόταν και δεν φαινόταν ο ΟΤΕ να συνετίζεται και να προσπαθεί να την αλλάξει.*
> *2) Παρουσίαζε πληθώρα αδιαφανών, διακριτικών συμπεριφορών που επηρέαζαν αρνητικά την ανάπτυξη του ανταγωνισμού (τόσο σε υπηρεσίες όσο και σε υποδομές δικτύων):*

(α) αξιοποιώντας την ασύμμετρη πληροφόρηση,
(β) μη συμμορφούμενος με την υποχρέωσή του για διαφάνεια και
(γ) μη συμμορφούμενος με την υποχρέωσή του τήρησης των SLAs (Service Level Agreements).

3) Ο ΟΤΕ έχει ασπαστεί μια αντι-ανταγωνιστική συμπεριφορά με πρακτικές «διακριτικής μεταχείρισης», τόσο σε αυτές που βασίζονται στην τιμή (price discrimination) όσο και σε αυτές που δεν βασίζονται στην τιμή (non-price discrimination).

β) Κατάχρηση της δεσπόζουσας θέσης του και πρόστιμο 20 εκατ. ευρώ

Χαρακτηριστική πρακτική που εφάρμοζε ο ΟΤΕ ήταν αυτή της «κατάχρησης της Δεσπόζουσας Θέσης του» με αντιπροσωπευτικό παράδειγμα αυτό της παρεμπόδισης της εταιρείας Tellas που προσπαθούσε το πρώτο εγχείρημα παροχής στην Ελλάδα υπηρεσιών double play (συνδυασμός σταθερής τηλεφωνίας με Ιντερνετ) και βιντεο-τηλεφώνου, με αποτέλεσμα να υποχρεωθεί η Tellas να αναστείλει την εμπορική προώθηση της υπηρεσίας, να υποστεί σημαντική οικονομική ζημιά και να δυσφημιστεί σε χιλιάδες πελάτες της.

Το αποτέλεσμα ήταν ότι στις 26/7/2007 η ΕΕΤΤ επέβαλε στον ΟΤΕ πρόστιμο χρηματικού ποσού 20,100,000 ευρώ για τα παραπτώματα της «κατάχρησης της Δεσπόζουσας Θέσης» του[94] και της «συμπίεσης περιθωρίου κέρδους» (margin squeeze) και για διαπιστωθείσες παραβάσεις της νομοθεσίας περί ελεύθερου ανταγωνισμού[95] σε βάρος της Tellas - η οποία στο τέλος του 2004 ήταν ο μεγαλύτερος ανταγωνιστής του[96] με 700.000 συνδέσεις - και στην οποία κατόρθωσε τελικά να επιφέρει σοβαρό πλήγμα με τις μεθόδους που εφάρμοζε.

Σε συνέντευξη του στην Καθημερινή στις 12/8/2007 ο Πρόεδρος του ΟΤΕ χαρακτήριζε την απόφαση της ΕΕΤΤ ως *«τερατώδη»* και *«ανοίκεια επίθεση»* και ότι το ύψος του προστίμου που επεβλήθη στον ΟΤΕ ήταν *«σκανδαλώδες»*[97]. Σχετικά με αυτό, θα πρέπει εδώ να επισημάνω ότι η ΕΕΤΤ, με την επιβολή του συγκεκριμένου προστίμου, σε καμία περίπτωση δεν εξήντλησε την αυστηρότητά της, ιδίως εάν ληφθούν υπόψη: (α) η δυνατότητα που εκ του νόμου παρέχεται στην ΕΕΤΤ να επιβάλλει πρόστιμο ύψους μέχρι 15% επί των ακαθαρίστων εσόδων της επιχείρησης, (β) η σοβαρότητα και η χρονική διάρκεια της παράβασης και (γ) η επίπτωσή της στην ανάπτυξη του ανταγωνισμού. (Τελικά η εταιρεία Tellas έκλεισε). Επίσης θα πρέπει να σημειωθεί ότι, εάν η ΕΕΤΤ δεν επενέβαινε κατ' αυτόν τον τρόπο, πολύ πιθανόν να επενέβαινε αυτεπαγγέλτως η Ευρωπαϊκή Επιτροπή με πολύ αυστηρότερο πρόστιμο, όπως έκανε στην περίπτωση της Ισπανικής Telefonica στην οποία επέβαλε πρόστιμο 151 εκατ. ευρώ, κρίνοντας ως μη κατάλληλη την απόφαση της εκεί αντίστοιχης Ισπανικής Ρυθμιστικής Αρχής Τηλεπικοινωνιών να μην παρέμβει σε παρόμοια περίπτωση.

γ) Άλλα εμπόδια του ΟΤΕ

Άλλα παραδείγματα εμποδίων που προέβαλε ο ΟΤΕ στο άνοιγμα της αγοράς των Η.Ε. ήταν και τα ακόλουθα:

Στη μη παροχή πληροφοριών προς τον Ρυθμιστή και στοιχείων μέσω Λογιστικού Διαχωρισμού:

1) Ο ΟΤΕ δεν είχε πλήρως συμμορφωθεί με την υποχρέωση του να παρέχει στον Ρυθμιστή και στους εναλλακτικούς παρόχους πρόσβαση σε τεχνικές διασυνδέσεις (interfaces), πρωτόκολλα, βασικές τεχνολογίες, και άλλες πληροφορίες και εξυπηρετήσεις που θα επέτρεπαν τη σωστή παροχή αδεσμοποίητων βρόχων.

2) Όσον αφορά τον Λογιστικό Διαχωρισμό, ο ΟΤΕ, επί σειρά ετών δεν ικανοποιούσε τις απαιτήσεις που του έχει επιβάλλει η ΕΕΤΤ, τόσο όσον αφορά στο περιεχόμενο το στοιχείων (ακροάσεις της ΕΕΤΤ απέδειξαν ότι τα στοιχεία που ο ΟΤΕ της παρείχε μερικώς μόνον ικανοποιούσαν τις απαιτήσεις της), όσο επίσης και στην έγκαιρη παράδοση των στοιχείων (ώστε η ΕΕΤΤ να μπορεί να προχωρήσει στον έλεγχό τους).

Στην παροχή ή/και επιδιόρθωση μισθωμένων γραμμών (backhauling network):

Η ΕΕΤΤ του είχε επανειλημμένα επιβάλλει πρόστιμα καθώς είχε προσδιορίσει ότι ο ΟΤΕ είχε παραβιάσει μια σειρά ρυθμιστικών του υποχρεώσεων σχετικά με την παροχή μισθωμένων γραμμών στους εναλλακτικούς παρόχους, όπως:

1) Σημαντικές καθυστερήσεις στην παροχή μισθωμένων γραμμών.
2) Παροχή ανεπαρκούς πληροφόρησης σχετικά με την παράδοση των μισθωμένων γραμμών.
3) Παράληψη να εκπληρώσει την υποχρέωσή του να επιδιορθώσει τις ελαττωματικές μισθωμένες γραμμές στη χρονική περίοδο που απαιτείται από την προσφορά αναφοράς και να ενημερώσει τους καταναλωτές.
4) Μη πληρωμή των ποσών που αναφέρονται στα Leased Lines Reference Offer, με τον ΟΤΕ να μην απαντά ακόμη και στις επιστολές των εναλλακτικών για το θέμα αυτό.
5) Παράληψη να χρησιμοποιεί το μοντέλο Σύμβασης με τον καταναλωτή, το οποίο έχει εγκριθεί από την ΕΕΤΤ.
6) Μη επαρκείς πληροφορίες στα τιμολόγια, με αντιφατικά στοιχεία στις τιμές και λάθη στην περιγραφή των τύπων των μισθωμένων γραμμών που τα αφορούν.
7) Άρνηση παροχής «μερικών κυκλωμάτων (partial circuits) στους εναλλακτικούς παρόχους.

Η ΕΕΤΤ ΒΑΛΛΟΜΕΝΗ ΚΑΙ ΑΠΟ ΤΙΣ ΔΥΟ ΠΛΕΥΡΕΣ

Η Ρυθμιστική Αρχή είχε κατά καιρούς βρεθεί στο «στόχαστρο» κατηγοριών που είχαν εξαπολύσει τόσο ο ΟΤΕ, όσο και οι ανταγωνιστές του εναλλακτικοί πάροχοι. Η απελευθέρωση της αγοράς οδηγούσε στην, πρωτόγνωρη για τα ελληνικά δεδομένα, ανάπτυξη του ανταγωνισμού στον κλάδο των Η.Ε. και έφερνε τη σύγκρουση συμφερόντων μεταξύ ενός πρώην κρατικού μονοπωλίου και των εναλλακτικών παρόχων. Στο πλαίσιο αυτό, ήταν αναμενόμενα και τα εκατέρωθεν παράπονα και καταγγελίες, καθόσον αυτά αποτελούσαν μέρος μιας ζωντανής αγοράς Η.Ε., που συνεχώς ανανεώνονταν και εξελίσσονταν, σε συγχρονισμό με τις τεχνολογικές εξελίξεις και τις κοινωνικό-οικονομικές ανάγκες της εποχής. Ήταν φυσιολογικό ο Ρυθμιστής που βρίσκεται συχνά στο μέσον αυτής της διελκυστίνδας, να δέχεται βολές.

Ο μεν ΟΤΕ αμφισβητούσε τις αποφάσεις της ΕΕΤΤ και τα πρόστιμα που αυτή του επέβαλε και, μέχρι το τέλος της θητείας μας, ο Πρόεδρος του θεωρούσε τον Πρόεδρό της *«παράνομο»*(!)*[98]*, οι δε εναλλακτικοί πάροχοι προσήπταν στην ΕΕΤΤ *«μεροληψία υπέρ του ΟΤΕ»[99]*. Ακόμα και η ΟΜΕ-ΟΤΕ (ομοσπονδία εργαζομένων στον ΟΤΕ), συντασσόμενη με τη διοίκηση του ΟΤΕ, απειλούσε με κινητοποιήσεις ζητώντας την προστασία της Κυβέρνησης έχοντας ως βασικό τους αίτημα *«τη διακοπή της Ρύθμισης»*(!)*[100]*.

Έγραφε δε χαρακτηριστικά την εποχή εκείνη ο Τύπος: *«Όταν η ΕΕΤΤ βγάζει «φιρμάνια» την κατηγορούν για αυθαιρεσία, όταν κάνει δημόσιες διαβουλεύσεις την κατηγορούν για κωλυσιεργία, όταν κάνει μη επίσημες διαβουλεύσεις την κατηγορούν για ανικανότητα, όταν βάζει πρόστιμα στον ΟΤΕ ότι τα παίρνει από τους Παρόχους, όταν δεν βάζει πρόστιμα στον ΟΤΕ ότι είναι ορντίναντσα»*. Στην Ευρώπη λένε για τους Ρυθμιστές των Η.Ε. ότι *«εάν βάλλεσαι και από τις δύο πλευρές, αυτό σημαίνει ότι κάνεις καλά τη δουλειά σου»*. Ο σκοπός της ΕΕΤΤ δεν ήταν να προστατεύσει καμιά από τις τηλεπικοινωνιακές εταιρείες. Αυτό που είχε σαν κύριο σκοπό ήταν να εγγυάται ότι ο ανταγωνισμός λειτουργεί αποτελεσματικά, με σωστές και υγιείς εταιρείες, προς όφελος του πολίτη.

Ως Ρυθμιστική Αρχή προσπαθούσαμε να κρατάμε λεπτές ισορροπίες ανάμεσα σε όλους τους παίκτες της αγοράς, οι δε παρεμβάσεις μας αφενός μεν να εκδηλώνονται έγκαιρα, αφετέρου δε να μην προκαλούν στρεβλώσεις στην αγορά. Σε ένα τέτοιο δυναμικό πλαίσιο ήταν λογικό ορισμένοι παράγοντες να νόμιζαν ότι η προώθηση μαξιμαλιστικών αιτημάτων προς τον Ρυθμιστή θα προωθούσε καλύτερα τα επιχειρηματικά τους συμφέροντα. Και επειδή πολλές φορές τα αιτήματα που υπέβαλαν δεν ήταν ρεαλιστικά, η μη ικανοποίηση τους από τον Ρυθμιστή προκαλούσε τριβές και παράπονα.

Παρόλα αυτά εμείς συνεχίζαμε αταλάντευτοι την πορεία μας, με μοναδικό γνώμονα πάντα την εφαρμογή του νόμου για την ανάπτυξη ενός υγιούς ανταγωνισμού και την διασφάλιση των δικαιωμάτων του καταναλωτή. Οφείλαμε να «έχουμε τα μάτια μας και τα αυτιά μας ανοιχτά» προς όλους τους συντελεστές της αγοράς και να βρισκόμαστε σε διαρκή διαβούλευση μαζί τους. Αυτό αποτελούσε – βάσει της κοινοτικής νομοθεσίας – θεμελιώδη μας υποχρέωση για αποτελεσματική ρύθμιση και λειτουργία της αγοράς. Εφαρμόζαμε τις αρχές του δίκαιου ανταγωνισμού (fair competition) ανάμεσα στους παίκτες της αγοράς, δεν μεροληπτούσαμε υπέρ κάποιου και στην περίπτωση μονοπωλίου ή επιχείρησης με ΣΙΑ (βλέπε ΟΤΕ) επιβάλαμε ικανοποιητικά επίπεδα δίκαιης κοστολόγησης (fair pricing) που ενίσχυαν τον ανταγωνισμό και προστάτευαν τον καταναλωτή. Γι΄ αυτό ακούγαμε και λαμβάναμε σοβαρά υπόψη κάθε επιχείρημα και κριτική που διέθετε βάση και συνεισέφερε στην ανάπτυξη της ελληνικής αγοράς Η.Ε. Χωρίς να διεκδικούμε το αλάθητο, παραμέναμε ανεπηρέαστοι σε κάθε μορφής αθέμιτη πίεση, από οποιαδήποτε πλευρά και αν προέρχονταν.

ΟΞΥΤΑΤΕΣ ΚΑΤΗΓΟΡΙΕΣ ΚΑΙ ΕΠΙΘΕΣΕΙΣ ΤΟΥ ΟΤΕ

Για τη λυσσώδη μάχη που κατέβαλλε ο ΟΤΕ, τις αντιρρήσεις και αντιστάσεις του, καθώς και τις βαριές κατηγορίες και επιθέσεις που διατύπωνε εναντίον της διοίκησης της ΕΕΤΤ και προσωπικά του Προέδρου της, αφιερώνω αργότερα ολόκληρο το Κεφάλαιο 14. Αναφέρω εδώ δειγματοληπτικά μερικές μόνο αντιπροσωπευτικές καταγγελίες του:

1) *«Η ΕΕΤΤ έχει σχέδιο καταστροφής του ΟΤΕ»,*
2) *«Πίσω από την στάση της ΕΕΤΤ υποκρύπτονται συμφέροντα»,*
3) *«Η ΕΕΤΤ ασκεί μέθοδο τρομοκρατίας δια προστιμάτων (sic) η οποία έχει ως αποτέλεσμα τον τραυματισμό του Οργανισμού»,*
4) *Ο Πρόεδρος του ΟΤΕ ζητούσε από την Πολιτεία να επεμβαίνει στο έργο του ανεξάρτητου εθνικού Ρυθμιστή για να τον «συνετίσει» ώστε να μη θίγει την κερδοφορία του ΟΤΕ».*
5) *και άλλα πολλά.*

Κεφάλαιο 5: Έτος 2005: «Ευρυζωνικότητα» = άγνωστος όρος στην Ελλάδα

«Ευρυζωνικότητα θα πρέπει σήμερα να αντιμετωπίζεται ως κοινωνικό αγαθό, η έλλειψη το οποίου οδηγεί σταδιακά αλλά αναπόφευκτα σε κοινωνικό αποκλεισμό» (7/10/2008)

Κεφάλαιο 5: Έτος 2005: «Ευρυζωνικότητα» = άγνωστος όρος στην Ελλάδα

Το κεφάλαιο αυτό αποτελεί μιαν εισαγωγή στην Ευρυζωνικότητα. Αφού πρώτα δώσω τον ορισμό της και περιγράψω την κατάστασή της στην Ελλάδα στην αρχή της θητείας μας τον Αύγουστο του 2005, θα παρουσιάσω στη συνέχεια τα αίτια για τη μεγάλη της καθυστέρηση στην χώρα μας και τους παράγοντες που την επηρεάζουν, θα εξηγήσω πόσο ανέτοιμοι ήταν τότε ο ΟΤΕ και οι εναλλακτικοί πάροχοι να προωθήσουν δυναμικά την ανάπτυξή της και, τέλος, θα αναφέρω στόχους που έπρεπε να βάλει, κίνητρα που έπρεπε να δώσει και μια σειρά από δράσεις που έπρεπε να εκτελέσει η Πολιτεία για να μπορέσουμε να συγκλίνουμε ευρυζωνικά με τις υπόλοιπες χώρες της Ε.Ε. Οι λεπτομέρειες για το πώς άνοιξε η ΕΕΤΤ τον δρόμο στην Ευρυζωνικότητα δίνονται στο επόμενο Κεφάλαιο 6.

Δεδομένης της σπουδαιότητας της Ευρυζωνικότητας στην ανάπτυξη σχεδόν όλων των κλάδων της οικονομίας και για να τονίσει την αναγκαιότητα της, ο Πρωθυπουργός κ. Κ. Καραμανλής είχε κηρύξει το έτος 2007 «Έτος Ευρυζωνικότητας». Ήταν επομένως σημαντικό και κρίσιμο *να προωθηθούν νέα προγράμματα και δράσεις* που θα απέβλεπαν στην κάλυψη της τεχνολογικής απόστασης που μας χώριζε από τις προηγμένες ευρωπαϊκές χώρες, καθώς και *νέα μέτρα* που θα αντιμετώπιζαν το «εγχώριο» ψηφιακό χάσμα που κρατούσε την ελληνική Περιφέρεια μακριά από τα πλεονεκτήματα των σύγχρονων Τεχνολογιών της Πληροφορικής και των Επικοινωνιών (ΤΠΕ).

Είχα τότε χαιρετήσει την ανακήρυξη του «Έτους Ευρυζωνικότητας» και την (τότε) πρόσφατη ανακοίνωση της Πολιτείας που είχε ανεβάσει τον πήχη να φτάσει η ευρυζωνική διείσδυση της Ελλάδος μέχρι τα μέσα του 2009 τον μέσο όρο των χωρών της Ε.Ε. Επίσης πρότεινα, επί τη ευκαιρία, να θέσει η Πολιτεία έναν παράλληλο στόχο ώστε στα μέσα του 2009 η διείσδυση των Ηλεκτρονικών Υπολογιστών να φτάσει και αυτή τον μέσο όρο της Ε.Ε.

ΤΙ ΕΙΝΑΙ Η ΕΥΡΥΖΩΝΙΚΟΤΗΤΑ

Ο βασικός δείκτης Ευρυζωνικότητας είναι το ποσοστό διείσδυσής της, δηλαδή το πλήθος των ευρυζωνικών συνδέσεων ανά 1.000 κατοίκους.

Π.χ., το 2005 οι συνολικές συνδέσεις ADSL στη χώρα ήταν 93.000, δηλαδή ευρυζωνική διείσδυση στον πληθυσμό 0,9%. Στα πρώτα δύο χρόνια της θητείας μας οι συνδέσεις ADSL είχαν φτάσει στις περίπου 550.000 δηλαδή διείσδυση στον πληθυσμό που κυμαινόταν περί το 5%. Σε επίπεδο νοικοκυριών, εκτιμάτο ότι η διείσδυση είχε φτάσει περίπου στο 15%. Παρά όμως τη σημαντική πρόοδο που καταγράφηκε σ' αυτά τα δύο χρόνια, η Ελλάδα συνέχιζε να κατατάσσεται στις τελευταίες θέσεις της Ε.Ε. ως προς τη διείσδυση και χρήση του ευρυζωνικού Internet.

Εγώ όμως της προσέθετα και μια ακόμα διάσταση δηλώνοντας*[101]*,*[102]*: *«Η Ευρυζωνικότητα όμως δεν είναι μόνο «διείσδυση», ούτε μόνο «ευρυζωνικό Διαδίκτυο». Οποιοσδήποτε αφουγκραστεί τα μηνύματα της σημερινής εποχής θα καταλάβει ότι η Ευρυζωνικότητα ως έννοια έχει πλέον ξεπεράσει τα όρια της τεχνολογικής της διάστασης. Παρατηρώντας το σύνολο των διαφορετικών επιστημονικών και κοινωνικών ομάδων που ασχολούνται και αναφέρονται στον όρο, συμπεραίνουμε ότι, ως έννοια, η Ευρυζωνικότητα αποτελεί ένα προϊόν αλληλεπίδρασης της τεχνολογίας με πολλές πτυχές της κοινωνικής και οικονομικής ζωής μιας σύγχρονης και ταχύτητα μεταλλασσόμενης κοινωνίας. Έχει πλέον αποδειχθεί η άμεση συσχέτιση μεταξύ του «βαθμού Ευρυζωνικότητας» μιας χώρας και της κατάταξής της ως «οικονομία της γνώσης και της πληροφορίας». Δεν πρέπει δε να ξεχνάμε ότι η «ευρυζωνικοποίηση» (broadbandization) φέρνει την σύγκλιση των κόσμων των τηλεπικοινωνιών, της Πληροφορικής και των ΜΜΕ και ισχυρίζομαι ότι «η Ευρυζωνικότητα είναι κοινωνικό αγαθό ή δικαίωμα του πολίτη, καθόσον η έλλειψή της οδηγεί αναπόφευκτα σε κοινωνικό αποκλεισμό»*. Πολύ αργότερα (τον Φεβρουάριο του 2015), η αντίστοιχη ΕΕΤΤ των ΗΠΑ (η FCC = Federal Communication Commission) με σημαντική απόφασή της*[103]*, χαρακτήριζε και αυτή την ευρυζωνική πρόσβαση στο Διαδίκτυο ως «κοινωφελή υπηρεσία», δημόσιο αγαθό.

Η Ευρωπαϊκή Επιτροπή δίνει για την Ευρυζωνικότητα έναν πιο διευρυμένο ορισμό, ο οποίος περιλαμβάνει τις εξής 6 τεχνολογικές και μη τεχνολογικές συνιστώσες:

1) <u>Ταχύτητα και ποιότητα</u>, που περιλαμβάνουν τις διαθέσιμες ταχύτητες πρόσβασης (λήψης και αποστολής δεδομένων) και ένα σύνολο ποιοτικών χαρακτηριστικών που επηρεάζουν την αντίληψη του χρήστη ως προς την υπηρεσία που λαμβάνει (όπως, μέση ταχύτητα, latency, κ.λπ.)

2) <u>Τιμές</u>, οι οποίες παρέχουν ένα μέτρο του κατά πόσο η Ευρυζωνικότητα είναι προσιτή.

3) <u>Ευρυζωνική κάλυψη</u>, που δίνει πλέον μεγαλύτερη σπουδαιότητα στην κάλυψη της Περιφέρειας και των απομακρυσμένων περιοχών.

4) <u>Προηγμένες υπηρεσίες</u>, συνιστώσα που αντανακλά την επιθυμία τόσο από την πλευρά των πολιτών όσο και από την πλευρά των επιχειρήσεων να ασπαστούν και να χρησιμοποιήσουν καινοτόμες υπηρεσίες και ταυτόχρονα αποτελεί μέτρο εκτίμησης της εμπιστοσύνης που αυτοί δείχνουν προς αυτές τις υπηρεσίες.

5) <u>Κοινωνικό-οικονομικό περιβάλλον</u>, που εμπεριέχει παραμέτρους που έχουν να κάνουν με προτιμήσεις πολιτών, διαθέσιμο κεφάλαιο και ετοιμότητα και δεξιότητες του πληθυσμού να χρησιμοποιήσει προηγμένες τεχνολογίες και υπηρεσίες ηλεκτρονικών επικοινωνιών.

6) <u>Ανταγωνιστικότητα</u>, που αντανακλά τη δυνατότητα μιας χώρας για καινοτομία, ετοιμότητα για επενδύσεις και ευκαιρίες επιλογής από τον καταναλωτή. Η δε ανταγωνιστικότητα διαμορφώνεται περαιτέρω με βάση τις εξής επί μέρους συνιστώσες:

(α) Επάρκεια παραγωγικών εργαζομένων.

(β) Υποδομές νέων Τεχνολογιών Πληροφορικής και Επικοινωνιών (ΤΠΕ) και ετοιμότητα χρήσης τους.

(γ) Θετική νοοτροπία και φιλικό περιβάλλον ως προς την καινοτομία.

(δ) Αυστηρό νομικό και θεσμικό πλαίσιο.

(ε) Ανταγωνιστικές αγορές ευρυζωνικών δικτύων.

Δεν είναι δύσκολο να φανταστεί κανείς, πόσες απ' αυτές τις συνιστώσες και σε ποιό βαθμό ικανοποιούσε η Ελλάδα το 2005.

Η ΕΥΡΥΖΩΝΙΚΗ ΚΑΤΑΣΤΑΣΗ ΣΤΗΝ ΕΛΛΑΔΑ ΤΟ 2005

Ποια ήταν όμως η κατάσταση στη Ευρυζωνικότητα το καλοκαίρι του 2005; Όπως ανέφερα και στο Κεφάλαιο 1 της Εισαγωγής, ο όρος «Ευρυζωνικότητα» ήταν για τους περισσότερους Έλληνες άγνωστος. (Δυστυχώς, ακόμα και σήμερα στο τέλος του 2015 συναντώ μορφωμένους ανθρώπους που δεν γνωρίζουν τι σημαίνει ο όρος Ευρυζωνικότητα και μάλιστα νομίζουν ότι είναι κάτι που έχει σχέση με τους «ευζώνους»!).

Το 2005, από την μια μεριά βρίσκουμε μια τεχνοφοβική κοινωνία, με δυσκολία προσαρμογής στις τεχνολογικές εξελίξεις, από την άλλη μια Πολιτεία με έλλειψη στρατηγικής για την ανάπτυξη των Η.Ε. στη χώρα. Η ελληνική αγορά των Η.Ε. αναπτυσσόταν με πολύ αργό ρυθμό, ενώ το κύριο θέμα που κυριαρχούσε στην τηλεπικοινωνιακή ειδησεογραφία ήταν αυτό των παράνομων κεραιών κινητής τηλεφωνίας. Οι Έλληνες έδειχναν περιορισμένο ενδιαφέρον τόσο για τους προσωπικούς υπολογιστές όσο και για το Διαδίκτυο. Ούτε ένα στα 10 σπίτια δεν διέθετε υπολογιστή, το 70% των ελλήνων θεωρούσε ότι το Διαδίκτυο δεν του είναι χρήσιμο*[104]*, ενώ το 86% αυτών που είχαν πρόσβαση στο Διαδίκτυο εξυπηρετείτο μέσω αργών συνδέσεων dial-up (PSTN και ISDN) του ΟΤΕ με ταχύτητα 384 Kbps. Η μέση εβδομαδιαία χρήση του Διαδικτύου ήταν 1-2 ώρες για το 25,2% των χρηστών, ενώ υπήρχε τεράστιο ψηφιακό χάσμα μεταξύ των μεγάλων αστικών κέντρων και των υπόλοιπων περιοχών της χώρας.

Τον Αύγουστο του 2005 η *πρόσβαση στο Διαδίκτυο* ήταν μηδαμινή, ακριβή και με χαμηλότατες ταχύτητες. Πιο συγκεκριμένα:

1) Ευρυζωνικότητα σχεδόν ανύπαρκτη, με ένα σύνολο ευρυζωνικών γραμμών μόνο 93.000 (δηλ., διείσδυση στο 0,9%), στην τελευταία θέση μεταξύ των κρατών-μελών της Ε.Ε.

2) Κατανομή γραμμών πρόσβασης στο Διαδίκτυο (περίπου): ΟΤΕ μέσω γραμμών ADSL = 69.500 (74%), εναλλακτικοί μέσω ARYS = 17.500 (19%) και εναλλακτικοί μέσω Τοπικού Βρόχου ΑΠΤΒ = 5.200 (6%).

3) Ταχύτητες πρόσβασης στο Διαδίκτυο: το 83% των γραμμών στα 384 Kbps. (Δεν υπήρχε ακόμα ευρυζωνική ταχύτητα στα 2 Mbps).

4) Κόστος πρόσβασης στο Διαδίκτυο: 61 ευρώ για μεσαία ταχύτητα κάτω των 0,5 Mbps και 106 ευρώ για «υψηλή ταχύτητα» που έφτανε στο 1 Mbps.

5) Συνεγκατάσταση: Αστικά Κέντρα ΟΤΕ στα οποία υπήρχε συνεγκατάσταση: 1 (ένα!).

Πόσο μακριά στο παρελθόν φαντάζει το 2005 σήμερα, μόλις δέκα χρόνια αργότερα!

Οι πιο κάτω πίνακες παραθέτουν εναλλακτικούς παρόχους υπηρεσιών Διαδικτύου με τις τιμές και ταχύτητες υπηρεσιών που ίσχυαν το Φθινόπωρο του 2005.

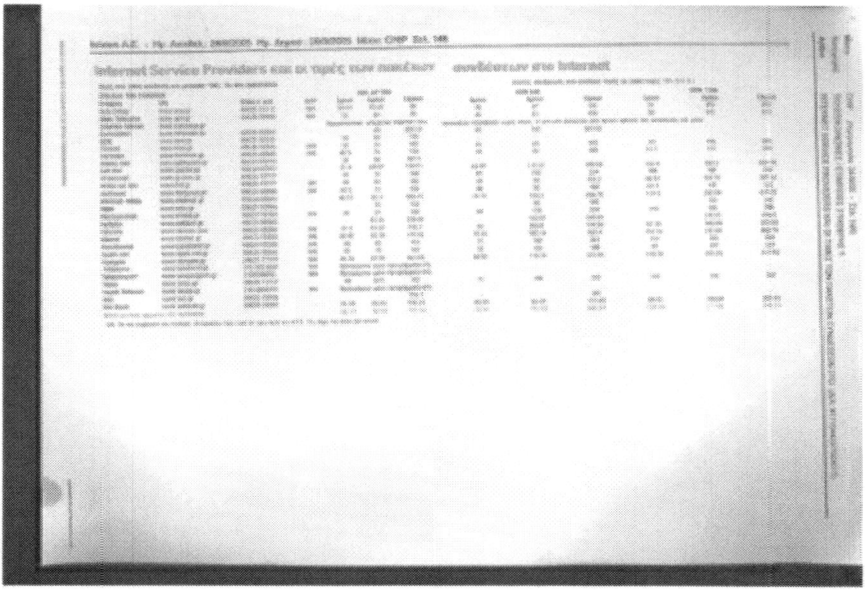
Internet Service Providers

Μερικοί από τους τότε *ανασταλτικούς παράγοντες* ανάπτυξης συμπεριλάμβαναν*[105]*:

1) το σχεδόν μονοπωλιακό επιχειρηματικό περιβάλλον παροχής ευρυζωνικών υπηρεσιών (με την κυριαρχία του ΟΤΕ),
2) το μικρό ακόμα ποσοστό χρηστών Ίντερνετ στην Ελλάδα,
3) η έντονη μορφολογία και ο κατακερματισμός της ελληνικής γης (απομακρυσμένα ορεινά χωριά, πληθώρα νησιών) και
4) η χαμηλή σχετική εξοικείωση που είχε ο έλληνας καταναλωτής με τις νέες τεχνολογίες.

Τέλος, μερικοί αντιπροσωπευτικοί *τίτλοι εφημερίδων* της περιόδου εκείνης απέδιδαν γλαφυρά την επικρατούσα κατάσταση:

- *«Άχρηστο το Διαδίκτυο για 7 στους 10 έλληνες»*
- *«Χωρίς ανταγωνισμό λειτουργεί ο ΟΤΕ»*[106]
- *«Οι Έλληνες δεν έχουν λόγο και κίνητρα για το Διαδίκτυο»*
- *«Μόνο το 16% των Ελλήνων έχει Ιντερνετ»*
- *«Ο ΟΤΕ θάβει το Ιντερνετ»*[107]
- *«Το Ελληνικό Ιντερνετ ... καίει κάρβουνο»*[108]
- *«Παντοδυναμία ΟΤΕ στην αγορά»*[109]
- *«Με ρυθμούς χελώνας η διείσδυση του Διαδικτύου»*[110]

ΤΑ ΑΙΤΙΑ ΤΗΣ ΚΑΘΥΣΤΕΡΗΣΗΣ ΜΑΣ ΣΤΗΝ ΕΥΡΥΖΩΝΙΚΟΤΗΤΑ

Τα αίτια που αναφέρθηκαν στο Κεφάλαιο 3 για την καθυστέρηση στο άνοιγμα της αγοράς των Η.Ε. αποτελούσαν ταυτόχρονα αίτια και για την καθυστέρηση της χώρας μας στην Ευρυζωνικότητα. Θυμίζω ότι αυτά ήταν: *(α) Ο διττός ρόλος του κράτους, (β) η κωλυσιεργία των κυβερνήσεων, (γ) η χαμηλή τεχνολογική ετοιμότητα της χώρας και (δ) το νομικό πλαίσιο.*

Όσον αφορά όμως ειδικά στην Ευρυζωνικότητα, θα πρέπει να προσθέσω και τις κάτωθι επιπρόσθετες αιτίες:

1) Καθυστέρηση προσαρμογής στο Κοινοτικό Δίκαιο: Ίσως η βασικότερη αιτία ήταν ότι οι κυβερνήσεις καθυστέρησαν μέχρι τον Φεβρουάριο του 2006 να ψηφίσουν τον νέο νόμο περί Η.Ε. ο οποίος εναρμόνιζε την Ελληνική Νομοθεσία για τις Η.Ε. με το νέο Κανονιστικό Πλαίσιο της

Ευρωπαϊκής Ένωσης (κάτι που υποχρεούνταν να είχαν κάνει από το καλοκαίρι του 2003).

2) <u>Έλλειψη σχετικής κουλτούρας, μειωμένη ζήτηση και έλλειψη υπηρεσιών Διαδικτύου:</u>

(α) Στον Έλληνα πολίτη -- και ιδιαίτερα σ' αυτόν της Περιφέρειας -- δεν είχε γίνει αντιληπτό το όφελος που αυτός θα είχε απ' την ανάπτυξη των ευρυζωνικών υπηρεσιών, ούτε αισθανόταν ότι τις έχει ανάγκη.

(β) Η διείσδυση του Διαδικτύου και των Ηλεκτρονικών Υπολογιστών ήταν χαμηλή που, σε συνδυασμό με την τεχνοφοβία του πληθυσμού, μείωνε το μέγεθος τής εν δυνάμει αγοράς.

(γ) Η έλλειψη ελληνικού ψηφιακού περιεχομένου και εφαρμογών οδηγούσαν στο συμπέρασμα ότι το ελληνικό Ίντερνετ δεν διέθετε ισχυρό "brandname".

(δ) Η σχεδόν μηδαμινή διάδοση της τηλε-εργασίας.

(ε) Εκτός από το «γεωγραφικό χάσμα» μέσα στη χώρα υπήρχε και ένας αριθμός άλλων «χασμάτων», όπως π.χ. το «ηλικιακό χάσμα» και το «ταξικό χάσμα» μεταξύ «εχόντων και μη εχόντων».

3) <u>Οι περιορισμένες ευρυζωνικές υποδομές:</u>

(α) Η απουσία εναλλακτικών δικτύων και ιδίως δικτύων καλωδιακής τηλεόρασης (CaTV) λειτουργούσε ανασταλτικά στην ανάπτυξη της Ευρυζωνικότητας. Επισημαίνω ότι η συμβολή των δικτύων CaTV υπήρξε σημαντική στα κράτη μέλη της Ε.Ε. των οποίων η Ευρυζωνική διείσδυση υπερέβαινε τον Ευρωπαϊκό μέσο όρο.

(β) Έλλειψη υποδομών δικτύων κορμού: Δεν υφίσταντο τότε εκτεταμένα εναλλακτικά δίκτυα κορμού οπτικών ινών (αναγκαία για την υποστήριξη ευρυζωνικών υπηρεσιών που απαιτούν υψηλή ταχύτητα πρόσβασης στο Διαδίκτυο), σε αντίθεση με τη Δ. Ευρώπη στην οποία υπήρχε σημαντική εγκατεστημένη υποδομή αυτού του είδους. Κάποια υποδομή οπτικών ινών εγκαθίστατο τα τελευταία χρόνια κυρίως από μη τηλεπικοινωνιακούς φορείς (ΔΕΗ, ΟΣΕ, φορείς εκμετάλλευσης οδικών δικτύων). Από τις υποδομές αυτές όμως, λίγες μόνο αξιοποιούνταν τότε στην αγορά των Η.Ε.

(γ) Έλλειψη ανταγωνισμού σε επίπεδο υποδομών: Ο ανταγωνισμός σε επίπεδο υποδομών ήταν ανύπαρκτος, γεγονός που δημιουργούσε δυσκολίες στην ανάπτυξη του γενικότερου ανταγωνισμού, με αποτέλεσμα τις υψηλές τιμές και το χαμηλό επίπεδο των παρεχομένων υπηρεσιών.

(δ) Στην ίδια κατεύθυνση, ανασταλτικά λειτουργούσε η έλλειψη μητροπολιτικών δικτύων οπτικών ινών, τα οποία θα μπορούσαν να αποτελέσουν οχήματα ανάπτυξης της Ευρυζωνικότητας, όπως γινόταν σε πολλά αστικά κέντρα στην Ε.Ε. Η απουσία του κατάλληλου θεσμικού πλαισίου για «τα δικαιώματα διέλευσης» στους Δήμους είχε επίσης συμβάλει αρνητικά στην παραπάνω έλλειψη.

ε) Η έλλειψη δικτύων Σταθερής Ασύρματης Πρόσβασης (ΣΑΠ), φαινόμενο όμως που παρατηρείτο και στα υπόλοιπα κράτη μέλη της Ε.Ε. Η τεχνολογία WiMAX υπόσχονταν τότε πολλά, αλλά δεν ήταν ακόμη βέβαιο ότι οι πάροχοι θα προχωρούσαν με μία επιθετική στρατηγική αξιοποίησης αυτής της τεχνολογίας.

4) <u>Αδυναμία – ατολμία των τηλεπικοινωνιακών παρόχων</u> (λεπτομέρειες στην επόμενη παράγραφο).

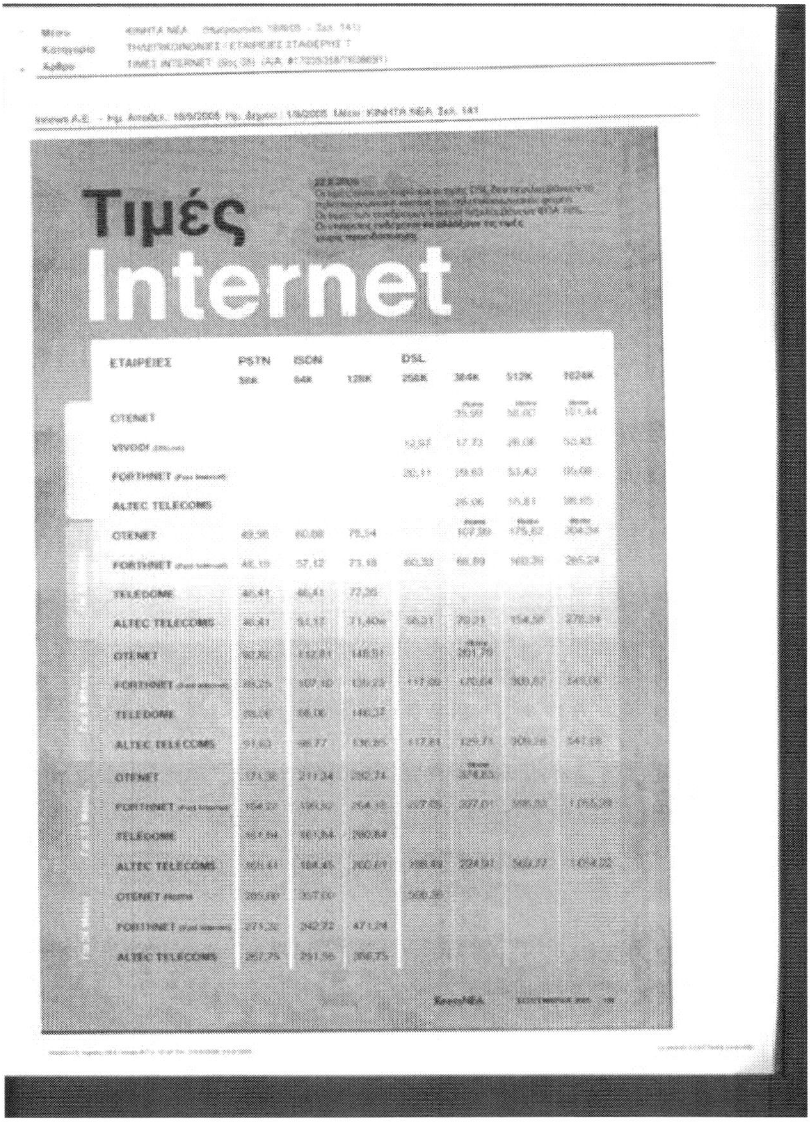

5) *<u>Έλλειψη συντονισμού και αποτελεσματικότητας των δράσεων</u>: Μέχρι τότε είχε υπάρξει ένας περιορισμένος αριθμός δράσεων σχετικά με την Ευρυζωνικότητα από φορείς του Δημοσίου (χρηματοδοτούμενες κυρίως από κοινοτικά κονδύλια) που θα μπορούσαν να βοηθήσουν κάπως την κατάσταση. Αυτές όμως ήταν ασυντόνιστες, με επικαλύψεις και*

καθόλου αλληλοσυμπληρωματικές ως προς την επίτευξη κάποιου καλά μελετημένου στόχου. Οι Έλληνες είμαστε γρήγοροι στη σύλληψη μιας ιδέας, αλλά δυστυχώς ελλειμματικοί και χρονοβόροι στον λεπτομερή σχεδιασμό της και παράλληλα προβληματικοί στην υλοποίηση της. Οι αρχικές μελέτες είναι συχνά πρακτικά ανεφάρμοστες, ενώ όταν ο σχεδιασμός μπολιάζεται απ' την προσπάθεια να «ικανοποιηθούν όλοι» και να μην επηρεαστούν υπάρχουσες πολιτικο-κοινωνικές δομές και ισορροπίες, τελικά υπονομεύουμε το αποτέλεσμα.

6) Τέλος, άλλοι λόγοι περιλάμβαναν τους εξής: α) την έλλειψη χρήσιμων εφαρμογών από τις επιχειρήσεις του ιδιωτικού τομέα (ενημέρωσης, ψυχαγωγίας, αγοράς προϊόντων, κ.λπ.), β) τις μεγάλες καθυστερήσεις των περιφερειακών και τοπικών αρχών στη χορήγηση των αναγκαίων αδειών για την κατασκευή δικτύων και την εγκατάσταση κεραιοσυστημάτων, γ) τις μεγάλες καθυστερήσεις στην υπογραφή των αναγκαίων ΚΥΑ και στις αποφάσεις συναρμόδιων Υπουργείων και Υπηρεσιών, κ.λπ.

ΠΑΡΑΓΟΝΤΕΣ ΠΟΥ ΕΠΗΡΕΑΖΟΥΝ ΤΗΝ ΕΥΡΥΖΩΝΙΚΟΤΗΤΑ

α) Όπως τους καθορίζει η Ευρωπαϊκή Επιτροπή

Οι επίσημες αναφορές της Ευρωπαϊκής Κοινότητας επισημαίνουν τους κάτωθι γενικούς παράγοντες που επηρεάζουν την Ευρυζωνικότητα:

1) Ο βασικότερος παράγοντας για την ταχύτερη ανάπτυξη της Ευρυζωνικότητας είναι η ύπαρξη εναλλακτικών υποδομών, και πιο συγκεκριμένα της καλωδιακής τηλεόρασης. Και στις πρώτες έξι χώρες οι οποίες είχαν το 2005 ξεπεράσει το 20% σε ευρυζωνική διείσδυση, η καλωδιακή τους τηλεόραση είχε ένα σημαντικό μερίδιο της ευρυζωνικής τους αγοράς (και αυτό ανεξάρτητα από το πόσο αποτελεσματική ήταν η τοπική Εθνική Ρυθμιστική Αρχή).

2) Η κοινή αντίληψη των ειδικών, των Ρυθμιστών και των εταιρειών ηλεκτρονικών επικοινωνιών συμφωνούν ότι, επενδύσεις και καινοτομία στο πεδίο της Ευρυζωνικότητας επιτυγχάνονται καλύτερα όχι απλώς με βάση τον «ανταγωνισμό σε παροχή υπηρεσιών» (όπως γινόταν μέχρι το 2005 στην Ελλάδα), αλλά με βάση τον «ανταγωνισμό στο επίπεδο των υποδομών».

3) Μολονότι ο ανταγωνισμός παίζει σημαντικό ρόλο, δεν θα πρέπει να αγνοηθεί η θεμελιώδης σχέση μεταξύ της διείσδυσης της Ευρυζωνικότητας και του διαθέσιμου οικογενειακού εισοδήματος, της διείσδυσης των υπολογιστών στην κοινωνία, και της διαθεσιμότητας ηλεκτρονικών υπηρεσιών του Δημοσίου. Αυτό ενισχύεται περισσότερο από το γεγονός ότι παρατηρούμε διαφορετικούς βαθμούς διείσδυσης ανάμεσα σε χώρες με συγκρίσιμα επίπεδα ανταγωνισμού καθώς και από εμπειρικές μελέτες που δείχνουν ότι το κόστος δεν αποτελεί πλέον τον πιο σημαντικό παράγοντα για την περαιτέρω διάδοση της Ευρυζωνικότητας.

Άλλοι *ενδογενείς παράγοντες* που επίσης επηρεάζουν την Ευρυζωνικότητα είναι: ο βαθμός ωρίμανσης και η συμπεριφορά των εταιρειών, οι στρατηγικές που αυτές ακολουθούν, οι προτιμήσεις των συνδρομητών της χώρας, ο βαθμός υιοθέτησης της τεχνολογίας από την κοινωνία, κ.λπ.

β) Επιπρόσθετοι παράγοντες ειδικά για την Ελλάδα

Ειδικότερα για την Ελλάδα, άλλοι σημαντικοί παράγοντες που επηρεάζουν την ευρυζωνική σύγκλιση είναι η μεγάλη γραφειοκρατία, η έλλειψη πολιτικής βούλησης και το αργό σύστημα απονομής δικαιοσύνης.

Όσον αφορα στην *πολιτική βούληση*, εκτός από την καθυστέρηση ψήφισης νόμων για την ολοκλήρωση του θεσμικού πλαισίου (όπως τα δικαιώματα διέλευσης που ανέφερα πιο πάνω), μεγάλα προβλήματα δημιουργούνταν και στην κινητή τηλεφωνία όσον αφορά στην εγκατάσταση κεραιών για την οποία - και σ' αυτήν την περίπτωση - υπήρχε μεγάλη καθυστέρηση στην έκδοση από την Κυβέρνηση της σχετικής δευτερογενούς νομοθεσίας. Η από την Πολιτεία δημιουργία του κατάλληλου περιβάλλοντος που θα προσέλκυε άμεσες ξένες επενδύσεις ήταν (και είναι) αναγκαία προϋπόθεση για τον εκσυγχρονισμό των τηλεπικοινωνιακών υποδομών και τη βελτίωση της ανταγωνιστικότητας της οικονομίας μας.

Επίσης έλειπαν οι πολιτικές πρωτοβουλίες για συνεννόηση μεταξύ των πολιτικών κομμάτων ως προς το πού θα ήθελαν να βρίσκεται τεχνολογικά η Ελλάδα το 2020, ώστε να προωθηθεί ένα κοινό όραμα, να καταστρωθεί μια εθνική στρατηγική και να χαραχθεί ένας οδικός χάρτης που θα μας οδηγήσει στον στόχο.

Όσον αφορά στην *δικαιοσύνη*, σημαντικό ζήτημα αποτελούσαν (και αποτελούν μέχρι σήμερα) οι μεγάλες καθυστερήσεις κατά τη διαδικασία εκδίκασης προσφυγών. Μολονότι τα δικαστήρια δεν μπορούν να κάνουν το τεχνικό έργο του Ρυθμιστή, μπορούν όμως να δουν πού υπάρχει κατάφωρη αδικία. Όταν όμως υπάρχουν πολλές προσφυγές των παρόχων - που λόγω των μεγάλων καθυστερήσεων στα δικαστήρια δεν οδηγούν πουθενά – τότε αυτό μειώνει δραστικά τόσο το ειδικό βάρος όσο και την αποτελεσματικότητα του Ρυθμιστή.

<u>Ο ΟΤΕ ΚΑΙ ΟΙ ΕΝΑΛΛΑΚΤΙΚΟΙ ΠΑΡΟΧΟΙ, ΑΝΕΤΟΙΜΟΙ</u>

Η ραγδαία ανάπτυξη της Ευρυζωνικότητας από το 2005 και μετά, έδειξε να καταλαμβάνει, σε σημαντικό βαθμό, εξ' απήνης τους τηλεπικοινωνιακούς παρόχους, τόσο τον ΟΤΕ όσο και τους εναλλακτικούς, που βρέθηκαν ανέτοιμοι να εξυπηρετήσουν την συνεχώς αυξανόμενη ζήτηση.

α) Ο ΟΤΕ

Επειδή δεν υπήρχαν εναλλακτικά δίκτυα πρόσβασης, όλη η αγορά των ηλεκτρονικών επικοινωνιών στην Ελλάδα εξαρτάτο από το ένα και μοναδικό δίκτυο, αυτό του ΟΤΕ. Αυτό το μονοπώλιο του ΟΤΕ δεν επέτρεπε στους εναλλακτικούς παρόχους να διαφοροποιηθούν από την εμπορική του πολιτική*[111]*, ενώ η επιφυλακτική του πολιτική στην απαγκίστρωσή του από το ISDN και στο άνοιγμα προς το ταχύτερο ADSL είχε ως αποτέλεσμα τις πολύ υψηλές τιμές και τις πολύ χαμηλές ταχύτητες πρόσβασης στο Διαδίκτυο. Ένας Οργανισμός που φαινόταν τότε να παλεύει με μεγάλη καθυστέρηση και ήδη επενδυμένα κεφάλαια, πολλά εκ των οποίων κοινοτικά, ανάμεσα στο:

1) πώς να μεταλλαχθεί βάσει νέων επιχειρηματικών και οργανωτικών μοντέλων και να επιζήσει σε ένα ανταγωνιστικό περιβάλλον Ευρωπαϊκού πλέον επιπέδου,

2) πώς να εκπληρώσει τις αδιαπραγμάτευτες υποχρεώσεις του προς την αγορά, ιδίως αναφορικά με την πρόσβαση στις υποδομές του και
3) πώς να συμβάλει στην εθνική επιταγή για ανάπτυξη της Ευρυζωνικότητας και του Ίντερνετ.

Επί πολλά έτη, ο ΟΤΕ, εκμεταλλευόμενος την ανοχή του πολιτικού συστήματος, δεν επέτρεπε στους εναλλακτικούς παρόχους να έχουν πρόσβαση στον τοπικό βρόχο, με αποτέλεσμα τις απαράδεκτα χαμηλές ταχύτητες στο Διαδίκτυο, τις απαγορευτικά υψηλές τιμές και μια ευρυζωνική αγορά σε στάσιμη εμβρυακή κατάσταση, χωρίς ανταγωνισμό και με μηδενική καινοτομία. Βέβαια ο ΟΤΕ ακολουθούσε τη δική του στρατηγική καθυστέρησης στην Ευρυζωνικότητα, μη επιτρέποντας (ή δημιουργώντας τρομερά εμπόδια) την «συνεγκατάσταση» των ανταγωνιστών του στα Αστικά του Κέντρα και την απόκτηση του τοπικού βρόχου, μολονότι υποχρεούτο από το Νόμο να το κάνει, προφασιζόμενος ότι δεν υπάρχει ζήτηση από το κοινό.

Σε αντίθεση με τους ευρωπαϊκούς ομολόγους του, *ο ΟΤΕ είχε επιδείξει αδυναμία* να αναγνωρίσει και να αξιοποιήσει τις ευκαιρίες που θα του παρείχε η ευρυζωνική αγορά και για μεγάλο διάστημα παρουσιαζόταν προσκολλημένος στις υπηρεσίες της παραδοσιακής τηλεφωνίας. Δεν είχε φροντίσει να προετοιμαστεί καλύτερα για την Ευρυζωνικότητα (όπως παραδέχθηκε αργότερα το 2010 ο Πρόεδρός του*[112]*), ώστε να παρέχει νέες καινοτόμες υπηρεσίες, να γίνει πιο ανταγωνιστικός προσφέροντας φτηνότερη πρόσβαση στο Διαδίκτυο κυρίως μέσω της μείωσης του δικού του λειτουργικού κόστους (που ήταν φορτωμένο με όλες τις αμαρτίες του παρελθόντος) και όχι απλά μέσω της μείωσης των λιανικών του τιμών τις οποίες - αφού πρώτα θα είχε «σκοτώσει» τους ανταγωνιστές του - θα μπορούσε στη συνέχεια που θα είχε πλέον μείνει μόνος, να τις ξανά-αυξήσει.

Από τη πρώτη στιγμή δήλωνα ότι η επερχόμενη ένταση του ανταγωνισμού αποτελούσε μοναδική ευκαιρία *και για τον ίδιο τον ΟΤΕ* να προσαρμοστεί στις νέες συνθήκες και να απαλλαγεί από τις κακές κληρονομιές του κρατικοπροστατευτικού του παρελθόντος. Όταν δε τελικά ψηφίστηκε ο νόμος 3431 τον Φεβρουάριο του 2006, διαμήνυσα ότι ο ΟΤΕ δεν είχε πλέον άλλη επιλογή παρά να αρχίσει τάχιστα την εφαρμογή του νόμου με την υλοποίηση της συνεγκατάστασης των εναλλακτικών παρόχων στα Αστικά του Κέντρα και της ΑΠΤΒ.

β) Αδυναμία και ατολμία των εναλλακτικών παρόχων

Οι εναλλακτικοί πάροχοι ήταν και αυτοί το 2005 ανέτοιμοι και στην πλειοψηφία τους εσωστρεφείς και κρατικοδίαιτοι που δίσταζαν να αναλάβουν επιχειρηματικά ρίσκα σε ένα αβέβαιο ακόμα ρυθμιστικό περιβάλλον. Δεν διέθεταν την οικονομική ευρωστία, τα επενδυτικά κεφάλαια και την κρίσιμη μάζα για να εισέλθουν δυναμικά στην ευρυζωνική αγορά προωθώντας ανταγωνιστικά πακέτα. Παρά τη σημαντική προοπτική ανάπτυξης της ελληνικής ευρυζωνικής αγοράς, δεν υπήρχε μέχρι τότε σημαντική είσοδος επενδυτικών κεφαλαίων. Από το 2005 όμως και μετά, παρατηρείται αξιόλογη κινητικότητα με την εμφάνιση Ελλήνων και ξένων επενδυτών (εξαγορές Q-Telecom, HOL, Forthnet). Παράλληλα και σε συνέχεια ίσως της κινητικότητας αυτής, παρατηρούμε το 2006 και ιδίως το Β' εξάμηνο του έτους, μία σειρά από επιθετικές επιχειρηματικές κινήσεις στην ευρυζωνική αγορά από εναλλακτικούς παρόχους.

γ) Χαμηλή εξυπηρέτηση καταναλωτών

Στα πρώτα χρόνια της Ευρυζωνικότητας, η εξυπηρέτηση, η τεχνική υποστήριξη και γενικότερα η ποιότητα των παρεχομένων υπηρεσιών χαρακτηρίζονταν ως εξαιρετικά χαμηλού επιπέδου, με αποτέλεσμα να προκαλούν μεγάλα παράπονα καταναλωτών και να γίνονται η αιτία για έναν υψηλό αριθμό καταγγελιών τους στην ΕΕΤΤ που ακόμα και η Ευρωπαϊκή Επιτροπή το ανέφερε στην 13η της Έκθεση.

Όταν πολύ σύντομα η ζήτηση των καταναλωτών για το ευρυζωνικό Διαδίκτυο άρχισε πλέον να αυξάνει σημαντικά, ο ΟΤΕ συνέχιζε να αποτελεί το βασικό bottleneck στην διαδικασία απελευθέρωσης του τοπικού βρόχου και στην παροχή στον καταναλωτή της δυνατότητας «να φύγει από τον ΟΤΕ» επιλέγοντας άλλον πάροχο, καθόσον δεν είχε κανένα συμφέρον να βοηθήσει στη διαδικασία. Αλλά και οι (πολλοί) εναλλακτικοί πάροχοι δεν ήταν στην αρχή κατάλληλα προετοιμασμένοι ή ήταν διστακτικοί να επενδύσουν σε εξοπλισμό συνεγκατάστασης ώστε να ανταποκριθούν στην αυξανόμενη ζήτηση, με αποτέλεσμα να παρατηρούνται καθυστερήσεις στην εκ μέρους τους διάθεση στους καταναλωτές έστω και αυτών των λίγων αδεσμοποίητων γραμμών τοπικού βρόχου που κατά καιρούς τους παρέδιδε ο ΟΤΕ. Οι καταγγελίες που ανέφερα πιο πάνω, αποτελούσαν απόρροια της αδυναμίας των παρόχων να ανταποκριθούν στην υψηλή ζήτηση ευρυζωνικών υπηρεσιών και να προσφέρουν λύσεις που να ανταποκρίνονται στις ανάγκες των καταναλωτών.

Η μέχρι τότε σημαντική καθυστέρηση στην ανάπτυξη της ευρυζωνικής αγοράς. άρχισε να αντιστρέφεται από τα τέλη του 2006 και μετά, όταν οι εναλλακτικοί άρχισαν να επενδύουν μεγαλύτερες προσπάθειες και κεφάλαια στην Ευρυζωνικότητα και να αποσπούν πελάτες από τον ΟΤΕ, ο ΟΤΕ να παρουσιάζει μία πιο επιθετική πολιτική στην ευρυζωνική αγορά (διπλασιασμός ταχυτήτων, μείωση τιμών, προώθηση πακέτων κ.λπ.) και η νέα Διοικήσει της ΕΕΤΤ να προωθεί επιθετικά το άνοιγμα των αγορών στον ανταγωνισμό.

Και ενώ ο ανταγωνισμός μεγάλωνε και δυσκόλευε μερικές εταιρείες, όλες τους όφειλαν να αντιληφθούν ότι ο ρόλος της ΕΕΤΤ δεν ήταν να εξασφαλίσει την βιωσιμότητα κάθε μιας επιχείρησης του κλάδου, ούτε να παρέχει αθέμιτες διευκολύνσεις εις βάρος του ΟΤΕ. Τόνιζα ότι όσοι εναλλακτικοί πάροχοι αναλάμβαναν το βάρος και το ρίσκο επενδύσεων σε υποδομές (που η ΕΕΤΤ προωθούσε), θα είχαν εκ των πραγμάτων το πλεονέκτημα της διάθεσης καινοτόμων ποιοτικών υπηρεσιών, που θα οδηγούσαν σε μεγαλύτερη πελατειακή βάση και σε προοπτική ασφαλέστερης κερδοφορίας.

ΚΙΝΗΤΡΑ ΓΙΑ ΤΗΝ ΕΥΡΥΖΩΝΙΚΗ ΣΥΓΚΛΙΣΗ ΜΕ ΤΗΝ Ε.Ε.

Όπως ανέφερα νωρίτερα, ένας από τους βασικούς παράγοντες που επέτρεψε στο εξωτερικό την ταχύτερη ανάπτυξη της Ευρυζωνικότητας ήταν η ύπαρξη *εναλλακτικών δικτυακών υποδομών.* Δυστυχώς στην Ελλάδα ποτέ δεν είχαμε ξεχωριστό δίκτυο καλωδιακής τηλεόρασης που θα μπορούσε σε πρώτη φάση να χρησιμοποιηθεί και για ευρυζωνική πρόσβαση στο Διαδίκτυο και στη συνέχεια ως ανταγωνιστικό δίκτυο σ' αυτό του ΟΤΕ. Η δε μη ολοκλήρωση από τις κυβερνήσεις του θεσμικού πλαισίου για τα *«δικαιώματα διέλευσης»* (για το οποίο συνεχώς τις επέκριναν τόσο η ΕΕΤΤ όσο και η Ευρωπαϊκή Επιτροπή) συνεχίζει ακόμα και σήμερα να δημιουργεί σοβαρά εμπόδια στις επενδύσεις δικτυακών υποδομών.

α) Στόχοι με βάση τις 6 συνιστώσες της Ευρυζωνικότητας

Χρησιμοποιώντας τις 6 συνιστώσες του Κοινοτικού ορισμού της Ευρυζωνικότητας που ανέφερα στην αρχή του κεφαλαίου, είχα προτείνει στην Πολιτεία να θέσει τους εξής στόχους για να πετύχει την ευρυζωνική μας σύγκλιση με τις υπόλοιπες χώρες της Ε.Ε.:

1) Ταχύτητα και ποιότητα: Προώθηση των δικτύων πρόσβασης οπτικών ινών, ώστε να πάψει να λειτουργεί η χάλκινη γραμμή του ΟΤΕ «στραγγαλιστικά» στις ταχύτητες των συνδέσεων στο Διαδίκτυο.
2) Τιμές: Περαιτέρω ενίσχυση του ανταγωνισμού στις Η.Ε., ώστε να επιταχυνθεί η μείωση των λιανικών τιμών για γρήγορες συνδέσεις.
3) Ευρυζωνική κάλυψη: Η Κυβέρνηση να βάλει ως στόχο την – όσο το δυνατόν πιο γρήγορα – εξασφάλιση ευρυζωνικής πρόσβασης στο Διαδίκτυο για όλους και να μην περιμένει την Κοινοτική Οδηγία που θα συμπεριλάβει και την ευρυζωνική πρόσβαση στην Καθολική Υπηρεσία (κάτι που δεν έχει γίνει ακόμα μέχρι σήμερα το 2015). Μια ιδέα ήταν, η με ευέλικτα διαγωνιστικά σχήματα επιδότηση παρόχων (από το Κράτος ή απευθείας από την ΕΕΤΤ χρησιμοποιώντας το αποθεματικό της) για εκείνες τις περιοχές της χώρας που δεν θα είχαν κάλυψη από δίκτυα ADSL και, ταυτόχρονα, η ενημέρωση και ευαισθητοποίηση των κατοίκων αυτών των μη προνομιούχων περιοχών. Είχαμε δε συστήσει ειδική ομάδα στην

ΕΕΤΤ για να μελετήσει τη μεθοδολογία και το κόστος τέτοιων πρωτοβουλιών και να ετοιμάσει σχετική εισήγηση προς την Κυβέρνηση.

4) Προηγμένες υπηρεσίες: Προώθηση προγραμμάτων ανάπτυξης νέων διαδικτυακών υπηρεσιών ελληνικού περιεχομένου από το κράτος, την τοπική αυτοδιοίκηση και τα ΜΜΕ. Απελευθέρωση του ραδιοφάσματος για τη δημιουργία ψηφιακού μερίσματος που θα επέτρεπε την ανάπτυξη νέων ασύρματων κινητών ευρυζωνικών δικτύων και υπηρεσιών. Εκστρατεία επιθετικής ενημέρωσης των πολιτών για τις νέες δυνατότητες που τους προσφέρονται και τα οφέλη που θα έχουν από την Ευρυζωνικότητα.

5) Κοινωνικό-οικονομικό περιβάλλον: Προσαρμογή του εκπαιδευτικού και επιμορφωτικού συστήματος της χώρας, έτσι ώστε όλοι οι πολίτες να είναι προετοιμασμένοι για την αξιοποίηση των νέων τεχνολογιών στην καθημερινή προσωπική και επαγγελματική τους ζωή και η κοινωνία μας να αποκτήσει «ευρυζωνική κουλτούρα».

6) Ανταγωνιστικότητα: Περαιτέρω ενδυνάμωση του τηλεπικοινωνιακού Ρυθμιστή, ώστε να μπορέσει με ισχυρότερα ρυθμιστικά εργαλεία να εγκαθιδρύσει αποτελεσματικότερο ανταγωνισμό και προσέλκυση τηλεπικοινωνιακών επενδύσεων σε περισσότερες γεωγραφικές περιοχές της χώρας.

β) Κίνητρα για αύξηση της Ευρυζωνικότητας

Μερικά από τα κίνητρα που προτείναμε περιλάμβαναν και τα κάτωθι:

1) Ευρυζωνική πρόσβαση:

(α) Επιχορήγηση της ζήτησης με τη μέθοδο της επιδότησης του αρχικού χρόνου μιας ευρυζωνικής συνδρομής (π.χ., δωρεάν συνδρομές στο ευρυζωνικό Διαδίκτυο για τους τρεις πρώτους μήνες).

(β) Παροχή επιδοτούμενης ευρυζωνικής πρόσβασης και επιχορηγούμενου Η/Υ σε όλους τους εκπαιδευτικούς της πρωτοβάθμιας και δευτεροβάθμιας εκπαίδευσης.

(γ) Παροχή επιδοτούμενης ευρυζωνικής πρόσβασης από την οικία τους σε όλους τους Δημόσιους Υπαλλήλους.

(δ) Φορολογικές ελαφρύνσεις τόσο για την πρόσβαση στο Διαδίκτυο όσο και για το δικτυακό εξοπλισμό εταιρειών και των υπαλλήλων τους.

2) Καμπάνια σφαιρικής ενημέρωσης: Πανελλαδική ενημέρωση του πληθυσμού (μια συντονισμένη προσπάθεια από Πολιτεία, Εταιρείες, Φορείς, Τηλεόραση, Ραδιόφωνο και Έντυπο Τύπο, κ.λπ.). Εκπαιδευτικά σεμινάρια, ώστε όλοι να κατανοήσουν την αξία του Διαδικτύου:

(α) Ενημερωτικά τηλεοπτικά δίλεπτα σε ώρες υψηλής τηλεθέασης που

ι) να εξηγούν με απλή γλώσσα την τεχνολογία, τι είναι Ευρυζωνικότητα και ποιες οι δυνατότητές της,

ιι) να παρέχουν παραδείγματα των ωφελειών για τον μέσο πολίτη απ' τη χρήση ευρυζωνικών εφαρμογών και

ιιι) να καταπολεμούν την τεχνοφοβία.

(β) Ειδική έμφαση έπρεπε να δοθεί σε κρίσιμες ομάδες του πληθυσμού, που δεν έχουν άλλη δυνατότητα πληροφόρησης (άνεργοι, νοικοκυρές, συνταξιούχοι κ.λπ.).

γ) Κίνητρα για τον ιδιωτικό τομέα

1) Κίνητρα για ανάπτυξη διαδικτυακών εφαρμογών

2) Ανάπτυξη καινοτόμων ασύρματων δικτύων πρόσβασης, καθιστώντας την Ελλάδα χώρο δοκιμών για νέες τεχνολογίες.

3) Ο σχεδιασμός οποιασδήποτε κοινότητας ή νέου οικιστικού έργου πρέπει να προβλέπει την ευρυζωνική πρόσβαση, κατά προτίμηση με οπτικές ίνες.

4) Άμεση νομοθετική καθιέρωση της τηλε-εργασίας ως ισότιμης με την παραδοσιακή εργασία. Επιπλέον, μπορεί να εξασφαλιστεί η φορολογική κατοχύρωση των επιχειρήσεων να αναλαμβάνουν το κόστος της οικιακής ευρυζωνικής σύνδεσης των υπαλλήλων τους.

δ) Εκ μέρους του ΟΤΕ

Μερικές άμεσες ενέργειες στις οποίες έπρεπε να προβεί ο ΟΤΕ ήταν:

1) να καταστρώσει σχέδιο επενδύσεων σε νέες τεχνολογίες που θα επιτρέψουν ταχύτητες που να πλησιάζουν τα 100 Mbps, νέες καινοτόμες εφαρμογές και υπηρεσίες προς όλους τους Έλληνες,

2) να ανοίξει τα Κέντρα του στον ανταγωνισμό και να ενοικιάζει χώρους και βρόχους με ταχύτατες και αποτελεσματικές διαδικασίες και με ίσους όρους και διαφάνεια προς όλους (όπως είναι υποχρεωμένος να το κάνει),

3) να παρέχει υπηρεσίες πρόσβασης στο Διαδίκτυο στο μέγιστο μέρος της επικράτειας, με μεγάλες ονομαστικές ταχύτητες και εγγυημένη ποιότητα υπηρεσίας.

Ο γενικός διευθυντής της Κομισιόν κ. Fabio Colosanti: «Την ώρα που στην Ελλάδα συζητάτε τις 9 υπογραφές των υπουργείων, κάπου αλλού κάποιοι ήδη αναπτύσσουν LTE»

Κεφάλαιο 6: Η ΕΕΤΤ ανοίγει το δρόμο της Ευρυζωνικότητας (μέσω της ΑΠΤΒ)

«Οι υποδομές πρόσβασης με οπτικές ίνες FTTH αποτελούν την μόνη «ανθεκτική στο μέλλον τεχνολογία» (future proof technology) και το μόνο μέσο κάλυψης μακροχρόνιων αναγκών της χώρας (σε ταχύτητες πολύ υψηλότερες του σχεδιαζόμενου VDSL του ΟΤΕ)».

Κεφάλαιο 6: Η ΕΕΤΤ ανοίγει το δρόμο της Ευρυζωνικότητας (μέσω της ΑΠΤΒ)

Στο προηγούμενο κεφάλαιο ανέφερα διάφορα θέματα περί Ευρυζωνικότητας και την απογοητευτική της κατάσταση στη χώρα μας το 2005, παρουσίασα τα αίτια αυτής καθυστέρησης και τους παράγοντες που επηρεάζουν την Ευρυζωνικότητα, τόνισα την επιφυλακτική πολιτική του ΟΤΕ στην απαγκίστρωση του από το ISDN και άνοιγμα προς το ταχύτερο ADSL, τις αδυναμίες των εναλλακτικών τηλεπικοινωνιακών παρόχων και, τέλος, πρότεινα κίνητρα για την ευρυζωνική μας σύγκλιση με την υπόλοιπη Ευρώπη.

Στο κεφάλαιο αυτό θα εστιάσω ιδιαίτερα στο πώς η ΕΕΤΤ άνοιξε τον δρόμο στην Ευρυζωνικότητα εξαναγκάζοντας τον ΟΤΕ να υλοποιήσει τα από το νόμο προαπαιτούμενα της «συνεγκατάστασης» και της «ΑΠΤΒ» (Αδεσμοποίητης Πρόσβασης στον Τοπικό Βρόχο), τα προβλήματα και τα εμπόδια που συναντήσαμε στο έργο μας, την αντίσταση του ΟΤΕ στην υλοποίηση των υποχρεώσεών του, τις πρώτες μας επιτυχίες και, τελικά, την σημαντική πρόοδο που συνολικά επετεύχθη στην Ευρυζωνικότητα στην τετραετία 2005-2009.

ΑΝΑΠΤΥΞΗ ΤΗΣ ΕΥΡΥΖΩΝΙΚΟΤΗΤΑΣ ΜΕΣΩ ΤΗΣ ΑΠΤΒ

Από την πρώτη στιγμή είχα βάλει ψηλά τον πήχη για την Ευρυζωνικότητα[113], προτείνοντας τον Φεβρουάριο του 2006 στόχευση ώστε *«να καταστεί η Ελλάδα μέχρι το 2015 μια διαδικτυακή δύναμη στην Ευρώπη»*[114],[115] και *«μέχρι το 2020 να έχει μετατραπεί η Ελλάδα σε μια κοινωνία ανταγωνιστικών υπηρεσιών υψηλής τεχνολογίας»*[116],[117],[118]).

α) Ευρυζωνικότητα παντού

Κεντρικά μηνύματα των ομιλιών μου ήταν ότι *«όπου κι αν είσαι, με την Ευρυζωνικότητα είσαι στο κέντρο του κόσμου»*[119], *«οι τηλεπικοινωνίες του χθες δεν είναι οι τηλεπικοινωνίες του σήμερα»* και *«το Διαδίκτυο είναι απαραίτητο μέσο και βασικό εργαλείο για κάθε Έλληνα πολίτη»*. Μολονότι είμαστε εν γένει μια τεχνοφοβική κοινωνία, πίστευα ότι με την κατάλληλη ενημέρωση, ο πολίτης όχι μόνο θα ασπαζόταν τις νέες τεχνολογίες, αλλά θα «την πατούσε» μ' αυτές (όπως εξάλλου την είχαμε και εμείς «πατήσει» προ πολλού)!

Ήταν επομένως σημαντικό και κρίσιμο να προωθηθούν νέα προγράμματα και δράσεις, που θα απέβλεπαν στην κάλυψη της τεχνολογικής απόστασης που μας χώριζε από τις άλλες χώρες, καθώς και μέτρα που θα αντιμετώπιζαν το «εγχώριο» ψηφιακό χάσμα που κρατούσε την ελληνική Περιφέρεια μακριά από τα πλεονεκτήματα των σύγχρονων Τεχνολογιών Πληροφορικής και Επικοινωνιών (ΤΠΕ).

Λέγαμε τότε ότι όλοι μας θέλουμε «Ευρυζωνικότητα παντού». Διερωτόμουν όμως, τι ακριβώς εννοούσαμε με τον όρο «παντού»; Μήπως ήταν προτιμότερο να στοχεύσουμε στο «Ευρυζωνικότητα παντού *και για όλους*»; Και συνέχιζα λέγοντας το 2008: *«Ο όρος «παντού» αναφέρεται μόνον στις περιοχές όπου ήδη υπάρχουν κάτοικοι; Τότε πώς θα καλύψουμε τις επερχόμενες εφαρμογές όπως «Διαδίκτυο Πραγμάτων» (Internet of Things) που δεν προϋποθέτει ανθρώπινη παρουσία; Όσο για τον όρο «για όλους», μπορεί ο παππούς και η γιαγιά στην «Άνω Ραχούλα» ποτέ να μη φτάσουν στο σημείο διάδρασης με τα δικά τους ολογραφικά «avatars», σύντομα όμως στο μέλλον θα μπορούν να είναι ζωσμένοι με, ή περιστοιχισμένοι από, διάφορα είδη ειδικών αισθητηρίων που θα τους συνδέουν ασύρματα με αγαπημένα τους πρόσωπα, με νοσοκομεία και με σταθμούς πρώτης ανάγκης. Γενικότερα, ο πολίτης/καταναλωτής γίνεται επιπλέον εκτός από δέκτης πληροφοριών και «παραγωγός περιεχομένου» (εξ ου και οι απαιτήσεις για μεγαλύτερες ταχύτητες uplink). Συνεπώς, η «Ευρυζωνικότητα» (σταθερή και κινητή) θα πρέπει πλέον να αντιμετωπιστεί και ως κοινωνικό αγαθό και δικαίωμα, καθόσον η έλλειψη της οδηγεί αναπόφευκτα σε κοινωνικό αποκλεισμό. Η δε ταχεία ανάπτυξη και επέκτασή της «παντού και για όλους» πρέπει να αποτελεί σήμερα κεντρικό εθνικό στόχο»[120].*

β) Η ΕΕΤΤ προωθεί νέο μοντέλο λειτουργίας στην αγορά των Η.Ε.

Όπως ανέφερα και σε προηγούμενα κεφάλαια, για να μπορέσουν οι τηλεπικοινωνιακές εταιρείες να γίνουν ανταγωνιστικές ώστε να προσφέρουν νέες μοντέρνες υπηρεσίες στους καταναλωτές, έπρεπε η ΕΕΤΤ να δημιουργήσει τις κατάλληλες προϋποθέσεις που θα επέτρεπαν την αλλαγή του μοντέλου λειτουργίας τους από το ισχύον «*μοντέλο μεταπώλησης*» στο «*μοντέλο επενδύσεων σε υποδομές*» (Σχ. 6.1). Πιστεύαμε - και αυτό το είχαμε θέσει ως βασικό στόχο όλων των προσπαθειών μας της τετραετίας - ότι αυτό θα επιτυγχάνονταν πρωτίστως με την ταχύτατη υλοποίηση του προγράμματος *συνεγκατάστασης* των εναλλακτικών παρόχων στα Α/Κ του ΟΤΕ και της πλήρους *ΑΠΤΒ*.

Με τη συνεγκατάσταση και την ΑΠΤΒ, η ΕΕΤΤ άλλαξε το μοντέλο λειτουργίας της ελληνικής τηλεπικοινωνιακής αγοράς: οι εναλλακτικοί πάροχοι μπόρεσαν να ξεφύγουν από την «μεταπώληση συνδέσεων του ΟΤΕ» (προεπιλογή bitstream) και να ανέβουν στο επόμενο σκαλοπάτι της κλίμακας επενδύσεων, αυτό του «ανταγωνισμού με βάση τις υποδομές», που θα παρείχε στους Έλληνες καταναλωτές τη δυνατότητα να επιλέγουν τον τηλεπικοινωνιακό πάροχο της αρεσκείας τους για σύνδεση στο «γρήγορο» ευρυζωνικό Διαδίκτυο. Τότε έγινε το big bang στις ευρυζωνικές επικοινωνίες στη χώρα, καθόσον απελευθερώθηκαν οι πάροχοι από τον ΟΤΕ, επένδυσαν σε δικές τους υποδομές συνεγκατάστασης και - μέσω του τοπικού βρόχου - άρχισαν να παρέχουν νέες καινοτόμες υπηρεσίες, με υψηλές ταχύτητες και χαμηλές τιμές («χωρίς το μηνιαίο πάγιο του ΟΤΕ»).

Σε συνέντευξη μου τον Μάιο 2007 στην εφημερίδα «Το Θέμα» ανέφερα*[121]*: «*Η αγορά βρίσκεται πλέον σε ένα κρίσιμο και ταυτόχρονα κομβικό σημείο. Το τηλεπικοινωνιακό σκηνικό αλλάζει ριζικά καθώς με την απελευθέρωση του Τοπικού Βρόχου διαμορφώνονται πλέον εκείνες οι ρυθμιστικές συνθήκες που θα επιτρέψουν στην αγορά να ανέβει στο επόμενο «σκαλοπάτι» του ανταγωνισμού, ενισχύοντας όχι μόνο τον ανταγωνισμό σε επίπεδο εφαρμογών και υπηρεσιών αλλά κυρίως τον «ανταγωνισμό με βάση τις επενδύσεις σε δικτυακές υποδομές*».

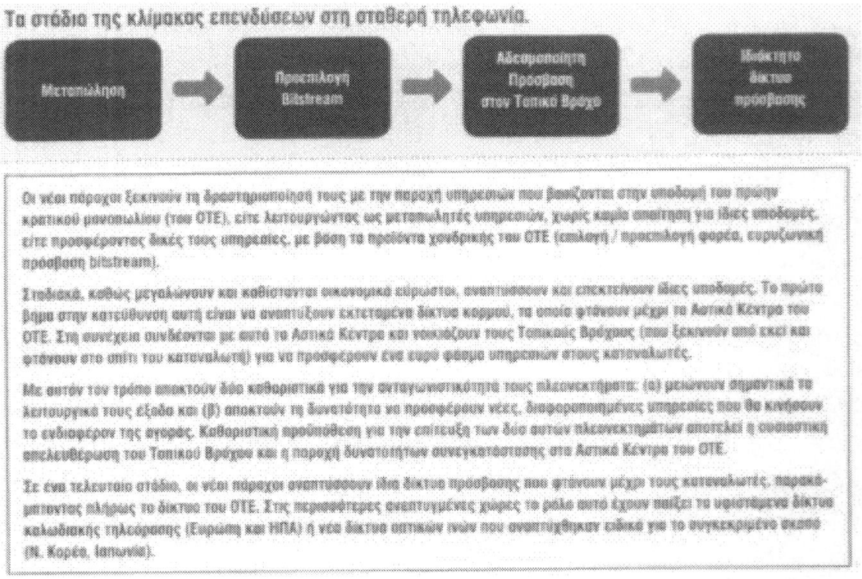

Σχ. 6.1: Αλλαγή του μεταπρατικού μοντέλου λειτουργίας της τηλεπικοινωνιακής αγοράς από τη «μεταπώληση» στον «ανταγωνισμό μέσω επενδύσεων σε υποδομές»

γ) Αγορές 11 (ΑΠΤΒ) και 12 (Ευρυζωνικότητα)

Οι δύο βασικότερες υπο-αγορές από τις 18 που όριζε ο νέος τηλεπικοινωνιακός νόμος του 2006 - στις οποίες θεωρείτο απαραίτητη η ρύθμιση και που είχαν άμεση σχέση με την ανάπτυξη της Ευρυζωνικότητας - ήταν η Αγορά 11, η οποία αφορούσε την ΑΠΤΒ και η Αγορά 12, η οποία είναι η καθ' αυτού αγορά της Ευρυζωνικότητας. Η δεύτερη υποχρέωνε τον ΟΤΕ (όσο διάστημα κατέχει δεσπόζουσα θέση στην σχετική αγορά) να *«εξασφαλίζει την πρόσβαση, χωρίς διακρίσεις, χωρίς να παραβιάζεται η αρχή της ισότιμης πρόσβασης και με τρόπο ίδιον μ' αυτόν που την παρέχει στις εταιρείες του δικού του ομίλου»* και στους άλλους τηλεπικοινωνιακούς παρόχους να μπορούν να έχουν πρόσβαση (επί αμοιβή) στον εξοπλισμό, στα ακίνητα, στα δικαιώματα διέλευσης και στο δίκτυο του ΟΤΕ. Οι ρυθμιστικές ενέργειες της ΕΕΤΤ έπαιξαν σημαντικότατο ρόλο στην ανάπτυξη του ανταγωνισμού και στην προστασία του καταναλωτή, ορίζοντας και εφαρμόζοντας τους κανόνες και τις συνθήκες μέσω των οποίων οι άλλοι παίκτες της αγοράς θα έχουν πρόσβαση σ' αυτήν τη μοναδική δικτυακή υποδομή του πρώην μονοπωλίου.

Αμέσως μετά την ψήφιση του νέου Ν.3431/2006, η ΕΕΤΤ προετοιμάζει και κοινοποιεί στις 19/4/2006 στην Ευρωπαϊκή Επιτροπή και αυτή εγκρίνει στις 18/5/2006 το Σχέδιο Μέτρων της ΕΕΤΤ για την αγορά «Παροχής Αδεσμοποίητης Πρόσβασης σε Μεταλλικούς Βρόχους και Υποβρόχους» («Αγορά 11» της Σύστασης της Ευρωπαϊκής Επιτροπής). Με τα μέτρα αυτά, η αγορά ευρυζωνικών δικτύων αποκτούσε επί τέλους συγκεκριμένους κανόνες που αποτελούσαν κίνητρο για την προσέλκυση επενδύσεων σε επίπεδο υποδομών και επέτρεπαν στους ιδιώτες παρόχους να δραστηριοποιηθούν πιο αποτελεσματικά*[122]*,*[123]*.

Σύμφωνα με το Σχέδιο Μέτρων, η ΕΕΤΤ υποδείκνυε τον ΟΤΕ ως εταιρεία με ΣΙΑ και του επέβαλε μια σειρά *από κανονιστικές υποχρεώσεις (remedies),* οι κυριότερες των οποίων ήταν:

1)Υποχρέωση Πρόσβασης και χρήσης συγκεκριμένων ευκολιών δικτύου σε κάθε ενδιαφερόμενο (όπως παροχή πλήρους και μεριζόμενης πρόσβασης στους τοπικούς βρόχους και υποβρόχους), καθώς και πρόσβαση σε σχετικές ευκολίες (όπως της συνεγκατάστασης).
2)Υποχρέωση Διαφάνειας, που εξειδικεύεται κυρίως στη Δημοσίευση Προσφοράς Αδεσμοποίητης Πρόσβασης.
3)Υποχρέωση μη διακριτικής μεταχείρισης προς όφελος του λιανικού τμήματος του ΟΤΕ (συμπεριλαμβανομένων των θυγατρικών και συνδεδεμένων με αυτόν επιχειρήσεων), η οποία θα πρέπει να συνοδεύεται και από υποχρεώσεις διαφάνειας.
4)Υποχρέωση λογιστικού διαχωρισμού σχετικά με σημαντικές οικονομικές πληροφορίες για όλους τους χωριστούς λογαριασμούς του ΟΤΕ.
5)Υποχρέωση κοστοστρέφειας και ελέγχου των τιμών του.

Ειδικότερα, μέσω της ΑΠΤΒ:

1) οι εναλλακτικοί τηλεπικοινωνιακοί πάροχοι αποκτούσαν πρόσβαση στα Α/Κ του ΟΤΕ για συνεγκατάσταση δικού τους εξοπλισμού,
2) ο τοπικός βρόχος απελευθερώνονταν («αποδεσμοποιείτο») και αποδίδονταν με εκμίσθωση χρήσης από τον ΟΤΕ στον εναλλακτικό πάροχο,
3) ο εναλλακτικός πάροχος έχοντας τον πλήρη έλεγχο του τοπικού βρόχου μπορούσε πλέον να παρέχει τις δικές του ανταγωνιστικές και διαφοροποιημένες από τον ΟΤΕ νέες και βελτιωμένες ευρυζωνικές υπηρεσίες (όπως π.χ., ευρυζωνική πρόσβαση μεγάλης ταχύτητας στο Διαδίκτυο, τηλεφωνία VoIP, τηλεόραση μέσω Διαδικτύου IPTV, κ.λπ.) στους δικούς του πελάτες και τέλος,
4) οι Έλληνες καταναλωτές μπορούσαν πλέον όχι μόνο να επιλέξουν άλλον εναλλακτικό τηλεπικοινωνιακό πάροχο, αλλά τους παρείχετο και το δικαίωμα να διατηρήσουν τον παλιό τους τηλεφωνικό αριθμό όταν προχωρούσαν σε τέτοια αλλαγή (η επονομαζόμεη «φορητότητα αριθμού»).

Επειδή από την αρχή θεωρήσαμε ότι κλειδί για την ανάπτυξη της Ευρυζωνικότητας ήταν η δημιουργία κατάλληλων προϋποθέσεων για ανάπτυξη ανταγωνισμού στις τηλεπικοινωνιακές υποδομές, τα μέτρα που είχαμε προτείνει για τη ρύθμιση της συγκεκριμένης αγοράς καταδείκνυαν πλήρως την αταλάντευτη απόφαση μας να ενισχύσουμε τις επενδύσεις αυτού του είδους.

Με Δελτίο Τύπου της ΕΕΤΤ δήλωνα τον Μάιο του 2006: *«Η εφαρμογή του Σχεδίου στην αγορά δημιουργεί πρόσθετες προϋποθέσεις για την ανάπτυξη ευρυζωνικών υποδομών και την παροχή ευρυζωνικών υπηρεσιών. Η συγκεκριμένη δράση σε συνδυασμό με άλλες παράλληλες ενέργειες της ΕΕΤΤ (όπως η Απόφασή της στο πλαίσιο του κοστολογικού ελέγχου του ΟΤΕ για μείωση των μηνιαίων τελών μεριζόμενης πρόσβασης στο ήμισυ), θα αποτελέσουν κίνητρο για την ανάπτυξη της Ευρυζωνικότητας, καθώς επίσης για την προσέλκυση επενδύσεων στον Τοπικό Βρόχο»[124].*

Στον πρώτο χρόνο εφαρμογής της ΑΠΤΒ, ο αριθμός των Α/Κ με φυσική συνεγκατάσταση εναλλακτικών παρόχων αυξήθηκε από 1 που ήταν μέχρι τον Σεπτέμβριο του 2005, στα 38 στο τέλος του 2006, οι δε αδεσμοποίητοι βρόχοι LLU αυξήθηκαν κατά την ίδια περίοδο από 5.000 σε 110.000 βρόχους.

δ) Ο Κανονισμός RUO (Reference Unbundling Offer)

Το βασικό ρυθμιστικό κείμενο για την παροχή της ΑΠΤΒ είναι ο Κανονισμός της ΕΕΤΤ γνωστός και ως RUO, που κυκλοφόρησε στις 30 Απριλίου 2007.

Η έκδοση του νέου RUO αποτέλεσε προϊόν μακράς και ενδελεχούς διαδικασίας, στο πλαίσιο της οποίας, πέρα από την εκ του νόμου προβλεπόμενη Δημόσια Διαβούλευση, διεξήχθη λεπτομερής διάλογος με όλους τους εμπλεκόμενους φορείς της αγοράς. Η ΕΕΤΤ, στο πλαίσιο αυτό, επέφερε σημαντικές τροποποιήσεις στο σχετικό κείμενο που είχε προτείνει ο ΟΤΕ για το νέο RUO (σε αντικατάσταση του παλαιού του 2001), έτσι ώστε να καλύπτει τις σύγχρονες ανάγκες της τηλεπικοινωνιακής αγοράς.

Ο Κανονισμός RUO καθόριζε όλες τις προϋποθέσεις και τις λεπτομερείς διαδικασίες[125] πρόσβασης των εναλλακτικών τηλεπικοινωνιακών παρόχων στον τοπικό βρόχο του ΟΤΕ. Οι εταιρείες σταθερής τηλεφωνίας και Ίντερνετ έβλεπαν τον κανονισμό αυτόν «ως την αρχή του τέλους για μια σειρά αυθαιρεσιών του ΟΤΕ σε βάρος των εταιρειών ανταγωνιστών του». Ένθερμοι υποστηρικτές αυτών των προσπαθειών της ΕΕΤΤ ήταν τόσο η Ευρωπαϊκή Επιτροπή όσο και όλες οι τηλεπικοινωνιακές εταιρείες της ελληνικής αγοράς, πλην φυσικά του ΟΤΕ[126]. (Υπογραμμίζεται ότι ο Κανονισμός αυτός *δεν ρυθμίζει* τις συμβατικές σχέσεις σε επίπεδο λιανικής μεταξύ των παρόχων και των συνδρομητών).

Με το νέο RUO και την ΑΠΤΒ, το ευρυζωνικό Διαδίκτυο γινόταν πλέον πραγματικότητα. Όπως θα περιγράψω αναλυτικότερα στη συνέχεια, οι διαδικασίες αυτές στόχευαν στην ελάχιστη δυνατή διακοπή της υπηρεσίας που ελάμβανε ο χρήστης κατά την αλλαγή παρόχου, μέσα από μια μονοαπευθυντική διαδικασία (one-stop shop), με την οποία ο καταναλωτής απευθυνόταν μόνο στον νέο τηλεπικοινωνιακό πάροχο της επιλογής του, ο οποίος και αναλάμβανε στη συνέχεια να εκτελέσει όλες τις απαραίτητες ενέργειες για τη μεταφορά της υπηρεσίας. Ο RUO απλούστευε τις διαδικασίες παράδοσης βρόχων, υποβολής αιτημάτων, καθώς και της παράδοσης νέων χώρων συνεγκατάστασης ή επέκτασης των υφιστάμενων. Επιπλέον μείωνε τους χρόνους στους οποίους ο ΟΤΕ υποχρεώνονταν να παραδώσει έναν τοπικό βρόχο σε εναλλακτικό πάροχο και προέβλεπε την καταβολή ρήτρας στην περίπτωση που δεν εκπλήρωνε τις υποχρεώσεις του στον προβλεπόμενο χρόνο.

Στην ΕΕΤΤ ήμασταν αποφασισμένοι να εφαρμόσουμε πιστά αυτό το νέο κανονιστικό πλαίσιο και να εγκαινιάσουμε πλέον μια νέα εποχή στις Η.Ε. που έθετε τις βάσεις για ανάπτυξη ενός βιώσιμου και αποτελεσματικού ανταγωνισμού στην αγορά, καθόσον διευκόλυνε την δραστηριοποίηση και άλλων παρόχων, επί ίσοις όροις με τον ΟΤΕ. Η ΑΠΤΒ δημιούργησε ένα δυναμικό πεδίο ευκαιριών για περισσότερες επενδύσεις στην ελληνική τηλεπικοινωνιακή αγορά, με αποτέλεσμα την δημιουργία νέων θέσεων εργασίας και νέων πρωτοποριακών εφαρμογών*[127].*

Ο RUO αποτελούσε έναν δυναμικό κανονισμό που έπρεπε συνεχώς να προσαρμόζεται στις νέες καταστάσεις και ανάγκες της αγοράς, ύστερα από δημόσιες διαβουλεύσεις. Μετά από ένα σύντομο διάστημα εφαρμογής του, η ΕΕΤΤ προέβη πάλι το 2008 σε νέα του τροποποίηση με την εισαγωγή βελτιωμένων διαδικασιών που διευκόλυναν την ανάπτυξη εναλλακτικών υποδομών, την ταχύτερη εξυπηρέτηση των αιτημάτων των καταναλωτών για ευρυζωνικές συνδέσεις και την ταχύτερη αποκατάσταση βλαβών. Με βάση και τις προτάσεις και τα σχόλια των συμμετεχόντων σε σχετική διαβούλευση, η ΕΕΤΤ αποφάσισε τις ακόλουθες *βελτιώσεις στον RUO*:

1) Αποσαφήνιση της υφιστάμενης διαδικασίας εγκατάστασης καμπίνας στον προαύλιο χώρο των Α/Κ του ΟΤΕ, ως μια ακόμα εναλλακτική λύση της φυσικής συνεγκατάστασης μέσα στο Κέντρο, με ρητή και αναλυτική πρόβλεψη των σχετικών διαδικασιών.

2) Διαφοροποίηση της διαδικασίας υποβολής αιτήσεων για συνεγκατάσταση, ώστε να δίνεται η δυνατότητα στους εναλλακτικούς παρόχους να αιτούνται απ' ευθείας τη «σύμμικτη» ή «εικονική» συνεγκατάσταση (στην περίπτωση που είτε δεν υπάρχει διαθέσιμος χώρος είτε δεν υπάρχει δυνατότητα επέκτασης του υφιστάμενου χώρου φυσικής συνεγκατάστασης εντός του Α/Κ του ΟΤΕ).

3) Τροποποίηση της υποχρέωσης του ΟΤΕ να παρέχει ειδικές πληροφορίες στους παρόχους (σχετικά με το χρονοδιάγραμμα προετοιμασίας των χώρων συνεγκατάστασης) ώστε να βοηθηθούν στην κατάρτιση των δικών τους επιχειρησιακών σχεδίων.

4) Αποσαφήνιση και ρητή πρόβλεψη της δυνατότητας αυτοπαροχής «υπηρεσιών σύνδεσης και μετάδοσης» (back-hauling) με τη χρήση ίδιων ασύρματων μέσων που ο τηλεπικοινωνιακός πάροχος θα τοποθετούσε στην οροφή του Α/Κ του ΟΤΕ.

5) Επέκταση του χρονοδιαγράμματος βάσει του οποίου ο ΟΤΕ όφειλε να παραδίδει τους «ανενεργούς βρόχους».

6) Βελτίωση της διαδικασίας διαχείρισης βλαβών.

7) Υποχρέωση κοινοποίησης του «φανταστικού αριθμού βρόχου» (που αντιπροσωπεύει την «ταυτότητα του καλωδίου» του συνδρομητή) στον λιανικό καταναλωτή μέσω αναγραφής του σε κάθε λογαριασμό.

ε) Είδη, υπηρεσίες, υποχρεώσεις της ΑΠΤΒ

Στην αρχή, η ΑΠΤΒ υλοποιήθηκε κυρίως στα μεγάλα αστικά κέντρα

Οι κάτοχοι τηλεφωνικής σύνδεσης, είτε είναι οικιακοί καταναλωτές είτε επιχειρήσεις, μπορούν εν δυνάμει, να κάνουν χρήση της ΑΠΤΒ με επιλογή των υπηρεσιών που επιθυμούν από τον πάροχο που προσφέρει τηλεπικοινωνιακές υπηρεσίες στην περιοχή τους.

Παρ' όλο το έκδηλο ενδιαφέρον των καταναλωτών που από την αρχή εμφάνισαν για τις υπηρεσίες της ΑΠΤΒ, ήταν γεγονός ότι τότε οι τηλεπικοινωνιακοί πάροχοι δεν δραστηριοποιούνταν όλοι στις ίδιες γεωγραφικές περιοχές της χώρας και συνεπώς υπήρχαν πολλές περιοχές της Ελλάδας στις οποίες δεν προσφέρονταν ακόμη υπηρεσίες

ΑΠΤΒ. Επειδή η απόφαση σε ποιες περιοχές θα αποφασίσει να δραστηριοποιηθεί ένας πάροχος αποτελεί μέρος του δικού του επιχειρησιακού σχεδίου και δεν μπορεί να αποτελέσει αντικείμενο ρυθμιστικής παρέμβασης από μέρους της ΕΕΤΤ, είχε ως αποτέλεσμα τη δραστηριοποίησή τους κυρίως στις πυκνοκατοικημένες περιοχές της χώρας. Επιπλέον υπήρχαν κάποιες περιπτώσεις συνδρομητών που, λόγω τεχνικών δυσκολιών σχετιζόμενων με την τηλεφωνική σύνδεση που διέθεταν, δεν μπορούσαν ακόμα να κάνουν χρήση υπηρεσιών ΑΠΤΒ (π.χ. ύπαρξη PCM, μεγάλη απόσταση από το Α/Κ του ΟΤΕ, κλπ). Ο αριθμός όμως αυτών των περιπτώσεων ήταν περιορισμένος και θα μειώνονταν δραματικά τα επόμενα λίγα χρόνια.

Είδη παροχής ΑΠΤΒ

Ο καταναλωτής μπορούσε να επιλέξει κάποιο από τα ακόλουθα είδη παροχής ΑΠΤΒ για τις υπηρεσίες που επιθυμεί:

> *1) Μεριζόμενος Τοπικός Βρόχος (ΜΤοΒ): Σ' αυτήν την περίπτωση ο καταναλωτής επιλέγει τον ΟΤΕ ως πάροχο σταθερής τηλεφωνίας και κάποιον από τους άλλους τηλεπικοινωνιακούς παρόχους ως πάροχο ευρυζωνικών υπηρεσιών. Ο συνδρομητής λαμβάνει λογαριασμό από τον ΟΤΕ με χρέωση του μηνιαίου παγίου και των τηλεφωνικών κλήσεων που πραγματοποιεί και λογαριασμό από τον τηλεπικοινωνιακό πάροχο της επιλογής του για τις ευρυζωνικές υπηρεσίες. Ο συνδρομητής μπορεί αν το επιθυμεί να κάνει χρήση υπηρεσιών επιλογής ή προεπιλογής φορέα για την πραγματοποίηση των τηλεφωνικών του κλήσεων μέσω άλλων παρόχων.*
>
> *2) Πλήρης Τοπικός Βρόχος (ΠΤοΒ) με Φορητότητα Τηλεφωνικού Αριθμού: Σε αυτήν την περίπτωση ο καταναλωτής επιλέγει κάποιον από τους τηλεπικοινωνιακούς παρόχους, εκτός του ΟΤΕ, για την παροχή τόσο της σταθερής τηλεφωνίας όσο και των ευρυζωνικών υπηρεσιών. Παράλληλα, μέσω της φορητότητας τηλεφωνικού αριθμού ο συνδρομητής κρατά, εφόσον το επιθυμεί, τον ίδιο τηλεφωνικό αριθμό που είχε όταν ήταν συνδρομητής του ΟΤΕ, λαμβάνει λογαριασμό μόνο από τον τηλεπικοινωνιακό πάροχο της επιλογής του και δεν μπορεί να κάνει χρήση υπηρεσιών επιλογής ή προεπιλογής φορέα.*

3) Πλήρης Τοπικός Βρόχος (ΠΤοΒ) χωρίς Φορητότητα Τηλεφωνικού Αριθμού: Αυτή η μορφή ΑΠΤΒ είναι όμοια με την προηγούμενη με την διαφορά ότι ο συνδρομητής λαμβάνει νέο τηλεφωνικό αριθμό από το αριθμοδοτικό φάσμα του παρόχου που έχει επιλέξει.

Θα πρέπει να σημειωθεί ότι όλα τα πιο πάνω είδη παροχής ΑΠΤΒ δεν παρέχονταν από όλους τους τηλεπικοινωνιακούς παρόχους και σε όλες τις περιοχές της χώρας.

Υπηρεσίες που προσφέρει η ΑΠΤΒ

Οι τηλεπικοινωνιακές υπηρεσίες που προσφέρονται μέσω της ΑΠΤΒ ήταν για εκείνη την εποχή πραγματικά καινοτόμες για την Ελληνική τηλεπικοινωνιακή αγορά και ήταν δύσκολο να προβλέψει κανείς πώς θα εξελίσσονταν στο μέλλον. Εκτός από το λεγόμενο ευρυζωνικό Διαδίκτυο, κάποιοι τηλεπικοινωνιακοί πάροχοι άρχισαν να προσφέρουν στους συνδρομητές τους προϊόντα double-play (voice & data) και triple-play (voice, data & IPTV) σε ένα λογαριασμό με απεριόριστες τοπικές, εθνικές και διεθνείς κλήσεις σε επιλεγμένους προορισμούς. Με την είσοδο και των εταιρειών κινητής τηλεφωνίας στην ΑΠΤΒ, αναμενόταν σύντομα να εμφανιστούν στην αγορά και προϊόντα quart-play (voice, data, IPTV & mobile services).

Υποχρεώσεις των παρόχων ΑΠΤΒ προς τους καταναλωτές

Οι υποχρεώσεις του ΟΤΕ και των Τηλεπικοινωνιακών Παρόχων (ΤΠ) σχετικά με την εξυπηρέτηση πελατών μέσω ΑΠΤΒ είχαν καθοριστεί από την ΕΕΤΤ (το 2007) ως εξής:

1) Αιτήσεις για ΤοΒ: *Ο ΤΠ πριν από την υποβολή των σχετικών αιτήσεων παροχής ΤοΒ προς τον ΟΤΕ, υποχρεούται να έχει στην κατοχή του τις σχετικές αιτήσεις/εξουσιοδοτήσεις των υποψήφιων συνδρομητών του. Οι εν λόγω αιτήσεις των συνδρομητών υποβάλλονται στον πάροχο μόνο με έναν από τους ακόλουθους τρόπους:*

(α) εγγράφως, με την επισύναψη φωτοτυπίας ταυτότητας, ή

(β) με τηλεομοιοτυπία, με την επισύναψη και αποστολή φωτοτυπίας ταυτότητας, ή

(γ) ηλεκτρονικά, μόνο με χρήση ηλεκτρονικής υπογραφής.

Σημειώνεται ότι η αίτηση παροχής ΤοΒ που υποβάλλεται από τον συνδρομητή προς τον ΤΠ, περιλαμβάνει εξουσιοδότηση/δήλωση του συνδρομητή για καταγγελία των συμβάσεων που έχει συνάψει με τον ΟΤΕ ή/και άλλους ΤΠ [π.χ. τη λήψη υπηρεσιών μέσω Μεριζόμενης Πρόσβασης ή μέσω Χονδρικής Ευρυζωνικής Πρόσβασης (ΧΕΠ), τη λήψη τηλεφωνικών (PSTN/ISDN) υπηρεσιών από τον ΟΤΕ και ή/και υπηρεσιών επιλογής/προεπιλογής φορέα από τον πάροχο δέκτη ή/και υπηρεσιών προεπιλογής φορέα από οποιοδήποτε άλλον ΤΠ] ενώ, ταυτόχρονα, αποτελεί αίτημα να λαμβάνει υπηρεσίες μέσω του ΤοΒ αυτού από τον εν λόγω πάροχο.

Τα αιτήματα σχετικά με την παροχή ΤοΒ πρέπει να προωθούνται από τους ΤΠ στον ΟΤΕ εντός εύλογου χρονικού διαστήματος το οποίο δεν δύναται να υπερβαίνει τις πέντε (5) εργάσιμες ημέρες από την ημερομηνία υποβολής της εξουσιοδότησης/ δήλωσης του καταναλωτή.

Ο ΤΠ είναι αποκλειστικά υπεύθυνος για την ακρίβεια και εγκυρότητα των στοιχείων των αιτήσεων που υποβάλει στον ΟΤΕ και υποχρεούται να διατηρεί τις αιτήσεις των συνδρομητών για τουλάχιστον ένα (1) έτος από την ημερομηνία υποβολής τους στο ΟΤΕ.

Όπως ανέφερα νωρίτερα, σε όλες τις περιπτώσεις αιτήσεως ΤοΒ, η διαδικασία που ακολουθεί ο τελικός καταναλωτής είναι μονοαπευθυντική. Δηλαδή απευθύνεται μόνο στον ΤΠ από τον οποίο θέλει να αγοράσει υπηρεσίες (Πάροχος Δέκτης), ο οποίος ΤΠ αναλαμβάνει να προβεί σε όλες τις απαραίτητες ενέργειες για την ικανοποίηση του αιτήματος του καταναλωτή συμπεριλαμβανομένων και των ενεργειών κατάργησης υπηρεσιών που ο συνδρομητής λαμβάνει από τον ΟΤΕ ή τρίτους παρόχους.

2) Ακύρωση αιτήσεων για ΤοΒ: Ο ΤΠ υποχρεούται να καταθέτει τυχών αιτήματα ακύρωσης ΤοΒ τουλάχιστον δύο (2) εργάσιμες ημέρες πριν από την προβλεπόμενη ημερομηνία υλοποίησης της αίτησης παροχής του ΤοΒ. Σε αντίθετη περίπτωση η αίτηση ακύρωσης ενδεχομένως να μην είναι δυνατόν να υλοποιηθεί.

3) Ο ΤΠ οφείλει να ενημερώνει τον καταναλωτή για την πορεία της αίτησής του εφόσον ο καταναλωτής το αιτηθεί. Σε περίπτωση που ο καταναλωτής θεωρεί ότι δεν πληροφορείται επαρκώς από τον ΤΠ και εφόσον το επιθυμεί, μπορεί να υποβάλει έγγραφη καταγγελία στο Τμήμα Καταναλωτών της ΕΕΤΤ.

4) Χρόνοι παράδοσης ΤοΒ: Ο χρόνος παράδοσης του ΤοΒ, δηλαδή το χρονικό διάστημα που μεσολαβεί μεταξύ της επόμενης εργάσιμης ημέρας από την αποστολή της αίτησης από τον ΤΠ στον ΟΤΕ και της ημερομηνίας υλοποίησής της, καθορίζεται από την ΕΕΤΤ σε εργάσιμες ημέρες (ΕΗ).

Σε όλες τις πιο πάνω μεταβάσεις θα καταβάλλεται κάθε δυνατή προσπάθεια από τον ΟΤΕ και τον ΤΠ ώστε να ελαχιστοποιηθεί ο χρόνος κατά τον οποίο ο τελικός καταναλωτής μένει χωρίς φωνητικές ή/και ευρυζωνικές υπηρεσίες, όταν αυτός αιτηθεί αλλαγή παρόχου ή/και λαμβανομένων υπηρεσιών. Συγκεκριμένα, ο ΟΤΕ και οι κατά περίπτωση εμπλεκόμενοι τηλεπικοινωνιακοί πάροχοι οφείλουν να ολοκληρώσουν τις απαραίτητες ενέργειες (διακοπή προηγούμενης υπηρεσίας, ενεργοποίηση νέας υπηρεσίας) εντός της ίδιας ημέρας. Αυτό σημαίνει ότι, παρόλο που η παροχή του ΤοΒ μπορεί να χρειαστεί από 10-13 ΕΗ, ο συνδρομητής θα παραμείνει χωρίς υπηρεσία όχι περισσότερο από μία ημέρα.

Σε περίπτωση που ο ΟΤΕ υπερβεί τον πραγματικό χρόνο παράδοσης του ΤοΒ, καταπίπτει αυτοδικαίως σε βάρος του και υπέρ του ΤΠ, όχι υπέρ του καταναλωτή, σχετική ποινική ρήτρα.

5) Χρόνοι αποκατάστασης βλαβών ΤοΒ*: Σε περίπτωση βλάβης στον ΤοΒ, ο ΟΤΕ υποχρεούται να άρει τη αναγγελθείσα βλάβη το αργότερο σε συγκεκριμένους πραγματικούς χρόνους άρσης βλάβης που έχει ορίσει η ΕΕΤΤ για τουλάχιστον το 85% των περιπτώσεων, όπου: «πραγματικός χρόνος άρσης βλάβης» είναι ο χρόνος άρσης βλάβης μείον ο ανενεργός χρόνος βλάβης, «χρόνος άρσης βλάβης» είναι το χρονικό διάστημα που μεσολαβεί από τις 07.20 πμ της πρώτης εργασίμου ημέρας μετά την αναγγελία της βλάβης μέσω του πληροφοριακού συστήματος (ΠΣ) του ΟΤΕ, μέχρι την ώρα που θα εμφανιστεί στο ΠΣ του ΟΤΕ η άρση της βλάβης και «ανενεργός χρόνος βλάβης» είναι το συνολικό χρονικό διάστημα καθυστερήσεων άρσης της βλάβης μη υπαιτιότητας ΟΤΕ.*

Σε περίπτωση που ο ΟΤΕ υπερβεί τον πραγματικό χρόνο άρσης βλάβης του ΤοΒ, για κάθε ημέρα καθυστέρησης καταπίπτει αυτοδικαίως σε βάρος του και υπέρ του ΤΠ, όχι υπέρ του καταναλωτή, σχετική ποινική ρήτρα.

Συμβουλές στους καταναλωτές αναφορικά με τις υπηρεσίες ΑΠΤΒ

1) Θέματα συμβάσεων ΑΠΤΒ μεταξύ ΤΠ και καταναλωτών: Οι καταναλωτές θα πρέπει να βεβαιώνονται ότι ο πάροχος της επιλογής τους για την προσφορά ΑΠΤΒ μεταξύ άλλων:

(α) εξασφαλίζει την πρόσβαση των καταναλωτών σε πληροφορίες σχετικά με τις ισχύουσες τιμές, τους τυποποιημένους όρους και τις προϋποθέσεις πρόσβασης και χρήσης των υπηρεσιών του οι οποίες πρέπει να είναι, διαφανείς, πλήρεις, ακριβείς και σαφείς (εύχρηστες), καθώς και

(β) μεριμνά ώστε οι καταναλωτές να έχουν λάβει γνώση των όρων της σύμβασης πριν υπογράψουν την αίτηση παροχής υπηρεσιών μέσω ΑΠΤΒ.

2) Θέματα παροχής υπηρεσιών «γρήγορου» Internet: Οι καταναλωτές θα πρέπει να γνωρίζουν ότι η πραγματικά λαμβανόμενη ταχύτητα υπηρεσιών «γρήγορου» Internet συχνά διαφέρει σημαντικά από την ονομαστική ταχύτητα (π.χ. 512 Kbps ή 1 Mbps). Αυτό οφείλεται μεταξύ άλλων στην τεχνολογία DSL που χρησιμοποιείται από τον ΤΠ, στην απόσταση μεταξύ του χώρου του συνδρομητή με το Α/Κ του ΟΤΕ στο οποίο ανήκει ο συνδρομητής, στην ποιότητα του χάλκινου καλωδίου, στον αριθμό των χρηστών του ΤΠ ανά DSLAM (Contention Ratio), κ.λπ. Το Contention Ratio καθορίζει τον αριθμό των τελικών χρηστών που μοιράζονται τη χωρητικότητα του καλωδίου που συνδέει το DSLAM στο συγκεκριμένο Α/Κ και η οποία είναι σε όλες τις περιπτώσεις μικρότερη από το άθροισμα των ονομαστικών ταχυτήτων του συνόλου συνδρομητών που εξυπηρετεί το DSLAM (για ένα πλήρως καταλυμένο DSLAM).

<u>ΟΤΕ: ΥΠΟΧΡΕΩΣΕΙΣ ΤΟΥ & ΑΝΤΙΣΤΑΣΕΙΣ ΣΤΗΝ ΑΠΤΒ</u>

α) Υποχρεώσεις του ΟΤΕ για συνεγκατάσταση και ΑΠΤΒ

Ο ΟΤΕ, ως πάροχος με σημαντική ισχύ (ΣΙΑ) στην αγορά «Παροχής Αδεσμοποίητης Πρόσβασης σε Μεταλλικούς Βρόχους και Υποβρόχους» *υποχρεούται:*

1) Να παρέχει πρόσβαση σε μεταλλικούς τοπικούς βρόχους και υποβρόχους.

2) Να παρέχει πρόσβαση σε συναφείς ευκολίες οι οποίες είναι αναγκαίες για την αποτελεσματική υλοποίηση της πρόσβασης στον τοπικό βρόχο, όπως η συνεγκατάσταση (φυσική, απομακρυσμένη, εικονική) και τα συνδετικά καλώδια. Μέσω της συνεγκατάστασης ο εναλλακτικός πάροχος δύναται να εγκαταστήσει τον κατάλληλο εξοπλισμό προκειμένου να διασυνδέσει τους αδεσμοποίητους τοπικούς βρόχους με το δίκτυο του, μέσω ιδίας υποδομής ή μέσω υποδομής παρόχου της επιλογής του.
3) Να δημοσιεύει προσφορά αναφοράς ΑΠΤΒ στην οποία (με την έγκριση της ΕΕΤΤ) ορίζονται οι διαδικασίες και τα χρονοδιαγράμματα με τα οποία ο ΟΤΕ υποχρεούται να παραδίδει τους βρόχους στους τηλεπικοινωνιακούς παρόχους και να παρέχει υπηρεσίες συνεγκατάστασης.
4) Σύμφωνα με την ισχύουσα προσφορά, ο ΟΤΕ υποχρεούται κατόπιν αιτήματος να ενημερώνει εντός προκαθορισμένου αριθμού ημερών εάν ο βρόχος είναι επιλέξιμος. Στην περίπτωση επιλέξιμων βρόχων και αφού υπογραφεί η σχετική συμφωνία μεταξύ ΟΤΕ και παρόχου, ο ΟΤΕ οφείλει να παραδώσει τον βρόχο εντός προκαθορισμένου αριθμού ημερών.
5) Σύμφωνα με την εκάστοτε ισχύουσα προσφορά, ο ΟΤΕ υποχρεούται να ανταποκρίνεται άμεσα σε αιτήματα συνεγκατάστασης (με την εκπόνηση σχετικής μελέτης εντός προκαθορισμένου αριθμού ημερών από το αίτημα) και στη συνέχεια εφόσον ο πάροχος αποδεχτεί την προσφορά του ΟΤΕ, να παρέχει υπηρεσίες συνεγκατάστασης εντός προκαθορισμένου αριθμού μηνών από την υπογραφή της σχετικής Σύμβασης.
6) Υποχρέωση «μη διακριτικής μεταχείρισης».
7) Να συνάπτει Συμφωνίες Επιπέδου Υπηρεσίας (Service Level Agreements ή SLAs) για όλα τα προϊόντα και για όλες τις διαδικασίες, όπως παροχή των υπηρεσιών και αποκατάσταση βλαβών. Οι εν λόγω Συμφωνίες θα πρέπει να περιέχουν συγκεκριμένες ρήτρες και όρους αναφορικά με την ευθύνη των μερών οι οποίες και θα λειτουργούν ως κίνητρο για τη συμμόρφωση των μερών με αυτά. Η βασική ελάχιστη ποιότητα των παραμέτρων υπηρεσιών (Βασικό SLA) καθώς και οι σχετικές οικονομικές ρήτρες ή όροι αναφορικά με την ευθύνη των μερών που θα ισχύουν σε περίπτωση μη συμμόρφωσης με τις προϋποθέσεις του Βασικού SLA, θα πρέπει να αποτελούν μέρος της βασικής λίστας των περιεχομένων της σχετικής Προσφοράς Αναφοράς που θα δημοσιεύεται από τον ΟΤΕ.

Για να βελτιωθεί η συνεργασία μεταξύ ΟΤΕ και εναλλακτικών και να ομαλοποιηθεί η διαδικασία της συνεγκατάστασης και της ΑΠΤΒ, *η ΕΕΤΤ είχε προτείνει στον ΟΤΕ τα κάτωθι*:

1) Να διοριστεί ένας κεντρικός συντονιστής (project manager) από την πλευρά του ΟΤΕ ο οποίος θα παρακολουθεί και θα «τρέχει» το έργο των συνεγκαταστάσεων σε όλη του έκταση.
2) Να ομαδοποιηθούν τα διάφορα σχετικά έργα σε μια διαγωνιστική διαδικασία.
3) Να αυξηθεί η τελική «παραγωγή» απ' την πλευρά του ΟΤΕ επί του δοθέντος προσωρινού χρονοδιαγράμματος υλοποίησης.
4) Να χρησιμοποιηθεί εκ μέρους του ΟΤΕ η δυνατότητα outsourcing για ανάθεση των κατασκευαστικών έργων ή τμημάτων αυτών, ώστε να επιταχύνονται οι εργασίες.
5) Να υπάρξει συμφωνία μεταξύ ΟΤΕ και λοιπών τηλεπικοινωνιακών παρόχων για το τελικό χρονοδιάγραμμα, με αξιόπιστες, σταθερές και ταχύτερες διαδικασίες και την τήρηση του.
6) Να οργανωθούν τακτικές συναντήσεις μεταξύ ΟΤΕ και παρόχων με την εποπτεία της ΕΕΤΤ, προς ενημέρωση και επίλυση προβλημάτων.
7) Να υπάρξει ίση μεταχείριση αιτημάτων των παρόχων και των αιτημάτων του ίδιου του ΟΤΕ για υπηρεσίες, διασύνδεση και συνεγκατάσταση.
8) Να δοθεί εγγύηση ελάχιστου ρυθμού αποδεσμοποίησης τοπικών βρόχων από τον ΟΤΕ, ανά ημέρα, νομό και μήνα.
9) Να αποστέλλονται από τον ΟΤΕ και τους παρόχους μηνιαίες αναφορές στην ΕΕΤΤ, οι οποίες να περιέχουν την πορεία υλοποίησης των αιτημάτων συνεγκατάστασης και τα προβλήματα ανά περίπτωση.

Μετά από πολλές πιέσεις της ΕΕΤΤ και δικές μου παρασκηνιακές απειλές στον ίδιο τον Πρόεδρο του ότι ετοιμαζόμουν να παραπέμψω τον ΟΤΕ στην Ευρωπαϊκή Επιτροπή Ανταγωνισμού[128] με το αίτημα, πρώτον του «λειτουργικού του διαχωρισμού» και δεύτερον επιβολής μεγάλου χρηματικού προστίμου παρόμοιου αυτού των 152 εκατ. ευρώ που τότε πρόσφατα είχε επιβάλλει η Επιτροπή στην ισπανική Telefonica για ανάλογη περίπτωση, κατορθώσαμε μέσα σε σύντομο χρονικό διάστημα να τον δεσμεύσουμε σε ένα αυστηρά στενό χρονοδιάγραμμα υλοποίησης φυσικών συνεγκαταστάσεων και παράδοσης τοπικών βρόχων. Το νερό είχε μπει στο αυλάκι, άνοιγε πλέον ο δρόμος της Ευρυζωνικότητας και, όπως λένε, «τα υπόλοιπα είναι απλώς ιστορία».

Το τελικό (ευχάριστο) αποτέλεσμα ήταν ότι, έπειτα από αρκετούς μήνες προστριβών μεταξύ ΟΤΕ και εναλλακτικών και ενώ η ΕΕΤΤ είχε καλέσει σε ακρόαση τον ΟΤΕ για τις καθυστερήσεις στη συνεγκατάσταση στα Α/Κ του, υπεγράφη[129] στις αρχές Φεβρουαρίου του 2007 - μετά από την 8μηνη επίπονη προσπάθειά μας με τους εμπλεκόμενους φορείς - το ιδιωτικό συμφωνητικό συνεγκατάστασης μεταξύ του ΟΤΕ και των εναλλακτικών παρόχων, με την προσεκτική διαμεσολάβηση της ΕΕΤΤ. Η αγορά έφτανε πλέον σε ένα νέο επίπεδο ωρίμανσης, που επέτρεπε νέες συνέργιες και διεργασίες που θα έφερναν ταχύτερα και αποδοτικότερα αποτελέσματα. Αυτό βέβαια αφού ο ΟΤΕ πιέστηκε να υποβάλει νέα πρόταση με την οποία βελτίωνε τους όρους της αρχικής του για τους εναλλακτικούς και ήρε το ανώτατο όριο αριθμού βρόχων που θα τους παραχωρούσε.

Μέσα σε δυο μήνες, οι προετοιμασίες των χώρων συνεγκατάστασης προχωρούσαν με ταχύτερο ρυθμό και ο συνολικός αριθμός των βρόχων στους οποίους είχαν πρόσβαση οι εναλλακτικοί πάροχοι αυξάνονταν ραγδαία. Οι πάροχοι όμως που συνεχώς απαιτούσαν ταχύτερη παράδοση βρόχων, απεδείχθησαν ότι ήταν ανέτοιμοι να τους προωθήσουν στους καταναλωτές, καθότι μέχρι τον Απρίλιο του 2007 είχαν διαθέσει μόνο το 22% του συνόλου των βρόχων που τους δόθηκαν. Όπως βέβαια το κάθε τι, έτσι και με την συνεγκατάσταση και την απελευθέρωση του τοπικού βρόχου, η διαδικασία έπρεπε να περάσει από την φάση των «παιδικών της ασθενειών» μέχρις ότου όλοι τους συντονιστούν σε ένα ρυθμό ο οποίος τελικά απεδείχθη ότι ήταν υπέρ-ικανοποιητικός, με αποτέλεσμα την εκρηκτική ανάπτυξη της Ευρυζωνικότητας μέσω τοπικού βρόχου[130]. Μέσα στο 2007, οι επενδύσεις που έγιναν στην τηλεπικοινωνιακή αγορά έφταναν το συνολικό ύψος των 1,3 δις. ευρώ (1 δις. εκατ. ευρώ οι εναλλακτικοί και

300 εκατ. ο ΟΤΕ), έναντι 800 εκατ. ευρώ το 2006 (580 εκατ. ευρώ οι εναλλακτικοί και 225 εκατ. ευρώ ο ΟΤΕ).

Είχαμε πλέον εισέλθει σε νέα εποχή, στο πλαίσιο της οποίας ο ανταγωνισμός θα κρινόταν στις επενδύσεις σε τηλεπικοινωνιακές υποδομές.

β) Αντιστάσεις του ΟΤΕ στην υλοποίηση των υποχρεώσεων του

Η αρχή για το άνοιγμα της Ευρυζωνικότητας έγινε με την έγκριση από την Ευρωπαϊκή Επιτροπή του σχεδίου μέτρων που της υπέβαλε η ΕΕΤΤ στις αρχές του 2006 για τη συνεγκατάσταση των εναλλακτικών τηλεπικοινωνιακών παρόχων στα Α/Κ του ΟΤΕ και την «αδεσμοποίητη πρόσβαση σε μεταλλικούς βρόχους και υποβρόχους». Όπως είδαμε, τα μέτρα αυτά παρείχαν στην ΕΕΤΤ νέα εργαλεία προώθησης της Ευρυζωνικότητας και άνοιγαν τον δρόμο των ευρυζωνικών δικτύων για τους ιδιώτες παρόχους με την επιβολή στον ΟΤΕ μιας σειράς κανονιστικών υποχρεώσεων[131].

Ευθύς αμέσως, ο ΟΤΕ αντέδρασε δηλώνοντας ότι σκοπεύει να προσφύγει στα διοικητικά δικαστήρια και χαρακτήρισε *«διαβλητή»* αυτήν την Απόφαση της ΕΕΤΤ σε δύο τουλάχιστον σημεία: στις λεγόμενες «προβλέψεις» των παρόχων σχετικά με τον αριθμό των γραμμών που θα ζητηθούν από τον ΟΤΕ και στη διαδικασία «διαιτησίας» που επέβαλε η Απόφαση σε περίπτωση οικονομικής διαφοράς:

> *1) Οι «προβλέψεις αριθμού βρόχων» που καταθέτει κάθε εναλλακτικός πάροχος, σύμφωνα με στελέχη του ΟΤΕ, άφηναν παράθυρα ερμηνειών, γεγονός που μπορούσε να καλλιεργήσει κλίμα δυσπιστίας και να δημιουργήσει αφορμές συγκρούσεων στην τηλεπικοινωνιακή αγορά. Ειδικά στις περιπτώσεις που οι προβλέψεις δεν συνέπιπταν με την πραγματική τελική ζήτηση, τότε προσφέρονταν η ευκαιρία για νομικές προσφυγές ένθεν κακείθεν. Τα στελέχη του Οργανισμού επικαλούνταν την υπόθεση των μισθωμένων κυκλωμάτων στο παρελθόν, όπου οι πάροχοι*

αιτούνταν «εξωπραγματικούς» αριθμούς μισθωμένων κυκλωμάτων, έχοντας εκ των προτέρων γνώση ότι δεν μπορούν να εξυπηρετηθούν από τον ΟΤΕ, με απώτερο στόχο τη διεκδίκηση ρητρών.
2) Από την άλλη πλευρά, η δυνατότητα επίλυσης οικονομικής διαφοράς του ΟΤΕ με έναν πάροχο μέσω διαιτησίας, εθεωρείτο από τον ΟΤΕ ότι παρακώλυε την επίλυση της διαφοράς στα αστικά δικαστήρια που ήταν και τα αρμόδια να κρίνουν ένα τέτοιο ζήτημα.

Στην ΕΕΤΤ θεωρούσαμε ότι αυτά τα ζητήματα που έθετε ο ΟΤΕ ήταν ήσσονος σημασίας με εκείνα που επέλυαν τα μέτρα μας και ότι μια προσφυγή του ΟΤΕ δεν θα μετέβαλε τον χαρακτήρα της νέας ρύθμισης, όπως και πράγματι έγινε.

Αναφέρω στη συνέχεια μερικά άλλα χαρακτηριστικά παραδείγματα αντίστασης του ΟΤΕ στη συνεγκατάσταση και στην παροχή βρόχων:

1) Αντιστάσεις στη συνεγκατάσταση:

(α) Δικαιολογίες για καθυστερήσεις στην παροχή συνεγκατάστασης: Ο ΟΤΕ από την αρχή προσπάθησε να φέρει δυσκολίες στην ανάπτυξη της ΑΠΤΒ, με την επιβολή πολύ αυστηρών απαιτήσεων στους εναλλακτικούς παρόχους, όπως: (α) εγγυητικές επιστολές υψηλής χρηματικής αξίας και (β) πολύ αυστηρούς και περιοριστικούς κανόνες για την πρόσβαση τους σε χώρους συνεγκατάστασης του ΟΤΕ.
(β) Μερικές φορές πάλι, αντί να κατασκευάσει έναν χώρο που να αντιστοιχεί στις απαιτήσεις των εναλλακτικών παρόχων, κατασκεύαζε έναν πολύ μεγαλύτερο και χρέωνε ανάλογα τους εναλλακτικούς. Συνέπεια αυτού ήταν μερικοί εναλλακτικοί πάροχοι, ιδίως οι μικροί, να μη μπορούν να προχωρήσουν σε συνεγκατάσταση.
(γ) Σε άλλες περιπτώσεις, οι εναλλακτικοί πάροχοι είχαν δυσκολία να πάρουν πρόσθετο χώρο σε Α/Κ όπου είχαν ήδη εγκατασταθεί, με αποτέλεσμα να μη μπορούν να επεκταθούν για να προσελκύσουν νέους πελάτες.
(δ) Ο ΟΤΕ δεν γνωστοποιούσε τα σχέδια ή χρονοδιαγράμματα του για το άνοιγμα των χώρων συνεγκατάστασης.

2) Αντιστάσεις στην παροχή τοπικών βρόχων και στην επιδιόρθωση ελαττωματικών γραμμών:

(α) Ο ΟΤΕ καθυστέρησε πολύ και, τουλάχιστον μέχρι το τέλος της θητείας μου, δεν είχε εγκαταστήσει μια πλήρως αποτελεσματική διαδικασία αποδεσμοποίησης του τοπικού βρόχου.

(β) Από την αρχή, αντιδρούσε έντονα στην αποδεσμοποίηση του τοπικού βρόχου και δήλωνε ότι σκόπευε να προσφύγει στα διοικητικά δικαστήρια κατά της απόφασης (πράγμα που απ' ότι γνωρίζω ποτέ δεν έπραξε).

(γ) Άλλες φορές πάλι, δεν τηρούσε την υποχρέωση του να παραδώσει τον τοπικό βρόχο στον προκαθορισμένο αριθμό εργάσιμων ημερών από την ημερομηνία αιτήματος του εναλλακτικού παρόχου, παρουσίαζε καθυστερήσεις στην επιδιόρθωση ελαττωματικών βρόχων καταστρατηγώντας τα SLAs, εμφάνιζε σειρά λαθών στη μεταβίβαση ενός πελάτη από τον ΟΤΕ σε εναλλακτικό πάροχο, κ.λπ.

(δ) Λίγο αργότερα, ο ΟΤΕ και πάλι αντέδρασε σθεναρά στον RUO της ΕΕΤΤ της 5/4/2007 που καθόριζε τους όρους και τις προϋποθέσεις με τις οποίες οι πάροχοι θα αποκτούσαν πρόσβαση στο δίκτυο του ΟΤΕ.

Παράγοντες της αγοράς έκαναν τότε λόγο για «γκρίνιες» του ΟΤΕ εν όψει του ανοίγματος της αγοράς η οποία θα οδηγούσε σε ταχύτερη συρρίκνωση του μεριδίου του, απ' ότι μέχρι τότε. Η εικασία αυτή ενισχύονταν από την πληροφορία ότι κάθε ημέρα συλλέγονταν περίπου 1.000 αιτήσεις για αποδεσμοποίηση του τοπικού βρόχου - αριθμός ιδιαίτερα υψηλός τότε για την επιχειρησιακή ετοιμότητα του ΟΤΕ – που είχε θορυβήσει τη Διοίκησή του.

Καταγγελίες κατά του ΟΤΕ από τους άλλους τηλεπικοινωνιακούς παρόχους του κλάδου, υπήρξαν πάρα πολλές μέσα στην τετραετία, για τις οποίες η ΕΕΤΤ διεξήγαγε πληθώρα ακροάσεων, μέσα από τις οποίες είχε λάβει αποφάσεις επιβολής στον ΟΤΕ υψηλότατων προστίμων. (Βέβαια, η ΕΕΤΤ δεν επέβαλε πρόστιμα μόνο στον ΟΤΕ. Από τα υψηλά πρόστιμα της ΕΕΤΤ δεν γλύτωσαν ούτε οι εναλλακτικοί πάροχοι Ευρυζωνικότητας[132],[133] ούτε οι εταιρείες κινητής τηλεφωνίας)[134].

ΕΦΑΡΜΟΓΗ ΤΗΣ ΑΠΤΒ: ΠΡΩΤΑ ΒΗΜΑΤΑ ΚΑΙ ΑΠΟΤΕΛΕΣΜΑΤΑ

α) Πιστή εφαρμογή της ΑΠΤΒ από την ΕΕΤΤ

Για την επίτευξη του στόχου της αύξησης Ευρυζωνικότητας και για να επιταχύνουμε τις διαδικασίες του τοπικού βρόχου, είχαμε από τον πρώτο χρόνο (2006) συστήσει στην ΕΕΤΤ ειδική εσωτερική *Ομάδα Εργασίας (Task Force)*, με αντικείμενο την στενή παρακολούθηση και συνεργασία με τον ΟΤΕ και τους παρόχους για την υλοποίηση και καλύτερη προώθηση της φυσικής συνεγκατάστασης και της ΑΠΤΒ και την ενεργή και συνεχή διαμεσολάβηση της ΕΕΤΤ στην επίλυση εμφανιζόμενων προβλημάτων και προστριβών*[135]*.

Η Ομάδα αυτή βρισκόταν σε καθημερινή επικοινωνία με τους υπεύθυνους του ΟΤΕ και των ενδιαφερομένων παρόχων, με σκοπό την αποτελεσματικότερη διευθέτηση των αιτημάτων των δικαιούχων, την εξάλειψη τυχόν καθυστερήσεων στην ικανοποίηση τους και την τάχιστη επίτευξη του στόχου της ουσιαστικής αύξησης της διείσδυσης της Ευρυζωνικότητας στη χώρα. Στο τέλος κάθε εβδομάδος ζητούσα προσωπικά από την Ομάδα αυτή, στατιστικά στοιχεία και αναλυτικούς πίνακες σχετικά με την εβδομαδιαία πρόοδο στην παράδοση τοπικών βρόχων LLU.

Τα αποτελέσματα αυτής της εντατικής εποπτείας άρχισαν να γίνονται ορατά από την πρώτη στιγμή και αυτό συνέβαλε καθοριστικά στην ραγδαία αύξηση του αριθμού των Α/Κ που καθίσταντο διαθέσιμα για τη συνεγκατάσταση υποδομών των εναλλακτικών παρόχων στο πλαίσιο της ΑΠΤΒ και στην εκπληκτική αύξηση του αριθμού των καταναλωτών που αιτούντο εξυπηρέτηση μέσω νέων ευρυζωνικών υπηρεσιών.

β) Προβλήματα και παράπονα στα πρώτα στάδια της ΑΠΤΒ

Εδώ θα πρέπει να επισημάνω ότι για να δουλέψει αποτελεσματικά ο νέος κανονισμός RUO και η διαδικασία της ΑΠΤΒ και να μην ταλαιπωρείται ο καταναλωτής, θα έπρεπε οι τεχνικοί του ΟΤΕ και αυτοί των εναλλακτικών παρόχων να συνεργάζονται μεταξύ τους άψογα μέσα στα Α/Κ του ΟΤΕ κατά τη μεταφορά της ευρυζωνικής γραμμής (του τοπικού βρόχου) από τα μηχανήματα του ΟΤΕ σ' αυτά του εναλλακτικού παρόχου.

Δυστυχώς όμως, για σημαντικό χρονικό διάστημα, ούτε ο ΟΤΕ (ο οποίος δεν είχε κανένα συμφέρον να βοηθήσει στην διαδικασία), αλλά ούτε οι εναλλακτικοί πάροχοι, ήταν έτοιμοι να αντιμετωπίσουν την έκρηξη στη ζήτηση Ευρυζωνικότητας που συντελέστηκε με την απελευθέρωση του τοπικού βρόχου.

Τα πρώτα προβλήματα παροχής βρόχων στους πελάτες των εναλλακτικών παρόχων εμφανίστηκαν νωρίς στις αρχές του 2007. Πολλοί χρήστες επιθυμούσαν τότε να αποδεσμευτούν από τον ΟΤΕ και να μεταφερθούν σε κάποιον από τους εναλλακτικούς παρόχους που – με την ΑΠΤΒ - τους προσέφεραν δελεαστικά πακέτα χωρίς να χρεώνουν το πάγιο του ΟΤΕ. Τα παράπονα των εναλλακτικών παρόχων ήταν έντονα, ισχυριζόμενοι ότι ο ΟΤΕ εμφανίζει αδικαιολόγητη καθυστέρηση στην ικανοποίηση του αιτήματος των χρηστών, βάζοντας εμπόδια και απαράδεκτους περιορισμούς στην παροχή βρόχων, έχοντας τους χρήστες να περιμένουν μέχρι και 2 μήνες για να αποδεσμευτούν από τον ΟΤΕ, φοβούμενος πως εάν τους απελευθερώσει θα μειωθούν τα έσοδα του. Οι συνδρομητές που είχαν καταφέρει να φύγουν από τον ΟΤΕ και να ενταχθούν σε κάποιο από τα προγράμματα των εναλλακτικών παρόχων υπολογίζονταν τότε στους περίπου 28.000, ενώ άλλοι περίπου 50.000 είχαν δείξει σχετικό ενδιαφέρον και περίμεναν στην ουρά «όμηροι του ΟΤΕ»*[136]*.

Η πρώτη επίσημη σχετική προσφυγή στην ΕΕΤΤ έγινε τότε από την Tellas, στην οποία 25.300 συνδρομητές είχαν δηλώσει ότι θέλανε να πάνε στην υπηρεσία Zisto που αυτή τους προσέφερε (double play, συνδυασμός σταθερής τηλεφωνίας με το Ίντερνετ). Η ΕΕΤΤ μετά από προφορική διαδικασία ασφαλιστικών μέτρων (στην οποία οι εκπρόσωποι του ΟΤΕ εμφανίστηκαν απροετοίμαστοι και με έλλειψη επιχειρημάτων) απεφάνθη ότι ο ΟΤΕ, προβάλλοντας διάφορα προσκόμματα, κρατάει αδικαιολόγητα τους συγκεκριμένους συνδρομητές στο δίκτυό του και ότι η συμπεριφορά του αυτή δημιουργεί σοβαρά οικονομικά και λειτουργικά προβλήματα στην Tellas, προκαλώντας ζημιά στη φήμη και το κύρος της εταιρείας έναντι του καταναλωτικού κοινού. Η ΕΕΤΤ δικαίωσε την Tellas στη διαμάχη της με τον ΟΤΕ, εξέδωσε απόφαση προσωρινών ασφαλιστικών μέτρων και υποχρέωνε τον ΟΤΕ να αποδεσμεύσει το 70% των συγκεκριμένων συνδρομητών μέσα στις ερχόμενες 15 εργάσιμες μέρες. Σε διαφορετική περίπτωση, για κάθε μέρα καθυστέρησης θα πλήρωνε πρόστιμο 10 ευρώ ανά γραμμή/ζεύγος (ανά τοπικό βρόχο).

Τον δρόμο που άνοιξε η Tellas ακολούθησαν σύντομα και άλλοι τηλεπικοινωνιακοί πάροχοι που και αυτοί είχαν συγκεντρώσει επίσης υψηλό αριθμό ανεκτέλεστων αιτήσεων (περίπου 50.000). Η απόφαση της ΕΕΤΤ είχε πλέον ανοίξει τον δρόμο και επιτάχυνε τις διαδικασίες απελευθέρωσης και παράδοσης τοπικών βρόχων.

γ) Τα πρώτα αποτελέσματα

Ως αποτέλεσμα όλων των ανωτέρω, μέσα σε 2 χρόνια είχαμε ήδη στο τέλος του 2007 ξεπεράσει το 1.000.000 ιδιωτικές ευρυζωνικές συνδέσεις (βλέπε Σχ. 6.2), κάτι που όταν ρωτούσαμε πριν δυο χρόνια διάφορους παράγοντες της αγοράς, το θεωρούσαν όνειρο θερινής νυκτός. Η Ελλάδα, έλεγαν, *«ποτέ δεν πρόκειται να έχει 1.000.000 ανθρώπους που να θέλουν απλή πρόσβαση στο Ίντερνετ, πολύ δε περισσότερο να θέλουν πρόσβαση μέσω υψηλής ευρυζωνικής ταχύτητας»*!

Μέσα σε δύο χρόνια, ένας στους πέντε συνδρομητές ευρυζωνικών υπηρεσιών συνδεόταν στο Διαδίκτυο μέσω αδεσμοποίητου τοπικού βρόχου εναλλακτικού παρόχου. Η Ευρωπαϊκή Επιτροπή, δια στόματος της αρμόδιας Επιτρόπου για την «Κοινωνία της Πληροφορίας και των ΜΜΕ» κ. Viviane Reding ανέφερε ότι *«τα τελευταία χρόνια η Ελλάδα αναδεικνύεται σε μια από τις ταχύτερα αναπτυσσόμενες ευρυζωνικές αγορές της Ε.Ε. Στον τελευταίο 1½ χρόνο, οι συνολικές ευρυζωνικές συνδέσεις αυξήθηκαν κατά περίπου 120%, ενώ οι τοπικοί βρόχοι που απελευθερώθηκαν με την επέμβαση της ΕΕΤΤ αυξήθηκαν κατά 1.417%!».*

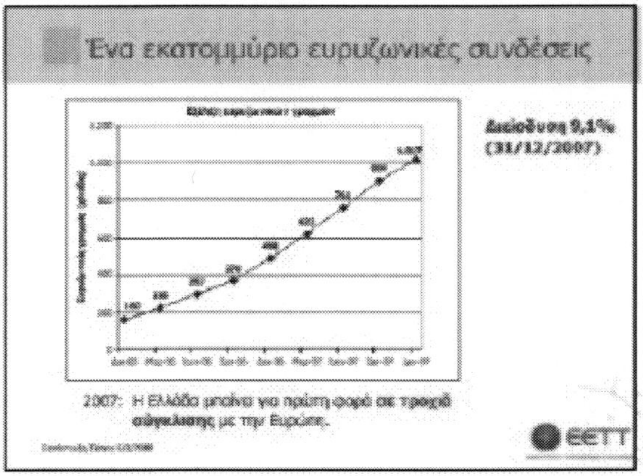

Σχ. 6.2: 1.000.000 ευρυζωνικές συνδέσεις στα πρώτα δύο χρόνια (τέλος του 2007).

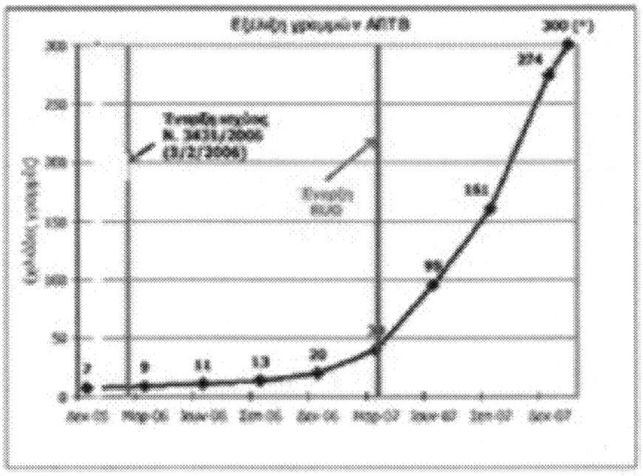

Σχ. 6.3: Η εξέλιξη των ευρυζωνικών γραμμών αδεσμοποίητου τοπικού βρόχου στην πρώτη διετία: (α) μετά την ενσωμάτωση του κοινοτικού θεσμικού πλαισίου (3/2/2006) και (β) μετά την εφαρμογή από την ΕΕΤΤ του νέου RUO (25/4/2007).

Στο τέλος του επόμενου έτους 2008, η μελέτη που εκπόνησε η εταιρεία ερευνών Point Topic ανέφερε ότι *«η Ελλάδα ήταν τέταρτη παγκοσμίως στην αύξηση ευρυζωνικών συνδέσεων και ότι η Ευρυζωνικότητα στην Ελλάδα θα γνωρίσει αύξηση 112% μέχρι το 2013»[137]*, ενώ η 14η Έκθεση της Ευρωπαϊκής Επιτροπής διαπίστωνε πως *«η Ελλάδα είναι η 7η φθηνότερη χώρα στην Ε.Ε. με βάση το μέσο κόστος των τοπικών βρόχων και η αύξηση της ευρυζωνικής διείσδυσης κατά το 2008 ήταν η τρίτη υψηλότερη στην Ε.Ε.»[138]*

ΠΡΟΤΑΣΕΙΣ ΜΑΣ ΓΙΑ ΠΡΟΩΘΗΣΗ ΤΗΣ ΕΥΡΥΖΩΝΙΚΟΤΗΤΑΣ *[139]*

Είχαμε υποβάλει διάφορες επί μέρους προτάσεις, *με εκτιμήσεις αντίστοιχου κόστους,* για ενέργειες που θα προωθούσαν τις νέες τεχνολογίες του Ιντερνετ και της Ευρυζωνικότητας*[140]*. Τον Μάιο και Ιούλιο του 2006 με εμπιστευτικές μου επιστολές προς τους αρμόδιους Υπουργούς της Κυβέρνησης προτείνω την αξιοποίηση μέρους του αποθεματικού της ΕΕΤΤ (εσόδων της ΕΕΤΤ από τα ανταποδοτικά τέλη, τις άδειες και τα πρόστιμα των τηλεπικοινωνιακών παρόχων) και άλλων εισπράξεων της ΕΕΤΤ για την υλοποίηση έργων προώθησης νέων τεχνολογιών, με εκτίμηση του αντίστοιχου κόστους τους:

1) «Σχολικό Ίντερνετ»: την ευρυζωνική σύνδεση 10.000 σχολικών μονάδων πρωτοβάθμιας και δευτεροβάθμιας εκπαίδευσης με υψηλής ταχύτητας Ιντερνετ. Την εποχή εκείνη το σύνολο σχεδόν των εκπαιδευτηρίων είχε πρόσβαση στο Ιντερνετ μέσω του Πανελλήνιου Σχολικού Δικτύου (ΠΣΔ) και του ΕΔΕΤ, όμως οι dialup συνδέσεις με χρήση κλήσεων ΕΠΑΚ που χρησιμοποιούσαν ήταν ξεπερασμένες, με πολύ χαμηλές ταχύτητες και κόστιζαν δυσανάλογα ακριβά. (Μάλιστα αυτά τα τηλεπικοινωνιακά τέλη δεν καταβάλλονταν, με αποτέλεσμα να έχει συσσωρευτεί ένα τεράστιο χρέος προς τον ΟΤΕ που ξεπερνούσε τα 30 εκατ. ευρώ!) Για τη διασύνδεση κάθε σχολικής μονάδας μέσω τεχνολογίας ADSL εκτιμάτο ότι το ετήσιο κόστος των τελών του δικτύου πρόσβασης θα κυμαινόταν περί τα 5-6 εκατ. ευρώ.
2) «PC για ΑΜΕΑ»: τη διάθεση φορητών υπολογιστών σε άτομα με ειδικές ανάγκες χρηματοδοτούμενο από τα έσοδα που είχε η ΕΕΤΤ από την πώληση της Infoquest (κόστους 5 εκατ. ευρώ).

3) Φθηνοί υπολογιστές σε 80.000 πρωτοετείς φοιτητές: Μετά από σχετική μας πρόταση[141], η Κυβέρνηση επεξεργάστηκε σχέδιο με το οποίο κάθε πρωτοετής φοιτητής θα επιδοτείται με 200-300 ευρώ για την απόκτηση φορητού υπολογιστή (laptop), συνολικού κόστους 20 εκατ. ευρώ. Στόχος ήταν η γεφύρωση του τεχνολογικού χάσματος της νέας γενιάς με τους δείκτες των πιο ανεπτυγμένων χωρών της Ε.Ε. και η προώθηση των ευρυζωνικών συνδέσεων και ενός νέου μοντέλου εκπαίδευσης. Για το πρόγραμμα αυτό, πρότεινα η ΕΕΤΤ να διαθέσει το σύνολο σχεδόν των εσόδων (τελών) που έλαβε (22 εκατ. ευρώ) από την πώληση της Q-telecom.
4) Τηλεργασία: Με άλλη μου επιστολή ζητούσα από την Κυβέρνηση να καλύψει όλα τα αναγκαία νομικά ζητήματα, έτσι ώστε η τηλεργασία να καταστεί αποδεκτή και θεμιτό εργαλείο για την οργάνωση των ελληνικών επιχειρήσεων, καθώς μέχρι τότε αυτό το μοντέλο απασχόλησης παρέμενε θεσμικά αρρύθμιστο. Εκτιμάτο ότι η απόκτηση ευρυζωνικής σύνδεσης με το Διαδίκτυο θα κόστιζε 200-300 ευρώ ετησίως και ότι με την κατάλληλη ρύθμιση, η παροχή της τηλεργασίας από τις εταιρείες προς τους εργαζόμενους δεν θα εντάσσονταν πλέον σε ένα πλαίσιο φορολογικής αμφισβήτησης της δαπάνης.
5) Το εθνικό δίκτυο οπτικών ινών (FTTH): Ίσως η κυριότερη μελέτη και πρόταση που υποβάλαμε στην Κυβέρνηση το 2006, και η οποία θα είχε τις σοβαρότερες μεσοπρόθεσμες και μακροπρόθεσμες θετικές επιπτώσεις για την αγορά της Ευρυζωνικότητας, ήταν αυτή της κατασκευής ενός εθνικού «δικτύου πρόσβασης επόμενης γενιάς» με «οπτική ίνα μέχρι το σπίτι του πελάτη» (FTTH). Η Κυβέρνηση την έκανε αποδεκτή και ο ίδιος ο Πρωθυπουργός κ. Κ. Καραμανλής εξήγγειλε την κατασκευή του στις 20/5/2009. Στο δίκτυο θα είχαν πρόσβαση όλοι οι τηλεπικοινωνιακοί πάροχοι για να συνδέσουν τους πελάτες τους με ταχύτητες τουλάχιστον 100 Mbps. Το έργο ήταν συνολικού προϋπολογισμού περίπου 2.1 δις ευρώ, εκ των οποίων το Κράτος θα επένδυε το ένα τρίτο σε βάθος χρόνου μιας 7ετίας και θα κατασκευαζόταν με τη μέθοδο ΣΔΙΤ (Συνεργασία Δημόσιου και Ιδιωτικού Τομέα) ανάλογη αυτής που χρησιμοποιήθηκε για την κατασκευή της Αττικής Οδού και σε πρώτη φάση θα συνέδεε 2.000.000 ελληνικά σπίτια.

Μολονότι τότε ήταν οι ευνοϊκότερες συνθήκες για την εκπλήρωση αυτού του μεγάλου στόχου (όπως έγραφε στο Βήμα ο κ. Ι. Γιανναράκης, *«θέλει προσπάθεια για να υλοποιηθεί ή να ...αποτύχει»*[142]), για πολλούς και διάφορους λόγους (με κύριο λόγο όπως έγραφε ο Τύπος την σφοδρή αντίθεση του ΟΤΕ και της DT που πίεζαν αφόρητα τους αρμόδιους Υπουργούς της Κυβέρνησης), το έργο δεν ξεκίνησε ποτέ. Δυστυχώς, όπως και με άλλα μεγάλα έργα που ή δεν έγιναν ποτέ ή έγιναν μέσα από μεγάλες αμφισβητήσεις και καθυστερήσεις, ο ίδιος πιο πάνω δημοσιογράφος – αφού έφερε σαν παράδειγμα τις δυσκολίες σε δύο άλλα έργα του εκσυγχρονισμού, αυτά της καλωδιακής τηλεφωνίας και της εισαγωγής της κινητής τηλεφωνίας στη χώρα - αποδείχθηκε προφητικός όταν έγραφε στο Βήμα της Κυριακής στις 9/8/2009 ευχόμενος *«να μην τριτώσει το κακό με το έργο του δικτύου οπτικών ινών FTTH»*[143]. (Επειδή θεωρώ υψίστης σπουδαιότητας για τη χώρα την κατασκευή ενός εθνικού δικτύου FTTH, αφιερώνω γ' αυτό ένα ειδικό Κεφάλαιο 9).

ΣΥΝΟΛΙΚΗ ΠΡΟΟΔΟΣ ΕΥΡΥΖΩΝΙΚΟΤΗΤΑΣ ΣΤΗΝ ΤΕΤΡΑΕΤΙΑ

Στα επόμενα δύο χρόνια η αύξηση της Ευρυζωνικότητας θα διπλασιαζόταν φτάνοντας στο τέλος του 2009 στις περίπου 2.000.000 ευρυζωνικές γραμμές, οι οποίες ήταν τώρα σχεδόν ισομερώς κατανεμημένες μεταξύ ΟΤΕ και εναλλακτικών παρόχων.

Μέσα στην 4ετία, ο αριθμός των φυσικών συνεγκαταστάσεων αυξήθηκε από 1 Α/Κ τον Σεπτέμβριο του 2005 σε 165 τον Αύγουστο του 2009, ο δε αριθμός των αδεσμοποίητων τοπικών βρόχων από 1,000 σε 830.000. Τα γραφήματα που παραθέτω πιο κάτω δείχνουν τη χρονική πρόοδο των χώρων φυσικής συνεγκατάστασης, των γραμμών ΑΠΤΒ και της ευρυζωνικής διείσδυσης.

Η ουσιαστική απελευθέρωση του τοπικού βρόχου άλλαξε πλήρως το τοπίο της ευρυζωνικής αγοράς στη χώρα. Πλέον, σχεδόν τα 2/3 του πληθυσμού είχαν τη δυνατότητα να εξυπηρετηθούν απ' ευθείας από εναλλακτικούς παρόχους, χωρίς την παρέμβαση/παρεμβολή του ΟΤΕ. Ο βασικά κερδισμένος απ' αυτήν την τρομερή πρόοδο ήταν ο πολίτης-καταναλωτής, ο οποίος *είχε πλέον αποκτήσει τη δυνατότητα να απολαμβάνει καινοτόμες υπηρεσίες συνδυασμού τηλεφωνίας, ευρυζωνικής πρόσβασης στο Διαδίκτυο και τηλεόρασης ή βίντεο μέσω* του Διαδικτύου, επιλέγοντας τον πάροχο της αρεσκείας του, δυνατότητα που δεν την είχε πριν.

Το Σχ. 1.1 στο Κεφάλαιο 1 παρουσίασε συνοπτικά την πρόοδο στην τετραετία με ποσοτικά στοιχεία. Εδώ θα παρουσιάσω τις εξελίξεις ανά τρίμηνο με διάφορα γραφήματα:

1) Ευρυζωνικότητα (Σχ. 6.4): Στην περίοδο 2005-2009, η ευρυζωνική διείσδυση αυξήθηκε κατά 1.890%, από το 0,9% στα τέλη του 2005 στο 17+% στο τέλος του 2009.

Σχ. 6.4: Πρόοδος της ευρυζωνικής διείσδυσης στην τετραετία 2005-2009

2) Οι ευρυζωνικές γραμμές τοπικού βρόχου LLU των εναλλακτικών παρόχων αυξήθηκαν κατά 15.860% από τους 5.200 (περίπου 6% των συνολικών ευρυζωνικών γραμμών) τον Αύγουστο του 2005 στους 830.000 (περίπου 46%) τον Αύγουστο του 2009 (Σχ. 6.5).
3) Αύξηση του μεριδίου των εναλλακτικών παρόχων στις συνολικές ευρυζωνικές συνδέσεις (LLU & ARYS) από 25% τον Αύγουστο του 2005 σε περίπου 50% τον Αύγουστο του 2009.
4) Ο αριθμός των Α/Κ του ΟΤΕ με συνεγκατάσταση εναλλακτικών παρόχων αυξήθηκε στο ίδιο διάστημα από 1 σε 165 (Σχ. 6.6).
5) Κατακόρυφη αύξηση των ταχυτήτων πρόσβασης, καθώς τον Μάρτιο του 2009 το 64,3% των ευρυζωνικών γραμμών είχαν ονομαστική ταχύτητα (download) από 2 Mbps έως 24 Mbps, ενώ το Δεκέμβριο του

2005 δεν υπήρχαν γραμμές που να ξεπερνούν το 1 Mbps ενώ το 80% των γραμμών ήταν στα 384 Kbps (Σχ. 6.7).

6) Μείωση των τιμών ευρυζωνικών συνδέσεων κατά 80%, από 106 ευρώ ευρώ/μήνα στα τέλη του 2005 στα 23 ευρώ/μήνα στο τέλος του 2009 (Σχ. 6.8)[144]. Το 2009 η Ελλάδα αναδείχθηκε η φθηνότερη χώρα στις χρεώσεις ευρυζωνικών συνδέσεων στις χώρες του ΟΟΣΑ[145]. Στην κινητή τηλεφωνία, με το glide path που θέσπισε η ΕΕΤΤ, το 2012 η μέση χρέωση ανά λεπτό έφτασε να είναι χαμηλότερη από εκείνη του μέσου όρου της Ευρώπης.

7) Καταναλωτής:

(α) Μείωση των γραπτών καταγγελιών καταναλωτών στη ΕΕΤΤ από το Δεκέμβριο του 2007 μέχρι το Μάιο του 2009 κατά πάνω από 75%.

(β) Επίλυση (προς όφελος των καταναλωτών) των καταγγελιών που υποβλήθηκαν κατά 85%.

8) Η «έξωθεν» καλή μαρτυρία για το έργο της ΕΕΤΤ:

Το Σχ. 6.9 παρουσιάζει, πολύ περιληπτικά, τα σχόλια από τις ετήσιες εκθέσεις της Ευρωπαϊκής Επιτροπής σχετικά με το έργο της ΕΕΤΤ. (Περισσότερες λεπτομέρειες για την έξωθεν καλή μαρτυρία για το έργο της ΕΕΤΤ δίνω στο Κεφάλαιο 16).

Σχ. 6.5: Αύξηση των ευρυζωνικών συνδέσεων μέσω ΑΠΤΒ στην τετραετία 2005-2009.

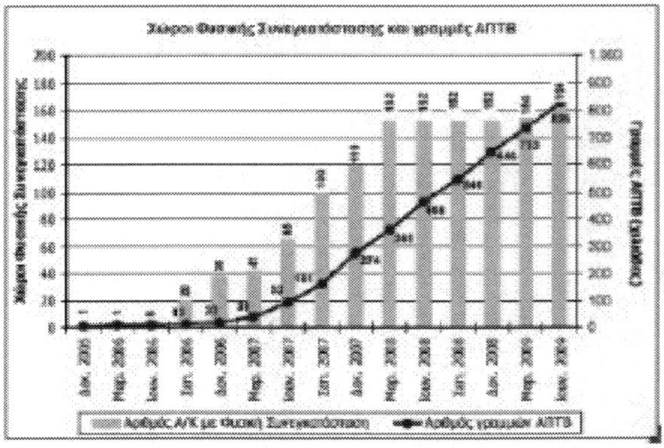

Σχ. 6.6: Πρόοδος των χώρων φυσικής συνεγκατάστασης και γραμμών ΑΠΤΒ στην τετραετία 2005-2009.

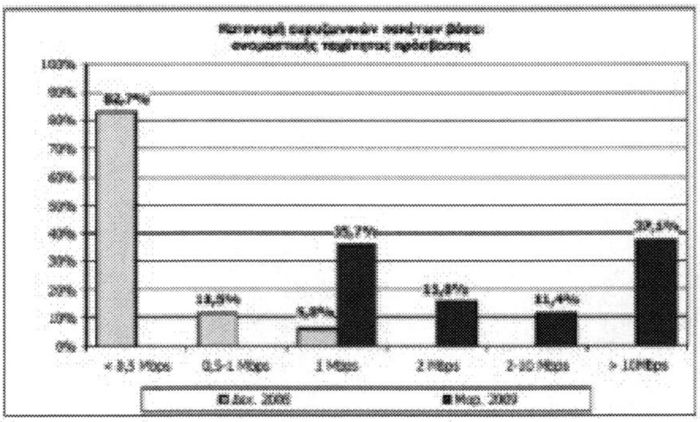

Σχ. 6.7: Αύξηση ευρυζωνικών ταχυτήτων στην τετραετία 2005-2009.

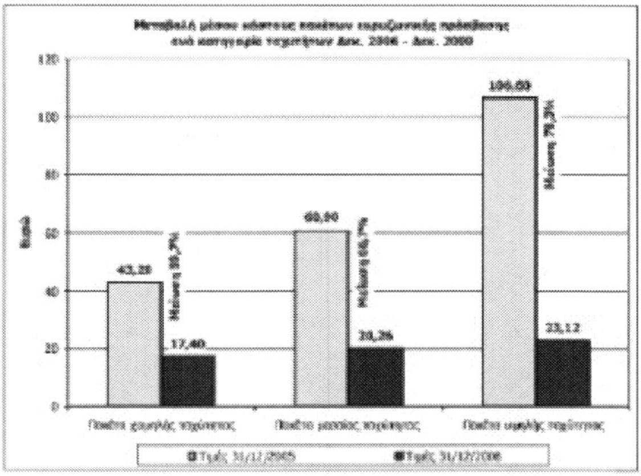

Σχ. 6.8: Μείωση τιμών ευρυζωνικών συνδέσεων στην τετραετία 2005-2009

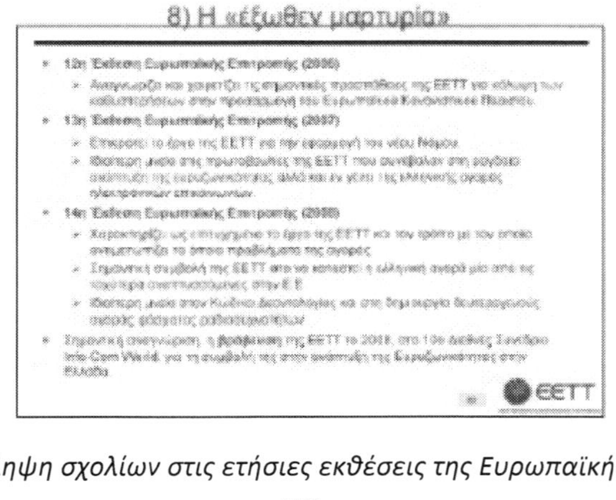

Σχ. 6.9: Περίληψη σχολίων στις ετήσιες εκθέσεις της Ευρωπαϊκής Επιτροπής για
το έργο της ΕΕΤΤ στην τετραετία 2005-2009

EETT

Κεφάλαιο 7: ΟΤΕ, COSMOTE, «ΓΕΡΜΑΝΟΣ» και … στο βάθος DT

«Ο ΟΤΕ, ως επιχείρηση με ΣΙΑ στην αγορά των Η.Ε., δεν επιτρέπεται να διαθέτει εμπορικώς υπηρεσίες με ζημία, δηλαδή κάτω του κόστους. Η πρακτική αυτή ονομάζεται predatory pricing, δηλαδή ληστρική τιμολόγηση, είναι πιο επώδυνη από τη συμπίεση περιθωρίου (κέρδους) και είναι απολύτως απαγορευμένη σε κάθε ευνομούμενη χώρα με ανοιχτή οικονομία»

Κεφάλαιο 7: ΟΤΕ, COSMOTE, «ΓΕΡΜΑΝΟΣ» και .... στο βάθος DT

?

Στο κεφάλαιο αυτό παρουσιάζω τις από το νόμο ειδικές υποχρεώσεις που είχε ο ΟΤΕ και τις οποίες ήμασταν υποχρεωμένοι να πιστοποιούμε ότι τηρεί (ειδάλλως να τον αναγκάσουμε), δίνω τους ορισμούς για «δημόσιο» και «κρατικό» δίκτυο και διευκρινίζω το ιδιοκτησιακό καθεστώς του ΟΤΕ επί του δικτύου. Επιπλέον, περιγράφω την πορεία της εξαγοράς της «ΓΕΡΜΑΝΟΣ» από την COSMOTE, της συγχώνευσης ΟΤΕ και COSMOTE, της παρεμπόδισης από την Κυβέρνηση της «επιθετικής εξαγοράς του ΟΤΕ από τη MIG» και, τελικά, της παραχώρησής του στη Deutsche Telecom (DT). Αναφέρω επίσης τις θέσεις της ΕΕΤΤ και τον ρόλο που αυτή έπαιξε στις πιο πάνω διεργασίες.

ΤΟ ΔΙΚΤΥΟ ΤΟΥ ΟΤΕ: ΔΗΜΟΣΙΟ ή ΙΔΙΩΤΙΚΟ;

Επειδή αρκετή συζήτηση είχε γίνει σχετικά με ποιανού ιδιοκτησία είναι το δίκτυο του ΟΤΕ, προτού αναφερθώ σ' αυτό λεπτομερώς, χρειάζεται να παραθέσω πρώτα τις υποχρεώσεις που έχει ο ΟΤΕ, ειδικά επί του δικτύου του.

α) Υποχρεώσεις του ΟΤΕ επί του δικτύου του

Το πρώην μονοπώλιο είχε και συνεχίζει να έχει ακόμα μέχρι σήμερα (2015) - ως Deutsche Telecom πλέον - *μια δομικώς δεσπόζουσα θέση στην αγορά*, η οποία πηγάζει από το γεγονός ότι κατέχει το μοναδικό δίκτυο της χώρας (το οποίο είχε αρχικά κτιστεί χρησιμοποιώντας κυρίως χρήματα των φορολογουμένων και με επιδοτήσεις της Ε.Ε.), η μονοπώληση του οποίου δημιουργεί εμπόδια στον ανταγωνισμό. Ο δίκτυο του ΟΤΕ αποτελεί αυτό που ονομάζεται *«βασική διευκόλυνση» (essential facility)*, καθόσον δεν είχε ποτέ κτιστεί στη χώρα δεύτερο πανελλαδικό δίκτυο πρόσβασης που να φτάνει μέχρι το σπίτι του κάθε καταναλωτή. Το αποτέλεσμα είναι η έλλειψη ανταγωνισμού σε δικτυακές υποδομές, με τον καταναλωτή να χάνει, καθόσον του στερείται η δυνατότητα επιλογής άλλου δικτύου.

Επιπλέον μολονότι έχει την κυριότητά του, επειδή ακριβώς το δίκτυο αυτό αποτελεί «βασική διευκόλυνση» ο Κοινοτικός και Εθνικός Νόμος έχουν επιβάλλει στον ΟΤΕ *ειδικές υποχρεώσεις επί του δικτύου του*, όπως π.χ., της συντήρησης, ποιότητας, ασφάλειας, τιμολόγησης και ανάπτυξης του δικτύου, συμμόρφωσης με τις διατάξεις της κείμενης τηλεπικοινωνιακής νομοθεσίας και της νομοθεσίας περί «προστασίας του ανταγωνισμού» και ικανοποίησης των προϋποθέσεων «πρόσβασης στο δίκτυό του και χρήσης των Αδειοδοτούμενων του Υπηρεσιών».

Ο νόμος δηλαδή, υποχρεώνει τον ΟΤΕ να *«εξασφαλίζει την πρόσβαση στους άλλους τηλεπικοινωνιακούς παρόχους, χωρίς διακρίσεις, χωρίς να παραβιάζεται η αρχή της ισότιμης πρόσβασης και με τρόπο ίδιον μ' αυτόν που την παρέχει στις εταιρείες του δικού του ομίλου»*, ώστε οι εναλλακτικοί πάροχοι να μπορούν να έχουν πρόσβαση (επί αμοιβή) στον εξοπλισμό, στα ακίνητα, στα δικαιώματα διέλευσης και στο δίκτυο του ΟΤΕ, για να μπορέσει να αναπτυχθεί υγιής ανταγωνισμός. Σύμφωνα δε με τη χορηγηθείσα από το κράτος «Ειδική Άδεια», ο ΟΤΕ έχει την υποχρέωση παροχής στους εναλλακτικούς παρόχους *συνεγκατάστασης και χρήσης του τοπικού του βρόχου.*

Όπως ανέφερα σε προηγούμενα κεφάλαια, τόσο στα πρώτα στάδια της απελευθέρωσης της αγοράς κατά τα οποία οι εναλλακτικοί πάροχοι ήταν μεταπωλητές του κρατικού-ημικρατικού ΟΤΕ, όσο και κατά την απελευθέρωση από την ΕΕΤΤ του τοπικού βρόχου, οι κόντρες μεταξύ των ιδιωτικών εταιρειών και του ΟΤΕ ήταν σφοδρές και συνεχείς, κατηγορώντας τον ότι τους δημιουργεί σοβαρά εμπόδια και καθυστερήσεις στην εξυπηρέτηση τους (όπως τον υποχρέωνε ο νόμος), δημιουργώντας το ερώτημα εάν το δημόσιο αυτό δίκτυο (αγαθό) ανήκει στον ΟΤΕ ή σε όλους τους Έλληνες καθόσον μπορούν να το χρησιμοποιήσουν απρόσκοπτα, νοικιάζοντάς το, υπο την επιτήρηση της ΕΕΤΤ.

β) Έντονες αντιδράσεις σε δήλωση μου

Τόσο από τον ΟΤΕ όσο και από τον Τύπο ανακινήθηκε κάποιο θέμα σχετικά με αυτά που είπα κατά τη συνεδρίαση της Επιτροπής Έρευνας και Τεχνολογίας της Βουλής στις 22/2/2007, όταν εκκληθήκαμε οι επικεφαλείς της ΕΕΤΤ και του ΟΤΕ να παρουσιάσουμε την κατάσταση της Ευρυζωνικότητας και της αγοράς των Η.Ε. στη χώρα[146],[147].

Όλα άρχισαν όταν κατά την παρουσίασή μου εξέφρασα τη δυσφορία μου για την πολιτική που ακολουθούσε ο ΟΤΕ να μην εκπληρεί την υποχρέωση του να ανοίξει τα Αστικά του Κέντρα και τα δίκτυά του στους άλλους εναλλακτικούς παρόχους για να μπορούν να νοικιάζουν χώρους και βρόχους. Μάλιστα, υποστηρίζοντας στην Επιτροπή τη θέση της ΕΕΤΤ ότι ο ΟΤΕ υποχρεούται από τον νόμο να ανοίξει τις υποδομές του στους εναλλακτικούς παρόχους και θέλοντας να δηλώσω ότι το δίκτυό του είναι - από το νόμο - «δημόσιο» και ανοικτό σε όλους, έκανα το λάθος να το εκφράσω ως *«οι υποδομές που πρέπει να παρέχει ο ΟΤΕ, δεν είναι δικές του αλλά των Ελλήνων πολιτών»*. Αυτό ξεσήκωσε θύελλα αντιδράσεων, τόσο εκ μέρους του Προέδρου του ΟΤΕ όσο και μερίδας του Τύπου[148],[149],[150].

Θα δώσω όμως στη συνέχεια τους δύο ορισμούς του «δημόσιου» και «κρατικού» δικτύου και θα εξηγήσω ότι ο νόμος πράγματι ορίζει ότι το δίκτυο του ΟΤΕ είναι «δημόσιο». Επειδή όμως δεν είναι και «κρατικό» (οι δύο αυτές έννοιες δεν πρέπει να συγχέονται), αυτό *ανήκει στην κυριότητά του*. Επειδή υπήρξε τότε (και ίσως υπάρχει ακόμα) κάποια ασάφεια και παρανόηση για το τι αποτελεί «δημόσιο δίκτυο», τι ακριβώς έχει εκχωρηθεί στον ΟΤΕ για συντήρηση και διαχείριση και τι υποχρεώσεις του έχουν επιβληθεί σχετικά με το δίκτυό του, θα προσπαθήσω στη συνέχεια να «διαλευκάνω» το θέμα[151].

Γενική παρατήρηση: Στο Νόμο που διέπει τις Η.Ε., οι έννοιες του «δημόσιου» ή «κρατικού» δικτύου δεν αναφέρονται σε εμπράγματα δικαιώματα κάποιων φορέων, όπως της κυριότητας του από Δημόσιο φορέα ή το Κράτος.

γ) Η έννοια του «δημόσιου δικτύου»

Σύμφωνα με την κείμενη νομοθεσία (Ν.3431/2006, άρθρο 2, στοιχ. στ΄), ως «δημόσιο δίκτυο επικοινωνιών» ορίζεται το δίκτυο ηλεκτρονικών επικοινωνιών, το οποίο χρησιμοποιείται εν όλω ή κυρίως, για την παροχή διαθέσιμων υπηρεσιών ηλεκτρονικών επικοινωνιών *στο κοινό*.

Στην έννοια του «δημόσιου δικτύου» δεν περιλαμβάνεται το ιδιοκτησιακό καθεστώς της εταιρείας επί του δημόσιου δικτύου της. Δηλαδή, ανεξάρτητα από το εάν το δίκτυο ηλεκτρονικών επικοινωνιών συστήνεται, λειτουργεί, ελέγχεται, διατίθεται από το Δημόσιο (ή φορέα του ευρύτερου δημόσιου τομέα) ή από ιδιώτη, τελικώς ορίζεται ως «δημόσιο» *όταν αυτό χρησιμοποιείται για την παροχή υπηρεσιών στο κοινό*.

Υπ' αυτήν την έννοια λοιπόν, *«το δίκτυο του ΟΤΕ είναι δημόσιο δίκτυο επικοινωνιών»*.

δ) Η έννοια του «κρατικού δικτύου»

Η έννοια του «δημόσιου δικτύου» δεν πρέπει να συγχέεται με την έννοια του «κρατικού δικτύου». Σύμφωνα με τον Ν.3431/2006 (στοιχ. κη΄), ως «κρατικά δίκτυα» ορίζονται τα κλειστά δίκτυα ηλεκτρονικών επικοινωνιών και οι μεμονωμένοι σταθμοί ραδιοεπικοινωνιών, που εγκαθίστανται και χρησιμοποιούνται από τα Υπουργεία, τα Εκπαιδευτικά Ιδρύματα, τις Νομαρχιακές Αυτοδιοικήσεις, κ.α., για την εξυπηρέτηση αποκλειστικά και μόνο υπηρεσιακών τους αναγκών και τα οποία *δεν χρησιμοποιούνται για την παροχή εμπορικών υπηρεσιών στο κοινό*.

Δηλαδή ο νομοθέτης, ορίζοντας την έννοια του κρατικού δικτύου, δεν υπεισέρχεται στην κρίση επί του «ποιος» (δηλαδή το κράτος ή ο ιδιώτης) είναι ο κύριος του δικτύου και «ποιος» παρέχει το δίκτυο, αλλά του «πώς και σε ποιόν» τούτο παρέχεται.

Υπ' αυτήν την έννοια, *«το δίκτυο του ΟΤΕ δεν είναι κρατικό δίκτυο ηλεκτρονικών επικοινωνιών»*.

ε) Το ιδιοκτησιακό καθεστώς του ΟΤΕ επί του δικτύου

Αναφορικά με το ερώτημα εάν το δημόσιο δίκτυο ηλεκτρονικών επικοινωνιών, το οποίο ο ΟΤΕ έχει εγκαταστήσει, λειτουργήσει και διαχειρισθεί, ανήκει στην κυριότητά του ή στην κυριότητα του Κράτους, σημειώνονται τα εξής:

1) Το δίκτυο ηλεκτρονικών επικοινωνιών επί του οποίου έχουν παρασχεθεί στον ΟΤΕ δικαιώματα εγκατάστασης, λειτουργίας και εκμετάλλευσης είναι δημόσιο, δεδομένου ότι ο ΟΤΕ το χρησιμοποιεί εν όλω ή κυρίως για την παροχή υπηρεσιών ηλεκτρονικών επικοινωνιών στο κοινό.
2) Το δημόσιο δίκτυο ηλεκτρονικών επικοινωνιών το οποίο χρησιμοποιείται από τον ΟΤΕ για την παροχή στο κοινό υπηρεσιών ηλεκτρονικών επικοινωνιών, όπως αυτό κατασκευάσθηκε/κατασκευάζεται, διαχειρίζεται και λειτουργεί από τον ΟΤΕ, ανήκει στην κυριότητα αυτού, *δεδομένου ότι δεν αναφέρεται πουθενά στο νομοθετικό πλαίσιο ότι το Κράτος έχει παραχωρήσει δικαιώματα χρήσης του δικτύου ή έχει εκχωρήσει συγκεκριμένα δικαιώματα (π.χ. συντήρησης και λειτουργίας του δικτύου αυτού) στον ΟΤΕ ενώ έχει παρακρατήσει την κυριότητα του Δικτύου.*

Η COSMOTE ΕΞΑΓΟΡΑΖΕΙ ΤΗΝ ΕΤΑΙΡΕΙΑ «ΓΕΡΜΑΝΟΣ»

Τον Απρίλιο του 2006 ολοκληρώθηκε η συμφωνία για την εξαγορά της «ΓΕΡΜΑΝΟΣ» (μαζί με την εταιρεία «MOBILBEEP Ε.Π.Ε.») από τη θυγατρική κινητής τηλεφωνίας του ΟΤΕ COSMOTE, την ίδια ώρα που και οι άλλες εταιρείες τηλεπικοινωνιών προσπαθούσαν να «ανεξαρτητοποιηθούν» από την αλυσίδα «ΓΕΡΜΑΝΟΣ» μέσω της οποίας μέχρι τότε αποκτούσαν νέους συνδρομητές. Διάφοροι αναλυτές εξέφραζαν τότε τη άποψη ότι επρόκειτο για στρατηγική κίνηση ενίσχυσης του πακέτου ΟΤΕ ώστε να τον κάνει ελκυστικότερο για την προσέλκυση ξένου στρατηγικού επενδυτή στον Οργανισμό. Όπως θα εξηγήσω στη συνέχεια, η ΕΕΤΤ ενέκρινε την εξαγορά, θέτοντας διάφορους όρους, ένας από τους οποίους ήταν ότι η «ΓΕΡΜΑΝΟΣ» δεσμεύεται ότι δεν θα αναπτύξει ανταγωνιστική δραστηριότητα για τουλάχιστον πέντε έτη.

α) Ο ρόλος της ΕΕΤΤ

Ποιος λοιπόν ήταν ο ρόλος της ΕΕΤΤ στην Εξαγορά της «ΓΕΡΜΑΝΟΣ» από την COSMOTE; Η ΕΕΤΤ, ως Επιτροπή Ανταγωνισμού στις τηλεπικοινωνίες, είχε την αρμοδιότητα να διερευνήσει εάν η εξαγορά αυτή *καταστρατηγεί τους κανόνες του ανταγωνισμού και δημιουργεί αθέμιτο ανταγωνισμό στην αγορά. Δεν ήταν αρμόδια να κρίνει εάν το τίμημα της αγοράς* (για το οποίο, όπως θα δούμε στη συνέχεια, είχε ξεσηκωθεί πολλή φασαρία) *ήταν «σωστό» ή όχι.* Για τον σκοπό αυτό αρμόδιοι ήταν άλλοι φορείς της Πολιτείας.

Η ΕΕΤΤ ξεκίνησε αμέσως την εξέταση του σχετικού φακέλου που της γνωστοποιήθηκε στις 26/5/2006, αφού πρώτα διευκρινίστηκαν ότι: (α) η ΕΕΤΤ ήταν η αρμόδια Επιτροπή να το κάνει και όχι η Επιτροπή Ανταγωνισμού και (β) δεν υφίστατο υποχρέωση να αποσταλεί ο σχετικός φάκελος στη Ευρωπαϊκή Επιτροπή (Επιτροπή Ανταγωνισμού της Κοινότητας). Επίσης ζητήθηκαν: (α) συμπληρωματικά στοιχεία από τις εταιρείες, (β) το σύνολο των πρακτικών των διοικητικών συμβουλίων και η αλληλογραφία τους και (γ) στοιχεία από το Χρηματιστήριο Αθηνών σχετικά με την πορεία της μετοχής των τριών εταιρειών «ΓΕΡΜΑΝΟΣ», ΟΤΕ και COSMOTE κατά το τελευταίο έτος.

β) Τα βήματα και οι ενέργειες

Για να εγκρίνει την εξαγορά, η ΕΕΤΤ προέβη στις κάτωθι ενέργειες:

1) Συγκροτήθηκε άμεσα με απόφαση της Ολομέλειας και ενεργοποιήθηκε πλήρως η Ομάδα Υπηρεσίας και Εξωτερικών Συνεργατών η οποία άρχισε γρήγορα να εργάζεται συντονισμένα.
2) Έγιναν συναντήσεις με εξωτερικούς συμβούλους και καθηγητές Πανεπιστημίου και συζητήθηκαν τα σχετικά θέματα (όπως, π.χ., ενδεχόμενες ελλείψεις σε στοιχεία, ποια η αντίστοιχη Ευρωπαϊκή εμπειρία, καθορισμός περαιτέρω βημάτων, κ.λπ.).
3) Αποφασίστηκε, για την όσο το δυνατόν μεγαλύτερη διαφάνεια και διασφάλιση της ακολουθούμενης διαδικασίας, να ακολουθηθούν τα εξής βήματα:

(α) να κληθούν σε ακρόαση οι εμπλεκόμενες εταιρείες και

(β) να αναρτηθεί σχετική ανακοίνωση στην ιστοσελίδα της ΕΕΤΤ που να καλεί κάθε ενδιαφερόμενο να υποβάλει σχόλια ή και παρατηρήσεις επί του θέματος και να διατεθεί αποκλειστική διεύθυνση αλληλογραφίας.

4) Εκλήθησαν και εξετάστηκαν ενώπιον της Επιτροπής Ακρόασης (αποτελούμενης από 7 μέλη της Ολομέλειας και Υπηρεσιακά στελέχη της ΕΕΤΤ) οι εταιρείες COSMOTE και «ΓΕΡΜΑΝΟΣ», κατά την οποία:

(α) Ζητήθηκαν διευκρινίσεις επί των στοιχείων που είχαν αποστείλει, ζητήθηκαν νέα στοιχεία και τους επισημάνθηκαν καθυστερήσεις τους στην παροχή στοιχείων που είχαν ήδη ζητηθεί με επιστολή της ΕΕΤΤ. (Παροχή Εμπιστευτικών στοιχείων από την «ΓΕΡΜΑΝΟΣ»).

(β) Αιτήθηκαν διευκρινήσεις και συμπληρωματικά στοιχεία από COSMOTE και «ΓΕΡΜΑΝΟΣ»:

(ι) Περισσότερες πληροφορίες για τη γεωγραφική κάλυψη/διάρθρωση των δικτύων διανομής COSMOTE και «ΓΕΡΜΑΝΟΣ», καθώς και για το δίκτυο εμπορικών αντιπροσώπων της MOBILBEEP.

(ιι) Οι συμβάσεις εμπορικής αντιπροσωπείας (με ανεξάρτητους Dealers) που συνάπτει η MOBILBEEP καθώς και τα ενδιάμεσα οικονομικά της στοιχεία (εφόσον δεν έχει ακόμη αποτελέσματα χρήσης 2005).

(ιιι) Το κείμενο της δημόσιας προσφοράς εάν έχει διανεμηθεί στους μετόχους και, εάν όχι, το προσχέδιο αυτού.

(γ) Τέθηκαν αυστηρές προθεσμίες για την αποστολή των στοιχείων και των υπομνημάτων τους.

(δ) Επισημάνθηκε ότι η ΕΕΤΤ έχει δικαίωμα να ζητήσει επιπλέον στοιχεία και να καλέσει τους εμπλεκόμενους, όποτε και εάν το κρίνει αναγκαίο, πριν από τη διαμόρφωση της σχετικής εισήγησης.

5) Αμέσως μετά την ακρόαση, ακολούθησε κοινή συνάντηση της επιτροπής ακρόασης και της ομάδας των εξωτερικών συνεργατών για την άμεση αξιολόγηση του υλικού της ακρόασης. Τους γνωστοποιήθηκαν τα στοιχεία του φακέλου και ξεκίνησε η μελέτη και ουσιαστική διερεύνηση του.

6) Δημιουργήθηκε ένα αρχείο με την ανάλυση για τις σταθερές υπηρεσίες, ένα αρχείο με την ανάλυση για τις κινητές υπηρεσίες, ένα αρχείο με τον αριθμό/τόπο καταστημάτων και ένα αρχείο με τη γεωγραφική διασπορά για όσες αλυσίδες μπορέσαμε να βρούμε

στοιχεία (όπου δεν βρήκαμε στοιχεία γεωγραφικής διασποράς βάλαμε μόνο σύνολο).
7) Κατόπιν αιτήματος των εταιρειών TIM και TELLAS, οι οποίες είχαν αποστείλει επιστολές που αντιτίθεντο στην εξεταζόμενη συγκέντρωση, η ΕΕΤΤ έκρινε σκόπιμο και σύμφωνο προς την ακολουθούμενη διαδικασία να τις καλέσει για παροχή διευκρινίσεων επί των υπομνημάτων τους.

γ) Η διερεύνηση της εξαγοράς από την ΕΕΤΤ

Εξετάστηκαν δε διεξοδικώς τα εξής θέματα:

1) Ζητήματα κάθετης συγκέντρωσης σχετικά (α) με την παροχή υπηρεσιών κινητής τηλεφωνίας (κύρια δραστηριότητα της COSMOTE) και τη διανομή υπηρεσιών κινητής τηλεφωνίας και (β) με την παροχή υπηρεσιών σταθερής τηλεφωνίας, πρόσβασης στο διαδίκτυο και συνδέσεων ευρυζωνικής πρόσβασης (βασικές δραστηριότητες των ΟΤΕ - OTEnet) και τη διανομή υπηρεσιών σταθερής τηλεφωνίας, πρόσβασης στο διαδίκτυο και συνδέσεων ευρυζωνικής πρόσβασης.
2) Ζητήματα οριζόντιας συγκέντρωσης, δεδομένου ότι ο όμιλος ΟΤΕ διέθετε ήδη μία αλυσίδα διανομής τηλεπικοινωνιακών υπηρεσιών (καταστήματα OTEshop και καταστήματα COSMOTE) και με την εν λόγω συγκέντρωση θα εξαγόραζε την αλυσίδα καταστημάτων «ΓΕΡΜΑΝΟΣ».
3) Ζητήματα σχετικά με τη δραστηριότητα της COSMOTE και γενικότερα του ομίλου ΟΤΕ στην αγορά διάθεσης τηλεπικοινωνιακού εξοπλισμού, διερευνώντας εάν η εξαγορά της εταιρείας «ΓΕΡΜΑΝΟΣ» από την COSMOTE θα περιόριζε τον ανταγωνισμό στη σχετική αγορά διάθεσης τηλεπικοινωνιακού εξοπλισμού.

Για τη μελέτη των ανωτέρω ζητημάτων είχε γίνει πλήρης αποτύπωση των μεριδίων στις σχετικές αγορές (αριθμός συνδέσεων κινητής και σταθερής τηλεφωνίας, αριθμός συνδέσεων ευρυζωνικής πρόσβασης στο Διαδίκτυο, κ.λπ.) και των αλυσίδων διανομής τηλεπικοινωνιακού εξοπλισμού (συνολικός αριθμός και γεωγραφική διασπορά των καταστημάτων, κ.λπ.)[152].

δ) Η ΕΕΤΤ εγκρίνει υπό όρους την εξαγορά

Στις 16/8/2006 η ΕΕΤΤ ενέκρινε[153] υπό όρους την εξαγορά της «ΓΕΡΜΑΝΟΣ» από την COSMOTE καθώς έκρινε ότι δεν εγείρονται ζητήματα νόθευσης του ανταγωνισμού, παρά την εμπορική σπουδαιότητα της συγκέντρωσης και έθεσε τους κάτωθι όρους ως ασφαλιστικές δικλίδες για την προστασία του ανταγωνισμού[154]:

1) Οι εξαγοραζόμενες εταιρείες, για όσο χρονικό διάστημα θα διαθέτουν μέσω των καταστημάτων των δικτύων τους προϊόντα ανταγωνιστικών εταιρειών του ομίλου ΟΤΕ είναι υποχρεωμένες:

(α) να διατηρούν απόλυτη εμπιστευτικότητα ως προς τα στοιχεία τα οποία σχετίζονται με τις πωλήσεις των προϊόντων αυτών προς τους τελικούς καταναλωτές και γενικά οφείλουν να μην μεταβιβάζουν στην τελευταία (άμεσα ή έμμεσα, έντυπα ή ηλεκτρονικά) εμπορικά στοιχεία, που αφορούν στους ανταγωνιστές της εξαγοράζουσας, τα οποία έχουν στην κατοχή τους ή περιέρχονται σε γνώση τους και
(β) να μην προβαίνουν σε διακριτική μεταχείριση των προϊόντων του ομίλου εταιρειών του ΟΤΕ σε βάρος των ανταγωνιστών. Ειδικότερα, είναι υποχρεωμένες κατά την προώθηση των προϊόντων και υπηρεσιών του ομίλου ΟΤΕ να δίδουν την ίδια πρόσβαση και να προβάλλουν κατ' ίση μεταχείριση τα προϊόντα και τις υπηρεσίες των ανταγωνιστών της εξαγοράζουσας.

2) Οι εξαγοραζόμενες εταιρείες οφείλουν:

(α) να μην υποχρεώνουν τους καταναλωτές στην προμήθεια συνδεδεμένων προϊόντων-προσφορών της εξαγοράζουσας και
(β) να διαθέτουν για τους καταναλωτές ιδιαίτερους τιμοκαταλόγους με ιδιαίτερη τιμολόγηση για κάθε προϊόν και υπηρεσία της εξαγοράζουσας που διαθέτουν.

3) Η εταιρεία «ΓΕΡΜΑΝΟΣ» υποχρεούται να διατηρήσει το σήμα «ΓΕΡΜΑΝΟΣ» στα καταστήματα του δικτύου της για όσο χρονικό διάστημα θα εξακολουθούν να βρίσκονται σε ισχύ συμβάσεις συνεργασίας της με επιχειρήσεις ανταγωνίστριες των εταιρειών του ομίλου ΟΤΕ.
4) Τα μέρη που συμμετέχουν στην παρούσα συγκέντρωση είναι υποχρεωμένα να υποβάλλουν στην ΕΕΤΤ, όποτε τους ζητηθεί και μέχρι τη λήξη των σχετικών υποχρεώσεων, όλα τα πρόσφορα στοιχεία που επιτρέπουν στην τελευταία να διαπιστώνει την τήρηση των όρων της παρούσας απόφασης.
5) Η ΕΕΤΤ επιφυλάσσεται να επανεξετάσει τις συνέπειες της σκοπούμενης συγκέντρωσης και να επιβάλλει στα μέρη πρόσθετες υποχρεώσεις, ανάλογα με την εξέλιξη των συνθηκών του ανταγωνισμού

στις αγορές που εξετάστηκαν ανά την Ελληνική Επικράτεια και τα αποτελέσματα ενίσχυσης της θέσης των εμπλεκομένων εταιρειών (εξαγοραζόμενων και εταιρειών του ομίλου ΟΤΕ).

Η ΕΕΤΤ καθίσταται υπεύθυνη να παρακολουθεί συνεχώς την τήρηση των όρων που προβλέπονται παραπάνω και προς τούτο μπορεί ανά πάσα στιγμή να εξετάζει αυτεπάγγελτα ή κατόπιν σχετικής καταγγελίας την τήρηση τους.

ε) Ερωτήματα για το τίμημα της εξαγοράς

Με την ανακοίνωση της εξαγοράς, ευθύς εξ αρχής ακολούθησε μεγάλος θόρυβος και αντικρουόμενες απόψεις, η σκοπιμότητά της ήγειρε ισχυρό αντίλογο και το τίμημα της εξαγοράς της «ΓΕΡΜΑΝΟΣ» (1,58 δις. ευρώ) θεωρήθηκε από την τότε αξιωματική αντιπολίτευση*[155]*, από μερικούς εναλλακτικούς παρόχους και μερίδα του Τύπου*[156]*, ότι ήταν εξαιρετικά υψηλό (π.χ. τρεις φορές τον τζίρο της το 2005 ή 15 φορές το EBITDA – κέρδη προ φόρων τόκων και αποσβέσεων). Πολλοί ισχυρίζονταν ότι μέρος του τιμήματος θα επιβάρυνε τον Έλληνα φορολογούμενο, σε σημείο μάλιστα που η αντιπολίτευση ενέπλεξε και τη Βουλή στης οποίας την αρμόδια Επιτροπή είχαν κληθεί να εμφανιστούν οι δύο Διευθύνοντες Σύμβουλοι του ΟΤΕ και της COSMOTE για να παράσχουν τις απαιτούμενες διευκρινήσεις*[157]*. Ακόμα και διώξεις ασκήθηκαν από την εισαγγελέα Πρωτοδικών κατά του βασικού μετόχου της «ΓΕΡΜΑΝΟΣ» και μελών του Δ.Σ., κατά του Προέδρου και Διευθύνοντος Συμβούλου του ΟΤΕ και μελών του ΔΣ της COSMOTE, με τις κατηγορίες της απιστίας, του ξεπλύματος χρήματος και της χειραγώγησης μετοχών και επιβλήθηκαν κάποια πρόστιμα από την Επιτροπή Κεφαλαιαγοράς*[158]*,*[159]*.

Η ΕΕΤΤ δεν είχε την αρμοδιότητα από τον νόμο να εξετάσει ή/και να εγκρίνει τη σκοπιμότητα ή το τίμημα της εξαγοράς, παρά μόνο να εξετάσει το θέμα πιθανής νόθευσης του ανταγωνισμού.

Τέλος, όπως δημοσιεύτηκε στον Τύπο*[160]*, τον Οκτώβριο του 2006 και μετά τις αμφισβητήσεις που προήλθαν και από το κυβερνητικό στρατόπεδο και από την αντιπολίτευση, το θέμα της εξαγοράς απασχόλησε πλέον τη Δικαιοσύνη. Η υπόθεση ποινικής διερεύνησης της εξαγοράς της «ΓΕΡΜΑΝΟΣ» από την COSMOTE είχε ανατεθεί από τον προϊστάμενο της Εισαγγελίας Πρωτοδικών Αθηνών στον εισαγγελέα Αθ. Σιμιτζόγλου και στο στάδιο της προκαταρτικής έρευνας άρχισαν να λαμβάνονται καταθέσεις. Ερευνούνταν αν το τίμημα εξαγοράς ήταν εύλογο ή όχι, αν τηρήθηκε η χρηματιστηριακή νομοθεσία, αν προέκυπταν στοιχεία κατάχρησης εσωτερικής πληροφόρησης και χρηματιστηριακού παιγνίου.

Πάντως, δύο χρόνια αργότερα μετά τη εξαγορά του 2006 (και εν μέσω της εξέτασης από τη Δικαιοσύνη της ποινικής της διάστασης) το αποτέλεσμα της εξαγοράς εθεωρείτο από πολλούς αναλυτές της αγοράς απογοητευτικό[161],[162].

ΟΤΕ ΚΑΙ COSMOTE ΣΥΓΧΩΝΕΥΟΝΤΑΙ

Σενάρια για τη συγχώνευση[163] ΟΤΕ-COSMOTE κυκλοφορούσαν ήδη από το 2005. Η εξαγορά ήταν ενδεικτική της πρόθεσης του ΟΤΕ να αποκτήσει και το υπόλοιπο της θυγατρικής του εταιρείας, με τελικό στόχο την απορρόφησή της ώστε (όπως έγραφε ο Τύπος) ο ΟΤΕ να είναι έτοιμος για την πλήρη ιδιωτικοποίηση του, δηλαδή την εξαγορά του από ξένο τηλεπικοινωνιακό οργανισμό, όπως και πράγματι έγινε από τη DT.

Τον Ιούνιο 2007 οι εισηγήσεις προς το οικονομικό επιτελείο της Κυβέρνησης ήταν για εξαγορά από τον ΟΤΕ του 33% της COSMOTE. Μάλιστα μερικοί θεωρούσαν από τότε προτιμητέα την πλήρη απορρόφηση της COSMOTE από τον ΟΤΕ που θα τον καθιστούσε ελκυστικότερο στον στρατηγικό επενδυτή. Ο ΟΤΕ ήδη κατείχε τότε το 67% της COSMOTE, ο δε Πρόεδρος του, ενώ τότε αρνείτο κατηγορηματικά την πιθανότητα συγχώνευσης της COSMOTE με τον ΟΤΕ, εντούτοις εξέφραζε την άποψη ότι θεωρεί πως η εξαγορά ολόκληρης της θυγατρικής κινητής τηλεφωνίας είναι η ορθότερη προοπτική για τον Οργανισμό[164],[165].

Η ΚΥΒΕΡΝΗΣΗ ΜΠΛΟΚΑΡΕΙ «ΕΞΑΓΟΡΑ» ΤΟΥ ΟΤΕ ΑΠΟ ΤΗ MIG

Οι πωλήσεις πακέτων μετοχών του ΟΤΕ είχαν ήδη αρχίσει πριν από τον Αύγουστο του 2005. Η πρώτη επόμενη πώληση πακέτου 49,06 εκατ. μετοχών του ΟΤΕ έγινε τον Σεπτέμβριο του 2005, ενώ τον επόμενο μήνα κυκλοφορούσαν φήμες ότι ενδιαφέρον για τον ΟΤΕ υπήρχε από την Telefonica και τη British Telecom*[166]*. Η διαδικασία της τελικής αποκρατικοποίησης*[167]* του ΟΤΕ και η εύρεση στρατηγικού εταίρου άρχισε τον Ιούνιο του 2007. Τον ίδιο μήνα ακολούθησαν ακόμα δύο πωλήσεις: η πώληση ενός επιπρόσθετου 6% του μετοχικού κεφαλαίου του ΟΤΕ στη MIG (Marfin Investment Group) της οποίας το ποσοστό πλησίαζε στο 20% και η πώληση ενός άλλου πακέτου 52,4 εκατ. μετοχών (10,7% του μετοχικού κεφαλαίου) με τιμή 21,40 ευρώ ανά μετοχή. Με την επικείμενη απόκτηση από τη Marfin του 20% του ΟΤΕ, άρχισε αυτή πλέον να ζητάει έκτακτη γενική συνέλευση, αμφισβητώντας τη διοίκηση του ΟΤΕ και τις βασικές στρατηγικές της επιλογές. Υπήρχαν δε πληροφορίες ότι η MIG θα ζητούσε συμμετοχή στη διοίκηση του ΟΤΕ με το αίτημα διορισμού τριών μελών της εμπιστοσύνης της*[168]*.

Οι αντιδράσεις ήταν πολλές, ακόμα και από κυβερνητικά στελέχη, για τη διαδικασία πώλησης σε ότι αφορά την εμπλοκή της MIG και ότι *«επέτρεψαν σε έναν ιδιώτη* (τον κ. Βγενόπουλο) *να βγάλει τόσα λεφτά αγοράζοντας μετοχές του ΟΤΕ, προκαθορίζοντας τον αγοραστή του ΟΤΕ και απειλώντας την παραμονή του στον Οργανισμό»[169]*.

Και ενώ η συμμετοχή του Δημοσίου στον ΟΤΕ είχε τον Ιούνιο του 2007 ήδη περιοριστεί στο 28%*[170]* και μολονότι από καιρό υπήρχε το ενδιαφέρον να βρεθεί στρατηγικός επενδυτής και είχαν μάλιστα ήδη γίνει άκαρπες προσπάθειες προσέγγισης των DT και Telefonica, ο Πρόεδρος του ΟΤΕ δήλωνε τότε σχετικά με πιθανή έλευση στρατηγικού επενδυτή ότι *«δεν τίθεται θέμα επί του παρόντος»[171],[172]*. Ταυτόχρονα, την ίδια εποχή ανανεώνονταν τα σενάρια απορρόφησης της COSMOTE από τον ΟΤΕ*[173]* (που είχαν αρχίσει να διακινούνται ήδη από τον Οκτώβριο του 2005*[174]*) και προετοιμασίας μεταβίβασης του εναπομείναντος ποσοστού μαζί με το μάνατζμεντ του ΟΤΕ σε στρατηγικό επενδυτή[175]. Η κατάσταση ήταν κάπως μπερδεμένη, η δε πιθανή ιδιωτικοποίηση του ΟΤΕ προκαλούσε έντονες αντιδράσεις τόσο της αντιπολίτευσης όσο και των συνδικαλιστικών παρατάξεων του Ομίλου.

Για να μπλοκάρει αυτήν την κίνηση της MIG, ο Υπουργός Οικονομικών κ. Γ. Αλοφοσκούφης προέβη σε μια μεθόδευση που προκάλεσε επίσης πολύ συζήτηση και αμφισβητήθηκε από πολλούς. Επειδή η MIG σκόπευε να αποκτήσει τουλάχιστον το 20% που θα της έδινε δικαίωμα να έχει μειοψηφική εκπροσώπηση με τρία μέλη στο ΔΣ του ΟΤΕ και επειδή η Κυβέρνηση το θεωρούσε αυτό ως «επιθετική εξαγορά», ο κ. Υπουργός (σύμφωνα με τα γραφόμενα στον Τύπο) φοβούμενος το πολιτικό (και όχι μόνο) κόστος[176],[177] και θέλοντας να μπλοκάρει την επιθυμία της MIG, φέρνει - χωρίς να διαβουλευτεί με τις Βρυξέλλες - τον Δεκέμβριο του 2007, με αβάσιμες δικαιολογίες, μια αιφνιδιαστική και νομικά αμφισβητούμενη τροπολογία, που στόχο είχε τον εγκλωβισμό της επενδυτικής εταιρείας MIG στον ΟΤΕ με την *απαγόρευση της να μπορεί να αποκτήσει συμμετοχή στον ΟΤΕ (και δικαίωμα ψήφου) πάνω από 20%,* μολονότι ο ΟΤΕ ήταν επιχείρηση εισηγμένη στο Χρηματιστήριο. Η τροπολογία κατέβαζε το όριο συμμετοχής μεμονωμένων μετόχων στις κρατικού συμφέροντος επιχειρήσεις στο «20% πλην μια μετοχή» των μετοχών του ΟΤΕ[178]. Με την τροπολογία αυτή ετίθεντο περιορισμοί που απαγόρευαν κάθε επενδυτή να μπορεί να αποκτήσει πάνω από 20% του μετοχικού κεφαλαίου σε επιχειρήσεις δημοσίου συμφέροντος με δραστηριότητες σε «στρατηγικούς τομείς» της χώρας, αν πρώτα δεν πάρει την έγκριση της Διυπουργικής Επιτροπής.

Το γεγονός όμως ότι ο ΟΤΕ κατείχε δεσπόζουσα θέση σε μια αγορά που στην Ε.Ε. ήταν τότε πλήρως απελευθερωμένη, δεν συνεπάγετο αυτομάτως ότι αποτελούσε «επιχείρηση στρατηγικής σημασίας». Πολλοί υποστήριζαν ότι μ' αυτόν τον τρόπο ο Υπουργός έβαζε στην ίδια μοίρα όλες τις δημόσιες επιχειρήσεις «στρατηγικού χαρακτήρα» (στις οποίες το Δημόσιο είχε πάνω από το 51% του μετοχικού κεφαλαίου) και τον ΟΤΕ (όπου το Δημόσιο είχε μειώσει για καθαρά εισπρακτικούς λόγους το ποσοστό του στο 28%)[179]. Η δε MIG ισχυριζόταν ότι υπήρχε πιθανότητα να υπάρξει σε επίπεδο Ε.Ε. εξέταση-παρέμβαση για το θέμα αυτό (κάτι που, όπως θα δούμε στη συνέχεια, πράγματι έγινε), καθότι και σε πολλούς άλλους μεγάλους ευρωπαϊκούς τηλεπικοινωνιακούς ομίλους υπάρχουν μέτοχοι μειοψηφίας που εκπροσωπούνται στα Διοικητικά τους Συμβούλια[180].

Πράγματι, αμέσως παρενέβη τότε στην ελληνική Κυβέρνηση η Ευρωπαϊκή Επιτροπή εγείροντας σοβαρές επιφυλάξεις και μια σειρά αιτιάσεων όσον αφορά τη νομιμότητα της πρωτοβουλίας του Υπουργού Οικονομίας και θέτοντας θέμα ασυμβατότητας της ρύθμισης για τον ΟΤΕ με το κοινοτικό δίκαιο[181],[182]. Υπέβαλε στην ελληνική Κυβέρνηση 17 ερωτήματα, ένα εκ των οποίων ήταν «πώς μπορεί ένα νομοσχέδιο να ισχύει από την ημερομηνία κατάθεσής του (και όχι από την ημερομηνία ψήφισής του από την Βουλή»)!

Για όλα αυτά, το Βήμα έγραφε χαρακτηριστικά τα εξής: *«Τι θέλει τελικά ο κ. Αλογοσκούφης και η κυβέρνηση; Ούτε οι ίδιοι ξέρουν. Θέλουν να πουλήσουν τις ΔΕΚΟ και να εισπράξουν χρήματα για το δημόσιο ταμείο. Θέλουν όμως ταυτόχρονα να διατηρήσουν τον έλεγχο των επιχειρήσεων αυτών χωρίς να έχουν την πλειοψηφία. Θέλουν να ορίζουν τη διοίκηση και να της λένε τι να κάνει. Θέλουν να έλθουν ξένοι επενδυτές στη χώρα αλλά μόνον αυτοί που οι ίδιοι επιλέγουν. Με λίγα λόγια, θέλουν και την πίτα ολόκληρη και τον σκύλο χορτάτο, πράγμα ως γνωστόν, ανέφικτο. Η Κυβέρνηση έχει και το μαχαίρι και το πεπόνι και κάνει ό,τι θέλει, αυθαίρετα και αιφνιδιαστικά. Συνεπώς είναι αστείο να μιλάμε για άνοιγμα της ελληνικής οικονομίας, για διεθνοποίηση και για εκσυγχρονισμό»[183].*

Ο ΟΤΕ ΠΑΡΑΧΩΡΕΙΤΑΙ ΣΤΗ DT

Έτσι φτάσαμε στον Απρίλιο του 2008 που ουσιαστικά έκλεισε η συμφωνία του Δημοσίου με τους Γερμανούς της DT[184]. Η συμφωνία αυτή για πακέτο μετοχών (3%) «κλείδωσε» με 28,5 ευρώ ανά μετοχή[185] και παραχώρηση του ελέγχου του μάνατζμεντ του

Οργανισμού. Το ελληνικό Δημόσιο και η DT κατείχαν πλέον ίδιο μερίδιο 25% συν μία μετοχή έκαστος[186].

Η συμφωνία αυτή και η απόφαση του Υπουργού Οικονομικών κ. Γ. Αλογοσκούφη να παραχωρηθεί το μάνατζμεντ του ΟΤΕ στη γερμανική εταιρεία DT ξεσήκωσαν αντιδράσεις από την αντιπολίτευση και τους εργαζόμενους, αλλά και από βουλευτές της κυβέρνησης, τόσο για το τίμημα όσο και για την αδιαφανή διαδικασία που ακολουθήθηκε[187],[188]. Επειδή η συμφωνία έγινε *χωρίς την υποχρεωτική, σύμφωνα με το ευρωπαϊκό δίκαιο, υποβολή δημόσιας προσφοράς για τις μετοχές όλων των μετόχων μειοψηφίας*, δημιουργούσε τον κίνδυνο να οδηγηθεί η χώρα από την Κομισιόν στο Ευρωπαϊκό Δικαστήριο, το οποίο πιθανώς να αποφάσιζε την επιβολή προστίμων στην Ελλάδα για παραβίαση του κοινοτικού δικαίου. Η Κυβέρνηση όμως υποστήριζε ότι δεν ήταν υποχρεωτική η υποβολή δημόσιας πρότασης όταν δύο μέρη (ελληνικό Δημόσιο και DT) ενεργούν συντονισμένα, θεωρώντας ότι η πώληση του 3% *αποτελεί «αποκρατικοποίηση» και εξαιρείται από τον νόμο.*

Η συμφωνία τελικά κυρώθηκε τον Ιούνιο του 2008 (ν. 3676/2008) και θα ισχύει έως ότου το Δημόσιο διαθέτει τουλάχιστον το 5% των μετοχών του ΟΤΕ, πράγμα που σήμαινε ότι στην πραγματικότητα η Κυβέρνηση έθετε το όριο για την κρατική συμμετοχή[189].

Η κύρωση της συμφωνίας όμως του 6/2008 τέθηκε εν αμφιβόλω από την Ευρωπαϊκή Επιτροπή όταν ο Επίτροπος Εσωτερικής Αγοράς κ. Τσαρλς Μακρίβι με προειδοποιητική επιστολή του στην ελληνική Κυβέρνηση στις 14/4/2009 υποστήριζε ότι οι κάτωθι τέσσερεις όροι της σύμβασης μεταξύ του Ελληνικού Δημοσίου και της DT ήταν άκυροι διότι επέτρεπαν:

1) στους δύο μετόχους να ορίζουν το 100% των μελών του ΔΣ στον ΟΤΕ, αφήνοντας τη μειοψηφία του 50% (μείον 2 μετοχές) χωρίς εκπροσώπηση στο ΔΣ,
2) τα δικαιώματα αρνησικυρίας (veto) στο Ελληνικό Δημόσιο σε αποφάσεις μείζονος σημασίας για τον ΟΤΕ,

3) τους περιορισμούς στην πώληση μετοχών από τη DT, καθώς η σχετική συμφωνία επιβάλλει ο αγοραστής να είναι της «αρεσκείας» του Ελληνικού Δημοσίου και
4) τη νομιμότητα της «ρήτρας αλλαγής ελέγχου της DT».

Πράγματι, αφού οι ρυθμίσεις αυτές είχαν ήδη γίνει νόμος του κράτους, η Ευρωπαϊκή Επιτροπή παρενέβη και επίσημα το 2009 εκκινώντας νομική διαδικασία κατά της Ελλάδος[190]. Ακολούθησε η έκδοση καταδικαστικής απόφασης για τις διατάξεις αυτού του νόμου από το Ευρωπαϊκό Δικαστήριο καθώς έκρινε ότι η Ελλάδα παρέβη τις υποχρεώσεις περί της ελευθερίας εγκατάστασης. Τελικά, οι περιορισμοί αυτοί καταργήθηκαν το 2012 επί υπουργίας κ. Γ. Στουρνάρα με Πράξη Νομοθετικού περιεχομένου[191]. Αλλά τότε ήταν πλέον αργά για να αλλάξει κάτι στη συμφωνία.

α) Πλεονεκτήματα της συμφωνίας

Για τη DT, η συμφωνία σήμαινε πρόσβαση στις ταχέως αναπτυσσόμενες αγορές της Βαλκανικής (Ελλάδα, Ρουμανία και Βουλγαρία) και επέκταση του τηλεπικοινωνιακού της ελέγχου στην Κεντρική και Ανατολική Ευρώπη, από την Βαλτική μέχρι την Μεσόγειο, τη στιγμή που το ποσοστό αγοράς και τα κέρδη της στη Γερμανία μειώνονταν (όπως γινόταν και με όλα τα υπόλοιπα πρώην μονοπώλια της Ευρώπης λόγω της ρύθμισης).

Για τον ΟΤΕ, ή ακόμα και για την Κυβέρνηση, τα οφέλη δεν ήταν τόσο ξεκάθαρα. Τα άμεσα οφέλη για τον ΟΤΕ θα ήταν το τεχνικό και εμπορικό know-how που θα έφερνε η DT, μεγαλύτερη χρηματική υποστήριξη για τις επενδύσεις του στην Ελλάδα και τα Βαλκάνια και πιθανότητες συνεργιών για τη μείωση του κόστους. Η ελληνική Κυβέρνηση ισχυριζόταν ότι η παρουσία της DT ως στρατηγικού εταίρου θα εξασφάλιζε τη μελλοντική ανάπτυξη του ΟΤΕ, θα τον προστάτευε από πολιτικές πιέσεις και από «επιθετική εξαγορά» (predatory takeover).

Υπέρ της συμφωνίας ήταν η Κυβέρνηση Καραμανλή και η διοίκηση του ΟΤΕ. Εναντίον της ήταν η τότε αξιωματική αντιπολίτευση του κ. Γ.

Παπανδρέου, οι συνδικαλιστές του ΟΤΕ και - απ' ότι έδειχναν οι δημοσκοπήσεις - και η κοινή γνώμη ήταν και αυτή μάλλον αρνητικά διακείμενη στη συμφωνία.

β) Ο ρόλος της ΕΕΤΤ στην νέα τιμολογιακή πολιτική της DT

Ένα ακανθώδες θέμα σχετικά με τη συμφωνία το οποίο υποστήριζε η αντιπολίτευση και τα συνδικάτα ήταν ότι το ελληνικό Δημόσιο εκχωρούσε στη DT και το δικαίωμα διαμόρφωσης της τιμολογιακής πολιτικής του ΟΤΕ. Φοβούνταν δηλαδή ότι το Δημόσιο δεν θα είχε τον έλεγχο των τιμολογίων και ότι αυτό θα ενέτεινε την κερδοσκοπία[192]. Άλλα ακανθώδη θέματα που ήγειραν οι αντιτιθέμενοι στην παραχώρηση ήταν αυτά της εθνικής ασφάλειας, των εργασιακών σχέσεων, ζητήματα πώλησης-εξαγοράς θυγατρικών, αυξήσεις κεφαλαίου, από ποιούς θα ορίζεται ο Πρόεδρος και ο Διευθύνων Σύμβουλος, η μετονομασία της COSMOTE (η DT ήθελε να την μετονομάσει σε T-Mobile, όπως είναι το όνομα όλων των δικών της θυγατρικών κινητής τηλεφωνίας), κ.λπ.

Ενόψει διαφόρων δημοσιευμάτων που ανέφεραν ότι μόλις έρθει η DT θα αυξήσει τις λιανικές τιμές εις βάρος των καταναλωτών, έστειλα τον Μάιο του 2008 ένα non–paper στους αρμόδιους Υπουργούς Αλογοσκούφη και Χατζηδάκη, εξηγώντας τους την τιμολογιακή πολιτική που ακολουθεί η ΕΕΤΤ – την οποία θα είναι υποχρεωμένη να τηρήσει και η DT - και τους ελέγχους τιμών, προϊόντων, κοστοστρέφειας, κ.λπ., που διενεργεί συνεχώς ώστε να μην αφήνει τις τιμές να ξεφύγουν. Τους ενημέρωνα ότι αυτά θα συνεχίσουν να γίνονται από την ΕΕΤΤ, ανεξάρτητα της μετοχικής σύνθεσης και του ιδιοκτησιακού καθεστώτος της εταιρείας ΟΤΕ/DT, και για όσο διάστημα κρίνει η ΕΕΤΤ ότι η εταιρεία αυτή κατέχει «σημαντική ισχύ» στην αντίστοιχη αγορά, προφυλάσσοντας έτσι τον καταναλωτή. Ο γερμανικός όμιλος θα είναι υποχρεωμένος να διαπραγματεύεται με την ΕΕΤΤ τα οποιαδήποτε νέα του προγράμματα, τα δε τιμολόγια του θα πρέπει πρώτα να εγκρίνονται από την ΕΕΤΤ που βάσει του νόμου είναι υπεύθυνη για την τιμολογιακή πολιτική. Τους υπενθύμιζα δε ότι η ρύθμιση που ακολουθούσαμε είχε σαν αποτέλεσμα τα τελευταία χρόνια ο δείκτης τιμών καταναλωτή των τηλεπικοινωνιακών υπηρεσιών να είναι ο μόνος που παρουσίαζε διαρκή τάση μείωσης, την στιγμή που όλο οι άλλοι στη χώρα αυξάνονταν κάθε χρόνο.

Σε σχετική του συνέντευξη ο υπουργός Οικονομίας κ. Γ. Αλογοσκούφης δήλωνε τον Μάιο του 2008[193],[194]: *«Η τιμολογιακή πολιτική θα αποτελεί ευθύνη της ελληνικής Κυβέρνησης. Η διαμόρφωση των τιμολογίων είναι αρμοδιότητα της ΕΕΤΤ. Η εν λόγω Επιτροπή θα εγκρίνει τις μεταβολές των τιμών. Εάν γίνει μια πρόταση από την DT, η οποία δεν θεωρείται συμβατή με το κοινωνικό συμφέρον, δε θα προχωρεί προς έγκριση».* Όπως φαίνεται όμως, ξεχνούσε ο κ. Υπουργός: (α) ότι με βάση το Εθνικό και Κοινοτικό δίκαιο, η τιμολογιακή πολιτική της DT *δεν αποτελεί ευθύνη ούτε αρμοδιότητα της ελληνικής Κυβέρνησης* (ούτε βέβαια της επιτρέπεται να «ελέγχει» τυχόν αυξήσεις τους) αλλά μόνον της ΕΕΤΤ, η οποία ως Ανεξάρτητη Αρχή, δεν παίρνει οδηγίες από την Κυβέρνηση ούτε και της επιτρέπει να παρέμβει σε θέματα Η.Ε., πολύ δε περισσότερο στις τιμές της DT που αυτή θα εγκρίνει ή όχι, (β) ότι τα κριτήρια που χρησιμοποιεί η ΕΕΤΤ για την έγκριση ή μη των προτεινόμενων τιμολογίων ή μεταβολών από τη DT *είναι διαφορετικά απ' αυτά που ισχυρίζεται ο Υπουργός*, (γ) ότι ο ρόλος της ΕΕΤΤ είναι να αποτρέπει τη DT (όπως έκανε και με τον ΟΤΕ) τόσο από το *να ρίχνει υπερβολικά τις λιανικές τιμές* (χωρίς ταυτόχρονα να μειώνει αναλογικά και τις χονδρικές), όσο και *να τις ανεβάζει πάνω από το price cap που έχει ορίσει η ΕΕΤΤ* και, τέλος, (δ) ότι *ο ανταγωνισμός και το επιχειρηματικό κέρδος* (δηλαδή «οι κανόνες της αγοράς») είναι αυτά που δεν θα επιτρέψουν στη DT να αυξήσει τα λιανικά τιμολόγια και θα την αναγκάσουν να προσφέρει ποιοτικές υπηρεσίες σε ανταγωνιστικές τιμές (όπως και πράγματι έγινε στα επόμενα χρόνια).

γ) Οι απόψεις της ΕΕΤΤ για την εξαγορά

Στις 10/6/2008 εκκλήθηκα από την Επιτροπή Οικονομικών Υποθέσεων της Βουλής να εκθέσω τις απόψεις της ΕΕΤΤ επί του νομοσχεδίου για την Κύρωση της Σύμβασης Πώλησης Μετοχών και της Συμφωνίας Μετόχων μεταξύ του Ελληνικού Δημοσίου και της DT. Εκείνη τη στιγμή, βέβαια, δεν μπορούσα να πάρω συγκεκριμένη θέση επί της συμφωνίας, καθώς είχα κληθεί στην Επιτροπή την τελευταία στιγμή και χωρίς να μου έχει δοθεί από πριν από το Υπουργείο Οικονομικών αντίγραφο της συμφωνίας. Η γενικότερη θεώρηση μου όμως ήταν ότι η είσοδος της DT θα μπορούσε να αποτελέσει μεγάλη ευκαιρία, γιατί αφενός μεν ο ΟΤΕ θα απαλλάσσονταν από το θανάσιμο εναγκαλισμό του Κράτους, αφετέρου δε η μείωση των (έμμεσων ή άμεσων) παρεμβάσεων του Κράτους στην αγορά τηλεπικοινωνιών θα βελτίωνε την ανταγωνιστικότητα της, γεγονός που θα οδηγούσε σε περισσότερες επενδύσεις, στη δημιουργία νέων θέσεων εργασίας και στην εμφάνιση νέων καινοτόμων προϊόντων σε χαμηλότερες τιμές. Έτσι κ' αλλιώς, και η νέα εταιρεία θα υπόκειται στις ίδιες ρυθμιστικές υποχρεώσεις που είχε ο ΟΤΕ προς την ΕΕΤΤ (ιδιαίτερα στην τιμολογιακή της πολιτική για την οποία, όπως προανέφερα, υπήρχαν πολλές ανησυχίες).

Στην Επιτροπή, αφού πρώτα επανέλαβα ότι η ΕΕΤΤ αποτελεί τον ανεξάρτητο μηχανισμό της Πολιτείας που ασκεί τον ελεγκτικό της ρόλο και εποπτεύει την αυστηρή εφαρμογή του νόμου από όλες τις εταιρείες του κλάδου των ηλεκτρονικών επικοινωνιών, *ανεξαρτήτως του ιδιοκτησιακού και διοικητικού τους καθεστώτος* και εξέθεσα τον ρόλο και τις αρμοδιότητές της, συμπλήρωνα ότι *«επειδή η ΕΕΤΤ είναι η Επιτροπή Ανταγωνισμού για την αγορά των Η.Ε., θα εξετάσει τη συγκεκριμένη συμφωνία, ευθύς μόλις μας υποβληθεί ο σχετικός φάκελος από τους συμβαλλόμενους. Θα εξεταστούν οι αναμενόμενες επιπτώσεις των μεταβολών στη διάρθρωση του ανταγωνισμού ανάμεσα στους παίκτες της αγοράς»*. Ένα σχετικό τμήμα της παρουσίασης μου περιλάμβανε και τα κάτωθι[195]:

> *«Στο πλαίσιο του νέου και εντεινόμενου ανταγωνισμού, μέλλον θα έχουν μόνο οι επιχειρήσεις με σύγχρονες δομές, με ευέλικτες διοικητικές διαδικασίες, με σοβαρές διεθνείς συμμαχίες και με μακροχρόνιο αναπτυξιακό όραμα. Όσοι εμμείνουν σε ξεπερασμένα σχήματα του μονοπωλιακού παρελθόντος, θα βρεθούν αντιμέτωποι με δυσάρεστες εκπλήξεις, καθώς οι ανταγωνιστές θα εκμεταλλευτούν την ευκαιρία και θα τους αποσπάσουν πελάτες και μερίδια αγοράς.*
> *Εφόσον η Πολιτεία εμμείνει, με ακόμα μεγαλύτερη αποφασιστικότητα, στη γραμμή της απαρέγκλιτης τήρησης των σύγχρονων αντι-*

μονοπωλιακών κανόνων και στην εφαρμογή των ανάλογων κοινοτικών οδηγιών, η ελληνική αγορά τηλεπικοινωνιών θα βρει τον δρόμο της σύγκλισης με τις πιο προηγμένες χώρες της Ε.Ε. Κατ' αυτόν τον τρόπο, οι Έλληνες καταναλωτές θα απολαμβάνουν όλα τα αγαθά των σύγχρονων τεχνολογιών της κοινωνίας της γνώσης, ενώ οι επιχειρήσεις θα βελτιώνουν την ανταγωνιστικότητά τους, προς όφελος της οικονομίας και της απασχόλησης.
Η είσοδος ενός μεγάλου τηλεπικοινωνιακού παίχτη στην ελληνική αγορά μπορεί και πρέπει να ειδωθεί ως μία μεγάλη ευκαιρία για τη βελτίωση της ανταγωνιστικότητας όλων των επιχειρήσεων του κλάδου[196]. Μπορεί να αποτελέσει μία νέα αφορμή για να διασφαλίσουμε πιο σαφείς και πιο διαφανείς όρους στο επιχειρηματικό παιχνίδι, προς όφελος της οικονομίας, της απασχόλησης και της ευημερίας όλων των πολιτών, σε όλη την επικράτεια».

Επειδή επίσης διάφορα δημοσιεύματα εκδήλωναν αμφιβολία κατά πόσο η ΕΕΤΤ έχει την αρμοδιότητα ελέγχου και εγκρίσεως των τιμολογίων της DT και συνεπώς την αρμοδιότητα να αποτρέψει πιθανές αυξήσεις στις τιμές, ενημέρωνα την Επιτροπή Οικονομικών υποθέσεων της Βουλής και τους αρμόδιους Υπουργούς της κυβέρνησης για τα κάτωθι:

«Ανάμεσα στις άλλες υποχρεώσεις της, η DT θα έχει την υποχρέωση να υποβάλει κάθε χρόνο στην ΕΕΤΤ την προτεινόμενη τιμολογιακή της πολιτική, συνοδευόμενη από όλα τα απαραίτητα στοιχεία, και η ΕΕΤΤ θα συνεχίζει να ελέγχει τις τιμές «εκ των προτέρων» (ex ante) για να δώσει την έγκρισή της πριν αυτές εφαρμοστούν από την εταιρεία. Αυτό ισχύει για τον έλεγχο τόσο της διατήρησης εύλογης διαφοράς (margin) μεταξύ χοντρικής και λιανικής τιμής ενός προϊόντος, όσο και της μη υπέρβασης της μέγιστης αύξησης (price cup) που επιτρέπει η ΕΕΤΤ στην λιανική τιμή του προϊόντος. Με απλά λόγια, αυτό σήμαινε ότι αν η DT μειώσει τις τιμές σε κάποιο προϊόν λιανικής προς τον καταναλωτή, υποχρεούται να μειώσει αντίστοιχα και τις χονδρικές τιμές που χρεώνει στους εναλλακτικούς παρόχους για το ίδιο προϊόν, ώστε να μην μπορέσει να σκοτώσει τον ανταγωνισμό. Οι ετήσιοι έλεγχοι της ΕΕΤΤ γίνονται σε συνεργασία με διεθνώς αναγνωρισμένους τεχνο-οικονομικούς συμβουλευτικούς

οίκους, βασίζονται σε διεθνή μοντέλα και πρακτικές, και εντάσσονται στο γενικό ρυθμιστικό πλαίσιο που έχει θεσπίσει η Ε.Ε.

Ακόμα και αν η ΕΕΤΤ δεν κάνει σωστά τη δουλειά της, υπάρχει πάντα η δυνατότητα της Ευρωπαϊκής Επιτροπής να παρέμβει αυτοβούλως. Χαρακτηριστικό παράδειγμα ήταν το πρόστιμο ύψους 12.6 εκατ. ευρώ που επέβαλε η Ευρωπαϊκή Επιτροπή στην DT για κατάχρηση της δεσπόζουσας θέσης της (η προσφυγή της DT απερρίφθητε από το Ευρωπαϊκό Δικαστήριο τον Απρίλιο του 2008), μολονότι η γερμανική ρυθμιστική αρχή RegTP είχε τότε εγκρίνει το κοστολόγιο της DT.

Επιπρόσθετα, η DT θα συνεχίσει να έχει τις υποχρεώσεις που είχε ο ΟΤΕ και, με βάση το Κοινοτικό και Εθνικό Δίκαιο, η ΕΕΤΤ θα συνεχίσει να ρυθμίζει την DT και να ελέγχει τις τιμές της, όσο διάστημα η ΕΕΤΤ κρίνει ότι η DT κατέχει ΣΙΑ στην αντίστοιχη αγορά.

Για την αγορά λιανικής της ευρυζωνικής πρόσβασης (ADSL) που δεν τελεί υπό ρύθμιση, η DT υποχρεούται να υποβάλλει στην ΕΕΤΤ τις προτεινόμενες λιανικές τιμές της υπηρεσίας και συναφών πακέτων (conn-x), για να ελεγχτεί η τήρηση του Retail-Minus που εφαρμόζει η ΕΕΤΤ στην αντίστοιχη Αγορά (Αγορά 12) και να αποφευχθούν καταστάσεις «αθέμιτης συμπίεσης τιμών», «ληστρικής τιμολόγησης» ή «πώλησης κάτω του κόστους».

Ένα επιπλέον ρυθμιστικό μέτρο είναι η επιβολή της υποχρέωσης για συνεγκατάσταση εναλλακτικών παρόχων στα αστικά κέντρα της DT, ώστε να γίνει εφικτή η αποδεσμοποίηση του τοπικού βρόχου (LLU).

Η DT είναι επίσης υποχρεωμένη να παρέχει τις υπηρεσίες της «Καθολικής Υπηρεσίας», που αφορούν κυρίως στην τηλεφωνική κάλυψη όλης της ελληνικής επικράτειας.

Όπως μέχρι σήμερα, έτσι και μετά την έγκριση της συμφωνίας με την DT, το δίκτυο θα παραμένει στην ιδιοκτησία της DT. Ο νόμος όμως της έχει επιβάλλει ειδικές υποχρεώσεις, όπως π.χ. συντήρησης, ποιότητας, ασφάλειας, τιμολόγησης και ανάπτυξης του δικτύου, συμμόρφωσης με τις διατάξεις της κείμενης τηλεπικοινωνιακής νομοθεσίας και της νομοθεσίας περί προστασίας του ανταγωνισμού και ικανοποίησης των προϋποθέσεων «πρόσβασης στο Δίκτυο και χρήσης των Αδειοδοτούμενων Υπηρεσιών». Το τελευταίο υποχρεώνει την DT (όσο διάστημα κατέχει δεσπόζουσα θέση στην σχετική αγορά) να «εξασφαλίζει τη πρόσβαση, χωρίς διακρίσεις στους άλλους τηλεπικοινωνιακούς παρόχους.

Οι τυπικές υποχρεώσεις της DT (που είναι σχεδόν ταυτόσημες με τις υποχρεώσεις αντίστοιχων οργανισμών με ΣΙΑ στις άλλες χώρες της Ε.Ε.) είναι: 1) να διαθέτει μέρος των υποδομών της στους άλλους παρόχους με κοστοστρεφή τιμολόγηση, 2) να παρέχει διευκολύνσεις (π.χ., συνεγκατάσταση στα κέντρα της και παροχή συνδέσεων βρόχου και υποβρόχου) και ανοιχτή πρόσβαση στο δίκτυό της από τους εναλλακτικούς παρόχους με συγκεκριμένες διαδικασίες διαφάνειας και μη διακριτικής μεταχείρισης και μέσα σε συγκεκριμένα χρονικά περιθώρια, 3) να τηρεί τις αρχές του λογιστικού διαχωρισμού και 4) να γνωστοποιεί στην ΕΕΤΤ τις τιμές, τις εκπτώσεις και τα νέα προϊόντα προς έγκρισή της προ της εφαρμογής τους. Οι διαδικασίες, τα χρονοδιαγράμματα και οι κοστοστρεφείς τιμές προαπαιτούν την έγκριση της ΕΕΤΤ προτού αυτά τεθούν σε ισχύ».

Τελικά, στις 16/10/2008 η ΕΕΤΤ ουσιαστικά έδωσε το «πράσινο φώς» για τη συμφωνία ΟΤΕ-DT, εγκρίνοντας την αλλαγή ελέγχου των συχνοτήτων από τον ΟΤΕ στη DT*[197]*. Η απόφαση της ίσχυε με την προαίρεση ότι η Επιτροπή Ανταγωνισμού των Ευρωπαϊκών Κοινοτήτων – η οποία είχε ήδη επιληφθεί του θέματος - θα έδινε και αυτή την έγκρισή της για τη σχετική συγκέντρωση μεταξύ ΟΤΕ και DT.

Προσωπικά θεωρούσα ότι η ιδιωτικοποίηση του ΟΤΕ θα τον απομάκρυνε από το «μακρύ χέρι» του παρεμβατικού Κράτους και των συνδικαλιστών του, θα τον καθιστούσε πιο αποτελεσματικό και ανταγωνιστικό, ενώ ταυτόχρονα και οι υπόλοιπες εταιρείες του κλάδου θα επιχειρούσαν με περισσότερη ανεξαρτησία όταν γνώριζαν ότι το Κράτος θα ήταν ουδέτερο και δεν θα εμπλέκονταν σε θέματα της τηλεπικοινωνιακής αγοράς.

Εκ των υστέρων, εύκολα μπαίνει κανείς στον πειρασμό να βγάλει το συμπέρασμα ότι όλες αυτές οι κινήσεις – η εξαγορά της «ΓΕΡΜΑΝΟΣ» από την COSMOTE, η συγχώνευση ΟΤΕ και COSMOTE και η παρεμπόδιση από την Κυβέρνηση της εισόδου της MIG στον ΟΤΕ – ήταν για να ετοιμαστεί ένα πακέτο εταιρειών το οποίο θα δινόταν από την Κυβέρνηση στη DT, η οποία – αφού στη συνέχεια θα κατάφερνε την ακύρωση κατασκευής του εθνικού δικτύου FTTH (βλέπε Κεφάλαιο 9) - θα εδραίωνε τη θέση της στην Ελλάδα ως το νέο μονοπώλιο στο ευρυζωνικό δίκτυο πρόσβασης.

Στελέχη της ΕΕΤΤ στο Περίπτερο της στην Δ.Ε.Θ., 6/9/2008

Πάνελ σε Διεθνές Συνέδριο της ΕΕΤΤ

Κεφάλαιο 8: «Λειτουργικός Διαχωρισμός» του ΟΤΕ

«Εάν μετά από προσεκτική ανάλυση, κρίνουμε ότι για την ανάπτυξη της αγοράς προς όφελος του πολίτη-καταναλωτή είναι απαραίτητο να προχωρήσουμε στον διαχωρισμό δικτύων και υπηρεσιών της εταιρείας ΟΤΕ Α.Ε., θα το πράξουμε» (20/9/2008)

Κεφάλαιο 8: Λειτουργικός Διαχωρισμός του ΟΤΕ

Ένα άλλο θέμα που κυριάρχησε στο μεγαλύτερο μέρος της θητείας μου ήταν το θέμα του «Λειτουργικού Διαχωρισμού» (Functional Separation), τον οποίο μέχρι το τέλος της θητείας μου εξετάζαμε κατά πόσο θα έπρεπε να επιβάλλουμε στον ΟΤΕ.

Μετά από μερικά εισαγωγικά σχόλια σχετικά με τις αρμοδιότητες του εθνικού Ρυθμιστή και της Ευρωπαϊκής Επιτροπής Ανταγωνισμού (DG Competition) να επιβάλουν τον Λειτουργικό Διαχωρισμό (Λ.Δ.) σε πρώην τηλεπικοινωνιακά μονοπώλια, θα παρουσιάσω τη διεθνή εμπειρία των χωρών που τον είχαν ήδη υλοποιήσει ή μελετούσαν να τον υλοποιήσουν, θα εξηγήσω τι ακριβώς είναι ο Λ.Δ. και ποια είναι τα διάφορα μοντέλα διαχωρισμού καθετοποιημένων επιχειρήσεων που εφαρμόστηκαν διεθνώς και θα αναλύσω τα πλεονεκτήματα (ακόμα και για την διαχωριζόμενη επιχείρηση) και μειονεκτήματα και τις δυσκολίες εφαρμογής του. Στη συνέχεια θα παρουσιάσω το νέο ευρωπαϊκό ρυθμιστικό πλαίσιο που ετοιμαζόταν από 2006 και παρείχε στις Εθνικές Ρυθμιστικές Αρχές τηλεπικοινωνιών τη δυνατότητα να επιβάλουν οι ίδιες - ως «ρυθμιστική υποχρέωση» (remedy) - τον Λ.Δ. στον κύριο πάροχο, το οποίο χρησιμοποιούσε η ΕΕΤΤ ως απειλή για να εξαναγκάσει τον ΟΤΕ να συμμορφωθεί πλήρως με τις ρυθμιστικές του υποχρεώσεις. Καταγράφω επίσης την ισχυρή αντίθεση του ΟΤΕ και της DT που θεωρούσαν τον Λ.Δ. καταστροφή για τον Οργανισμό και τις πιέσεις που εξασκούσαν στην Κυβέρνηση για απόρριψή του. Θα κλείσω το κεφάλαιο παρουσιάζοντας τη μελέτη της ΕΕΤΤ που τεκμηρίωνε την ανάγκη επιβολής του Λ.Δ. στο δίκτυο πρόσβασης του ΟΤΕ, λόγω των εμποδίων, της αντι-ανταγωνιστικής συμπεριφοράς, της διακριτικής μεταχείρισης και της κατάχρησης της δεσπόζουσας θέσης του, το συγκεκριμένο μοντέλο διαχωρισμού που προτείναμε και το αντίστοιχο κείμενο που ολοκληρώθηκε τον Ιούλιο του 2009 το οποίο ετοιμαζόμασταν θα θέσουμε σε δημόσια διαβούλευση. (Η μη ανανέωση της θητείας μας από την Κυβέρνηση τορπίλισε την όλη προσπάθεια).

ΕΙΣΑΓΩΓΗ

Όπως θα δούμε στη συνέχεια, το θέμα του Λ.Δ. αποτέλεσε θέμα τριβής και με έφερε σε σφοδρή αντίθεση με τον ΟΤΕ[198],[199], με την DT, αλλά και με την Κυβέρνηση, η οποία είχε τότε ακόμα μεγάλο ποσοστό συμμετοχής στον τηλεπικοινωνιακό οργανισμό και ήθελε να τον παραχωρήσει ολόκληρο, συμπεριλαμβανομένου και του δικτύου του πρόσβασης (του μοναδικού στη χώρα δικτύου, που χρησιμοποιούσαν - και χρησιμοποιούν ακόμα και σήμερα το 2015 - όλοι οι εναλλακτικοί πάροχοι), είτε γιατί πίστευε ότι αυτό θα επέφερε μεγαλύτερα έσοδα στο κράτος, είτε γιατί - όπως έγραφε ο Τύπος - είχε δεσμευθεί στους Γερμανούς της DT ότι ο Λειτουργικός Διαχωρισμός (Λ.Δ.) του Οργανισμού δεν θα προχωρήσει[200]. (Οι γερμανικές πιέσεις προς τις ελληνικές κυβερνήσεις σχετικά με την πώληση του ΟΤΕ στην DT και την απόρριψη του λειτουργικού του διαχωρισμού επρόκειτο να είναι αφόρητες[201], όπως θα δούμε στη συνέχεια).

Ο Λ.Δ. δεν ήταν βέβαια ούτε αυτοσκοπός ούτε και ο βασικότερος στόχος της ΕΕΤΤ. Έτσι και αλλιώς, εάν χρησιμοποιείτο, θα χρησιμοποιείτο ως εργαλείο «έσχατης περίπτωσης» (last resort). Η απειλή όμως επιβολής του από την ΕΕΤΤ έφερε όλα αυτά τα σημαντικά αποτελέσματα στην αγορά, ενίσχυσε τον ανταγωνισμό και ωφέλησε τον πολίτη, όπως είδαμε στα προηγούμενα κεφάλαια.

Με βάση τον εθνικό νόμο Ν.703/1977 «περί ανταγωνισμού», η ΕΕΤΤ είχε την αρμοδιότητα να εφαρμόσει τέτοια διαρθρωτικά-κανονιστικά μέτρα στην επιχείρηση με δεσπόζουσα θέση στην αγορά (καθόσον η ΕΕΤΤ ήταν, εκτός από Ρυθμιστική Αρχή, και η Επιτροπή Ανταγωνισμού στις τηλεπικοινωνίες). Σ' αυτήν την περίπτωση όμως όφειλε η ΕΕΤΤ, αφού πρώτα αποδείξει την ανάγκη επιβολής αυτών των μέτρων, τεκμηριώνοντας την σοβαρότητα και την διάρκεια των παρεμβάσεων και αντι-ανταγωνιστικών συμπεριφορών του ΟΤΕ, να ενημερώσει στη συνέχεια τον Υπουργό Ανάπτυξης ο οποίος είχε το δικαίωμα να τροποποιήσει τα προτεινόμενα μέτρα ή ακόμα και να απαγορεύσει πλήρως την επιβολή τους.

Αυτό όμως που δεν μπορούσε τότε να κάνει αυτοτελώς η ΕΕΤΤ χωρίς την έγγριση της δικής μας Κυβέρνησης, είχε το δικαίωμα να το κάνει η Ευρωπαϊκή Επιτροπή Ανταγωνισμού (DG Competition). Αυτή μπορούσε είτε αυτεπαγγέλτως είτε κατόπιν καταγγελίας από την ΕΕΤΤ ή από τους παρόχους να επιβάλλει μέτρα διαρθρωτικού χαρακτήρα στην επιχείρηση που προβαίνει σε παραβάσεις των άρθρων 81 και 82. Ένα τέτοιο μέτρο μπορούσε να είναι και ο κάθετος διαχωρισμός της επιχείρησης. Σε τέτοιες εξαιρετικές περιπτώσεις, αν μια εθνική ρυθμιστική αρχή θεωρούσε ότι ήταν απαραίτητη η επιβολή νέων υποχρεώσεων σε παρόχους με ιδιαίτερη δύναμη στην αγορά, θα μπορούσε να υποβάλει σχετικό αίτημα στην Ευρωπαϊκή Επιτροπή (μέσω συγκεκριμένων άρθρων της Οδηγίας Πρόσβασης), η οποία στη συνέχεια θα προχωρούσε στην επιβολή ή όχι των προτεινόμενων μέτρων. Με αυτό το σκεπτικό, απειλούσα παρασκηνιακά τον Πρόεδρό του ότι θα παραπέμψω τον ΟΤΕ στην Επιτροπή Ανταγωνισμού της Κοινότητας[202] με το αίτημα του Λειτουργικού Διαχωρισμού του Οργανισμού.

Εκτός όμως απ' αυτήν τη δυνατότητα παραπομπής του ΟΤΕ στην Επιτροπή Ανταγωνισμού της Κοινότητας, όλοι ήδη γνώριζαν ότι η Ευρωπαϊκή Επιτροπή προετοιμαζόταν από το 2006 να προτείνει - κατά την επικείμενη ανασκόπηση του ευρωπαϊκού ρυθμιστικού πλαισίου τηλεπικοινωνιών - να δοθεί στις Εθνικές Ρυθμιστικές Αρχές η πλήρης πλέον αρμοδιότητα να μπορούν αυτές (σε συνεννόηση με την Ευρωπαϊκή Επιτροπή, όπως γινόταν και για όλα τα άλλα ρυθμιστικά μέτρα) να επιβάλλουν από μόνες τους τον Λ.Δ. (μεταξύ των υποδομών και των εμπορικών τους υπηρεσιών) σε εταιρείες που καταχρώνται την δεσπόζουσα θέση τους (για κράτη στα οποία το επίπεδο ανταγωνισμού στις τηλεπικοινωνιακές υποδομές ήταν χαμηλό), εφαρμόζοντας το μοντέλο που είχε ακολουθήσει το Ηνωμένο Βασίλειο για τη British Telecom (BT)[203]. Ήταν τότε κοινή πεποίθηση στην Ευρωπαϊκή Επιτροπή ότι, για να προχωρήσει η Ευρώπη στον τομέα των τηλεπικοινωνιών και να πλησιάσει τις άλλες περισσότερο ανεπτυγμένες χώρες, θα έπρεπε να δοθεί η δυνατότητα στις Εθνικές Ρυθμιστικές Αρχές να επιβάλλουν τον Λ.Δ. στους μεγάλους τηλεπικοινωνιακούς οργανισμούς που στο παρελθόν είχαν καθεστώς κρατικού μονοπωλίου (incumbent ή κύριοι πάροχοι) - μέρος της υποδομής των οποίων κατασκευάστηκε με επιδοτήσεις από την Ε.Ε. - όταν αυτές κρίνουν ότι οι υπάρχουσες ρυθμιστικές υποχρεώσεις δεν επαρκούν και δεν αποφέρουν στον πολίτη-καταναλωτή τα επιθυμητά αποτελέσματα. Ο κεντρικός σκοπός του Λ.Δ. ήταν η αντιμετώπιση προβλημάτων ανταγωνισμού στις τηλεπικοινωνίες τα οποία δεν μπορούσαν να επιλυθούν αποτελεσματικά μέσω των λοιπών ρυθμιστικών εργαλείων που παρείχε το Ευρωπαϊκό Κανονιστικό Πλαίσιο.

Όπως ανέφερε η αρμόδια επίτροπος για την «Κοινωνία της Πληροφορίας και των ΜΜΕ» κ. Vivian Reding το 2007 *«το εργαλείο του Λ.Δ. πρέπει να προστεθεί στην εργαλειοθήκη κάθε εθνικού ρυθμιστή και να είναι διαθέσιμο για εκείνες τις πεισματικά ασυμμόρφωτες περιπτώσεις, όπου όλα τα μέτρα αποτυγχάνουν να φέρουν την επιθυμητή ρύθμιση»[204]*. Όχι μόνον η Ευρωπαϊκή Επιτροπή, αλλά και οι υπόλοιπες Εθνικές Ρυθμιστικές Αρχές της Ευρώπης ήταν υπέρ της άποψης ότι ο Λ.Δ. θα αποτελούσε ένα πολύ χρήσιμο και αποτελεσματικό εργαλείο στη φαρέτρα τους

Πράγματι, τελικά στις 29/9/2009 (έναν μήνα μετά τη λήξη της θητείας μου) η Ολομέλεια του Ευρωπαϊκού Κοινοβουλίου ψήφισε το νέο ευρωπαϊκό ρυθμιστικό πλαίσιο για τις Η.Ε. που - ανάμεσα στα θέματα μεταρρύθμισης – συμπεριέλαβε την παροχή αρμοδιότητας στις εθνικές ρυθμιστικές αρχές να επιβάλουν τον Λ.Δ. στα πρώην τηλεπικοινωνιακά μονοπώλια των κρατών μελών της Ε.Ε.

Το ότι θα δινόταν όμως αυτή η δυνατότητα δεν σήμαινε απαραίτητα ότι θα έπρεπε οπωσδήποτε ο Λ.Δ. να εφαρμοστεί σε κάθε χώρα. Θα μπορούσε να χρησιμοποιηθεί μόνον αφού πρώτα διαπιστωθεί πλήρως (κατόπιν ενδελεχούς μελέτης) η παράβαση του incumbent και εξακριβωθεί ότι ο τρόπος με τον οποίο θα εφαρμοστεί θα επιφέρει θετικά αποτελέσματα για τον καταναλωτή, τις τηλεπικοινωνιακές εταιρείες και την τηλεπικοινωνιακή αγορά γενικά. Κάθε εθνικός ρυθμιστής, ξεχωριστά, θα έπρεπε να λάβει υπόψη πόσο ανταγωνιστική ήταν η αγορά των Η.Ε. στη χώρα του. Π.χ., ο Ολλανδός ρυθμιστής είχε καταλήξει στο συμπέρασμα ότι δεν χρειαζόταν να εφαρμόσει τον Λ.Δ., γιατί στη χώρα του υπήρχε έντονος ανταγωνισμός στο κομμάτι των δικτυακών υποδομών μεταξύ του DSL του incumbent και των άλλων καλωδιακών δικτύων (cable TV networks) που υπήρχαν εκεί.

Γεγονός ήταν ότι σχεδόν όλοι οι εναλλακτικοί τηλεπικοινωνιακοί πάροχοι επιζητούσαν αυτόν τον Λ.Δ. του ΟΤΕ, καθόσον ισχυρίζονταν ότι αυτό θα απέτρεπε επίδοξες κινήσεις του ΟΤΕ που θα είχαν ως στόχο την επανεγκαθίδρυση του μονοπωλίου στην ελληνική αγορά, θα παρείχε ρυθμιστική ασφάλεια για όλους τους παίκτες, θα αποφεύγονταν οι διπλές επενδύσεις σε δίκτυα και θα παρείχε τη δυνατότητα στοχευμένης ρύθμισης. Παρόλη όμως την επιθυμία τους αυτή, οι πάροχοι ποτέ δεν τόλμησαν να κάνουν σχετική καταγγελία στην Ευρωπαϊκή Επιτροπή είτε γιατί περίμεναν από την ΕΕΤΤ να κάνει την πρώτη κίνηση, είτε γιατί φοβούνταν την αντίδραση του ΟΤΕ. Ανάλογη συμπεριφορά χαρακτήριζε τους παρόχους κατά τις ετήσιες συναντήσεις τους με την Ευρωπαϊκή Επιτροπή στο πλαίσιο των συνεντεύξεων για τα Annual Implementation Reports. Οι πληροφορίες μάς οδηγούσαν στο συμπέρασμα ότι πιθανόν ο ΟΤΕ να τους εκβίαζε ότι θα τους διακόψει τα κυκλώματα λόγω των χρεών τους σε περίπτωση που αυτοί προέβαιναν σε τέτοια κίνηση.

Η ΔΙΕΘΝΗΣ ΕΜΠΕΙΡΙΑ

Αλλά ας δούμε ποια ήταν η μέχρι τότε διεθνής εμπειρία από την επιβολή του μέτρου του Λ.Δ.

Ο Λ.Δ. μεταξύ των υποδομών και των εμπορικών υπηρεσιών στα πρώην κρατικά μονοπώλια που συνεχίζουν να διαθέτουν «σημαντική ισχύ στην αγορά» είχε το 2007 σε διάφορες χώρες είτε ήδη υλοποιηθεί είτε μελετούσαν να προχωρήσουν στην υλοποίησή του, τόσο στην Ευρώπη (Αγγλία, Σουηδία, Ιρλανδία, Ιταλία, Πολωνία) όσο και σε άλλες χώρες (π.χ., Σιγκαπούρη, Νέα Ζηλανδία, Αυστραλία). Στη Βρετανία που πρωτο-εφαρμόστηκε πριν το 2005, προκάλεσε ένα νέο κύμα επενδύσεων, μία «έκρηξη» στον αριθμό των αδεσμοποίητων τοπικών βρόχων και σημαντική πτώση της χονδρικής τιμής με την οποία οι πάροχοι νοίκιαζαν βρόχους από το διαχωρισμένο δίκτυο της ΒΤ.

Όπως καταδεικνύει η διεθνής εμπειρία, ο Λ.Δ. συνεισφέρει καθοριστικά στην άρση των εμποδίων που φέρει ένας κυρίαρχος πάροχος με δεσπόζουσα θέση στην αγορά *[205]*. Μιλώ ειδικά για τα εμπόδια που σχετίζονται με τις εκ μέρους του πρακτικές/συμπεριφορές διακριτικής μεταχείρισης (όχι μόνο τιμολογιακής), προς όφελος των δικών του λιανικών πελατών και σε βάρος των εναλλακτικών παρόχων, οι οποίοι όμως αποτελούν πελάτες των δικών του υπηρεσιών χονδρικής. Η άρση τέτοιων εμποδίων μειώνει την αβεβαιότητα που υπάρχει στην αγορά, αυξάνει τη διαφάνεια και την ίση μεταχείριση και βελτιώνει την ποιότητα υπηρεσιών που απολαμβάνει ο καταναλωτής.

Ο Λ.Δ. επιτρέπει στους μικρότερους παρόχους να είναι σίγουροι για τις επενδύσεις τους, δεδομένου ότι θα έχουν εξασφαλισμένη την πρόσβαση στις δικτυακές υποδομές της διαχωρισμένης μονάδας του incumbent κύριου παρόχου, ενώ ταυτόχρονα βελτιώνει την ελευθερία που δίνεται στους χρήστες για επιλογή παρόχου, υπηρεσιών και εφαρμογών. Με το σκεπτικό αυτό, ο ΣΑΤΠΕ (ο σύλλογος των εναλλακτικών παρόχων) σε παρουσίαση του τον Μάιο του 2006 είχε ταχθεί και αυτός υπέρ του βρετανικού μοντέλου λειτουργικού διαχωρισμού. Θεωρούσε ότι, λόγω της κρισιμότητάς του, απαιτείτο αυτονόμηση του δικτύου πρόσβασης του ΟΤΕ και δημιουργία στον ΟΤΕ ενός νέου business unit (Access Services Division) στο οποίο θα μπορούσαν να ενσωματωθούν όλες οι υποδομές του Οργανισμού (κατά το παράδειγμα της ΒΤ).

Τέλος, και πριν προχωρήσω στην επεξήγηση του τι είναι ο Λ.Δ. και των διαφόρων τρόπων υλοποίησης του, θα πρέπει να επαναλάβω ότι οι κυρίαρχοι πάροχοι Ευρυζωνικότητας με ΣΙΑ έχουν αυξημένες ρυθμιστικές υποχρεώσεις που (τόσο από το Κοινοτικό όσο και από το Εθνικό Δίκαιο) δεν τους επιτρέπεται να «κάνουν ό,τι θέλουν» στα δικά τους δίκτυα πρόσβασης (που όπως εξήγησα στο προηγούμενο κεφάλαιο είναι «δημόσια» δίκτυα), ιδίως όταν αυτά κατασκευάστηκαν με επιδοτήσεις της Κοινότητας και αποτελούν μια «μη αναπαράξιμη βασική ευκολία» (non-replicable essential facility) της χώρας. Εδώ ακριβώς επιβάλλεται και η ανάγκη του παρεμβατικού εποπτικού ρόλου της ΕΕΤΤ, καθόσον αυτοί οι κυρίαρχοι πάροχοι έχουν τα δικά τους επιχειρηματικά κίνητρα που έρχονται σε αντίθεση με την υποχρέωση τους να παρέχουν στις άλλες τηλεπικοινωνιακές επιχειρήσεις «δίκτυο ανοιχτής πρόσβασης» (open access network).

ΤΙ ΕΙΝΑΙ Ο «ΛΕΙΤΟΥΡΓΙΚΟΣ ΔΙΑΧΩΡΙΣΜΟΣ»

Προτού ορίσω τι ακριβώς είναι ο Λ.Δ., θα πρέπει να διορθώσω μερικές *εσφαλμένες ερμηνείες* που - για δικούς τους λόγους - κυκλοφορούν διάφοροι κατά καιρούς, και να εξηγήσω πρώτα *τι δεν είναι* ο λειτουργικός διαχωρισμός.

1) Πρώτον, ο λειτουργικός διαχωρισμός δεν είναι αυτό που γράφονταν στον Τύπο, ότι δηλαδή «η ΕΕΤΤ θα σπάσει ο ΟΤΕ στα δύο, δηλαδή σε υποδομές που θα έπρεπε να ανήκουν στο κράτος και σε υπηρεσίες που θα μπορούσαν να ανήκουν σε ιδιώτες»[206]. *Στο χαρακτηριστικό παράδειγμα της Βρετανίας, η Openreach (το διαχωρισμένο δίκτυο της ΒΤ) ανήκει στον όμιλο της ΒΤ.*
2) Δεύτερον, δεν είναι το ίδιο με τον «δομικό διαχωρισμό» (structural separation), ο οποίος σπάει την εταιρεία στα δύο, δημιουργώντας δυο ανεξάρτητες εταιρείες.
3) Τρίτον, ούτε βέβαια σημαίνει αυτό που αργότερα το 2014 ισχυριζόταν ο Πρόεδρος του ΟΤΕ, «διαμελισμό του ΟΤΕ, που σώνει και καλά ορισμένοι ήθελαν με μανία»[207].

Αυτό που πραγματικά είναι ο Λ.Δ. είναι η απαίτηση το πρώην μονοπώλιο να διαχωρίσει την δικτυακή του υποδομή (και υπάρχουν διάφορα εναλλακτικά σημεία του δικτύου στα οποία μπορεί να γίνει αυτός ο διαχωρισμός) από τις δικές του μονάδες που χρησιμοποιούν την υποδομή αυτή για παροχή δικών του λιανικών υπηρεσιών. Αλλά, μολονότι με τον Λ.Δ. δημιουργούνται λειτουργικά ξεχωριστές επιχειρηματικές μονάδες, *και οι δύο συνεχίζουν να ανήκουν στον ΟΤΕ του οποίου το γενικότερο ιδιοκτησιακό καθεστώς δεν μεταβάλλεται με τον Λ.Δ.*

ΜΟΝΤΕΛΑ ΔΙΑΧΩΡΙΣΜΟΥ ΚΑΘΕΤΟΠΟΙΗΜΕΝΩΝ ΕΠΙΧΕΙΡΗΣΕΩΝ

Σε μια ρυθμιζόμενη τηλεπικοινωνιακή αφορά, ο Λογιστικός Διαχωρισμός (Accounting Separation), ο Λειτουργικός Διαχωρισμός (Functional Separation), ο Μερικός και Ολικός Δομικός Διαχωρισμός (Structural Separation) και ο Διαχωρισμός Ιδιοκτησίας (Ownership Separation) αποτελούν (με αύξοντα βαθμό δυσκολίας) τα εναλλακτικά ρυθμιστικά εργαλεία που μπορούν να χρησιμοποιηθούν για να επιβληθεί η μη-διακριτική (non-discriminatory) πρόσβαση στο μοναδικό δίκτυο του παρόχου με δεσπόζουσα θέση στην αγορά, ώστε να εξασφαλιστεί ένας υγιής (healthy), δίκαιος (fair), αποτελεσματικός (efficient) και διατηρήσιμος (sustainable) ανταγωνισμός στη λιανική αγορά*[208]*. Με τη ψήφιση του νέου τηλεπικοινωνιακού νόμου του 2006, η ΕΕΤΤ - ως πρώτο βήμα – επέβαλε στον ΟΤΕ τον Λογιστικό Διαχωρισμό, με μέλημα τη διαφάνεια και την αποφυγή της «σταυροειδούς επιδότησης» μεταξύ των προϊόντων του ΟΤΕ που θα οδηγούσε στην εξάλειψη των ανταγωνιστών του.

Γενικά, ο διαχωρισμός μιας καθετοποιημένης & δεσπόζουσας επιχείρησης έχει δύο διαστάσεις, την οργανωτική και την δικτυακή:

(α) Η οργανωτική διάσταση, η οποία εξαρτάται από τον βαθμό/επίπεδο οργανωτικού διαχωρισμού της νέας δομικής μονάδας από την καθετοποιημένη επιχείρηση (δηλαδή ποια τμήματα/διευθύνσεις κ.α. οργανωτικές μονάδες ενδεχομένως να προωθηθούν στη νέα δομική μονάδα και ποια θα παραμείνουν στην παραδοσιακή μονάδα), των οποίων (μονάδων) η επιλογή εξαρτάται από το αντικείμενο της νέας δομικής μονάδας.

Για την περίπτωση της οργανωτικής διάστασης, η διεθνής εμπειρία παρέχει τρία πιθανά μοντέλα διαχωρισμού (με αύξουσα σειρά ως προς το βαθμό επέμβασης και αλλαγής στην παρούσα κατάσταση της δεσπόζουσας εταιρείας):

1) Τον «Λειτουργικό Διαχωρισμό», που αντιστοιχεί σε δημιουργία μιας νέας επιχείρησης μέσα στον όμιλο του οργανισμού της δεσπόζουσας εταιρείας (όπως αναφέραμε πιο πάνω), δηλ. εντός των καθέτως ολοκληρωμένων επιχειρήσεων με ξεχωριστά και ανεξάρτητα Διοικητικά Συμβούλια.

2) Τον «Μερικό Δομικό Διαχωρισμό», που αντιστοιχεί σε δημιουργία μιας νέας νομικής οντότητας η οποία όμως εξακολουθεί και ελέγχεται πλήρως από τη δεσπόζουσα εταιρεία (π.χ., με ποσοστό συμμετοχής/ιδιοκτησίας >50%).

3) Τον «Ολικό Δομικό Διαχωρισμό» από τη δεσπόζουσα εταιρεία, με τη δημιουργία μιας νέας νομικής οντότητας, αλλά χωρίς αποκλειστικό έλεγχο από τη δεσπόζουσα εταιρεία (π.χ., με μειωμένη συμμετοχή/ιδιοκτησία από τη δεσπόζουσα εταιρεία. π.χ., <50%). Δηλαδή, πλήρης χωρισμός της εταιρείας μονοπωλίου σε ξεχωριστές εταιρείες: (α) εταιρεία παροχής πρόσβασης στο δίκτυο και (β) εταιρεία (-είες) παροχής τηλεπικοινωνιακών υπηρεσιών.

Μετά την εφαρμογή ενός τέτοιου μέτρου, οι εναλλακτικοί πάροχοι πρέπει να αντιμετωπίζονται από τη διαχωρισμένη εταιρεία ισότιμα με τη δεσπόζουσα εταιρεία. Επίσης πρέπει να παρέχεται εγγυημένη ισότητα πρόσβασης σ' όλους τους παρόχους. Σ' αυτήν την περίπτωση, το λιανικό τμήμα του ΟΤΕ θα αντιμετωπίζεται ως ένας άλλος πάροχος.

(β) Η δικτυακή διάσταση, η οποία εξαρτάται από το ποιο τμήμα του δικτύου (πάγια, αντίστοιχα προϊόντα λιανικής/χονδρικής, κ.λπ.) ενδεχομένως να είναι κάτω από την ευθύνη και τον έλεγχο της νέας δομικής μονάδας και ποιο τμήμα θα παραμείνει στην παραδοσιακή μονάδα. Η επιλογή αυτών των *δικτυακών πόρων/στοιχείων* που θα προωθηθούν στη νέα δομική μονάδα εξαρτάται πάλι από το αντικείμενο της νέα δομικής μονάδας. Στόχος αυτού του κάθετου διαχωρισμού είναι να τεθούν στη νέα διαχωρισμένη μονάδα οι δικτυακοί πόροι/στοιχεία οι οποίοι είναι κρίσιμοι για τους εναλλακτικούς παρόχους, επειδή ενδεχομένως η πρόσβαση σ' αυτούς τους πόρους είναι απαραίτητη γιατί αποτελούν bottleneck.

Εκτός από τους δικτυακούς πόρους/στοιχεία που πρέπει να μεταφερθούν στη νέα διαχωρισμένη μονάδα, θα πρέπει επίσης να καθοριστούν και ποια *προϊόντα/υπηρεσίες χονδρικής* θα προσφέρονται από τη νέα διαχωρισμένη μονάδα και ποια θα εξακολουθήσουν να παρέχονται από τον κυρίαρχο πάροχο (από το αντίστοιχο τμήμα του χονδρικής).

Για την περίπτωση του ΟΤΕ, η μελέτη της ΕΕΤΤ πρότεινε το μοντέλο του *Λειτουργικού Διαχωρισμού* (τις λεπτομέρειες της οποίας θα παρουσιάσω αργότερα στο κεφάλαιο).

Τέλος, πρέπει να αναφερθεί εδώ και η περίπτωση του *«εθελούσιου διαχωρισμού από την καθετοποιημένη επιχείρηση»*. Επιχείρηση που εθελουσίως προτίθεται να μεταβιβάσει στοιχεία του τοπικού της δικτύου πρόσβασης ή σημαντικό του μέρος σε χωριστή της νομική οντότητα υπό διαφορετική ιδιοκτησία, ή να καθιερώσει χωριστή επιχειρηματική οντότητα για παροχή πλήρως ισότιμων προϊόντων πρόσβαρης σε όλους τους παρόχους λιανικής, συμπεριλαμβανομένων και των δικών της τμημάτων, θα πρέπει να ενημερώσει την εθνική Ρυθμιστική Αρχή εκ των προτέρων, ώστε να λάβει την έγκρισή της.

ΠΛΕΟΝΕΚΤΗΜΑΤΑ & ΜΕΙΟΝΕΚΤΗΜΑΤΑ ΤΟΥ Λ. Δ.

α) Πλεονεκτήματα

Τα *πλεονεκτήματα και οφέλη* που θα παρείχε προς την αγορά και τον καταναλωτή ο Λ.Δ. περιλαμβάνουν τα κάτωθι:

1) Θα είχε θετική συμβολή στην περαιτέρω ώθηση για ανάπτυξη της Ελληνικής τηλεπικοινωνιακής αγοράς και θα επέτρεπε την ταχύτερη γεφύρωση του χάσματος που συνέχιζε να υπάρχει με τις άλλες ανταγωνιστικές χώρες της Ε.Ε.
2) Θα δημιουργούσε μια περισσότερο λειτουργική αγορά για τα προϊόντα χονδρικής στον χώρο της Ευρυζωνικότητας.
3) Θα αύξανε τη ρυθμιστική αποτελεσματικότητα, θα απομάκρυνε τον κίνδυνο επανεγκαθίδρυσης του μονοπωλίου του ΟΤΕ και θα παρείχε ρυθμιστική ασφάλεια στους επενδυτές.
4) Θα απομάκρυνε από τον καθετοποιημένο πάροχο (τον ΟΤΕ) την πρόθεση και τις δυνατότητες να εκμεταλλεύεται την θέση του ως ιδιοκτήτης δικτύου προς όφελος του δικού του τμήματος λιανικής πώλησης, εις βάρος του ανταγωνισμού.
5) Με τον Λ.Δ., η πρόσβαση στην (μοναδική στην Ελλάδα) δικτυακή υποδομή του ΟΤΕ (κυρίως στο «τελευταίο μίλι» του δικτύου του) θα παρείχετο πλέον με τους ίδιους όρους, τόσο προς τους άλλους παρόχους όσο και προς τη μονάδα λιανικών πωλήσεων του ίδιου του ΟΤΕ. Αυτό σήμαινε δυνατότητα δυναμικής παρέμβασης από τον Εθνικό Ρυθμιστή στην διακριτική συμπεριφορά του ΟΤΕ με τα κάτωθι θετικά αποτελέσματα:

(α) ίδια χονδρικά προϊόντα και υπηρεσίες προς τον «ΟΤΕ-λιανική» όπως και προς τους άλλους εναλλακτικούς παρόχους,
(β) ίδιοι προς όλους χρόνοι, όροι και συνθήκες εξυπηρέτησης, συμπεριλαμβανομένων και των χονδρικών τιμών,
(γ) ίδια αξιοπιστία και λειτουργικότητα των υπηρεσιών και ίδια ενημέρωση και διαφάνεια προς όλους.
6) Θα έλυνε όλα τα προβλήματα σχετικά με την μεροληπτική συμπεριφορά του ΟΤΕ, ο οποίος δεν θα μπορούσε πλέον να κάνει άδικες διακρίσεις εις βάρος των εναλλακτικών παρόχων, γεγονός που θα έδινε ώθηση στον ανταγωνισμό.
7) Είχε αποδειχθεί ότι σε τέτοιου είδους συνθήκες μεγαλύτερου ανταγωνισμού, τόσο ο οργανισμός με τη δεσπόζουσα θέση όσο και οι εναλλακτικοί πάροχοι επενδύουν περισσότερο σε νέες δικτυακές υποδομές και νέες υπηρεσίες, με αποτέλεσμα ο καταναλωτής να έχει ένα πλήθος καινοτόμων υπηρεσιών που θα μπορεί να επιλέξει, ανάλογα με τις προτιμήσεις του.
8) Οι επενδύσεις σε υποδομές δικτύων οδηγούν στη συνέχεια και σε δίκτυα οπτικών ινών, που στηρίζουν ακόμα πιο καινοτόμες υπηρεσίες. Επομένως, το εύρος των υπηρεσιών που προσφέρονται στον καταναλωτή αυξάνεται και νέες υπηρεσίες, όπως triple-play, quad-play, HDTV, κ.λπ., καθίστανται πλέον διαθέσιμες σε ανταγωνιστικές τιμές και ποιότητα.

Ο Λ.Δ. παρουσιάζει επίσης ορισμένα *πλεονεκτήματα ακόμα και για τον ίδιο τον ΟΤΕ* !:

1) Σύμφωνα πάντα με τη διεθνή εμπειρία, ο Λ.Δ. συνεισφέρει στην αύξηση της αποδοτικότητας του incumbent κύριου παρόχου, γεγονός το οποίο αντιμετωπίζεται θετικά από τους μετόχους/επενδυτές.
2) Εφόσον φυσικά εφαρμοστεί με τον κατάλληλο τρόπο, αίρει τα κύρια προβλήματα μεταξύ του ΟΤΕ και των εναλλακτικών, με τελικό αποτέλεσμα τη μείωση των διαφορών και προστριβών τους και τη βελτίωση της συνεργασίας τους ώστε να παρέχουν ποιοτικότερες υπηρεσίες στον πολίτη-καταναλωτή. Ανάλογες θέσεις και στοιχεία παρέθετε μέσω των εκπροσώπων της και η BT σε διάφορα διεθνή συνέδρια και ημερίδες.
3) Ο ΟΤΕ συνεχίζει να διατηρεί τις αρμοδιότητες ενός καθετοποιημένου παρόχου, αλλά θα έχουν αφαιρεθεί όλα τα πιθανά σημεία αβεβαιοτήτων-αδιαφανειών των ρυθμιστικών του υποχρεώσεων.

4) Η αυξανόμενη διαφάνεια οδηγεί σε μια αυξημένη αποδοτικότητα της νέας διαχωρισμένης μονάδας του και του ίδιου του ΟΤΕ γενικότερα.
5) Θα επιφέρει αυξημένη απόδοση των επενδύσεων του και αυξημένη αξία του Οργανισμού μέσω μιας καλύτερης διανομής του κινδύνου μεταξύ των λειτουργιών της επιχείρησης (δικτύου, δραστηριοτήτων λιανικής).
6) Θα δημιουργήσει μια νέα υγιή εταιρεία με πανεθνική παρουσία και με εγγυημένα έσοδα από τη χρήση των δικτυακών υποδομών της, τόσο από τους παρόχους όσο και από το λιανικό τμήμα του ΟΤΕ. Η εταιρεία αυτή θα διαχειρίζεται τις δικτυακές υποδομές του ΟΤΕ και θα επενδύει μέρος των κερδών της στη συντήρηση και αναβάθμιση του δικτύου της.
7) Επιπρόσθετα η νέα εταιρεία θα εξασφαλίζει πρόσβαση σε κρίσιμες υποδομές, όχι μόνο στους τηλεπικοινωνιακούς παρόχους, αλλά και στις υπηρεσίες εθνικής άμυνας. Συνεπώς, το λιανικό τμήμα του ΟΤΕ θα μπορούσε να πουληθεί σε εταιρείες του εξωτερικού (όπως και έγινε) χωρίς όμως να υπάρξουν θέματα που άπτονται στον έλεγχο κρισίμων για την εθνική ασφάλεια της χώρας υποδομών από εταιρείες του εξωτερικού.
8) Τέλος, ο ΟΤΕ θα ωφεληθεί από μια προοδευτική χαλάρωση των κανονιστικών ρυθμιστικών μέτρων καθώς ο ανταγωνισμός θα έφτανε σε ικανοποιητικά επίπεδα και η ΕΕΤΤ δεν θα είχε λόγο να κατηγορεί τον οργανισμό για διακριτική μεταχείριση υπέρ του λιανικού του τμήματος, αφού αυτό θα τύχαινε από την νέα εταιρεία του διαχωρισμένου δικτύου της ίδιας αντιμετώπισης με τους άλλους εναλλακτικούς παρόχους.

β) Μειονεκτήματα

Ο οποιοσδήποτε διαχωρισμός του κυρίαρχου παρόχου είναι δύσκολος, η δε δυσκολία και το κόστος αναδιοργάνωσης αυξάνουν όσο αυξάνει και το *επίπεδο διαχωρισμού*. Μια δεύτερη δυσκολία είναι η απόφαση για το πού θα βάλει κανείς την *διαχωριστική γραμμή*, κάτι το οποίο για έναν τόσο ταχέως τεχνολογικά μεταβαλλόμενο κλάδο είναι πολύ περίπλοκη. Τέλος, ο διαχωρισμός δεν σημαίνει ότι *παύει να ισχύει η ανάγκη ρύθμισης* της επιχειρηματικής μονάδας που δημιουργήθηκε από τον διαχωρισμό, για να επιβεβαιώνει ότι η μονάδα αυτή προσφέρει μεγάλο φάσμα υπηρεσιών χονδρικής, υλοποιεί κοστοστρεφή κοστολόγηση, διατηρεί αρκετά ικανοποιητικό επίπεδο ποιότητας υπηρεσιών και ακολουθεί αποτελεσματική επενδυτική πολιτική. Ο βασικός στόχος θα ήταν να βρεθεί εκείνος ο ρυθμιστικός μηχανισμός (και υπάρχουν διάφοροι τρόποι για να γίνει αυτό) που θα αναπαρήγαγε τα περισσότερα πλεονεκτήματα του Λ.Δ. ενώ ταυτόχρονα θα ελαχιστοποιούσε στην πράξη τα περισσότερα μειονεκτήματά του.

Είχα δηλώσει σχετικά σε συνέντευξή μου το 2008 ότι: *«το θέμα του λειτουργικού διαχωρισμού του ΟΤΕ είναι κάτι που εξετάζεται με πολλή προσοχή από την ΕΕΤΤ και βρίσκεται πολύ ψηλά στην ατζέντα μας. Όποια μέτρα ληφθούν θα εξαρτηθούν και από τον ίδιο τον Οργανισμό. Εάν αλλάξει η νοοτροπία του ΟΤΕ και δεν καταστεί εμπόδιο στην ανάπτυξη ενός υγιούς και ανταγωνιστικού περιβάλλοντος στον τηλεπικοινωνιακό κλάδο, πιθανώς και να μην είναι απαραίτητη η χρήση ορισμένων εργαλείων της ΕΕΤΤ. Στην περίπτωση όμως που ο Οργανισμός αποτελέσει εμπόδιο, δεν αποκλείεται να εξεταστεί η εφαρμογή αυστηρότερων μέτρων. Εξ αυτών, αυστηρό, αλλά όχι το αυστηρότερο, είναι αυτό του Λ.Δ. Όσο ο ΟΤΕ δεν αλλάζει νοοτροπία και την μονοπωλιακή του συμπεριφορά ώστε να ανταγωνιστεί ανοιχτά και με ίσους όρους με τις άλλες τηλεπικοινωνιακές εταιρείες, ο πολίτης-καταναλωτής δεν θα απολαμβάνει τα μέγιστα οφέλη που επιθυμεί και που του αξίζουν. Εάν διαπιστώσουμε κάτι τέτοιο και κρίνουμε ότι ο διαχωρισμός θα αποβεί προς όφελος του καταναλωτή, της αγοράς και του ανταγωνισμού, τότε ίσως προωθήσουμε τέτοιου είδους προσεγγίσεις διαχωρισμού του κυρίαρχου παρόχου. Τα θέματα βέβαια που πρέπει να μελετήσουμε και να λάβουμε σοβαρά υπόψη είναι πολλά και η οποιαδήποτε απόφαση μας κάθε άλλο παρά εύκολη θα είναι»[209].*

Κύριος στόχος μας ήταν η δημιουργία υγιούς ανταγωνισμού ανάμεσα στους τηλεπικοινωνιακούς παρόχους. Ο κάθε ρυθμιστής της αγοράς είναι τόσο αποτελεσματικός όσο τα νομικά όπλα και τα ρυθμιστικά εργαλεία με τα οποία τον έχει εξοπλίζει το αντίστοιχο Κράτος για να μπορέσει να εποπτεύσει την αγορά αποδοτικά και να ενισχύσει τον ανταγωνισμό. Όσο περισσότερα και ισχυρότερα όπλα έχει στην ρυθμιστική του φαρέτρα, τόσο καλύτερα και πιο αποτελεσματικά μπορεί να κάνει τη δουλειά του.

Ο Λ.Δ. ΣΤΙΣ ΝΕΕΣ ΑΡΜΟΔΙΟΤΗΤΕΣ ΤΗΣ ΕΕΤΤ

Όπως ανέφερα νωρίτερα, η Κομισιόν είχε από τον Οκτώβριο του 2006 γνωστοποιήσει ότι σκόπευε να προτείνει νέο νόμο με τον οποίο θα δινόταν επίσημα αυτή η αρμοδιότητα σ' όλους τους Εθνικούς Τηλεπικοινωνιακούς Ρυθμιστές της Ε.Ε., ώστε να καλυφθούν και αυτοί που δεν είχαν και την αρμοδιότητα της Επιτροπής Ανταγωνισμού που είχε η ΕΕΤΤ. Είχε δρομολογήσει την αντίστοιχη δημόσια διαβούλευση για τους οργανισμούς που έχουν δεσπόζουσα θέση στην εθνική τους αγορά τηλεπικοινωνιών, ενώ η αρμόδια Επίτροπος για την «Κοινωνία της Πληροφορίας και τα ΜΜΕ», κ. Viviane Reding, δήλωνε εμφατικά ότι *«ο λειτουργικός διαχωρισμός θα περάσει»*[210],[211]. Συνεπώς, η ΕΕΤΤ ετοιμάζονταν.

Τελικά, μετά τη λήξη της θητείας μου, η Ολομέλεια του Ευρωπαϊκού Κοινοβουλίου πράγματι ψήφισε στις 29/9/2009 το νέο ευρωπαϊκό ρυθμιστικό πλαίσιο για τις Η.Ε. Ανάμεσα στα θέματα μεταρρύθμισης συμπεριλαμβάνονταν και αυτό του Λ.Δ. των πρώην τηλεπικοινωνιακών μονοπωλίων των κρατών μελών της Ε.Ε. Το νέο πλαίσιο παρείχε στις Εθνικές Ρυθμιστικές Αρχές τηλεπικοινωνιών τη δυνατότητα να επιβάλουν τον Λ.Δ. στον κύριο πάροχο ως «ρυθμιστική υποχρέωση» (remedy) και προσδιόριζε τις διαδικασίες ακόμα και για τον εθελοντικό λειτουργικό ή δομικό διαχωρισμό[212].

Σύμφωνα με το άρθρο 13α του νέου ευρωπαϊκού ρυθμιστικού πλαισίου, μια εθνική ρυθμιστική αρχή *μπορεί να επιβάλλει υποχρέωση* σε καθετοποιημένες επιχειρήσεις να μεταθέσουν δραστηριότητες που σχετίζονται με την χονδρική παροχή προϊόντων πρόσβασης σε επιχειρηματική μονάδα που λειτουργεί ανεξάρτητα:

> *«Όταν η εθνική ρυθμιστική αρχή καταλήξει στο συμπέρασμα ότι οι προσήκουσες υποχρεώσεις απέτυχαν να εξασφαλίσουν αποτελεσματικό ανταγωνισμό και ότι σημαντικά προβλήματα ανταγωνισμού ή αδυναμίες της αγοράς παραμένουν όσον αφορά τη χονδρική παροχή ορισμένων προϊόντων πρόσβασης, μπορεί ως εξαιρετικό μέσο να επιβάλλει υποχρέωση σε καθετοποιημένες επιχειρήσεις να μεταθέσουν δραστηριότητες που σχετίζονται με τη*

χονδρική παροχή προϊόντων πρόσβασης σε επιχειρηματική μονάδα που λειτουργεί ανεξάρτητα. Η εν λόγω επιχειρηματική μονάδα προμηθεύει προϊόντα και υπηρεσίες πρόσβασης σε όλες τις επιχειρήσεις, συμπεριλαμβανομένων και άλλων επιχειρησιακών μονάδων της μητρικής εταιρείας, με τα ίδια χρονικά περιθώρια, όρους και προϋποθέσεις, συμπεριλαμβανομένων όσον αφορούν επίπεδο τιμών και στάθμης υπηρεσιών, καθώς και μέσω των ιδίων συστημάτων και διαδικασιών.

Εφόσον η εθνική ρυθμιστική αρχή προτίθεται να επιβάλλει υποχρέωση λειτουργικού διαχωρισμού, υποβάλλει αίτηση στην Ευρωπαϊκή Επιτροπή, η οποία περιλαμβάνει:

(α) τεκμηρίωση η οποία να αιτιολογεί το συμπέρασμα στο οποίο κατέληξε η εθνική ρυθμιστική αρχή (π.χ., ότι η επιβολή και εφαρμογή, για ένα λογικό χρονικό διάστημα, των υφιστάμενων ρυθμιστικών υποχρεώσεων στις χονδρικές αγορές – λαμβάνοντας υπόψη τις βέλτιστες ρυθμιστικές πρακτικές – απέτυχε να επιφέρει τον ανταγωνισμό),

(β) τεκμηρίωση από την οποία προκύπτει ότι οι προοπτικές ανάπτυξης ανταγωνισμού με βάση την υποδομή μέσα σε εύλογο χρονικό διάστημα είναι ελάχιστες ή μηδαμινές (δηλαδή, ότι υπάρχει μικρή ή μηδαμινή προοπτική για την επίτευξη ανταγωνισμού βασισμένου σε υποδομές, μέσα σε μια λογική χρονική περίοδο),

(γ) ανάλυση του αναμενόμενου αντίκτυπου στην ρυθμιστική αρχή, στην επιχείρηση, καθώς και στα κίνητρα της επιχείρησης για επένδυση στο δίκτυό της, καθώς και σε άλλους ενδιαφερόμενους, συμπεριλαμβανομένων ιδίως του αναμενόμενου αντίκτυπου στον ανταγωνισμό υποδομών και ενδεχόμενων αποτελεσμάτων στους καταναλωτές και,

(δ) σχέδιο του προτεινόμενου μέτρου, που περιλαμβάνει διάφορα στοιχεία.»

Δεν γνωρίζω εάν ψηφίστηκε Ελληνικός νόμος να προσαρμόσει το ελληνικό δίκαιο σ' αυτό το νέο ευρωπαϊκό ρυθμιστικό πλαίσιο για τις Η.Ε.

ΠΡΟΕΙΔΟΠΟΙΗΣΕΙΣ ΣΤΟΝ ΟΤΕ

Από νωρίς είχα προειδοποιήσει (στο συνέδριο της InfoCom, Οκτ. 2007) *[213]* ότι η ΕΕΤΤ δεν θα διστάσει να εφαρμόσει το μέτρο του Λ.Δ. στον ΟΤΕ. *«Ο Ρυθμιστής»* είχα δηλώσει *«δεν θα επιτρέψει οι παράγοντες της αγοράς να επανέλθουν στην εσωστρέφεια του πρόσφατου παρελθόντος, που κράτησε την Ελλάδα στη «ψηφιακώς λίθινη εποχή» για χρόνια. Από την πλευρά της, η ΕΕΤΤ, θα πράξει ό,τι είναι δυνατόν για να αποτρέψει μια τέτοια δυσμενή εξέλιξη. Εάν όμως διαπιστώσει ότι τα επιβληθέντα μέτρα δεν οδηγούν στην επιθυμητή διαφάνεια και δεν διασφαλίζουν όρους υγιούς ανταγωνισμού, δεν θα διστάσει να επιδιώξει την εφαρμογή πιο δραστικών μέτρων, όπως για παράδειγμα τον «χωρισμό» των υπηρεσιών χονδρικής από αυτές της λιανικής».* Απειλούσα ότι, αν ο ΟΤΕ δεν συνετίζονταν με τα ρυθμιστικά μέτρα που του επέβαλε η ΕΕΤΤ, θα τον οδηγούσαμε στην Επιτροπή Ανταγωνισμού της Ε.Ε., (υπενθυμίζοντας του το πρόστιμο ύψους 152 εκατ. ευρώ που η Ευρωπαϊκή Επιτροπή είχε επιβάλλει στην ισπανική Telefonica το καλοκαίρι του 2007, για μία και μόνη παρόμοια παράβαση του νόμου) η οποία, εκτός του ότι μπορούσε να του επιβάλλει μεγαλύτερο πρόστιμο απ' ό,τι η ΕΕΤΤ, είχε και το δικαίωμα να του επιβάλλει ακόμα και τον Λ.Δ.

Μολονότι η ΕΕΤΤ δεν είχε ακόμα αποφασίσει τίποτε σχετικά (αν και ο έντυπος Τύπος από την πρώτη στιγμή το παρουσίαζε σαν σχεδόν τετελεσμένο γεγονός), διατηρούσαμε την απειλή στο τραπέζι ώστε να πιέζουμε τον ΟΤΕ να συμμορφωθεί με τις υποχρεώσεις του. Θα αξιολογούσαμε όλα τα διαθέσιμα «εργαλεία» που είχε η ΕΕΤΤ, ενώ παράλληλα θα συνεχίζαμε την παρακολούθηση της συμπεριφοράς του οργανισμού.

Στο τέλος του 2007, σε συνέντευξη μου στον Dow Jones, επαναλάμβανα ότι *«αν ο κυρίαρχος πάροχος παύσει πλέον να συνιστά εμπόδιο στην ανάπτυξη ενός υγιούς ανταγωνιστικού περιβάλλοντος στον τηλεπικοινωνιακό τομέα, τότε κάποια εργαλεία του ρυθμιστή (π.χ., ο Λ.Δ.) δεν θα χρειαστεί να εφαρμοστούν»[214].*

Ακόμα και αργότερα τον Ιανουάριο του 2009, σε μια από τις τακτικές συναντήσεις μου με εκπροσώπους του ΟΤΕ και των εναλλακτικών παρόχων (30/1/2009), σε σχετική ερώτηση πόσο θερμά βλέπει η ΕΕΤΤ τον Λ.Δ., απάντησα: *«Η ΕΕΤΤ παρακολουθεί τις εξελίξεις στον τομέα αυτόν, τις διαβουλεύσεις στα όργανα της Ε.Ε. (Επιτροπή, Συμβούλιο, Κοινοβούλιο) και τις περιπτώσεις που έχει υλοποιηθεί Λ.Δ. στην Ε.Ε. και οι αποφάσεις της θα είναι ανάλογες με τις εξελίξεις στην αγορά των Η.Ε. στη χώρα μας και ο Λ.Δ. αντιμετωπίζεται ως εργαλείο, που - εφόσον το έχει ανάγκη η αγορά - τότε και επιβάλλεται.»*

Θεωρούσα ότι η κατάλληλη ευκαιρία ήταν τότε που το Ελληνικό Δημόσιο αποτελούσε ακόμα τον βασικό μέτοχο του ΟΤΕ - και ιδίως μάλιστα ενόψει των τότε πρόσφατων κινήσεων προς τον ΟΤΕ διεθνών επενδυτικών κεφαλαίων (funds) και ξένων τηλεπικοινωνιακών εταιρειών - η Κυβέρνηση να σκεφτεί σοβαρά το θέμα του Λ.Δ. του ΟΤΕ*[216]* και να διαπραγματευθεί με τους διάφορους στρατηγικούς επενδυτές διαφορετικά και χωριστά το δίκτυο πρόσβασης του Οργανισμού - του οποίου η «επαναληψιμότητα» (replicability) είναι πολύ δύσκολη - από τις υπηρεσίες του, προτού λάβει τις τελικές της αποφάσεις «πώλησης» του Οργανισμού. Θα μπορούσε η Κυβέρνηση είτε να το χρησιμοποιήσει ως όπλο για εναλλακτικούς τρόπους χειρισμού του θέματος «δίκτυο του ΟΤΕ» κατά τις διαπραγματεύσεις που έκανε με τη DT για την εξαγορά του ΟΤΕ, είτε για να διευκολύνει την κατασκευή του εθνικού δικτύου νέας γενιάς FTTH που η ίδια είχε ανακοινώσει*[217]*.

ΟΤΕ, DT & (ΠΙΕΖΟΜΕΝΟΙ) ΥΠΟΥΡΓΟΙ ΟΛΟΙ ΑΝΤΙΘΕΤΟΙ ΣΤΟΝ Λ.Δ.

Ο ΟΤΕ, για τους δικούς του λόγους, τρόμαζε στην πιθανότητα επιβολής μιας τέτοιας κανονιστικής παρέμβασης*[218]*.

Όταν τον Απρίλιο του 2008 στη συνέντευξη μου στον δικτυακό τόπο adslgr.com ανέφερα ότι*[219]* *«το θέμα του διαχωρισμού του ΟΤΕ βρίσκεται υψηλά στην ατζέντα της ΕΕΤΤ και ότι αν ο ΟΤΕ συνεχίσει να βάζει εμπόδια στην ανάπτυξη του ανταγωνισμού ο λειτουργικός διαχωρισμός θα αποβεί προς όφελος του καταναλωτή»*, ο ΟΤΕ άρχισε να διασπείρει φόβους δηλώνοντας με ανακοίνωση του ότι η θέση του τηλεπικοινωνιακού οργανισμού είναι ότι *«με τον λειτουργικό διαχωρισμό δεν θα γίνονται σοβαρές επενδύσεις στο δίκτυο διανομής και δεν θα προωθείται η ανάπτυξη του δικτύου σε νέες τεχνολογίες, ενώ θα υποβιβασθούν η ποιότητα και η συντήρηση του δικτύου»[220],[221]*.

Κατανοούσα βέβαια ότι ο ΟΤΕ ήταν αντίθετος με οποιοδήποτε μοντέλο διαχωρισμού των δικτύων και υπηρεσιών του, γιατί θεωρούσε ότι δεν τον συμφέρει. Την ίδια θέση είχαν και άλλοι (αλλά όχι όλοι) κυρίαρχοι πάροχοι πρώην τηλεπικοινωνιακά μονοπώλια της Ε.Ε. που είχαν δεσπόζουσα θέση στην αγορά. Επρόκειτο για μια θεώρηση που εντάσσονταν στη λογική ότι ο υγιής ανταγωνισμός δεν έχει να προσφέρει κάτι σημαντικό και ότι μέσα από μια καθετοποιημένη μονοπωλιακή επιχείρηση (με τα πλεονεκτήματα των οικονομιών κλίμακας) είναι δυνατό να ικανοποιηθούν οι ανάγκες της κοινωνίας για υψηλού επιπέδου ευρυζωνικές (και άλλες) υπηρεσίες που συμβάλουν στην ανάπτυξη της χώρας και στην πρόσβαση όλων στην κοινωνία της γνώσης. Η θεώρηση αυτή βέβαια βρίσκεται πολύ μακριά από την αλήθεια, όπως καταδεικνύει, πέρα από κάθε αμφιβολία, η πορεία των προηγμένων τηλεπικοινωνιακών αγορών αλλά και η τότε πρόσφατη ελπιδοφόρα πορεία της ελληνικής τηλεπικοινωνιακής αγοράς που η ανάπτυξη του ανταγωνισμού δημιουργούσε.

Όπως εξήγησα στα προηγούμενα κεφάλαια, μέχρι να αναλάβουμε την διοίκηση της ΕΕΤΤ το 2005, η ευρυζωνική αγορά στην Ελλάδα βρισκόταν πλήρως στα χέρια του ΟΤΕ, με την αποδεσμοποίηση του τοπικού βρόχου να υπάρχει μόνο στα χαρτιά και τους εναλλακτικούς παρόχους να στηρίζονται στη μεταπώληση προϊόντων χονδρικής του ΟΤΕ, που δεν τους επέτρεπε πρακτικά καμία διαφοροποίηση από την εμπορική πολιτική του Οργανισμού. Το αποτέλεσμα αυτού του δικτυακού μονοπωλίου ήταν γνωστό: χαμηλές ταχύτητες, υψηλές τιμές, μια αγορά σε στάσιμη εμβρυακή κατάσταση και μηδενική καινοτομία. *Η ουσιαστική ανάπτυξη της ευρυζωνικής αγοράς ξεκίνησε όταν η ΕΕΤΤ υποχρέωσε τον ΟΤΕ να ανοίξει τα Α/Κ του στους εναλλακτικούς παρόχους και να τους επιτρέψει την ελεύθερη πρόσβαση στον τοπικό του βρόχο.* Αυτό έγινε μόνον αφού τον απειλήσαμε ότι θα του επιβάλουμε τον Λ.Δ. Τα άμεσα και ορατά αποτελέσματα ήταν η ραγδαία μείωση των τιμών και η αύξηση των ονομαστικών ταχυτήτων πρόσβασης στο διαδίκτυο, καθώς και η δυνατότητα των καταναλωτών να απολαμβάνουν καινοτόμες υπηρεσίες συνδυασμού τηλεφωνίας, ευρυζωνικής πρόσβασης στο διαδίκτυο και τηλεόρασης ή βίντεο μέσω διαδικτύου, επιλέγοντας τον πάροχο της αρεσκείας τους.

Αντιδρώντας ο Πρόεδρος του ΟΤΕ - αφού για άλλη μια φορά ζητούσε ουσιαστικά την παρέμβαση της Κυβέρνησης - δήλωνε τον Αύγουστο του 2007, ότι η πολιτική του διαχωρισμού θα ήταν *«καταστροφική για τον ΟΤΕ, καθόσον ο Οργανισμός είναι πλέον εισηγμένη εταιρεία με μετοχές σε διεθνή χρηματιστήρια»[222]*. Θα έπρεπε όμως να γνωρίζει ότι το ιδιοκτησιακό καθεστώς του κυρίαρχου παρόχου δεν είχε τίποτε να κάνει με το θέμα του Λ.Δ. Είχε φτάσει δε στο σημείο να θέσει στην Κυβέρνηση (η οποία επίσης είχε τρομάξει) θέμα *«ανασύνθεσης της ΕΕΤΤ ή κατάργησης του Ρυθμιστή»!*

Γεγονός πάντως ήταν ότι ήδη από το 2007 διάφορες χώρες είχαν υλοποιήσει ή μελετούσαν να προχωρήσουν την υλοποίηση του Λ.Δ., τόσο στην Ευρώπη όσο και αλλού. Ενώ δε ο Πρόεδρος του ΟΤΕ όφειλε να τα γνωρίζει αυτά, καθώς και ότι η Κομισιόν από το 2006 προετοίμαζε τον νόμο για παροχή πλήρους αρμοδιότητας στους εθνικούς ρυθμιστές να επιβάλλουν τον Λ.Δ., σε ομιλία του τον Οκτώβριο του 2007 στο συνέδριο του Info-Com, ισχυριζόταν δημόσια ότι *«η ιδέα του λειτουργικού διαχωρισμού ξεφουσκώνει ήδη στις Βρυξέλλες αλλά τα νέα εδώ αργούν να φτάσουν»[223]*. Όχι μόνο δεν «ξεφούσκωνε», αλλά στα τέλη του 2007 στη Σουηδία ο αντίστοιχος ΟΤΕ (η Telia Sonera) εθελοντικά πρότεινε τον λειτουργικό της διαχωρισμό (δημιουργώντας την Skanova Acceess) αντιδρώντας στην απειλή για επιβολή του διαχωρισμού της από την αντίστοιχη ΕΕΤΤ (την PTS), στην Ιταλία η αντίστοιχη ΕΕΤΤ (η AGCOM) ήδη διεξήγαγε δημόσια διαβούλευση για τον Λ.Δ., ενώ ένα χρόνο αργότερα η αντίστοιχη ΕΕΤΤ της Πολωνίας αποφάσιζε και αυτή την έναρξη διαδικασιών για τον λειτουργικό διαχωρισμό του τοπικού της ΟΤΕ (της εταιρείας TPSA)[224].

Ο ΟΤΕ όμως ασχολείτο μέχρι τότε με άλλα δευτερεύοντα θέματα αδυνατώντας να παρακολουθήσει τις ραγδαίες αλλαγές σε πανευρωπαϊκό επίπεδο με επιπτώσεις πρωτίστως στα πρώην κρατικά μονοπώλια[225].

Τον ίδιο χρόνο, ο ΟΤΕ επανήλθε στις 21/4/2008 με σχετικό Δελτίο Τύπου του[226] ισχυριζόμενος (λανθασμένα) ότι *«όσον αφορά στο λειτουργικό διαχωρισμό, η Γενική Διεύθυνση Ανταγωνισμού και η Γενική Διεύθυνση Βιομηχανίας της Ε.Ε. χαρακτηρίζουν το μέτρο καταστροφικό ή ανεπαρκές και χωρίς βάση»*[227],[228]. Το ατόπημα αυτό του Οργανισμού να εκθέσει την χώρα μας στην Κοινότητα ήταν μεγάλο, που την ανάγκασε μέσω του γραφείου αντιπροσωπίας της Ευρωπαϊκής Επιτροπής στην Αθήνα να διαψεύσει τον ΟΤΕ εκδίδοντας δύο μέρες αργότερα δικό της Δελτίο Τύπου αναφερόμενη στην από τον ΟΤΕ αβάσιμη *«κριτική σε ορισμένες υπηρεσίες της Ευρωπαϊκής Επιτροπής για τον λειτουργικό διαχωρισμό»* και υπενθυμίζοντας ότι *«ήδη από τις 13 /11/2007 η Ευρωπαϊκή Επιτροπή ενέκρινε ομόφωνα πρόταση να συμπεριληφθεί ο λειτουργικός διαχωρισμός στο σύνολο των μέσων των υπεύθυνων εθνικών ρυθμιστικών αρχών, την δε πρόταση υποστήριξαν και τα 27 μέλη της Ευρωπαϊκής Επιτροπής»*[229].

Πολύ αργότερα, ο ίδιος ο Πρόεδρος του ΟΤΕ σε άρθρο του στην Καθημερινή τον Αύγουστο του 2014 έγραφε για τις *«μεγάλες μάχες που είχαν δοθεί (κατά την τετραετία 2005-2009) για να σωθεί ο Οργανισμός από τον Λ.Δ.»*, μολονότι υπήρχαν από παλιά φήμες ότι ο ίδιος είχε ήδη εφτά χρόνια νωρίτερα το 2007 προτείνει στην Κυβέρνηση Καραμανλή την ανάπτυξη κάποιου είδους *«ΟΤΕ υποδομών»* και είχε αναφερθεί *«για κάποιον λειτουργικό διαχωρισμό και εδώ όταν ίσως κάποτε έλθει η ώρα»*[230],[231],[232].

Παρόμοια αντίδραση όμως υπήρχε και από Υπουργούς της Κυβέρνησης που ήταν εντελώς αντίθετοι σε πιθανό Λ.Δ. του ΟΤΕ, προσπαθώντας να αποφύγουν αφενός μεν το πολιτικό κόστος (από συνδικαλιστές, αντιπολίτευση, μεγάλη μερίδα του κόσμου), αφετέρου δε τη σφόδρα αντίθεση του ΟΤΕ και της DT. Η DT που θα αγόραζε τον ΟΤΕ επιθυμούσε να δραστηριοποιηθεί σε ένα περιβάλλον περιορισμένου ανταγωνισμού, με εξασθενισμένους τους υπόλοιπους παρόχους, κάτι το οποίο ο λειτουργικός διαχωρισμός σίγουρα θα το καθιστούσε πολύ δύσκολο αν όχι αδύνατο.

Από την (άμεση ή έμμεση) πληροφόρηση που είχα για τη θέση των Υπουργών και στελεχών της Κυβέρνησης, αντιλαμβανόμουν ότι έχουν πειστεί σε ανώτατο επίπεδο πως ο Λ.Δ. αποτελεί περίπου «ανάθεμα», ο δε αρμόδιος υπουργός Κ. Χατζηδάκης, άλλοτε τον μετέθετε για ... αργότερα και άλλες φορές οι συνεργάτες του απέκλειαν την πιθανότητα να εφαρμοστεί κάποιο μοντέλο διάσπασης στον ΟΤΕ[233],[234]. Σε σχετικό δε άρθρο του στην Καθημερινή της 22/2/2009, ο Β. Μανδραβέλης επισήμαινε ότι *«αυτές οι κινήσεις (της ΕΕΤΤ) δεν είχαν τις «ευλογίες» της Κυβέρνησης η οποία φαίνεται ότι είχε δεσμευθεί στους Γερμανούς της Deutsche Telecom ότι δεν είναι στις προθέσεις της οποιοσδήποτε διαχωρισμός του ΟΤΕ».*

Η ΜΕΛΕΤΗ ΤΗΣ ΕΕΤΤ ΓΙΑ ΤΟΝ Λ.Δ. ΤΟΥ ΟΤΕ

Ένα από τα εργαλεία που είχε η ΕΕΤΤ για την ενίσχυση του ανταγωνισμού και τη βελτίωση της συμπεριφοράς του ΟΤΕ ήταν τα πρόστιμα που μπορούσε να του επιβάλλει. Πράγματι η ΕΕΤΤ του επέβαλε πολλά και σημαντικά πρόστιμα, τα οποία όμως αποδεικνύονταν ότι είχαν περιορισμένη αποτελεσματικότητα. Και αυτό γιατί στις περισσότερες περιπτώσεις ο ΟΤΕ προσέφευγε στα αρμόδια διοικητικά δικαστήρια (όπως βέβαια είχε το δικαίωμα να πράξει) για ακύρωση ή αναστολή των προστίμων που του επιβάλλονταν. Αυτό όμως προϋπέθετε ένα ταχυκίνητο και αποτελεσματικό δικαστικό σύστημα, με γνώσεις για την κατανόηση σύνθετων τεχνολογικών και ρυθμιστικών όρων και διαδικασιών, κάτι που βέβαια δεν υπήρχε. Εκ του αποτελέσματος, συνεπώς, είχε κριθεί ότι η υφιστάμενη διαδικασία επιβολής προστίμων (τα οποία δεν πληρώνονταν γιατί εκκρεμούσαν επί σειρά ετών στα δικαστήρια) δεν μπορούσε να επιφέρει το επιθυμητό αποτέλεσμα συνέτισης και εξαναγκασμού του ΟΤΕ να τηρεί τις υποχρεώσεις του ώστε να ενισχυθεί ο ανταγωνισμός και, συνεπώς, απαιτείτο η εκ μέρους της ΕΕΤΤ λήψη νέων πιο δραστικών μέτρων. Ένα τέτοιο μέτρο ήταν ο Λ.Δ. (Όπως θα δούμε σε επόμενο κεφάλαιο, ανάλογο μοντέλο διαχωρισμού μεταξύ «παρόχου δικτύου» και «παρόχου περιεχομένου» είχαμε προτείνει και η Κυβέρνηση το είχε αποδεχτεί και για την περίπτωση της ψηφιακής τηλεόρασης στην οποία επέκειτο η μετάβαση από την αναλογική).

Ως αποτέλεσμα της διαπίστωσης όλων των δυσλειτουργιών της αγοράς και της τροχοπέδης και των καθυστερήσεων που έβαζε ο ΟΤΕ στην ανάπτυξη του ανταγωνισμού και στην προώθηση σύγχρονων ευρυζωνικών συνδέσεων στους συνδρομητές, η ΕΕΤΤ είχε ξεκινήσει στα τέλη του 2008 την εκπόνηση εμπεριστατωμένης μελέτης με τη βοήθεια διεθνούς μελετητικού Οίκου για μια επιστημονικότερη ανάλυση της μέχρι τότε συμπεριφοράς του ΟΤΕ. Η μελέτη θα έκρινε και θα τεκμηρίωνε εάν - για την αποτελεσματικότερη αντιμετώπιση των προβλημάτων στον ανταγωνισμό και την άρση εμποδίων και πρακτικών διακριτικής μεταχείρισης εκ μέρους του ΟΤΕ - θα ήταν αναγκαίο και με ποιές προϋποθέσεις, να του επιβληθεί από την ΕΕΤΤ το έσχατο μέτρο του Λ.Δ.

Τα κυριότερα συμπεράσματα της μελέτης «περί επιβολής του Λ.Δ. στον ΟΤΕ» (που ολοκληρώθηκε στα μέσα του 2008) ήταν τα εξής*[235],[236]*:

> *1) ότι ο ΟΤΕ σε πολλές περιπτώσεις και παρά τα βαριά πρόστιμα που του είχε επιβάλλει μέχρι τότε η ΕΕΤΤ, συνέχιζε να καταχράται τη δεσπόζουσα θέση του στην αγορά (π.χ., καθυστερούσε ή αρνιόταν να παράσχει στην ΕΕΤΤ τα απαιτούμενα στοιχεία των προγραμμάτων που προσέφερε στην αγορά για να κάνει η ΕΕΤΤ τον ex ante έλεγχο τους προτού τα εγκρίνει, δεν τηρούσε τη χρονική του υποχρέωση στην παράδοση των τοπικών βρόχων, εμφάνιζε μεγάλες καθυστερήσεις στην επιδιόρθωση βλαβών στο δίκτυο πρόσβασης του χρήστη στη γραμμή, κ.λπ.),*
> *2) ότι η αποτελεσματικότητα των προστίμων ήταν περιορισμένη λόγω των μεγάλων καθυστερήσεων εκδίκασης τους από τα δικαστήρια, τα οποία πολλές φορές τα μείωναν χωρίς πλήρη δικαιολόγηση και*

3) ότι, συνεπώς, ο ΟΤΕ δεν είχε κίνητρα να συμμορφώνεται με τις ρυθμιστικές του υποχρεώσεις.

Η μελέτη καθόριζε επίσης το νομικό πλαίσιο πάνω στο οποίο θα βασιζόταν η υλοποίηση του Λ.Δ., έκανε μια ανασκόπηση των σχετικών αγορών και της κατάστασης ανταγωνισμού στη χώρα μας, καθόριζε θέματα που επηρέαζαν την ανταγωνιστικότητα, έκανε σύγκριση του τρόπου υλοποίησης του Λ.Δ. σε διάφορα κράτη μέλη της Ε.Ε. και των επιπρόσθετων ρυθμιστικών υποχρεώσεων που επέβαλαν στον κυρίαρχο πάροχο και ανέλυε πιθανά μοντέλα διαχωρισμού καθετοποιημένων τηλεπικοινωνιακών οργανισμών. Τέλος απαριθμούσε μια σειρά από αντι-ανταγωνιστικές πρακτικές του ΟΤΕ που τεκμηρίωναν την ανάγκη θέσπισης και επιβολής του Λ.Δ. στο δίκτυό του πρόσβασης.

Μετά την ολοκλήρωση της μελέτης, το επόμενο βήμα ήταν να προχωρήσουμε στο στάδιο της δημόσιας διαβούλευσης, για τον τρόπο υλοποίησης του διαχωρισμού. Η προετοιμασία του 133 σελίδων εντύπου της δημόσιας διαβούλευσης ολοκληρώθηκε στις 27/7/2009. Το χρονοδιάγραμμα των επόμενων ενεργειών μας ήταν ότι, μετά τη διενέργεια της δημόσιας διαβούλευσης στο δεύτερο ήμισυ του 2009, θα αξιολογούσαμε το επίπεδο ανταγωνισμού που υπήρχε τότε στην αγορά των τηλεπικοινωνιών, τη μέχρι τότε ρυθμιστική συμπεριφορά του ΟΤΕ και ανάλογα και με το αποτέλεσμα της διαβούλευσης, θα κρίναμε αν τελικά θα έπρεπε να προχωρήσουμε με τις διαδικασίες του Λ.Δ. των δικτύων και υπηρεσιών του ΟΤΕ. (Μια εβδομάδα αργότερα και προτού προχωρήσουμε στην δημόσια διαβούλευση έληξε στις 5/8/2009 η θητεία μου στην ΕΕΤΤ και δεν ανανεώθηκε από την Κυβέρνηση, της οποίας Υπουργός ΥΜΕ ήταν τότε ο κ. Ε. Στυλιανίδης).

Όσον αφορά στην θέση της DT (η οποία το 2009 είχε ήδη πλέον αποκτήσει την πλειοψηφία των μετοχών του ΟΤΕ και την διοίκηση του) σχετικά με τον Λ.Δ., δεν γνωρίζαμε ποια στάση θα κρατούσε εδώ στην Ελλάδα, μολονότι πιστεύαμε ότι δεν τον ήθελε, κρίνοντας από την ανάλογη στάση που τήρησε και τον τρόπο που λειτουργούσε στη Γερμανία.

ΤΟ ΠΡΟΤΕΙΝΟΜΕΝΟ ΑΠΟ ΤΗΝ ΕΕΤΤ ΜΟΝΤΕΛΟ Λ.Δ.

Όπως ανέφερα νωρίτερα, υπάρχουν πολλά μοντέλα ανάλογα με το *σε ποια βαθμίδα του δικτύου* θα επιβληθεί ο Λ.Δ. Ένας διαχωρισμός για να είναι αποτελεσματικός θα πρέπει να εστιάσει στον προσδιορισμό των κρισίμων πόρων (bottlenecks) οι οποίοι είναι κατάλληλοι να ανατεθούν στη νέα διαχωρισμένη μονάδα, προκειμένου να εξασφαλιστεί η ισότητα πρόσβασης σε όλους τους τηλεπικοινωνιακούς φορείς της αγοράς.

Πιθανός Λ.Δ. του ΟΤΕ θα έπρεπε επίσης να λάβει υπόψη και την ενδεχόμενη μελλοντική ανάπτυξη ενός δικτύου πρόσβασης επόμενης γενιάς - είτε από τον ΟΤΕ ως FTTCab, είτε με κάποια συμμετοχή του στο εθνικό δίκτυο FTTH που ανακοίνωσε ο Πρωθυπουργός - καθώς αυτό θα επηρέαζε τα όρια της νέας διαχωρισμένης μονάδας και των παγίων του Οργανισμού που θα έπρεπε να εκχωρηθούν σ' αυτήν.

Από τα διάφορα μοντέλα διαχωρισμού καθετοποιημένων επιχειρήσεων που αναφέρθηκαν νωρίτερα, η μελέτη της ΕΕΤΤ εστιαζόταν στη «δικτυακή διάσταση» και ανέλυε τη δικτυακή αρχιτεκτονική του ΟΤΕ την οποία χώριζε σε πέντε (5) επίπεδα/κόμβους τα οποία θα μπορούσαν να χρησιμοποιηθούν ως «όρια του δικτυακού διαχωρισμού του Ελληνικού τηλεπικοινωνιακού δικτύου».

Η ΕΕΤΤ πρότεινε η νέα διαχωρισμένη μονάδα να περιλαμβάνει όλους τους δικτυακούς πόρους/στοιχεία του δικτύου πρόσβασης που χρησιμοποιούνται για να συνδέσουν τους τελικούς πελάτες με τους κύριους κόμβους του δικτύου κορμού. Το τμήμα του δικτύου που θα έπρεπε να μεταφερθεί στην νέα διαχωρισμένη μονάδα θα έπρεπε να περιλάβει όλους τους πόρους που συσχετίζονται με κρίσιμες δυσχέρειες (bottlenecks) ως προς την ανάπτυξη ενός ισότιμου πεδίου συμμετοχής για τον ανταγωνισμό στην ελληνική αγορά.

Παραδείγματα δικτυακών πόρων/στοιχείων που θα μπορούσαν να της μεταφερθούν, αποτελούσαν οι αγωγοί, τα καλώδια χαλκού/ινών, κ.λπ., ενώ παραδείγματα υπηρεσιών που μπορούσαν να μεταφερθούν, περιλάμβαναν τον τοπικό βρόχο (πλήρη και μεριζόμενο), τη συνεγκατάσταση, τη φορητότητα, ίσως μερικά προϊόντα μισθωμένων γραμμών, κ.λπ.

Χωρίς να μπούμε στις τεχνικές λεπτομέρειες της πρότασής μας - και λαμβάνοντας υπόψη την τότε τεχνολογική υποδομή - ο δεσπόζων πάροχος θα μπορούσε π.χ. να μεταφέρει στη νέα διαχωρισμένη μονάδα του *το δίκτυο πρόσβασης* από τον τελικό χρήστη μέχρι την υποδομή του δικτύου που συνδέει τα Α/Κ του ΟΤΕ (ή, σε μελλοντική ανάπτυξη δικτύου FTTCab, την υποδομή ινών που συνδέει τους υπαίθριους κατανεμητές) με τα κεντρικότερα σημεία συγκέντρωσης. (Τα Α/Κ αποτελούν το όριο μεταξύ του δικτύου πρόσβασης και του δικτύου κορμού). Μια λύση θα ήταν να εκχωρηθεί στη νέα διαχωρισμένη μονάδα η ιδιοκτησία ολόκληρου του βρόχου, ενώ μια δεύτερη, να εκχωρηθούν τόσο το χάλκινο δίκτυο όσο και η οπτική ίνα. Η νέα διαχωρισμένη μονάδα πιθανόν να έπρεπε να έχει τον έλεγχο τουλάχιστον όλων *των παθητικών παγίων/στοιχείων* που αποτελούν τμήμα τού δικτύου πρόσβασης (π.χ., τα Α/Κ, τους υπαίθριους κατανεμητές, τους σωληνίσκους και τα καλώδια, κ.λπ.). Αντίθετα, ο ενεργός δικτυακός εξοπλισμός που βρίσκεται συνεγκαταστημένος με τα παθητικά στοιχεία του δικτύου (π.χ. εξοπλισμός DSLAM) θα έπρεπε να παραμείνουν υπό τον έλεγχο του ΟΤΕ.

Το BACKUP σενάριο: διαχωρίζοντας χωρίς διαχωρισμό

Ένα εναλλακτικό σενάριο που η ΕΕΤΤ είχε στα σχέδιά της ήταν η υποβολή της υποχρέωσης στον ΟΤΕ ώστε και το δικό του λιανικό τμήμα να χρησιμοποιεί το πληροφοριακό του σύστημα W-CRM LLU όταν του παραδίδονται τοπικοί βρόχοι. (Μέχρι τότε, δυστυχώς, το λιανικό άκρο του ΟΤΕ είχε πληροφοριακά συστήματα που έδιναν απευθείας τις παραγγελίες στο άλλο του πληροφοριακό σύστημα «Προμηθέας» - στο οποίο δεν είχε πρόσβαση η ΕΕΤΤ - χωρίς τα αιτήματα των λιανικών πελατών του ΟΤΕ να περνούν από το W-CRM-LLU). Αυτό θα είχε μια σειρά από πλεονεκτήματα, με σημαντικότερο το ότι το λιανικό του τμήμα θα εξυπηρετείτο με τους ίδιους όρους όπως και οι υπόλοιποι πάροχοι. Θα είχε δε κάθε λόγο να δημιουργήσει ένα αξιόπιστο και λειτουργικό W-CRM καθώς αυτό θα είχε θετικές επιπτώσεις και στο δικό του λιανικό τμήμα. Τέλος, η ΕΕΤΤ που θα είχε πλήρη πρόσβαση στο πληροφοριακό σύστημα W-CRM, θα μπορούσε να ελέγχει την συμπεριφορά του ΟΤΕ καθώς και την τυχόν εκ μέρους του διακριτική μεταχείριση.

Ο ΟΤΕ βέβαια ισχυριζόταν ότι τα πληροφοριακά του συστήματα ήταν τόσο καθετοποιημένα που κάτι τέτοιο ήταν αδύνατο να γίνει και ότι αν το επιχειρούσαμε θα είχε δυσβάσταχτο κόστος ενώ η υλοποίησή του χρειαζόταν πάρα πολύ χρόνο.

ΤΑ ΘΕΤΙΚΑ ΑΠΟΤΕΛΕΣΜΑΤΑ ΤΗΣ ΑΠΕΙΛΗΣ ΜΑΣ ΓΙΑ Λ.Δ. ΤΟΥ ΟΤΕ

Εν πάση όμως περιπτώσει, είμαι πεπεισμένος ότι η προετοιμασία μας και απειλή για Λ.Δ. του ΟΤΕ είχε θετικό αποτέλεσμα, γιατί τον εξανάγκασε να συμμορφωθεί πλήρως και να κάνει πράγματα (π.χ. *άνοιγμα των Α/Κ του στην συνεγκατάσταση μηχανημάτων των εναλλακτικών παρόχων και απελευθέρωση του τοπικού βρόχου*) που αλλιώς δεν θα τα έκανε ή θα τα έκανε κωλυσιεργώντας και με μεγάλη καθυστέρηση προσπαθώντας να επιμηκύνει όσο μπορούσε το μονοπώλιό του στο δίκτυο.

Υστερόγραφο 1: Τελικά η μη υλοποίηση του προτεινόμενου Λ.Δ. επέτρεψε στον ΟΤΕ/DT σήμερα (το 2015) να συνεχίζει να έχει τον πλήρη έλεγχο και το μονοπώλιο στο χάλκινο δίκτυο πρόσβασης.

Υστερόγραφο 2: Μολονότι η British Telecom (BT) ήταν η πρώτη τηλεπικοινωνιακή εταιρεία που σε ευρωπαϊκή χώρα εφαρμόστηκε ο λειτουργικός διαχωρισμός με τη δημιουργία του τμήματος της Openreach (ρυθμιζόμενο από την Ofcom, την τοπική ΕΕΤΤ) για να παρέχει πρόσβαση σε όλες τις εταιρείες, περιλαμβανομένης και της λιανικής επιχείρησης της BT *με τους ίδιους όρους*, εν τούτοις και αυτό ακόμα φάνηκε ότι δεν στάθηκε αρκετό, καθότι αρκετά χρόνια από τότε συνεχίζουν να υπάρχουν παράπονα από άλλες εταιρείες του κλάδου. Συγκεκριμένα, σήμερα (2015) η *Vodafone* μαζί με άλλες εταιρείες, *ζητά τη διάσπαση της BT* (και την πλήρη αυτονομία του τμήματος που ελέγχει το εθνικό δίκτυο) με το επιχείρημα ότι *«η ΒΤ εμφάνισε «υπερκέρδη» ύψους 6,5 δισ. στερλινών τα τελευταία 10 χρόνια»* και ζητά από την Ofcom να πιέσει ώστε η ΒΤ *να διαχωριστεί εντελώς* από το τμήμα αυτό και να δημιουργηθεί μία αυτόνομη επιχειρηματική υποδομή που θα έχει το κίνητρο να στηρίζει καλύτερα ευρυζωνικά δίκτυα για όλους τους παρόχους πρόσβασης στο Διαδίκτυο στον τομέα της λιανικής[237].

Επειδή δεν πρόκειται πλέον να κατασκευαστεί στην Ελλάδα εναλλακτικό εθνικό δίκτυο FTTH και, συνεπώς, το μοναδικό δίκτυο πρόσβασης που θα διαθέτει η χώρα θα μονοπωλείται για πολλά χρόνια από τη DT, *κρίνω ότι ήλθε πάλι η ώρα να ξανασκεφτούμε τη (λειτουργική) διάσπαση της DT στην Ελλάδα.*

ΕΕΤΤ
ΨΗΦΙΑΚΟ ΜΕΡΙΣΜΑ:
Προκλήσεις και Ευκαιρίες στη Νέα Ψηφιακή Εποχή
2009 Έτος
ευρυζωνικής σύγκλισης

Κεφάλαιο 9: Εθνικό δίκτυο οπτικών ινών FTTH: Μια χαμένη ευκαιρία

«Εάν η Κυβέρνηση καθυστερήσει, θα την προλάβουν οι εξελίξεις, με αποτέλεσμα η χώρα να παραμείνει πάλι εγκλωβισμένη για σημαντικό χρονικό διάστημα σε μία πεπερασμένων δυνατοτήτων τεχνολογία, αυτήν του xDSL (του ΟΤΕ/DT)» (20/5/2009)

Ο Πρωθυπουργός κ. Κ. Καραμανλής ανακοινώνει στο 4ο Διεθνές Συνέδριο της ΕΕΤΤ το έργο της κατασκευής εθνικού δικτύου οπτικών ινών μέχρι το σπίτι FTTH (20/5/2009)

Κεφάλαιο 9: Εθνικό δίκτυο οπτικών ινών FTTH: Μια χαμένη ευκαιρία

Στο κεφάλαιο αυτό θα αναπτύξω τους λόγους που δημιούργησαν την ανάγκη κατασκευής ενός τέτοιου σύγχρονου δικτύου οπτικών ινών (FTTH - Fiber to the Home) στην Ελλάδα και τα οφέλη που αυτό θα προσέφερε στη χώρα, θα παρουσιάσω τις πρωτοβουλίες που ανέπτυξε η ΕΕΤΤ, τη μελέτη που εκπονήσαμε και τις προσπάθειες που καταβάλαμε να προωθήσουμε την πρότασή μας στην Κυβέρνηση, η οποία τελικά την ασπάστηκε και εξήγγειλε την κατασκευή του. Επιπλέον, αφού περιγράψω επιγραμματικά τι θα περιλάμβανε το έργο, τα τεχνικά χαρακτηριστικά του δικτύου FTTH και τον ρόλο που θα έπαιζε ο Ρυθμιστής στο νέο αυτό τηλεπικοινωνιακό περιβάλλον, θα εστιάσω στις αντιδράσεις, πιέσεις και απειλές του ΟΤΕ και των Γερμανών της DT στην Κυβέρνηση που οδήγησαν τελικά στη ματαίωση του έργου. (Μια άλλη ευκαιρία για τη χώρα πήγε χαμένη). Θα αντικρούσω επίσης τις αιτιάσεις του Προέδρου του ΟΤΕ ότι τάχα είχε προτείνει στην Κυβέρνηση το 2007 *«ένα μεγάλο σχέδιο κάλυψης της χώρας με οπτική ίνα», το οποίο όμως «αυτή, με την πλήρη ασυμφωνία της ΕΕΤΤ, το απέρριψε απειλώντας τον να μη το προχωρήσει»* και θα κλείσω το κεφάλαιο με μια από τις τελευταίες αποφάσεις της ΕΕΤΤ να θέσει υπό την εποπτεία της και το δίκτυο VDSL που προετοιμαζόταν να εγκαταστήσει ο ΟΤΕ.

ΠΡΩΤΟΒΟΥΛΙΑ ΤΗΣ ΕΕΤΤ ΓΙΑ ΤΟ ΕΘΝΙΚΟ ΔΙΚΤΥΟ FTTH

Μαζί με ορισμένα μέλη της διοίκησης της ΕΕΤΤ, είχαμε από το 2006 υποστηρίξει ότι η χώρα έπρεπε να απαγκιστρωθεί από το παραδοσιακό χάλκινο δίκτυο πρόσβασης του ΟΤΕ και να κάνει το μεγάλο βήμα εμπρός («το πήδημα του βατράχου» - leap frogging) για την κατασκευή ενός νέου «εθνικού δικτύου πρόσβασης οπτικών ινών μέχρι το σπίτι» - το «εθνικό δίκτυο FTTH» - ανοιχτό σ' όλους τους τηλεπικοινωνιακούς παρόχους. Σε μια τέτοια επένδυση θα μπορούσε φυσικά να συμμετέχει και ο ΟΤΕ, με δυνατότητα δημόσιας επιχορήγησης τύπου ΣΔΙΤ (Σύμπραξη μεταξύ Δημοσίου και Ιδιωτικού Τομέα). Όπως θα δούμε όμως, διάφορες δικαιολογίες και επιχειρηματικά συμφέροντα, που αποσκοπούσαν στη διατήρηση του μονοπωλίου του ΟΤΕ στο χάλκινο δίκτυο πρόσβασης και στην αποδυνάμωση του ανταγωνισμού, δημιούργησαν σημαντικά εμπόδια στην προώθηση της σχετικής πρωτοβουλίας μας, πετυχαίνοντας τελικά την ματαίωση κατασκευής του δικτύου και βάζοντας έτσι τροχοπέδη στην πρόοδο.

Το 2007 αναλάβαμε στην ΕΕΤΤ την πρωτοβουλία να εκπονήσουμε ειδική μελέτη για την κατασκευή του εθνικού δικτύου FTTH (τις λεπτομέρειες της οποίας θα παρουσιάσω στη συνέχεια), την υποβάλαμε στο ΥΜΕ, αυτή έγινε αποδεκτή και πάνω σ' αυτήν τελικά στηρίχτηκε η απόφαση της Κυβέρνησης να προωθήσει το έργο κατασκευής του δικτύου FTTH, του οποίου την εξαγγελία έκανε επίσημα ο Πρωθυπουργός κ. Κ. Καραμανλής στις 20/5/2009. Δυστυχώς όμως, όπως σύντομα θα εξηγήσω, μετά από καθυστερήσεις και αναποφασιστικότητα διαφόρων Υπουργών της Κυβέρνησης - οι οποίοι όπως έγραφε ο Τύπος δεχόταν έντονες πιέσεις από τον ΟΤΕ και τους Γερμανούς της DT να μην προχωρήσει η κατασκευή του - αυτό το σημαντικό για την πρόοδο της χώρας έργο ούτε καν ξεκίνησε ποτέ.

Το νέο εθνικό δίκτυο FTTH θα παρείχε υπηρεσίες «σκοτεινής ίνας» (dark fibre services) σε κάθε τηλεπικοινωνιακό πάροχο και θα λειτουργούσε ως υποδομή κοινής ωφελείας σε παθητικό επίπεδο. Σκοπός του ήταν να παρέχει μια νέα πλατφόρμα οπτικών ινών πάνω στην οποία ***όλοι*** οι τηλεπικοινωνιακοί πάροχοι θα μπορούσαν να αναπτύξουν τις δικές τους υπηρεσίες και να παρέχουν μοναδικές και καινοτόμες εφαρμογές. Η διάρκεια ανάπτυξης του έργου θα ήταν 7 χρόνια, με εκτιμούμενη περίοδο απόσβεσης 15-20 χρόνια και με εκτιμώμενο συνολικό προϋπολογισμό 2.100.000.000 ευρώ, με την δημόσια συμμετοχή να ανέρχεται στο 1/3 του συνολικού προϋπολογισμού, ποσό που θα μπορούσε κάλλιστα να καλυφθεί ακόμα και από το αποθεματικό της ΕΕΤΤ (που σχηματιζόταν από τα τέλη ανταποδοτικότητας που της κατέβαλαν ετησίως οι εταιρείες τηλεπικοινωνιών της χώρας), ενώ τα έμμεσα έσοδα του Δημοσίου από τους πάσης φύσεως φόρους θα ήταν περισσότερα. *Μετά από 30 χρόνια, η υποδομή θα αποδίδονταν πίσω στο κράτος.*

Εάν το έργο είχε αρχίσει στην ώρα του, συγχρηματοδοτούμενο από το ΕΣΠΑ (ως έργο ΣΔΙΤ) ή/και την ΕΕΤΤ, σήμερα το 2015 θα άρχιζαν να παραδίδονται οι πρώτες ευρυζωνικές συνδέσεις υψηλών ταχυτήτων. Δυστυχώς όμως, η κακοδιαχείριση των κυβερνήσεων άφησαν από το ΕΣΠΑ 2007-2013 (πού λήγει στο τέλος του 2015) ανεκμετάλλευτα 4,4 δις. ευρώ, μέρος των οποίων θα μπορούσε κάλλιστα να είχε αποτελέσει τη συμβολή των 700 εκατ. ευρώ του κράτους που απαιτούσε το έργο[238].

Όπως θα δούμε όμως, τα σχέδια του ΟΤΕ και της DT ήταν διαφορετικά: αντιτίθεντο σθεναρά στην κατασκευή του εθνικού δικτύου FTTH, θέλοντας να προωθήσουν το σχέδιο επέκτασης του δικού τους δικτύου με τη λιγότερο φιλόδοξη, χαμηλότερης απόδοσης και μη επεκτάσιμη (non scalable) τεχνολογία του VDSL. Πράγματι, κατάφεραν την ματαίωση της κατασκευής και συνεχίζουν σήμερα να διατηρούν το μονοπώλιο στο πεπαλαιωμένο χάλκινο δίκτυο πρόσβασης, στο οποίο έχουν πλέον εγκλωβίσει την χώρα για τα επόμενα πολλά χρόνια.

Η ΑΝΑΓΚΗ ΓΙΑ ΕΘΝΙΚΟ ΔΙΚΤΥΟ FTTH

«Ο όγκος των δεδομένων που διακινείται πάνω από δίκτυα οπτικής ίνας (το ταχύτερο είδος διασυνδεσιμότητας) διπλασιάζεται κάθε περίπου εννέα μήνες».

Ανασταλτικό παράγοντα τεχνολογικής ανάπτυξης της χώρας αποτέλεσε (και αποτελεί ακόμα και σήμερα) η πλήρης απουσία ενός σύγχρονου εναλλακτικού και ανταγωνιστικού του ΟΤΕ σταθερού τηλεπικοινωνιακού δικτύου πρόσβασης. Η Ελλάδα ποτέ δεν είχε εγκαταστήσει δίκτυο καλωδιακής τηλεόρασης που θα μπορούσε να ανταγωνιστεί στην Ευρυζωνικότητα αυτό του ΟΤΕ, η δε ευκαιρία που είχε εμφανιστεί προ δεκαετίας όταν εγκαθίστατο το πανελλαδικό δίκτυο φυσικού αερίου να είχε λειτουργήσει αυτό και ως πλατφόρμα εγκατάστασης εκτεταμένου δικτύου οπτικών ινών στη χώρα, δυστυχώς πέρασε και αυτή ανεκμετάλλευτη. Για όσο διάστημα οι εναλλακτικοί πάροχοι και το λιανικό κομμάτι του ΟΤΕ εξαρτώνται από το ένα και μοναδικό δίκτυο πρόσβασης που υπάρχει τη χώρα (αυτό του ΟΤΕ), είναι εξαιρετικά δύσκολο να επιτευχθεί ισοδύναμη, διαφανής και μη διακριτική μεταχείριση των εναλλακτικών παρόχων και, συνεπώς, πλήρης ανάπτυξη της Ευρυζωνικότητας σε περιβάλλον υγιούς ανταγωνισμού.

Σχετική μελέτη της Microsoft στις αρχές του 2009 ανέφερε ότι η χρήση Ίντερνετ σύντομα θα ξεπερνούσε τη χρήση της τηλεόρασης και θα αποτελούσε το πιο διαδεδομένο μέσο, για πρώτη φορά στην Ευρώπη. Αυτή τη διαδραστικότητα των χρηστών που θα απαιτούσε το Ίντερνετ δεν θα μπορούσε να τη σηκώσει το τότε υπάρχον δίκτυο του ΟΤΕ, με τις γραμμές ADSL, και θα γονάτιζε. Ο ΟΤΕ προγραμμάτιζε απλώς να ενισχύσει το δίκτυο του με την τεχνολογία VDSL (με μέγιστη ταχύτητα στα 50 Mbps) και δεν είχε τη διάθεση να το πάει παρά πέρα για τα επόμενα πολλά χρόνια. Με το VDSL στο δίκτυο του, θα ήταν τεχνικά δύσκολο και οικονομικά ασύμφορο για τους εναλλακτικούς παρόχους να επενδύσουν σε νέες συνεγκαταστάσεις στις καμπίνες VDSL του ΟΤΕ. Έτσι, μολονότι σε λίγα χρόνια οι προχωρημένες διαδικτυακές εφαρμογές θα απαιτούσαν ταχύτητες τουλάχιστον 100 Mbps (πολλαπλάσιες της τεχνολογίας xDSL του χάλκινου δικτύου πρόσβασης του ΟΤΕ), αυτός θα συνέχιζε για πολλά χρόνια να μονοπωλεί την πρόσβαση στο Διαδίκτυο, κερδίζοντας χρόνο και δυσκολεύοντας τους ανταγωνιστές του να προχωρήσουν στην κατασκευή δικής τους υποδομής. Θα επαναλαμβάνονταν η ίδια ιστορία του ISDN, το οποίο ο ΟΤΕ υπερασπιζόταν στο παρελθόν με πάθος, καθυστερώντας έτσι την άφιξη της Ευρυζωνικότητας στη χώρα.

Από τη άλλη μεριά, οι διαβουλεύσεις που είχαμε με την αγορά έδειχναν ότι δεν υπήρχε (και ούτε φαίνεται να υπάρχει ακόμα και σήμερα το 2015) η επιθυμία και το ενδιαφέρον οι εναλλακτικοί πάροχοι να προχωρήσουν από μόνοι τους στην κατασκευή ενός τέτοιου εναλλακτικού δικτύου επόμενης γενιάς, καθόσον, αφενός οι απαιτούμενες κεφαλαιακές δαπάνες (CAPEX) είναι υψηλές, αφετέρου αυτοί παρέμεναν τότε προσκολλημένοι σε μη αποσβημένες επενδύσεις στον τοπικό βρόχο και στις συνεγκαταστάσεις στα Α/Κ του ΟΤΕ. Υπήρχε απουσία επενδυτικού ενδιαφέροντος σε παθητική υποδομή δικτύου νέας γενιάς, ευρείας κλίμακας, πολύ δε λιγότερο ενδιαφέρον για την ευρυζωνική κάλυψη των υποεξυπηρετούμενων περιοχών της χώρας, των οποίων η αραιή δόμηση και περιορισμένη ζήτηση τις καθιστούσαν ακόμα περισσότερο ασύμφορες.

Επειδή λοιπόν (α) ο αναμενόμενος ρυθμός απόδοσης τέτοιων έργων οπτικών ινών δεν είναι τόσο ελκυστικός και καθιστά δύσκολο για ελληνική εταιρεία να αποφασίσει μόνη της με ιδιωτικά κεφάλαια να επενδύσει στην εξ αρχής εγκατάσταση πανελλαδικού δικτύου FTTH, (β) δεν υπήρχε επιθυμία συνεργασίας μεταξύ των τηλεπικοινωνιακών παρόχων και (γ) ούτε το VDSL που προγραμμάτιζε ο ΟΤΕ θα μπορούσε να ανταποκριθεί με τρόπο ικανοποιητικό στις μελλοντικές ανάγκες των χρηστών και επιχειρήσεων για υψηλές ευρυζωνικές ταχύτητες, κρίναμε στην ΕΕΤΤ ότι *η κατασκευή ενός εθνικού δικτύου FTTH αποτελούσε χαρακτηριστική περίπτωση ανάγκης άμεσης και ενεργούς παρέμβασης του κράτους, ιδιαίτερα για μια μικρή χώρα όπως η Ελλάδα.* Όπως δε χαρακτηριστικά έλεγε αργότερα τον Ιούλιο του 2008 ο κ. R. Viola, ο τότε Γενικός Διευθυντής της Ιταλικής Ρυθμιστικής Αρχής AGCOM και μετέπειτα πρόεδρος του ERG (European Regulators Group), σχετικά με την κατασκευή δικτύων FTTH στην Ε.Ε., *«η ερώτηση που προκύπτει είναι παρόμοια μ' αυτήν του εάν θα έπρεπε να περιμένουμε τους κατασκευαστές οχημάτων να κατασκευάσουν τους αυτοκινητόδρομους»[239].* Με παρόμοιο σκεπτικό υποστηρίζαμε και εμείς ότι δεν ήταν τόσο θέμα μιας βραχυπρόθεσμης επιχειρηματικής λύσης, όσο θέμα πολιτικής και μακροπρόθεσμης εθνικής στρατηγικής. Το ζητούμενο, συνεπώς, ήταν το νέο δίκτυο που θα φτάνει μέχρι τα σπίτια των καταναλωτών να προχωρήσει τάχιστα.

Βέβαια, η πρόταση μας για τη δημιουργία πανελλαδικού δικτύου οπτικών ινών αντιμετώπισε την εχθρότητα του ΟΤΕ και της DT (που το 2009 είχε ήδη εξαγοράσει το μεγαλύτερο μέρος του ΟΤΕ), γιατί θεωρούσαν ότι θα έχαναν τη δεσπόζουσα θέση τους στο δίκτυο πρόσβασης καθώς και τον πλήρη έλεγχό του. Την καταπολέμησαν έντονα πετυχαίνοντας τελικά την ματαίωση του έργου.

ΤΑ ΟΦΕΛΗ ΤΟΥ ΔΙΚΤΥΟΥ FTTH

Τα οπτικά δίκτυα πρόσβασης μπορούν να παίξουν καταλυτικό ρόλο στην προσπάθεια να γεφυρωθεί το ψηφιακό χάσμα που μας χωρίζει από τις πιο προηγμένες αγορές, αλλά και να αποκτήσει η χώρα μας πρωταγωνιστικό ρόλο στην Ευρώπη στην Ευρυζωνικότητα και στις Τεχνολογίες Πληροφορικής και Επικοινωνιών. Χώρες όπως η Ιαπωνία και η Νότια Κορέα στήριξαν τη λειτουργία των ευρυζωνικών αγορών σε εκτεταμένα δίκτυα οπτικών ινών μέχρι το σπίτι (FTTH), ενώ και τα ευρωπαϊκά κράτη επένδυαν ολοένα και περισσότερο στην κατεύθυνση αυτή.

Οι υποδομές πρόσβασης με οπτικές ίνες FTTH αποτελούν τη *μόνη «ανθεκτική στο μέλλον τεχνολογία» (future proof technology)* και το μόνο μέσο κάλυψης μακροχρόνιων τηλεπικοινωνιακών αναγκών της χώρας. Επιπλέον, οι υποδομές αυτές προσφέρουν πολύ μεγάλες ταχύτητες πρόσβασης στο Διαδίκτυο (πολύ υψηλότερες του σχεδιαζόμενου VDSL του ΟΤΕ), με υψηλή ασφάλεια και αξιοπιστία μετάδοσης δεδομένων, αναβαθμίζονται εύκολα, θέτουν τον Έλληνα πολίτη στο επίκεντρο της ψηφιακής εποχής και απαντούν ουσιαστικά στις νέες προκλήσεις υποστηρίζοντας καινοτόμες ψηφιακές εφαρμογές που το υπάρχον δίκτυο αδυνατεί να «σηκώσει».

Το δίκτυο FTTH, μολονότι ονομάζεται οπτική ίνα «μέχρι το σπίτι», δεν θα συνέδεε μόνο νοικοκυριά. Θα συνέδεε με υψηλές ευρυζωνικές ταχύτητες όλες τις παραγωγικές δυνάμεις της χώρας, τη δημόσια διοίκηση, τα σχολεία, τις μονάδες υγείας (ιατρεία, κλινικές, νοσοκομεία), τους τουριστικούς τόπους, τις μικρές και μεγάλες επιχειρήσεις και όλους τους χώρους εργασίας, και θα επέτρεπε όχι μόνο τη μεταξύ τους ταχύτατη επικοινωνία αλλά και την ταχύτατη σύνδεσή τους με όλα τα σημεία της υδρογείου.

ΠΩΣ ΦΤΑΣΑΜΕ ΣΤΗΝ ΑΠΟΦΑΣΗ ΓΙΑ ΤΟ ΔΙΚΤΥΟ FTTH

α) Οι πρωτοβουλίες της ΕΕΤΤ

Για να προχωρήσουμε στην επίτευξη αυτού του φιλόδοξου στόχου ακολουθήσαμε στην ΕΕΤΤ τα κάτωθι βήματα:

1) Ένα από τα πρώτα βήματα της ΕΕΤΤ ήταν η πρωτοβουλία που αναλάβαμε το 2006 να προετοιμάσουμε μελέτη για τα δικαιώματα διέλευσης, την οποία υποβάλαμε στο τέλος του έτους σε δημόσια διαβούλευση. Το αντικείμενο της πρότασης ήταν ο καθορισμός των διαδικασιών χορήγησης δικαιωμάτων διέλευσης σε δημόσιους, κοινόχρηστους και ιδιωτικούς χώρους των τηλεπικοινωνιακών παρόχων, μια νομική διευκόλυνση απαραίτητη για εγκατάσταση δικτύων οπτικών ινών στο σύνολο της Ελληνικής Επικράτειας[240].
2) Το δεύτερο ανάλογο βήμα μας ήταν ότι, όταν στις αρχές του 2007 καταστρώσαμε την στρατηγική της ΕΕΤΤ για το διάστημα 2008-2011, διερευνήσαμε ταυτόχρονα και το κανονιστικό πλαίσιο που θα απαιτείτο για τα τηλεπικοινωνιακά δίκτυα FTTH επόμενης γενιάς NGAs[241]. Δύο από τους στρατηγικούς στόχους που θέσαμε ήταν: (α) η προώθηση ρύθμισης για την πρόσβαση στον υπο-βρόχο, στη διασύνδεση και στην ίνα FTTC/FTTH καθώς και στην κοινή εγκατάσταση/χρήση σωληνώσεων (ducts) και (β) η ενθάρρυνση της ανάπτυξης προηγμένων τεχνολογιών και ο προσδιορισμός του επιχειρηματικού μοντέλου κατά τη μετάπτωση προς τα NGA (VDSL vs FTTC/H), προωθώντας την ανάπτυξη δικτύων FTTH όπου αυτό είναι εφικτό. Στα πλαίσια αυτά, η ΕΕΤΤ έλαβε την απόφαση να προχωρήσει στην διερεύνηση κατασκευής στην Ελλάδα εναλλακτικών τύπων δικτύων FTTH, συνεχίζοντας όμως να κρατά ουδέτερη στάση απέναντι στον τρόπο ανάπτυξής τους. Θεωρούσαμε εν τούτοις ότι τα οικονομικά αποτελέσματα της ανάπτυξης ενός δικτύου FTTH ήταν κρίσιμα, κυρίως σε περιπτώσεις όπου οι εναλλακτικοί πάροχοι δεν είχαν ακόμα φτάσει στο επίπεδο οι επενδύσεις τους να έχουν οικονομική επιστροφή. Για να διασφαλιστεί ένα εφικτό μοντέλο ανάπτυξης, θα έπρεπε να προσδιοριστούν οι πιθανές ρυθμίσεις και τα μέτρα που θα έπρεπε να εφαρμοστούν, έχοντας ως γνώμονα τις Ευρωπαϊκές εμπειρίες στο χώρο.
3) Το τρίτο βήμα - και επειδή το κόστος των υποδομών για το δίκτυο FTTH φαινόταν πολύ μεγάλο και οι τηλεπικοινωνιακοί πάροχοι ήταν ακόμα επιχειρησιακά ανέτοιμοι γι' αυτό το «πήδημα του βατράχου» - με non-paper προτείναμε σε υψηλότατο επίπεδο στην Κυβέρνηση

Καραμανλή, ως ενδιάμεσο βήμα, να αξιοποιηθούν οι εγκαταστάσεις που τότε γινόταν πανελλαδικά για το δίκτυο του φυσικού αερίου[242]. Παρόμοιο non-paper αποστείλαμε και στις Εταιρείες Παροχής Φυσικού Αερίου (ΕΠΑ) Αττικής και Θεσσαλονίκης[243]. Στις περιοχές που εκτελούντο έργα επέκτασης του δικτύου φυσικού αερίου προς τους τελικούς καταναλωτές, να περνάνε ταυτόχρονα στις τάφρους και ένα σωληνίσκο (από το οποίο θα μπορούσαν να περάσουν αργότερα οπτικές ίνες), ή όπου είχαν ήδη σκάψει να εφαρμόσουν τεχνολογίες εισαγωγής του καλωδίου οπτικών ινών εντός των υπαρχόντων αγωγών του φυσικού αερίου. Η πρόταση που τους υποβάλαμε ήταν να δημιουργήσουν ένα νέο φορέα ο οποίος να μπορεί, εκμεταλλευόμενος το κύριο επιχειρηματικό του έργο (δηλαδή τη διανομή Φυσικού Αερίου) και κυρίως το γεγονός ότι εκτελεί κατασκευαστικά έργα, να παίξει τον ρόλο του φορέα που μπορεί να αναπτύξει FTTH και έτσι να προσθέσει έσοδα στο επιχειρηματικό τους πλάνο αλλά και να συνεισφέρει σημαντικά στους εθνικούς στόχους.

4) Όταν είδαμε ότι και αυτή μας η πρόταση δεν φαινόταν να πηγαίνει πουθενά, προχωρήσαμε το 2007 στο τέταρτο μας βήμα: να αναλάβει η ίδια η ΕΕΤΤ την εκπόνηση ειδικής μελέτης για την κατασκευή του εθνικού δικτύου FTTH και να την προωθήσει στην Κυβέρνηση.

β) Η μελέτη και εισήγηση της ΕΕΤΤ

Η μελέτη της ΕΕΤΤ εκπονήθηκε το 2007 με την βοήθεια διεθνούς μελετητικού οίκου (της A. T. Kearney) και έφερε τον τίτλο: «Επιταχύνοντας την υιοθέτηση δικτύων πρόσβασης (FTTx) στην Ελλάδα: εφικτά μοντέλα ανάπτυξης, κρατικοί κανονισμοί και ρυθμιστικές διατάξεις». Στόχος της ήταν ο προσδιορισμός της καλύτερης στρατηγικής και του τρόπου επιτάχυνσης της ανάπτυξης των εναλλακτικών δικτύων FTTH στην Ελλάδα. Για να επιτύχουμε τον στόχο αυτό, το έργο είχε δομηθεί σε τρία μέρη:

1ο Μέρος: Σύγκριση των καλύτερων πρακτικών στην Ευρώπη για την ανάπτυξη δικτύων NGA:

Σε αυτήν τη φάση αναλύθηκαν οι καλύτερες πρακτικές της Ευρώπης σχετικά με την ανάπτυξη δικτύων νέας γενιάς. Δεδομένης της πληθώρας πρωτοβουλιών στα διάφορα επίπεδα ανάπτυξης δικτύων FTTH, η μελέτη επικεντρώθηκε σε κράτη και πόλεις όπου ο σχεδιασμός τους είχε το 2007 ήδη τεθεί σε εφαρμογή ή τουλάχιστον είχε ανακοινωθεί (Στοκχόλμη, Άμστερνταμ, Δανία, Παρίσι). Συγκεκριμένα η μελέτη διερεύνησε τους διάφορους τομείς ανάπτυξης του FTTH (γεωγραφική περιοχή, πλαίσιο ανταγωνισμού, ρυθμιστικό πλαίσιο, κ.λπ.), τα επίπεδα τοπικής ή/και κρατικής στήριξης και σχετικών πολιτικών, καθώς και το είδος της ρυθμιστικής παρέμβασης.

2ο Μέρος: Σύγκριση των μεταβλητών κόστους του FTTH:
Σε αυτήν τη φάση έγινε μια εκτίμηση όλων των κύριων κατηγοριών κόστους για ανάπτυξη ενός δικτύου FTTH (κόστη εκσκαφών και αγωγών ανά χλμ., κόστη οπτικής ίνας ανά χλμ., κόστη εσωτερικών καλωδιώσεων ανά νοικοκυριό, χλμ. οπτικής ίνας ανά τ. χλμ., κόστη εξοπλισμού, κ.λπ.) στηριζόμενη κυρίως σε δημόσια έγγραφα παρόμοιων έργων. Η ανάλυση έγινε μέσω της ανάπτυξης ενός οικονομικού μοντέλου που χρησιμοποιήθηκε για να προσομοιώσει και να αξιολογήσει τα πιθανά αποτελέσματα που προκύπτουν από την υιοθέτηση κάθε μιας εναλλακτικής λύσης, καθώς και για να εντοπιστούν τα διάφορα σημεία παρέμβασης που θα διευκόλυναν επενδύσεις σε FTTH.

3ο Μέρος: Εντοπισμός εφικτών εναλλακτικών για την Ελλάδα και σχετικές παρεμβάσεις:
Σε αυτήν τη φάση εντοπίστηκαν οι πιθανές εναλλακτικές για την ανάπτυξη της τεχνολογίας FTTH στην Ελλάδα, έχοντας υπ' όψιν το προφίλ της χώρας, το επίπεδο ανάπτυξης της αγοράς, καθώς και το ανταγωνιστικό και ρυθμιστικό πλαίσιο. Για κάθε επιλεγμένο μοντέλο, προτείνονταν οι σχετικές παρεμβάσεις ώστε να επιτευχτεί η οικονομική βιωσιμότητα του δικτύου FTTH στη χώρα. Οι κατευθυντήριες γραμμές περιείχαν την προτεινόμενη ρυθμιστική παρέμβαση αλλά και την προτεινόμενη κρατική πολιτική.

Η ΠΡΟΩΘΗΣΗ ΤΗΣ ΠΡΟΤΑΣΗΣ ΜΑΣ

α) Non-paper για τα δίκτυα επόμενης γενιάς

Προκειμένου να ενημερώσουμε την Κυβέρνηση για τα ψηφιακά δίκτυα επόμενης γενιάς και θέλοντας να προϊδεάσουμε για τη μελέτη που ετοιμάζαμε στην ΕΕΤΤ για κατασκευή ενός «εθνικού δικτύου FTTH», έστειλα στα τέλη του 2006, σε ανώτατο κυβερνητικό επίπεδο, το ακόλουθο non-paper σχετικά με τα νέα *«ευρυζωνικά δίκτυα πρόσβασης επόμενης γενιάς» (NGAs – Next Generation Access Networks):*

> *«Τα περισσότερα κράτη του πλανήτη έχουν συνειδητοποιήσει πως στο νέο «παγκοσμιοποιημένο» περιβάλλον, ο ανταγωνισμός δεν μπορεί πλέον να περιοριστεί από γεωγραφικές συντεταγμένες. Η νέα εποχή φέρνει μαζί της νέα προβλήματα, αλλά και νέες ευκαιρίες για όσους θέλουν και μπορούν να γίνουν ισχυροί παίκτες στο πεδίο της καινοτομίας. Η μεγάλη πλειοψηφία των παραγωγικών πολιτών της χώρας μας δεν θέλει να παγιδευτούμε σε αμυντικά παιχνίδια προστατευτισμού και συντήρησης του παλαιού κόσμου, που δεν μπορούν να μας οδηγήσουν πουθενά. Σε αυτό το πλαίσιο, προτείνουμε την άμεση ανάπτυξη νέου δικτύου πρόσβασης με οπτικές ίνες σε όσο το δυνατόν περισσότερα ελληνικά νοικοκυριά και επιχειρήσεις. Εάν προωθηθεί αυτή η πρωτοβουλία με τρόπο που να διασφαλίζει τους όρους του ανταγωνισμού και να περιορίζει τον ρόλο του κράτους στην ενίσχυση των υπηρεσιών που απορρέουν από τη συγκεκριμένη επένδυση (όπως συμβαίνει στις ΣΔΙΤ), μπορεί η χώρα μας να κερδίσει ένα πολύ μεγάλο αναπτυξιακό στοίχημα. Με δημόσια δαπάνη μερικών εκατοντάδων εκατομμυρίων ευρώ (ακόμα και από το αποθεματικό της ΕΕΤΤ) για την ανάπτυξη του έργου, τα οφέλη για το Κράτος και τη χώρα θα ήταν περισσότερο από εντυπωσιακά:*
>
> > *1) ανάκτηση σημαντικού μέρους της δημόσια δαπάνης, με τη μορφή του ΦΠΑ και των άλλων φόρων,*
> > *2) ενεργοποίηση άμεσα μεγάλων ιδιωτικών επενδύσεων και δημιουργία χιλιάδων νέων θέσεων εργασίας υψηλής εξειδίκευσης για τουλάχιστον την επόμενη επταετία,*
> > *3) ενίσχυση του ανταγωνισμού στην αγορά των Η.Ε. τόσο σε επίπεδο υποδομών όσο και σε επίπεδο υπηρεσιών και κάλυψη του «ψηφιακού χάσματος» που μας χωρίζει από τις υπόλοιπες χώρες της ευρωζώνης,*
> > *4) αναβάθμιση της ανταγωνιστικότητας της εγχώριας βιομηχανίας τηλεπικοινωνιών και ενθάρρυνση της*

επιχειρηματικότητας στις ηλεκτρονικές υπηρεσίες υψηλής προστιθέμενης αξίας με δυνατότητες ανάπτυξης εξαγώγιμων υπηρεσιών από πολλές νέες καινοτόμες επιχειρήσεις,
5) διευκόλυνση όλων των κλάδων της οικονομίας, με την εφαρμογή αποτελεσματικότερων συστημάτων διοίκησης και παραγωγής,
6) δυνατότητα η υποδομή αυτή να αποτελέσει ισχυρή δύναμη ενίσχυσης της εθνικής και ευρωπαϊκής πολιτιστικής ποικιλομορφίας, καθιστώντας ευρύτερα διαθέσιμη την κληρονομιά μας και την πολιτιστική μας δημιουργία και
7) καθιέρωση της χώρας μας ως περιφερειακού τηλεπικοινωνιακού κόμβου, για την ανατολική Μεσόγειο και σημείου διαδικτυακής πρόσβασης για τις αναδυόμενες χώρες της Μέσης Ανατολής.»

β) Διαβούλευση της ΕΕΤΤ με την αγορά για τα δίκτυα NGAs

Σε άτυπη διαβούλευση της ΕΕΤΤ με τους φορείς της αγοράς για την κατασκευή του εθνικού δικτύου οπτικών ινών FTTH, ο ΣΑΤΠΕ (Σύνδεσμος Αδειοδοτημένων Τηλεπικοινωνιακών Παρόχων Επικοινωνιών) είχε θέσει τον Ιούλιο του 2007 ορισμένες προϋποθέσεις και την αποδοχή των εξής αρχών και προτάσεών του*[244]*: 1) διαφάνεια στις λειτουργίες των κατεστημένων φορέων εκμετάλλευσης, 2) αντιμετώπιση των παρεμβολών φάσματος, 3) καθυστέρηση της σταδιακής απόσυρσης των κεντρικών κατανεμητών, μέχρι να αποσβεσθούν οι επενδύσεις των εναλλακτικών παρόχων και 4) παροχή πλήρως ανεπτυγμένων εναλλακτικών λύσεων. Ακόμα και αργότερα όμως το 2009, οι προθέσεις των εταιρειών τηλεπικοινωνιών της χώρας καταλάβαινα ότι συνέχιζαν να είναι επιφυλακτικές, καθώς είχαν ήδη κάνει επενδύσεις σε άλλα δίκτυα (μητροπολιτικά, περιφερειακά) και σε εξοπλισμό συνεγκατάστασης, οι οποίες δεν είχαν προλάβει ακόμα να αποσβεστούν. Δυστυχώς δεν φαίνονταν τότε να είναι «έτοιμοι και πολύ ζεστοί» ώστε να πιέσουν με το κατάλληλο «λόμπινγκ» για την υλοποίηση αυτού του έργου.

Εν τω μεταξύ, το ERG (European Regulators Group) είχε και αυτό ασχοληθεί με τα δίκτυα επόμενης γενιάς NGAs και είχε μάλιστα προετοιμάσει μια ανάλογη δική του διαβούλευση. Θέλοντας η ΕΕΤΤ να είναι ενήμερη των θέσεων των ελληνικών εταιρειών πάνω στο θέμα, έστειλα επιστολή με την οποία ζητούσα απ' αυτές να κοινοποιήσουν στην Υπηρεσία μας μέχρι την 9η Ιουλίου 2007 τις απόψεις τους αναφορικά με το κείμενο που πρόσφατα είχε τεθεί σε διαβούλευση από το ERG*[245]*.

Στη συνέχεια η ΕΕΤΤ πραγματοποίησε Ημερίδα στο ξενοδοχείο Caravel (24/7/2007) με τη συμμετοχή όλων των φορέων της αγοράς, με στόχο τη συνδιαμόρφωση της ελληνικής θέσης για τα δίκτυα οπτικών ινών επόμενης γενιάς. Στην ημερίδα αυτή η ΕΕΤΤ παρουσίασε τις ενέργειές της για τα Δικαιώματα Διέλευσης*[246]*, την πιο πάνω διαβούλευση του ERG, τα διάφορα μοντέλα δικτύων οπτικών ινών (δηλαδή, VDSL, FTTC, FTTB, FTTH point-to-point και FTTH GPON), τις απόψεις του ERG για τα δίκτυα NGAs*[247]*, τις απαντήσεις της ελληνικής αγοράς στη σχετική διαβούλευση*[248]* και προσπάθησε να καταλάβει τις προθέσεις για σχετικές επενδύσεις από τους παρόχους, καθώς και τις δυνατότητες συνεργασίας τους για την δημιουργία ενός κοινού και «ανοιχτού» δικτύου FTTH στην Ελλάδα. Στη συνάντηση αυτή και στην ανταλλαγή απόψεων, φάνηκε ότι δεν υπήρχε μεγάλη επιθυμία συνεργασίας, με τους παρόχους να ζητούν ο ΟΤΕ να δημιουργήσει το δίκτυο και στη συνέχεια να προσφέρει σ' αυτούς υπηρεσίες πρόσβασης στο δίκτυο, παρόμοιες με αυτές του LLU (τις δυσκολίες υλοποίησης της οποίας περιγράψαμε σε προηγούμενα κεφάλαια). Από την άλλη, ο ΟΤΕ δεν συζητούσε κάτι τέτοιο υπό καθεστώς ρύθμισης και επιθυμούσε *«ρυθμιστικές διακοπές» (regulatory holidays)* για κάθε νέα επένδυση που θα εξαιρούσαν το δικό του δίκτυο από την ρύθμιση. (Βέβαια θα έπρεπε να γνωρίζει ότι «ρυθμιστικές διακοπές» απαγορεύονταν από την Ευρωπαϊκή Επιτροπή, καθόσον αυτό παραβίαζε τις οδηγίες του κοινοτικού θεσμικού πλαισίου για τις τηλεπικοινωνίες και ότι η Γερμανία οδηγήθηκε το 2007 στο Ευρωπαϊκό Δικαστήριο – από το οποίο το 2009 καταδικάστηκε - για την ίδια ακριβώς υπόθεση όταν είχε παράσχει ρυθμιστικές διακοπές στην DT)*[249]*.

γ) Προώθηση του δικτύου FTTH στην Κυβέρνηση

Όταν ολοκληρώθηκε η μελέτη μας, την παρουσιάσαμε στο Υπουργείο Μεταφορών και Επικοινωνιών, το οποίο την ασπάστηκε και την υποστήριξε αμέσως.

Το επόμενο βήμα ήταν η συγκρότηση στις 1/2/2008 κοινής ειδικής «Ομάδας Εργασίας»[250],[251] από στελέχη της ΕΕΤΤ και του υπουργείου Μεταφορών, «για την προώθηση των δικτύων πρόσβασης επόμενης γενιάς». Η Ομάδα Εργασίας θα ολοκλήρωνε μέσα στους επόμενους τέσσερις μήνες πλάνο δράσεων και προϋποθέσεων για να προκηρυχθεί ο διαγωνισμός για τον φορέα. Το έργο που της ανατέθηκε περιελάμβανε τα κάτωθι: α) ανάλυση των τεχνολογιών και των μοντέλων υλοποίησης δικτύων πρόσβασης επόμενης γενιάς, β) ανάλυση των διαμορφούμενων ρυθμιστικών πρακτικών για τα δίκτυα πρόσβασης επόμενης γενιάς στην Ε.Ε., γ) συντονισμό με το ΥΜΕ που προετοίμαζε την εθνική στρατηγική στις τηλεπικοινωνίες και (δ) διαμόρφωση ρεαλιστικών προτάσεων για την υλοποίηση δικτύων NGA στην Ελλάδα.

Τον κ. Μ. Λιάπη ακολούθησε ως Υπουργός στο ΥΜΕ ο κ. Κ. Χατζηδάκης, ο οποίος, αφού του παρουσιάσαμε την πρότασή μας και του εξηγήσαμε τις λεπτομέρειες, την υιοθέτησε και αυτός ένθερμα. Σε παρέμβασή του στο «Forum Ευρυζωνικότητας» που πραγματοποιήθηκε με πρωτοβουλία της ΕΕΤΤ, Υπουργός δήλωνε τον Μάρτιο 2008[252]: *«Ο κεντρικός άξονας της στρατηγικής για τις Η.Ε. 2008-2013 έχει να κάνει με την ανάπτυξη των ευρυζωνικών υποδομών. Με τη δημιουργία, δηλαδή, δικτύων οπτικών ινών νέας γενιάς, οι οποίες θέλουμε να φτάνουν στο σπίτι του κάθε χρήστη (FTTH), αλλάζοντας την καθημερινότητα του πολίτη σε όλες τις περιφέρειες της Ελλάδας».* Τέλος, το Φθινόπωρο του 2008 ανακοίνωσαν επίσημα την κατασκευή του έργου οι Υπουργοί Οικονομίας και Οικονομικών κ. Γ. Αλογοσκούφης και Μεταφορών και Επικοινωνιών κ. Κ. Χατζηδάκης, με χρονοδιάγραμμα που όριζε ότι όλες οι διαδικασίες θα είχαν ολοκληρωθεί μέσα στο 2009 και η υλοποίηση του έργου να άρχιζε το 2010.

Πίστευα ότι εκείνη την εποχή (2008-09) οι συνθήκες πραγματοποίησης του έργου ήταν αρκετά ευνοϊκές, καθόσον υπήρχε και η συναίνεση της αξιωματικής αντιπολίτευσης του ΠΑΣΟΚ. Η επίσημη εξαγγελία κατασκευής του δικτύου FTTH που θα έφερνε οπτικές ίνες σε δυο εκατομμύρια ελληνικά νοικοκυριά, έγινε από τον ίδιο τον πρωθυπουργό κ. Κ. Καραμανλή (παρουσία του τότε Υπουργού Μεταφορών & Επικοινωνιών κ. Ε. Στυλιανίδη) στις 21/5/2009 κατά τη διάρκεια του 4ου Διεθνούς Συνεδρίου της ΕΕΤΤ. Στο ίδιο δε συνέδριο, *το ΠΑΣΟΚ τάχθηκε και αυτό υπέρ του έργου των οπτικών ινών,* σημειώνοντας ότι *«η Ελλάδα χρειάζεται το νέο δίκτυο, το οποίο θα είναι αντίστοιχο της κατασκευής των εθνικών οδών, των αεροδρομίων, των λιμανιών και των άλλων υποδομών που έγιναν στην Ελλάδα»[253]*. Επιπροσθέτως, υπήρχε και η προηγούμενη έρευνα του Αυγούστου 2008 που είχε γίνει από την Pulse RC στις μεγαλύτερες πόλεις της Ελλάδας σχετικά με την στάση του κοινού έναντι του δικτύου FTTH, η οποία είχε παρουσιάσει τα εξής ενθαρρυντικά συμπεράσματα:

1) Περίπου 90% των ερωτηθέντων απάντησε ότι πιστεύουν πως το έργο είναι σημαντικό.
2) Πάνω από 80% των ερωτηθέντων θεωρούσε ότι η συμμετοχή του κράτους είναι απαραίτητη στη σχεδίαση και υλοποίηση του έργου.
3) Οκτώ στους δέκα των ερωτηθέντων θα ήθελαν το έργο να αρχίσει άμεσα.
4) Περίπου εννέα στους δέκα θα ανέχονταν κάποιο επίπεδο ενόχλησης και διαταραχής στη γειτονιά τους.
5) Ενώ εννέα στους δέκα θα ανέχονταν κάποιο επίπεδο ενόχλησης και διαταραχής στο κτίριο τους.

Κατόπιν όλων αυτών, ο δημοσιογράφος κ. Ι. Γιανναράκης έγραφε τότε πολύ στοχευμένα στο Βήμα: *«Θέλει προσπάθεια για να υλοποιηθεί ή να ...αποτύχει* (το δίκτυο FTTH)»*[254]*.

ΠΕΡΙΓΡΑΦΗ ΤΟΥ ΔΙΚΤΥΟΥ

α) Περίληψη

Τι ήταν αυτό το εθνικό δίκτυο FTTH; Το έργο αφορούσε στην εγκατάσταση παθητικής υποδομής δικτύου πρόσβασης («σκοτεινής ινας») νέας γενιάς (NGA) με οπτικές ίνες. Το δίκτυο FTTH θα παρείχε οπτική ίνα σε περίπου 2,000,000 νοικοκυριά και επιχειρήσεις στην Αθήνα, Θεσσαλονίκη και σε άλλες τουλάχιστον 54 πόλεις της Ελλάδας (πρωτεύουσες νομών και δύο πόλεις με πληθυσμό μεγαλύτερο από τις πρωτεύουσες των νομών τους). Θα παρείχε ταχύτητες >100 Mbps και θα κατασκευαζόταν σε διάστημα 7 ετών (με εκτιμώμενη περίοδο απόσβεσης 15-20 χρόνια). Μολονότι ο ορίζοντας των 7 ετών για την υλοποίηση του έργου φαινόταν τότε μακρινός, αν είχε εξ αρχής προχωρήσει το έργο, τώρα το 2015 θα είχε ολοκληρωθεί το μεγαλύτερο μέρος του και θα καταπιανόμασταν πλέον με την επέκτασή του στις λιγότερο πυκνοκατοικημένες περιοχές της χώρας με τεχνολογία FTTC (οπτικές ίνες μέχρι την καμπίνα).

Το έργο κατασκευής του δικτύου FTTH θα ήταν συνολικού προϋπολογισμού περίπου 2.1 δις ευρώ και θα κατασκευαζόταν με τη μέθοδο ΣΔΙΤ ανάλογη αυτής που χρησιμοποιήθηκε για την κατασκευή της Αττικής Οδού. Το έργο θα συγχρηματοδοτείτο από το κράτος, με την δημόσια συμμετοχή να ανέρχεται στο 1/3 του συνολικού προϋπολογισμού και με τη δυνατότητα χρηματοδότησης με εμπορικούς όρους μέσω της Ευρωπαϊκής Τράπεζας Επενδύσεων. Η χρονική διάρκεια ΣΔΙΤ θα ήταν 30 χρόνια, με *απόδοση της υποδομής πίσω στο κράτος στο τέλος της περιόδου.*

Το ποσό που θα χρειαζόταν να διαθέσει το Δημόσιο δεν ήταν τεράστιο. Όπως ανέφερα, προϋπολογίζονταν σε περίπου 100 εκατ. ευρώ ετησίως για 7 έτη, που μπορούσαν να καλυφθούν ακόμα και από το αποθεματικό της ΕΕΤΤ (ανάλογη πρόταση χρήσης του αποθεματικού της ΕΕΤΤ για δράσεις που θα ενίσχυαν την Ευρυζωνικότητα της χώρας είχε εκφράσει και το ΠΑΣΟΚ με Δελτίο Τύπου του από τον Νοέμβριο του 2005), ενώ τα έμμεσα έσοδα του Δημοσίου από τους πάσης φύσεως φόρους θα ήταν περισσότερα.

Το τελικά προτεινόμενο από την Κυβέρνηση δίκτυο δεν θα ελέγχονταν από τον ΟΤΕ/DT αλλά από κοινοπρακτικό σχήμα με την επωνυμία ΕΦΟΔΙΑ (Εθνικός Φορέας Διαχείρισης), ως «Εταιρεία Ειδικού Σκοπού». Οι τηλεπικοινωνιακοί πάροχοι (ακόμα και ο ΟΤΕ) θα μπορούσαν να συμμετέχουν στον ΕΦΟΔΙΑ υπό την προϋπόθεση ότι δεν θα έχουν τον έλεγχο αυτού. Ο ΕΦΟΔΙΑ θα παρείχε στους τηλεπικοινωνιακούς παρόχους μόνο χονδρική πρόσβαση στο παθητικό δίκτυο, δεν θα επιτρεπόταν να ασκεί ρόλο τηλεπικοινωνιακού παρόχου με λιανικές υπηρεσίες («πάροχος λιανικής») απ' ευθείας στους πολίτες ή στις επιχειρήσεις, τα δε έσοδα του ως αναδόχου φορέα διαχείρισης («πάροχος υποδομής») θα προέρχονταν από τη χονδρική μίσθωση αυτής της παθητικής υποδομής οπτικών ινών στους παρόχους λιανικής.

Ο «Διαχειριστής» του δικτύου που θα αναδείκνυαν οι διεθνείς διαγωνισμοί (ή οι περιφερειακοί διαχειριστές, αν επρόκειτο για διακριτές επενδύσεις σε ανεξάρτητες γεωγραφικές περιοχές της χώρας), θα διέθετε (μίσθωνε) τις ευρυζωνικές υποδομές μόνο σε αδειοδοτημένους παρόχους λιανικής με προκαθορισμένους όρους, πλήρη ισότητα, διαφάνεια και με κοστοστρεφή τρόπο. Η λύση αυτή θα έδινε επίσης τη δυνατότητα καλύτερης αξιοποίησης των επενδύσεων που είχε κάνει το κράτος για την κατασκευή ευρυζωνικών δικτύων οπτικών ινών σε περισσότερους από 65 Δήμους με το πρόγραμμα κατασκευής «Μητροπολιτικών Δικτύων στην Περιφέρεια».

β) Τεχνικά χαρακτηριστικά

Η παθητική υποδομή του δικτύου πρόσβασης με οπτικές ίνες θα εγκαθίστατο από κεντρικά σημεία συγκέντρωσης (central offices) μέχρι τον τελικό χρήστη. Πιο συγκεκριμένα, ο ανάδοχος του έργου (ο «πάροχος υποδομής»), θα αναλάμβανε ο ίδιος να εγκαταστήσει την παθητική υποδομή οπτικών ινών, να κατασκευάσει τα προαναφερθέντα κεντρικά σημεία συγκέντρωσης και να τοποθετήσει εντός αυτών τους απαραίτητους οπτικούς κατανεμητές.

Υπάρχουν διάφορα είδη αρχιτεκτονικής δικτύων FTTH, τρία από τα οποία δίνονται στο παρακάτω Σχ. 9.1. Στην δική μας περίπτωση προτείναμε την λεγόμενη «από Σημείο-Προς-Σημείο» (Point-To-Point ή P2P), κατά την οποία το δίκτυο πρόσβασης του αναδόχου υλοποιείται με χρήση ενός ζεύγους ίνας ανά τελικό πελάτη. Όλα τα ζεύγη των ινών πρόσβασης της περιοχής συγκεντρώνονται στο αστικό κέντρο/σημείο συγκέντρωσης του αναδόχου και συνδέονται στον κεντρικό οπτικό κατανεμητή. Από την άλλη πλευρά του οπτικού κατανεμητή υπάρχουν τα εξωτερικά συνδετικά καλώδια ινών των συνεγκαταστημένων παρόχων λιανικής (ISPs)[255] μέσα στο Α/Κ. Τα συνδετικά καλώδια καταλήγουν στους ξεχωριστούς χώρους Φυσικής Συνεγκατάστασης (ΦΣ) των ISPs. Ανάλογα με το ποιός τελικός πελάτης αντιστοιχεί σε κάθε πάροχο λιανικής, γίνεται η συνδεσμολογία (μικτονόμηση) στο συνδετικό καλώδιο του αντίστοιχου παρόχου. Μέσα στο χώρο φυσικής συνεγκατάστασης ο κάθε πάροχος λιανικής εγκαθιστά τον εξοπλισμό του, ανάλογα με την επιχειρηματική λύση που έχει επιλέξει (GPON, WDM, κ.λπ.).

Τα ενεργά στοιχεία που απαιτούνται για την παροχή υπηρεσιών ευρυζωνικής πρόσβασης, θα εγκαθίσταντο από τους ίδιους τους παρόχους-ISPs, εντός των κεντρικών σημείων συγκέντρωσης. Οι πάροχοι λιανικής θα ελάμβαναν υπηρεσίες μίσθωσης σκοτεινών οπτικών ινών και συνεγκατάστασης στα κεντρικά σημεία συγκέντρωσης από τον πάροχο υποδομής, προκειμένου να συνδέουν τους τελικούς χρήστες με τα δικά τους ιδιόκτητα δίκτυα. Ο τελικός χρήστης θα είχε τη δυνατότητα να αλλάξει πάροχο λιανικής κάνοντας ένα απλό αίτημα στο νέο πάροχο λιανικής του επιλογής και χρησιμοποιώντας την υποδομή που του είχε ήδη εγκατασταθεί για δική του χρήση.

γ) Ο ρόλος της ΕΕΤΤ στο νέο τοπίο του FTTH

Σε γενικό επίπεδο θα ήθελα πρώτα να επισημάνω ότι όλες οι ρυθμιστικές και παρεμβατικές δραστηριότητας της ΕΕΤΤ συνεχίζουν ανεξάρτητα και παράλληλα με την οποιαδήποτε Στρατηγική Επικοινωνιών του Κράτους. Όσον αφορά δε την συγκεκριμένη στρατηγική του ΥΜΕ για την ανάπτυξη υποδομών FTTH, η ΕΕΤΤ επανειλημμένα είχε υποστηρίξει ότι η ανάπτυξη οπτικών δικτύων πρόσβασης θα συνέβαλε καταλυτικά στη σύγκλιση με τις άλλες προηγμένες Ευρωπαϊκές χώρες. Ως εκ τούτου, η ΕΕΤΤ επικροτούσε τη στρατηγική προσέγγιση FTTH και υποστήριζε την όλη προσπάθεια παρέχοντας προσωπικό της σε κοινές ομάδες στελεχών που είχαν σχηματιστεί για το σκοπό αυτόν από διάφορους εμπλεκόμενους φορείς.

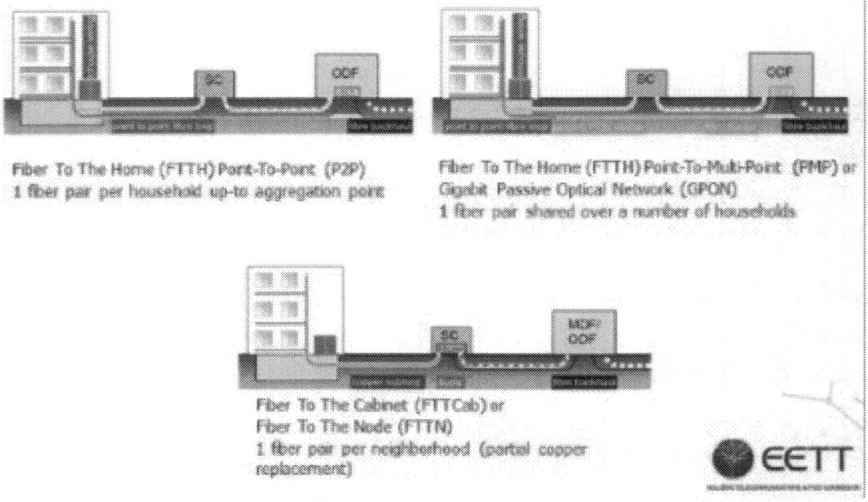

Σχ. 9.1: Παραδείγματα αρχιτεκτονικής δικτύων επόμενης γενιάς FTTH

Η ΕΕΤΤ θα είχε ένα σημαντικό ρόλο να διαδραματίσει, προκειμένου να εξασφαλίσει ότι η νέα υποδομή που θα δημιουργείτο θα χρησιμοποιείτο κατά τρόπο που θα ενίσχυε τον ανταγωνισμό, ο οποίος θα έφερνε στον πολίτη-καταναλωτή νέες καινοτόμες και χρήσιμες υπηρεσίες και εφαρμογές. Στην κατεύθυνση αυτή θα ήταν επίσης εξαιρετικά σημαντική η εμπειρία που είχαμε αποκτήσει – ιδίως στο δεύτερο ήμισυ της τετραετίας μας – υλοποιώντας αποτελεσματικά την αποδεσμοποίηση του χάλκινου τοπικού βρόχου (βλέπε Κεφάλαιο 6). Το μοντέλο της ειδικής «Ομάδας Εργασίας» που είχε συστήσει η ΕΕΤΤ για την εκ του σύνεγγυς καθημερινή παρακολούθηση και τη δυναμική της επέμβαση στη διαδικασία της συνεγκατάστασης και παροχής βρόχων, δούλεψε με μεγάλη επιτυχία και συνέβαλε αποτελεσματικά στη ραγδαία αύξηση των αδεσμοποίητων τοπικών βρόχων και στην παροχή στον καταναλωτή της δυνατότητας επιλογής παρόχου της αρεσκείας του. Ανάλογο μοντέλο Ομάδας Εργασίας θα μπορούσε να χρησιμοποιηθεί και για την υλοποίηση του FTTH. (Για να κατασ-εί αυτό αποτελεσματικό, ήταν απαραίτητο να προηγηθεί από την ΕΕΤΤ η «ανάλυση» των αντίστοιχων αγορών και ο ορισμός ενός ή περισσοτέρων εταιρειών με ΣΙΑ, χρησιμοποιώντας γεωγραφικά ή άλλα κριτήρια).

Το *αδύνατο σημείο* που είχαμε διαπιστώσει κατά τη διάρκεια ρύθμισης του χάλκινου βρόχου (και που θα έπρεπε να αποφύγουμε στην περίπτωση του FTTH) είχε να κάνει με την αρχικά κάκιστη εξυπηρέτηση που ελάμβανε ο καταναλωτής από τον ΟΤΕ και τους εναλλακτικούς παρόχους όταν ήθελε να κάνει αλλαγή παρόχου ή αιτείτο νέο βρόχο. Η βασική αιτία του προβλήματος ήταν ότι ο ΟΤΕ, ως καθετοποιημένος οργανισμός, δεν κατάφερε να βρει τρόπους καλής συνεργασίας με τους παρόχους-πελάτες του και του οποίου το προσωπικό και η μονάδα παροχής χονδρικών προϊόντων είχαν κάθε λόγο να εξυπηρετούν κατά προτίμηση τη λιανική μονάδα του ΟΤΕ εις βάρος των εναλλακτικών παρόχων. Για να αποφευχθούν εξ αρχής παρόμοια προβλήματα στη χονδρική παροχή βρόχων ινών στους παρόχους λιανικής από τον ανάδοχο του προγράμματος FTTH, είχαμε προτείνει στο ΥΜΕ ότι, αν η επιχείρηση/ανάδοχος που θα εγκαθιστούσε και θα εκμεταλλευόταν χονδρικά το δίκτυο FTTH ήταν μια καθετοποιημένη τηλεπικοινωνιακή επιχείρηση, τότε *να του απαγορευτεί να είναι ταυτόχρονα και πάροχος λιανικής* που χρησιμοποιεί το δίκτυο για να παρέχει σύνδεση και ευρυζωνικές υπηρεσίες στο κοινό. Εάν, παρόλα ταύτα, επιτρέψουν στην επιχείρηση/ανάδοχο να είναι ταυτόχρονα και πάροχος λιανικής, τότε να υποχρεωθεί *να προβεί σε ουσιαστικό λειτουργικό διαχωρισμό* μεταξύ της δραστηριότητάς του για πωλήσεις FTTH στη χονδρική αγορά (δηλ. στους παρόχους λιανικής) και εκείνης που τον καθιστούσε πάροχο λιανικών συνδέσεων και υπηρεσιών στο κοινό.

ΑΝΤΙΔΡΑΣΕΙΣ, «ΑΠΕΙΛΕΣ» ΚΑΙ ΠΙΕΣΕΙΣ ΑΠΟ ΟΤΕ ΚΑΙ DT

Δυστυχώς, οι ίδιες όπως πάντα δικαιολογίες και συμφέροντα που συνεχώς εγκλωβίζουν τη χώρα μας σε παρωχημένες τεχνολογικές λύσεις και που σχετίζονται με τη διατήρηση του σκληρού τηλεπικοινωνιακού μονοπωλίου του ΟΤΕ και οι μεθοδεύσεις και παρεμβάσεις του για αποδυνάμωση (ή και «εξόντωση του ανταγωνισμού», όπως έγραφε ο Τύπος)*[256]*, δημιούργησαν σημαντικά εμπόδια και – όπως θα δούμε στη συνέχεια - τελικά ματαίωσαν την πραγματοποίηση της σχετικής μας πρωτοβουλίας για την κατασκευή του δικτύου FTTH.

Μετά την ανακοίνωση της κατασκευής του εθνικού δικτύου FTTH από τον Υπουργό κ. Κ. Χατζηδάκη στο «Forum Ευρυζωνικότητας» τον Μάρτιο 2008, ο Τύπος έγραφε ότι οι πιέσεις προς την Κυβέρνηση – από τον ΟΤΕ, την DT και την γερμανική Κυβέρνηση – για την ματαίωση του έργου αυξάνονταν δραματικά.

α) Οι «καθυστερήσεις»

Το *χρονοδιάγραμμα του ΥΜΕ* για το έργο του FTTH προέβλεπε ότι:

> *1) Μέχρι το τέλος του 2008 θα είχε διεξαχθεί η δημόσια διαβούλευση και θα είχε προετοιμαστεί ο απαιτούμενος φάκελος και η πρόταση του έργου θα είχε υποβληθεί στην Ευρωπαϊκή Επιτροπή (Competition Committee).*
> *2) Στο πρώτο εξάμηνο του 2009 θα δινόταν η έγκριση του έργου από την δι-υπουργική επιτροπή των ΣΔΙΤ και θα ολοκληρώνονταν η επιλογή του συμβούλου ΣΔΙΤ για την προετοιμασία των φακέλων του διαγωνισμού και τη δημόσια διαβούλευση.*
> *3) Στο δεύτερο εξάμηνο του 2009 θα διενεργείτο ο Διεθνής διαγωνισμός για το έργο.*
> *4) Η υλοποίηση του έργου (διάρκειας 7 ετών) θα άρχιζε το 2010.*

Από τα τέλη 2008 όμως, η σκυτάλη του ΥΜΕ περνάει στον νέο υπουργό κ. Ε. Στυλιανίδη, ο οποίος αποφασίζει να προωθήσει το έργο μόνος του - *χωρίς πλέον την συνεργασία της ΕΕΤΤ* - και καθυστερεί το έργο δημιουργώντας ξανά νέες δικές του ομάδες εργασίας και προσθέτοντας στο έργο τις δικές του τροποποιήσεις. Σύμφωνα όμως με τους Κοινοτικούς κανονισμούς, *η ΕΕΤΤ έπρεπε να συμμετέχει ενεργά* στην όλη διαδικασία που αφορούσε στην υποβολή του σχετικού φακέλου της χώρας και στην προετοιμασία του σχετικού διαγωνισμού, όπως ρητά προβλεπόταν και από την Ευρωπαϊκή Επιτροπή στις περιπτώσεις υποβολής αιτημάτων κρατικών ενισχύσεων σε έργα Ευρυζωνικότητας. *Κοινοτική έγκριση/χρηματοδότηση του έργου κατασκευής του δικτύου FTTH χωρίς την παρουσία και συνεργασία του Ρυθμιστή δεν επιτρέπεται.*

Γι' αυτήν τη μη θεσμική και μονομερή του ενέργεια του υπουργού κ. Στυλιανίδη έκανα παρέμβαση με την αποστολή δύο επιστολών τον Ιούνιο του 2009:

Με την πρώτη επιστολή μου[257] τον ενημέρωνα ότι η ΕΕΤΤ ερωτάται από την Ευρωπαϊκή Επιτροπή ποια είναι η επίσημη θέση της στα κατά καιρούς σχέδια που ανακοίνωνε η Ελληνική Κυβέρνηση σχετικά με το δίκτυο FTTH και ότι, επειδή δεν έχει ως σήμερα ζητηθεί από το ΥΜΕ η ενεργός συμμετοχή της ΕΕΤΤ στις μελέτες και προετοιμασίες του Υπουργείου για το εν λόγω έργο και ούτε έχει ζητήσει το ΥΜΕ να πληροφορηθεί από την ΕΕΤΤ για τις ρυθμιστικές υποχρεώσεις ή/και τους όρους στους οποίους θα υπόκειται αυτό το νέο τηλεπικοινωνιακό δίκτυο, *η ΕΕΤΤ αδυνατεί να παράσχει έγκυρες απαντήσεις στην Ευρωπαϊκή Επιτροπή.*

Με την δεύτερη επιστολή μου[258] ανέφερα συγκεκριμένα ζητήματα που σχετίζονταν με το ανακοινωθέν από το ΥΜΕ νέο σχέδιο για το δίκτυο FTTH, τα οποία πιθανόν να ήγειραν από την Ευρωπαϊκή Επιτροπή ρυθμιστικά και ανταγωνιστικά θέματα που θα προέκυπταν κατά την εξέταση του φακέλου της ελληνικής Κυβέρνησης και για τα οποία αρμόδια να απαντήσει ήταν μόνο η ΕΕΤΤ, όπως π.χ., «ανάλυση» της κατάστασης της αγοράς (στην οποία θα έπρεπε από πριν να προβεί η ΕΕΤΤ), κριτήρια συμβατότητας που θα επηρεάζονταν από το έργο, προηγούμενα ευρυζωνικά δίκτυα κρατικής ενίσχυσης στις ίδιες περιοχές, ρυθμιστικός μηχανισμός ελέγχου τιμών των βασικών προϊόντων/υπηρεσιών του νέου δικτύου FTTH, χονδρική πρόσβαση για την αποφυγή αντι-ανταγωνιστικών πρακτικών από τους αναδόχους της κρατικής ενίσχυσης, κ.λπ.

Δεν έλαβα ποτέ καμία απάντηση!

β) Αντίθεση του ΟΤΕ στην δημιουργία του εθνικού δικτύου FTTH

Από την πρώτη στιγμή ο ΟΤΕ πολέμησε λυσσαλέα την κατασκευή του δικτύου αυτού, το χαρακτήρισε *«αχρείαστο»* και ότι ήταν πολύ νωρίς να γίνει κάτι τέτοιο προτού δοθεί αρκετός χρόνος ώστε *«να υπάρξει η κατάλληλη εκπαίδευση των χρηστών»(!)[259]*. Τελικά, με τη βοήθεια των γερμανών της DT που είχε εν τω μεταξύ εξαγοράσει τον ΟΤΕ, το τορπίλισαν πιέζοντας και εκβιάζοντας τους Υπουργούς της κυβέρνησης (όπως έγραφε ο Τύπος), ώστε να μπορέσει να προωθήσει το δικό του βραδύτερο δίκτυο VDSL και, ταυτόχρονα, αποτρέποντας κατ' αυτόν τον τρόπο την έλευση νέων επενδύσεων για την κατασκευή ενός καλύτερου «δικτύου πρόσβασης νέας γενιάς» NGA.

Αν και υπήρξε στην αρχή ένα σύντομο αρχικό διάστημα κατά το οποίο ο ΟΤΕ συμφωνούσε να συμμετάσχει στο πρόγραμμα της κυβέρνησης για την κατασκευή του εθνικού δικτύου FTTH (ζητώντας ταυτόχρονα και «ρυθμιστικές διακοπές»), εν τούτοις τελικά επεκράτησαν οι προβληματισμοί του ότι: (α) η δημιουργία ενός τέτοιου δικτύου θα απαξίωνε το δικό του και θα του επέβαλε ντε φάκτο λειτουργικό διαχωρισμό και, παράλληλα, (β) θα ισχυροποιούσε τον ανταγωνισμό, αφού όλοι οι πάροχοι ισότιμα θα είχαν πρόσβαση σε ένα νέο πιο σύγχρονο εθνικό δίκτυο*[260]*. Έτσι, στις αρχές του 2009, ο Πρόεδρος του ΟΤΕ μεταβαίνει στην Βόννη, έδρα της DT, και δηλώνει ότι το κυβερνητικό σχέδιο για τη δημιουργία οπτικών ινών σε δύο εκατομμύρια νοικοκυριά της χώρας *καθυστερεί τα επενδυτικά σχέδια του ΟΤΕ*.

Είχα πολλές φορές εξασκήσει κριτική στον Πρόεδρο του ΟΤΕ καταλογίζοντάς του όχι μόνο ότι θέλει να διατηρήσει τον ΟΤΕ και την DT ως μονοπώλιο αλλά και ότι ασκεί πιέσεις προς όλες τις κατευθύνσεις, έχοντας ζητήσει για τον σκοπό αυτόν – και επισήμως - από την Πολιτεία *την κατάργηση της ΕΕΤΤ*, με τη δικαιολογία οτι αυτή του δημιουργούσε εμπόδια στην επίτευξη του σκοπού αυτού*[261]*,*[262]*. Επόμενο συνεπώς ήταν, ο ΟΤΕ και η DT να είναι έντονα αντίθετοι με τις πρωτοβουλίες και ενέργειες της ΕΕΤΤ (που μείωναν τη μονοπωλιακή θέση του ΟΤΕ με το άνοιγμα της αγοράς και την επιβολή της συνεγκατάστασης και ΑΠΤΒ και προκαλούσαν «αιμορραγία» πελατών του προς τους εναλλακτικούς παρόχους), με την απειλή της ΕΕΤΤ για ενδεχόμενο επιβολής στον ΟΤΕ «λειτουργικού διαχωρισμού» και με την υιοθέτηση της πρότασής μας και αναγγελία από τον Πρωθυπουργό κ. Κ. Καραμανλή της κατασκευής του εθνικού δικτύου FTTH. Όπως δε έγραφε ο Τύπος, εξασκούσαν αφόρητες πιέσεις στους Υπουργούς του εκτοξεύοντας διάφορες απειλές.

Τον Μάρτιο του 2009, ερωτηθείς από δημοσιογράφους για την άποψή μου σχετικά με τις πιέσεις που εξασκούνταν στον Υπουργό ΥΜΕ κ. Στυλιανίδη και σ' άλλα στελέχη της Κυβέρνησης να παγώσουν το έργο του δικτύου FTTH και τη σχετική δήλωση του Προέδρου του ΟΤΕ στις αρχές του έτους στην Βόννη είχα απαντήσει: *«Δεν μπορεί μια ξένη επιχείρηση να εκβιάζει τη νόμιμη Κυβέρνηση μιας χώρας - είτε επειδή θεωρεί ότι υπάρχουν αλληλοεπικαλύψεις με το δικό της δίκτυο, είτε επειδή το νέο δίκτυο είναι σοβαρά ανταγωνιστικό ως προς το δικό της, είτε γιατί δεν συμφωνεί με κάποιες επιλογές - επιδιώκοντας με τον τρόπο αυτό να ματαιώσει τη δημιουργία του δικτύου οπτικών ινών, γιατί, αν αυτό δεν υλοποιηθεί, τότε ο ΟΤΕ/DT θα παραμείνει η μόνη εταιρεία που θα διαθέτει δίκτυο πρόσβασης στην Ελλάδα»*[263]. Σχετικά δε με τη δήλωση του Προέδρου του ΟΤΕ στη Βόννη προσέθετα: *«Ακόμα και πριν από περίπου ένα μήνα, ο πρόεδρος του ΟΤΕ δήλωνε ότι ο ΟΤΕ θα συνεργαστεί με τα σχέδια της κυβέρνησης και όχι μόνο θα συνεργαστεί αλλά θα παίξει και έναν σημαντικό ρόλο. Τι συνέβη εκεί στη Βόννη και ξαφνικά υπήρξαν άλλα μηνύματα, δεν το γνωρίζω»*[264].

γ) Η εξαγγελία του έργου από τον Πρωθυπουργό

Και ενώ η δημόσια διαβούλευση για το έργο θα καθυστερούσε μέχρι τον Αύγουστο του 2009, όπως είδαμε, η Κυβέρνηση εξήγγειλε πλέον το έργο επίσημα δια στόματος του Πρωθυπουργού κ. Κ. Καραμανλή στις 20/5/2009 στο 4ο Διεθνές Συνέδριο της ΕΕΤΤ .

Από την δική μου μεριά, επειδή έβλεπα με απογοήτευση την μέχρι τότε μεγάλη καθυστέρηση στην έναρξη του έργου, είχα σ' εκείνο το ίδιο συνέδριο έντονα καυτηριάσει τις καθυστερήσεις και τους χειρισμούς των Υπουργών της Κυβέρνησης[265] και, ενώπιον του Πρωθυπουργού κ. Κ. Καραμανλή και του αρμόδιου Υπουργού ΥΜΕ κ. Ε. Στυλιανίδη, έκρουα τον κώδωνα του κινδύνου προειδοποιώντας τους ότι *«αν η Κυβέρνηση καθυστερήσει κι' άλλο, φοβάμαι ότι θα την προλάβουν οι εξελίξεις, με αποτέλεσμα η χώρα να παραμείνει πάλι εγκλωβισμένη για σημαντικό χρονικό διάστημα σε μια πεπερασμένων δυνατοτήτων τεχνολογία, αυτήν του xDSL (του ΟΤΕ), καθόσον το τζίνι (της απαίτησης για Ευρυζωνικότητα) έχει ήδη βγει από το μπουκάλι και γι' αυτό θα πρέπει όλοι μας να τρέξουμε πολύ πιο γρήγορα απ' ότι μέχρι τώρα νομίζαμε»*[266]. Για τις ανησυχητικές αυτές εξελίξεις στην αγορά των Η.Ε. είχα επιπλέον στείλει ανάλογη επιστολή σε στελέχη της κυβέρνησης με την οποία τους ζητούσα για άλλη μια φορά να διαμορφωθεί σαφέστερα η κυβερνητική πολιτική στον τομέα των Η.Ε. και της κατασκευής του εθνικού δικτύου FTTH[267].

Δεν είμαι σίγουρος ότι όλες αυτές οι «παρεμβάσεις» μου έγιναν ευπρόσδεκτες από τα στελέχη της Κυβέρνησης.

δ) Πιέσεις του ΟΤΕ και της DT στην κυβέρνηση

Ακολουθεί στη συνέχεια συνάντηση του ΟΤΕ και της DT με τον υπουργό ΥΜΕ κ. Στυλιανίδη[268] στα μέσα Ιουνίου του 2009 κατά την οποία αρνούνται τελικά να συμμετάσχουν στο σχέδιο της Κυβέρνησης, η δε DT διατυπώνει ότι «παγώνει» την ανάπτυξη του δικτύου του ΟΤΕ έως ότου η Κυβέρνηση αποφασίσει τι θα κάνει με το δικό της δίκτυο οπτικών ινών[269].

Και οι πιέσεις προς τους Υπουργούς της κυβέρνησης Καραμανλή συνεχίζονται. Συγκεκριμένα, μια πίεση υπό μορφή ανταλλαγμάτων προς την Κυβέρνηση εξασκήθηκε όταν ο διευθύνων σύμβουλος της DT κ. Ρενέ Όμπερμαν συναντήθηκε στα τέλη του Ιουνίου 2009 με τους συναρμόδιους Υπουργούς Οικονομίας κ. Γ. Παπαθανασίου και Επικοινωνιών κ. Ευρ. Στυλιανίδη. Επειδή η DT ήταν υποχρεωμένη να αγοράσει το 5% του ΟΤΕ στην προκαθορισμένη τιμή των 27,5 ευρώ/μετοχή και επειδή η τότε τρέχουσα τιμή ήταν μόλις 11,80 ευρώ/μετοχή, ως ένα από τα ανταλλάγματα που θα ζητούσε ο ισχυρός άνδρας της DT από τους δυο Υπουργούς ήταν να «τακτοποιήσουν» το θέμα των σχέσεων του ΟΤΕ με την ΕΕΤΤ και τα πρόστιμα που αυτή του επιβάλλει, καθώς και το θέμα του FTTH[270]. Για μεν το πρώτο, ο κ. Όμπερμαν θα ζητούσε μια *«αλλαγή στάσης»* της ΕΕΤΤ έναντι του ΟΤΕ (μετάφραση: τουλάχιστον αντικατάσταση του Προέδρου της), *«κάτι το οποίο ενδεχομένως διευκολύνεται από το γεγονός ότι η θητεία του κ. Ν. Αλεξανδρίδη λήγει στο τέλος Ιουλίου»*[271] και που - σύμφωνα πάντα με τον Τύπο – ο υπουργός κ. Ευ. Στυλιανίδης *σκόπευε να τοποθετήσει στην διοίκηση της ΕΕΤΤ πρόσωπα της δικής του επιλογής*. Για δε το δεύτερο, θα έθετε *«θέμα» σχετικά με το εθνικό δίκτυο FTTH που είχε προαναγγείλει ότι θα αναπτύξει η Κυβέρνηση* (μετάφραση: πίεση για τη μη υλοποίηση του).

Όπως έγραφε τότε ο δημοσιογράφος κ. Β. Μανδραβέλης στην Καθημερινή της 17/6/2009, *«Οι Κινήσεις της DT, σύμφωνα με πληροφορίες, έχουν θορυβήσει τόσο την ΕΕΤΤ όσο και την Ευρωπαϊκή Επιτροπή. Ο πρόεδρος της ΕΕΤΤ, κ. Αλεξανδρίδης, πρόσφατα απέστειλε επιστολή στο Μέγαρο Μαξίμου – με κοινοποίηση στους αρμόδιους Υπουργούς – σχετικά με τις κινήσεις της DT στην Ελλάδα. Ο ίδιος στην επιστολή του συνέστησε στην Κυβέρνηση να μην υποχωρήσει στα αιτήματα των Γερμανών, προτάσσοντας το μέλλον της χώρας, ειδικά στο θέμα του δικτύου οπτικών ινών»*[272]. Ανάλογη ανησυχία για το θέμα είχε δημιουργηθεί και στην ίδια την Ευρωπαϊκή Επιτροπή, με αποτέλεσμα ο γενικός διευθυντής της Κομισιόν κ. Φ. Κολοσάντι να επισκεφτεί την Αθήνα στο τέλος του Ιουνίου 2009. Συνέχιζε σχετικά ο Μανδραβέλης στο άρθρο του: *«Ο κ. Κολοσάντι φέρεται ως απεσταλμένος της Επιτόπου κ. Β. Ρέντινγκ, η οποία δείχνει ανήσυχη ιδιαίτερα με την αύξηση της επιρροής στις Βρυξέλλες σε θέματα Η.Ε. τόσο από τον ΟΤΕ όσο και από την DT. Εκτιμάται, δε, ότι με την κίνηση αυτή η κ. Ρέντινγκ θα επιχειρήσει να στηρίξει την παρούσα ηγεσία της ΕΕΤΤ, με την οποία η αρμόδια Επίτροπος διατηρεί ιδιαίτερα καλές σχέσεις»*.

Ακόμα και η αξιωματική αντιπολίτευση του ΠΑΣΟΚ παρενέβη τον Ιούλιο 2009 με ερώτηση 22 βουλευτών της (!) προς τους αρμόδιους

Υπουργούς Επικοινωνιών κ. Στυλιανίδη και Οικονομίας κ. Παπαθανασίου γιατί το έργο είχε καθυστερήσει τουλάχιστον 12 μήνες και θα καθυστερούσε ακόμη περισσότερο. Σημείωναν ότι *«ο φάκελος για τη Ευρωπαϊκή Επιτροπή Ανταγωνισμού δεν είναι ακόμη έτοιμος όπου σύμφωνα με τις εξαγγελίες της κυβέρνησης θα ήταν έτοιμος στο τέλος του 2008, και ο φάκελος του έργου δεν έχει εγκριθεί από τη Διυπουργική Επιτροπή ΣΔΙΤ»*[273]. Βέβαια, όταν στην συνέχεια το ΠΑΣΟΚ ανέλαβε την Κυβέρνηση της χώρας, όλες του οι διαμαρτυρίες ξεχάστηκαν, όπως ξεχάστηκε και η προώθηση του έργου, βάζοντας έτσι την τελική ταφόπλακα στο έργο κατασκευής του δικτύου FTTH.

ε) Οι ΟΤΕ και DT προγραμματίζουν το δικό τους δίκτυο VDSL

Ο ΟΤΕ άρχισε να μιλάει για δικές του οπτικές ίνες, μόνο αφότου η Κυβέρνηση ανακοίνωσε τη δημιουργία του εθνικού δικτύου FTTH και συνειδητοποίησε ότι κινδυνεύει να χάσει το μονοπώλιο στο δίκτυο πρόσβασης. Στην απάντησή του στη σχετική διαβούλευση αντιπροτείνει ότι αυτός θα προχωρήσει στην κατασκευή δικού του δικτύου VDSL που θα φθάνει με οπτικές ίνες μέχρι τις γειτονιές (μέχρι τα αποκαλούμενα «Καφάο»)[274],[275].

Τον Αύγουστο του 2009, ο διευθύνων σύμβουλος της DT κ. Ρενέ Όμπερμαν πραγματοποιεί νέα ειδική επίσκεψη στην Ελλάδα για να εκφράσει στον υπουργό ΥΜΕ κ. Ε. Στυλιανίδη τις έντονες ανησυχίες της DT για το σχέδιο της κυβέρνησης που θα έθετε υπό αμφισβήτηση τη χρησιμότητα της δρομολογούμενης επένδυσης του ΟΤΕ στην τεχνολογεί VDSL[276]. Η γερμανική εταιρεία είχε με σαφήνεια δηλώσει γραπτώς και προφορικώς την αντίθεσή της στους επικεφαλείς των υπουργείων Οικονομίας και Μεταφορών[277].

Μετά την εξαγγελία του Πρωθυπουργού του Μαΐου 2009 και αφού πλέον αποφασίστηκε τον Αύγουστο 2009 η μη ανανέωση της θητείας μου, ο υπουργός κ. Ε. Στυλιανίδης - παρουσιάζοντας τον ίδιο μήνα το έργο του FTTH «ως πρωτοβουλία του ΥΜΕ» (!)[278] - έδωσε στη δημοσιότητα προς διαβούλευση το σχέδιο νόμου για το έργο. Την ίδια περίπου εποχή, κατά σύμπτωση(;), ο επικεφαλής του ΟΤΕ, στη διάρκεια τηλεδιάσκεψής του με εκπροσώπους της επενδυτικής κοινότητας, ανακοίνωνε τα βασικά σημεία του νέου δικτύου VDSL που σχεδίαζε ο ΟΤΕ (με σκοπό να προκαταλάβει τον ισχυρό ανταγωνισμό από το εθνικό δίκτυο FTTH και να δώσει παράταση ζωής στο δικό του δίκτυο)[279].

Στην απάντηση[280] που έστειλε ο ΟΤΕ στα τέλη Αυγούστου στη διεξαγόμενη δημόσια διαβούλευση του ΥΜΕ, δήλωνε ότι το νομοσχέδιο που προετοίμαζε η Κυβέρνηση είχε πολλές ασάφειες και δεν ανταποκρινόταν στις πραγματικές ανάγκες της χώρας, χαρακτήριζε το εθνικό έργο FTTH *«ακριβό»* και *«αχρείαστο»* και ότι είναι πολύ νωρίς να γίνει κάτι τέτοιο προτού δοθεί αρκετός χρόνος ώστε *«να υπάρξει η κατάλληλη εκπαίδευση των χρηστών»*[281]. Υποστήριζε δε ότι η κυβερνητική παρέμβαση παρουσιάζει πολλά άλυτα θέματα δικαίου του ανταγωνισμού τα οποία οδηγούν σε βασικές στρεβλώσεις στην αγορά, αλλοιώνει τον ανταγωνισμό και συνέχιζε με απειλές ότι θα προσφύγει στις Βρυξέλλες (με το επιχείρημα πιθανώς του αθέμιτου ανταγωνισμού και της διακριτικής μεταχείρισης) για ακύρωση του σχεδίου.

Ακόμα και μετά και την αλλαγή της κυβέρνησης το Φθινόπωρο του 2009, ο Τύπος έγραφε ότι ο εκβιασμός των Γερμανών στη νέα Κυβέρνηση Παπανδρέου ώστε να μη προχωρήσει σε καμία κίνηση ανατροπής της συμφωνίας ΟΤΕ-DT του 2008, συνεχιζόταν *«ακόμα και με την απειλή διακοπής της διεθνούς χρηματοδότησης της Ελλάδας»*[282],[283].

Λίγο αργότερα, τον Νοέμβριο του 2009, επανήλθε πάλι ο Πρόεδρος του ΟΤΕ επιτιθέμενος αυτή τη φορά, όχι μόνο εναντίον της ΕΕΤΤ, αλλά και εναντίον των προηγούμενων κυβερνήσεων ΠΑΣΟΚ και ΝΔ για (όπως έγραφε ο Τύπος) *«λαϊκισμό σε χειρισμούς της πολιτείας όσον αφορά τις τηλεπικοινωνίες στη χώρα»* και με αφορμή τα δίκτυα νέας γενιάς, *διερωτάτο πάλι εάν «κρύβονται και συμφέροντα»*[284].

Ένα χρόνο αργότερα, ο δημοσιογράφος κ. Ν. Καρούτσος έγραφε τον Ιούλιο του 2010 σχετικά με τα γεγονότα του προηγούμενου έτους και πόσο αρεστός ήταν ο κ. Βουρλούμης στη DT: *«Γιατί οι Γερμανοί δίνουν τα … ρέστα τους να μείνει ο νυν επικεφαλής του ΟΤΕ; Η παραίτηση Βουρλούμη δεν γίνεται δεκτή»[285].* Όταν δε, η νέα Κυβέρνηση Παπανδρέου σκεφτόταν το 2010 να αλλάξει τον Πρόεδρο του ΟΤΕ, ο Τύπος έγραφε πάλι ότι οι Γερμανοί επέμεναν τόσο πολύ να τον διατηρήσουν στη θέση του, που διεμήνυαν στην Κυβέρνηση ότι ακόμη κι' αν φύγει ο κ. Βουρλούμης από τον ΟΤΕ, θα προσληφθεί απ' την DT ως υπεύθυνος Ν.Α. Ευρώπης και θα έχει πάλι τον τελευταίο λόγο για τις αποφάσεις (!)*[286]*. Ο Πρόεδρος του ΟΤΕ παρέμεινε στη θέση του και το 2010, με την επιθυμία της DT και παρά τη βούληση του Δημοσίου*[287]*.

στ) Η ματαίωση του έργου

Για τα αιτήματα αυτά του Προέδρου του ΟΤΕ, την σθεναρή αντίστασή του στην απελευθέρωση της αγοράς, τον ρόλο που έπαιξε για την πώληση του ΟΤΕ στην DT*[288],[289]* και τις προσπάθειές του για διατήρηση του μονοπωλιακού καθεστώτος του ΟΤΕ και μετά την εξαγορά του από την DT, δεν έβλεπα καθόλου παράλογο που στην DT τον αγαπούσανε, τον θεωρούσαν ως πετυχημένο*[290]* και επέμεναν να τον διατηρούν στη διοίκηση της εταιρείας*[291].* (Μάλιστα, με κάποια δόση χιουμοριστικής υπερβολής σχετικά με την όλη κατάσταση, είχα πει σε συνέντευξη τύπου ότι θα έπρεπε η DT *να στήσει άγαλμα του κ. Βουρλούμη* στην κεντρική πλατεία της Βόννης που ήταν τότε η έδρα της εταιρείας*[292],[293]*).

Οι κινήσεις αυτές της DT δεν ήταν κάτι καινούριο γιατί κάτι ανάλογο είχε κάνει στο παρελθόν και στη Γερμανία. Όταν η DT ξεκίνησε το 2005 να αναπτύσσει στη Γερμανία το δικό της δίκτυο VDSL, θεώρησε ότι τα δίκτυα αυτά ήταν «νέα επένδυση» που έπρεπε να εξαιρεθεί της ρύθμισης, δηλαδή οι όροι μεταπώλησης αυτών των δικτύων στους ανταγωνιστές της να μην ελέγχονται από τη γερμανική ρυθμιστική αρχή. «Έπεισαν» δε τότε τη γερμανική κυβέρνηση, η οποία και πέρασε τον Φεβρουάριο του 2007 ειδικό νόμο εκχώρησης «ρυθμιστικών διακοπών» (regulatory holidays) στη DT ώστε το δίκτυό της VDSL να εξαιρεθεί από την ρύθμιση. Επειδή όμως η σχετική πράξη της γερμανικής κυβέρνησης παραβίαζε τις οδηγίες του κοινοτικού θεσμικού πλαισίου για τις τηλεπικοινωνίες, η υπόθεση οδηγήθηκε το

2007 στο Ευρωπαϊκό Δικαστήριο, ο εισαγγελέας του οποίου πρότεινε τον Απρίλιο του 2009 την καταδίκη της γερμανικής κυβέρνησης [294].

Τελικά, παρ' όλες τις εξαγγελίες του Πρωθυπουργού, τρείς διαφορετικοί υπουργοί ΥΜΕ (Λιάπης, Χατζηδάκης, Στυλιανίδης, με αύξοντα βαθμό υπευθυνότητας) δεν κατάφεραν επί 2$^{1/2}$ χρόνια να φτάσουν στην έναρξη του έργου. Στις εκλογές του Οκτωβρίου 2009 η Κυβέρνηση Καραμανλή έχασε από το ΠΑΣΟΚ του κ. Γ. Παπανδρέου, άρχισε η οικονομική κρίση στη χώρα, ακολούθησαν οι διάφορες πολιτικές εξελίξεις και το σχέδιο κατασκευής του εθνικού δικτύου FTTH ακολούθησε και αυτό τον συνηθισμένο για τις ελληνικές προτάσεις δρόμο του «κάλαθου των αχρήστων».

Για άλλη μια φορά, μια μεγάλη ευκαιρία για την χώρα είχε χαθεί!

ΤΟ ΣΧΕΔΙΟ ΤΟΥ ΟΤΕ ΓΙΑ ΔΙΚΟ ΤΟΥ ΔΙΚΤΥΟ VDSL

α) Το σχέδιο του ΟΤΕ

Τον Σεπτέμβριο του 2009 είχε γίνει πλέον φανερό ότι ο ΟΤΕ/DT θα προχωρούσε στην ανάπτυξη του δικού του δικτύου πρόσβασης, τεχνολογίας FTTC/VDSL. Δεν ήθελε οι άλλοι πάροχοι να εξισωθούν με αυτόν, ούτε να παύσει να έχει το μονοπώλιο της μοναδικής τηλεπικοινωνιακής υποδομής στη χώρα. Το νέο του δίκτυο θα είχε ευρυζωνικές ταχύτητες μέχρι 50 Mbps, με την προσθήκη στις πυκνοκατοικημένες περιοχές οπτικής ίνας μέχρι τα Καφάο του[295]. Κατ' αυτόν τον τρόπο θα περιόριζε τα περιθώρια κινήσεων των ανταγωνιστών του (καθόσον γινόταν πλέον εξαιρετικά πιο δύσκολη η αδεσμοποίητη πρόσβαση στον *υπο-βρόχο* του ΟΤΕ η οποία απαιτούσε συνεγκατάσταση στις καμπίνες του ΟΤΕ στον δρόμο, δηλ. στα Καφάο του) και όλοι οι πάροχοι θα συνέχιζαν για δεκαετίες να είναι εξαρτημένοι να νοικιάζουν από τον ΟΤΕ/DT δυνατότητα πρόσβασης. Ένας άλλος πιθανός λόγος ήταν γιατί καταλάβαινε ότι πλέον το μέλλον ήταν στην διαδικτυακή συνδρομητική τηλεόραση, την οποία το υπάρχον χάλκινο δίκτυό του θα είχε δυσκολίες να προσφέρει.

β) Αναλήθειες για το σχέδιο του ΟΤΕ

Ένα χρόνο μετά τη λήξη της θητείας μου, ο Πρόεδρος του ΟΤΕ ισχυρίστηκε επίσημα σε ομιλία του στο 5ο Διεθνές Συνέδριο της ΕΕΤΤ το 2010 ότι *«πριν από τρία χρόνια ο ΟΤΕ πρότεινε στην τότε Κυβέρνηση ένα μεγάλο σχέδιο κάλυψης της χώρας με οπτική ίνα. Η Κυβέρνηση, με την πλήρη συμφωνία της Ρυθμιστικής Αρχής τότε, είπε στον ΟΤΕ να μην προχωρήσει, και μάλιστα τον απείλησε ότι αν το έκανε θα του έβαζε εμπόδια σε άδειες και πρόσβαση», και συνέχισε «Όλοι συμφωνούν να μείνει ο ΟΤΕ απ' έξω ή να συνεργαστεί σε σχήματα στη διαμόρφωση των οποίων δεν του επιτρέπεται να συμμετέχει».*

Πρώτον, όσον αφορά τις «απειλές» της Κυβέρνησης προς τον ΟΤΕ, τουλάχιστον από τα δημοσιεύματα του Τύπου της εποχής, συμπεραίνεται ότι – αντίθετα – η Κυβέρνηση ήταν αυτή που εκβιαζόταν από τον ΟΤΕ και τους Γερμανούς της DT*[296]*.

Δεύτερον, μέρος της απάντησης που είχα δώσει στις πιο πάνω αιτιάσεις του Προέδρου του ΟΤΕ για «απειλές» της Κυβέρνησης προς τον ΟΤΕ, κ.λπ., με σχετικό άρθρο μου στην Καθημερινή της 9/10/2010 ήταν η ακόλουθη*[297]*:

> *«Δεν γνωρίζω εάν κάποιος αρμόδιος από την προηγούμενη Κυβέρνηση έχει ήδη απαντήσει στις κατηγορίες του Προέδρου του ΟΤΕ, αλλά επειδή εκείνο το διάστημα ήμουν Πρόεδρος της ανεξάρτητης ρυθμιστικής αρχής ΕΕΤΤ, έχω να δηλώσω τα εξής:*
>
> *(α) Όσο αφορά τη δήθεν πρόταση του ΟΤΕ για «ένα μεγάλο σχέδιο κάλυψης της χώρας (!) με οπτική ίνα», ο Ρυθμιστής Τηλεπικοινωνιών δεν είχε λάβει ουδεμία ενημέρωση για κανένα τέτοιο «μεγάλο σχέδιο», όπως αναληθώς ο Πρόεδρος του ΟΤΕ αναφέρει, μολονότι ο ΟΤΕ όφειλε εκ του νόμου να το είχε υποβάλλει στον Εθνικό Ρυθμιστή.*
>
> *(β) Όσον αφορά την κατηγορία του Προέδρου του ΟΤΕ ως προς τη στάση που δήθεν κράτησε τότε η ρυθμιστική αρχή ΕΕΤΤ, μη ούσα ενήμερη για οποιαδήποτε μελέτη ή σχέδιό του, ήταν αδύνατο να είχε «σε πλήρη συμφωνία με την Κυβέρνηση» και από κοινού «να πουν (στον ΟΤΕ) να μην προχωρήσει», πολύ δε περισσότερο να είχαν από κοινού προχωρήσει σε «απειλή» ότι θα του έβαζαν «εμπόδια σε άδειες και πρόσβαση».*

(γ) Επίσης, ο Πρόεδρος του ΟΤΕ ισχυρίστηκε ότι «παράλληλα, άρχισε (η Κυβέρνηση) να διαφημίζει ένα κρατικό έργο οπτικής ίνας σε συνδυασμό και με ανώνυμους ιδιώτες, χρησιμοποιώντας συνθήματα όπως ότι «το μόνο που όλοι συμφωνούν είναι να μείνει ο ΟΤΕ απέξω...». Εξ όσων γνωρίζω, και αυτό είναι αναληθές.

(δ) Ο ΟΤΕ, ως ανώνυμη εταιρεία, δεν έχει την ανάγκη να λάβει οποιαδήποτε άδεια για να προχωρήσει στις δικές του επενδύσεις, αρκεί φυσικά να μην παραβιάζει τις ρυθμιστικές του υποχρεώσεις (που προκύπτουν από τον εθνικό και κοινοτικό νόμο) ως προς τη διασφάλιση του ανταγωνισμού»

Την πρώτη φορά που ο ΟΤΕ αναφέρει ότι θα αναπτύξει ο ίδιος κάποιο δίκτυο τύπου FTTH, ήταν τον Ιούνιο του 2010 όταν δια στόματος του Προέδρου του αναφέρει ότι: *«στα πυκνοκατοικημένα αστικά κέντρα η οπτική ίνα θα φτάνει μέχρι τα σπίτια (FTTH)»[298]*, δηλαδή υπόσχεται ότι θα παρέχει ταχύτητες *πολύ μεγαλύτερες των 50 Mbps του κανονικού VDSL του*. Ταυτόχρονα συνέχισε να ζητάει «ρυθμιστικές διακοπές» για να προχωρήσει στην επένδυση, ισχυριζόταν (όπως είδαμε νωρίτερα) ότι το πρόγραμμα της Κυβέρνησης ήταν ανεδαφικό και ότι ο ΟΤΕ θα ανέπτυσσε το δίκτυο του πριν από 3 χρόνια αλλά η τότε Κυβέρνηση δεν του το επέτρεψε! Και για μεν τις παράνομες «ρυθμιστικές διακοπές», ανέφερα νωρίτερα τι έγινε στην Γερμανία όταν στο παρελθόν το εφάρμοσε η Κυβέρνηση εκεί. Για δε το δίκτυο FTTH του ΟΤΕ, βρισκόμαστε τώρα στο τέλος του 2015 και ακόμα να δούμε αυτό να φτάνει «μέχρι τα σπίτια».

Τέλος, ενώ το 2008-2009 ο ΟΤΕ είχε πολεμήσει λυσσαλέα το προτεινόμενο μοντέλο των ΣΔΙΤ που θα εφαρμόζονταν στο έργο του εθνικού δικτύου FTTH και το κατηγορούσε ότι επρόκειτο για *«πάρτι των μεγάλων εργολάβων»*, εν τούτοις 7 χρόνια αργότερα, ο ΟΤΕ αναλαμβάνει (ως DT πλέον) τις δύο από τις τρείς συμβάσεις «του έργου-πρότυπο»*[299],[300]* (Rural Broadband) για την εγκατάσταση ευρυζωνικών υποδομών σε αγροτικές και απομακρυσμένες περιοχές της χώρας, κάνοντας τώρα ο ίδιος χρήση του μοντέλου ΣΔΙΤ (!)

Πολύ αργότερα, τον Δεκέμβριο 2014, ο τότε νεοεκλεγείς Γενικός Γραμματέας της Διεθνούς Ένωσης Τηλεπικοινωνιών (ITU) της αντιπροσωπείας του Ο.Η.Ε. κ. Χουλίν Ζάο, ερωτώμενος στην Αθήνα ποιος θα ήταν ο καλύτερος τρόπος ανάπτυξης ευρυζωνικών δικτύων FTTH στην Ελλάδα, επιβεβαίωνε την προσέγγισή μας ότι *«η μέθοδος ΣΔΙΤ είναι η συνήθως επιβεβλημένη για την αποτελεσματική υλοποίηση των ευρυζωνικών δικτύων FTTH»[301].*

ΟΙ ΤΕΛΕΥΤΑΙΕΣ ΕΝΕΡΓΕΙΕΣ ΤΗΣ ΕΕΤΤ

α) Κάλυψη της Περιφέρειας με ευρυζωνικές συνδέσεις

Είχαμε επίσης προτείνει ότι η γενικότερη Στρατηγική Η.Ε. του ΥΜΕ θα έπρεπε να μεριμνήσει ώστε – κατά κάποιον τρόπο – να καλυφθεί εξίσου ικανοποιητικά και η Περιφέρεια. Εάν τα οικονομοτεχνικά μοντέλα και εναλλακτικά σενάρια έδειχναν ότι το FTTH είναι επιχειρηματικά βιώσιμο κυρίως σε λίγες πυκνοκατοικημένες πόλεις (τουλάχιστον αυτό έδειχνε η μέχρι τότε διεθνής εμπειρία), θα έπρεπε η γενικότερη στρατηγική του Υπουργείου να συμπεριλάμβανε εναλλακτικούς τρόπους και κίνητρα με τα οποία παράλληλα (και μέχρις ότου επεκταθεί αργότερα το FTTH και σ' αυτούς) να δίνεται αρκετά μεγάλη ευρυζωνική ταχύτητα και υπηρεσίες και στους κατοίκους των υπολοίπων – των λιγότερο πυκνοκατοικημένων – πόλεων.

Επειδή το εθνικό έργο του FTTH θα άφηνε ευρυζωνικά ακάλυπτες διάφορες λιγότερο αναπτυγμένες και αγροτικές περιοχές της Επικράτειας, είχαμε κατά καιρούς υποβάλει στην Κυβέρνηση διάφορες συμπληρωματικές προτάσεις*[302]*, όπως π.χ.:

> *1) Στις 1/9/2008, με σκοπό την αύξηση των πιθανοτήτων επιτυχίας του έργου του ΥΜΕ για το δίκτυο FTTH, υποβάλαμε πρόταση[303] στον τότε υπουργό ΥΜΕ κ. Κ. Χατζηδάκη για παραχώρηση δωρεάν φάσματος στον/στους ανάδοχο/αναδόχους του έργου, υποχρεώνοντάς τον/τους ταυτόχρονα να παρέχει/παρέχουν χονδρικά ασύρματο ευρυζωνικό δίκτυο σε άλλους παρόχους για την ταχύτερη ευρυζωνική κάλυψη των αναγκών της Περιφέρειας.*
>
> *2) Μια άλλη σχετική πρόταση της ΕΕΤΤ που δεν υλοποιήθηκε[304] ήταν αυτή που καταθέσαμε στις 11/2/2009 στον υπουργό ΥΜΕ κ. Ε. Στυλιανίδη που θα συμπλήρωνε (πολιτικά και αναπτυξιακά) τα μεγάλα έργα των FTTH και του προγράμματος 4.2 της ΚτΠ («Ανάπτυξη της ευρυζωνικής πρόσβασης στις περιφέρειες της*

Ελλάδος») και θα προσέφερε πρακτικά πλεονεκτήματα στις «μειονεκτικές περιοχές» της χώρας που - λόγω της μειωμένης εμπορικότητας του γεωγραφικού τμήματος - δεν θα είχαν καλυφθεί και, συνεπώς, θα υφίσταντο τις αρνητικές συνέπειες του εσωτερικού ψηφιακού χάσματος. Προτείναμε την παροχή των απαραίτητων κινήτρων, το ύψος του προϋπολογισμού τους, τις μεθόδους χρηματοδότησής τους, το χρονικό διάστημα υλοποίησης του έργου, κ.λπ.

Βέβαια, όπως οι περισσότερες προτάσεις μας, και αυτές έτυχαν της ίδιας μεταχείρισης.

β) Η ΕΕΤΤ θέτει υπό την εποπτεία της και το VDSL του ΟΤΕ

Επειδή δε η επιτυχία του όλου έργου εξαρτάτο, εκτός των άλλων, και από την απρόσκοπτη δυνατότητα πρόσβασης οποιουδήποτε ενοίκου στο δίκτυο οπτικών ινών, η ΕΕΤΤ προσανατολιζόταν να συστήσει ειδική ομάδα εργασίας, η οποία, αφού μελετήσει τους κανονισμούς και υποχρεώσεις που ισχύουν σε άλλες ευρωπαϊκές χώρες και λάβει υπόψη την ελληνική νομοθεσία, να προσδιορίσει τις υποχρεώσεις των ιδιοκτητών και ενοίκων κτιρίων και των τηλεπικοινωνιακών παρόχων για την απρόσκοπτη και χωρίς διακρίσεις πρόσβαση στο δίκτυο FTTH μέσω της ενδοκτιριακής καλωδιακής υποδομής.

Τελικά, και για να προλάβουμε καταστάσεις, η ΕΕΤΤ αποφάσισε να αναθεωρήσει και να προσαρμόσει τις ρυθμιστικές υποχρεώσεις του ΟΤΕ ώστε να διευκολυνθεί η χρήση των δικτύων οπτικών ινών και η ανάπτυξη εναλλακτικών υποδομών από τους εναλλακτικούς παρόχους. Λίγο πριν το τέλος της θητείας μας τον Αύγουστο 2009, η Ολομέλεια της ΕΕΤΤ αποφάσισε να θέσει υπό την εποπτεία της και το νέο δίκτυο VDSL του ΟΤΕ[305]. Μετά από δημόσια διαβούλευση στις αρχές του 2009, προχωρήσαμε στη διεύρυνση του ρυθμιστικού πλαισίου, υποχρεώνοντας τον ΟΤΕ να παρέχει πρόσβαση σε διαθέσιμους αγωγούς/σωληνώσεις και στο τμήμα του δικτύου του πρόσβασης, από τον υπαίθριο κατανεμητή έως το Α/Κ. Επιπροσθέτως, από τον Ιούνιο 2009 επιβάλαμε τον μερισμό (την κοινή χρήση) στις ευκολίες ακινήτων του ΟΤΕ, συμπεριλαμβανομένων εισόδων σε κτίρια, ιστών, κεραιών, αγωγών (ducts), φρεατίων και οδικών κυτίων σύνδεσης*[306]*. Τέλος, με απόφαση της ΕΕΤΤ στις 31 Ιουλίου 2009 (και με την έγκριση της Ευρωπαϊκής Επιτροπής) συμπεριλάβαμε στη νέα ρύθμιση και τον υπο-βρόχο του νέου δικτύου VDSL που προγραμμάτιζε ο ΟΤΕ, δηλαδή το τελευταίο τμήμα χαλκού που συνδέει την καμπίνα του δρόμου – «Καφάο» ή «ONU» (Optical Network Unit) - με το σπίτι του συνδρομητή.

ΣΗΜΕΡΑ ΤΟ 2015

Όπως ήδη ανέφερα, εάν το έργο «δίκτυο FTTH» είχε αρχίσει στην ώρα του, συγχρηματοδοτούμενο από το ΕΣΠΑ, σήμερα το 2015 θα άρχιζαν να παραδίδονται οι πρώτες ευρυζωνικές συνδέσεις υψηλών ταχυτήτων, ως αποτέλεσμα μιας από τις μεγαλύτερες αναπτυξιακές επενδύσεις που θα δημιουργούσε και χιλιάδες νέες θέσεις εργασίας. Αυτό που τώρα υπάρχει στη χώρα – και που θα παραμείνει έτσι για τα επόμενα πολλά χρόνια – είναι το «δίκτυο VDSL του ΟΤΕ» μέγιστης ταχύτητας στα 50 Mbps, χωρίς εναλλακτική για μεγαλύτερες ταχύτητες και χωρίς μακρόχρονη προοπτική βιωσιμότητας.

Το DSL με την μορφή του VDSL που σήμερα αναπτύσσει ο ΟΤΕ (και που ήδη αποκλείει από τώρα άλλους παρόχους να προσελκύσουν πελάτες σε μερικές από τις περιοχές που ο ΟΤΕ τοποθετεί οπτική ίνα) σύντομα θα φτάσει στα όρια του, ενώ η χώρα εγκλωβίζεται – για άλλη μια φορά – και για πολλά χρόνια σε άλλες λιγότερο δραστικές και μη επεκτάσιμες τεχνολογίες (το πεπαλαιωμένο ακραίο δίκτυο χαλκού που μονοπωλείται τώρα από την DT). Η απελευθέρωση του υπο-βρόχου (subloop unbundling) και η συνεγκατάσταση εναλλακτικών παρόχων σ' αυτές τις καμπίνες στον δρόμο θα είναι πρακτικώς αδύνατον να γίνουν.

Φύγαμε από το ένα κρατικό μονοπώλιο για να εγκλωβιστούμε σε ένα άλλο μεγαλύτερο και πιο ισχυρό ιδιωτικό μονοπώλιο. Φέτος (21/6/2015) ο νέος Πρόεδρος του ΟΤΕ/DT υπερηφανευόταν ότι η επιχείρησή του έγινε *«ο νέος εθνικός πρωταθλητής»* λέγοντας: *«μετά από σχεδόν 7 ολόκληρα χρόνια πτώσης, η μεταστροφή της σταθερής τηλεφωνίας σημείωσε αύξηση εσόδων»*, ενώ για τα δίκτυα νέας γενιάς έλεγε ότι *«έχουμε πάρει πάνω μας τον εθνικό στόχο (sic) σε ότι αφορά την ψηφιακή ατζέντα 2020»*[307].

Από τότε επεσήμαινα ότι σε πολύ σύντομο χρονικό διάστημα, οι καταναλωτικές ανάγκες θα εστιάζονται στο «περιεχόμενο» των δικτύων (και κυρίως τηλεοπτικό), δηλαδή στις εφαρμογές που θα μεταφέρονται μέσα από τα δίκτυα. Και τότε θα απαιτηθούν πολύ μεγαλύτερες ταχύτητες από τα 50 Mbps που θα προσφέρει το δίκτυο VDSL του OTE/DT.

Άποψη αίθουσας από Διεθνές Συνέδριο της ΕΕΤΤ

1ο Διεθνές Συνέδριο της ΕΕΤΤ «Η Δυναμική της Ευρυζωνικότητας στη Μεσόγειο: Μοχλός Ανάπτυξης για Διεθνή Συνεργασία προς Όφελος της Αγοράς και του πολίτη» (Astir Palace Βουλιαγμένη, 2-4 Μαιόυ 2006)

*Από αριστερά οι κ.κ. **Ανδρέας Αυγουστής** (Γενικός Διευθυντής Ρυθμιστική Αρχή του Bahrain – TRA), **Παναγής Βουρλούμης** (Πρόεδρος & Διευθύνων Σύμβουλος ΟΤΕ), **Νικόλαος Κουλούρης** (Αντιπρόεδρος Ηλεκτρονικών Επικοινωνιών ΕΕΤΤ), **Βασίλης Τακός** (Πρόεδρος, Ινστιτούτο Ερευνών & Μελετών Τηλεπικοινωνιών & Πληροφορικής Χωρών Νοτιοανατολικής Ευρώπης – INA), **Roberto Viola** (Γενικός Διευθυντής, Ρυθμιστική Αρχή Επικοινωνιών της Ιταλίας – AGCOM), **Martin Cave** (Director, Centre for Management under Regulation, Warwick, UK)*

Κεφάλαιο 10: Ασύρματη (σταθερή και κινητή) Ευρυζωνικότητα

«Το μέλλον φέρνει την (ασύρματη) κινητή διασυνδεσιμότητα» (31/1/2007)

«Δεν πρέπει να ξεχνάμε ότι τελικός κριτής των ενεργειών όλων μας είναι ο πολίτης-καταναλωτής» (11/1/2008)

Κεφάλαιο 10: Ασύρματη (σταθερή και κινητή) Ευρυζωνικότητα

?

Σε ομιλία μου τον Ιανουάριο του 2007 δήλωνα ότι *«στο μέλλον όλοι μας θα είμαστε διασυνδεδεμένοι μεταξύ μας, όπου κι αν είμαστε και όποια στιγμή θέλουμε, μερικοί δε ίσως και (σχεδόν) μόνιμα online. Και καθώς δεν θα παραμένουμε στάσιμοι αλλά θα κινούμεθα συνεχώς στο χώρο - και η μεταξύ μας διασυνδεσιμότητα δεν θα επιτυγχάνεται βέβαια σέρνοντας πίσω μας συνδετικά καλώδια - όλοι μας αντιλαμβανόμαστε ότι, σχεδόν εξ ορισμού, η ύπαρξη κεραιών παντού είναι κάτι που δεν μπορούμε να το αποφύγουμε»*[308].

Στο κεφάλαιο αυτό παρουσιάζω την κατάσταση που βρήκαμε στις ασύρματες επικοινωνίες στη χώρα μας το 2005, ποιοί ήταν οι στόχοι μας για την ασύρματη (σταθερή και κινητή) Ευρυζωνικότητα, τις δράσεις και ενέργειες της ΕΕΤΤ για την ανάπτυξή της (απελευθέρωση του Wi-Fi, αδειοδότηση του WiMax, κ.λπ.) και τα αποτελέσματα των προσπαθειών μας στη μείωση των τιμών της κινητής τηλεφωνίας. Τέλος θα αναφερθώ στα προβλήματα αδειοδότησης κεραιών ασύρματης επικοινωνίας και στις αντιδράσεις των Δήμων και πολιτών, αλλά και στις ενέργειες της ΕΕΤΤ για την εξομάλυνση και βελτίωση της κατάστασης. Και θα κλείσω επισημαίνοντας μια από τις τελευταίες αποφάσεις της Ολομέλειας της ΕΕΤΤ της τετραετίας, αυτήν του νέου Κανονισμού αποδεσμοποίησης που υποχρέωνε τον ΟΤΕ να επιτρέψει την συνεγκατάσταση κεραιών και των άλλων παρόχων ασύρματης σταθερής και κινητής τηλεφωνίας στις ταράτσες των κτηρίων του, τα οποία τότε φιλοξενούσαν μόνο κεραίες της COSMOTE.

Η ΚΑΤΑΣΤΑΣΗ ΣΤΗΝ ΚΙΝΗΤΗ ΤΗΛΕΦΩΝΙΑ ΤΟ 2005

Η κατάσταση στην κινητή τηλεφωνία το 2005 ήταν κάπως καλύτερη σε σχέση με αυτήν της σταθερής. Στον τομέα των κινητών επικοινωνιών δραστηριοποιούνταν (και δραστηριοποιούνται και σήμερα) πιο εύρωστοι πάροχοι, που επιδείκνυαν σημαντική κινητικότητα όσον αφορά στην ανάπτυξη νέων καινοτόμων προϊόντων, όπως, π.χ., τις σύγχρονες ευρυζωνικές υπηρεσίες HSDPA που είχαν τότε πρόσφατα ανακοινώσει. Ο ανταγωνισμός στην κινητή τηλεφωνία μεταξύ των τριών παικτών (COSMOTE, VODAFONE, TIM/WIND) λειτουργούσε καλύτερα, γιατί δεν είχαν το βασικό μειονέκτημα που είχαν οι σταθερές επικοινωνίες, αυτό της πλήρους εξάρτησής τους από το δίκτυο πρόσβασης του ΟΤΕ, καθόσον η κάθε μία είχε το δικό της ιδιωτικό δίκτυο.

Οι εκθέσεις του ΟΟΣΑ του 2005[309] ανέφεραν ότι η ελληνική αγορά κινητής τηλεφωνίας αντιπροσώπευε πάνω από το 50% της συνολικής αγοράς τηλεπικοινωνιών στη χώρα, κατατάσσοντάς την ανάμεσα στις πρώτες χώρες της Ε.Ε. Η υστέρηση της χώρας στη σταθερή τηλεφωνία αποδίδονταν από τους αναλυτές στην καθυστέρηση προώθησης νέων υπηρεσιών σταθερής τηλεφωνίας από τον ΟΤΕ και στην αργή διείσδυση της Ευρυζωνικότητας με υψηλή ταχύτητα σύνδεσης στο Διαδίκτυο.

Η πελατειακή βάση των εταιρειών κινητής τηλεφωνίας στο τέλος Ιουνίου 2005						
Εταιρείες	**Σύνολο**	**%**	**Συμβόλαια**	**%**	**Καρτοκινητή**	**%**
Cosmote	4.379.517	37,56	1.692.293	42,89	2.687.224	34,83
Vodafone	4.168.400	35,75	1.417.256	35,92	2.751.144	35,66
TIM	2.257.312	19,36	802.728	20,34	1.454.584	18,85
Q-Telecom	854.436	7,33	32.522	0.85	821.914	10,66
ΣΥΝΟΛΟ	**11.659.665**		**3.944.799**		**7.714.866**	

Επειδή όμως οι εταιρείες κινητής τηλεφωνίας ήταν (και είναι) μόνο τρεις, απαιτείτο από την ΕΕΤΤ να βρίσκεται σε συνεχή επαγρύπνηση για ενδεχόμενη εκ μέρους τους καταστρατήγηση των κανόνων του ανταγωνισμού, ώστε να παρεμβαίνει άμεσα και αποτελεσματικά. Ήδη στην πρώτη μας συνεδρίαση τον Αύγουστο 2005, η Ολομέλεια της ΕΕΤΤ επέβαλε πρόστιμο 1,5 εκατ. ευρώ στις τρείς εταιρείες κινητής τηλεφωνίας που αφορούσε στην υπηρεσία της φορητότητας, ενώ σε άλλη περίπτωση επέβαλε σε εταιρεία κινητής να αποζημιώσει τους συνδρομητές της για το περίπου 3ωρο «μπλάκ άουτ» κατά το οποίο είχε αδυναμία διεκπεραίωσης κλήσεων σε ορισμένες περιοχές της χώρας. Μερικούς μήνες αργότερα, όταν κρίναμε στην ΕΕΤΤ ότι οι ταυτόσημες αυξήσεις της τιμής των SMS που εφάρμοσαν και οι τρείς εταιρείες κινητής COSMOTE, TIM και VODAFONE αποτελούσαν εναρμονισμένη πρακτική και παράβαση του νόμου περί ελεύθερου ανταγωνισμού, επιβάλαμε τον Μάρτιο του 2006 πρόστιμο 1 εκατ. ευρώ σε καθεμιά τους[310],[311].

ΑΣΥΡΜΑΤΗ (ΣΤΑΘΕΡΗ ΚΑΙ ΚΙΝΗΤΗ) ΕΥΡΥΖΩΝΙΚΟΤΗΤΑ

α) Στόχοι και προβλήματα

Το όραμά μας όμως για τις ασύρματες επικοινωνίες εστιαζόταν κυρίως στην ανάπτυξη της κινητής Ευρυζωνικότητας που δεν υπήρχε ως τότε στην Ελλάδα.

Στην ομιλία μου σε Ημερίδα της ΕΕΤΤ στις 30/11/2006, δήλωνα ότι *«η κινητή Ευρυζωνικότητα είναι εδώ για να μείνει»* και συμπλήρωνα[312]:

> *«Είναι γνωστό ότι τα τελευταία χρόνια έχει παγκοσμίως συντελεστεί μια αλματώδης πρόοδος στα θέματα των ηλεκτρονικών επικοινωνιών, μεγάλο μέρος της οποίας αποτελεί η τεχνολογική εξέλιξη στον τομέα των ασύρματων υπηρεσιών. Εκτός από την επερχόμενη εισβολή των κινητών στην σταθερή τηλεφωνία (που η σύγκλιση των σταθερών και κινητών δικτύων θα επιτρέψει), πολλοί χρήστες κινητών τηλεφώνων θα είναι σύντομα σε θέση να εκμεταλλεύονται τις τεχνολογικές δυνατότητες για: (α) να διακινούν ψηφιακές πληροφορίες μέσω ευρυζωνικών δικτύων κινητής τηλεφωνίας (mobile broadband), (β) να παρακολουθούν τηλεόραση μέσω ασύρματης κινητής τεχνολογίας (mobile TV), και (γ) να απολαμβάνουν ασύρματη πρόσβαση στο ευρυζωνικό Διαδίκτυο και στις υπηρεσίες του. Άλλες λιγότερο γνωστές εφαρμογές επίσης θα ακολουθήσουν. Όλα αυτά θα αποτελέσουν αναπόσπαστο κομμάτι της καθημερινής μας ζωής όπου η εργασία μας, η πληροφόρηση, οι αναζητήσεις και η ψυχαγωγία μας θα είναι άρρηκτα συνδεδεμένες με (και εξαρτώμενες από) αυτές τις νέες τεχνολογίες.»*

Τον Ιανουάριο του 2007 η ΕΕΤΤ οργάνωσε μια (δεύτερη) ειδική Ημερίδα στη Θεσσαλονίκη, με σκοπό να ενημερώσουμε και την Περιφέρεια για θέματα κεραιών, κινητής τηλεφωνίας και ασύρματης Ευρυζωνικότητας, θέματα πολύ επίκαιρα καθόσον όλοι μας ήδη από τότε χρησιμοποιούσαμε ένα ή και περισσότερα κινητά τηλέφωνα (είτε για προσωπικούς είτε για επαγγελματικούς λόγους), αλλά και διότι τα θέματα αυτά θα γινόταν ολοένα πιο σημαντικά στο μέλλον με τη εμφάνιση των φορητών υπολογιστών (laptops), των tablets, των smart phones και άλλων συσκευών που θα απαιτούσαν κινητή

Ευρυζωνικότητα. Ο τίτλος της ομιλίας μου ήταν: *«Το μέλλον φέρνει την (ασύρματη) κινητή διασυνδεσιμότητα»[313]*.

β) Πρόοδος στην κινητή Ευρυζωνικότητα

Στην περίοδο 2005-2009 η κινητή τηλεφωνία συνέχισε να παρουσιάζει σημαντική ανάπτυξη στη χώρα μας, φτάνοντας στο τέλος του 2008 τους 13.8 εκατομμύρια ενεργούς συνδρομητές (διείσδυση στον πληθυσμό 123%).

Παράλληλα, ξεκίνησε και η ουσιαστική ανάπτυξη *των κινητών τηλεπικοινωνιών τρίτης γενιάς για πρόσβαση στο Διαδίκτυο* που στο τέλος του 2008 υπερέβησαν τους 1,6 εκατομμύριο ενεργούς συνδρομητές. Οι συνδρομητές που χρησιμοποιούσαν τις υπηρεσίες τρίτης γενιάς για πρόσβαση στο Διαδίκτυο μέσω φορητού υπολογιστή ή ταμπλέτας και απολάμβαναν με τον τρόπο αυτόν τα αγαθά της κινητής Ευρυζωνικότητας όπου και αν βρίσκονταν, ανήλθαν στο τέλος του 2008 στους 180.000.

ΔΡΑΣΕΙΣ ΤΗΣ ΕΕΤΤ ΓΙΑ ΤΗΝ ΑΣΥΡΜΑΤΗ ΕΥΡΥΖΩΝΙΚΟΤΗΤΑ

α) Μείωση τιμών στην κινητή τηλεφωνία

Πολλές φορές η ΕΕΤΤ έπαιρνε πρωτοβουλίες με στόχο την μείωση των τιμών στην κινητή επικοινωνία που θα προωθούσε περαιτέρω την ανάπτυξη της κινητής Ευρυζωνικότητας και που – όπως έγραφε ο Τύπος – *«γινόταν δεκτές από τον Έλληνα καταναλωτή «σχεδόν με αγαλλίαση»[314]*.

Επειδή το κινητό τηλέφωνο είχε πλέον γίνει είδος πρώτης ανάγκης για τον Έλληνα, μας προβλημάτιζε συνεχώς το γεγονός ότι παρά την ύπαρξη τριών εταιρειών κινητής τηλεφωνίας που ανταγωνίζονταν μεταξύ τους σχεδόν επί ίσοις όροις, εν τούτοις οι λιανικές τους τιμές ήταν μέχρι το 2008 υψηλότερες σε σχέση με την υπόλοιπη Ευρώπη. Βέβαια, επειδή η ΕΕΤΤ λειτουργεί μέσα σε συγκεκριμένο ευρωπαϊκό κανονιστικό πλαίσιο, δεν της επιτρεπόταν να παρέμβει ρυθμιστικά σε αγορές που θεωρούντο ανταγωνιστικές, όπως ήταν η λιανική αγορά της κινητής τηλεφωνίας (καθόσον δεν υπήρχε κάποιος παίκτης που να έχει – σε σύγκριση με τους υπόλοιπους - ιδιαίτερα «δεσπόζουσα θέση» στην αντίστοιχη αγορά) για να τους αναγκάσει να μειώσουν τις λιανικές τους τιμές.

Για τον λόγο αυτό κινούμασταν σε έναν έμμεσο άξονα: προσπαθούσαμε να προκαλέσουμε μειώσεις στις λιανικές τιμές επιβάλλοντας μειώσεις *«στα τέλη τερματισμού»* σε δίκτυα κινητής τηλεφωνίας. Το «τέλος τερματισμού» σε κινητά δίκτυα είναι η χονδρική τιμή που πληρώνει ένας πάροχος κινητής ή σταθερής τηλεφωνίας σε έναν πάροχο κινητής τηλεφωνίας για τον τερματισμό κλήσεων στους συνδρομητές του δευτέρου. Μειώνοντας τα τέλη τερματισμού, μειώνονται και οι λιανικές τιμές των κινητών. Ήδη με παρεμβάσεις της ΕΕΤΤ, τα τέλη τερματισμού είχαν μειωθεί τα δυο πρώτα χρόνια της θητείας μας κατά περίπου 30%, ενώ με απόφαση μας το 2008 είχαμε ορίσει ένα glide path μέσα από το οποίο τα τέλη τερματισμού θα μειώνονταν σταδιακά με στόχο στις αρχές του 2011 να συγκλίνουν με τον μέσο όρο των χωρών της Ε.Ε. (δηλαδή μείωση κατά επιπλέον 52% μέσα στα επόμενα 2,5 χρόνια).

Βέβαια, το πώς τιμολογεί ένας πάροχος τις κλήσεις με βάση το δίκτυο στο οποίο τερματίζουν, ήταν μία εμπορική απόφαση του παρόχου, την οποία δεν μπορούσαμε να προκαταλάβουμε. Εκείνη την εποχή παρατηρούσαμε τα εξής: οι τιμοκατάλογοι των κλήσεων *προς σταθερά* ήταν κατά κανόνα ενιαίοι και ανεξάρτητοι του δικτύου τερματισμού. Υπήρχαν ωστόσο περιπτώσεις που πακέτα δωρεάν κλήσεων περιορίζονταν μόνο στις κλήσεις εντός του δικτύου του παρόχου. Στην *κινητή τηλεφωνία* από την άλλη πλευρά, παρατηρείτο ορισμένες φορές το αντίστροφο φαινόμενο. Δηλαδή οι δωρεάν κλήσεις να παρέχονται κατά κανόνα ανεξάρτητα δικτύου. Οι χρεώσεις όμως των (μη δωρεάν) κλήσεων *προς κινητά* μπορούσε σε κάποιους παρόχους να ήταν χαμηλότερες για κλήσεις εντός δικτύου. Άλλοι πάλι πάροχοι κινητής τηλεφωνίας διατηρούσαν την εποχή εκείνη ενιαίο τιμοκατάλογο για (μη δωρεάν) κλήσεις, ανεξάρτητα του δικτύου τερματισμού.

Ωστόσο τα παραπάνω δεν ήταν τόσο σημαντικά. Ο κάθε πάροχος σταθερής ή κινητής τηλεφωνίας διαμόρφωνε τα πακέτα του με τον τρόπο που θεωρούσε ότι θα συμβάλει στην αύξηση της συνδρομητικής του βάσης χωρίς να θέσει σε κίνδυνο την βιωσιμότητα του. Το σημαντικό ήταν ότι οι πάροχοι σταθερής τηλεφωνίας σύντομα απέκτησαν κατά τη διάρκεια της θητεία μας τη δυνατότητα - χάρη στην ουσιαστική αποδεσμοποίηση από την ΕΕΤΤ του τοπικού βρόχου - να δημιουργούν πακέτα ιδιαίτερα ελκυστικά για τον καταναλωτή, δημιουργώντας ανταγωνισμό όχι μόνο στο επίπεδο των υπηρεσιών τηλεφωνίας αλλά και στο επίπεδο της Ευρυζωνικότητας, δηλαδή νέων υπηρεσιών πρόσβασης στο Διαδίκτυο μέσω του δημόσιου τηλεφωνικού δικτύου.

Αμέσως με τη ψήφιση του νέου Νόμου 3431 τον Φεβρουάριο 2006, η ΕΕΤΤ προέβη στην «ανάλυση» της Αγοράς 16 (Αγορά Τερματισμού Κλήσεων σε Κινητά Δίκτυα), μετά την ολοκλήρωση της οποίας προέβη στην έκδοση τροποποιημένου Σχεδίου Μέτρων το οποίο και κοινοποίησε στην Ευρωπαϊκή Επιτροπή στις 27/4/2006, ενώ το έθετε για ένα μήνα σε εθνική δημόσια διαβούλευση. Σύμφωνα με το σχέδιο, ως πάροχοι με ΣΙΑ στην σχετική αγορά ορίζονταν οι εταιρείες COSMOTE, VODAFONE και TIM/Q-TELECOM (η Q-TELECOM είχε πλέον εξαγοραστεί από την TIM).

Οι προτεινόμενες από την ΕΕΤΤ ρυθμιστικές υποχρεώσεις για τους ανωτέρω παρόχους κινητής τηλεφωνίας ήταν (όπως και στη σταθερή τηλεφωνία, στην οποία εταιρεία με ΣΙΑ ήταν μόνον ο ΟΤΕ):

1) τιμολόγηση με βάση το κόστος,
2) παροχή Διασύνδεσης και Πρόσβασης,
3) δημοσίευση Προσφοράς Αναφοράς και
4) αποφυγή συμπεριφορών διακριτικής μεταχείρισης.

Προτείναμε δε ότι η σύγκλιση των τελών τερματισμού με το κόστος τερματισμού κλήσεων να γίνει σε διάστημα 12 μηνών.

Με το συνεχές glide path που θεσπίσαμε, οι τιμές των τελών τερματισμού της χώρας μας πράγματι συνέκλιναν σταδιακά με τον μέσο όρο των τιμών στις υπόλοιπες Ευρωπαϊκές χώρες (όπως δείχνει και το παρακάτω Σχ. 10.1), για δε το διάστημα 2008 μέχρι 2015, σύμφωνα με την ΕΕΚΤ (Ένωση Εταιρειών Κινητής Τηλεφωνίας), η μέση χρέωση ανά λεπτό στην κινητή τηλεφωνία υποχώρησε κατά 67% και *από το 2012 και μετά ήταν χαμηλότερη από εκείνη του μέσου όρου της Ευρώπης[315].*

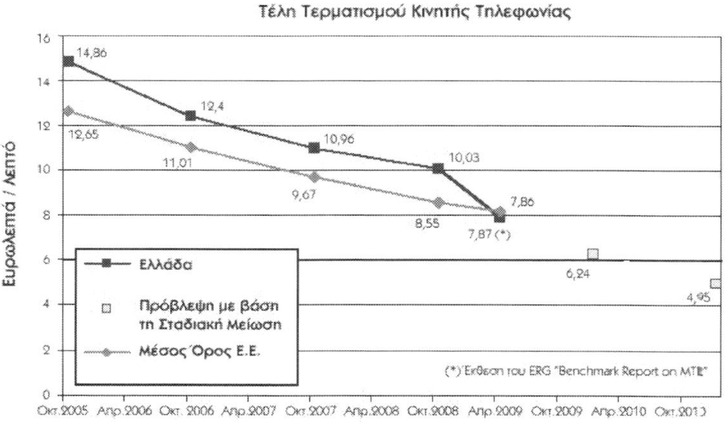

Σχ. 10.1: Τέλη τερματισμού κινητής τηλεφωνίας 2005-2009

Και ξαφνικά, στο μέσο όλης αυτής της προσπάθειάς μας τους πρώτους μήνες της τετραετίας, ο τότε Ευρωβουλευτής κ. Κ. Χατζηδάκης υπέβαλε στις Βρυξέλλες ερώτηση προς την Κομισιόν σχετικά με τα τέλη τερματισμού στην κινητή τηλεφωνία στην Ελλάδα, εξέδωσε σχετική ανακοίνωση στις 22/3/2006, έστειλε επιστολές για δημοσίευση στον ελληνικό Τύπο και σε ραδιοφωνική του συνέντευξη στο ΣΚΑΙ στις 26/7/2006 περίπου συμφωνούσε ότι η ΕΕΤΤ «είναι συνέταιρος των κινητών εταιρειών» (!), και υπονοούσε ότι η ρυθμιστική αρχή δεν επιτελεί το έργο της, ότι η προσπάθεια που κάνει είναι πολύ μικρότερη απ' αυτήν που θα έπρεπε και ότι καθυστερεί να μειώσει τα τέλη τερματισμού. Αυτό ανάγκασε την ΕΕΤΤ να εκδώσει δύο δελτία τύπου[316],[317], καταρρίπτοντας τα σχόλια του ευρωβουλευτή ως «αβάσιμα και αδικαιολόγητα απαξιωτικά», καθόσον:

1) η ΕΕΤΤ δεν επιτρεπόταν να προχωρήσει στη μείωση των τελών τερματισμού πριν την ψήφιση από την Κυβέρνηση του νέου Νόμου για τις Η.Ε. που τελικά ψηφίστηκε τον Φεβρουάριο του 2006. (Μήπως ήταν και αυτός άλλος ένας λόγος που η ψήφιση του νέου νόμου για τις Η.Ε. είχε καθυστερήσει τόσο πολύ από την Κυβέρνηση στην οποία συμμετείχε και ο κ. Χατζηδάκης;) και
2) δεν είχε ενημερωθεί ότι, αμέσως μετά τη ψήφιση του νόμου, η ΕΕΤΤ είχε ήδη από τις 27/4/2006 προσαρμόσει[318] τα τέλη τερματισμού, ότι είχε ήδη πλήρως υιοθετήσει βραχύτερη περίοδο του glide path (σύμφωνα με την οποία η σταδιακή μείωση των τελών τερματισμού θα είχε ολοκληρωθεί μέχρι τον Ιούνιο του 2007) και είχε απαγορεύσει την ελάχιστη περίοδο χρέωσης των 30 δευτερολέπτων.

Τα κυριότερα σημεία των δελτίων της τύπου ήταν:

«Με αφορμή την πρόσφατη αρθρογραφία στον Τύπο, συμπεριλαμβανομένης της από 22/3/2006 Ανακοίνωσης του Ευρωβουλευτή κ. Κ. Χατζηδάκη, η ΕΕΤΤ διευκρινίζει τα εξής:

> *1) Η ΕΕΤΤ εκτελεί το έργο της δίχως να χρειάζεται να αναμένει την «άμεση» παρέμβαση της Ευρωπαϊκής Επιτροπής ή οποιουδήποτε άλλου φορέα.*
> *2) Είναι παντελώς αναληθές ότι η Κα Επίτροπος χαρακτήρισε τα σχετικά μέτρα που έλαβε η ΕΕΤΤ ως δήθεν "ανεπαρκή και χρονοβόρα". Οι χαρακτηρισμοί αυτοί αποτελούν προσωπικές κρίσεις του ερωτήσαντος Ευρωβουλευτή.*
> *3) Η νέα Διοίκηση της ΕΕΤΤ που ανέλαβε τον Αύγουστο του 2005, είχε θέσει σε πρώτη προτεραιότητα την επίλυση του θέματος των τελών τερματισμού. Σύμφωνα όμως με επιστολή της Ε.Ε, η διαδικασία ρύθμισης της εν λόγω αγοράς δεν μπορούσε να γίνει πριν τη ψήφιση από την Κυβέρνηση του νέου Νόμου για τις Η.Ε., που τελικά ψηφίστηκε τον Φεβρουάριο του 2006.*
> *4) Η ΕΕΤΤ με πρόσφατη Απόφαση της επέβαλε πρόστιμα 3.000.000 ευρώ στις τρείς εταιρείες κινητής τηλεφωνίας για την αύξηση των τιμολογίων SMS καθόσον το δίκαιο του ανταγωνισμού απαγορεύει ρητά οποιαδήποτε εναρμονισμένη τιμολογιακή πρακτική.*
> *5) Με νεώτερες αποφάσεις της (στις 7/3/2006 και 14/4/2006) η ΕΕΤΤ όρισε και τις τρείς μεγαλύτερες εταιρείες κινητής τηλεφωνίας*

ως έχουσες ΣΙΑ και τους επέβαλε, μεταξύ άλλων, υποχρέωση κοστοστρέφειας για τις δύο και εύλογης τιμολόγησης για την τρίτη ως προς τα τέλη διασύνδεσης στο δίκτυό τους. Αυτές ουδέποτε ανταποκρίθηκαν.

6) Επισημαίνεται ότι, ανεξαρτήτως της ήδη δρομολογημένης διαδικασίας μειώσεων προς την κοστοστρέφεια, τα σημερινά τέλη τερματισμού των δικτύων κινητής τηλεφωνίας βρίσκονται πλέον πολύ κοντά στον μέσο όρο των χωρών της Ε.Ε.

7) Πρόθεση της νέας Διοίκησης της ΕΕΤΤ είναι να ολοκληρώσει όλες τις σχετικές διαδικασίες το συντομότερο δυνατόν ώστε να εξασφαλιστεί ένα σαφές και προβλέψιμο πλαίσιο λειτουργίας, που θα εξασφαλίσει τη βιωσιμότητα των επιχειρήσεων, την ενθάρρυνση νέων επενδύσεων και την προστασία των συμφερόντων των καταναλωτών. Η ΕΕΤΤ μάλιστα εκτελεί το έργο της δίχως να χρειάζεται να αναμένει την «άμεση» παρέμβαση της Ευρωπαϊκής Επιτροπής ή οποιουδήποτε άλλου φορέα»

Τέλος, επικοινώνησα μαζί του και τον κάλεσα την επόμενη φορά που θα βρίσκεται στην Αθήνα να επισκεφτεί τα γραφεία της ΕΕΤΤ για να του εξηγήσω από κοντά πως λειτουργούμε στην ΕΕΤΤ και τι μέτρα λαμβάνουμε. Όπερ και εγένετο.

Βέβαια στα επόμενα χρόνια, όταν έγινε υπουργός, τόσο αυτός όσο και η Κομισιόν εκθείαζαν το έργο της ΕΕΤΤ.

β) Η ΕΕΤΤ απελευθερώνει το Wi-Fi

Σύμφωνα και με την εμπειρία άλλων χωρών, θεωρούσαμε στην ΕΕΤΤ ότι η αποτελεσματική χρήση του φάσματος θα μπορούσε να συνεισφέρει σημαντικά στην αύξηση του ΑΕΠ της Χώρας.

Η ΕΕΤΤ παρακολουθούσε στενά τις τεχνολογικές εξελίξεις και προσπαθούσε να εξασφαλίσει τη βέλτιστη χρησιμοποίηση του φάσματος. Βασική μας στρατηγική ήταν η προώθηση νέων τεχνολογιών, ιδιαίτερα αυτών που συνέβαλαν στη διάδοση της ασύρματης Ευρυζωνικότητας. Δύο τέτοιες τεχνολογίες ήταν αυτές του Wi-Fi και του WiMax. Η ασύρματη Ευρυζωνικότητα - στα αρχικά τουλάχιστον στάδια – θα λειτουργούσε συμπληρωματικά ως προς την ενσύρματη, παρέχοντας τη δυνατότητα κινητικότητας (παρ' όλες τις δυσχέρειες που δημιουργούσαν οι αντιδράσεις του κοινού και των δημοτικών αρχών στην εγκατάσταση κεραιοσυστημάτων).

Εκείνο το διάστημα εξελίσσονταν μια κοσμογονία στις ΗΠΑ και στην Ευρώπη καθώς η τεχνολογία Wi-Fi επέτρεπε τη μαζική ασύρματη πρόσβαση τοπικών κοινωνιών στο Internet. Οι τοπικές αρχές, αλλά πλέον και ιδιώτες (π.χ. οι προσφορές για πλήρη κάλυψη από την Earthling/Google στη Philadelphia και στη μητροπολιτική περιοχή του San Francisco, η FON στην Ισπανία, κ.λπ.), προωθούσαν επιχειρηματικές δράσεις για ασύρματη κάλυψη ευρύτερων περιφερειών, με καινοτόμα επιχειρηματικά μοντέλα που έφταναν ως και τη δωρεάν παροχή πρόσβασης στο Διαδίκτυο από τον χρήστη (disruptive business models).

Τον Μάιο του 2006 η ΕΕΤΤ αποφάσισε να προχωρήσει στην πλήρη απελευθέρωση των ζωνών συχνοτήτων 2,4 και 5,4 GHz, εξαιρώντας τις εξωτερικές κεραίες που χρησιμοποιούνται για την εγκατάσταση ασύρματων δικτύων τύπου WLAN και Wi-Fi από την υποχρέωση αδειοδότησης τους. Οι μικρές αυτές κεραίες εξυπηρετούν κατά κύριο λόγο ασύρματα τοπικά δίκτυα υπολογιστών – γνωστά ως wireless hotspots – που παρέχουν τη δυνατότητα οι μετακινούμενοι χρήστες ηλεκτρονικών υπολογιστών και smart τηλεφώνων να συνδέονται ασύρματα και με ιδιαίτερα εύκολο τρόπο στο Διαδίκτυο. Μέχρι τότε η Ελλάδα ήταν από τις ελάχιστες χώρες στην Ε.Ε. που απαιτούσε ειδική άδεια για την παροχή τέτοιου είδους υπηρεσιών.

Αυτό διευκόλυνε σημαντικά τους φορείς και τις επιχειρήσεις που επιθυμούσαν να παρέχουν γρήγορες ασύρματες συνδέσεις Διαδικτύου χωρίς χρονοβόρες διαδικασίες και ενίσχυσε περαιτέρω την εξάπλωση των συγκεκριμένων δικτύων και της ευρυζωνικής πρόσβασης στο Διαδίκτυο. Η απόφαση της ΕΕΤΤ συνέβαλε με έναν επιπρόσθετο τρόπο στην προώθηση της ασύρματης Ευρυζωνικότητας και στην ανάπτυξη νέων καινοτόμων υπηρεσιών (πχ. προσφορά ασύρματου ραδιοτηλεοπτικού περιεχομένου μέσω του Διαδικτύου). Ευχόμασταν δε να αναληφθούν καινοτόμες πρωτοβουλίες (από τις εταιρείες ή/και την Πολιτεία) ανάλογες αυτών που βλέπαμε σε άλλα ανεπτυγμένα κράτη για την περαιτέρω εξάπλωση των ασύρματων δικτύων Wi-Fi στη χώρα μας.

Δεδομένου ότι τα δίκτυα Wi-Fi λειτουργούσαν πλέον σε ελεύθερες ζώνες συχνοτήτων (στις οποίες δεν απαιτούντο τέλη χρήσης φάσματος) και το κόστος ανάπτυξης τους ήταν χαμηλό, πολύ σύντομα άρχισαν αυτά να κάνουν έντονη την παρουσία τους στην ελληνική αγορά και να προσφέρουν μια εναλλακτική και οικονομικά συμφέρουσα λύση ευρυζωνικής πρόσβασης στο Διαδίκτυο. (Εφτά χρόνια αργότερα, τον Νοέμβριο 2013 ο τότε πρωθυπουργός κ. Α. Σαμαράς υποσχέθηκε την εγκατάσταση μέσα σε ένα χρόνο ενός δωρεάν «πανελλαδικού Wi-Fi» με τη δημιουργία περίπου 4000 "hotspots" σε όλους τους δήμους της χώρας. Φτάσαμε στα τέλη του 2015 και ακόμα να το δούμε!).

γ) Η ΕΕΤΤ αδειοδοτεί το WiMax

Μια από τις προκλήσεις που αντιμετωπίζαμε την εποχή εκείνη ήταν η ανάπτυξη ασύρματων υποδομών και στην Περιφέρεια, χωρίς όμως την επιβολή δυσβάστακτων υποχρεώσεων που θα αποτελούσαν τροχοπέδη για τους επενδυτές. Μια τεχνολογία που εμφάνιζε τότε ενθαρρυντικές προϋποθέσεις για τον σκοπό αυτόν, ήταν τα ασύρματα δίκτυα WiMax που προσέφεραν αρκετά υψηλές για την εποχή ευρυζωνικές ταχύτητες. (Θυμίζουμε ότι τότε στην Ελλάδα η αντιπροσωπευτική ενσύρματη ευρυζωνική ταχύτητα το 2006 ήταν μικρότερη των 500 Kbps).

Στο κεφάλαιο αυτό χρησιμοποιώ των όρο «WiMax» *[319]* για χάριν συντομίας, γιατί θα πρέπει να καταστήσω σαφές ότι, στα πλαίσια του ευρωπαϊκού ρυθμιστικού πλαισίου, η ΕΕΤΤ προκρίνει ανταγωνισμό όχι μόνον των εταιρειών αλλά και των τεχνολογιών, ώστε να κυριαρχήσουν και να επιβιώσουν οι πλέον αποτελεσματικές. Δεν επιλέγεται δηλαδή από τον Ρυθμιστή κάποια συγκεκριμένη ασύρματη τεχνολογία, αλλά ο ρόλος της επιλογής αφήνεται στην αγορά. Αυτό ονομάζεται «τεχνολογική ουδετερότητα» (technological neutrality).

Στα τέλη του 2005 λοιπόν η ΕΕΤΤ ανακοινώνει ότι θα προχωρήσει στη χορήγηση προσωρινών αδειών δοκιμής χρήσης φάσματος ραδιοσυχνοτήτων στα 3,5 GHz για τη λειτουργία ασύρματων δικτύων «τύπου WiMax», κατόπιν σχετικών αιτημάτων των τηλεπικοινωνιακών μας εταιρειών*[320]*. Οι άδειες δοκιμών θα άρχιζαν τον Φεβρουάριο του 2006 και θα ήταν διάρκειας 3 μηνών. Σχεδόν το σύνολο των ελληνικών τηλεπικοινωνιακών παρόχων είχε δείξει έντονο ενδιαφέρον για την εκμετάλλευση των δυνατοτήτων του WiMax, (Οι ενδιαφερόμενες εταιρείες που υπέβαλλαν τεχνικούς φακέλους στην ΕΕΤΤ ανήλθαν στις 29!).

Ενώ με τη «σταθερή» εκδοχή του δικτύου (μέσω του πρωτοκόλλου 802.16.2004) ο χρήστης δεν θα μπορούσε να μετακινείται κατά τη σύνδεσή του στο Διαδίκτυο, με την επερχόμενη τότε «κινητή» έκδοση του WiMax (μέσω του νέου πρωτοκόλλου 802.16e) ο χρήστης θα μπορούσε να έχει και κινητή σύνδεση στο Διαδίκτυο παρόμοια μ' αυτήν της κινητής τηλεφωνίας.

Μέσα σε σύντομο χρονικό διάστημα και ενώ είκοσι και πλέον (20+) πάροχοι βρίσκονταν ήδη στο δεύτερο μήνα πιλοτικής χρήσης, η ΕΕΤΤ ολοκλήρωνε την σχετική διαβούλευση και προχωρούσε στην διαγωνιστική διαδικασία για την εναπομείνασα 4η άδεια Σταθερής Ασύρματης ευρυζωνικής Πρόσβασης (ΣΑΠ) WiMax. Οι άλλες τρείς ειδικές άδειες ΣΑΠ, στην ίδια φασματική περιοχή των 3,5 GHz, είχαν χορηγηθεί τον Ιανουάριο του 2001, χωρίς – όπως όριζε ο νόμος - να ορίζεται συγκεκριμένη τεχνολογία. Η νέα άδεια θα είχε διάρκεια 10 ετών, ο δε ανάδοχος θα είχε συγκεκριμένες υποχρεώσεις κάλυψης, γεωγραφικής και πληθυσμιακής.

Στις 21 Ιουλίου του 2006 έληξε η προθεσμία κατάθεσης στην ΕΕΤΤ των φακέλων αιτήσεων συμμετοχής στη Δημοπρασία για τη χορήγηση της άδειας WiMax. Υπέβαλαν φακέλους οι κάτωθι εταιρίες*[321]*: TELLAS, VODAFONE, HELLAS ON LINE, FORTHNET, ΔΙΕΘΝΗΣ ΑΕΡΟΛΙΜΕΝΑΣ ΑΘΗΝΩΝ Α.Ε. – ΕΛΕΥΘΕΡΙΟΣ ΒΕΝΙΖΕΛΟΣ, COSMOTELCO (COSMOLINE) και CLEARWIRE EUROPE.

Τελικά, ανάδοχος της άδειας ΣΑΠ στη ζώνη των 3,5 GHz (στο τμήμα 3459-3473 & 3559-3573) ανακηρύχτηκε η COSMOTELCO (COSMOLINE) με εκπλειστηρίασμα στα 20.475.000 ευρώ (ενώ η τιμή εκκίνησης ήταν 1.650.000 ευρώ!). Ο ανάδοχος ήταν υποχρεωμένος να αναπτύξει την αναγκαία υποδομή για την παροχή ευρυζωνικών υπηρεσιών τουλάχιστον στο 20% του πληθυσμού σε επτά γεωγραφικές ζώνες της χώρας. εντός 4 ετών από τη χορήγηση του δικαιώματος. Εάν δεν είχαν πληρωθεί οι όροι που περιλαμβάνονταν στην άδεια, τότε θα επιβάλλονταν οι νόμιμες κυρώσεις που μπορούσαν να φτάσουν και μέχρι ανάκληση της άδειας. Ο νέος νόμος επέτρεπε επίσης και τη δυνατότητα μεταβίβασης της άδειας με ευέλικτες διαδικασίες.

δ) Χρήση του φάσματος των 900 MHz για ανάπτυξη δικτύων UMTS

Εκείνη την εποχή (2007-08), διάφορες εταιρείες κινητής τηλεφωνίας σε άλλες χώρες είχαν εκφράσει το ενδιαφέρον να αξιοποιήσουν μέρος του φάσματος των 900 MHz για την ανάπτυξη δικτύων UMTS. Μάλιστα λίγους μήνες πριν, είχε αρχίσει να λειτουργεί στη Φινλανδία ένα δίκτυο 3G σε αυτή τη συχνότητα.

Τα πλεονεκτήματα της χρήσης των 900 MHz στα δίκτυα UMTS περιλαμβάνουν: (α) τη μείωση το κόστους, (β) την ανάπτυξη της κινητής Ευρυζωνικότητας στις αραιοκατοικημένες περιοχές της Περιφέρειας και (γ) τη βελτίωση του σήματος εντός των κτιρίων. Βασική προϋπόθεση επιτυχίας θα ήταν η γρήγορη και ευρεία μετάβαση των συνδρομητών, των κινητών συσκευών και της τηλεφωνικής κίνησης (του traffic φωνής) στα δίκτυα UMTS.

Μέχρι τότε ήταν ακόμα σε εφαρμογή η Οδηγία της Ε.Ε. 87/372/E.EC, γνωστή ως «Οδηγία για την ανάπτυξη της GSM τεχνολογίας» («GSM Οδηγία»), σύμφωνα με την οποία η ζώνη συχνοτήτων των 900 MHz είχε αποδοθεί για την ανάπτυξη συστημάτων κινητής τηλεφωνίας 2ης Γενιάς, με βάση το πρότυπο GSM του Ευρωπαϊκού Οργανισμού Προτυποποίησης (ETSI). Έτσι, όπως και στις άλλες χώρες της Ε.Ε., σύμφωνα με τα τότε υφιστάμενα δικαιώματα χρήσης ραδιοσυχνοτήτων που είχε εκδώσει η ΕΕΤΤ, το φάσμα των 900 MHz επιτρεπόταν να χρησιμοποιείται από τους κατόχους μόνο για την ανάπτυξη δικτύων GSM. Αυτό σήμαινε ότι πριν το χρησιμοποιήσει για UMTS, θα έπρεπε ο πάροχος να πάρει την άδεια του Ρυθμιστή.

Στα πλαίσια όμως της γενικότερης τάσης που διαμορφώνονταν σε όλη την Ευρώπη για χρήση του φάσματος των 900 MHz και για τα νέα δίκτυα UMTS, μάς είχε ήδη εκφραστεί ενδιαφέρον προς αυτήν την κατεύθυνση από μια ελληνική εταιρεία κινητής τηλεφωνίας. Τα σχετικά ερωτήματα που είχαν τεθεί στην ΕΕΤΤ ήταν: (α) αν έχει εκδηλωθεί σχετικό ενδιαφέρον από κάποια ελληνική εταιρεία κινητής, (β) σε περίπτωση που συνέβαινε αυτό, αν η ΕΕΤΤ θα έδινε το πράσινο φως και (γ) αν ναι, αν θα ζητούσε κάποιο αντάλλαγμα, όπως για παράδειγμα την επιστροφή μέρους του υπέρογκου φάσματος που διέθεταν τότε συγκεκριμένοι ελληνικοί πάροχοι κινητής.

Προβλέποντας την ανάγκη, η Ευρωπαϊκή Επιτροπή είχε ετοιμάσει - και βρισκόταν στο τελικό στάδιο έγκρισης από το Ευρωπαϊκό Συμβούλιο - μία νέα Οδηγία σύμφωνα με την οποία ανακαλείτο η ισχύς της παραπάνω «GSM Οδηγίας». Με την υιοθέτηση της νέας αυτής Οδηγίας θα επιτρεπόταν η χρήση και άλλων πανευρωπαϊκών υπηρεσιών ηλεκτρονικών επικοινωνιών πέραν της υπηρεσίας GSM, συμπεριλαμβανομένων και των υπηρεσών κινητής τηλεφωνίας 3ης Γενιάς (με δίκτυα UMTS). Σε αναμονή, λοιπόν, της έκδοσης αυτής της νέας Οδηγίας, και επειδή πιστεύαμε ότι θα υπήρχε σχετικό ενδιαφέρον και από τις άλλες εταιρείες κινητής τηλεφωνίας, η ΕΕΤΤ προετοίμασε τις διαδικασίες και ενέργειες που θα απαιτούντο για την αδειοδότηση, λαμβάνοντας υπόψη τις γενικότερες ανάγκες της ελληνικής αγοράς.

Επίσης εξετάσαμε την απελευθέρωση ακόμα περισσότερου φάσματος σ' άλλες περιοχές, πάντα με οδηγό τη βέλτιστη διαχείριση και αποτελεσματική χρήση του σπάνιου εθνικού πόρου των ραδιοσυχνοτήτων σε εθνική βάση και εφαρμόζοντας την αρχή του «use-it or loose-it». Μια τέτοια περιοχή ραδιοφάσματος ήταν αυτή των «λευκών διαστημάτων» (white spaces), που θα μπορούσαν να χρησιμοποιηθούν για νέα ευέλικτη, φθηνή και γρήγορη ασύρματη μορφή πρόσβασης στο Διαδίκτυο.

ΚΕΡΑΙΕΣ ΑΣΥΡΜΑΤΗΣ ΕΠΙΚΟΙΝΩΝΙΑΣ

Ειδικότερα σε ότι αφορά στο θέμα των κεραιών κινητής τηλεφωνίας (για τις οποίες υπήρχε μεγάλη αντίδραση από το κοινό), είναι χρήσιμο να αναφέρουμε ότι ο νέος τηλεπικοινωνιακός νόμος του 2006 θέσπιζε ακόμη πιο αυστηρά όρια για τις εταιρείες κινητής τηλεφωνίας: περιόριζε κατά 30% τα όρια εκπομπής των κεραιών ασύρματης τηλεφωνίας και όριζε ότι σε ελάχιστη απόσταση 300 μέτρων από χώρους συγκέντρωσης ευπαθών ομάδων (όπως σχολεία, βρεφονηπιακοί σταθμοί και νοσοκομεία) τα όρια εκπομπής των κεραιών θα μειώνονταν περισσότερο και θα περιορίζονταν στο 60% εκείνων που ίσχυαν τότε παγκοσμίως. Άλλες του σχετικές διατάξεις για την αδειοδότηση κεραιών θέσπιζαν ως αναγκαία την ύπαρξη περιβαλλοντολογικής μελέτης, όριζαν την ΕΑΑΕ (Εθνική Επιτροπή Ατομικής Ενέργειας) ως υπεύθυνη για τον έλεγχο τήρησης των ορίων ασφαλείας, κ.λπ. Οι αντιδράσεις των εταιρειών κινητής τηλεφωνίας ήταν οξύτατες και ανέφεραν ότι οι νέοι κανόνες εξυπηρετούσαν μόνο πολιτικούς λόγους και σκοπιμότητες.

Τα δύο κυριότερα θέματα που μας είχαν απασχολήσει σχετικά με τις κεραίες ήταν: (α) η δυσκολία αδειοδότησης και εγκατάστασης των κεραιοσυστημάτων και (β) η αντίδραση και ανησυχία του κοινού για την (όπως ισχυριζόταν) επιβλαβή τους ακτινοβολία. Την ίδια στιγμή, οι εταιρείες κινητής τηλεφωνίες διαμαρτύρονταν ότι αδυνατούσαν να προχωρήσουν τις επενδύσεις τους, ιδιαίτερα αυτές για τα δίκτυα τρίτης γενιάς, τη στιγμή που εμποδίζονται στην τοποθέτηση κεραιών λόγω της ουσιαστικής παύσης έκδοσης αδειών.

Ενώ όμως από την μια μεριά αντιδρούμε γενικά ως κοινωνία για τις κεραίες, από την άλλη πλευρά στο σύνολό μας ως καταναλωτές έχουμε αυξήσει σημαντικά τη ζήτηση, όπως χαρακτηριστικά μπορεί να διαπιστώσει κανείς από την ευρεία χρήση του κινητού τηλεφώνου. Αυτή η αυξημένη όμως ζήτηση μπορεί να ικανοποιηθεί μόνο με την προσθήκη νέων κεραιών. Καθώς νέες κεραίες δεν αδειοδοτούνταν έγκαιρα, οι τηλεπικοινωνιακοί πάροχοι αρκετές φορές προχωρούσαν στην αυθαίρετη και παράνομη εγκατάστασή τους.

α) Οφέλη

Η οποιαδήποτε δυσχέρεια στην αδειοδότηση δρα ανασταλτικά σε νέες επιχειρηματικές προσπάθειες για ανάπτυξη δικτύων που βασίζονται σε νέες τεχνολογίες, ενώ ταυτόχρονα ανεβάζει και το κόστος των ασύρματων ηλεκτρονικών επικοινωνιών. Είχε διαπιστωθεί ότι, εξαιτίας των μέχρι τότε δυσχερειών στην αδειοδότηση κεραιών στη χώρα μας, νέοι ή και καθιερωμένοι πάροχοι δίσταζαν ή αρνούνταν να επενδύσουν έγκαιρα στην ανάπτυξη νέων δικτύων, παρόλο που είχαν πληρώσει και λάβει τις αντίστοιχες άδειες για χρήση φάσματος. Σε κάποιες περιπτώσεις, καθιερωμένοι πάροχοι – οι οποίοι είχαν από την άδεια τους συγκεκριμένες υποχρεώσεις για την ανάπτυξη του δικτύου τους αλλά αντιμετώπιζαν και πραγματική ζήτηση υπηρεσιών - εγκαθιστούσαν κεραίες χωρίς να έχουν λάβει τις απαιτούμενες άδειες, φαινόμενο το οποίο πέραν των νομικών συνεπειών του, προκαλούσε πολύ συχνά έντονες αντιδράσεις των περιοίκων που ανησυχούσαν για την υγεία τους.

β) Η διαδικασία αδειοδότησης κεραιών

Για την ομαλή λειτουργία των ασύρματων (σταθερών και κινητών) ηλεκτρονικών επικοινωνιών, είναι γνωστό ότι απαιτείται η εγκατάσταση των αντίστοιχων κεραιών που εκπέμπουν και λαμβάνουν ηλεκτρομαγνητικά κύματα.

Για να καταλάβουμε όμως τα προβλήματα στην αδειοδότηση των κεραιών που θα αναπτύξω στη συνέχεια, θα πρέπει πρώτα να παρουσιάσω τη νέα διαδικασία που έπρεπε να ακολουθηθεί, η οποία αποτελείτο από τα εξής κύρια στάδια:

1) Περιβαλλοντική αδειοδότηση για την οποία:

(α) κατατίθεται από την ενδιαφερόμενη εταιρεία στην οικεία Γενική Γραμματεία της περιφέρειας περιβαλλοντική μελέτη,
(β) η Γενική Γραμματεία οφείλει να αποστείλει τη μελέτη στην ΕΕΑΕ (Εθνική Επιτροπή Ατομικής Ενέργειας), εντός δεκαημέρου από της καταθέσεώς της, για γνωμοδότηση και
(γ) στη συνέχεια αποφαίνεται η ΓΓ περί της υποβληθείσης μελέτης μετά την σύμφωνη γνώμη της ΕΕΑΕ.

Το περιεχόμενο και η διαδικασία των περιβαλλοντικών μελετών εξειδικευόταν με Απόφαση του ΥΠΕΧΩΔΕ που εκδόθηκε στις 29 Μαρτίου 2007.

2) Άδεια της ΕΕΤΤ - η οποία έπεται της περιβαλλοντικής αδειοδότησης - και η οποία εξετάζει αν υπάρχει, εκτός της περιβαλλοντικής αδειοδότησης, έγκριση της ΥΠΑ για εκχώρηση συχνότητας.

3) Πολεοδομική έγκριση για την τοποθέτηση των εγκαταστάσεων κεραιών και των συναφών κατασκευών. Τα απαραίτητα δικαιολογητικά καθορίζονταν με απόφαση του ΥΠΕΧΩΔΕ, που δεν είχε ακόμη εκδοθεί. Μέχρι την έκδοση της ανωτέρω απόφασης εφαρμόζονταν οι διατάξεις του άρθρου 24Α του Ν.2075/1992.

4) Τέλος, ανάλογα με τη θέση που πρόκειται να εγκατασταθεί η κατασκευή κεραίας, μπορεί να απαιτείται και άδεια από το Δασαρχείο ή και άδεια από την Αρχαιολογική Υπηρεσία.

γ) Προβλήματα αδειοδότησης κεραιών

Η πιο πάνω όμως διαδικασία αδειοδότησης παρουσίαζε μια σειρά προβλημάτων και δυσλειτουργιών.

Η εμπειρία ετών, δείχνει ότι η αδειοδότηση για την κατασκευή κεραιών παρουσιάζει σημαντική βραδυπορία στερώντας έτσι τη χώρα από τη δυνατότητα να εισαγάγει και να εκμεταλλευθεί τις νέες ασύρματες τεχνολογίες. Είναι χαρακτηριστικό ότι ενώ η ΕΕΤΤ το 2005 αδειοδότησε περίπου 400 νέες κεραίες, το 2006 που ψηφίστηκε ο νέος νόμος, ο αριθμός έπεσε στις 20 και η προοπτική - με βάση και την αρχική εικόνα του 2007 - δεν έδειχνε σημαντική βελτίωση. Η κύρια αιτία της μείωσης των επιδόσεων ήταν τότε η έλλειψη των προαπαιτούμενων εγκρίσεων από τους συναρμόδιους για το θέμα φορείς. Πέραν αυτού, υπήρχαν εκατοντάδες αδειών, ο έλεγχος της νομιμότητας των οποίων εκκρεμούσε ενώπιον των δικαστηρίων. Επίσης, πολλά αιτήματα για αδειοδότηση παρέμεναν χωρίς να εξετάζονται από τους συναρμόδιους φορείς, με αποτέλεσμα να διαιωνίζεται το πρόβλημα.

Στην πράξη, συνεπώς, η αδειοδότηση κεραιών είχε παγώσει στην Ελλάδα. Εξετάζοντας την τότε νέα διαδικασία αδειοδότησης που είχε εισάγει η Κυβέρνηση στο νόμο του 2006 για τις Η.Ε., συμπεραίνει κανείς εύκολα ότι η βραδυπορία εντοπιζόταν στο στάδιο έγκρισης των περιβαλλοντολογικών όρων (δηλαδή, στην έγκριση της *Μελέτης Περιβαλλοντικής Αδειοδότησης ή ΜΠΕ*), το οποίο είχε ανατεθεί στην αρμοδιότητα της Γενικής Γραμματείας της Περιφέρειας.

Προβλήματα με τη ΜΠΕ

Η περιβαντολλογική αδειοδότηση προηγείτο όλων των άλλων αδειών που έπρεπε να συλλέξει η ενδιαφερόμενη εταιρεία για να προχωρήσει στη νόμιμη εγκατάσταση του σταθμού βάσης της κεραίας. Για την αδειοδότηση του σταθμού βάσης, η ενδιαφερόμενη εταιρεία ήταν υποχρεωμένη να υποβάλει την ΜΠΕ στην Αρχή που ήταν αρμόδια για την έκδοση της σχετικής έγκρισης. Για τους μη αδειοδοτημένους σταθμούς, αυτό έπρεπε να γίνει εντός 12 μηνών από την έναρξη ισχύος του νόμου.

Οι Περιφέρειες όμως που ήταν οι αρμόδιες Αρχές, καθυστερούσαν σημαντικά να εγκρίνουν τους περιβαντολλογικούς όρους των αιτήσεων κυρίως διότι

1) η έκδοση της υπουργικής απόφασης του ΥΠΕΧΩΔΕ που θα καθόριζε σαφώς τα κριτήρια ελέγχου για την εξέταση της ΜΠΕ δεν είχε μέχρι τότε υπογραφεί,
2) επιπλέον, με τη διαδικασία που ακολουθείτο πριν την έκδοση της απόφασης του ΥΠΕΧΩΔΕ, ζητείτο σε πολλές περιπτώσεις και η γνώμη των Δήμων,
3) υπήρχε έλλειψη στελέχωσης των υπηρεσιών της Περιφέρειας με κατάλληλα ειδικευμένο και επαρκές σε αριθμό προσωπικό και
4) οι Δήμοι δυσκολεύονταν ή/και αρνούνταν να δώσουν τη σύμφωνη γνώμη τους προς την Περιφέρεια, όταν αυτή τους την ζητούσε.

Η ΕΕΤΤ ήταν βέβαια αναγκασμένη να εφαρμόζει αυτόν τον δυσλειτουργικό νόμο αδειοδότησης που περιείχε παράλογες διατάξεις. Αυτό που προσπαθούσαμε, ήταν τουλάχιστον να μειώνουμε τις επιπτώσεις των δυσλειτουργιών του. Επειδή δια του νόμου ήταν πάρα πολλοί οι εμπλεκόμενοι φορείς στο θέμα των αδειών, προσπαθούσαμε με διάφορους τρόπους να διευκολύνουμε τις εταιρείες ώστε να κάνουν την δουλειά τους γρηγορότερα. Για τον σκοπό αυτόν, είχαμε συστήσει ειδική «Ομάδα Εργασίας», με συντονιστή τον συνάδελφο Καθηγητή του ΕΜΠ και μέλος της Ολομέλειας της ΕΕΤΤ κ. Π. Κωττή, η οποία ασχολείτο με το πρόβλημα των κεραιών, τα νομικά και διαδικαστικά θέματα του νόμου και με το μεγάλο θέμα της ενημέρωσης του κοινού και των Δήμων. Επιπλέον προσπαθούσαμε να βοηθήσουμε τις άλλες υπηρεσίες του Κράτους που καθυστερούσαν στην έκδοση αδειών, παρέχοντάς τους, προσωρινά, δικό μας προσωπικό που είχε τις απαραίτητες σχετικές εξειδικευμένες γνώσεις. Ταυτόχρονα είχαμε καταθέσει στην Κυβέρνηση και νομοθετικές προτάσεις που θα απλοποιούσαν και θα επιτάχυναν τις διαδικασίες αδειοδότησης των κεραιών. Αυτά τα πιστοποιούσε και ο δημοσιογράφος κ. Β. Μανδραβέλης γράφοντας ότι[322] *«η ΕΕΤΤ, με την ανοχή της πολιτείας επιχειρεί να απαλύνει αυτή την αλγεινή κατάσταση που έχει δημιουργηθεί, υποστηρίζοντας με προσωπικό τις περιφέρειες της χώρας στην διαδικασία έγκρισης των ΜΠΕ, οι οποίες προβλέπεται να συνοδεύουν την αδειοδότηση των κεραιών κινητής τηλεφωνίας. Ωστόσο, η παντελής απουσία προσωπικού και τεχνογνωσίας στις Περιφέρειες, αλλά και η ταύτιση του προσωπικού των Περιφερειών με την τοπική κοινότητα, καθιστούν την έγκριση ενός φακέλου αδειοδότησης κεραιοσυστήματος υπόθεση που απαιτεί δύο έως τρία έτη στη διεκπεραίωση του».*

Προβλήματα με την έγκριση της πολεοδομίας

Επιπλέον, σημαντικά προβλήματα δημιουργούνταν και στη διαδικασία της πολεοδομικής έγκρισης καθώς σε πολλές περιπτώσεις (για πολιτικούς λόγους) αυτή δεν χορηγείτο ακόμη και όταν όλα τα απαραίτητα δικαιολογητικά είχαν κατατεθεί στην Πολεοδομία, ιδιαίτερα στις περιπτώσεις που οι τοπικές πολεοδομίες υπάγονταν απευθείας στους Δήμους.

Έλλειψη συντονισμού (one stop shop)

Και ενώ το πλήθος των εγκρίσεων που προβλέπονταν στον Νόμο βασίζονταν στην ανάγκη να ληφθούν υπόψη όλες οι παράμετροι και οι επιπτώσεις που πιθανόν έχει η κατασκευή και λειτουργία μιας κεραίας, ήταν προφανές, κατά τη γνώμη μου, ότι θα έπρεπε να υπάρχει η δέσμευση και ο *καλύτερος συντονισμός και επικοινωνία όλων των συναρμόδιων φορέων*, ώστε να εφαρμόζονται οι σχετικές επιταγές του νομοθέτη με ταχείες και αποτελεσματικές διαδικασίες για την αδειοδότηση των κεραιών.

δ) Αντιδράσεις Δήμων και πολιτών

Πέραν όμως από τα προβλήματα στη διαδικασία αδειοδότησης, γεγονός ήταν ότι παρατηρούνταν έντονες αντιδράσεις στην εγκατάσταση των κεραιών κινητής τηλεφωνίας από μεγάλη μερίδα των πολιτών. Η αντίδραση αυτή συνεπικουρείτο και από επίσημους φορείς (Δήμους), με αποτέλεσμα να ζητείται με αποφάσεις δημοτικών συμβουλίων η απαγόρευση εγκατάστασης νέων κεραιών και η απομάκρυνση των ήδη υφισταμένων σε ολόκληρες περιοχές Δήμων. Και όπως ανέφερα νωρίτερα, οι αρμόδιες πολεοδομικές υπηρεσίες, στις περιπτώσεις που υπάγονται στους Δήμους, αρνούνταν την έγκριση των δομικών κατασκευών των κεραιών ακόμη και σε περιπτώσεις όπου πληρούνται όλα τα απαραίτητα εκ του νόμου κριτήρια.

Κατ' αυτόν τον τρόπο η ΕΕΤΤ, αλλά και η Πολιτεία, ήταν ανήμπορες να αντιδράσουν στις «λαϊκίστικες» επιθέσεις των τοπικών αρχόντων που υποκινούμενοι από ψηφοθηρικούς λόγους «κόπτονταν» για την υγεία των δημοτών τους. Και με δεδομένο ότι η λειτουργία των περισσότερων κεραιών δεν ήταν σύννομη, λόγω της πολύπλοκης και χρονοβόρας διαδικασίας που είχε θεσπίσει η Πολιτεία, η Πολιτεία και η ΕΕΤΤ παρέμεναν θεατές στο «κατέβασμα» των κεραιών από τους Δήμους. Από την άλλη μεριά πάλι, ήταν οξύμωρο να βλέπεις έναν δημοτικό άρχοντα να αγωνίζεται να κατεβάσει τις κεραίες στο Δήμο του και ταυτόχρονα, όπως έγραφε καυστικά ο δημοσιογράφος κ. Δ. Μαρκόπουλος το 2008, *«να έχει στην τσέπη του ένα ή περισσότερα κινητά τηλέφωνα» [323].*

Βέβαια, ακόμα και πρωτοετείς φοιτητές θετικών κατευθύνσεων γνωρίζουν ότι η αφαίρεση μιας κεραίας χαμηλώνει το σήμα του δικτύου, προκαλώντας έτσι πολλαπλασιασμό της ισχύος εκπομπής από το κινητό τηλέφωνο (συσκευή). Δεν χρειάζεται να είσαι ειδικός για να αντιληφθείς ότι για τα εκατομμύρια χρηστών της κινητής τηλεφωνίας, η απορροφώμενη απ' αυτούς ακτινοβολία που προέρχεται από το κινητό τηλέφωνο είναι πολύ μεγαλύτερη απ' ό,τι αυτή από τις κεραίες! Επίσης είναι γνωστό ότι *όσο πιο πυκνό είναι το δίκτυο των κεραιών, τόσο μικρότερη είναι η ακτινοβολία που δέχονται οι πολίτες*. Το πυκνότερο δε δίκτυο οδηγεί και σε καλύτερη ποιότητα επικοινωνιών και ταχύτερη ασύρματη πρόσβαση στο Διαδίκτυο.

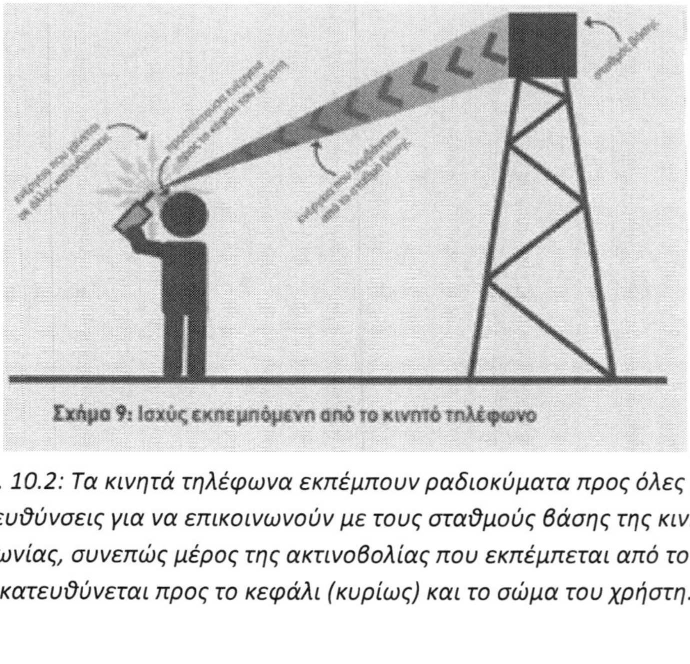

Σχ. 10.2: Τα κινητά τηλέφωνα εκπέμπουν ραδιοκύματα προς όλες τις κατευθύνσεις για να επικοινωνούν με τους σταθμούς βάσης της κινητής τηλεφωνίας, συνεπώς μέρος της ακτινοβολίας που εκπέμπεται από το κινητό κατευθύνεται προς το κεφάλι (κυρίως) και το σώμα του χρήστη.

ε) Ενέργειες και δράσεις της ΕΕΤΤ

Καταπολέμηση της τεχνοφοβίας

Η δική μας κοινωνία έχει γενικώς δυσκολίες προσαρμογής στις νέες τεχνολογίες, με μεγάλο ποσοστό της να διακατέχεται από *συμπτώματα τεχνοφοβίας* και να αντιδρά αρνητικά στις νέες τεχνολογίες. Το θέμα της εγκατάστασης κεραιών κινητής τηλεφωνίας αποτελούσε τότε ένα τέτοιο παράδειγμα τεχνοφοβίας. Το θέμα των κεραιών θεωρείτο «ταμπού» ή «καυτή πατάτα» (hot potato), διότι λίγοι ήταν εκείνοι που ήθελαν να το ... «πλησιάσουν» ή και να το ... «αγγίξουν».

Κατά συνέπεια, θα έπρεπε αρχικά να γίνει σε όλους κατανοητό ότι *για να είναι εφικτή η επικοινωνία μέσω κινητών τηλεφώνων και η κινητή προσβασιμότητα στο Διαδίκτυο, είναι απαραίτητη η εγκατάσταση ασύρματων δικτύων* (με τους σταθμούς βάσης και τις αντίστοιχες κεραίες τους) που θα επιτρέπουν την μετάδοση και λήψη σημάτων. Δεύτερον, η συσκευή τηλεφώνου μας, το smart phone, δεν αποτελεί πλέον μέσο για μόνο την υπηρεσία της τηλεφωνίας. Όσο μάλιστα θα αυξάνει *η χρήση κινητών συσκευών με τις νέες επερχόμενες υπηρεσίες της κινητής Ευρυζωνικότητας, τόσο πιο επιτακτική θα γίνεται η ανάγκη για την «σωστή» σχεδίαση και εγκατάσταση σταθμών βάσης κεραιών*, προκειμένου να εξασφαλισθεί η ικανοποιητική ποιότητα, ταχύτητα. προσβασιμότητα και ασφάλεια των υπηρεσιών για όλους τους χρήστες.

Ήταν όμως (και πιστεύω ότι ακόμα και σήμερα θα είναι) κοινή διαπίστωση ότι η εγκατάσταση *σταθμών βάσης κεραιών* προκαλούσε ανησυχία στους συμπολίτες μας που θεωρούσαν ότι εκτίθενται σε κίνδυνο, η δε ανησυχία αυτή οδηγούσε σε ποικίλες αντιδράσεις τους. Ομοίως, συζητείτο παράλληλα και το θέμα της ασφαλούς χρήσης αυτής καθεαυτής *της συσκευής* του κινητού τηλεφώνου και υπό αυτό το πρίσμα διαφορετικές έρευνες και απόψεις έβλεπαν εκείνη την εποχή το φως της δημοσιότητας.

Υπεύθυνη ενημέρωση του πολίτη

Για τη σωστή λοιπόν ενημέρωση του πολίτη και την καταπολέμηση της τεχνοφοβίας του σχετικά με τις κεραίες, η ΕΕΤΤ ανέλαβε την πρωτοβουλία να εκτελέσει διάφορες δράσεις και ενημερωτικές καμπάνιες.

Στην ΕΕΤΤ - της οποίας η αποστολή περιλαμβάνει επίσης και το «κάθε κάτοικος της Ελλάδας να μπορεί να απολαμβάνει υπηρεσίες επικοινωνίας σύγχρονες, προσιτές και ασφαλείς» - πιστεύαμε ότι καμιά ρύθμιση ή διοικητικό μέτρο δεν θα μπορούσε να έχει επιτυχία χωρίς την συναίνεση των πολιτών. Για να μπορούν όμως οι πολίτες να διαμορφώσουν άποψη θα πρέπει να γνωρίζουν το θέμα σε όλες του τις διαστάσεις. Εκτιμούσαμε ότι ο ιδανικότερος τρόπος για την προστασία του, πέραν των ελεγκτικών και ρυθμιστικών μας ενεργειών, ήταν η επιστημονικά ορθή, συγκροτημένη και αντικειμενική του ενημέρωση. *Η τεχνοφοβία καταπολεμάται με τη δημιουργία σωστά ενημερωμένων πολιτών. Πιστεύουμε στη δύναμη του «ενημερωμένου πολίτη»[324].*

Οι πολίτες θα έπρεπε επίσης να ενημερωθούν υπεύθυνα και για πιθανόν εσφαλμένες φοβίες που είχαν σχηματίσει για το θέμα. Σε κάθε περίπτωση, οφείλαμε να τονίσουμε ότι η εκτίμηση των κινδύνων θα έπρεπε να γίνεται με βάση την επιστημονική μεθοδολογία και να λαμβάνει υπόψη τεκμηριωμένα και επιβεβαιωμένα συμπεράσματα. Θα έπρεπε να ενημερωθούν οι πολίτες ότι ξηλώνοντας τις κεραίες, όχι μόνο μείωναν την ποιότητα της τηλεφωνικής επικοινωνίας στα κινητά τους, αλλά – και το σπουδαιότερο – αύξαναν την ακτινοβολία που δέχονταν. Επιπλέον έπρεπε να ενημερωθούν ότι στη χώρα μας, το νέο ρυθμιστικό πλαίσιο του 2006 για τις κεραίες κινητής τηλεφωνίας και την εγκατάσταση των σταθμών βάσης τους, περιείχε αυστηρές προβλέψεις για την αδειοδότηση τους και ταυτόχρονα περιέγραφε συγκεκριμένους ελεγκτικούς μηχανισμούς. Τα δε εφαρμοζόμενα πρότυπα και όρια, τόσο για τις εκπομπές των σταθμών βάσης όσο και για τα κινητά τηλέφωνα, ήταν τα ίδια *ή και αυστηρότερα* από αυτά που εφαρμόζονταν σε άλλες ευρωπαϊκές χώρες.

Έτσι, από το 2007 είχαμε αρχίσει ειδική ενημερωτική καμπάνια, ώστε να γνωρίζουν όλοι οι πολίτες τα δεδομένα των σύγχρονων ασύρματων και ενσύρματων τεχνολογιών και να κάνουν τις επιλογές τους με πραγματικά στοιχεία, όπως συμβαίνει σε όλες τις πρωτοπόρες χώρες της Ε.Ε. Η ειδική Ομάδα Εργασίας που ανέφερα πιο πάνω είχε αναλάβει και το έργο της προετοιμασίας και εκτέλεσης συγκεκριμένων δράσεων για την ενημέρωση του κοινού και των οργάνων της πολιτείας (συνέδρια, ημερίδες, ενημερωτικά φυλλάδια και ενέργειες, κ.λπ.) σχετικά με την ηλεκτρομαγνητική ακτινοβολία, με σκοπό την άρση της γενικευμένης δυσπιστίας προς τους όρους λειτουργίας των εγκατεστημένων κεραιών και την ανάληψη συντονισμένων δράσεων. Η επικοινωνιακή παρέμβαση της ΕΕΤΤ (ακόμη και στα διόδια των εθνικών οδών είχαμε στήσει προσωπικό της ΕΕΤΤ στα μεγάλα τριήμερα να μοιράζει ενημερωτικά φυλλάδια για τις κεραίες και την ακτινοβολία τους) είχε στόχο να συμβάλει *στην επιστημονική ενημέρωση του κοινού*, στην εμπέδωση της διαφάνειας, να εξηγήσει τον τρόπο λειτουργίας του κινητού τηλεφώνου και των κεραιών και να αποσαφηνίσει ποιά είναι η συμβολή των διαφόρων πηγών στη συνολική ηλεκτρομαγνητική έκθεση του πληθυσμού, προτείνοντας ταυτοχρόνως απλά μέτρα για τη μείωσή της. Επειδή η πιο σημαντική ακτινοβολία προέρχεται από την ίδια τη συσκευή του κινητού τηλεφώνου, η εκστρατεία είχε ως κεντρικό άξονα να καταστήσει σαφές ότι, αντίθετα από ότι ίσως θεωρεί ο μέσος πολίτης, *η αραίωση του δικτύου κεραιών των εταιρειών κινητής τηλεφωνίας εκθέτει τους χρήστες σε περισσότερη ακτινοβόληση, λόγω της σημαντικά αυξημένης εκπομπής από τα κινητά τηλέφωνα*[325].

Δράσεις της ΕΕΤΤ για τις κεραίες

Στο πλαίσιο αυτό, και προκειμένου να δώσουμε στον πολίτη τη δυνατότητα για ολοκληρωμένη και αντικειμενική πληροφόρηση, η ΕΕΤΤ υλοποίησε ένα συστηματικό και πολυεπίπεδο πρόγραμμα ενεργειών, το οποίο βασίζονταν στο τρίπτυχο «Ενημέρωση - Έλεγχος - Διαφάνεια». Ανάμεσα στις διάφορες πρωτοβουλίες και δράσεις μας σχετικές με το θέμα των κεραιών περιλαμβάνονταν και οι κάτωθι:

Δράση 1. Εκτέλεση - σε συνεργασία με την ΕΕΑΕ - μετρήσεων με ημιμόνιμους σταθμούς, προκειμένου να γίνεται αντικειμενική εκτίμηση των υφιστάμενων τιμών των ηλεκτρομαγνητικών πεδίων εντός του αστικού ιστού. Τα αποτελέσματα θα δημοσιεύονταν στην ιστοσελίδα της ΕΕΤΤ.

Δράση 2. Παροχή δυνατότητας ώστε κάθε ενδιαφερόμενος απλός πολίτης να μπορεί να αναζητά στην ιστοσελίδα της ΕΕΤΤ – με βάση τη διεύθυνση ή τη γεωγραφική θέση – και να βρίσκει τις αδειοδοτημένες κατασκευές κεραιών κινητής τηλεφωνίας, με απεικόνιση των κεραιών σε χάρτη με δυνατότητα περιήγησης.

Δράση 3. Μετατροπή του Δικτυακού Τόπου της ΕΕΤΤ σε μία ευφυή, καινοτόμα και διαδραστική πλατφόρμα, με ειδικά διαμορφωμένη ενότητα για τις Κεραίες, η οποία επρόκειτο να εμπλουτισθεί με πληροφορίες όπως:

1) θέματα και οδηγίες χρήσης του κινητού τηλεφώνου,

2) φωτογραφίες διαφόρων τύπων κεραιών και σταθμών βάσης, διαγράμματα ακτινοβολιών, κ.λπ., που θα μπορεί το κοινό εύκολα να αναγνωρίζει,

3) διαδικασία αδειοδότησης κεραιών και οι αντίστοιχοι εμπλεκόμενοι φορείς και,

4) τεκμηριωμένα δεδομένα για την επίδραση του κινητού τηλεφώνου και των σταθμών βάσης στον ανθρώπινο οργανισμό.

Δράση 4. Πραγματοποίηση «ηλεκτρονικών στρογγυλών τραπεζών» (e-round tables) μέσα από την ιστοσελίδα της ΕΕΤΤ, όπου όλοι οι αρμόδιοι φορείς θα μπορούσαν να συμμετέχουν και να παραθέτουν τις απόψεις τους.

Δράση 5. Και τέλος, διενέργεια σειράς ενημερωτικών εκδηλώσεων ανά τη Ελλάδα και διανομή φυλλαδίων που θα απευθύνονταν στοχευμένα σε διάφορες ομάδες πολιτών:

(α) Με την δράση αυτή είχαμε οργανώσει τις κάτωθι ημερίδες:

«Ημερίδα Κεραίες Κινητής Τηλεφωνίας», 30 Νοεμβρίου 2006

«Ημερίδα Κεραίες Κινητής Τηλεφωνίας (Θεσσαλονίκη), 30 Ιανουαρίου 2007

«Ημερίδα Ποιότητα Τηλεπικοινωνιακών Υπηρεσιών & Προστασία Καταναλωτών", 11 Δεκεμβρίου 2007

(β) Επίσης προβήκαμε στην έκδοση των κάτωθι φυλλαδίων και ειδικών μελετών:

«Κινητά τηλέφωνα και κεραίες: Τι πρέπει να γνωρίζουμε»

«Οδηγός του ενημερωμένου καταναλωτή» (ΕΕΤΤ, Ιούλιος 2009)

«Ηλεκτρονική Ακτινοβολία & Κινητή Τηλεφωνία - Τα Επιστημονικά Δεδομένα» (ΕΕΤΤ, Ιούνιος 2008)

Με την έγκυρη ενημέρωση του κοινού, την καθιέρωση της διαφάνειας και της αξιοπιστίας των ελέγχων, στοχεύαμε στην άρση της δυσπιστίας του κοινού προς τις ασύρματες επικοινωνίες, δυσπιστία που αποτελούσε και βασικό λόγο καθυστέρησης των επενδύσεων στα δίκτυα τρίτης γενιάς.

Αυτές και άλλες παρόμοιες ενέργειές μας πιστεύαμε ότι θα έδιναν στον πολίτη τη δυνατότητα της άμεσης πληροφόρησης, θα ενίσχυαν τη διαφάνεια και θα διαμόρφωναν ένα κλίμα μεγαλύτερης εμπιστοσύνης. *«Ο πολίτης θα έπρεπε να αισθάνεται ότι δεν τον κοροϊδεύουν, ότι όλα γίνονταν σύμφωνα με τον νόμο και ότι οι φορείς αντιδρούν άμεσα και τον προστατεύουν».* Τις δράσεις μας δεν τις χαρακτήριζε καμιά ιδιαιτερότητα ή πρωτοτυπία. Απλώς πράτταμε το αυτονόητο για να ενημερωθεί ο πολίτης όσο πιο πλατιά και αντικειμενικά γίνεται. Και το πράτταμε γιατί νομίζαμε ότι *υπήρχε έλλειμμα στη σωστή ενημέρωση*.

Εκτός από τις πιο πάνω ενημερωτικές δράσεις, η ΕΕΤΤ συνέχιζε με πλήρη επίγνωση της σπουδαιότητας του θέματος, την άσκηση αυστηρότατης εποπτείας και ελέγχων στα πλαίσια άσκησης των αρμοδιοτήτων της. Συνεχώς εκσυγχρόνιζε, εμπλούτιζε και ανανέωνε τα τεχνικά μέσα που είχε στη διάθεσή της ώστε οι έλεγχοι και τα συστήματα εποπτείας φάσματος που διαθέτει να παραμένουν αξιόπιστα και αποτελεσματικά.

στ) Πρόταση για «ΚΤΕΟ Κεραιών»

Η ΕΕΤΤ ήταν ιδιαιτέρως ευαίσθητη σε θέματα υγείας του κοινού, ενώ ταυτόχρονα επιθυμούσε οι εταιρείες κινητής τηλεφωνίας να προχωρήσουν στην κατασκευή των δικτύων 3ης γενιάς που θα έδιναν μεγαλύτερη ώθηση στην περαιτέρω ανάπτυξη των τηλεπικοινωνιών. Για την αποτελεσματικότερη εφαρμογή του νέου τηλεπικοινωνιακού νόμου, η ΕΕΤΤ βρισκόταν σε συνεργασία με την αρμόδια για τις σχετικές μετρήσεις ΕΕΑΕ αλλά και με άλλους φορείς της Πολιτείας, όπως τον Συνήγορο του Πολίτη, το Υπουργείο Υγείας, το ΤΕΕ, κ.λπ. Επίσης, μέσω του νέου Κανονισμού αδειοδότησης κεραιών, εξασφάλιζε την τεχνικά άρτια τεκμηρίωση και την απλοποίηση των διαδικασιών αδειοδότησης κεραιοκατασκευών.

Πιστεύαμε ότι, όσον αφορά την πυκνότητα των δικτύων κεραιών της κινητής τηλεφωνίας και τη μη ιοντίζουσα ακτινοβολία που αυτές εκπέμπουν, *θα έπρεπε ο πολίτης να είναι καλύτερα ενημερωμένος* ώστε τουλάχιστον να μειωθούν σημαντικά οι διάφορες τεχνοφοβίες που είχε, και να λογικευτούν κάπως οι υπερβολικές αντιδράσεις του κοινού λόγω στρεβλής ενημέρωσης, Επιπλέον θα έπρεπε να αισθάνεται σίγουρος ότι *η Πολιτεία τον προστατεύει.*

Για το μεν πρώτο, αρχίσαμε στην ΕΕΤΤ την μεγάλη επικοινωνιακή καμπάνια που ανέφερα πιο πάνω, ώστε να ενημερώσουμε το κοινό για όλα τα θέματα των κεραιών της κινητής τηλεφωνίας.

Για το δεύτερο θέμα της προστασίας του πολίτη, όταν κατέθετα τις απόψεις μου στη Βουλή για τα θέματα των κεραιών κινητής τηλεφωνίας που τοποθετούνται στις γειτονιές και της ακτινοβολίας τους, πρότεινα τη δημιουργία συνεργείων παρακολούθησης των εκπομπών ακτινοβολίας των κεραιών κινητής τηλεφωνίας ώστε να μην ανησυχεί άδικα ο κόσμος *[326]*. Μάλιστα η πρόταση μου ήταν να δημιουργηθούν ειδικά κινητά συνεργεία-μονάδες, *«ένα είδος ΚΤΕΟ κεραιών» [327], [328]* , που θα παρακολουθεί σε τακτά χρονικά διαστήματα τις εκπομπές της μη ιοντίζουσας ακτινοβολίας των κεραιών κινητής τηλεφωνίας. Στην ίδια συνεδρία, χαρακτήρισα τις αντιδράσεις των πολιτών υπερβολικές και είπα χαρακτηριστικά: *«Περισσότερες κεραίες ίσον μειωμένη ηλεκτρομαγνητική ακτινοβολία, ίσον μειωμένη έκθεση του πολίτη. Όσο πιο πυκνό είναι το δίκτυο, τόσο χαμηλότερη ακτινοβολία δέχεται ο πολίτης».* (Η ιδέα των ΚΤΕΟ κεραιών γεννήθηκε κατά την διάρκεια σχετικής συζήτησης που είχαμε στην ΕΕΤΤ με τον συνάδελφο Καθηγητή κ. Κ. Χαλάτση, εξωτερικό σύμβουλο τότε της ΕΕΤΤ, ο οποίος πέταξε την ιδέα οι κεραίες να περάνε από κάποιο είδος ΚΤΕΟ.)

Τέλος, η ΕΕΤΤ συνεχώς συνέδραμε την ΕΕΑΕ στον τομέα των μετρήσεων, εγκαθιστώντας σε επιλεγμένα σημεία σταθμούς παρακολούθησης της ηλεκτρομαγνητικής ακτινοβολίας που πραγματοποιούσαν μετρήσεις σε συνεχή βάση και τις μετέδιδαν σε κατάλληλα εξοπλισμένο κέντρο ελέγχου και παρακολούθησης.

ΚΑΝΟΝΙΣΜΟΣ ΣΥΝΕΓΚΑΤΑΣΤΑΣΗΣ ΣΤΙΣ ΤΑΡΑΤΣΕΣ ΤΟΥ ΟΤΕ

Μία κρίσιμη απόφαση της ΕΕΤΤ στο τέλος της τετραετίας μας το 2009 ήταν ότι, όπως και με τη συνεγκατάσταση εξοπλισμού των εναλλακτικών παρόχων εντός των Α/Κ του ΟΤΕ, η ΕΕΤΤ ψήφισε κανονισμό αποδεσμοποίησης RUO (Reference Unbundling Offer), ο οποίος υποχρέωνε τον ΟΤΕ να επιτρέψει – ως «συναφή ευκολία» – την συνεγκατάσταση κεραιών από τους άλλους παρόχους ασύρματης σταθερής και κινητής τηλεφωνίας στις ταράτσες των κτηρίων του, τα οποία τότε φιλοξενούσαν μόνο κεραίες της COSMOTE. Οι δύο άλλες εταιρείες κινητής, WIND και VODAFONE, απευθύνθηκαν επισήμως στην ΕΕΤΤ αιτούμενες «ίση και μη διακριτική μεταχείριση», καθόσον η υφιστάμενη κατάσταση παρείχε στον ΟΤΕ και στη θυγατρική του COSMOTE ανταγωνιστικά πλεονεκτήματα που μεταφράζονταν σε πολλά εκατομμύρια ευρώ μηνιαίως *[329]*.

Η μη ανανέωση της θητείας μας, άφηνε και αυτήν την απόφαση να την εφαρμόσει η διάδοχη Διοίκηση της ΕΕΤΤ μετά τον Αύγουστο 2009.

ΣΥΜΠΕΡΑΣΜΑΤΑ

Παρ' όλες μας όμως αυτές τις προσπάθειες, είναι χαρακτηριστικό ότι ακόμα και στο τέλος του 2009, από τις 5.500 κεραίες κινητής τηλεφωνίας που λειτουργούσαν στη χώρα, περισσότερες από 4.000 τυπικά ήταν παράνομες (δίχως την ολοκληρωμένη αδειοδότηση τους). Πέντε χρόνια αργότερα δε, στο τέλος του 2014, εκτιμάτο ότι συνέχιζαν να υπάρχουν σε αδειοδοτική εκκρεμότητα περισσότερες από 4.500 κεραίες*[330]*.

Τελικά, μόνο στα τέλη του 2014 ψηφίστηκε επί της αρχής νομοσχέδιο με το οποίο θα επιταχύνονταν η χωροθέτηση και αδειοδότηση κεραιών κινητής τηλεφωνίας από τις πολεοδομίες και θα έβαζε τέλος στη (άλλη μια νέα) διετή παράταση που είχε δοθεί από την Κυβέρνηση στις εταιρείες κινητής τηλεφωνίας προκειμένου να νομιμοποιήσουν τις εγκαταστάσεις κεραιών τους στον αστικό ιστό, κλείνοντας διοικητικές παραλείψεις οι οποίες καθιστούσαν πρακτικά αδύνατη την αδειοδότησή τους σε πολλές περιπτώσεις. Το ίδιο νομοσχέδιο προέβλεπε ότι στο τέλος του 2015 θα λειτουργούσε το Εθνικό Παρατηρητήριο Ηλεκτρομαγνητικών Ακτινοβολιών (που είχε ανακοινωθεί από την Κυβέρνηση Καραμανλή το 2008) για τη ζωντανή παρακολούθηση της ακτινοβολίας ανά την επικράτεια, σε συνεργασία με Δήμους και ενώσεις πολιτών, ενώ οι μετρήσεις του θα μεταδίδονται ζωντανά στο Ίντερνετ[331].

Επί πολλά χρόνια, οι διάφορες Κυβερνήσεις της χώρας δεν μπόρεσαν να λύσουν το θέμα των παράνομων κεραιών. Ακόμα και το νομοσχέδιο του 2014 δεν φαίνεται να φέρνει άμεσα αποτελέσματα καθόσον *ακόμα σήμερα (το 2015) το 80% των κεραιών κινητής τηλεφωνίας συνεχίζει να λειτουργεί παράνομα (!).* Για άλλη μια φορά, ο αρμόδιος υπουργός Υποδομών, Μεταφορών και Δικτύων Χρήστος Σπίρτζης ανακοινώνει στις 9/6/2015 ότι *«έρχεται νέο σύστημα αδειοδότησης κεραιών κινητής τηλεφωνίας»*[332].

Επίσης, μετά από πολλά χρόνια, τον Σεπτέμβριο του 2015 (!) η ΕΕΤΤ ανακοινώνει[333] τελικά την ολοκλήρωση της διαδικτυακής πύλης keraies.eett.gr μέσω της οποίας οι πολίτες θα μπορούν να ενημερώνονται για τη νομιμότητα εγκατάστασης κεραιών σε δήμο ή σε συγκεκριμένη διεύθυνση.

Επικοινωνίες...
εν τάχει
Μετάβαση στην
Ψηφιακή Τηλεόραση
σελ.: 3

Κεφάλαιο 11: Σύγκλιση τηλεπικοινωνιών και ΜΜΕ

«Η ευρυζωνικοποίηση φέρνει τη σύγκλιση διαφορετικών μέχρι τώρα κόσμων και αγορών, όπως των τεχνολογιών δικτύων ηλεκτρονικών επικοινωνιών, της Πληροφορικής, του Διαδικτύου, του κόσμου της δημιουργίας και παροχής περιεχομένου και εφαρμογών και, τέλος των παρόχων «συναθροισμένων υπηρεσιών» (aggregation providers)». (2/10/2007)

«Αυτή η «ουδετερότητα του νέου συγκλίνοντος δικτύου» επιφέρει την «ουδετερότητα υπηρεσιών», η οποία στη συνέχεια απαιτεί περισσότερη απελευθέρωση του τρόπου αδειοδότησης, καθόσον ξεχωριστές καθετοποιημένες άδειες σε παρόχους διακριτών υπηρεσιών δεν θα έχουν πλέον νόημα». (Συνέδριο InfoCom, 2/10/2007)

Κεφάλαιο 11: Σύγκλιση τηλεπικοινωνιών και ΜΜΕ

ΕΙΣΑΓΩΓΗ

«Εισερχόμαστε πλέον στην ψηφιακή εποχή της σύγκλισης, πορευόμενοι τάχιστα προς μια πλήρως διασυνδεδεμένη κοινωνία. Μια εποχή σύγκλισης διαφορετικών μέχρι τώρα κόσμων και αγορών, που περιλαμβάνει τη σύγκλιση τόσο των τεχνολογιών και δικτύων, όσο και των υπηρεσιών και εφαρμογών (που θα είναι αγνωστικές ως προς τις τεχνολογίες, τα δίκτυα και τις τερματικές συσκευές που θα χρησιμοποιούν). Βασική συνιστώσα της ευρυζωνικής σύγκλισης μεταξύ των Τηλεπικοινωνιών και των ΜΜΕ αποτελεί η κατασκευή στη χώρα μας των «ψηφιακών δικτυακών υποδομών του 21ου αιώνα» που θα απαιτηθούν για την ευρυζωνική σύγκλιση των ηλεκτρονικών επικοινωνιών, της ψηφιακής ευρυεκπομπής και της πρόσβασης στο Διαδίκτυο». Αυτά τα έλεγα στην τελευταία δημόσια ομιλία μου στο 4ο Διεθνές Συνέδριο της ΕΕΤΤ στις 20/5/2009.

Η ΕΕΤΤ, επιθυμώντας να δώσει έμφαση στο γεγονός ότι η σύγκλιση μεταξύ των τηλεπικοινωνιών και των ΜΜΕ ήταν προ των πυλών, ανέλαβε καθ' όλη τη διάρκεια της τετραετίας πρωτοβουλίες και προέβη σε διάφορες σχετικές ενέργειες, όπως: (α) επιστολές και εισηγήσεις προς διάφορα κυβερνητικά στελέχη, (β) προβληματισμούς και προτάσεις μας για μεθοδολογική μετάβαση στην ψηφιακή τηλεόραση, (γ) έφερε για πρώτη φορά στην επιφάνεια το θέμα του «ψηφιακού μερίσματος» (digital dividend) - δηλαδή του φάσματος συχνοτήτων που θα απελευθερώνονταν όταν γινόταν η πλήρης μετάβαση (switchover) από την αναλογική στην ψηφιακή τηλεόραση - με την εκπόνηση και υποβολή μελέτης για εναλλακτικούς τρόπους αξιοποίησης του και με τη διοργάνωση ειδικής Ημερίδας που σκοπό είχε να ευαισθητοποιήσει το κοινό, τους ειδικούς, την Πολιτεία και τους αρμόδιους φορείς πάνω στα σημαντικά αυτά θέματα, (δ) ανακήρυξε το 2009 ως «Έτος Ευρυζωνικής Σύγκλισης Τηλεπικοινωνιών και ΜΜΕ» και διοργάνωσε το 4ο Διεθνές Συνέδριο αφιερωμένο ειδικά στο θέμα αυτό, κ.λπ.

Στο κεφάλαιο αυτό, αφού πρώτα εξηγήσω ποιες ήταν οι αρμοδιότητες της ΕΕΤΤ για τα ραδιοτηλεοπτικά, θα περιγράψω πώς προσπαθούσε η Κυβέρνηση να πραγματοποιήσει τη μετάβαση από την αναλογική στην ψηφιακή τηλεόραση με έναν άναρχο και ασυντόνιστο τρόπο, θα αναφέρω τι γινόταν αντίστοιχα στις άλλες χώρες της Ε.Ε. και ποιές ήταν οι σχετικές Κοινοτικές υποχρεώσεις της Ελλάδας, και ποιές ήταν οι ανησυχίες μας και προτάσεις της ΕΕΤΤ προς την Κυβέρνηση ώστε η μετάβαση αυτή, αφενός μεν να γίνει κατά μεθοδευμένο και οργανωμένο τρόπο, αφετέρου δε το ψηφιακό μέρισμα να αξιοποιηθεί κατά τον καλύτερο δυνατό τρόπο από τις τηλεπικοινωνιακές εταιρείες για νέες εφαρμογές κινητής Ευρυζωνικότητας. Τέλος, θα αναφερθώ και στην αδράνεια της Κυβέρνησης και στη σφοδρή αντίθεση των καναλιών που συνάντησαν οι διάφορες προτάσεις μας.

ΟΙ ΑΡΜΟΔΙΟΤΗΤΕΣ ΤΗΣ ΕΕΤΤ ΩΣ ΠΡΟΣ ΤΑ ΡΑΔΙΟΤΗΛΕΟΠΤΙΚΑ

Ο λόγος που η ΕΕΤΤ αναμίχτηκε με τα τεκταινόμενα στο ραδιοτηλεοπτικό τοπίο ήταν ότι – κάτι που ίσως είναι άγνωστο σε πολλούς - ο νόμος τής είχε αναθέσει πολλές αρμοδιότητες ως προς τα ραδιοτηλεοπτικά (ρ/τ). Για την εκπλήρωση του ρόλου μας αυτού, είχαμε συστήσει στην ΕΕΤΤ μια ειδική «Ομάδα Εργασίας»*[334]* η οποία παρακολουθούσε στενά το θέμα της μετάβασης στην ψηφιακή τηλεόραση και της αξιοποίησης του ψηφιακού μερίσματος και μας έδινε μηνιαίες αναφορές όσον αφορά στις διεθνείς εξελίξεις στην ψηφιακή τηλεόραση (κυρίως της DVB-TA, IPTV και της κινητής τηλεόρασης – Mobile TV) και στις αντίστοιχες ρυθμίσεις και διαδικασίες που ακολουθούσαν οι άλλες χώρες.

Συγκεκριμένα, οι κυριότερες αρμοδιότητες της ΕΕΤΤ σχετικά με τα ρ/τ είναι οι κάτωθι:

1) ασκεί τις αρμοδιότητες της Επιτροπής Ανταγωνισμού για τη ρ/τ αγορά (εξαιρουμένης της «συγκέντρωσης») και για τα δίκτυα μετάδοσης ρ/τ εκπομπών,
2) επιβάλλει ρυθμιστικές υποχρεώσεις σε επιχειρήσεις που έχουν ορισθεί ως έχουσες ΣΙΑ (Σημαντική Ισχύ στην Αγορά) στη ραδιοτηλεοπτική αγορά,
3) επιβάλλει κυρώσεις στον πάροχο δικτύου στην περίπτωση που αυτός μεταδίδει ρ/τ πρόγραμμα μη εγκεκριμένου ή/και μη αδειοδοτημένου περιεχομένου από το ΕΣΡ,

4) έχει την ευθύνη εποπτείας, ελέγχου και επιβολής κυρώσεων για το φάσμα συχνοτήτων και γενικά των τεχνικών χαρακτηριστικών εκπομπής των ραδιοτηλεοπτικών σταθμών,
5) αδειοδοτεί και εποπτεύει παρόχους ενσύρματων και ασύρματων ηλεκτρονικών δικτύων (π.χ., επίγειας τηλεόρασης, ραδιοφώνου, IPTV, mobile TV, κ.λπ.) όταν παράγουν ή μεταδίδουν ραδιοτηλεοπτικά προγράμματα,
6) καθορίζει τα δικαιώματα και τις υποχρεώσεις των παρόχων δικτύων όταν παράγουν ή μεταδίδουν ρ/τ προγράμματα,
7) για τα Πάρκα Κεραιών, αδειοδοτεί τα κεραιοσυστήματα και χορηγεί την άδεια για την εγκατάσταση ρ/τ εξοπλισμού εντός του πάρκου κεραιών και ελέγχει και εποπτεύει τις εκπομπές και, τέλος,
8) προβλέπεται η έκφραση γνώμης από την ΕΕΤΤ σε πλήθος θεμάτων συμπεριλαμβανομένων και των χαρτών συχνοτήτων.

Το γεγονός όμως ότι το αναλογικό ραδιοτηλεοπτικό τοπίο είχε παραμείνει από τις κυβερνήσεις επί δεκαετίες αρρύθμιστο και άναρχο[335] δεν μας επέτρεπε να εξασκήσουμε αποτελεσματικά τις νέες μας αρμοδιότητες. Επιπλέον, επειδή φοβόμουν ότι και κατά τη μετάβαση στην ψηφιακή τηλεόραση θα επαναλαμβάνονταν πάλι τα ίδια λάθη, δηλαδή η μετάβαση θα γινόταν ασυντόνιστα και δίχως να αξιοποιηθεί βέλτιστα το *«ψηφιακό μέρισμα»* για νέες καινοτόμες υπηρεσίες από μία αδρανή Κυβέρνηση, αποφάσισα η ΕΕΤΤ να εμπλακεί και να παίξει πιο ενεργό ρόλο, με προτάσεις, μελέτες, συνέδρια, κ.λπ.

Βλέποντας ότι μεσ' την τετραετία και αυτή η Κυβέρνηση δεν είχε προχωρήσει κανένα από αυτά τα θέματα, τα υπενθύμισα για τελευταία φορά στους Υπουργούς ΥΜΕ κ. Ε. Στυλιανίδη και Εσωτερικών κ. Π. Παυλόπουλο και στους υφυπουργούς ΥΜΕ κ. Μ. Μπεκίρη και κ. Κ. Γκιουλέκα με σχετική επιστολή που τους έστειλα στις 3/2/2009. Ταυτόχρονα, με την τελευταία μου ομιλία στο 4ο Διεθνές Συνέδριο της ΕΕΤΤ κατέθετα δημοσίως στις 20/5/2009 τρείς σχετικές προτάσεις προς τους αρμόδιους φορείς[336]:

1) Η πρώτη αφορούσε τον διαχωρισμό των «ραδιοτηλεοπτικών δικτύων» από τις «ραδιοτηλεοπτικές υπηρεσίες» και, αντίστοιχα, των «παρόχων δικτύου» από τους «παρόχους περιεχομένου», ο οποίος «θα ωθούσε σε συμπράξεις μεταξύ τηλεπικοινωνιακών εταιρειών

παραγωγής οπτικοακουστικού περιεχομένου, για καλύτερες προσφορές ολοκληρωμένων υπηρεσιών».
2) Η δεύτερη αφορούσε την καλύτερη διαχείριση του ραδιοφάσματος της χώρας, «μέσω ενός κεντρικού φορέα για την απονομή και διαχείριση ολόκληρου του φάσματος».
3) Η τρίτη πρόταση αφορούσε, μεταξύ άλλων, «τη δημιουργία συντονιστικού οργάνου για τη στρατηγική και μεθοδολογία μετάβασης στην ψηφιακή τηλεόραση, επικαιροποίησης του τελικού ψηφιακού χάρτη συχνοτήτων, σχεδιασμού και υλοποίησης των πάρκων κεραιών και αξιοποίησης του ψηφιακού μερίσματος».

Η μεν πρώτη έγινε τελικά αποδεκτή αρκετά χρόνια μετά την αποχώρηση μου από την ΕΕΤΤ, οι άλλες δύο όμως όχι.

ΜΕΤΑΒΑΣΗ ΣΤΗΝ ΨΗΦΙΑΚΗ ΤΗΛΕΟΡΑΣΗ

α) Οι αμαρτίες του παρελθόντος επαναλαμβάνονται

Γιατί όμως καθυστερούσαμε και ποτέ δεν είχαν προκηρυχθεί από το Κράτος οι αναλογικές τηλεοπτικές (και ραδιοφωνικές) συχνότητες; Το 2006 είχαμε ξεπεράσαμε τη 15ετία κατά την οποία οι κυβερνήσεις απέφευγαν να ρυθμίσουν την κατάσταση και δεν είχαν κατορθώσει να δώσουν ούτε μία άδεια τηλεόρασης, με συνέπεια όλοι οι ραδιοτηλεοπτικοί σταθμοί να λειτουργούν (και μέχρι σήμερα το 2015 ακόμα λειτουργούν) παράνομα χωρίς άδειες. (Για μια σύντομη ανασκόπηση, βλέπε το άρθρο του Σ. Μανιάτη «20 χρόνια χάος. Το κρυφτούλι με τις άδειες»)*[337]*.

Αυτά που έγιναν όλα αυτά τα χρόνια με την αναλογική τηλεόραση σαν αμαρτία (χαοτική κατάσταση στα ρ/τ, παράνομη εγκατάσταση σταθμών και κεραιών ευρυεκπομπής, μη αδειοδότηση των καναλιών, κ.λπ.), επαναλαμβάνονταν μέχρι τη λήξη της θητείας μου το 2009 και για την ψηφιακή τηλεόραση, με μερικές επιπρόσθετες ελληνικές ιδιαιτερότητες:

1) Ενώ στη μεγάλη πλειοψηφία των χωρών της Ε.Ε. οι συχνότητες αδειοδοτούνται στους «παρόχους δικτύου», εδώ στην Ελλάδα προγραμματιζόταν η αδειοδότηση απ' ευθείας στους «παρόχους

περιεχομένου». (Ο διαχωρισμός αυτών των δύο ειδών παρόχων έγινε επίσημα από το Κράτος 8 χρόνια μετά την ημερομηνία υποβολής της εισήγησης της ΕΕΤΤ).
2) Ο νόμος Ν.3431/2006 (ο οποίος προσάρμοζε το κοινοτικό δίκαιο περί Η.Ε. στο εθνικό) είχε εξαιρέσει τις ψηφιακές επίγειες ραδιοτηλεοπτικές μεταδόσεις. Η παράλειψη αυτή ανάγκασε την Ευρωπαϊκή Επιτροπή να ζητήσει επισήμως (μέσω επιστολής αιτιολογημένης γνώμης) να λάβει η Ελλάδα τα κατάλληλα μέτρα μέχρι τον Δεκέμβριο 2006 και να συμμορφωθεί με τη σχετική απόφαση του Ευρωπαϊκού Δικαστηρίου προκειμένου να μεταφέρει και την κοινοτική οδηγία (2002/77/ΕΚ) - που αφορούσε τις ραδιοτηλεοπτικές μεταδόσεις – στην εθνική νομοθεσία ώστε, όπως είχε δηλώσει η αρμόδια Επίτροπος Ανταγωνισμού Neelie Kroes, «οι νέοι ανταγωνιστές να είναι ελεύθεροι να παρέχουν υπηρεσίες αυτού του είδους, και, ειδικότερα, ψηφιακές επίγειες ραδιοτηλεοπτικές μεταδόσεις».

Το 2006, ήδη σε όλη την Ευρώπη, η μετάβαση στην επίγεια ψηφιακή τηλεόραση απελευθέρωνε μέρος του φάσματος που χρησιμοποιούσε η αναλογική τηλεόραση, το οποίο στη συνέχεια διατίθετο και για άλλες, πλην της τηλεόρασης, χρήσεις. Η αναλογική τηλεόραση καταλάμβανε μέχρι τότε τμήμα του καλύτερου φάσματος, το οποίο της είχε δοθεί πριν από πολλά χρόνια όταν δεν υπήρχε ανάγκη για άλλες εναλλακτικές χρήσεις του. Σύντομα όμως, η ραγδαία ανάπτυξη των ασύρματων τεχνολογιών είχε επιφέρει δραματική αύξηση στη ζήτηση φάσματος για ευρυζωνικές υπηρεσίες. Το «ψηφιακό μέρισμα» που θα προέκυπτε στην Ελλάδα (καθόσον τουλάχιστον 4 ψηφιακά κανάλια θα χωρούσαν πλέον σε ένα αναλογικό κανάλι), θα εξαρτάτο επίσης και από το τελικό πλήθος ψηφιακών καναλιών που θα αποφάσιζε η Πολιτεία να διαθέσει για την τηλεοπτική ευρυεκπομπή.

Η μετάβαση στην ψηφιακή τηλεόραση άρχισε επίσημα στην Ελλάδα (δυστυχώς και πάλι άναρχα και παράνομα) τον Νοέμβριο του 2008. (Η ΕΡΤ είχε ήδη ξεκινήσει πιο πριν να εκπέμπει ψηφιακό περιεχόμενο σε πιλοτικό στάδιο, παράνομα χωρίς άδεια.) Το πλάνο της Κυβέρνησης ήταν η μετάβαση να έχει ολοκληρωθεί μέχρι τον Νοέμβριο του 2012 με το κλείσιμο όλων των υπόλοιπων αναλογικών υπηρεσιών, όπως όριζε η σχετική Κοινοτική Οδηγία. Κατά τη μεταβατική περίοδο, θα λειτουργούσαν μέχρι οκτώ ψηφιακοί πολυπλέκτες, από 23 σταθμούς που εξέπεμπαν πριν αναλογικά, κάνοντας χρήση μερικών ή όλων των συχνοτήτων που χρησιμοποιούνταν προηγουμένως για αναλογικές μεταδόσεις. Με την ολοκλήρωση της μετάβασης από την αναλογική στην ψηφιακή τηλεόραση, θα υπήρχαν 158 σταθμοί ψηφιακής μετάδοσης, ομαδοποιημένοι σε 11 «περιοχές ευρύτερης κάλυψης», προερχόμενες από τις 45 αρχικές περιοχές κάλυψης που είχαν οριστεί με την αναλογική τηλεόραση. Κάθε μία απ' αυτές τις ευρύτερες περιοχές θα περιείχε 1, 2, ή 3 δίκτυα DTT (Digital Terrestrial Transmission) μοναδικής συχνότητας (SFNs ή Frequency Networks), που θα προωθούσαν κανάλια ιδίου περιεχομένου εντός της ευρύτερης περιοχής.

Καθ' όλη την τετραετία που η Κυβέρνηση αδυνατούσε να πετύχει τη μετάβαση από την αναλογική στην ψηφιακή τηλεόραση και να αποφασίσει τι θα κάνει με το ψηφιακό μέρισμα, ο ημερήσιος τύπος παρακολουθούσε και κατέγραφε τα γεγονότα της εποχής με τους εξής γλαφυρούς χαρακτηριστικούς τίτλους:

1) «διασπορά των αρμοδιοτήτων για τα ΜΜΕ» [338],
2) «καταπέλτης η ΕΕΤΤ για το νόμο περί Μέσων Μαζικής Επικοινωνίας» [339],
3) «μελλοντικές ρυθμίσεις που αφορούν το ... παρελθόν» [340],
4) «ασυντόνιστη η πορεία προς τη ψηφιακή τηλεόραση» [341],
5) «ο Πρόεδρος της ΕΕΤΤ προτείνει να πέσει το βάρος στην ψηφιακή τηλεόραση» [342],
6) «η μετάβαση στην ψηφιακή απελευθερώνει συχνότητες για τις τηλεπικοινωνιακές εταιρείες»,
7) «οι νέοι παίκτες εμποδίζονται (ακόμη) να μπουν στην ψηφιακή» [343],
8) «κυβερνητική απραξία για την ψηφιακή TV»,
9) «ψηφιακό μέρισμα: η μάχη φουντώνει μεταξύ κινητών και broadcasters» [344],
10) «πόσα χάρισε το κράτος στους καναλάρχες» [345], κ.λπ.

β) Τα οφέλη από τη μετάβαση στην ψηφιακή TV

Η ΕΕΤΤ είχε διακρίνει από νωρίς τα πολλά οφέλη που θα επέφεραν στο σύνολο της ελληνικής κοινωνίας η σωστή και έγκαιρη μετάβαση από την αναλογική στην ψηφιακή τηλεόραση και η καλύτερη αξιοποίηση του ψηφιακού μερίσματος. Μερικά απ' αυτά περιλάμβαναν τα κάτωθι:

1) πολύ περισσότερα τηλεοπτικά κανάλια για να διαλέξει ο καταναλωτής (τουλάχιστον 4 ψηφιακά κανάλια για κάθε μία αναλογική συχνότητα που χρησιμοποιούσε καθένα από τα 12 κανάλια εθνικής εμβέλιας που υπήρχαν τότε),
2) βελτιωμένη ποιότητα εικόνας και προγραμμάτων μέσω του ανταγωνισμού (καθώς το τηλεοπτικό περιεχόμενο θα μπορεί να προσφέρεται μέσα από πληθώρα εναλλακτικών διαύλων, όπως μέσω του διαδικτύου, δορυφορικά, ή μέσω σταθερών και κινητών ευρυζωνικών συνδέσεων),
3) συμβατότητα στη διεπαφή με άλλα συστήματα επικοινωνίας, δίκτυα υπολογιστών, ή ψηφιακά μέσα και
4) με την απόδοση του ψηφιακού μερίσματος στις τηλεπικοινωνιακές εταιρείες, διάθεση των ασύρματων και κινητών ευρυζωνικών υπηρεσιών σ' ολόκληρη την επικράτεια, συμπεριλαμβανομένων των αγροτικών και νησιωτικών περιοχών.

γ) Πρόταση της ΕΕΤΤ για «συνολική λύση» και «φυγή προς τα εμπρός»

Προκειμένου συνεπώς να μη χαθεί για τη χώρα και αυτή η ευκαιρία, η ΕΕΤΤ ανέλαβε πρωτοβουλίες, κατέθεσε μελέτες και προέβη σε μια σειρά ενεργειών, με γνώμονα την ταχύτερη μετάβαση στη ψηφιακή τηλεόραση[346],[347], και την αποτελεσματικότερη διάθεση του ψηφιακού μερίσματος. Όπως όμως θα δούμε στη συνέχεια, οι πρωτοβουλίες αυτές και οι προτάσεις της συνάντησαν τη σφοδρότατη αντίσταση από τους τηλεοπτικούς σταθμούς και τη ράθυμη ανταπόκριση των Υπουργών της Κυβέρνησης.

Από την αρχή δήλωνα ότι σε τρία χρόνια θα μπορούσαμε να οργανωθούμε για τη μετάβαση σε ψηφιακό ραδιόφωνο και τηλεόραση, αντί να πασχίζουμε να επιλύσουμε τα επιβαρυμένα ζητήματα με το αναλογικό σύστημα που χρονίζουν και έχουν προκαλέσει εντάσεις και στρεβλώσεις. Επανήλθαμε δε επανειλημμένως και ως ΕΕΤΤ και εγώ προσωπικά με επιστολές μας στους αρμόδιους Υπουργούς, καταθέτοντας ουσιαστικές προτάσεις[348],[349],[350].

Λίγους μήνες μετά την ανάληψη των καθηκόντων μου στην ΕΕΤΤ και με αφορμή το σχέδιο νόμου για την αδειοδότηση των Μέσων Μαζικής Ενημέρωσης που είχε δοθεί στην δημοσιότητα για διαβούλευση τον Ιανουάριο του 2006, το χαρακτηρίζαμε *αναχρονιστικό* και επισημαίναμε ως ΕΕΤΤ ότι έπρεπε να δοθεί προτεραιότητα στην ψηφιακή και όχι στην αναλογική τηλεόραση, καθόσον *«η Ελλάδα κινδυνεύει να μπει πάλι στο περιθώριο και να αδειοδοτούμε την αναλογική ραδιοτηλεόραση την εποχή που άλλες χώρες της ευρωπαϊκής οικογένειας θα έχουν πλέον περάσει στην ψηφιακή εποχή»*[351]. Στον σχολιασμό μας για το σχέδιο νόμου, προτείναμε ένα θεσμικό πλαίσιο μέσα από το οποίο θα επιχειρείτο *«μια συνολική λύση ώστε να αντιμετωπιστεί η χαοτική κατάσταση που επικρατεί σήμερα»*, επισημαίνοντας τα κάτωθι[352],[353]:

1) Να δοθεί στο νομοσχέδιο πολύ μεγαλύτερη έμφαση στη μετάβαση στην επίγεια ψηφιακή τηλεόραση και ραδιόφωνο παρά στην αναλογική.
2) Να μπει στόχος για μετάβαση στην ψηφιακή ευρυεκπομπή πριν από το 2012 πού επιτάσσει η Κοινοτική Οδηγία.
3) Να διαμορφωθεί Εθνικό Μητρώο Εκχωρηθέντων ραδιοτηλεοπτικών συχνοτήτων με τα τεχνικά τους χαρακτηριστικά και να σχεδιαστεί χωροταξία κεραιών.
4) Οι δοκιμαστικές ψηφιακές εκπομπές να γίνουν έπειτα από κατάλληλο σχεδιασμό και εναρμόνιση του φάσματος και των τεχνικών χαρακτηριστικών εκπομπής.
5) Να γίνει πρόβλεψη για την ορθή διαχείριση του φάσματος που θα απελευθερωθεί (δηλαδή, του «ψηφιακού μερίσματος»).
6) Να προβλεφθούν τέλη χρήσης φάσματος και να μελετηθεί η πιθανή αγοραπωλησία/επινοικίαση φάσματος μεταξύ παρόχων δικτύου.

Και ενώ επεσήμαινα ότι *«η ΕΡΤ παρανομεί καθώς ήδη εκπέμπει ψηφιακά με τρία κανάλια δίχως να της έχουν αποδοθεί επίσημα οι συχνότητες»*[354], προτείναμε ως ΕΕΤΤ μια φυγή προς τα εμπρός, δηλαδή:

1) Να ξεχάσουμε πλήρως την αμαρτωλή και ποτέ αδειοδοτηθείσα αναλογική τηλεόραση και να πάμε απ' ευθείας στην αδειοδότηση της ψηφιακής, καθόσον οι ρυθμίσεις που προωθούσε τότε η Κυβέρνηση έδιναν «βάρος στο οσονούπω απερχόμενο παρελθόν».
2) Να προχωρήσουμε σύντομα στις διαγωνιστικές διαδικασίες για την ψηφιακή τηλεόραση[355]*, η οποία γνωρίζουμε ότι χρειάζεται τέσσερεις ή και περισσότερες φορές λιγότερο φάσμα από την αναλογική. Έτσι και αλλιώς, η Κομισιόν μας πίεζε να το κάνουμε μέχρι το 2012.*
3) Να γίνει σύντομα η μελέτη και ο προγραμματισμός, με συγκεκριμένο χρονοδιάγραμμα και τελικό χρονικό όριο για: (α) την ταχεία και μεθοδευμένη μετάβαση στην ψηφιακή τηλεόραση και, ταυτόχρονα, (β) την καλύτερη αξιοποίηση για τη χώρα του ψηφιακού μερίσματος[356],[357]*. (Η ΕΕΤΤ είχε ήδη αναλάβει από τότε να κάνει αυτό που λέγεται «ανάλυση της σχετικής αγοράς» για την αγορά της τηλεόρασης, που ήταν και το πρώτο βήμα για να καθοριστούν ποιοι ήταν οι παίκτες με «σημαντική ισχύ στην αγορά», τι υποχρεώσεις θα είχαν, κ.λπ.).*
4) Να διαχωριστεί η έννοια του «παρόχου περιεχομένου» (του οποίου η αδειοδότηση να γίνεται από το ΕΣΡ) από τον «πάροχο δικτύου» (του οποίου η αδειοδότηση να γίνεται από την ΕΕΤΤ) και να μην επιτρέπεται αυτό που γινόταν στις αναλογικές, δηλαδή ο ίδιος πάροχος (τηλεοπτικός σταθμός) να έχει και το δίκτυο και τις υπηρεσίες ευρυεκπομπής.
5) Η ΕΕΤΤ να καταστεί ο ενιαίος φορέας διαχείρισης του συνόλου του φάσματος συχνοτήτων.
6) Να συσταθεί ένα συντονιστικό όργανο (λόγω της διασποράς αρμοδιοτήτων[358]*) για τα ΜΜΕ που θα εποπτεύει την ομαλή μετάβαση στην ψηφιακή τηλεόραση και την καλύτερη διάθεση του ψηφιακού μερίσματος.*

Επισημαίναμε ότι η Κυβέρνηση *«υποτιμά το ορμητικά ερχόμενο (θεσμικό και τεχνολογικό) μέλλον»*, οι δε εφημερίδες έγραφαν σχετικά ότι (η Κυβέρνηση) *«προωθεί μελλοντικές ρυθμίσεις που αφορούν το ...παρελθόν»*[359] και ότι *«βλέπει στο παρελθόν και όχι στο μέλλον»*[360].

Θυμάμαι ότι όταν ο τότε αρμόδιος για τα ΜΜΕ Υπουργός Επικρατείας κ. Θ. Ρουσόπουλος (που προωθούσε αυτό το νομοσχέδιο για τις αδειοδοτήσεις των αναλογικών ραδιοτηλεοπτικών σταθμών) με ρώτησε γιατί να βιαστούμε να πάμε από τώρα στην ψηφιακή τηλεόραση, εγώ του απάντησα αφοπλιστικά, *«γιατί όχι»*. Πίστευα (όπως θα εξηγήσω πιο κάτω λεπτομερέστερα) ότι όσο πιο γρήγορα γινόταν η μετάβαση αυτή, τόσο πιο γρήγορα θα απελευθερωνόταν φάσμα συχνοτήτων που θα μπορούσε να χρησιμοποιηθεί για νέες καινοτόμες υπηρεσίες*[361]*.

δ) Η προταθείσα μεθοδολογία μετάβασης στη ψηφιακή τηλεόραση

Επειδή, όπως προανέφερα, από τις Κοινοτικές οδηγίες η μετάβαση στη ψηφιακή τηλεόραση και η διάθεση του ψηφιακού μερίσματος θα έπρεπε να είχαν ολοκληρωθεί από τα κράτη μέλη της Ε.Ε. μέχρι το τέλος του 2012, και επειδή ως τότε δεν είχε γίνει ακόμα τίποτε σχετικό, στην ειδική Ημερίδα της ΕΕΤΤ της 24/2/2009 επανέλαβα τις διάφορες προτάσεις και τη μεθοδολογία (roadmap) συστηματικής τους υλοποίησης που είχε υποβάλει η ΕΕΤΤ τα τελευταία χρόνια στην Πολιτεία*[362]*. Επανήλθα στην προ τριετίας πρόταση μας (στο πλαίσιο της τότε δημόσιας διαβούλευσης του Ιανουαρίου του 2006) *να παρακαμφθεί πλήρως η αναλογική αδειοδότηση και να εστιάσουμε στην απ' ευθείας μετάβαση στην ψηφιακή ραδιοτηλεόραση*.

Για τη *μεθοδευμένη μετάβαση στην ψηφιακή τηλεόραση* προτείναμε να ακολουθηθούν τα εξής τρία βασικά στάδια εξέλιξης, τα οποία απαιτείται να προβλεφθούν με το νέο νόμο*[363]*:

Πρώτο στάδιο:

1) Στο πρώτο στάδιο απαιτείται να γίνει δοκιμαστική ψηφιακή εκπομπή από τα εγκριθέντα σημεία εκπομπής που σκοπό θα έχει να δοκιμάσει το σύστημα και τις παραμέτρους του ώστε να καταλήξει στην ενδεδειγμένη λύση για την ανάπτυξη της επίγειας ψηφιακής τηλεόρασης στην Ελλάδα. Έτσι, επισημαίναμε ως Ρυθμιστική Αρχή, ότι για το στάδιο αυτό θα πρέπει να προβλεφθεί νομοθετικά ποιος φορέας θα αναλάβει να πραγματοποιήσει τις δοκιμαστικές εκπομπές (π.χ. η κρατική τηλεόραση;), να προσδιορισθούν η κάλυψη και οι δίαυλοι που

θα επιτραπούν για τη χρήση αυτή, να οριστούν τα χρονικά όρια της περιόδου δοκιμαστικών εκπομπών και τα αποτελέσματα που θα έχουν προγραμματιστεί να επιφέρουν αυτές οι εκπομπές.
2) Με το τέλος αυτής της περιόδου θα πρέπει να αποφασιστούν τα βασικά τεχνικά χαρακτηριστικά του δικτύου DVB-T (ίσως και του DVB-H) και να ορισθούν οι σχετικοί χάρτες συχνοτήτων και οι υποχρεώσεις κάλυψης του Καθολικού Παρόχου Δικτύου.

Δεύτερο στάδιο:

1) Το δεύτερο στάδιο της μετάβασης θα αποτελεί την περίοδο ταυτόχρονης εκπομπής αναλογικού και ψηφιακού σήματος. Κατά τη μεταβατική αυτή περίοδο, συνιστούσαμε να απελευθερωθεί ικανός αριθμός διαύλων (π.χ. για να μεταφέρει πανελλαδικά τους εθνικής εμβέλειας τηλεοπτικούς σταθμούς, απαιτούνται 2 με 3 δίαυλοι πανελλαδικά για δίκτυα απλής συχνότητας SFN), οι οποίοι και να αποδοθούν στους παρόχους δικτύου με διαγωνιστική διαδικασία.
2) Η απελευθέρωση των διαύλων από τις αναλογικές εκπομπές θα πρέπει επίσης να προβλεφθεί νομοθετικά για συγκεκριμένη χρονική περίοδο η οποία σύμφωνα με τα ισχύοντα θα πρέπει να προσδιορισθεί ενωρίτερα του 2012.
3) Κατά την ενδιάμεση αυτή περίοδο θα πρέπει να προβλεφθεί το πλάνο της περαιτέρω προοδευτικής απελευθέρωσης διαύλων και η απόδοσή τους σε παρόχους δικτύου δίνοντας ίσως κίνητρα για την άμεση μετάβαση αναλογικών τηλεοπτικών σταθμών (Τ/Σ) στο ψηφιακό δίκτυο. Μέχρι τη λήξη αυτής της περιόδου (ένα ή δύο χρόνια πριν το 2012) θα πρέπει τα δίκτυα των παρόχων (τουλάχιστον όσα θα έχουν τον χαρακτηρισμό του Καθολικού Παρόχου) να έχουν αναπτυχθεί μέχρις σημείου να προσφέρουν κάλυψη ανάλογη με αυτήν που προσφέρουν σήμερα τα δίκτυα αναλογικής τηλεόρασης την οποία και θα αντικαταστήσουν.
4) Στην ίδια αυτή περίοδο, το Κράτος θα πρέπει να αποφασίσει αν και με ποιο τρόπο θα ενισχύσει αυτήν την προσπάθεια, πριμοδοτώντας π.χ. τους παρόχους δικτύου, τους παρόχους περιεχομένου ή και το τηλεοπτικό κοινό για την αγορά σχετικού εξοπλισμού.
5) Τέλος, κατά την περίοδο αυτή και καθώς θα απελευθερώνονται σταδιακά δίαυλοι από την αναλογική τηλεόραση βάση συγκεκριμένου πλάνου, θα πρέπει να γίνει και η ανάπτυξη του ψηφιακού ραδιοφώνου.

Τρίτο στάδιο:

Κατά το τρίτο στάδιο που θα ακολουθήσει (και που θα ολοκληρωθεί στην καταληκτική ημερομηνία του 2012) θα πρέπει να τερματίσουν τη λειτουργία τους όλοι οι αναλογικοί Τ/Σ, να έχουν απομακρυνθεί τα κεραιοσυστήματα και οι σχετικοί οικίσκοι τους από τα κέντρα εκπομπής και να ολοκληρωθεί έτσι η μετάβαση στην ψηφιακή εποχή.

Τα ανωτέρω προϋπέθεταν τη σύσταση, ΑΜΕΣΩΣ, ενός *«Συντονιστικού Οργάνου»* που θα επόπτευε την ομαλή μετάβαση στη ψηφιακή ραδιοτηλεόραση και την ωφελιμότερη για τον πολίτη αξιοποίηση του ψηφιακού μερίσματος. Το Όργανο αυτό θα αποτελείτο από τους αρμόδιους φορείς (Γενικούς Γραμματείς των Υπουργείων Εσωτερικών και Δημόσιας Διοίκησης, ΥΠΕΧΩΔΕ και ΥΜΕ, αντιπροέδρων ΕΣΡ και ΕΕΤΤ, και από έναν εκπρόσωπο των εταιρειών τηλεπικοινωνιών, των ΜΜΕ και των καταναλωτών) και θα αναλάμβανε να κάνει:

1) την πλήρη οριοθέτηση αρμοδιοτήτων μεταξύ των διαφόρων φορέων και την αποσαφήνιση αντικρουόμενων διατάξεων στους σχετικούς νόμους,
2) την οργάνωση, συντονισμό και επίβλεψη όλων των αναγκαίων δράσεων και ενεργειών που απαιτούντο τόσο για τη μετάβαση στην ψηφιακή ευρυεκπομπή και το ψηφιακό ραδιόφωνο (ώστε κατά την επικείμενη μεταβατική περίοδο της συνύπαρξης αναλογικών και ψηφιακών εκπομπών να μην μείνει μέρος του πληθυσμού χωρίς τηλεοπτικό σήμα), όσο για την απαραίτητη ενημέρωση του καταναλωτή αναφορικά με τη μετάβαση στην εποχή των ψηφιακών ευρυεκπομπών (αναγκαίες αλλαγές-αναβαθμίσεις των τηλεοπτικών δεκτών και κεραιών λήψης τηλεοπτικού σήματος, αποκωδικοποιητών, κ.λπ., στις οποίες θα έπρεπε να προβούν οι καταναλωτές),
3) την προετοιμασία των απαραίτητων Κοινών Υπουργικών Αποφάσεων για τον καθορισμό και εγκατάσταση Πάρκων Κεραιών στα προβλεπόμενα από τον ψηφιακό χάρτη κέντρα εκπομπής,
4) την έγκριση και προώθηση εισηγήσεων προς τα συναρμόδια Υπουργεία για έκδοση ΚΥΑ ή/και νομοθετικών ρυθμίσεων και την παρακολούθηση της τάχιστης υλοποίησής τους,

Η βασική αρχή του διαχωρισμού παρόχου περιεχομένου από τον πάροχο δικτύου προτείνονταν και για την περίπτωση της επίγειας ψηφιακής τηλεόρασης. Με την ανωτέρω πρόταση και με βάση τα αποτελέσματα του διαγωνισμού που θα είχε διεξαχθεί από την ΕΕΤΤ, θα αποδίδονταν δικαιώματα χρήσης ραδιοσυχνοτήτων στους παρόχους δικτύου οι οποίοι και θα ανάπτυσσαν δίκτυα επίγειας ψηφιακής τηλεόρασης. Οι άδειες περιεχομένου ψηφιακής τηλεόρασης θα χορηγούνται από το ΕΣΡ. Οι φορείς που θα έπαιρναν «άδεια περιεχομένου» ψηφιακής τηλεόρασης θα έπρεπε για τη μετάδοση του σήματος στον τελικό καταναλωτή να συνεργασθούν με φορείς που έχουν λάβει από την ΕΕΤΤ συχνότητες ψηφιακής ευρυεκπομπής.

ΨΗΦΙΑΚΟ ΡΑΔΙΟΦΩΝΟ

Το ψηφιακό ραδιόφωνο αναμενόταν να εκπέμψει με την τεχνολογία DAB στη Band IV ενώ το αναλογικό FM ραδιόφωνο θα παρέμενε στις συχνότητες 87–107,7 MHz.

Η αδειοδότηση των αναλογικών ραδιοφωνικών σταθμών στη ζώνη των FM, αν και ήταν επιθυμητή για λόγους ρύθμισης του τοπίου, δεν αποτελούσε τεχνολογικά τουλάχιστον προαπαιτούμενο για την ανάπτυξη του ψηφιακού ραδιοφώνου.

Μετά τον καθορισμό των διαύλων για την εκπομπή ψηφιακών ραδιοφωνικών προγραμμάτων και αφού οι δίαυλοι αυτοί θα είχαν απελευθερωθεί από την αναλογική τηλεόραση, θα έπρεπε με τον προσφορότερο τρόπο να δοθούν προς χρήση σε παρόχους δικτύου. Οι πάροχοι ραδιοφωνικού περιεχομένου θα μπορούσαν στη συνέχεια να μεταδώσουν το πρόγραμμά τους μέσω των δικτύων αυτών.

Λόγω του τοπικού χαρακτήρα των ραδιοφωνικών εκπομπών, θα έπρεπε να βρεθεί ο προσφορότερος τρόπος για την απόδοση αυτών των διαύλων στους παρόχους ώστε να μπορέσει το ψηφιακό ραδιόφωνο να είναι οικονομικά βιώσιμο και να καλύψει μεγάλο μέρος πληθυσμού και γεωγραφικής έκτασης, με απώτερο σκοπό να φτάσει στα ίδια επίπεδα κάλυψης με το αναλογικό.

Το χρονοδιάγραμμα ανάπτυξης του ψηφιακού ραδιοφώνου θα εξαρτάτο από την απόδοση προς χρήση των σχετικών συχνοτήτων. Η δε απόδοση αυτή εξαρτάτο τόσο από τα οριζόμενα από την ITU όσο και από τα χρονοδιαγράμματα μετάβασης στην ψηφιακή τηλεόραση.

Έτσι εισηγούμασταν ότι στον νέο Νόμο για τα ΜΜΕ θα έπρεπε - προκειμένου να διασφαλισθεί η ομαλή μετάβαση στην ψηφιακή τηλεόραση κυρίως, αλλά και στο ψηφιακό ραδιόφωνο - να περιλαμβάνονται διατάξεις σχετικά με:

1) Πρόβλεψη ύπαρξης υπηρεσίας ψηφιακού ραδιοφώνου και ψηφιακής τηλεόρασης.
2) Πρόβλεψη για το χρονοδιάγραμμα μετάβασης που θα ακολουθείτο.
3) Πρόβλεψη για τον φορέα που θα πραγματοποιούσε τη δοκιμαστική (τηλεοπτική και ραδιοφωνική) εκπομπή, τα δικαιώματα και τις υποχρεώσεις του.
4) Πρόβλεψη για τις Συχνότητες που θα χρησιμοποιούνταν σε κάθε στάδιο της μετάβασης και για τη διαδικασία απελευθέρωσής τους από την αναλογική τηλεόραση/ραδιόφωνο.
5) Πρόβλεψη ύπαρξης παρόχων δικτύου και τρόπος με τον οποίο θα αποδίδονταν οι συχνότητες σε αυτούς.
6) Πρόβλεψη έκδοσης αδειών περιεχομένου από το ΕΣΡ στους παρόχους περιεχομένου (τηλεοπτικού ή ραδιοφωνικού) στην ψηφιακή πλατφόρμα.
7) Πρόβλεψη διαδικασίας και προτεραιότητας μετάβασης παρόχων αναλογικής τηλεόρασης/ραδιοφώνου στην ψηφιακή πλατφόρμα.
8) Πρόβλεψη για ρύθμιση των τεχνικών χαρακτηριστικών σύμφωνα με τα οποία θα λειτουργούσαν η ψηφιακή τηλεόραση και το ραδιόφωνο.

Η ΕΕΤΤ ΤΡΟΠΟΠΟΙΕΙ ΤΟΝ ΚΑΝΟΝΙΣΜΟ ΑΔΕΙΩΝ Ρ/Τ ΔΙΚΤΥΩΝ

Η ΕΕΤΤ, σε συνέχεια της Δημόσιας Διαβούλευσης που διεξήγαγε το 2009, αποφάσισε (Απόφαση ΕΕΤΤ 513/014/03-03-2009, ΦΕΚ 492/Β/18-03-2009) την τροποποίηση του Κανονισμού των Γενικών Αδειών, με σκοπό τον καθορισμό των δικαιωμάτων και των υποχρεώσεων των παρόχων δικτύων όταν παράγουν ή μεταδίδουν ραδιοτηλεοπτικά προγράμματα στους τελικούς χρήστες.

Διέκρινε τρεις κατηγορίες δικτύων Η.Ε. μέσω των οποίων μεταδίδονται ραδιοτηλεοπτικά προγράμματα:

1) Δίκτυα μετάδοσης σημάτων επίγειας ψηφιακής ευρυεκπομπής, με χρήση συχνοτήτων για την εκπομπή ραδιοτηλεοπτικού σήματος, σύμφωνα με τον εκάστοτε ισχύοντα Χάρτη Συχνοτήτων.
2) Δίκτυα μετάδοσης σημάτων επίγειας αναλογικής ευρυεκπομπής, με χρήση συχνοτήτων για την εκπομπή ραδιοτηλεοπτικού σήματος, σύμφωνα με τον εκάστοτε ισχύοντα Χάρτη Συχνοτήτων.
3) Ευρυζωνικά δίκτυα (χωρίς τη χρήση συχνοτήτων που έχουν χορηγηθεί για την εκπομπή ραδιοτηλεοπτικού σήματος).

Στον εν λόγω Κανονισμό, οι υπεύθυνοι για τη διαχείριση και λειτουργία των εγκατεστημένων, εντός των Πάρκων Κεραιών, κεραιοσυστημάτων επίγειας αναλογικής ή/και ψηφιακής ευρυεκπομπής, θεωρούνται ως πρόσωπα που λειτουργούν δίκτυο μετάδοσης σημάτων επίγειας αναλογικής ή/και ψηφιακής ευρυεκπομπής και επομένως, έχουν τα δικαιώματα και τις υποχρεώσεις που απορρέουν από την εκάστοτε ισχύουσα νομοθεσία και ιδίως το Ν.3592/2007 «Συγκέντρωση και Αδειοδότηση Επιχειρήσεων Μέσων Ενημέρωσης και άλλες διατάξεις».

Παράλληλα, ο Κανονισμός όριζε ότι κάθε πρόσωπο που παρέχει υπηρεσίες δικτύου μετάδοσης σημάτων επίγειας αναλογικής ή/και ψηφιακής ευρυεκπομπής:

1) Οφείλει να συμμορφώνεται με τις διατάξεις του ισχύοντος Χάρτη Συχνοτήτων.
2) Πρέπει να χρησιμοποιεί ραδιοσυχνότητες ή διαύλους που έχουν χορηγηθεί για την εκπομπή ραδιοτηλεοπτικού σήματος.
3) Δεν δικαιούται να χρησιμοποιεί οποιαδήποτε ραδιοσυχνότητα ή δίαυλο, που έχει χορηγηθεί για την εκπομπή ραδιοτηλεοπτικού σήματος, χωρίς προηγούμενη συμφωνία όλων εκείνων των προσώπων, στα οποία έχει χορηγηθεί σχετική άδεια χρήσης.
4) Οφείλει να μεταφέρει σε κάθε ραδιοσυχνότητα ή δίαυλο αποκλειστικά και μόνο το περιεχόμενο των προσώπων στα οποία έχει χορηγηθεί η χρήση της ραδιοσυχνότητας ή του διαύλου.
5) Υπόκειται σε όλες τις υποχρεώσεις που σχετίζονται αφενός με τη χρήση ραδιοσυχνοτήτων ή διαύλων για την εκπομπή

ραδιοτηλεοπτικού σήματος και αφετέρου με τα τεχνικά χαρακτηριστικά, τους όρους και τις προδιαγραφές εκπομπής.

Για τους παρόχους ευρυζωνικών δικτύων που μεταδίδουν ραδιοτηλεοπτικά προγράμματα, ο Κανονισμός όριζε ότι, επειδή παρέχουν υπηρεσίες διανομής σημάτων ευρυεκπομπής, έχουν τα δικαιώματα και τις υποχρεώσεις που απορρέουν από την εκάστοτε ισχύουσα νομοθεσία. Επιπλέον, κάθε πρόσωπο που παρέχει υπηρεσίες διανομής σημάτων ευρυεκπομπής μέσω ευρυζωνικών δικτύων:

1) Οφείλει να μεταφέρει περιεχόμενο μόνο εφόσον αυτό έχει λάβει έγκριση ή έχει αδειοδοτηθεί από το Εθνικό Συμβούλιο Ραδιοτηλεόρασης (ΕΣΡ).
2) Υποχρεούται να συνάπτει σύμβαση με την επιχείρηση, η οποία έχει λάβει άδεια ή έγκριση τηλεοπτικού ή ραδιοφωνικού περιεχομένου, της οποίας το περιεχόμενο θα μεταφέρει.

ΤΟ ΨΗΦΙΑΚΟ ΜΕΡΙΣΜΑ

α) Ορισμός-εφαρμογές

Με τον ερχομό της μετάβασης από την αναλογική στην ψηφιακή τηλεόραση, ένας νέος όρος είχε γεννηθεί, αυτός του «ψηφιακού μερίσματος». Το *ψηφιακό μέρισμα* είναι το φάσμα συχνοτήτων που θα απελευθερώνονταν όταν θα γινόταν η πλήρης μετάβαση (switchover) από την αναλογική στην ψηφιακή ευρυεκπομπή, καθώς η τελευταία απαιτεί λιγότερο φάσμα συχνοτήτων.

Η μείωση στον αριθμό των απαιτούμενων συχνοτήτων πηγάζει από την ικανότητα που παρέχει η ψηφιακή τεχνολογία να εκπέμπει μεγαλύτερο αριθμό τηλεοπτικών προγραμμάτων μέσα από συγκεκριμένο εύρος φάσματος σε σύγκριση με την αναλογική. Σε αντίθεση με την αναλογική, η οποία απαιτεί εύρος συχνοτήτων 8 MHz για την εκπομπή ενός μόνον τηλεοπτικού προγράμματος, με το ίδιο εύρος συχνοτήτων μπορεί να εκπεμφθούν περισσότερα ψηφιακά τηλεοπτικά προγράμματα, με τη χρήση «πολυπλεξίας» (multiplex). Ανάλογα με τη χρησιμοποιούμενη τεχνολογία, ένας πολυπλέκτης μπορεί να εκπέμψει τέσσερα ή περισσότερα τηλεοπτικά προγράμματα «κανονικής ευκρίνειας» (standard definition), 1 ή 2 προγράμματα «υψηλής ευκρίνειας» (high definition), ή είκοσι ή περισσότερα προγράμματα κινητής τηλεόρασης (mobile television).

Κατά τη διάρκεια της τετραετίας 2005-09, είχε διεθνώς αυξηθεί σημαντικά το ενδιαφέρον για νέες χρήσεις του ψηφιακού μερίσματος, κυρίως για υπηρεσίες μη σχετικές με την επίγεια τηλεόραση. Στο «ίδιο μήκος κύματος» και εγώ, υποστήριζα ότι το ψηφιακό μέρισμα δεν θα έπρεπε να δοθεί εξ ολοκλήρου στα τηλεοπτικά κανάλια, αλλά ένα μεγάλο τμήμα του να διατεθεί στις τηλεπικοινωνιακές εταιρείες (κάτι που δυσαρεστούσε πολύ τους τηλεοπτικούς σταθμούς και τους καναλάρχες) για την ανάπτυξη νέων ψηφιακών τηλεπικοινωνιακών δικτύων που θα παράσχουν νέες καινοτόμες εφαρμογές όπως:

1) διαδραστικές υπηρεσίες σταθερής και κινητής ευρυεκπομπής μέσα από πολλαπλές πλατφόρμες μετάδοσης (mobile broadband communications),
2) ασύρματες και κινητές ευρυζωνικές υπηρεσίες,
3) υπηρεσίες ηλεκτρονικών επικοινωνιών για τη δημόσια ασφάλεια,
4) νέες κινητές υπηρεσίες τηλεοπτικού και πολυμεσικού περιεχομένου (mobile TV and multimedia services),
5) προχωρημένες υπηρεσίες κοινωνικού χαρακτήρα (π.χ., τηλεϊατρική, τηλεκπαίδευση, κ.λπ.)

β) Η διεθνής εμπειρία για το ψηφιακό μέρισμα

Στη παγκόσμια Διάσκεψη Ραδιοεπικοινωνιών World Radiocommunication Conference (WRC-07) της ITU που διοργανώθηκε στη Γενεύη το 2007 (από 22/10 έως 16/11) ψηφίστηκε από της περισσότερες χώρες της CEPT η περιοχή της ζώνης συχνοτήτων 700-862 MHz να διατεθεί στην κινητή υπηρεσία, για ανάπτυξη συστημάτων IMC (International Mobile Communications), με κατάλληλη προστασία των υπηρεσιών ευρυεκπομπής (να μην επιδρούν στους δέκτες της ψηφιακής τηλεόρασης που θα χρησιμοποιούν γειτονικό φάσμα) και με ημερομηνία έναρξης αυτών των υπηρεσιών από το τέλος του 2011 και μετά.

Ταυτόχρονα, η Ευρωπαϊκή Επιτροπή με Ανακοίνωσή της στις 13/11/2007 καλούσε για *κοινή προσέγγιση στην εκμετάλλευση του ψηφιακού μερίσματος* ώστε να επιτευχθούν οικονομίες κλίμακας και πρότεινε τρείς υποζώνες στα UHF για

1) πρόσθετες υπηρεσίες επίγειας ψηφιακής ευρυεκπομπής,
2) κινητά πολυμέσα και,
3) ασύρματες ευρυζωνικές κινητές επικοινωνίες.

Η επίγεια ψηφιακή τηλεόραση θα εξέπεμπε για την Ευρώπη με την τεχνολογία DVB-T για οικιακούς δέκτες με εξωτερικές ή εσωτερικές κεραίες και με την τεχνολογία DVB-H για κινητούς φορητούς δέκτες μεγέθους παλάμης στις ζώνες συχνοτήτων οι οποίες επί του παρόντος καταλαμβάνονται από την αναλογική τηλεόραση.

Οι προτάσεις της προς το Ευρωπαϊκό Κοινοβούλιο (COM 2007-700 13/11/2007) σχετικά με το πώς θα πρέπει να επωφεληθούμε πλήρως από το ψηφιακό μέρισμα στην Ευρώπη, ανέφεραν: *«Το ψηφιακό μέρισμα αποτελεί μοναδική ευκαιρία για να καλυφθεί η ταχέως αναπτυσσόμενη ζήτηση για ασύρματες υπηρεσίες επικοινωνιών. Απελευθερώνει επαρκές φάσμα για τους ραδιοτηλεοπτικούς σταθμούς έτσι ώστε να αναπτύξουν και να επεκτείνουν σημαντικά τις υπηρεσίες τους ενώ ταυτόχρονα προσφέρει και σε άλλες σημαντικές κοινωνικές και οικονομικές χρήσεις, όπως οι ευρυζωνικές εφαρμογές που στοχεύουν στην κάλυψη του ψηφιακού χάσματος με την πρόσβαση στον εν λόγω πολύτιμο πόρο. Συνεπώς, το ψηφιακό μέρισμα δημιουργεί μια εν δυνάμει επωφελή κατάσταση για όλους τους ενδιαφερόμενους.»*

Ένα χρόνο αργότερα, το Φθινόπωρο του 2008, το Ευρωπαϊκό Κοινοβούλιο με ψήφισμά του (24/9/2008) αποδέχθηκε εν γένει τις πιο πάνω προτάσεις της Ευρωπαϊκής Επιτροπής, αναγνώρισε ότι 100 MHz από το ψηφιακό μέρισμα μπορούν να διατεθούν σε κινητές ευρυζωνικές υπηρεσίες και παρότρυνε σε συνεργασία κράτη μέλη και Ευρωπαϊκή Επιτροπή για καθορισμό των υποζωνών. Και οι δύο, με τότε πρόσφατο ψήφισμά τους καλούσαν τα κράτη μέλη *να προβούν συντονισμένα στη δέσμευση ψηφιακού μερίσματος*, να επιλέξουν μια ισορροπημένη προσέγγιση για την διάθεση του και να καταστρώσουν την εθνική τους στρατηγική μέχρι το 2009. Ήταν συνεπώς εξαιρετικά σημαντικό να περιληφθούν διατάξεις και στον ελληνικό νόμο για την ομαλότερη δυνατή μετάβαση από την αναλογική στην ψηφιακή τηλεοπτική εκπομπή καθώς μάλιστα πλησιάζαμε γρήγορα στο 2012.

Το 2008, σε διεθνές επίπεδο, η μεγιστοποίηση της αξιοποίησης του ψηφιακού μερίσματος για ανάπτυξη νέων δικτύων και καινοτόμων υπηρεσιών αποτελούσε πλέον μοχλό ανάπτυξης των εθνικών τους οικονομιών. (Σημειώνεται ότι και πριν από το 2008 σε πολλές χώρες είχε ήδη δεσμευθεί το ψηφιακό μέρισμα). Παραδείγματα από την διεθνή εμπειρία όσον αφορά το ψηφιακό μέρισμα ήταν τότε τα ακόλουθα:

1) ΗΠΑ: το φάσμα από τα 700-804 MHz είχε δημοπρατηθεί για ασύρματες ευρυζωνικές υπηρεσίες.
2) ΗΒ: φάσμα 112 MHz είχε δεσμευτεί για δημοπρασία.
3) Ιαπωνία: δέσμευση φάσματος 60 MHz στα UHF και συζήτηση για άλλα 60 MHz στα VHF.
4) Σουηδία: δεσμεύτηκε φάσμα 72 MHz.

γ) Η μελέτη της ΕΕΤΤ για το ψηφιακό μέρισμα

Μέχρι τα μέσα του 2009, η ΕΕΤΤ είχε επεξεργαστεί και υποβάλει συγκεκριμένες θέσεις για τη διανομή του ψηφιακού μερίσματος και είχε εκπονήσει και ειδική «μελέτη για το Ψηφιακό Μέρισμα», με την οποία αναδείκνυε εναλλακτικούς τρόπους εκμετάλλευσης του.

Η μελέτη, αφού πρώτα έκανε μια ανασκόπηση της τότε κατάστασης σχετικά με τη μετάβαση στη ψηφιακή τηλεόραση και τις προοπτικές απελευθέρωσης και χρήσης του ψηφιακού μερίσματος, τόσο στην Ελλάδα όσο και στις υπόλοιπες χώρες της Ε.Ε., προχώρησε βασιζόμενη στις εξής *δύο βασικές παραδοχές[364]*:

1) ότι ο αριθμός των ψηφιακών εκπομπών τηλεοπτικού περιεχομένου που θα προκύψουν για κάθε περιφέρεια θα είναι ίσος ή μεγαλύτερος από τον αριθμό των αναλογικών αδειών που προβλεπόταν από τη νομοθεσία και

2) ότι η εκτίμηση της χωρητικότητας σε ψηφιακούς τηλεοπτικούς διαύλους της ζώνης UHF 470-838 MHz υπολογίζεται με αναφορά στο προτεινόμενο Σχέδιο Χάρτη Συχνοτήτων Επίγειας Ψηφιακής Ευρυεκπομπής ραδιοτηλεοπτικού σήματος, όπως αυτό παρουσιάστηκε στις 24/7/2008 από τούς τότε Υπουργούς Μεταφορών & Επικοινωνιών και Επικρατείας.

Η ανάλυση της μελέτης οδήγησε στα εξής *συμπεράσματα:*

1) Η απελευθέρωση των συχνοτήτων πάνω από τα 790 MHz δεν θα παρουσιάσει σημαντικές επιπτώσεις στη δυνατότητα να καλυφθούν όλοι οι ψηφιακοί τηλεοπτικοί σταθμοί που προβλέπει η ελληνική νομοθεσία.

2) Εάν όμως τα κανάλια 67-69 δεν γίνουν διαθέσιμα, η ποσότητα του φάσματος για κινητές ευρυζωνικές υπηρεσίες θα μειωθεί σε μόνο 2x5 MHz και έτσι θα χαθούν τα περισσότερα οφέλη του ψηφιακού μερίσματος. Μια μετάθεση όμως της χρήσης για στρατιωτικούς σκοπούς στα κανάλια 57, 58 και 65 θα λύσει το μεγαλύτερο μέρος του προβλήματος.

3) Μικρότερο όφελος – σε σύγκριση με το ψηφιακό μέρισμα – θα μπορούσε να υπάρξει με την περαιτέρω απελευθέρωση και άλλων καναλιών (π.χ., 28-32), αλλά αυτά δεν θα ικανοποιούσαν την «εναρμονισμένη ζώνη συχνοτήτων» (harmonized) που πρότεινε η Ε.Ε.

4) Επέκταση των υπηρεσιών κινητής Ευρυζωνικότητας με οικονομικά συμφέροντα τρόπο θα εξαρτάται μάλλον από πρόσβαση σε επιπρόσθετο φάσμα κάτω από τα 1 GHz, που στην πράξη σημαίνει στη μπάντα των 790–862 MHz. Η σχετικά μικρή εκείνη την εποχή διαθεσιμότητα σταθερής Ευρυζωνικότητας, η απουσία εναλλακτικής πλατφόρμας καλωδιακής τηλεόρασης και η δέσμευση της Κυβέρνησης με τη στρατηγική της για τις Η.Ε. για ασύρματη Ευρυζωνικότητα στις αγροτικές περιοχές (στην Περιφέρεια), όλα αυτά ενίσχυαν την περίπτωση για την απελευθέρωση του εναρμονισμένου ψηφιακού μερίσματος και στην Ελλάδα.

Η μελέτη κατέληγε στις κάτωθι προτάσεις:

1) Προτεινόταν η διάθεση ψηφιακού μερίσματος στην «εναρμονισμένη ζώνη συχνοτήτων» 790-862 MHz (κανάλια 61-69).
2) Εκτός απ' αυτήν τη ζώνη, υπήρχε και δεύτερο διαθέσιμο τμήμα φάσματος στη ζώνη 526-596 MHz (κανάλια 28-32) που θα μπορούσε να χρησιμοποιηθεί για την ανάπτυξη δικτύων που παρέχουν υποστηρικτικές υπηρεσίες στη ραδιοτηλεόραση, όπως π.χ. για κάλυψη πολιτιστικών, αθλητικών και άλλων γεγονότων, για τηλεοπτικά προγράμματα υψηλής ευκρίνειας (HDTV), για υπηρεσίες ασφαλείας, κ.λπ.

δ) Ειδική ημερίδα της ΕΕΤΤ για το ψηφιακό μέρισμα

Από τον Ιανουάριο του 2006 είχα υποβάλει αρμοδίως τις σχετικές προτάσεις και παρότρυνα συνέχεια την Κυβέρνηση να μεθοδεύσει μια *«συντονισμένη μετάβαση στην ψηφιακή τηλεόραση και αξιοποίηση του φάσματος»*[365],[366],[367]. Επειδή παρατηρούσα ότι υπήρχε μεγάλη απροθυμία και κωλυσιεργία για δράσεις[368] και επειδή το ψηφιακό μέρισμα είχε αρχίσει πλέον διεθνώς να αποτελεί βάση αποφάσεων, αποφάσισα – σε συνέχεια της μελέτης που είχε ολοκληρώσει η ΕΕΤΤ - να φέρω το θέμα του ψηφιακού μερίσματος για πρώτη φορά στην επιφάνεια και να ανοίξω επίσημα την όλη δημόσια συζήτηση στη χώρα μας[369] με την ειδική Ημερίδα που διοργάνωσε η ΕΕΤΤ (με πολύ μεγάλη μάλιστα επιτυχία[370]) στο Ξενοδοχείο Μεγάλη Βρετανία στις 24/2/2009. Σκοπός της ημερίδας ήταν να ευαισθητοποιήσει το κοινό, τους ειδικούς, την Πολιτεία και τους αρμόδιους φορείς πάνω στο σημαντικό αυτό θέμα, ώστε η μετάβαση στη ψηφιακή τηλεόραση να γίνει κατά τέτοιον τρόπο που να αξιοποιήσει το ψηφιακό μέρισμα όσο το δυνατόν καλύτερα.

Στην ομιλία μου είχα παρουσιάσει τα καυτά θέματα και τους προβληματισμούς μου (με τα οποία συμφωνούσε και η Ευρωπαϊκή Επιτροπή στις εκθέσεις της), τόσο για τη μετάβαση στην ψηφιακή τηλεόραση, όσο και για τη διάθεση του ψηφιακού μερίσματος. Εισηγούμουν: (α) μέρος του «ψηφιακού μερίσματος» να δοθεί στις εταιρείες κινητής τηλεφωνίας και (β) η μετάβαση στην ψηφιακή τηλεόραση να γίνει νόμιμα (παραχωρώντας άδειες συχνοτήτων μετά από διεθνείς διαγωνισμούς) και *να μην αποκλειστούν άλλοι παίκτες που θα ήθελαν να δραστηριοποιηθούν σ' αυτόν τον κλάδο στη χώρα μας.*

Παρότρυνα επίσης τους αρμόδιους φορείς να προβληματιστούν σχετικά με το ποιές από τις κάτωθι θέσεις μου γίνονται αποδεκτές*[371]*:

1) ότι το ψηφιακό μέρισμα αποτελεί οφθαλμοφανές παράδειγμα σπάνιου εθνικού πόρου που απαιτεί στρατηγική διαχείριση,
2) ότι το ψηφιακό μέρισμα και ο τρόπος διάθεσής του αποτελούν πολύπλοκα θέματα που θα έχουν σημαντικές επιπτώσεις στην εξυπηρέτηση του πολίτη και στην οικονομική ανάπτυξη της χώρας για μια μεγάλη περίοδο χρόνου, ίσως και 15-20 ετών,
3) ότι, μολονότι δεν έχει γίνει ακόμα ευρέως αποδεκτό ποιες και πόσες συχνότητες θα πρέπει να αφιερωθούν για το ψηφιακό μέρισμα, θα πρέπει εντούτοις να του διατεθεί ένα σημαντικό ποσοστό του φάσματος που θα απελευθερωθεί. (Οι περισσότερες ευρωπαϊκές χώρες έχουν ψηφίσει ότι το ελάχιστο θα πρέπει να είναι 72 MHz - από τα 790 έως τα 862 MHz - ενώ άλλοι υποστηρίζουν ότι ακόμα καλύτερο θα ήταν να αφήναμε στην άκρη 100 MHz),
4) ότι, ενδεχομένως, αν κάποιο κανάλι κατά τη μεταβατική περίοδο χρησιμοποιήσει συχνότητα που πέφτει μέσα στο ψηφιακό μέρισμα, ίσως απαιτηθεί η μετακίνησή του μετά το switchover,
5) ότι ο πολίτης δεν γνωρίζει τι είναι το ψηφιακό μέρισμα ούτε και σε τι θα τον ωφελήσει, όταν όμως ενημερωθεί πλήρως και καταλάβει τα πλεονεκτήματα και τα οφέλη που μπορεί να του προσφέρει, θα είναι αυτός ο ίδιος που θα απαιτήσει από εκείνους που παίρνουν τις αποφάσεις να γίνει μια σωστή διαχείρισή του,
6) ότι οποιεσδήποτε αποφάσεις σχετικά με το φάσμα που θα απελευθερωθεί για ψηφιακό μέρισμα θα πρέπει να συμβαδίζουν με το τι γίνεται στις άλλες χώρες της Ευρωπαϊκής Κοινότητας (ήδη 4 χώρες της Ε.Ε. έχουν λάβει τις αποφάσεις τους και άλλες δύο είναι έτοιμες),
7) ότι ο διάλογος που αρχίζουμε τώρα, δεν είναι μια άλλη ακαδημαϊκή συζήτηση, αλλά έχει να κάνει με επενδύσεις εκατομμυρίων ευρώ για την ασύρματη διάδοση της

Ευρυζωνικότητας και τις νέες υπηρεσίες προς τον πολίτη και ότι, συνεπώς, απαιτούνται ξεκάθαρες και έγκαιρες πολιτικές, ώστε να δοθεί ο απαιτούμενος χρόνος προετοιμασίας των αντίστοιχων επενδυτικών σχεδίων και, τέλος,
8) ότι είναι απαραίτητο πριν εκδοθεί ο τελικός Χάρτης Συχνοτήτων επίγειας ψηφιακής ευρυεκπομπής, να μελετηθεί τί ποσοστό του ψηφιακού μερίσματος θα διατεθεί στη χώρα μας για άλλες καινοτόμες υπηρεσίες.

ε) Μεθοδολογία διάθεσης του ψηφιακού μερίσματος

Οι κυριότερες προτάσεις μου για την μεθοδολογία διάθεσης του ψηφιακού μερίσματος ήταν οι ακόλουθες:

1) Επειδή, στην πορεία μας προς την καταλυτική ημερομηνία του 2012, ήταν εξαιρετικά κρίσιμο να προσδιορισθεί με σαφήνεια το ψηφιακό μέρισμα και οι χρήσεις του, προτείναμε στην Πολιτεία να το συνεξετάσει μαζί με τα νέα δεδομένα και τις νέες εξελίξεις σε «τεχνικές συμπίεσης και διαμόρφωσης σήματος» και να μη υπογραφεί ακόμα ο τελικός χάρτης ψηφιακών συχνοτήτων προτού - μέχρι το τέλος του 2009 και μετά από ευρεία διαβούλευση - καταστρωθεί η εθνική στρατηγική για το ψηφιακό μέρισμα.
2) Οι οποιεσδήποτε αποφάσεις για τον τρόπο διάθεσης του απελευθερωθέντος φάσματος, θα έπρεπε να βασίζονται στις εξής 5 βασικές αρχές:

(α) τη μεγιστοποίηση των ωφελειών από τις νέες υπηρεσίες προς τους πολίτες και καταναλωτές (maximize benefits),
(β) τη διασφάλιση ευελιξίας στη χρήση αυτού του φάσματος (flexibility),
(γ) τη δημιουργία σταθερού και προβλέψιμου ρυθμιστικού κλίματος (certainty), που θα προκαλούσε νέες επενδύσεις και καινοτόμες υπηρεσίες,
(δ) την τεχνολογική ουδετερότητα (technological neutrality), που θα απέτρεπε την εμφάνιση «επιλογών συγκεκριμένων τεχνολογιών» και, βεβαίως,
(ε) την οπωσδήποτε εναρμόνιση μας (harmonization) με την Ευρωπαϊκή Κοινότητα. (Να αποφασιστεί ότι το ψηφιακό μέρισμα που θα προκύψει στη χώρα μας θα είναι ανάλογου εύρους με αυτό των άλλων ευρωπαϊκών χωρών, ώστε να δοθεί η δυνατότητα να αναπτυχθούν συμβατά δίκτυα που θα συμβάλουν στην προώθηση

της υψηλής ταχύτητας ασύρματης ευρυζωνικής πρόσβασης στο Διαδίκτυο και στην ανάπτυξη καινοτόμων υπηρεσιών).
3) Να προετοιμαστεί η στρατηγική διαχείρισης και κατανομής του ψηφιακού μερίσματος.

ΑΝΗΣΥΧΙΕΣ ΓΙΑ ΤΟ ΨΗΦΙΑΚΟ ΤΗΛΕΟΠΤΙΚΟ ΜΕΛΛΟΝ

Μέχρι τις τελευταίες μέρες μου στην ΕΕΤΤ προσπαθούσα να κρούσω τον κώδωνα κινδύνου για το ψηφιακό τηλεοπτικό μέλλον της χώρας.

Επειδή πλέον τελείωνε το έτος 2009 και η Κυβέρνηση δεν είχε ακόμα κάνει κάτι για τη ψηφιακή τηλεόραση και το ψηφιακό μέρισμα, επανέλαβα τους προβληματισμούς μου στην Ημερίδα της 24/2/2009. Έθεσα ερωτήματα με τα οποία προσπαθούσα να προβληματίσω τους αρμόδιους φορείς να σκεφτούν με ποιές από τις κάτωθι θέσεις μου συμφωνούν ή διαφωνούν, να εξετάσουμε τους λόγους διαφωνίας και να καταλήξουμε σε κάτι που θα μετουσιώνονταν σε συγκεκριμένες πράξεις:

1) ότι η πρόσβαση στο Διαδίκτυο μέσω δικτύων κινητής Ευρυζωνικότητας θα συμβάλλει έτι περαιτέρω στη μείωση του ψηφιακού χάσματος,
2) ότι η παροχή οπτικοακουστικού περιεχομένου μέσω ευρυζωνικών δικτύων οπτικών ινών θα ολοκληρώσει τη σύγκλιση μεταξύ των τηλεπικοινωνιακών παρόχων και των παρόχων οπτικοακουστικού περιεχομένου,
3) ότι θα έπρεπε ήδη να είχε μπει μια τάξη στο ψηφιακό ραδιοτηλεοπτικό τοπίο και ότι δεν ήμασταν ακόμα κατάλληλα προετοιμασμένοι για τη μετάβαση στην ψηφιακή ραδιοτηλεόραση,
4) ότι η σωστή ρύθμιση, αδειοδότηση και εποπτεία των ψηφιακών ραδιοσυχνοτήτων έχουν ιδιαίτερη σπουδαιότητα για τη χώρα μας,
5) ότι έπρεπε ήδη να είχαν ληφθεί οι σωστές πολιτικές αποφάσεις ώστε να μην αρχίσει άναρχα και η μετάβαση στην ψηφιακή ραδιοτηλεόραση, που θα επέφερε μη αναστρέψιμα αποτελέσματα και θα δημιουργούσε στο μέλλον τρομερές διαταραχές (όπως, π.χ., επανασχεδίαση των δικτύων ευρυεκπομπής, αλλαγές ή προσαρμογές στα κουτιά set-top ή στις κεραίες των καταναλωτών, κ.λπ.),

6) ότι κατακερματισμένες αποφάσεις για τις συχνότητες UHF θα επηρεάσουν δυσμενώς αποφάσεις για επενδύσεις και στις άλλες «συμπληρωματικές ζώνες» στα 900, 1800, 2100, 2500/2600 MHz,
7) ότι θα έπρεπε η Πολιτεία πολύ σύντομα να αποφασίσει πώς θα χρησιμοποιηθεί το φάσμα που θα απελευθερωθεί μετά το switchover, έτσι ώστε να ικανοποιήσει τις συνεχώς αυξανόμενες ανάγκες των πολιτών, που όλο και περισσότερο εθίζονται στην απανταχού κινητή κάλυψη φωνής και αδιάλειπτης πρόσβασης στο Διαδίκτυο, στην τηλεόραση και στα πολυμέσα,
8) ότι δεν πρέπει να χαθεί και αυτή που πολλοί την αποκαλούν «once in a generation» χρυσή ευκαιρία για σημαντική αναδιανομή του φάσματος που θα μετασχηματίσει τις ζωές εκατομμυρίων συμπολιτών μας και, τέλος,
9) ότι δεδομένης της συναρμοδιότητας διαφόρων φορέων, η μετάβαση στη ψηφιακή τηλεόραση και οι απαιτούμενες θεσμικές αλλαγές προχωρούσαν με πολύ αργό ρυθμό.

Στις 26/4/2009, με επιστολή μου σε μια σειρά Υπουργών και γενικών γραμματέων της Κυβέρνησης*[372]*, ανέφερα αναλυτικά: α) ότι υπήρχαν προβλήματα με τη χορήγηση αδειών χρήσης συχνοτήτων στους αδειοδοτημένους παρόχους τηλεοπτικών προγραμμάτων (των «παρόχων περιεχομένου»), β) ότι υπήρχαν διατάξεις στο νέο νόμο για τα ραδιοτηλεοπτικά που κατά πάσα πιθανότητα θα προκαλέσουν την παρέμβαση της Ε. Επιτροπής διότι παραβιάζουν το δίκαιο του ανταγωνισμού και γ) λοιπά θέματα σχετικά με την αδειοδότηση και διαχείριση φάσματος, για τα πάρκα κεραιών, κ.λπ.

Βλέποντας ότι η όλη υπόθεση καθυστερούσε δραματικά, επισήμαινα για άλλη μια φορά ότι η μετάβαση στη ψηφιακή τηλεόραση γίνεται χωρίς κανένας σταθμός να έχει επίσημη άδεια ευρυεκπομπής. Σε συνέντευξη μου στις 10/5/2009 δήλωνα ότι *«είχαν περάσει 20 χρόνια και ούτε μία άδεια τηλεόρασης δεν μπόρεσε να δώσει το Κράτος και συνεπώς ποιος μας έλεγε ότι δεν θα φθάναμε στο 2012 ή στο 2020 δίχως να έχουν ακόμα δοθεί επίσημες άδειες; Αυτά που έγιναν πριν από 20 χρόνια στην αναλογική τηλεόραση ήταν αμαρτία να επαναληφθούν και στην ψηφιακή»[373]*.

Τέλος, στην τελευταία δημόσια ομιλία μου στο 4ο Διεθνές Συνέδριο της ΕΕΤΤ στις 20/5/2009 και ενώπιον του πρωθυπουργού κ. Κ. Καραμανλή και του υπουργού ΥΜΕ κ. Ε. Στυλιανίδη κατέκρινα[374] το νέο νόμο που προωθούσε η Κυβέρνηση ότι *παρείχε αδικαιολόγητα πλεονεκτήματα* στους παρόχους αναλογικών τηλεοπτικών προγραμμάτων (δηλαδή στα τότε παρανόμως λειτουργούντα αναλογικά κανάλια που δεν είχαν επίσημες άδειες εκπομπής). Επίσης κατέκρινα ότι: (α) «κατά πρωτότυπο» τρόπο, ο νόμος απένεμε τις συχνότητες στα κανάλια και όχι στις εταιρείες «παρόχους δικτύου» που θα λειτουργούσαν τα τηλεοπτικά δίκτυα (όπως γίνεται και με τις συχνότητες για τις τηλεπικοινωνίες), (β) ότι παρεμπόδιζε νέες επιχειρήσεις να εισέλθουν και να επενδύσουν στην ψηφιακή τηλεόραση δημιουργώντας μονοπωλιακή κατάσταση και (γ) ότι τα προβληματικά σημεία του νόμου και οι φωτογραφικές του διατάξεις ενδεχομένως να κριθούν από την Ευρωπαϊκή Επιτροπή ως *ενάντια στο δίκαιο του ανταγωνισμού*[375].

Ακόμα και η Ευρωπαϊκή Επιτροπή σημείωνε αργότερα το 2010 ότι η καθυστέρηση της Ελλάδας στη μετάβασή της στη ψηφιακή τηλεόραση δημιουργούσε προβληματισμούς για το αν ο στόχος του 2012 ήταν εφικτός (εκ των πραγμάτων γνωρίζουμε σήμερα, το 2015, ότι δεν ήταν), ότι οι κυβερνήσεις δεν είχαν μέχρι τότε χορηγήσει καμία άδεια αναλογική ή ψηφιακή (πράγμα που ακόμα δεν έχει γίνει μέχρι σήμερα στα τέλη του 2015), ότι δεν είχαν ορίσει χώρους για πάρκα κεραιών (πράγμα που επίσης ακόμα δεν έχει γίνει μέχρι σήμερα το 2015) και ότι δεν είχαν λάβει αποφάσεις για το ψηφιακό μέρισμα (το οποίο τελικά διευθετήθηκε με μεγάλη καθυστέρηση στα τέλη του 2014, με δυσμενείς συνέπειες για το κράτος, την αγορά και τον ανταγωνισμό, όπως θα αναφέρω λίγο πιο κάτω).

Βέβαια, και αυτό που έγινε αργότερα από τη νέα Κυβέρνηση του Σύριζα στα τέλη του 2015 με το νέο νόμο για τις αδειοδοτήσεις των τηλεοπτικών σταθμών[376],[377] δεν αποτέλεσε βελτίωση της κατάστασης. Ο Νόμος δείχνει βιασύνη και έχει συνταχθεί χωρίς να έχει προηγηθεί καμία σοβαρή μελέτη και εκτεταμένη διαβούλευση και θεωρώ ότι δύσκολα θα μπορέσει να εφαρμοστεί με επιτυχία καθώς και αυτός περιέχει προβληματικές διατάξεις για το μέλλον της ψηφιακής τηλεόρασης και του ανταγωνισμού στον τομέα αυτόν, που είναι επίσης πιθανόν να εγείρουν ενστάσεις από την Ευρωπαϊκή Επιτροπή.

ΑΝΤΙΔΡΑΣΕΙΣ ΤΩΝ ΚΑΝΑΛΑΡΧΩΝ

Πεποίθηση μου ήταν ότι: (1) το μέλλον ανήκει στο ευρυζωνικό Διαδίκτυο (και μάλιστα στο κινητό), ότι οπτικοακουστικές υπηρεσίες (βίντεο και τηλεόραση) θα αρχίσουν πλέον να διανέμονται μέσω του ευρυζωνικού Διαδικτύου και, κατά συνέπεια, η τηλεθέαση μέσω τις κλασσικής επίγειας ευρυεκπομπής θα μειώνεται συνεχώς και, συνεπώς, (2) *το ψηφιακό μέρισμα θα πρέπει να χρησιμοποιηθεί από τις τηλεπικοινωνιακές εταιρείες κινητής τηλεφωνίας για την ανάπτυξη νέων ασύρματων δικτύων επόμενης γενεάς και την υποστήριξη της κινητής Ευρυζωνικότητας (mobile broadband) και της «κινητής τηλεόρασης (mobile TV),* παρόλο που με βάση παλαιότερη κυβερνητική παρουσίαση σχεδίου Υπουργικής Απόφασης για τον Χάρτη Συχνοτήτων φαινόταν ότι το φάσμα αυτό (σε αντίθεση με ότι συνέβαινε στο εξωτερικό) θα διατίθετο εξ ολοκλήρου για τηλεοπτικές εκπομπές.

Έτσι άρχισε και η μεγάλη αντιπαράθεσή μου με τα τηλεοπτικά κανάλια και τον βασικό τους (και μοναδικό στη χώρα!) πάροχο δικτύου τη DIGEA (κοινή εταιρεία μεταξύ των ιδιωτικών τηλεοπτικών σταθμών), οι οποίοι αντιδρούσαν γιατί ήθελαν το επιπλέον φάσμα του ψηφιακού μερίσματος να παραμείνει εξ ολοκλήρου δικό τους*[378],[379]*. Η μεθοδολογία που αυτοί προασπίζονταν ήταν ότι, πρώτα έπρεπε να ολοκληρωθεί η μετάβαση στην ψηφιακή τηλεόραση και, στη συνέχεια, *ό,τι μέρος του φάσματος δεν θα αξιοποιούνταν από την τηλεόραση,* αυτό να έμπαινε σε διαγωνιστική διαδικασία*[380]*.

Όλες μου οι προτάσεις, όχι μόνον δεν εισακούστηκαν, αλλά αντιθέτως συνάντησαν οξύτατες αντιδράσεις και πόλεμο από τα τηλεοπτικά κανάλια που, σε συνδυασμό με την ατολμία και αναποφασιστικότητα της Κυβέρνησης, είχαν σαν αποτέλεσμα :

1) να γίνει μεν η πώληση των συχνοτήτων του ψηφιακού μερίσματος στις εταιρείες κινητής τηλεφωνίας, αλλά πολύ αργότερα μετά την παρέλευση ετών (τον Οκτώβριο του 2014), με αποτέλεσμα και το τίμημα να είναι 381 εκατ. ευρώ[381] (μικρότερο αυτού που θα επιτυγχάνονταν αν γινόταν νωρίτερα, προτού η χώρα βυθισθεί στην «οικονομική κρίση») και η χώρα να καθυστερήσει σημαντικά στις επενδύσεις των κινητών εταιρειών στο κινητό ευρυζωνικό Διαδίκτυο και στην κινητή τηλεόραση (mobile live streaming),

2) η μετάβαση στην ψηφιακή τηλεόραση να γίνει καθυστερημένα, άναρχα και παράνομα και

3) οι υπόλοιπες συχνότητες του ψηφιακού μερίσματος να δοθούν και αυτές καθυστερημένα (και σχεδόν με παράνομο τρόπο και με όρους διαγωνισμού που στην ουσία επέτρεπαν μόνον έναν υποψήφιο να εμφανιστεί) στην εταιρεία DIGEA, που ως «πάροχος δικτύου της επίγειας ψηφιακής τηλεόρασης» κατέβαλε το 2014 στο Κράτος μόλις 18,39 εκατ. ευρώ για να πάρει όλες τις τηλεοπτικές συχνότητες(!)[382],[383], και να καταστεί πλέον τηλεοπτικό δικτυακό μονοπώλιο, αποκλείοντας ουσιαστικά άλλον παίκτη (εγχώριο ή διεθνή) να εισέλθει στην αγορά[384].

Roberto Viola, Πρόεδρος του ERG (European Regulators Group)

Κεφάλαιο 12: Άλλες δράσεις της ΕΕΤΤ

«Ο καταναλωτής θα πρέπει να αισθάνεται ότι του παρέχουν τη σωστή εξυπηρέτηση, δεν τον κοροϊδεύουν και δεν τον εξαπατούν» (27/11/2006)

«Οι κακοί είναι μεν λίγοι, αλλά είναι πολύ ικανοί» (σχετικά με τις υποκλοπές, 2/2/2006).

Κεφάλαιο 12: Άλλες δράσεις της ΕΕΤΤ

Στο κεφάλαιο αυτό, καλύπτω μερικές από τις πολλές δράσεις της ΕΕΤΤ στην τετραετία 2005-2009. Αρχικά περιγράφω τη μεγάλη εκστρατεία της για την *ενημέρωση του κοινού* πάνω στα θέματα της Ευρυζωνικότητας, τις αντίστοιχες δράσεις και ενημερωτικές της εκδόσεις και στη συνέχεια αναφέρομαι στις ελεγκτικές και ρυθμιστικές της ενέργειες για την καλύτερη *εξυπηρέτηση των καταναλωτών*. Για τον σκοπό αυτόν, η ΕΕΤΤ συνέταξε τον Κανονισμό Δεικτών Ποιότητας των παρεχομένων από τους παρόχους υπηρεσιών καθώς και τον Κώδικα Δεοντολογίας για τις εταιρείες του κλάδου. Τα επόμενα θέματα αφορούν το τι έκανε η ΕΕΤΤ σχετικά με την *Ασφάλεια και Ακεραιότητα των δικτύων* Η.Ε., ποια ήταν η εμπλοκή της στο θέμα των *υποκλοπών* των τηλεφωνικών συνδιαλέξεων του Πρωθυπουργού, τις ενέργειές της για τη διαπίστευση των παρόχων υπηρεσιών πιστοποίησης *Ηλεκτρονικής Υπογραφής* και την έκδοση του αναγκαίου αντίστοιχου κανονιστικού κειμένου. Το κεφάλαιο κλείνει με μερικές ακόμα δράσεις της ΕΕΤΤ, όπως π.χ., το *Forum Ευρυζωνικότητας, το Γεωγραφικό της Σύστημα GIS, τον Κόμβο Μετρήσεων Ευρυζωνικών Χαρακτηριστικών*, κ.α.

«ΕΚΣΤΡΑΤΕΙΑ ΕΝΗΜΕΡΩΣΗΣ» ΓΙΑ ΤΗΝ ΕΥΡΥΖΩΝΙΚΟΤΗΤΑ

Από την αρχή πίστευα ότι εκτός από την κανονιστική, ρυθμιστική και εποπτική δραστηριότητα μας, θα έπρεπε η ΕΕΤΤ να επικεντρωθεί επίσης και σε ζητήματα άμεσου ενδιαφέροντος των καταναλωτών, επιδιώκοντας να ενισχύσει την εμπιστοσύνη του στην ελληνική αγορά Η.Ε.[385]. Δήλωνα ότι *«ο καταναλωτής θα πρέπει να αισθάνεται ότι του παρέχουν τη σωστή εξυπηρέτηση, ότι δεν τον κοροϊδεύουν και δεν τον εξαπατούν. «Ο καταναλωτής είναι βασιλιάς» και «ο πελάτης έχει πάντα δίκαιο»*[386].

Τελικά, περί τα τέλη του 2007, αποφασίσαμε η ΕΕΤΤ να αναλάβει την πρωτοβουλία για μια συστηματική ενημέρωση του κοινού για τα οφέλη, πλεονεκτήματα, εφαρμογές και χρήσεις της Ευρυζωνικότητας. Για τον σκοπό αυτόν, συστήσαμε ειδική Ομάδα Εργασίας[387] και ξεκινήσαμε την υλοποίηση ενός ιδιαίτερα φιλόδοξου και σημαντικού έργου, την «Εκστρατεία Ενημέρωσης» προς το ευρύ κοινό.

Επρόκειτο για ένα ολοκληρωμένο πρόγραμμα επικοινωνίας με διετή ορίζοντα, το οποίο βασίζονταν σε 3 κύριους θεματικούς άξονες και προτεραιότητες: την *Ευρυζωνικότητα, τις Ασύρματες Επικοινωνίες και τον Καταναλωτή υπηρεσιών Η.Ε.* Κάθε μία από αυτές τις προτεραιότητες πλαισιωνόταν από ενέργειες προβολής στα ΜΜΕ σε πανελλαδικό επίπεδο, από στοχευμένες προωθητικές δράσεις που άγγιζαν διαφορετικές ηλικιακές ομάδες και από έντυπο ενημερωτικό υλικό ευρείας διανομής.

Η έναρξη της καμπάνιας έγινε με την *Ευρυζωνικότητα*, η προώθηση της οποίας αποτελούσε στρατηγικό στόχο της ΕΕΤΤ, καθόσον επρόκειτο για ένα ζήτημα που αποτελούσε σημαντικό μοχλό ανάπτυξης και παράγοντα αναβάθμισης της ποιότητας ζωής των Ελλήνων. Η ΕΕΤΤ είχε ήδη από την αρχή αναδείξει τη σημασία της Ευρυζωνικότητας και μάλιστα η χρονιά 2007 είχε ανακηρυχθεί ως *«Έτος Ευρυζωνικότητας»* από τον τότε πρωθυπουργό κ. Κ. Καραμανλή. Το δε επόμενο έτος 2008, το ενδιαφέρον μας επικεντρώθηκε στην ποιότητα των προσφερόμενων ευρυζωνικών υπηρεσιών στον καταναλωτή, χαρακτηρίσαμε το 2008 ως *«Έτος Ποιοτικής Ευρυζωνικότητας»* και πραγματοποιήσαμε σειρά δράσεων προς αυτήν την κατεύθυνση.

Στο πλαίσιο της εκστρατείας ενημέρωσης, η πρόκληση για την ΕΕΤΤ ήταν να καμφθούν οι όποιες «αντιστάσεις» της κοινωνίας απέναντι στην Ευρυζωνικότητα και να στραφεί ο καταναλωτής προς το ευρυζωνικό Διαδίκτυο και τις νέες τεχνολογίες. Όπως είχα τονίσει επανειλημμένα, *«στη σημερινή εποχή η έλλειψη της Ευρυζωνικότητας οδηγεί αναπόφευκτα σε κοινωνικό αποκλεισμό».*

Με κεντρικό μήνυμα λοιπόν *«Με το Ευρυζωνικό Internet Ενημερώνεσαι, Επικοινωνείς, Εργάζεσαι, Διασκεδάζεις – Μάθε τι μπορεί να σου προσφέρει»*, η ΕΕΤΤ επεδίωκε: πρώτον, να αναδείξει την Ευρυζωνικότητα σε κοινωνικό αγαθό, δεύτερον, να εξηγήσει τη σημασία της και, τρίτον, να παρουσιάσει τις καθημερινές της εφαρμογές δίνοντας απλές συμβουλές αξιοποίησης των ευρυζωνικών υπηρεσιών.

Ξεκινήσαμε λοιπόν μια μεγάλη προσπάθεια, μια εθνική εκστρατεία ενημέρωσης των πολιτών για όλα τα παραπάνω. Το ύφος της εκστρατείας ήταν φιλικό και ενημερωτικό με στόχο την καλλιέργεια μιας νέας κουλτούρας σε όλους τους πολίτες, όλων των ηλικιών για την υιοθέτηση και βέλτιστη αξιοποίηση αυτού του κοινωνικού αγαθού. Η εκστρατεία ήταν μια οργανωμένη και συστηματική προσπάθεια, πίσω από την οποία υπήρχε εκ μέρους της ΕΕΤΤ ήδη πολύμηνη δουλειά προετοιμασίας και στρατηγικού σχεδιασμού με συγκεκριμένους στόχους. Ταυτόχρονα όμως ήμασταν και ρεαλιστές. *Στοχεύαμε σε μικρές νίκες.*

Εκτός όμως από τον πολίτη, μας ενδιέφερε να ενημερώσουμε και τους φορείς της Πολιτείας. Γι' αυτό, κάναμε ειδική πρόσκληση για ενημέρωση σε διάφορους φορείς, όπως, π.χ., δικαστές, βουλευτές, δημοσιογράφους, κ.λπ., που εκτελέστηκε σε δύο φάσεις:

1) στην Α' φάση στοχεύσαμε σε μια ενημέρωση πάνω στις βασικές αρχές της τεχνολογίας των Η.Ε., του Διαδικτύου και των κοινοτικών επιταγών και
2) στη Β' φάση, με την ολοκλήρωση από την ΕΕΤΤ της δευτερογενούς νομοθεσίας, στοχεύσαμε σε διεξοδική ανάλυση των κανονιστικών διατάξεων.

α) Ο στόχος της ενημερωτικής εκστρατείας

Κατ' αρχάς ήταν θετικό το γεγονός ότι κάποιοι τομείς του δημοσίου αποκτούσαν εξωστρέφεια, προσπαθώντας να αποκτήσουν μια περισσότερο πελατοκεντρική φιλοσοφία. Στην κατεύθυνση αυτή, η εκπαίδευση και ενημέρωση των πολιτών ήταν βασικό προαπαιτούμενο για την απόκτηση καταναλωτικής συνείδησης και εμπλοκής - συμμετοχής τους στη διαμόρφωση των εξελίξεων. Ο καταναλωτής εκπαιδεύεται, εκφράζει και διαμορφώνει αιτήματα, αναζητά λύσεις και τελικά ρυθμίζει. Ο λύσεις δεν προκύπτουν από μόνες τους.

Η ενημέρωση και η προάσπιση των δικαιωμάτων του καταναλωτή αποτελούσαν πρώτη προτεραιότητα για εμάς και η εθνική εκστρατεία θεωρείτο το όχημα για να προσεγγίσουμε αποτελεσματικά το ευρύ κοινό. Η εκστρατεία για την Ευρυζωνικότητα επιχειρούσε να αναδείξει την υπηρεσία αυτή ως κοινωνικό αγαθό και είδος πρώτης ανάγκης, ανάλογο με το ηλεκτρικό ρεύμα ή το τηλέφωνο.

β) Η κατάλληλη χρονική στιγμή

Γιατί όμως επιλέξαμε εκείνη τη χρονική στιγμή (τέλη του 2008) για να εκτελέσουμε αυτήν τη συγκεκριμένη εκστρατεία;

Η Ελλάδα είχε αρχίσει τότε πλέον να σημειώνει σημαντική βελτίωση στο θέμα της υιοθέτησης των νέων τεχνολογιών, με τις απαιτήσεις των πολιτών για ευρυζωνική πρόσβαση στο Διαδίκτυο να αυξάνουν αλματωδώς. Η διείσδυση του ευρυζωνικού Internet είχε αυξηθεί σημαντικά αλλά παρέμενε ακόμα σε χαμηλότερα επίπεδα από τον μέσο όρο των χωρών της Ε.Ε. Οι υποδομές βελτιώνονταν και μαζί με αυτές και η ποιότητα των προσφερόμενων υπηρεσιών.

Παράλληλα ορατά, έστω και αργά, ήταν τα βήματα που γίνονταν και στην Περιφέρεια. Σύμφωνα με στοιχεία της ΕΕΤΤ, γραμμές ΑΠΤΒ παρέχονταν πλέον σε 49 από τους 52 νομούς της χώρας, με μοναδικές εξαιρέσεις τους νομούς Θεσπρωτίας, Ευρυτανίας και το Άγιο Όρος, ενώ σε 41 από τους 52 νομούς είχαν διατεθεί μέχρι τότε περισσότερες από 1.000 γραμμές ΑΠΤΒ στον καθένα. Αυτό βέβαια δεν αρκούσε για να αλλάξει την Αθηνοκεντρική εικόνα, καθώς σχεδόν τα δύο τρίτα των συνολικών γραμμών ΑΠΤΒ παρέχονταν στο νομό Αττικής. Βιώναμε δηλαδή μία οξύμωρη κατάσταση. Το Ίντερνετ που είναι το κατ' εξοχήν εργαλείο της αποκέντρωσης, ένα εργαλείο που φέρνει στην πόρτα μας Δημόσιους και Ιδιωτικούς Οργανισμούς, πληροφορίες και υπηρεσίες, καταργώντας το όποιο «χάντικαπ» δημιουργεί ο μακρινός ή απομονωμένος τόπος κατοικίας μας, στην Ελλάδα χρησιμοποιείτο κυρίως από αυτούς που το είχαν λιγότερο ανάγκη, τους κατοίκους της πρωτεύουσας.

Συνεπώς για μας αποτελούσε ένα κρίσιμο επόμενο βήμα να αντιληφθούν όλοι οι καταναλωτές, και ιδίως οι κάτοικοι της Περιφέρειας, ότι η χρήση των ευρυζωνικών υπηρεσιών μπορεί να αλλάξει την καθημερινότητα τους. Πιστεύαμε ότι τότε ήταν η κατάλληλη στιγμή για να ενημερώσουμε το κοινό ότι η Ευρυζωνικότητα δεν περιορίζεται σε αυτό που οι περισσότεροι θεωρούσαν τότε, δηλαδή στο «γρήγορο Internet». Με αυτήν την εκστρατεία επιδιώκαμε να καταστήσουμε την Ευρυζωνικότητα στη συνείδηση του κόσμου ως ένα αγαθό πρώτης ανάγκης, ως ένα εργαλείο ζωής. Για να πάμε και ένα βήμα παραπέρα, εκτός από την αύξηση της ευρυζωνικής διείσδυσης μας ενδιέφερε επίσης να αντιληφθεί το ευρύ κοινό ότι η Ευρυζωνικότητα μπορεί να αλλάξει τη ζωή του.

γ) Ενημερωτικές δράσεις

Ποιές ενέργειες περιλάμβανε η εκστρατεία ενημέρωσης της ΕΕΤΤ; Όπως είπα νωρίτερα, η εκστρατεία περιλάμβανε μηνύματα και ενέργειες για την ενημέρωση, σε διετή διάρκεια, που θα κάλυπτε την Ευρυζωνικότητα, τις ασύρματες επικοινωνίες και, βασικότερη όλων - και κοινή τους συνισταμένη - τον καταναλωτή.

Για την ευρύτερη κάλυψη του κοινού και την αποτελεσματικότερη διάχυση των μηνυμάτων, η εκστρατεία υλοποιείτο μέσα από διαφημιστικές ενέργειες στον έντυπο και ηλεκτρονικό Τύπο, μέσω καταχωρήσεων τηλεοπτικών και ραδιοφωνικών «σποτς», καθώς και με παρουσία στο Διαδίκτυο. Συμπληρωματικά, η εκστρατεία θα πλαισιωνόταν από ενημερωτικά έντυπα ευρείας κυκλοφορίας. Με άλλα λόγια θα μιλούσαμε στους καταναλωτές, στις επιχειρήσεις και στους ιδιώτες, στη γλώσσα τους. Χρησιμοποιούσαμε σύγχρονους τρόπους προσέγγισης του κοινού. Η γλώσσα ήταν απόλυτα κατανοητή, με μηνύματα σύντομα και προσαρμοσμένα στις επιταγές της καθημερινότητας.

Στο πλαίσιο του εν λόγω έργου, αναφέρω σαν παράδειγμα τις ακόλουθες ενέργειες που πραγματοποιήσαμε στο 2009:

1) Εκστρατεία για την Ευρυζωνικότητα στα Μέσα Μαζικής Ενημέρωσης.
2) Κατασκευή Δικτυακού Τόπου για την Ευρυζωνικότητα: www.broadband.gr.

3) Διεξαγωγή Διεθνούς Συνεδρίου της ΕΕΤΤ με θέμα «Ευρυζωνική Σύγκλιση Τηλεπικοινωνιών και ΜΜΕ».
4) Δημιουργία εντύπου με τίτλο «Κώδικας Δεοντολογίας για την Παροχή Υπηρεσιών Ηλεκτρονικών Επικοινωνιών».
5) Συμμετοχή στη 74η Διεθνή Έκθεση Θεσσαλονίκης.

δ) Ενημερωτικές εκδόσεις της ΕΕΤΤ

Στα πλαίσια της εκδοτικής της δραστηριότητας και εξαιτίας της έντονης ανάγκης των καταναλωτών για ενημέρωση όσον αφορά στις νέες δυνατότητες που τους προσφέρονται, η ΕΕΤΤ δημοσίευσε και διένειμε τον Οδηγό του Ενημερωμένου Καταναλωτή για τις Υπηρεσίες Η.Ε., ο οποίος δίνει απαντήσεις σε συχνά ερωτήματα καταναλωτών, περιέχει χρήσιμες πληροφορίες για τα δικαιώματα τους και τις υποχρεώσεις των εταιρειών και επιπλέον καθοδηγεί τους καταναλωτές σε ότι αφορά στον τρόπο υποβολής καταγγελιών.

Άλλες σχετικές ενημερωτικές δημοσιεύσεις της ΕΕΤΤ περιλάμβαναν τις:

- *Το Διαδίκτυο κι εγώ*
- *Γνωρίστε την Ευρυζωνικότητα*
- *Ευρυζωνικότητα: Μάθε τι μπορεί να σου προσφέρει*
- *Λεξικό Πληροφορικής και Ευρυζωνικότητας*
- *Κινητά τηλέφωνα και κεραίες*
- *Ηλεκτρομαγνητική ακτινοβολία και Κινητά Τηλέφωνα*
- *Οδηγός Διεθνούς Περιαγωγής*
- *Ραδιοεξοπλισμός & Τηλεπικοινωνιακός Τερματικός Εξοπλισμός*
- *Η Αρχή της Επικοινωνίας*
- *Δικαιώματα Διέλευσης*
- *2 Χρόνια απο τη Δημοσίευση του Νέου Τηλεπικοινωνιακού Νόμου*
- *Οδηγός του Ενημερωμένου Καταναλωτή*
- *Κώδικας Δεοντολογίας γοα την Παροχή Υπηρεσιών Ηλεκτρονικών Επικοινωνιών στους Καταναλωτές (Τι πρέπει να γνωρίζετε)*
- *Κώδικας Δεοντολογίας γοα την Παροχή Υπηρεσιών Ηλεκτρονικών Επικοινωνιών στους Καταναλωτές*

Κατά τη διάρκεια της τετραετίας και στο πλαίσιο της διαφημιστικής εκστρατείας της ΕΕΤΤ, δημιουργήσαμε μια σειρά από *διαφημιστικά/ενημερωτικά βίντεο* που περιλάμβαναν τα κάτωθι:

- *Σύγκλιση Τηλεπικοινωνιών και ΜΜΕ*
- *Καινοτομία και Ευρυζωνικότητα*
- *Δύο χρόνια Ευρυζωνικότητας*
- *Διαδικασία Απομάκρυνσης Παράνομου Εξοπλισμού*

Δύο τηλεοπτικά σποτάκια της ΕΕΤΤ για το Ευρυζωνικό Διαδίκτυο:

- *Το Ποδήλατο*
- *Τα Περιστέρια*

ΜΕΡΙΜΝΑ ΓΙΑ ΤΟΝ ΚΑΤΑΝΑΛΩΤΗ

α) Δράσεις της ΕΕΤΤ για καλύτερη εξυπηρέτηση του καταναλωτή

Οι βασικές κατευθύνσεις που διέκριναν το όραμα της διοίκησης της ΕΕΤΤ και χαρακτήριζαν τις δράσεις της ήταν αφενός η ανάπτυξη του ανταγωνισμού και αφετέρου η εξασφάλιση του μέγιστου δυνατού οφέλους για τον καταναλωτή σε επίπεδο τιμών, ποιότητας και εύρους παρεχομένων υπηρεσιών, καθώς επίσης και η προάσπιση των συμφερόντων του. Η εστίαση της διοίκησης στον καταναλωτή έγινε ιδιαιτέρως εμφανής από την πρώτη στιγμή με τη αφιέρωση μιας εκ των τριών ημερών του πρώτου διεθνούς συνεδρίου που οργάνωσε η ΕΕΤΤ τον Μάιο 2006, αποκλειστικά σε θέματα καταναλωτών.

Ως εκ τούτου είχαμε επικεντρώσει την κανονιστική, ρυθμιστική και εποπτική δραστηριότητα μας, μεταξύ άλλων, σε ζητήματα του άμεσου ενδιαφέροντος των καταναλωτών, επιδιώκοντας να ενισχύσουμε την εμπιστοσύνη των χρηστών στην ελληνική αγορά και κατά συνέπεια να συμβάλουμε στην υγιή και ταχεία ανάπτυξη των ηλεκτρονικών επικοινωνιών. Προς επίτευξη αυτού του στρατηγικού στόχου, η ΕΕΤΤ είχε εφαρμόσει ένα φιλόδοξο και πολυδιάστατο πρόγραμμα με τίτλο «Δράσεις Εξυπηρέτησης του Καταναλωτή» του οποίου ο απώτερος σκοπός ήταν να εξασφαλίσει ότι το ευρυζωνικό Διαδίκτυο και οι ψηφιακές υπηρεσίες θα ήταν προσβάσιμες σε όλους, βελτιώνοντας την ποιότητα ζωής των πολιτών.

Μία πρώτη ενέργεια που προώθησε η ΕΕΤΤ ήταν η *εξειδίκευση των βασικών Κανόνων εξυπηρέτησης και προστασίας των καταναλωτών*, τροποποιώντας κατάλληλα εκείνους τους όρους των γενικών αδειών των τηλεπικοινωνιακών παρόχων που αφορούν τα τηλεφωνικά τους κέντρα εξυπηρέτησης πελατών. Ενδεικτικά αναφέρονται οι εξής βελτιώσεις: η διαθεσιμότητα τηλεφωνικών κέντρων 12 ώρες το 24ωρο, η μη χρέωση κλήσεων για βλάβες, η βελτιστοποίηση της διαδικασίας ενημέρωσης πελατών σχετικά με αιτήματά τους για βλάβες, η κωδικοποίηση προβλημάτων καταναλωτών για την άμεση και καλύτερη διεκπεραίωσή τους, οι μετρήσεις σχετικά με το ποσοστό των απαντηθεισών κλήσεων, κ.λπ.

Είχαμε χαρακτηρίσει το έτος 2008 ως *«Έτος Ποιοτικής Ευρυζωνικότητας»* για να δώσουμε έμφαση στην σπουδαιότητα και την προτεραιότητα που έδινε η ΕΕΤΤ στην αμεσότερη και πληρέστερη εξυπηρέτηση του καταναλωτή. Σχετικές δράσεις που υλοποιήσαμε και που απέβλεπαν σε άμεσα και έμμεσα οφέλη για τους καταναλωτές, συμπεριλάμβαναν τις εξής:

1) Συστήσαμε και λειτουργήσαμε τον Τομέα Εξυπηρέτησης Καταναλωτών (ΤΕΚΤΥ) ηλεκτρονικών υπηρεσιών που περιλάμβανε «ειδική ομάδα αξιολόγησης των καταγγελιών» που ελάμβανε η ΕΕΤΤ από τους καταναλωτές, με σκοπό την κατηγοριοποίηση τους και τον εντοπισμό θεμάτων που απαιτούσαν την κινητοποίηση του ελεγκτικού μηχανισμού της ΕΕΤΤ ως προς τις τηλεπικοινωνιακές εταιρείες. (Περισσότερα για το ΤΕΚΤΥ πιο κάτω).

2) Ανανεώσαμε πλήρως και εμπλουτίσαμε το δικτυακό τόπο της ΕΕΤΤ, με προσθήκη χρήσιμων πληροφοριών και ανασχεδιάσαμε την υπάρχουσα φωνητική πύλη για καλύτερη και πιο διαδραστική εξυπηρέτηση του καταναλωτή.

3) Συντονίσαμε τις δράσεις μας με άλλους φορείς που έχουν αρμοδιότητα σχετικά με την προστασία του καταναλωτή, όπως με την «Γενική Γραμματεία Καταναλωτή» και τον «Συνήγορο του Καταναλωτή».
4) Εκδώσαμε «Κώδικα Δεοντολογίας» των παρόχων προς τον καταναλωτή, που περιλάμβανε βασικές υποχρεώσεις ενημέρωσης και εξυπηρέτησής του (περισσότερα πιο κάτω).
5) Υλοποιήσαμε εσωτερικά στην ΕΕΤΤ , σύγχρονα συστήματα πληροφορικής για την ταχύτερη διακίνηση έγγραφων καταγγελιών και εξαγωγή πληρέστερων στατιστικών.
6) Ολοκληρώσαμε την αποδελτίωση των αποτελεσμάτων δημόσιας διαβούλευσης για την ανάδειξη δεικτών ποιότητας παροχής ηλεκτρονικών υπηρεσιών και προετοιμάσαμε σχετικό Κανονισμό.
7) Τροποποιήσαμε και επικαιροποιήσαμε τον «Κανονισμό για την ΑΠΤΒ» (τον RUO) εισάγοντας διαδικασίες που διευκόλυναν την ταχύτερη εξυπηρέτηση των αιτημάτων των καταναλωτών για ευρυζωνικές συνδέσεις καθώς και την ταχύτερη αποκατάσταση βλαβών.
8) Κατασκευάσαμε και ενσωματώσαμε στην ιστοσελίδα της ΕΕΤΤ το «Γεωγραφικό Σύστημα Πληροφοριών του Τηλεπικοινωνιακού Δικτύου» (GIS), το οποίο αποτελεί ένα σύστημα που συνδυάζει πληροφορίες με γεωγραφικά δεδομένα και τις απεικονίζει σε χαρτογραφικό υπόβαθρο. (Λεπτομέρειες πιο κάτω).
9) Εντατικοποιήσαμε τους ελέγχους σε Τηλεπικοινωνιακούς Παρόχους και σε συνδεόμενες με αυτούς εταιρείες (call centers), διεξαγάγαμε ακροάσεις και επιβάλαμε (όπου έπρεπε) κυρώσεις στις περιπτώσεις παραβάσεων της τηλεπικοινωνιακής νομοθεσίας.
10) Επεξεργαστήκαμε κείμενο διαβούλευσης για τη διαχείριση του φάσματος στον τοπικό βρόχο, ώστε να βελτιωθεί η ποιότητα των παρεχόμενων ευρυζωνικών υπηρεσιών και προετοιμάσαμε Κανονισμό για τη «διαχείριση του φάσματος και του θορύβου που εκπέμπεται στο ενσύρματο δίκτυο» (τοπικό βρόχο) και που, εξαιτίας τής μη κατάλληλης διαχείρισης και ελέγχου του, προκαλούσε διακοπές στην υπηρεσία ή/και χαμηλές ταχύτητες στο Διαδίκτυο. Ο Κανονισμός αυτός βοήθησε στην πραγματική αναβάθμιση της υπηρεσίας που απολαμβάνει ο καταναλωτής.
11) Τέλος, είχαμε προετοιμάσει και διεξάγει δημόσια διαβούλευση για τα δικαιώματα του καταναλωτή, την ποιότητα των υπηρεσιών και τις υποχρεώσεις των παρόχων.

β) Τομέας εξυπηρέτησης καταναλωτών (ΤΕΚΤΥ)

Πέρα από τις ρυθμιστικές και κανονιστικές της πράξεις, η ΕΕΤΤ είχε επίσης αναπτύξει έναν μηχανισμό διαρκούς ενημέρωσης και εξυπηρέτησης των καταναλωτών με γνώμονα την προστασία τους και *προάσπιση των συμφερόντων τους*. Τον ΤΕΚΤΥ τον δημιουργήσαμε τον Ιανουάριο του 2008 με συντονιστή του το στέλεχος της ΕΕΤΤ κ. Σ. Ανδρεάδη, με σκοπό την αξιολόγηση των καταγγελιών που λαμβάναμε από τους καταναλωτές ηλεκτρονικών υπηρεσιών και τον έγκαιρο εντοπισμό θεμάτων που απαιτούσαν την κινητοποίηση του ελεγκτικού μηχανισμού της ΕΕΤΤ.

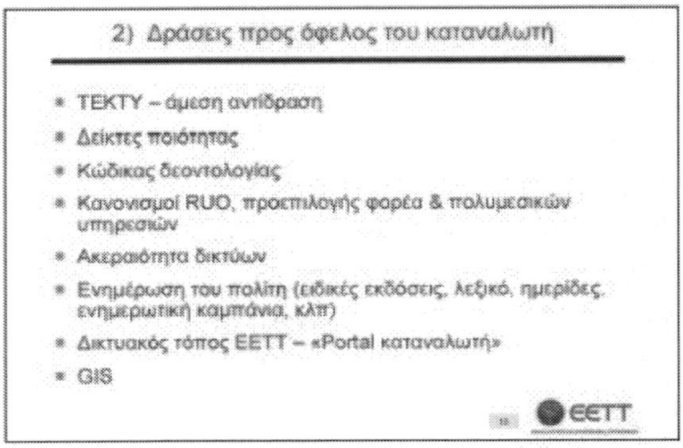

Σχ. 12.1: Δράσεις της ΕΕΤΤ προς όφελος του καταναλωτή

Σχ. 12.2: Δραστική μείωση των καταγγελιών των καταναλωτών

Ένα από τα πρώτα έργα του ΤΕΚΤΥ ήταν να θέσει σε λειτουργία δύο παρά πολύ βασικές μονάδες, αποτελούμενες τότε από 20 άτομα, όπως:

1) Τη μονάδα τηλεφωνικής εξυπηρέτησης των καταναλωτών για: (1) την άμεση αντιμετώπιση επειγόντων προβλημάτων, (2) την ενημέρωση των καταναλωτών σε θέματα τηλεπικοινωνιών, Ευρυζωνικότητας, δικαιωμάτων τους και υποχρεώσεων των τηλεπικοινωνιακών παροχών και (3) την αποτελεσματική αντιμετώπιση των καταγγελιών μη παροχής ικανοποιητικών υπηρεσιών από τους παρόχους. Τα στοιχεία που συλλέγονταν χρησιμοποιούνταν από την ΕΕΤΤ για τον εντοπισμό των «κακών πρακτικών» των τηλεπικοινωνιακών παρόχων και αξιοποιούνταν για τις εποπτικές και ρυθμιστικές της παρεμβάσεις.

2) Τη μονάδα για την αμεσότερη εξυπηρέτηση των έγγραφων καταγγελιών των καταναλωτών, που ζητούσε τις απόψεις των τηλεπικοινωνιακών παρόχων επί των καταγγελλόμενων θεμάτων και επεξεργάζονταν δευτερευόντως τις απαντήσεις που ελάμβανε από τις εταιρείες, προτείνοντας μέτρα και κάνοντας συστάσεις για τη συμμόρφωση των παρόχων με την κείμενη νομοθεσία και τους Κανονισμούς της ΕΕΤΤ, καθώς και άλλες απαραίτητες παρεμβάσεις.

Μέσα από την καθημερινή παρακολούθηση και καταγραφή των κακών πρακτικών των τηλεπικοινωνιακών εταιρειών καθώς και των παραβάσεων της Νομοθεσίας και των Κανονισμών, η ΕΕΤΤ εντόπιζε τα θέματα που απαιτούσαν τη ρυθμιστική ή/και την ελεγκτική της παρέμβαση και προέβαινε στη λήψη Μέτρων και Αποφάσεων, για την καλύτερη λειτουργία της αγοράς.

Ο ΤΕΚΤΥ είχε αναλάβει τις ακόλουθες αρμοδιότητες και υποχρεώσεις[388]:

1) τηλεφωνική εξυπηρέτηση και ενημέρωση καταναλωτών,
2) διαχείριση και αξιολόγηση εγγράφων καταγγελιών,
3) αυθημερόν προώθηση προς τον καταγγελλόμενο πάροχο της καταγγελίας που παρέλαβε η ΕΕΤΤ,
4) συντονισμό και επικοινωνία με συναρμόδιες Αρχές για την εξυπηρέτηση του καταναλωτή σε Ελλάδα και Ευρώπη,
5) συμμετοχή σε ρυθμιστικά κείμενα για τη βελτίωση των Κανονισμών και Αποφάσεων της ΕΕΤΤ,
6) συμμετοχή σε συναντήσεις με τους αντίστοιχους Ευρωπαίους Ρυθμιστές για την εισαγωγή των απαραίτητων Κανονισμών και πρακτικών στην Ελληνική αγορά και
7) παραγωγή μηνιαίων αναφορών και στατιστικών σχετικά με την εξέλιξη και τα προβλήματα της αγοράς.

Αναφορικά με τη διαχείριση των έγγραφων καταγγελιών, επισημαίνεται ότι η ΕΕΤΤ τις αξιοποιούσε με σκοπό να:

1) εντοπίζει θέματα που απαιτούσαν την παρέμβαση της και να προβαίνει σε ρυθμιστικές δράσεις, διαβουλεύσεις και σύνταξη Κανονιστικών διατάξεων,
2) προβαίνει σε ελέγχους των τηλεπικοινωνιακών εταιρειών,
3) προβαίνει σε κλήσεις σε ακρόαση των τηλεπικοινωνιακών εταιρειών στις περιπτώσεις διαπίστωσης παραβάσεων προς επιβολή προστίμων ή συστάσεων
4) σχεδιάζει ενημερωτικές δράσεις για τους καταναλωτές πάνω σε ζητήματα του άμεσου ενδιαφέροντός τους.

Η ΕΕΤΤ ήταν πλέον αποδέκτης γραπτών καταγγελιών καταναλωτών για θέματα σταθερής, κινητής τηλεφωνίας και Internet στην ηλεκτρονική διεύθυνση katanalotes@eett.gr, ενώ ελάμβανε επίσης τηλεφωνήματα καταναλωτών στην τηλεφωνική γραμμή επικοινωνίας 801-1100080 πέραν της τηλεφωνικής γραμμής 210-6151000. Ήδη το δίμηνο Ιανουάριος – Φεβρουάριος 2008 δεχθήκαμε περί τις 3.210 έγγραφες καταγγελίες και εξυπηρετήσαμε περί τις 6.088 τηλεφωνικές κλήσεις και καταγγελίες.

Μέχρι να ξεπεραστούν οι «παιδικές ασθένειες» της αγοράς των Η.Ε. που τότε άνοιγε πλήρως, μέσα στην τετραετία ο ΤΕΚΤΥ διαχειρίστηκε περισσότερα από 48.000 αιτήματα/καταγγελίες καταναλωτών (μέσο όρο ανά μήνα 1.100 έγγραφες καταγγελίες και 1.500 τηλεφωνικές κλήσεις). Μέσα στην τετραετία, ο αριθμός των καταγγελιών ανά έτος που έλαβε ο ΤΕΚΤΥ είχε μεγάλες διακυμάνσεις. Το 2007, π.χ., καταδεικνύεται μια ραγδαία αύξηση η οποία οφείλετο τόσο στην απελευθέρωση του τοπικού βρόχου όσο και στη συνεχή αύξηση της αναγνωρισιμότητας της ΕΕΤΤ και του ρόλου της. Μετά από συχνές και επαναλαμβανόμενες συναντήσεις της ΕΕΤΤ με εκπροσώπους των εταιρειών του κλάδου καθ' όλη τη διάρκεια του 2008, συμφωνήθηκε τελικά όλες οι εταιρείες να λάβουν μια σειρά από συγκεκριμένα μέτρα για την καλύτερη εξυπηρέτηση των καταναλωτών. Αποτέλεσμα των πρωτοβουλιών αυτών, των εντατικών ελέγχων και προστίμων της ΕΕΤΤ και της εφαρμογής μιας σειράς Κανονισμών που επεξεργάστηκε η ΕΕΤΤ, ήταν οι έγγραφες καταγγελίες και τα τηλεφωνικά παράπονα να παρουσιάσουν στο τέλος της τετραετίας σημαντική μείωση.

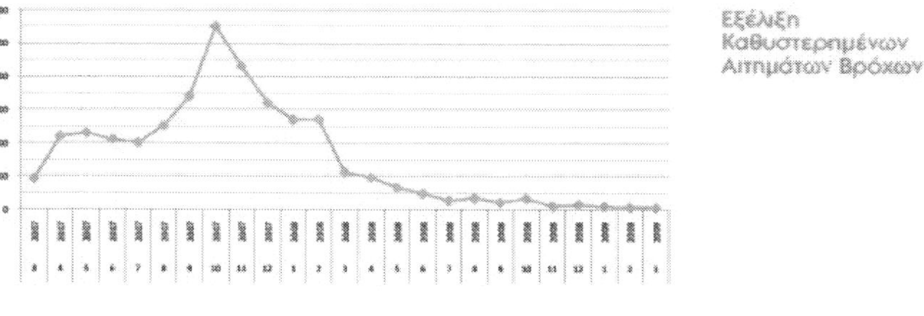

Σχ. 12.3: Η εξέλιξη καθυστερημένων αιτημάτων βρόχων

Για την αποτελεσματικότερη διαχείριση των προβλημάτων των καταναλωτών, όπως αυτά περιγράφονταν στις καταγγελίες που υποβάλλονταν ή διαβιβάζονταν στην ΕΕΤΤ, ήταν αναγκαία η συνεργασία της ΕΕΤΤ με τους λοιπούς φορείς του Κράτους οι οποίοι ήταν αρμόδιοι για τη γενικότερη (και όχι μόνο σχετικά με την τηλεπικοινωνιακή νομοθεσία) εξέταση καταγγελιών καταναλωτών. Τέτοιοι φορείς ήταν η ανεξάρτητη αρχή του *«Συνήγορου του Καταναλωτή»* με αρμοδιότητα ατομικής επίλυσης οικονομικών διαφορών μεταξύ καταναλωτών και προμηθευτών, η υπαγόμενη στο Υπουργείο Ανάπτυξης *«Γενική Γραμματεία Καταναλωτή»* με αρμοδιότητα επί των συμβάσεων που συνάπτουν οι τηλεπικοινωνιακοί πάροχοι με τους καταναλωτές και η *«Αρχή Προστασίας Προσωπικών Δεδομένων»* σε εξειδικευμένες περιπτώσεις όπου η παραβατική συμπεριφορά των τηλεπικοινωνιακών εταιρειών σχετίζονταν και με ζητήματα παραβίασης της προστασίας προσωπικών δεδομένων (π.χ., προεπιλογή φορέα).

Όπως επεσήμαινε η Ευρωπαϊκή Επιτροπή στην ετήσια έκθεσή της, *«ο Κώδικας καλής συμπεριφοράς που υιοθέτησε και εφαρμόζει η Εθνική Ρυθμιστική Αρχή Τηλεπικοινωνιών, παρέχει μια καλή προστασία στους Έλληνες καταναλωτές, δεδομένου ότι το 2008 μειώθηκαν δραστικά οι καταγγελίες για αθέμιτες πρακτικές».* Και η ΕΚΠΟΙΖΩ επισήμαινε επίσης ότι *«μεταξύ του 2007 και του 2008 υπήρξε σημαντική μείωση των καταγγελιών για τις τηλεπικοινωνίες της τάξης του 34,3%».*

γ) Ελεγκτικές και εποπτικές δράσεις

Άλλες σχετικές ελεγκτικές και εποπτικές δράσεις της ΕΕΤΤ περιλάμβαναν:

> *1) την ενδυνάμωση του ρόλου του καταναλωτή με (α) διαφάνεια στην πληροφόρηση σε θέματα τιμών και ποιότητας και (β) αποτροπή πιθανών προσκομμάτων σε περίπτωση αλλαγής πακέτων υπηρεσιών ή παρόχων,*

2) τη διασφάλιση της ποιότητας και της διαθεσιμότητας υπηρεσιών Ηλεκτρονικών Επικοινωνιών,
3) την προστασία του καταναλωτή από αθέμιτες πρακτικές, ιδιαίτερα κατά τη χρήση και τιμολόγηση υπηρεσιών Η.Ε. και, τέλος,
4) την ενημέρωση και κινητοποίηση καταναλωτών και φορέων του δημοσίου και ιδιωτικού τομέα για την υιοθέτηση και αξιοποίηση υπηρεσιών Η.Ε. και Διαδικτύου.

ΚΑΝΟΝΙΣΜΟΣ ΔΕΙΚΤΩΝ ΠΟΙΟΤΗΤΑΣ ΥΠΗΡΕΣΙΩΝ

Τον Μάιο 2008 η ΕΕΤΤ προέβη στην έκδοση «Κανονισμού Δεικτών Ποιότητας» *[389]* των παρεχομένων τηλεπικοινωνιακών υπηρεσιών για τη σταθερή και κινητή τηλεφωνία και την πρόσβαση στο Διαδίκτυο, που καθόριζε τους τρόπους μέτρησης και δημοσιοποίησης αυτών των δεικτών ποιότητας δικτύων Η.Ε.*[390]*. Σύμφωνα μ' αυτόν, ζητείτο από όλους τους παρόχους να μετρούν και να δημοσιοποιούν τους δικούς τους δείκτες, τους οποίους έλεγχε η ΕΕΤΤ και τους χρησιμοποιούσε για να δημοσιοποιήσει στο site της συγκριτικά τους στοιχεία.

Με τον καθορισμό και τη δημοσιοποίηση των δεικτών ποιότητας, διαμορφώθηκε ένα σαφές πλαίσιο υποχρεώσεων των παρόχων, το οποίο εγγυάτο αντικειμενική, διαφανή και αμερόληπτη ενημέρωση του πολίτη/καταναλωτή καθώς επίσης και άμεση, εύκολη και γρήγορη πρόσβαση του στις πληροφορίες που αφορούσαν στην ποιότητα των παρεχόμενων υπηρεσιών. Με αυτόν τον τρόπο, οι καταναλωτές μπορούσαν να διενεργούν μέσω του Διαδικτύου βασική έρευνα αγοράς, να συγκρίνουν τους δείκτες ποιότητας ομοειδών υπηρεσιών (όπως την ταχύτητα απάντησης σε κλήσεις πελατών, την ταχύτητα αποκατάστασης βλάβης, τη διαθεσιμότητα των υπηρεσιών εξυπηρέτησης πελατών του παρόχου, την αποδοτικότητα της γραμμής βοηθείας και την ορθότητα των λογαριασμών), να επιλέγουν τον τηλεπικοινωνιακό πάροχο που επιθυμούν και να προβαίνουν στις καλύτερες γι' αυτούς επιλογές υπηρεσιών.

Με τη δράση αυτή, η ΕΕΤΤ επεδίωκε να εξασφαλίσει τη βέλτιστη δυνατότητα πρόσβασης των καταναλωτών σε πλήρεις, συγκρίσιμες και εύχρηστες πληροφορίες σχετικά με την ποιότητα των διαθέσιμων από τους παρόχους τηλεπικοινωνιακών υπηρεσιών[391]. Ο σωστά ενημερωμένος πολίτης θα μπορούσε καλύτερα να συγκρίνει, να βγάζει τα δικά του συμπεράσματα και να κάνει τις δικές του επιλογές.

Η σύμβαση για την κατασκευή του συστήματος μέτρησης και παρουσίασης των δεικτών ποιότητας καθυστέρησε και τελικά υπογράφτηκε πολύ αργότερα τον Δεκέμβριο του 2014(!)[392].

ΚΩΔΙΚΑΣ ΔΕΟΝΤΟΛΟΓΙΑΣ ΕΤΑΙΡΕΙΩΝ

Μετά από απανωτά κρούσματα παραπλάνησης των καταναλωτών από τις ιδιωτικές κυρίως εταιρείες τηλεπικοινωνιών, οι οποίες δια της μεθόδου των τηλεφωνικών πωλήσεων δέσμευαν πελάτες με προφορικές συμβάσεις, η ΕΕΤΤ αναγκάστηκε να εκδώσει τον Ιούλιο 2008 νέον «Κώδικα Δεοντολογίας» παροχής υπηρεσιών Η.Ε. στους καταναλωτές, ο οποίος έθετε υποχρεώσεις και συστάσεις στους τηλεπικοινωνιακούς παρόχους, με σκοπό την εξάλειψη προβλημάτων που είχαμε εντοπίσει στο πλαίσιο των ελεγκτικών μας ενεργειών και επεξεργασίας των καταγγελιών των καταναλωτών[393].

Ο κώδικας περιλάμβανε μια σειρά από «κανόνες», οι οποίοι ρύθμιζαν θέματα όπως[394]::

1) την ορθή, ολοκληρωμένη και αποτελεσματική ενημέρωση του καταναλωτή σχετικά με την παρεχόμενη υπηρεσία πριν από τη σύναψη σύμβασης,
2) τη διενέργεια προώθησης και πώλησης υπηρεσιών από τους παρόχους με σεβασμό προς τον καταναλωτή,
3) τη σύναψη σύμβασης μεταξύ παρόχου και καταναλωτή, με την αποδοχή και συγκατάθεση του καταναλωτή, με πλήρη κατανόηση των όρων της σύμβασης και των δικαιωμάτων του σχετικά με τη λύση της σύμβασης,
4) την ενεργοποίηση της υπηρεσίας έγκαιρα, με ενημέρωση του καταναλωτή για τυχόν καθυστερήσεις,
5) την ποιότητα υπηρεσίας, τους δείκτες ποιότητας και την παρακολούθηση τους από τον καταναλωτή,
6) την τεχνική υποστήριξη των καταναλωτών και

7) την παρουσίαση των χρεώσεων που σχετίζονται με την υπηρεσία με τρόπο διάφανο και κατανοητό, καθώς και την ορθή και πλήρη ενημέρωση των καταναλωτών σχετικά με τις χρεώσεις πριν τη σύναψη της σύμβασης αλλά και κατά τη διάρκεια της, κάθε φορά που υπήρχε αναπροσαρμογή αυτών.

Ο Κώδικας Δεοντολογίας αποσαφήνιζε ζητήματα και διαδικασίες, οι οποίες, όπως είχε προκύψει από τις υποβληθείσες στην ΕΕΤΤ καταγγελίες, καθιστούσαν προβληματική τη σχέση παρόχου - καταναλωτή και εν τέλει, ταλαιπωρούσαν τους καταναλωτές αλλά έκαναν σημαντική ζημιά και στους παρόχους. Πρέπει βέβαια να σημειωθεί ότι ο Κώδικας Δεοντολογίας λειτουργούσε συμπληρωματικά με το υπάρχον νομοθετικό και κανονιστικό πλαίσιο και ως εκ τούτου, ίσχυαν οι χρονικές προθεσμίες για την υλοποίηση των διαδικασιών που αυτό καθόριζε. Ωστόσο, στον Κώδικα δινόταν ιδιαίτερη έμφαση στην έγκυρη και έγκαιρη ενημέρωση του καταναλωτή σε οποιοδήποτε στάδιο της προσυμβατικής και συμβατικής του σχέσης με τον πάροχο.

ΑΣΦΑΛΕΙΑ ΚΑΙ ΑΚΕΡΑΙΤΟΤΗΤΑ ΔΙΚΤΥΩΝ Η.Ε.

Στις αρχές του 2008 η ΕΕΤΤ συνέστησε μια άλλη Ομάδα Εργασίας με συντονιστή τον εξωτερικό συνεργάτη Δρ. Λ. Σπίθα*[395]*, για τη μελέτη ενός άλλου θέματος αρμοδιότητας ΕΕΤΤ, αυτού της «ασφάλειας και ακεραιότητας δικτύων», και την προετοιμασία για έκδοση του αντίστοιχου Κανονισμού που θα διέπει την αγορά των Η.Ε.

α) Ορισμοί

Για τον όρο «ασφάλεια», διακρίνουμε τρεις βασικούς άξονες οι οποίοι περιλαμβάνουν:

(α) Τη φυσική ασφάλεια των δικτύων, που αποβλέπει στη μέγιστη δυνατή ακεραιότητα και διαθεσιμότητα των υποδομών και των αντίστοιχων υπηρεσιών (αρμοδιότητα της ΕΕΤΤ).
(β) Την ασφάλεια του απορρήτου των πληροφοριών και των σχετικών δεδομένων που διακινούνται μέσω των δικτύων (αρμοδιότητα της Αρχής Διασφάλισης του απορρήτου των Επικοινωνιών ή ΑΔΑΕ).

(γ) Τη διασφάλιση των προσωπικών δεδομένων των χρηστών των δικτύων (αρμοδιότητα της Αρχής Προστασίας Προσωπικών Δεδομένων ή ΑΠΠΔ).

Ο άξονας (α) αναφέρεται σε θέματα ακεραιότητας και διαθεσιμότητας του δικτύου που αφορούν κατά κύριο λόγο στην ανθεκτικότητα και τη δυνατότητα αδιάλειπτης λειτουργίας των δικτύων Η.Ε. Ουσιαστικά, με τον όρο *ακεραιότητα* ενός δικτύου ή υπηρεσίας, εννοούμε τη δυνατότητα του δικτύου ή της υπηρεσίας να λειτουργούν χωρίς να υπάρχουν σημαντικά προβλήματα μειωμένης ποιότητας στις παρεχόμενες υπηρεσίες που λαμβάνει ο χρήστης, ενώ με τον όρο *διαθεσιμότητα* εννοούμε την ικανότητα του δικτύου ή της υπηρεσίας να είναι σε λειτουργία και προσβάσιμες από τους χρήστες σε μία δεδομένη χρονική στιγμή, ή σε οποιαδήποτε στιγμή μιας μεγαλύτερης χρονικής περιόδου.

Οι δύο αυτές παράμετροι (της ακεραιότητας και της διαθεσιμότητας) μετρούνται και παρακολουθούνται μέσω δεικτών ποιότητας που μπορούν να ορισθούν ανά κατηγορία δικτύων και υπηρεσιών και αντικατοπτρίζουν:

1) την ποιότητα των παρεχομένων υπηρεσιών σε συνθήκες κανονικής λειτουργίας,
2) την ικανότητα ενός δικτύου να μπορεί να ανταποκριθεί σε συνθήκες αυξημένης κίνησης και
3) την αντοχή του δικτύου σε περιπτώσεις ανωτέρας βίας (πράξεις δολιοφθοράς, τρομοκρατικές πράξεις, θεομηνίες, εκρήξεις, πυρκαγιές, κ.λπ.) και τις διαδικασίες για την επαναλειτουργία του.

Ο άξονας (β) αναφέρεται σε θέματα αυθεντικότητας, εμπιστευτικότητας, και ακεραιότητας των δεδομένων ή των πληροφοριών που αφορούν στην προστασία των δημοσίων δικτύων και υπηρεσιών ηλεκτρονικών επικοινωνιών από μη εξουσιοδοτημένη πρόσβαση και σχετίζονται κατά κύριο λόγο με κανόνες που πρέπει να ορισθούν προκειμένου να διασφαλίζεται το απόρρητο των πληροφοριών και στοιχείων κίνησης και να υπάρχει επιβεβαίωση ότι τα δεδομένα τα οποία έχουν σταλεί ή έχουν παραληφθεί είναι πλήρη και αμετάβλητα.

Ο άξονας (γ) αναφέρεται σε θέματα *εμπιστευτικότητας* που αφορούν στην προστασία των δεδομένων προσωπικού χαρακτήρα των χρηστών και σχετίζεται κατά κύριο λόγο με τους κανόνες που πρέπει να ορισθούν σχετικά με την επεξεργασία δεδομένων προσωπικού χαρακτήρα και την παράνομη αποθήκευση ή διαβίβαση δεδομένων προσωπικού χαρακτήρα από τον πάροχο του δικτύου ή των υπηρεσιών σε τρίτους.

β) Αρμοδιότητες της ΕΕΤΤ αναφορικά με την ασφάλεια δικτύων

Βάσει του ισχύοντος θεσμικού πλαισίου, η ΕΕΤΤ είναι υπεύθυνη για τη φυσική ασφάλεια αυτού καθ' εαυτού του δικτύου που έχει σχέση με τη σωστή και εύρυθμη λειτουργία του. Δηλαδή, είναι υπεύθυνη για τη διασφάλιση της διατήρησης της ακεραιότητας και της διαθεσιμότητας των δικτύων και του ελέγχου της τήρησης αυτών. Η αρμοδιότητα αυτή αφορά σε όλα τα δίκτυα Η.Ε. (δηλαδή όχι μόνον στα δίκτυα της σταθερής και κινητής τηλεφωνίας, αλλά σ' όλα τα ηλεκτρονικά δίκτυα μεταφοράς δεδομένων).

Προκειμένου να εξασφαλισθεί η ακεραιότητα των δικτύων και η διαθεσιμότητα των υπηρεσιών ηλεκτρονικών επικοινωνιών, τόσο το ευρωπαϊκό όσο και το εθνικό νομικό πλαίσιο, ορίζουν σαφώς τις δυνατότητες παρέμβασης της ΕΕΤΤ. Στα πλαίσια αυτά η ΕΕΤΤ έχει την αρμοδιότητα να:

1) Ορίζει συγκεκριμένους δείκτες ποιότητας οι οποίοι θα πρέπει να μπορούν να μετρηθούν και να δημοσιεύονται από τους παρόχους των δικτύων και υπηρεσιών.
2) Ορίζει ελάχιστη ποιότητα Καθολικής Υπηρεσίας (υπηρεσίες σταθερής φωνητικής τηλεφωνίας) που θα πρέπει να παρέχεται στο σύνολο της χώρας από τον υπόχρεο πάροχο.
3) Καθορίζει ελάχιστη ποιότητα υπηρεσιών σε παρόχους στους οποίους χορηγούνται ειδικά δικαιώματα χρήσης ραδιοσυχνοτήτων, κατόπιν διαγωνιστικών διαδικασιών.

4) Τέλος, η ΕΕΤΤ εισηγείται στο ΥΜΕ και ΥΠΕΣΣΔΑ για την έκδοση της αντίστοιχης ΚΥΑ, η οποία προσδιορίζει τις ελάχιστες υποχρεώσεις που πρέπει να καλύπτουν οι Πάροχοι δημόσιων τηλεφωνικών Δικτύων και υπηρεσιών σε σταθερές θέσεις, προκειμένου να εξασφαλισθεί η ακεραιότητα των δικτύων τους και η διαθεσιμότητα των υπηρεσιών τους.

Προς υλοποίηση δε των όσων αναφέρονται στις ενότητες αυτές, ο Ν.3431/2006 δίνει στην ΕΕΤΤ την αρμοδιότητα να ζητά από τις επιχειρήσεις την παροχή σχετικών πληροφοριών και να διενεργεί δημόσια διαβούλευση με τους φορείς.

Τέλος, όσον αφορά τα δημόσια τηλεφωνικά δίκτυα σε σταθερές θέσεις θα πρέπει να αναφερθούν τα κάτωθι:

1) Η ραγδαία εξέλιξη των τεχνολογιών του Διαδικτύου κατέστησε εδώ και μερικά χρόνια εφικτή την αξιόπιστη υλοποίηση της μετάδοσης ήχου μέσω των δικτύων δεδομένων (με βάση το πρωτόκολλο IP). Ακόμη και παραδοσιακοί πάροχοι υπηρεσιών τηλεφωνίας αξιοποιούσαν όλο και περισσότερο την τεχνολογία IP για να διεκπεραιώσουν σημαντικό μέρος των υπηρεσιών τους με οικονομικότερο τρόπο.
2) Πέραν των δημόσιων δικτύων σταθερής και κινητής τηλεφωνίας, υπηρεσίες τηλεφωνίας διατίθεντο πλέον και από άλλους παρόχους των οποίων η κύρια δραστηριότητα εντοπίζονταν στη δικτύωση ανάμεσα ή στο εσωτερικό επιχειρήσεων και οργανισμών.
3) Πολλοί χρήστες (σε ατομικό ή εταιρικό επίπεδο) ήταν πλέον σε θέση να δημιουργούν δικές τους υπηρεσίες ενσύρματης και ασύρματης τηλεφωνίας πάνω από τα δίκτυα IP (VoIP), που να στηρίζονται είτε σε τυποποιημένα πρωτόκολλα (π.χ., H.323, SIP), είτε σε ίδια πρωτόκολλα (π.χ., Skype). Τα εγγενή οικονομικό-τεχνικά πλεονεκτήματα αυτών των συστημάτων προεξοφλούσαν την ταχεία εξάπλωσή τους στην αγορά της τηλεφωνίας, παράλληλα με την ανάπτυξη του Διαδικτύου.

Είναι επομένως σαφές ότι η ΕΕΤΤ έχει ευθύνη και για την διασφάλιση της ακεραιότητας και της ασφαλούς/ανελλιπούς λειτουργίας των υποκείμενων δικτύων δεδομένων, τα οποία χρησιμοποιούνται πλέον και για πολλές εφαρμογές τηλεφωνίας.

γ) Το νέο ευρωπαϊκό ρυθμιστικό πλαίσιο

Θα παραθέσω εδώ τα δύο βασικότερα άρθρα του νέου ευρωπαϊκού ρυθμιστικού πλαισίου τα σχετικά με την ασφάλεια και ακεραιτότητα δικτύων και υπηρεσιών.

Άρθρο 13α: Η Ευρωπαϊκή Επιτροπή, στην αναθεώρηση του ρυθμιστικού πλαισίου για την ασφάλεια και ακεραιότητα δικτύων και υπηρεσιών, πρότεινε να εισαχθεί νέο κεφάλαιο στην Οδηγία Πλαίσιο (Άρθρο 13α) ως εξής:

> *1) Τα κράτη μέλη μεριμνούν ώστε επιχειρήσεις που παρέχουν δημόσια δίκτυα επικοινωνιών ή υπηρεσίες ηλεκτρονικών επικοινωνιών διαθέσιμες στο κοινό να λαμβάνουν κατάλληλα τεχνικά και οργανωτικά μέτρα για την κατοχύρωση της ασφάλειας των δικτύων ή των υπηρεσιών τους. Λαμβανομένων υπόψη των πλέον πρόσφατων τεχνικών δυνατοτήτων, τα μέτρα αυτά πρέπει να εξασφαλίζουν επίπεδο ασφάλειας ανάλογο προς τον υπάρχοντα κίνδυνο. Ιδιαιτέρως, λαμβάνονται μέτρα για την αποτροπή ή ελαχιστοποίηση του αντίκτυπου συμβάντων που θέτουν σε κίνδυνο την ασφάλεια σε χρήστες και διασυνδεμένα δίκτυα.*
>
> *2) Τα κράτη μέλη μεριμνούν ώστε επιχειρήσεις που παρέχουν δημόσια δίκτυα επικοινωνιών να λαμβάνουν όλα τα απαιτούμενα μέτρα για την εξασφάλιση της ακεραιότητας των δικτύων τους με σκοπό την εξασφάλιση της συνέχειας της παροχής υπηρεσιών που διανέμονται μέσω των δικτύων αυτών.*
>
> *3) Τα κράτη μέλη μεριμνούν ώστε επιχειρήσεις που παρέχουν πρόσβαση σε δημόσια δίκτυα επικοινωνιών ή σε υπηρεσίες ηλεκτρονικών επικοινωνιών που διατίθενται στο κοινό να κοινοποιούν στην εθνική ρυθμιστική αρχή κάθε παραβίαση της ασφάλειας ή της ακεραιότητας που είχε σημαντικό αντίκτυπο στη λειτουργία δικτύων ή υπηρεσιών.*
>
> *4) Κατά περίπτωση, η ενδιαφερόμενη εθνική ρυθμιστική αρχή ενημερώνει τις εθνικές ρυθμιστικές αρχές των άλλων κρατών μελών. Σε περίπτωση που η αποκάλυψη της προσβολής είναι προς το δημόσιο συμφέρον, η εθνική ρυθμιστική αρχή μπορεί να ενημερώνει και το κοινό. Επιπλέον, η εθνική ρυθμιστική αρχή υποβάλει ανά τρίμηνο στην Ευρωπαϊκή Επιτροπή συνοπτική έκθεση σχετικά με τις κοινοποιήσεις που έχει παραλάβει και τη δράση που έχει αναλάβει σύμφωνα με την παρούσα παράγραφο.*

5) Η Ε. Επιτροπή, λαμβάνοντας ιδιαιτέρως υπόψη τη γνώμη της Αρχής, μπορεί να εγκρίνει κατάλληλα τεχνικά εκτελεστικά μέτρα αποβλέποντας στην εναρμόνιση των μέτρων που αναφέρονται στις παραγράφους 1, 2 και 3, συμπεριλαμβανομένων μέτρων που ορίζουν τις περιστάσεις, τη μορφή και τις διαδικασίες που ισχύουν για απαιτήσεις κοινοποίησης.

Άρθρο 13β: Η Ευρωπαϊκή Επιτροπή, στην αναθεώρηση του ρυθμιστικού πλαισίου για την ασφάλεια και ακεραιότητα δικτύων και υπηρεσιών, πρότεινε να εισαχθούν στην Οδηγία Πλαίσιο το Άρθρο 13β ως προς την εφαρμογή και επιβολή, τα κάτωθι:

1) Τα κράτη μέλη διασφαλίζουν ότι οι εθνικές ρυθμιστικές αρχές διαθέτουν την εξουσία έκδοσης δεσμευτικών οδηγιών προς τις επιχειρήσεις που παρέχουν δημόσια δίκτυα επικοινωνιών ή υπηρεσίες ηλεκτρονικών επικοινωνιών διαθέσιμες στο κοινό, με σκοπό την εφαρμογή του άρθρου 13α.
2) Τα κράτη μέλη μεριμνούν ώστε οι εθνικές ρυθμιστικές αρχές να διαθέτουν την εξουσία να απαιτούν από επιχειρήσεις που παρέχουν δημόσια δίκτυα επικοινωνιών ή υπηρεσίες ηλεκτρονικών επικοινωνιών διαθέσιμες στο κοινότα κάτωθι:

(α) να παρέχουν πληροφορίες απαραίτητες για την εκτίμηση της ασφάλειας των υπηρεσιών και δικτύων τους, συμπεριλαμβανομένων τεκμηριωμένων πολιτικών ασφάλειας και
(β) να απευθύνουν εντολή σε ειδικευμένο ανεξάρτητο φορέα για τη διεξαγωγή ελέγχου ασφάλειας και διάθεσης των σχετικών πορισμάτων στην εθνική ρυθμιστική αρχή.

3) Τα κράτη μέλη μεριμνούν ώστε οι εθνικές ρυθμιστικές αρχές να διαθέτουν όλες τις απαραίτητες εξουσίες για τη διερεύνηση περιπτώσεων μη συμμόρφωσης.

δ) Δημόσια διαβούλευση για ακεραιότητα και διαθεσιμότητα δικτύων

Τον Δεκέμβριο του 2008, η ΕΕΤΤ προχώρησε σε δημόσια διαβούλευση *«Σχεδίου Εισήγησης περί των ελαχίστων υποχρεώσεων για τη διασφάλιση της ακεραιτότητας δημόσιων τηλεφωνικών δικτύων και διαθεσιμότητας δημόσιων τηλεφωνικών υπηρεσιών σε σταθερές θέσεις».*

Η διαβούλευση αυτή αποσκοπούσε στην καταγραφή και αξιοποίηση των απόψεων και σχολίων των ενδιαφερόμενων φορέων για το συγκεκριμένο σχέδιο Εισήγησης. Το σχέδιο περιλάμβανε τις ελάχιστες υποχρεώσεις με τις οποίες θα πρέπει να συμμορφώνονται οι πάροχοι, έτσι ώστε να διασφαλίζεται η λειτουργία των δημόσιων σταθερών τηλεφωνικών υπηρεσιών σε κάθε περίπτωση, ακόμα και σε περίπτωση καταστρεπτικής βλάβης ή ανωτέρας βίας. Ενδεικτικά αναφέρονταν οι ακόλουθες υποχρεώσεις:

1) Διενέργεια αξιολόγησης διακινδύνευσης (risk assessment) και ανάλυσης επιχειρησιακών επιπτώσεων (business impact analysis).
2) Κατάρτιση σχεδίων επιχειρησιακής συνέχειας (business continuity plan) και ανάκαμψης από καταστροφή (business recovery plan).
3) Ενίσχυση της ανθεκτικότητας του δικτύου μέσω μέτρων εφεδρείας εξοπλισμού και τροφοδοσίας ισχύος, φυσικής ασφάλειας, συντήρησης και αποκατάστασης της λειτουργίας του δικτύου.
4) Διασφάλιση της ακεραιότητας και διαθεσιμότητας της πληροφορίας, η οποία είναι απαραίτητη για την παροχή των υπηρεσιών.
5) Διασφάλιση της αδιάκοπτης πρόσβασης σε υπηρεσίες έκτακτης ανάγκης.

Επιπλέον, το σχέδιο Εισήγησης περιλάμβανε θέματα έγκαιρης και αποτελεσματικής ενημέρωσης των καταναλωτών σχετικά με γεγονότα, τα οποία απειλούν ή επηρεάζουν τη λειτουργία του δικτύου και την παροχή των υπηρεσιών. Η ΕΕΤΤ, σύμφωνα με το Ν.3431/2006 περί Ηλεκτρονικών Επικοινωνιών, ελέγχει τη συμμόρφωση των παρόχων με τις ελάχιστες υποχρεώσεις, οι οποίες περιλαμβάνονταν στην εν λόγω Εισήγηση.

ε) Εισήγηση της ΕΕΤΤ περί διασφάλισης της ακεραιότητας δικτύων

Στις 17/3/2009 η ΕΕΤΤ αποφάσισε την υποβολή εισήγησης προς τον Υπουργό Εσωτερικών, Δημόσιας Διοίκησης και Αποκέντρωσης (κ. Π. Παυλόπουλο) και τον Υπουργό Μεταφορών και Επικοινωνιών (κ. Ε. Στυλιανίδη) για την έκδοση *Κοινής Υπουργικής Απόφασης*, η οποία θα προσδιόριζε τις ελάχιστες υποχρεώσεις των τηλεπικοινωνιακών παρόχων για τη διασφάλιση της ακεραιότητας δημόσιων τηλεφωνικών δικτύων και διαθεσιμότητας δημόσιων σταθερών τηλεφωνικών υπηρεσιών, όπως προβλέπεται στο Ν.3431/2006 περί ηλεκτρονικών επικοινωνιών. Επιπλέον, περιλάμβανε θέματα έγκαιρης και αποτελεσματικής ενημέρωσης των καταναλωτών σχετικά με γεγονότα τα οποία απειλούν ή επηρεάζουν τη λειτουργία του δικτύου και την παροχή υπηρεσιών. Ο προσδιορισμός των ελαχίστων υποχρεώσεων, με τις οποίες θα πρέπει να συμμορφώνονται οι πάροχοι των σταθερών δημόσιων τηλεφωνικών δικτύων, είχε ως στόχο τη διασφάλιση της παροχής σταθερής τηλεφωνικής υπηρεσίας προς τους πολίτες σε κάθε περίπτωση, ακόμα και σε περίπτωση εκτάκτων συνθηκών που μπορεί να προκύψουν από μία καταστροφική βλάβη ή ανωτέρα βία.

Δεν γνωρίζω αν εκδόθηκε ποτέ τέτοια ΚΥΑ ούτε αν η διασφάλιση της ακεραιότητας των δικτύων εφαρμόζεται σήμερα.

ΤΗΛΕΦΩΝΙΚΕΣ ΥΠΟΚΛΟΠΕΣ

Ένα άλλο θέμα που εμφανίστηκε στους πρώτους μήνες της θητείας μας ήταν αυτό των τηλεφωνικών υποκλοπών του Πρωθυπουργού και μελών της τότε Κυβέρνησης Καραμανλή από το δίκτυο της Vodafone. Απ' ότι απεδείχθη αργότερα, υπήρξε παραβίαση του απορρήτου των επικοινωνιών μέσω της παράνομης εισαγωγής στο δίκτυο της Vodafone ενός παρείσακτου λογισμικού, έλλειψη επαρκών μέτρων ασφαλείας για την εξασφάλιση του απορρήτου, το οποίο απειλείτο από την ανεξέλεγκτη χρήση του λογισμικού συνακροάσεων (lawful interception) και διάφορες άλλες παραβάσεις*[396]*.

Την πρώτη φορά που άκουσα για το θέμα αυτό βρέθηκα εξ απήνης όταν, βγαίνοντας από την αίθουσα - μετά την εισηγητική μου ομιλία στο συνέδριο της ΕΕΤΤ για τα Ταχυδρομεία το πρωί της 2/2/2006 - με πλησίασαν αμέσως διάφοροι δημοσιογράφοι και συνεργεία της TV και - έτσι όπως ήμουν ανημέρωτος για τις πρωινές ειδήσεις - με ρώτησαν τι γνώμη έχω για το θέμα των υποκλοπών που ανέφεραν από το πρωί όλα τα ραδιόφωνα. Εκείνη τη στιγμή εγώ το άκουγα αυτό για πρώτη φορά και, αφού ρώτησα να μου πουν δυο λόγια για το τι ακριβώς ανέφεραν στο ραδιόφωνο, απροετοίμαστος και κάπως πρόχειρα έκανα την εξής δήλωση[397]: *«Η εξέλιξη της τεχνολογίας έχει τα θετικά και τα αρνητικά της. Η Πολιτεία πρέπει να είναι έτοιμη να προωθήσει την τεχνολογία, αλλά και να διαθέτει τους μηχανισμούς εκείνους για να παρακολουθεί την κατάσταση και να επεμβαίνει άμεσα σε περιπτώσεις υποκλοπών τηλεφωνικών συνδιαλέξεων».* Ερωτηθείς δε εάν η Κυβέρνηση διαθέτει τέτοιους μηχανισμούς, δήλωσα: *«Δεν γνωρίζω αν αυτή τη στιγμή η Πολιτεία διαθέτει τα μέσα εκείνα για να αντιδράσει σωστά και αποτελεσματικά».* Θεωρούσα ότι το πιο πιθανό είναι να μη τα διαθέτει. Πρότεινα μάλιστα εκείνη τη στιγμή, την ανάγκη σύστασης μιας ομάδας κρούσης *(«αντιχάκερ»)*[398], που θα μπορεί να επεμβαίνει άμεσα σε περιπτώσεις υποκλοπών τηλεφωνικών συνδιαλέξεων, μεταξύ κινητών τηλεφώνων και υπογράμμισα ότι αυτό πρέπει να γίνει γιατί *«οι κακοί είναι μεν λίγοι, αλλά είναι πολύ ικανοί».*

Ευθύς εξ αρχής πάντως, η ΕΕΤΤ αναγνώρισε την περιορισμένη αρμοδιότητα που της παρείχε ο νόμος, καθώς η Αρχή που ήταν κυρίως αρμόδια για θέματα υποκλοπών και απορρήτου ήταν η ΑΔΑΕ, η οποία και θα διενεργούσε τις πρώτες κατάλληλες έρευνες. Η ΕΕΤΤ, αφού θα ελάμβανε το πόρισμα της ΑΔΑΕ θα έκρινε στη συνέχεια εάν θα έπρεπε και αυτή να επιβάλλει διοικητικές κυρώσεις εις βάρος της Vodafone, όχι για το θέμα της παραβίασης του απορρήτου, αλλά για *παραβίαση όρων της αδείας που της είχε χορηγήσει*. Πράγματι, αφού έλαβε το πόρισμα της ΑΔΑΕ (η οποία επέβαλε στην Vodafone το πρόστιμο των 76.000.000€) και, μετά από ενδελεχή έλεγχο, η Ολομέλεια της ΕΕΤΤ επέβαλε και αυτή - με την απόφασή Α.Π. 457/53/18-10-2007 και με τη ψήφο του Προέδρου δίχως όμως ομοφωνία - πρόστιμο 19.100.000€ για διάφορες παραβιάσεις των όρων της ειδικής άδειας που κατέχει η εταιρεία[399]. (Το μεν πρόστιμο της ΑΔΑΕ ακυρώθηκε από την Ολομέλεια του ΣτΕ με την απόφασή του 3319/2010, το δικό μας όμως πρόστιμο εισπράχτηκε από την ΕΕΤΤ καθ' ολοκληρίαν).

Σε συνάντηση[400] που είχα στις 13/2/2006 στο Μέγαρο Μαξίμου με τον Πρωθυπουργό κ. Κ. Καραμανλή και τους αρμόδιους Υπουργούς

Δικαιοσύνης και ΥΜΕ για να διατυπώσω τις απόψεις της ΕΕΤΤ σχετικά με το θέμα των υποκλοπών και, επειδή εν τω μεταξύ είχαν ακουστεί και γραφτεί από παντού τις προηγούμενες μέρες πολλές πρόχειρες και αβάσιμες προτάσεις, τους υπέβαλα - προς μελέτη και αξιολόγηση – έκθεση της ΕΕΤΤ, της οποίας οι σημαντικότερες προτάσεις ήταν οι ακόλουθες*[401]*:

1) Να αποφευχθούν απρόσεκτες κινήσεις και λήψεις βεβιασμένων μέτρων και να μην δοθούν γρήγορες, εύκολες και πρόχειρες λύσεις.
2) Να προηγηθεί της οποιασδήποτε απόφασης/δράσης ενδελεχής μελέτη και διαβούλευση.
3) Όσον αφορά τα θέματα διαφύλαξης απορρήτου και προληπτικών ελέγχων ή πιστοποιήσεων επί των δικτύων, να υιοθετηθούν πρότυπα που ισχύουν σε άλλες ανεπτυγμένες ευνομούμενες δημοκρατικά χώρες.
4) Να γίνει σαφής διάκριση μεταξύ διοικητικής και ποινικής διαδικασίας στη διαλεύκανση περιστατικών παραβίασης της ασφάλειας των Η.Ε.
5) Να προβλεφτεί συντονιστικός μηχανισμός – υπό τη μορφή εθνικού κέντρου συντονισμού με λειτουργία 24/7 – για την αντιμετώπιση καταστάσεων εθνικής ασφάλειας (διαδικτυακή επίθεση, κατασκοπία, τρομοκρατικές ενέργειες, ηλεκτρονικό έγκλημα, κ.λπ.).
6) Συστηματική και διαρκής επιμόρφωση των αρμοδίων δικαστικών και αστυνομικών αρχών στην αποτελεσματική καταπολέμηση των σύγχρονων μορφών του ηλεκτρονικού εγκλήματος.
7) Οι ποινές για τους παραγωγούς και τους χρήστες προϊόντων υποκλοπής και για κάθε άλλη σχετική παράβαση να γίνουν πιο αυστηρές ώστε να λειτουργούν αποτρεπτικά στην παραβίαση του απορρήτου και της ασφάλειας των Η.Ε.
8) Τέλος, στην ίδια έκθεση επισημάναμε ότι «υπάρχει σύγχυση στις αρμοδιότητες [402]. Η αρμοδιότητα για το δίκτυο επικοινωνιών ανήκει στην ΕΕΤΤ και η αρμοδιότητα για το περιεχόμενο των τηλεπικοινωνιών στην ΑΔΑΕ και στην Αρχή Προστασίας Προσωπικών Δεδομένων. Επειδή υπάρχει κίνδυνος να μπλεχτούν οι Αρχές μεταξύ τους, πρότεινα για το μέλλον την «μερική συγχώνευση τους».

ΗΛΕΚΤΡΟΝΙΚΕΣ ΥΠΟΓΡΑΦΕΣ

Παράλληλα, εκ του νόμου, έχει ανατεθεί στην ΕΕΤΤ και η αρμοδιότητα αναφορικά με τις *«Ηλεκτρονικές Υπογραφές και την αυθεντικότητα των πληροφοριών»*. Μια ιδιαίτερα σημαντική παράμετρος που σχετίζεται με την ασφάλεια της ροής των πληροφοριών και δεδομένων στα δίκτυα, είναι ότι η ΕΕΤΤ είναι αποκλειστικά αρμόδια στην Ελλάδα για τον καθορισμό των κριτηρίων εθελοντικής διαπίστευσης των παρόχων υπηρεσιών πιστοποίησης Ηλεκτρονικής Υπογραφής, εποπτεύει και ελέγχει τους εμπλεκόμενους φορείς και εκδίδει κάθε αναγκαίο κανονιστικό κείμενο. Παράλληλα η ΕΕΤΤ έχει οριστεί ως η Αρχή που ορίζει και ελέγχει τους φορείς εκείνους που διεξάγουν ελέγχους στα προϊόντα Ηλεκτρονικής Υπογραφής (ασφαλείς διατάξεις δημιουργίας Ηλεκτρονικής Υπογραφής) για τη διαπίστωση συμμόρφωσής τους με συγκεκριμένες απαιτήσεις όπως αυτές προσδιορίζονται από το θεσμικό πλαίσιο.

Η ΕΕΤΤ έχει επίσης τον ρόλο της εποπτείας των Φορέων για Εθελοντική Διαπίστευση με σκοπό να διασφαλισθεί η εφαρμογή του σχετικού ρυθμιστικού πλαισίου σχετικά με τις Ηλεκτρονικές Υπογραφές, διενεργώντας ελέγχους που πραγματοποιούνται αυτεπαγγέλτως ή κατόπιν καταγγελίας.

α) Επισκόπηση της κατάστασης το 2006

Τα συμπεράσματα της μελέτης που κάναμε, τα οποία θα χρησίμευαν για την χάραξη πολιτικών και τον προγραμματισμό των επόμενων ενεργειών της ΕΕΤΤ ήταν τα εξής:

> *1) Ήταν σαφές ότι η χρήση των Ηλεκτρονικών Υπογραφών δεν είχε αναπτυχθεί και διαδοθεί με ενιαίο τρόπο στα κράτη μέλη της Ε.Ε. Ίσως το μόνο κοινό σημείο να αποτελούσε το γεγονός ότι η προώθηση της χρήσης των Ηλεκτρονικών Υπογραφών ξεκινούσε ως επί το πλείστον από κρατικές πρωτοβουλίες και αφορούσε κυρίως διαδικτυακές εφαρμογές του δημόσιου τομέα και συναλλαγές των πολιτών με το Δημόσιο. Επιπρόσθετα, με δεδομένο ότι οι Οδηγίες για το e-invoicing και e-procurement είχαν κινητοποιήσει τα κράτη-μέλη για την ανάληψη μέτρων και ενεργειών διάδοσης των*

Ηλεκτρονικών Υπογραφών, γινόταν πλέον σαφές ότι ο δημόσιος τομέας, η Πολιτεία, ήταν η κύρια κινητήρια δύναμη που μπορούσε να προάγει τη χρήση των Ηλεκτρονικών Υπογραφών από τους πολίτες με μια σειρά προωθητικών μέτρων και εφαρμογών στα πλαίσια καλοσχεδιασμένων τακτικών.

2) Η ευρωπαϊκή εμπειρία καταδείκνυε ότι δεν υπήρχε μια συγκεκριμένη λύση διαπίστευσης των ΠΥΠ (Παρόχων Υπηρεσιών Πιστοποίησης) (π.χ., RootCA) για την προαγωγή της αγοράς των Ηλεκτρονικών Υπογραφών, αλλά και εναλλακτικά σχήματα εθελοντικής διαπίστευσης μπορούσαν να είναι εξίσου αποτελεσματικά. Το ίδιο ίσχυε και για τα υπάρχοντα μοντέλα εποπτείας. Ενδεικτικά θα αναφέρουμε την περίπτωση της Ιταλίας όπου η αγορά των Ηλεκτρονικών Υπογραφών είχε αναπτυχθεί ικανοποιητικά, χωρίς όμως να έχει υιοθετήσει ένα «σφικτό» εποπτικό και ελεγκτικό σχήμα (όπως στη Γερμανία). Προτείναμε αυτό να εξεταστεί περαιτέρω μετά από σχετική επικοινωνία με την ΕΕΤΤ της Ιταλίας (την AgCOM).

3) Επίσης, δεν υπήρχε ευρεία αντιστοίχιση ενεργειών, τάσεων ή δράσεων με χώρες εκτός Ευρώπης. Από την εκτός Ευρώπης εικόνα, απλά βγάζαμε το συμπέρασμα ότι και εκεί υπήρχαν κυβερνητικές πρωτοβουλίες που προωθούσαν τη σχετική αγορά των Ηλεκτρονικών Υπογραφών, χωρίς όμως αντίστοιχη ποσοτική εικόνα.

4) Με αφορμή τις σχετικές πρωτοβουλίες ηλεκτρονικής διακυβέρνησης (e-government), γινόταν προσπάθεια σε εθνικό επίπεδο από μεγάλο αριθμό χωρών της Ε.Ε. κυρίως, να αναπτυχθεί η «e-ID» κάρτα των πολιτών, που θα μπορούσε να αποτελέσει ένα κρίσιμο κίνητρο για την προώθηση της εφαρμογής Ηλεκτρονικών Υπογραφών.

5) Τέλος, όσον αφορά τον Ελληνικό χώρο, η αγορά των ΠΥΠ κρίνονταν δυστυχώς στάσιμη και περιορισμένη. Πρακτικά, τα μόνα έργα που τελούσαν υπό εξέλιξη ήταν τα έργα του δημόσιου τομέα, αλλά ακόμη και σ' αυτά η σχετική υλοποίηση βρισκόταν σε αρχικό στάδιο, εκτός του ΣΥΖΕΥΞΙΣ το οποίο ήταν σε πιλοτική φάση εφαρμογής (55.000 πιστοποιητικά ψηφιακής υπογραφής).

β) Η μελέτη της ΕΕΤΤ για προώθηση της Ηλεκτρονικής Υπογραφής

Προς εξυπηρέτηση αυτού του ρόλου της, η ΕΕΤΤ ολοκλήρωσε τον Αύγουστο του 2006 την σχετική δράση για την «προώθηση, εποπτεία και εφαρμογή των Ηλεκτρονικών Υπογραφών στη Ελλάδα». Η Ομάδα

Εργασίας που είχαμε συστήσει στην ΕΕΤΤ (υπό τον συντονισμό της Β. Γώγου[403], στελέχους της ΕΕΤΤ), παρέδωσε τη μελέτη της με τίτλο «Αποτελέσματα μελέτης για τα θέματα προώθησης, εποπτείας και εφαρμογής των Ηλεκτρονικών Υπογραφών από την ΕΕΤΤ», η οποία περιλάμβανε τα κάτωθι:

1) επισκόπηση της τότε κατάστασης (νομικό πλαίσιο, στοιχεία εφαρμογής και αγοράς) γύρω από τις Ηλεκτρονικές Υπογραφές και τις εφαρμογές τους, στην Ελλάδα, την Ευρώπη και σ' ορισμένες τρίτες χώρες,
2) εξέταση άλλων σχετικών θεμάτων, όπως λύση υπογεγραμμένης λίστας, ζητήματα διαλειτουργικότητας, επικαιροποίηση προτύπων και αλγορίθμων, κ.λπ.,
3) προτάσεις δράσεων για την προώθηση της χρήσης της Ηλεκτρονικής Υπογραφής, όπως:
(α) δράσεις που αφορούν την ολοκλήρωση της όλης αρχιτεκτονικής του συστήματος Ηλεκτρονικών Υπογραφών στην Ελλάδα (την ΕΕΤΤ αφορούσε κυρίως η υλοποίηση ή μη της υποδομής Κορυφαίας Αρχής Πιστοποίησης – RootCA ή BridgeCA, ή SignedList),
(β) δράσεις για την εφαρμογή της Ηλεκτρονικής Υπογραφής στον στενό και ευρύτερο Δημόσιο Τομέα (συνέργια με το ΣΥΖΕΥΞΙΣ),
(γ) δράσεις διαλειτουργικότητας (πιλοτική εφαρμογή),
(δ) δράσεις Προστιθέμενης Αξίας (π.χ., υπηρεσίες Χρονοσφραγίδων, Μη-αποποίησης λήψης, Συμβολαιογραφίας, Audit, κ.λπ.),
4) παρουσίαση ομαδοποιημένων προτεινόμενων δράσεων του έργου που προέκυψαν από την έρευνα και αξιολόγησή τους,
5) ο επιμερισμός των πόρων που απαιτούντο από την ΕΕΤΤ για τις δράσεις αυτές.

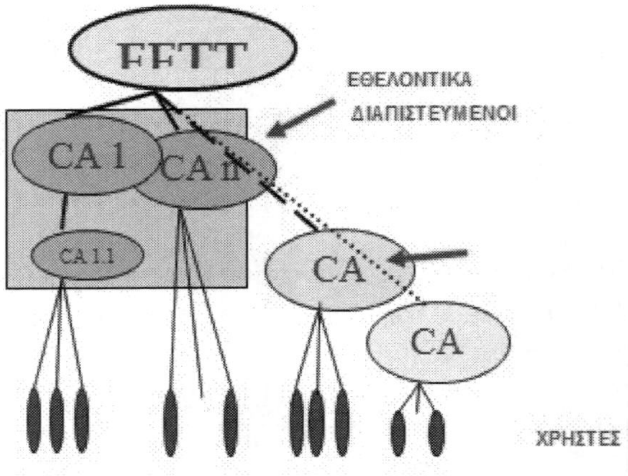

Σχ. 12.4: Σχήμα εποπτείας της ΕΕΤΤ για την η-υπογραφή

γ) Σχετικές ενέργειες της ΕΕΤΤ

Με βάση τα πιο πάνω, προβήκαμε στις απαραίτητες ενέργειες για τη δημιουργία και δημοσίευση στο δικτυακό τόπο της ΕΕΤΤ ενός Καταλόγου Εμπίστευσης (TSL) εποπτευόμενων/διαπιστευμένων ΠΥΠ. Ο εν λόγω Κατάλογος περιλάμβανε στοιχεία σχετικά με τους ΠΥΠ που εκδίδουν αναγνωρισμένα πιστοποιητικά και οι οποίοι εποπτεύονται/διαπιστεύονται από την ΕΕΤΤ ως προς τη συμμόρφωσή τους με τις σχετικές διατάξεις της Οδηγίας 1999/93/ΕΚ. Ο Κατάλογος αυτός αποσκοπούσε στο να διευκολύνει την αποτελεσματική διασυνοριακή χρήση των Ηλεκτρονικών Υπογραφών που βασίζονται σε αναγνωρισμένα πιστοποιητικά, καθώς και στο να προάγει την εμπιστοσύνη στις Ηλεκτρονικές Υπογραφές, ανεξάρτητα από το κράτος μέλος που είναι εγκατεστημένος ο υπογράφων ή ο πάροχος που εκδίδει το αναγνωρισμένο πιστοποιητικό. Επιπρόσθετα, αποτελούσε ένα σημαντικό βήμα για τη διευκόλυνση της διαλειτουργικότητας των συστημάτων πληροφοριών ανάμεσα στα κράτη μέλη, προκειμένου οι διαδικασίες και οι διατυπώσεις, για την πρόσβαση σε δραστηριότητες παροχής υπηρεσιών και για την άσκησή τους, να μπορούν να διεκπεραιωθούν εύκολα από απόσταση και ηλεκτρονικά, όπως επιτάσσει και η Οδηγία 2006/123/ΕΚ41 σχετικά με τις υπηρεσίες στην εσωτερική αγορά. Η υποχρέωση για κατάρτιση, τήρηση και δημοσίευση Καταλόγου Εμπίστευσης απορρέει από την Απόφαση 42 της Ευρωπαϊκής Επιτροπής, σύμφωνα με την οποία όλα τα κράτη μέλη καλούνται να υλοποιήσουν Καταλόγους Εμπίστευσης, διαθέτοντας τις απαραίτητες πληροφορίες για την επικύρωση της Ηλεκτρονικής Υπογραφής και ακολουθώντας ένα κοινό πρότυπο και συγκεκριμένες τεχνικές προδιαγραφές.

Η ΕΕΤΤ, μετά τη μελέτη της Ομάδας Εργασίας, προκήρυξε τον Δεκέμβριο του 2006 διαγωνισμό για την ανάδειξη αναδόχου που θα αναλάμβανε να ελέγχει παρόχους η-υπογραφής ότι πληρούν τις αναγκαίες συνθήκες ασφαλείας.

Ο διαγωνισμός κατέληξε άκαρπος.

Εκτός από τον άξονα με δράσεις εκπαίδευσης και ευαισθητοποίησης και προώθησης, ο δεύτερος βασικός άξονας σχετικά με τις Ηλεκτρονικές Υπογραφές περιλάμβανε την οργάνωση των *ελεγκτικών και εποπτικών μηχανισμών της ΕΕΤΤ* :

1) Εποπτεία-Επιλογή φορέα ελέγχου: είχε προταθεί να επιλεγεί φορέας ελέγχου άμεσα με πρόχειρο διαγωνισμό και στη συνέχεια να οργανωθεί η εκπόνηση αρχικών αυτεπάγγελτων ελέγχων στους εποπτευόμενους ΠΥΠ του μητρώου της ΕΕΤΤ που κατά δήλωσή τους εκδίδουν αναγνωρισμένα πιστοποιητικά, καθώς και ενδεχομένως σε αρχές πιστοποίησης του δημοσίου (ΣΥΖΕΥΞΙΣ). Είχε προετοιμαστεί το τεχνικό μέρος της σχετικής προκήρυξης.

2) Εθελοντική διαπίστευση: (1) εκ νέου πρόσκληση ενδιαφέροντος για εντεταλμένους φορείς ελέγχου εντός κι εκτός Ελλάδος και εάν αυτό δεν έφερνε αποτέλεσμα, ή μετά από αίτηση ΠΥΠ, να γίνει διερεύνηση για την έκδοση και ενημέρωση λίστας ισοδύναμων φορέων διαπίστευσης και την προώθηση διμερών ή πολυμερών συμφωνιών με άλλες ανεξάρτητες αρχές για ορισμό φορέων εθελοντικής διαπίστευσης και (2) υλοποίηση της τεχνικής λύσης διανομής υπογεγραμμένης λίστας (SignedList).

δ) Σημερινά δεδομένα

Σύμφωνα με πληροφορίες του Καθ. Κ. Χαλάτση, σήμερα τα πράγματα σε ότι αφορά τις ψηφιακές υπογραφές έχουν αλλάξει μετά την νέα οδηγία/κανονισμό σχετικά με την *ηλεκτρονική ταυτοποίηση και τις υπηρεσίες εμπιστοσύνης για τις ηλεκτρονικές συναλλαγές στην εσωτερική αγορά* και την κατάργηση της οδηγίας 1999/93/ΕΚ που αφορούσε τις ηλεκτρονικές υπογραφές.

Ο νέος Κανονισμός αριθ. 910.2014 του Ευρωπαϊκού κοινοβουλίου και του Συμβουλίου της 23ης Ιουλίου 2014, αντιμετωπίζει ενιαία τα θέματα Ηλεκτρονικής Ταυτοποίησης, Ηλεκτρονικής Υπογραφής, Ηλεκτρονικής Σφραγίδας και Ηλεκτρονικής Χρονοσφραγίδας για την ανάπτυξη υπηρεσιών εμπιστοσύνης. Στόχοι του νέου κανονισμού είναι:

1) να καταστεί δυνατή η ασφαλής και απρόσκοπτη ηλεκτρονική αλληλεπίδραση μεταξύ των επιχειρήσεων, των πολιτών και των δημόσιων αρχών, αυξάνοντας έτσι την αποτελεσματικότητα των δημόσιων και ιδιωτικών επιγραμμικών (online) υπηρεσιών, του Ηλεκτρονικού Επιχειρείν και του Ηλεκτρονικού Εμπορίου στην Ε.Ε.,
2) να ενισχυθεί η ισχύουσα νομοθεσία και να επεκταθεί ώστε να καλύπτει την αμοιβαία αναγνώριση και αποδοχή σε επίπεδο Ε.Ε. των κοινοποιημένων συστημάτων Ηλεκτρονικής Ταυτοποίησης και άλλων σημαντικών σχετικών ηλεκτρονικών υπηρεσιών εμπιστοσύνης στις συναλλαγές και,
3) να συμπληρωθεί η ισχύουσα νομοθεσία της Ε.Ε., και συγκεκριμένα η οδηγία 1999/93/ΕΚ (που καταργείται με την παρούσα πρόταση), σχετικά με το «κοινοτικό πλαίσιο για τις Ηλεκτρονικές Υπογραφές» (που ουσιαστικά αφορά τις Ηλεκτρονικές Υπογραφές και μόνο) ώστε να υπάρχει ολοκληρωμένο διασυνοριακό και διατομεακό πλαίσιο της Ε.Ε. για τις ασφαλείς, αξιόπιστες και εύχρηστες ηλεκτρονικές συναλλαγές, το οποίο να καλύπτει την Ηλεκτρονική Ταυτοποίηση, την Ηλεκτρονική Επαλήθευση της ταυτότητας και τις Ηλεκτρονικές Υπογραφές.

Από τα παραπάνω γίνεται εμφανές ότι το Κράτος πρέπει να αναμορφώσει και να συμπληρώσει τον ρόλο της ΕΕΤΤ ώστε ο εποπτικός της ρόλος να επεκταθεί και να καλύψει τον νέο κανονισμό.

ΑΛΛΕΣ ΔΡΑΣΕΙΣ ΤΗΣ ΕΕΤΤ

α) Γεωγραφικό Σύστημα Ευρυζωνικότητας (ΓΣΕ)

Μια άλλη δραστηριότητα της ΕΕΤΤ ήταν η κατασκευή και ενσωμάτωση στην ιστοσελίδα της ενός ΓΣΕ (Γεωγραφικού Συστήματος Ευρυζωνικότητας) τηλεπικοινωνιακού Δικτύου. Ένα σύστημα το οποίο συνδυάζει πληροφορίες για τα δίκτυα Ηλεκτρονικών Επικοινωνιών με γεωγραφικά δεδομένα και τις απεικονίζει σε χαρτογραφικό υπόβαθρο. (*«Χάρτης του γρήγορου Ίντερνετ»* *[404]* ή *«Κτηματολόγιο» του Ίντερνετ»* *[405]*, όπως το αποκαλούσε ο Τύπος).

Το ΓΣΕ κατέγραφε και απεικόνιζε τις υποδομές των τηλεπικοινωνιακών, ραδιοτηλεοπτικών και ευρυζωνικών δικτύων στην ελληνική επικράτεια και κατέστη ένα πολύτιμο εργαλείο, το οποίο συνέβαλε στη διάδοση της Ευρυζωνικότητας σ' όλη την Ελλάδα. Το ΓΣΕ αποτέλεσε στην ουσία το πρώτο ηλεκτρονικό κτηματολόγιο των τηλεπικοινωνιακών δικτύων, δίνοντας τη δυνατότητα στους καταναλωτές να ενημερώνονται για τις περιοχές της ελληνικής Επικράτειας στις οποίες παρέχεται «γρήγορο» Διαδίκτυο (ADSL) και την αναμενόμενη ταχύτητα πρόσβασης. Στην τεχνολογία ADSL που τότε εφαρμοζόταν στην πλειονότητα των συνδέσεων καταναλωτών, η ταχύτητα της σύνδεσης δεν ήταν εγγυημένη. Η μέγιστη ταχύτητα σύνδεσης που λάμβανε ο συνδρομητής ήταν συνάρτηση της εξασθένησης του σήματος και επηρεάζονταν σημαντικά από την απόσταση του τερματικού του εξοπλισμού από το Α/Κ Τηλεπικοινωνιών. Με δεδομένο ότι οι θέσεις των Α/Κ ήταν γνωστές, μπορούσαν να υπολογιστούν οι διαθέσιμες (αλλά ενδεικτικές) μέγιστες ταχύτητες ADSL ανά περιοχή/κατοικία. Η ΕΕΤΤ, μέσω του ΓΣΕ, παρείχε στους καταναλωτές τη δυνατότητα να ελέγχουν τις ενδεικτικές ταχύτητες σύνδεσης για διάφορα σημεία στο χάρτη. Οι ταχύτητες υπολογίζονταν βάσει του οδικού δικτύου (με την παραδοχή ότι τα καλώδια του χαλκού ακολουθούσαν το οδικό δίκτυο) και ήταν ενδεικτικές, δεδομένου ότι: (α) οι αποστάσεις ήταν προσεγγιστικές και (β) οι ταχύτητες εξαρτώντο επίσης και από άλλους σημαντικούς παράγοντες (π.χ. ποιότητα καλωδίωσης), οι οποίοι μπορούσαν να μειώσουν περαιτέρω την αναμενόμενη ταχύτητα πρόσβασης. Με δεδομένη την αυξημένη δυνατότητα επιλογής υπηρεσιών που άρχισαν να έχουν τότε οι καταναλωτές (υπηρεσίες IPTV, Triple Play κ.α.), το ΓΣΕ εμφάνιζε τις ζώνες όπου η απόσταση από το Α/Κ δεν επιδρούσε αρνητικά στην αναμενόμενη ποιότητα των εν λόγω υπηρεσιών.

Ειδικότερα, το σύστημα ΓΣΕ παρείχε τις παρακάτω λειτουργίες:

1) Ευρυζωνικός Χάρτης Ελλάδας: Έδινε μια γενική εικόνα των περιοχών στις οποίες παρείχετο ευρυζωνική κάλυψη. Χρησιμοποιώντας τις λειτουργίες προσέγγισης, απομάκρυνσης και μετακίνησης ο χρήστης είχε τη δυνατότητα να περιηγηθεί στον χάρτη και να μεταβεί στην περιοχή που τον ενδιέφερε.
2) Χάρτης Ταχυτήτων ADSL-IPTV: Απεικόνιζε με λεπτομέρεια τις περιοχές που καλύπτονταν από ευρυζωνικές υπηρεσίες. Η διαθέσιμη ανάλυση χαρτογραφικών πληροφοριών έφθανε στο επίπεδο οικοδομικού τετραγώνου. Ο χρήστης, πληκτρολογώντας τη διεύθυνση που τον ενδιέφερε, ενημερώνονταν για τις μέγιστες δυνατές ταχύτητες σύνδεσης που προσφέρονταν στην επιλεγμένη περιοχή, καθώς και για την απόστασή του από το τηλεπικοινωνιακό κέντρο. Στον ίδιο χάρτη απεικονίζονταν οι ζώνες στις οποίες η αναμενόμενη ποιότητα ήταν ικανοποιητική ώστε να παρέχονται υπηρεσίες τηλεόρασης μέσω Διαδικτύου (IPTV).
3) Δικτυακοί Τόποι Παρόχων: Εμφανίζονταν οι σύνδεσμοι στους δικτυακούς τόπους των παρόχων ευρυζωνικών υπηρεσιών ADSL για τη διευκόλυνση των χρηστών που επιθυμούσαν γρήγορη πρόσβαση στα στοιχεία επικοινωνίας των παρόχων.
4) Σημεία Πρόσβασης Ασύρματου Διαδικτύου: Ο χρήστης μπορούσε να εντοπίζει τα καταγεγραμμένα σημεία πρόσβασης ασύρματου Διαδικτύου (Wi-Fi Hotspots) με ελεύθερη πρόσβαση ή τις επιχειρήσεις που παρείχαν τη συγκεκριμένη υπηρεσία με χρέωση.
5) ΚΟΜΕΧ: Το σύστημα παρείχε σύνδεσμο στο ΚΟΜΕΧ όπου διατίθετο το εργαλείο NDT της πλατφόρμας Measurement Lab, με το οποίο ο χρήστης μπορούσε να μετρήσει την πραγματική ταχύτητα σύνδεσής του στο διαδίκτυο. (Περισσότερα για το ΚΟΜΕΧ στη συνέχεια).

Ενισχύοντας το ρυθμιστικό μας έργο, επιλέξαμε να ενσωματώσουμε τις νέες δυνατότητες του ΓΣΕ στα Πληροφοριακά Συστήματα με τα οποία στηρίζαμε τις εσωτερικές λειτουργίες της ΕΕΤΤ, αλλά και τις υπηρεσίες της προς τους άλλους φορείς, τις επιχειρήσεις και τους πολίτες. Στο πλαίσιο αυτό παρουσιάσαμε τον Σεπτέμβριο του 2008 στην 73η Διεθνή Έκθεση Θεσσαλονίκης (ΔΕΘ), τρείς πιλοτικές εφαρμογές:

1) καταγραφή και απεικόνιση των υποδομών των δικτύων των παρόχων,
2) πληροφόρηση των καταναλωτών σχετικά με την ποιότητα των παρεχόμενων συνδέσεων και,
3) απεικόνιση Ευρυζωνικών Μητροπολιτικών δικτύων οπτικών ινών σε επιλεγμένους Δήμους και Wi-Fi Hotspots.

Πιο συγκεκριμένα, με τις προαναφερθείσες εφαρμογές:

1) Καταγράφονταν τα έργα Δικαιωμάτων Διέλευσης, δικτύων οπτικών ινών και παρέχονταν υπηρεσίες που προωθούσαν τη συνεργασία των παρόχων σε επίπεδο σχεδιασμού και υλοποίησης, με γνώμονα την επιτάχυνση των πολύπλοκων και γραφειοκρατικών διαδικασιών και την ταχύτερη ανάπτυξη ευρυζωνικών δικτύων οπτικών ινών. Στο πλαίσιο αυτό, ήταν απαραίτητη η καταχώρηση στο ΓΣΕ των πληροφοριών σχετικά με τα ήδη εγκατεστημένα καθώς και τα προς ανάπτυξη δίκτυα οπτικών ινών.
2) Καταγράφονταν οι υποδομές και επιτρεπόταν η διάθεση της πληροφορίας στο κοινό, μέσω ιστοσελίδας, σε συνεργασία με τους Δήμους που υλοποιούσαν ευρυζωνικά δίκτυα και δημιουργούσαν σημεία πρόσβασης ασύρματων δικτύων Wi-Fi. Με αυτόν τον τρόπο, ένας πολίτης μπορούσε να γνωρίζει τη διαθεσιμότητα των ευρυζωνικών υπηρεσιών σε μια περιοχή που τον ενδιέφερε.

Η ΕΕΤΤ αξιοποίησε την τεχνολογία ΓΣΕ και ανέπτυξε διάφορες εφαρμογές με χρήσιμες και διαδραστικές υπηρεσίες ενημέρωσης των καταναλωτών, των παρόχων και της Τοπικής Αυτοδιοίκησης. Μέσω του ΓΣΕ, η ΕΕΤΤ ενίσχυε το έργο της με στόχο άμεσο στο μέλλον να παρουσιάσει:

1) την ψηφιακή αποτύπωση των υπαρχουσών και των προς υλοποίηση υποδομών δικτύων Η.Ε. όλης της Ελληνικής Επικράτειας, δημιουργώντας το «Κτηματολόγιο ευρυζωνικών υποδομών»,

2) την αποτελεσματική παρακολούθηση της γεωγραφικής ανάπτυξης των ευρυζωνικών δικτύων σε όλη την Ελλάδα, καθώς και των παρεχόμενων υπηρεσιών Η.Ε.,
3) την καταγραφή των υποδομών των τηλεπικοινωνιακών παρόχων (φρεατίων, καλωδίων, οπτικών ινών) με στόχο την αποφυγή πρόκλησης βλαβών,
4) την ανάλυση των δεδομένων της αγορά Η.Ε. και την στοχευμένη – όταν απαιτείται – λήψη ρυθμιστικών μέτρων,
5) την καταγραφή των διαθέσιμων δικτύων των Δήμων (όπως ύδρευσης, αποχετεύσεως, κ.λπ.). τα οποία θα μπορούσαν να χρησιμοποιηθούν για την εγκατάσταση δικτύων οπτικών ινών,
6) τη διευκόλυνση του έργου των αδειοδοτήσεων και των τακτικών ελέγχων που διενεργεί η ΕΕΤΤ, καθώς και τη βελτίωση εσωτερικών διαδικασιών της, όπως για παράδειγμα η διαχείριση του στόλου οχημάτων ελέγχου και ο συντονισμός τεχνικών ελέγχων.

Η ΕΕΤΤ κατέστησε διαθέσιμες - μέσω της ιστοσελίδας της - τις εφαρμογές του ΓΣΕ το πρώτο εξάμηνο του 2009.

β) Κόμβος Μετρήσεων Ευρυζωνικών Χαρακτηριστικών (ΚΟΜΕΧ)

Επιπλέον, σε συνεργασία με το Εθνικό Δίκτυο Έρευνας και Τεχνολογίας (ΕΔΕΤ) και τις διεθνείς κοινοπραξίες Measurement Lab Partnership (M-Lab/MLP) και Planet Lab Consortium (PLC), η ΕΕΤΤ ανέπτυξε[406]– ως μέρος του Γεωγραφικού της Συστήματος Ευρυζωνικότητας ΓΣΕ - μια νέα εθνική υποδομή για τη μέτρηση των ποιοτικών χαρακτηριστικών των ευρυζωνικών συνδέσεων στη χώρα μας, η οποία ονομάστηκε Κόμβος Μετρήσεων Ευρυζωνικών Χαρακτηριστικών (ΚΟΜΕΧ) – και που το 2014 μετονομάστηκε «ΥΠΕΡΙΩΝ»[407]- που υπάγεται στο διεθνές σύστημα «Εργαστήριο Μετρήσεων», γνωστό και ως «M-Lab».

Η εγκατάσταση και λειτουργία του ΚΟΜΕΧ στη χώρα μας ήταν αποτέλεσμα της άρτιας συνεργασίας της ΕΕΤΤ με τοπικούς και διεθνείς φορείς. Το ΕΔΕΤ προσέφερε και συντηρεί τις ευκολίες εγκατάστασης και λειτουργίας του εξοπλισμού, τη σύνδεση του ΚΟΜΕΧ με το Διαδίκτυο μέσω του δικτύου της, καθώς και τη διασύνδεσή του με τα δίκτυα των παρόχων, μέσω του εθνικού Κόμβου Ουδέτερης Διασύνδεσης (GRIX) τον οποίο οργάνωσε και λειτουργεί το ΕΔΕΤ. Τέλος, το M-Lab και το PLC ανέλαβαν τη λειτουργία και διαχείριση του κόμβου σε συνεργασία με την ΕΕΤΤ, ενώ ερευνητές από ινστιτούτα και ακαδημαϊκά ιδρύματα ανέπτυξαν, εγκατέστησαν και λειτουργούν τα εργαλεία μετρήσεων που χρησιμοποιούν οι τελικοί χρήστες.

Ο κόμβος τέθηκε σε λειτουργία στις 24/8/2009. Οι χρήστες ευρυζωνικών υπηρεσιών πρόσβασης στο Διαδίκτυο είχαν πλέον τη δυνατότητα να αξιοποιούν σύγχρονες υποδομές και τεχνολογίες, επισκεπτόμενοι - μέσω του ΓΣΕ της ΕΕΤΤ - τους δικτυακούς τόπους μέσα από τους οποίους μπορούσαν να μετρούν τα πραγματικά ποιοτικά χαρακτηριστικά της ευρυζωνικής σύνδεσής τους και να εντοπίζουν μερικά από τα πιο συχνά εμφανιζόμενα τεχνικά προβλήματα.

Οι χρήστες έχουν τώρα πρόσβαση στα ακόλουθα εργαλεία:

1) Network Diagnostic Tool (NDT): Μετρά την πραγματική ταχύτητα πρόσβασης και λαμβάνει πληροφορίες διάγνωσης προβλημάτων που περιορίζουν την ταχύτητα της ευρυζωνικής σύνδεσης.
2) Glasnost: Ελέγχει κατά πόσο ένας πάροχος Η.Ε. περιορίζει ή παρεμποδίζει την υπηρεσία ανταλλαγής αρχείων ανάμεσα στους χρήστες (Bit torrent).
3) Network Path and Application Diagnosis (NPAD), το οποίο επιτρέπει τον εντοπισμό τεχνικών προβλημάτων στον υπολογιστή ή στη σύνδεση από την οικία/γραφείο του χρήστη.
4) Pathload: Αποτελεί ένα εναλλακτικό εργαλείο για τη μέτρηση της πραγματικής ταχύτητας πρόσβασης.
5) Shaper Probe: Εντοπίζει μηχανισμούς ρύθμισης της κίνησης (traffic shaping) από τον Πάροχο Υπηρεσιών Διαδικτύου (ISP).
6) NANO: Εξετάζει εάν ένας ISP υποβαθμίζει την απόδοση συγκεκριμένου υποσυνόλου των χρηστών, των εφαρμογών ή προορισμών στο Διαδίκτυο.

γ) Εξασφάλιση παροχής «καθολικής υπηρεσίας»

Στην ΕΕΤΤ, μετά την ολοκλήρωση του δευτερογενούς θεσμικού πλαισίου για την παροχή της Καθολικής Υπηρεσίας (ΚΥ) από τα αρμόδια Υπουργεία, προχωρήσαμε σε συγκεκριμένες ενέργειες βάσει των σχετικών εξουσιοδοτικών διατάξεων. Συγκεκριμένα, μετά την έκδοση της σχετικής υπουργικής απόφασης με την οποία ορίζονταν οι προϋποθέσεις, τα κριτήρια επιλογής και η διαδικασία για τον καθορισμό Παρόχου Καθολικής Υπηρεσίας (ΠΚΥ), διεξαγάγαμε στις αρχές του 2009 Δημόσια Διαβούλευση με αντικείμενο την εξειδίκευση των κριτηρίων αξιοπιστίας για την επιλογή ΠΚΥ. Σημειώνεται ότι μια επιχείρηση δύναται να είναι υποψήφια ΠΚΥ, εφόσον διαπιστωθεί ότι είναι αξιόπιστη για την παροχή των αντίστοιχων στοιχείων ΚΥ. Για τον σκοπό αυτόν, κάθε ενδιαφερόμενη επιχείρηση υπέβαλε στην ΕΕΤΤ στοιχεία (ιδίως τεχνικά, οικονομικά και ποιότητας παροχής υπηρεσιών) με τα οποία αποδεικνύεται ότι πληρούνται τα απαιτούμενα κριτήρια αξιοπιστίας. Η εξειδίκευση των ανωτέρω κριτηρίων έγινε στο πλαίσιο της σχετικής πρόσκλησης εκδήλωσης ενδιαφέροντος προς τις επιχειρήσεις που παρέχουν δίκτυα ή/και υπηρεσίες Η.Ε. στο κοινό για την παροχή του συνόλου ή στοιχείων της ΚΥ. Στην πρόσκληση ανταποκρίθηκε ένας πάροχος, ο οποίος πληρούσε τα σχετικά κριτήρια, εκδηλώνοντας το ενδιαφέρον του για την παροχή μόνο ενός στοιχείου από τη δέσμη υπηρεσιών που συνιστούν την ΚΥ. Συγκεκριμένα, επρόκειτο για την παροχή υπηρεσιών πληροφοριών ενοποιημένου τηλεφωνικού καταλόγου και καταλόγων συνδρομητών σε έντυπη ή επικουρικά ηλεκτρονική μορφή για το σύνολο της ελληνικής Επικράτειας. Στη συνέχεια, η ΕΕΤΤ συνέταξε και έθεσε προς Διαβούλευση το τεύχος προκήρυξης αναφορικά με την επιλογή του ΠΚΥ και με την ολοκλήρωσή της, θα οριστικοποιούσε το τεύχος προκήρυξης και θα ξεκινούσε τη σχετική διαγωνιστική διαδικασία. Επιπροσθέτως, η ΕΕΤΤ συνέταξε και έθεσε προς Διαβούλευση τον Ιούνιο του 2009 τον σχετικό Κανονισμό περί καθορισμού των αρχών κοστολόγησης της ΚΥ. Με τον εν λόγω Κανονισμό, ο οποίος αναμένονταν να εκδοθεί εντός του πρώτου τριμήνου του 2010, θα ολοκληρώνονταν το σύνολο του θεσμικού πλαισίου της ΚΥ.

δ) Υπηρεσίες Πολυμεσικής Πληροφόρησης (ΥΠΠ)

Το 2009 επίσης προβήκαμε σε σειρά δράσεων για την αντιμετώπιση θεμάτων σχετικά με τη χρέωση συνδρομητών για Σύντομα Γραπτά Μηνύματα Αυξημένης Χρέωσης (PSMS) σε σύντομους κωδικούς της σειράς 54XXX (π.χ. ψηφοφορίες, διαγωνισμοί), στους οποίους παρέχονται ΥΠΠ. Αναλυτικότερα, η ΕΕΤΤ :

1) Μετά τη διενέργεια τεχνικών ελέγχων στις παρεχόμενες υπηρεσίες και την επεξεργασία των σχετικών καταγγελιών, διεξήγαγε Ακροάσεις των εμπλεκόμενων παρόχων, για να εξεταστεί πιθανή παράβαση της νομοθεσίας.

2) Δημοσίευσε συστάσεις προς τους καταναλωτές - τόσο το Νοέμβριο του 2008, που πρωτοεμφανίστηκε το φαινόμενο, όσο και τον Ιούλιο του 2009 – ώστε να είναι προσεκτικοί κατά την εισαγωγή του αριθμού του κινητού τηλεφώνου τους σε δικτυακούς τόπους και να διαβάζουν πάντα σχολαστικά τους όρους που αναφέρονται στις παρεχόμενες υπηρεσίες.

3) Αποφάσισε τον Ιούλιο του 2009 την τροποποίηση του Κώδικα Δεοντολογίας για τις ΥΠΠ, κατόπιν διενέργειας σχετικής Δημόσιας Διαβούλευσης αλλά και λόγω της πληθώρας καταγγελιών που είχε λάβει το τελευταίο δωδεκάμηνο από καταναλωτές. Η τροποποίηση αφορούσε κυρίως την επιβολή ειδικών υποχρεώσεων στους παρόχους ΥΠΠ σχετικά με την ορθή και πλήρη ενημέρωση των καταναλωτών για τις ΥΠΠ με συνδρομή, ιδίως μέσω PSMS. Ειδικότερα, οι νέες υποχρεώσεις που επιβάλλονταν στους παρόχους, ήταν μεταξύ άλλων, οι ακόλουθες:

(α) Σαφή και πλήρη ενημέρωση των καταναλωτών, μέσω κάθε προωθητικής ενέργειας που πραγματοποιούν οι πάροχοι, σε ότι αφορά υπηρεσία με συνδρομή, καθώς και στο ότι η λήψη PSMS πιθανώς θα επιφέρει χρέωση του καταναλωτή.

(β) Χαρακτηρισμό της εγγραφής του καταναλωτή σε κάποια ΥΠΠ με συνδρομή ως ανεξάρτητης και διακριτής συναλλαγής, η οποία δεν θα πρέπει να ταυτίζεται και να συγχέεται με αίτημα του καταναλωτή για άλλο περιεχόμενο ή υπηρεσία (π.χ. παιχνίδι ερωτημάτων), που δεν έχει σχέση με τη συγκεκριμένη συνδρομητική ΥΠΠ.

(γ) Αποστολή προς τον καταναλωτή SMS's πριν και μετά την εγγραφή του, τα οποία θα τον πληροφορούν σαφώς για την ενέργεια της εγγραφής, αλλά και για την χρέωση, την ταυτότητα του παρόχου και τον τρόπο διαγραφής. Ο χρήστης θα εγγράφεται ως συνδρομητής, μόνον εφόσον θα έχει παράσχει τη σαφή συναίνεσή του σε ερώτημα του παρόχου ότι αποδέχεται να εγγραφεί στην εν λόγω υπηρεσία με συνδρομή.

(δ) Αποστολή στον καταναλωτή που είναι εγγεγραμμένος σε ΥΠΠ με συνδρομή, μηνιαίας υπενθύμισης σχετικά με την εγγραφή του.

ε) Φορητότητα Αριθμών

Το τελευταίο μας έτος 2009 ήταν ιδιαίτερα σημαντικό για τη Φορητότητα Αριθμών, δεδομένου ότι σημειώθηκαν τα ακόλουθα ρεκόρ:

1) Μεταφέρθηκαν 1.030.854 αριθμοί συνολικά, αποτελώντας το μεγαλύτερο πλήθος μεταφερθέντων αριθμών σε ετήσια βάση. Ειδικότερα, είναι η πρώτη φορά που ξεπερνιέται σε ετήσια βάση το φράγμα του 1.000.000 αριθμών.
2) Μεταφέρθηκαν 486.815 αριθμοί κινητής τηλεφωνίας, αποτελώντας το μεγαλύτερο πλήθος μεταφερθέντων αριθμών κινητής τηλεφωνίας σε ετήσια βάση.
3) Τον Δεκέμβριο του 2009 μεταφέρθηκαν 102.477 Αστικές κλήσεις 3,09 ευρωλεπτά/λεπτό εντός δικτύου ΟΤΕ, Υπεραστικές κλήσεις 5,78 ευρωλεπτά/λεπτό εντός δικτύου ΟΤΕ, Κλήσεις dial-up από συνδρομητές 1,16 ευρωλεπτά/λεπτό ΟΤΕ προς το Διαδίκτυο (συμπεριλαμβανομένου του ΕΠΑΚ/ΠΕΑΚ) όταν ο ISP φιλοξενείται/διασυνδέεται στο δίκτυο του ΟΤΕ.
4) Τον Δεκέμβριο του 2009 μεταφέρθηκαν 49.918 αριθμοί κινητής τηλεφωνίας, αποτελώντας το μεγαλύτερο πλήθος μεταφερθέντων αριθμών κινητής τηλεφωνίας σε μηνιαία βάση. Μέχρι το τέλος του 2009 είχαν μεταφερθεί συνολικά 2.872.730 αριθμοί σταθερής και κινητής τηλεφωνίας.

Το Σχ. 12.5 παρουσιάζει σε ετήσια βάση και αθροιστικά την εξέλιξη των μεταφερθέντων αριθμών σταθερής και κινητής τηλεφωνίας και, συνολικά. Επιπλέον, η ΕΕΤΤ, στο διάστημα 1 Ιουνίου έως 15 Ιουλίου 2009 διεξήγαγε Δημόσια Διαβούλευση, με στόχο τη λήψη των απόψεων των ενδιαφερόμενων φορέων σχετικά με ζητήματα που είχαν ανακύψει κατά την εφαρμογή του υφιστάμενου κανονιστικού πλαισίου, καθώς και με προτεινόμενες τροποποιήσεις του. Η σημαντικότερη από τις προτεινόμενες τροποποιήσεις αφορούσε τη μείωση του χρόνου διεκπεραίωσης της μεταφοράς αριθμού σε 3 εργάσιμες ημέρες από την ημερομηνία υποβολής του σχετικού αιτήματος του συνδρομητή. Ωστόσο, στην περίπτωση υποβολής ταυτόχρονων αιτημάτων Φορητότητας και πλήρους αποδεσμοποίησης του Τοπικού Βρόχου, η μεταφορά αριθμού προτάθηκε να διεκπεραιώνεται την ημέρα παράδοσης του βρόχου. Η ΕΕΤΤ προχώρησε στη φάση επεξεργασίας των απόψεων και σχολίων που έλαβε στο πλαίσιο της Διαβούλευσης και αναμενόταν να προβεί σε τροποποίηση του Κανονισμού της Φορητότητας Αριθμών κατά το 2010.

Εξέλιξη Μεταφερθέντων Αριθμών Σταθερής και Κινητής Τηλεφωνίας

Έτος	Κινητή Τηλεφωνία		Σταθερή Τηλεφωνία		Συνολικά	
	Πλήθος Αριθμών	Σωρευτικά	Πλήθος Αριθμών	Σωρευτικά	Πλήθος Αριθμών	Σωρευτικά
2004*	16.123	16.123	1.156	1.156	17.279	17.279
2005	49.641	65.764	27.403	28.559	77.044	94.323
2006	117.767	183.531	44.798	73.357	162.565	256.888
2007	358.517	542.048	300.909	374.266	659.426	916.314
2008	362.601	904.649	562.961	937.227	925.562	1.841.876
2009	486.815	1.391.464	544.039	1.481.266	1.030.854	2.872.730

[illegible]

Σχ. 12.5 Η εξέλιξη της φορητότητας αριθμών στην περίοδο 2004-2009

στ) Forum Ευρυζωνικότητας

Μια άλλη πρωτοβουλία της ΕΕΤΤ ήταν η δημιουργία του «Forum Ευρυζωνικότητας» που αποσκοπούσε στη διεξαγωγή ενός γενικευμένου διαλόγου και στην εξέταση κρίσιμων για την ανάπτυξη της Ευρυζωνικότητας πτυχών, μέσα από έναν ευρύ διάλογο που θα αγκάλιαζε όλους τους εμπλεκόμενους φορείς της Πολιτείας, της αγοράς, της επιστημονικής κοινότητας και της κοινωνίας των πολιτών, ώστε να εντοπισθούν καίρια θέματα και να κατατεθούν ιδέες για δράσεις. Εάν το Forum είχε απήχηση και ευρεία συμμετοχή, θα μπορούσε να αποκτήσει τη δική του δυναμική, με αποτέλεσμα οι προτάσεις του να εισακούονται καλύτερα. Αντίθετα, το Φόρουμ δεν θα είχε ελπίδες επιτυχίας, εάν δεν επρόκειτο να ενστερνισθούν τη σημασία του όλοι οι συμμετέχοντες.

Το Forum Ευρυζωνικότητας ξεκίνησε τον Ιούνιο του 2007 στο πλαίσιο της υλοποίησης ενός πολυδιάστατου προγράμματος ενεργειών για το «2007 Έτος Ευρυζωνικότητας». Τα θέματα που εξετάστηκαν από τις ομάδες εργασίες του Forum, ήταν τα εξής: 1) Ψηφιακό Περιεχόμενο και Διαδικτυακές Εφαρμογές, 2) Εκπαίδευση-Επιμόρφωση, 3) Γεφύρωση Ψηφιακού Χάσματος, 4) Επιχειρηματικότητα – Ανταγωνισμός-Βιωσιμότητα, 5) Πολιτικές Προώθησης Ευρυζωνικότητας.

Στόχοι του ήταν:

1) Η ανάδειξη των καίριων θεμάτων για την ανάπτυξη και αξιοποίηση της Ευρυζωνικότητας.
2) Η ανάπτυξη ενός διαρκούς και ανοικτού διαλόγου γύρω από τα θέματα αυτά.
3) Η ευαισθητοποίηση των φορέων (Κρατικών, Ιδιωτικών, Κοινωνικών) και η ανάληψη περαιτέρω πρωτοβουλιών για την ανάπτυξη και αξιοποίηση της Ευρυζωνικότητας.
4) Η ενημέρωση του κοινωνικού συνόλου για τη σημασία των ευρυζωνικών υπηρεσιών.

Οι εργασίες του Φόρουμ δεν επιδίωκαν να υποκαταστήσουν την Εθνική Ψηφιακή Στρατηγική ή να κατευθύνουν τη νομοθεσία, τη ρύθμιση της αγοράς ή τη στρατηγική για τις Η.Ε. Οι εργασίες του θα οργανώνονταν γύρω από Ομάδες Εργασίας που θα επικεντρώνονταν σε συγκεκριμένες, επιμέρους θεματικές ενότητες.

Η αρχική πρόταση ήταν να οργανωθούν 4-5 συναντήσεις ανά Ομάδα Εργασίας προκειμένου να τεθούν τα προς συζήτηση θέματα και να εξετάζεται η πρόοδος των εργασιών. Οι εργασίες θα ολοκληρώνονταν με μία τελική συνάντηση του Forum στις αρχές Νοεμβρίου και τα αποτελέσματα θα παρουσιάζονταν σε ημερίδα στο τέλος Νοεμβρίου του 2007. Η πρόταση αυτή δεν απέκλειε εναλλακτικά σενάρια, ιδίως σε περίπτωση που κριθεί σκόπιμο να επεκταθούν οι εργασίες του Forum και το 2008.

Οι θεματικές ενότητες που είχαν τεθεί προς συζήτηση ήταν οι ακόλουθες:

1) Η ευρυζωνική αγορά: Τεχνολογικές εξελίξεις, εφαρμογές και προκλήσεις για την Ελλάδα.
2) Πολιτικές για την προώθηση της Ευρυζωνικότητας και τη μείωση του ψηφιακού χάσματος.

3) Η Ευρυζωνικότητα στην Δημόσια Διοίκηση – Παιδεία - Υγεία, στην περιφέρεια και στην ύπαιθρο.
4) Ευρυζωνικότητα και επιχειρηματικότητα / ανταγωνισμός.
5) Η Ευρυζωνικότητα στην κοινωνία και την καθημερινή ζωή.

Στο διαδικαστικό μέρος, βλέπαμε τέσσερα βήματα:

1) Να οριστικοποιηθούν οι θεματικές ενότητες των Ομάδων Εργασίας.
2) Να καθοριστούν οι Ομάδες Εργασίας. (Κάθε Ομάδα Εργασίας θα αντιμετώπιζε μία θεματική ενότητα). Για τον σκοπό αυτόν θα ζητούνταν από τους φορείς του Forum να επιλέξουν τις Ομάδες Εργασίες στις οποίες επιθυμούν να συμμετέχουν. Στο στάδιο αυτό θα προσκλίνονταν και άλλοι φορείς που ενδεχομένως δεν παρευρίσκονταν στη συνάντηση.
3) Να οργανωθούν οι διαδικασίες για τη λειτουργία των Ομάδων Εργασίας (συντονιστής, πρόγραμμα συναντήσεων, κ.λπ.).
4) Μετά το πέρας των εργασιών, τον Νοέμβριο, να οργανωθεί μία ημερίδα για την παρουσίαση των αποτελεσμάτων του έργου.

Στο πλαίσιο αυτό, τους επόμενους 8 μήνες έγινε μια γιγαντιαία προσπάθεια να συγκεντρωθούν οι εκπρόσωποι των φορέων που ανταποκρίθηκαν στην πρόσκλησή μας. Περισσότερα από 80 άτομα από 30 διαφορετικούς φορείς συνέβαλαν στο διάλογο αυτό, μέσα από τακτικές συναντήσεις των Ομάδων Εργασίας και μέσα από συνεισφορές σε κείμενα Εργασίας. Τελικά, στις 26/2/2008 η ΕΕΤΤ πραγματοποίησε στη Αθήνα την Ημερίδα με τίτλο «Forum Ευρυζωνικότητας: Διάλογος για την Ευρυζωνική Ανάπτυξη» *[408]*.

ζ) Διεθνείς συνεργασίες

Η ΕΕΤΤ είχε ενεργή συμμετοχή και συνεργασία με πολλούς διεθνείς οργανισμούς:

1) Συμμετείχε ενεργά στο πρόγραμμα εργασίας του European Regulators Group (ERG). Το τελευταίο έτος 2009 το ERG επικεντρώθηκε στους ακόλουθους άξονες:

(α) Αναθεώρηση του ευρωπαϊκού κανονιστικού πλαισίου για τις Η.Ε., στην οποία το ERG είχε παίξει ενεργό συμβουλευτικό ρόλο.
(β) Δίκτυα Πρόσβασης Επόμενης Γενιάς (NGA) και ρυθμιστικές προκλήσεις προκειμένου αυτά να συμβάλουν στην ανάπτυξη της αγοράς και να μην οδηγήσουν σε νέες στρεβλώσεις.
(γ) Περαιτέρω εναρμόνιση της εσωτερικής αγοράς.

2) Μέσω της συμμετοχής της στον Independent Regulators Group (IRG), η ΕΕΤΤ διατηρούσε τις επαφές της με τους Ευρωπαίους εταίρους, προκειμένου να διερευνηθούν οι προοπτικές περαιτέρω ανάπτυξης της ενιαίας αγοράς των Η.Ε.
3) Συμμετείχαμε ενεργά στο European Competition Network για την ανταλλαγή εμπειριών και τεχνογνωσίας ανάμεσα στις Αρχές Ανταγωνισμού για διάφορα θέματα πολιτικής ανταγωνισμού.
4) Η ΕΕΤΤ υπήρξε ιδρυτικό και ενεργό μέλος του Δικτύου Ρυθμιστών των Ευρω-Μεσογειακών Χωρών (EMERG).
5) Στα πλαίσιο των ρυθμιστικών και ελεγκτικών αρμοδιοτήτων της για τις Ηλεκτρονικές Υπογραφές, συμμετείχε ενεργά στο Forum of European Supervisory Authorities for Electronic Signatures (FESA) (Forum των Ευρωπαϊκών Εποπτικών Αρχών για τις Ηλεκτρονικές Υπογραφές).
6) Υπογράψαμε μνημόνια συνεργασίας με άλλες ρυθμιστικές αρχές τηλεπικοινωνιών, όπως την Εθνική Ρυθμιστική Αρχή της Ιταλίας (AgCom), την Εθνική Ρυθμιστική Αρχή της Ινδίας (TRAI), την Εθνική Ρυθμιστική Αρχή της Αιγύπτου, το Γραφείο του Επιτρόπου Ρυθμίσεως Ηλεκτρονικών Επικοινωνιών και Ταχυδρομείων της Κύπρου (ΓΕΡΗΕΤ), κ.λπ.
7) Η ΕΕΤΤ συμμετείχε στις εργασίες πολλών Επιτροπών και Ομάδων της Ε.Ε., συμβάλλοντας στη διαμόρφωση των ευρωπαϊκών τηλεπικοινωνιακών εξελίξεων, κ.α.

Άποψη αίθουσας συνεδρίου της ΕΕΤΤ

Κεφάλαιο 13: Κρατικό περιβάλλον: αργόσυρτο, δυσλειτουργικό, άτολμο και αναποτελεσματικό

«Εκτός από τον Τουρισμό και την Ναυτιλία, πιστεύω ότι το Ευρυζωνικό Ιντερνετ (και γενικότερα οι Τεχνολογίες Πληροφοριών και Επικοινωνιών) είναι ίσως ο μόνος άλλος τομέας στον οποίο η Ελλάδα έχει ακόμα ελπίδες να μπορέσει να πετύχει σημαντική εξωστρεφή ανάπτυξη» (9/5/2007)

Κεφάλαιο 13: Κρατικό περιβάλλον: αργόσυρτο, δυσλειτουργικό, άτολμο και αναποτελεσματικό

?

ΤΟ ΑΡΓΟΚΙΝΗΤΟ ΚΑΙ ΔΥΣΛΕΙΤΟΥΡΓΙΚΟ ΚΡΑΤΟΣ

α) Το «δυσλειτουργικό» περιβάλλον για την ΕΕΤΤ

Δυστυχώς, η αποτελεσματικότητα της ΕΕΤΤ μειώνονταν επειδή λειτουργούσαμε μέσα σε ένα δυσκίνητο και δυσλειτουργικό περιβάλλον. Ζητούσα από την Πολιτεία να παράσχει τα απαραίτητα εργαλεία ώστε η ΕΕΤΤ να γίνει ακόμα πιο αποτελεσματική, καθότι ένας ισχυρός, ανεξάρτητος και ανεπηρέαστος Ρυθμιστής θα ήταν προς όφελος του κλάδου, θα βοηθούσε περισσότερο στην ανταγωνιστικότητα και θα ωφελούσε τον πολίτη-καταναλωτή. Χαρακτηριστικές αιτίες που διάβρωναν την αποτελεσματικότητα της ΕΕΤΤ ήταν (α) το μικρό μέγεθος του προστίμου που η πολιτεία επέτρεπε στην ΕΕΤΤ να επιβάλλει στις τηλεπικοινωνιακές εταιρείες, (β) η δυνατότητα του ΟΤΕ (και κάθε άλλου παρόχου) να αναβάλουν ουσιαστικά την πληρωμή προστίμου λόγω καθυστέρησης των αποφάσεων του Εφετείου ή/και του ΣτΕ, (γ) το γεγονός ότι το Εφετείο αυθαίρετα μείωνε δραστικά το ύψος του προστίμου μολονότι αποδεχόταν το ορθόν της απόφασης της ΕΕΤΤ, κ.λπ. Σ΄ όλα αυτά θα επεκταθώ στη συνέχεια.

β) Εμπόδια του κράτους στην ανάπτυξη των Η.Ε.

Με πολύ ελάχιστες εξαιρέσεις, σπάνια οι κυβερνώντες (και όχι μόνον) ενδιαφέρονται να πάνε τα πράγματα μπροστά σ’ αυτόν τον τόπο. Και δεν εννοούμε απαραίτητα το Κράτος το ίδιο να κατασκευάσει συγκεκριμένα έργα, όσο να δημιουργήσει εκείνες τις προϋποθέσεις που θα απελευθερώσουν την αγορά και τις δεξιότητες του Έλληνα και θα επιτρέψουν στις επιχειρήσεις του κλάδου να παύσουν να είναι κρατικοδίαιτες και να αναπτύξουν τα δικά τους οράματα μέσα σε ένα υγιές περιβάλλον ανταγωνισμού. Δυστυχώς, το περιβάλλον που έχει δημιουργήσει το συγκεντρωτικό μας Κράτος για τις ελληνικές επιχειρήσεις, όχι μόνον δεν ενθαρρύνει την καινοτομία και δεν απελευθερώνει τη δημιουργικότητα και το δυναμισμό των πολιτών του, αλλά αντιθέτως τους θέτει συνεχώς εμπόδια, παρεμποδίζει και αποθαρρύνει τις επενδύσεις που θα οδηγούσαν στην ανάπτυξη και καλλιεργεί μονοπώλια και καρτέλ κρατικοδίαιτων, ως επί το πλείστον, επιχειρήσεων.

Ειδικότερα για τους κλάδους των Η.Ε. και γενικότερα των ΤΠΕ (Τεχνολογίες Πληροφορικής και Επικοινωνιών), η Πολιτεία ποτέ δεν αναγνώρισε ότι αυτοί αποτελούν προϋπόθεση για την ταχεία οικονομική ανάπτυξη της χώρας και, κατά συνέπεια, ποτέ δεν τους έδωσε την πρέπουσα σημασία. Από την πρώτη δημόσια ομιλία μου το 2006 είχα πει ότι *«πρέπει να δομηθεί το κατάλληλο περιβάλλον αξιοποιήσεως της ευρηματικότητας των Ελλήνων και το όνειρο του καθένα μας πρέπει να είναι πότε θα βρεθούν οι 2 Έλληνες φοιτητές που θα επινοήσουν στο «γκαράζ» τους την επόμενη εφαρμογή Skype ή τη σύσταση της επόμενης Google. Να δούμε πώς τα καταφέρνουν αυτά τα πράγματα στο εξωτερικό και να τα αντιγράψουμε ή να τα προσαρμόσουμε στη χώρα μας»[409]*.

Πολλές φορές είχα επισημάνει προς την Κυβέρνηση ότι πηγαίνουμε πολύ αργά, ότι πρέπει να βάλει τον πήχη της Ευρυζωνικότητας ψηλότερα και να διατυπώσει όραμα που θα συναρπάσει και θα συμπαρασύρει τον κόσμο και την αγορά. Επεσήμαινα ότι χάνουμε το τραίνο της Ευρυζωνικότητας και της τεχνολογικής ανάπτυξης της χώρας, καθόσον υπάρχουν μεγάλα προβλήματα συντονισμού και προώθησης των ενεργειών και είχα προτείνει διάφορες προϋποθέσεις που θα μπορούσαν να φέρουν το επιθυμητό αποτέλεσμα της ταχείας ψηφιακής σύγκλισης με τα άλλα τεχνολογικώς προηγμένα κράτη της Ε.Ε.

Ως Πρόεδρος της ΕΕΤΤ υπήρξα καθ' όλη τη διάρκεια της τετραετίας 2005-2009 *ιδιαίτερα αιχμηρός απέναντι στους κυβερνητικούς παράγοντες,* για τις καθυστερήσεις στη νομική επίλυση προβλημάτων (π.χ., την επίλυση των προβλημάτων αδειοδότησης και εγκατάστασης κεραιών κινητής τηλεφωνίας), για την μη έκδοση βασικών αποφάσεων (π.χ., την μη έκδοση της ΚΥΑ για τα «δικαιώματα και τέλη διέλευσης»), για τους λανθασμένους χειρισμούς, τις καθυστερήσεις και τελικά τη ματαίωση κατασκευής του εθνικού δικτύου οπτικών ινών FTTH, ή τη διαιώνιση του «αρρύθμιστου και άναρχου ραδιοτηλεοπτικού τοπίου» και την προώθηση *«νομοθεσίας που παρέχει «αδικαιολόγητα πλεονεκτήματα» στους σημερινούς τηλεοπτικούς σταθμούς»* (κρούοντας τον κώδωνα του κινδύνου για πιθανές παρεμβάσεις της Κομισιόν), κ.λπ.

Από την αρχή επισήμαινα ότι ένα αποτελεσματικό Κράτος θα μπορούσε κάλλιστα να εκμεταλλευτεί τις διάφορες προσκλήσεις που υπάρχουν για προγράμματα που θα αύξαναν εντυπωσιακά την ευρυζωνική διείσδυση στο Διαδίκτυο, όπως π.χ. την αξιοποίηση διαρθρωτικών κεφαλαίων του ΚΠΣ για την ανάπτυξη της Ευρυζωνικότητας σε απομακρυσμένες περιοχές της ελληνικής υπαίθρου, προγράμματα για δορυφορική ευρυζωνική πρόσβαση σε σχολεία και σε απομακρυσμένες δημόσιες υπηρεσίες, προγράμματα για την παροχή φθηνού ADSL σε πανεπιστημιακούς φοιτητές καθώς και την επιδότησή τους για να αποκτήσουν laptop, κ.λπ.

Μέσα σε ένα τέτοιο λοιπόν αντιπαραγωγικό περιβάλλον ερχόταν η ΕΕΤΤ να προσπαθήσει να δημιουργήσει η ίδια (με όσες αρμοδιότητες της προσέφερε το Κράτος) τις προϋποθέσεις για ανάπτυξη της Ευρυζωνικότητας και γενικότερα της ανταγωνιστικότητας στην αγορά των Η.Ε.

γ) Το αργοκίνητο και αναποτελεσματικό δικαστικό περιβάλλον

Ακόμα και μέχρι σήμερα, το υφιστάμενο δικαστικό σύστημα είναι πολύ αργοκίνητο, ιδιαίτερα για έναν ταχέως μεταβαλλόμενο κλάδο όπως οι Η.Ε. Το ζητούμενο δεν είναι μόνον ο καθορισμός της κατάλληλης κάθε φορά ρύθμισης και η αυστηρή εφαρμογή της από την ΕΕΤΤ. Για να μπορούν οι αποφάσεις της ΕΕΤΤ να φέρουν άμεσα αποτελέσματα, θα έπρεπε να είχαν προβλεφτεί από τον νομοθέτη οι κατάλληλοι μηχανισμοί για ταχεία επίλυση των εκάστοτε διαφορών των εταιρειών, ταυτόχρονα όμως να υπάρχει και άμεση και έγκαιρη ανταπόκριση της δικαιοσύνης στην εξέταση των ζητημάτων της αγοράς των Η.Ε. που αναλαμβάνουν να χειριστούν τα δικαστήρια. Διαφορετικά, η οριστική επίλυση κρίσιμων ζητημάτων παραπέμπεται στις ελληνικές καλένδες, δημιουργώντας έτσι στρεβλώσεις στη ραγδαία αναπτυσσόμενη αγορά των τηλεπικοινωνιών και μείωση του δείκτη ασφάλειας δικαίου, που είναι απαραίτητος για την ανάληψη ουσιαστικών και μακροπρόθεσμων επενδυτικών πρωτοβουλιών.

Σχεδόν όλες οι Αποφάσεις της ΕΕΤΤ επί Ακροάσεων διενεργούμενων κατά παρόχων για παραβίαση της κείμενης νομοθεσίας προσβάλλονταν ενώπιον όχι πλέον του Συμβουλίου της Επικρατείας (όπως γινόταν μέχρι τότε) αλλά, μετά τη δημοσίευση του ν.3431/2006, ενώπιον του Διοικητικού Εφετείου Αθηνών (δημιουργήθηκε δηλαδή ένα επιπρόσθετο ενδιάμεσο εμπόδιο), με δυνατότητα για μετέπειτα άσκηση αναίρεσής τους ενώπιον του Συμβουλίου της Επικρατείας. Ο κυριότερος λόγος για τη μη έγκαιρη εκτέλεση πολλών αποφάσεων της ΕΕΤΤ ήταν, από τη μια μεριά οι χορηγούμενες *αναστολές εκτέλεσης* των αποφάσεών της και από την άλλη, οι *μεγάλες καθυστερήσεις* που παρατηρούνται στην έκδοση τελεσίδικων Δικαστικών αποφάσεων.

Επειδή η διαδικασία επιβολής προστίμων από την ΕΕΤΤ στις παραβαίνουσες εταιρείες δεν μπορούσε να είναι όσο θα έπρεπε αποτελεσματική (καθόσον αυτά δεν πληρώνονταν γιατί οι αποφάσεις εκκρεμούσαν επί σειρά ετών στα δικαστήρια), είχαμε προτείνει να αλλάξει ο νόμος ώστε οι εταιρείες στις οποίες επιβάλλονται πρόστιμα, όταν προσφεύγουν στα αστικά δικαστήρια να υποχρεούνται να καταβάλουν ποσό ίσο με το 20% του επιβαλλόμενου προστίμου (ο νόμος δεν προέβλεπε τότε αυτήν την ευχέρεια), το οποίο ποσό σε κάθε περίπτωση δεν θα μπορούσε να υπερβαίνει τις 500.000 ευρώ (από τις 100.000 που ίσχυε τότε), προκειμένου να συζητηθεί η προσφυγή κατά των σχετικών αποφάσεων της ΕΕΤΤ. Αυτό πιστεύαμε ότι θα ενδυνάμωνε κάπως την αποτελεσματικότητα των προστίμων που επέβαλλε η ΕΕΤΤ για παραπτώματα των τηλεπικοινωνιακών παρόχων που δεν εφάρμοζαν τον νόμο. Επίσης είχαμε προτείνει να αυξηθεί σημαντικά το ανώτατο όριο των 2.000.000 ευρώ που επιτρεπόταν στην ΕΕΤΤ να επιβάλλει πρόστιμα σε εταιρείες για παραβιάσεις της τηλεπικοινωνιακής νομοθεσίας. Ενώ είχαμε υποσχέσεις από την Κυβέρνηση ότι θα έφερνε αντίστοιχη τροπολογία, αυτό δεν έγινε στα τέσσερα χρόνια της θητείας μου.

δ) Καθυστερήσεις στην εφαρμογή των αποφάσεων της ΕΕΤΤ

Συχνά αναφέρονταν αιτιάσεις από τους τηλεπικοινωνιακούς παρόχους περί καθυστερήσεων κατά τη διαδικασία λήψης αποφάσεων επί των διερευνώμενων καταγγελιών από την ΕΕΤΤ, για τις οποίες οφείλω να επισημάνω τα ακόλουθα:

1) Η ΕΕΤΤ ως Ανεξάρτητη Αρχή έχει ιδιαίτερα αυξημένες αρμοδιότητες. Αποτελεί την Αρχή στην οποία έχει ανατεθεί από το νόμο η άσκηση του ρυθμιστικού και εποπτικού της ρόλου συνολικά για τον κλάδο των Η.Ε. Αυτό σημαίνει ότι είναι αρμόδια για την θέσπιση των πλέον σημαντικών για την ομαλή λειτουργία του κλάδου των Η.Ε. κανονιστικών μέτρων, την παρακολούθηση εφαρμογής τους και την διερεύνηση τυχόν παραβατικής συμπεριφοράς όσων δραστηριοποιούνται στον κλάδο (ενδεικτικά: εποπτεία του συνόλου της αγοράς τόσο βάσει της νομοθεσίας περί Η.Ε. όσο και βάσει της νομοθεσίας περί ελεύθερου ανταγωνισμού, αδειοδοτήσεις παρόχων/ κεραιών/ ραδιοσυχνοτήτων/ ονομάτων χώρου στο Διαδίκτυο, αναλύσεις αγορών, θέσπιση κανονιστικών μέτρων, εισηγήσεις για δευτερογενή νομοθεσία, έλεγχος ηλεκτρομαγνητικής συμβατότητας τερματικού εξοπλισμού, κ.ο.κ).

2) Με τον νέο νόμο περί Ηλεκτρονικών Επικοινωνιών του 2006 οι αρμοδιότητες της ΕΕΤΤ ενισχύθηκαν και μετά από σύντομο χρονικό διάστημα, με νεότερη νομοθετική ρύθμιση (Φεβρουάριος 2007) εμπλουτίστηκαν με νέες.

3) Μολονότι γίνεται φανερή, από τα ανωτέρω, η εμπιστοσύνη της Πολιτείας στον τρόπο με τον οποίο η ΕΕΤΤ ασκούσε τις αρμοδιότητές της, απαιτείτο, όπως είναι φυσικό, να πληρούνται οι αναγκαίες προϋποθέσεις ώστε χρονικά να μπορεί να ανταπεξέλθει στο μεγάλο πλέον φόρτο εργασίας που της είχε ανατεθεί. Ήταν γεγονός ότι για την αποτελεσματικότερη άσκηση αυτών των καθηκόντων μας απαιτείτο και η πρόβλεψη του κατάλληλου αριθμού στελεχών. Παρά τις σχετικές επισημάνσεις μας προς την Κυβέρνηση δεν είχε λυθεί το συγκεκριμένο ζήτημα, με αποτέλεσμα να παρατηρούνται κάποιες καθυστερήσεις στην διεκπεραίωση ορισμένων υποθέσεων. Βεβαίως επ' ουδενί ετίθετο ζήτημα αδυναμίας άσκησης των εκ του νόμου αρμοδιοτήτων της, ούτε διακινδύνευε η ποιότητα της εργασίας που γινόταν από τον Εθνικό Ρυθμιστή. Ήταν όμως αναντίρρητη η ανάγκη, σε μία αγορά που κινείται με ταχύτατους ρυθμούς και συμβάλει τόσο στην αύξηση των επενδύσεων σε νέες τεχνολογίες, όσο και στην ευημερία του καταναλωτή, η τότε πρόσφατη ενίσχυση του ρόλου της ΕΕΤΤ να είχε ολοκληρωθεί και με την πρόβλεψη κατάλληλων θέσεων εργασίας, ώστε να μπορεί αυτή να ανταποκριθεί ταχύτερα στις επιπρόσθετες απαιτήσεις που τις είχαν επιβληθεί.

4) Επιπροσθέτως, μια άλλη γενική διαπίστωση είναι απαραίτητη. Η πανθομολογούμενη διαρκής ανάπτυξη των τομέων δραστηριότητας που επόπτευε η ΕΕΤΤ, αποτελούσε την καλύτερη απόδειξη ότι οι παρεμβάσεις της ήταν αποτελεσματικές. Η αποτελεσματικότητα των αποφάσεων και γενικότερα των παρεμβάσεων της ΕΕΤΤ αποτελούσαν όμως συνάρτηση του θεσμικού της πλαισίου αφενός και της θεσμοθετηθείσας διαδικασίας αφετέρου. Πέραν της αρτιότητας του νομικού πλαισίου, απαιτείτο συνεπής συνεργασία και όλων των άλλων εμπλεκομένων φορέων, ώστε η πράξη να αποδεικνύει την αποτελεσματικότητα αυτή. (Ενδεικτικά αναφέρω το παράδειγμα της αδειοδότησης κεραιών, στη διαδικασία της οποίας εμπλέκονται ένα πλήθος ασυντόνιστων φορέων του Κράτους, καθιστώντας την άγονη). Επιπλέον, οι παρατηρούμενες μεγάλες καθυστερήσεις στη δημοσίευση από την Κυβέρνηση στην Εφημερίδα της Κυβερνήσεως των Κανονιστικών Πράξεων της ΕΕΤΤ αποτελούσε παράγοντα για τον οποίο δεν ευθύνονταν η ΕΕΤΤ και η κατάσταση αυτή έχρηζε άμεσης βελτίωσης από την Κυβέρνηση.

5) Η ίδια η Ευρωπαϊκή Επιτροπή ανέφερε χαρακτηριστικά στη 12η Έκθεσή της τα έξης: «οι οποιεσδήποτε ενδεχόμενες δυσλειτουργίες και καθυστερήσεις στη θέσπιση της δευτερογενούς νομοθεσίας, οφείλονται αφενός μεν στον ΟΤΕ που καθυστερούσε σημαντικά στην αποστολή προς την ΕΕΤΤ Υποδειγμάτων Αναφοράς και στοιχείων κρισίμων για τη διαμόρφωση των κανόνων αυτών, αφετέρου δε στην έλλειψη προσωπικού στην ίδια την ΕΕΤΤ (πού δεν της επέτρεπε να διεξάγει την ανάλυση με παράλληλο τρόπο σε πολλές αγορές ταυτόχρονα)».

6) Τέλος, θα πρέπει να σημειώσω ότι επιπρόσθετη καθυστέρηση δημιούργησαν και οι αιτήσεις που μας υπέβαλλαν οι ίδιοι οι εναλλακτικοί Πάροχοι, οι τοπικές Αρχές (Δήμοι, κ.λπ.), και άλλοι φορείς, με τις οποίες ζητούσαν από την ΕΕΤΤ συνεχείς παρατάσεις των προθεσμιών των διαβουλεύσεων, ώστε – όπως ισχυρίζονταν - να μπορέσουν να συμμετάσχουν κατά τρόπο περισσότερο ουσιαστικό.

ΠΡΟΤΑΣΕΙΣ ΣΤΗΝ ΚΥΒΕΡΝΗΣΗ ΓΙΑ ΑΜΕΣΕΣ ΔΡΑΣΕΙΣ

Για να επιτευχθούν όμως οι στόχοι ανάπτυξης που είχαμε θέσει, θα έπρεπε η Πολιτεία να αρχίσει άμεσα την εκτέλεση συγκεκριμένων δράσεων. Λαμβάνοντας υπόψη τα προαπαιτούμενα και τα εμπόδια στην ανάπτυξη που ανέφερα σε προηγούμενα κεφάλαια, είχαμε υποβάλει στην τετραετία μεγάλο αριθμό προτάσεων για άμεσες ενέργειες που θα επιτάχυναν την τεχνολογική πρόοδο της χώρας και θα ανέπτυσσαν περισσότερο τον κλάδο των Η.Ε. Αυτές τις ανέφερα στα αντίστοιχα κεφάλαια: στο Κεφάλαιο 3 για την ανάπτυξη της αγοράς των Η.Ε., στα Κεφάλαια 5 και 6 τα κίνητρα και τις προτάσεις για την Ευρυζωνικότητα και στο Κεφάλαιο 11 αυτές για την μετάβαση στην ψηφιακή τηλεόραση και τη διάθεση του ψηφιακού μερίσματος. Μερικές απ' αυτές προέκυψαν και από τις απαντήσεις που είχα λάβει στη σχετική επιστολή μου προς τα υψηλόβαθμα στελέχη των μεγαλύτερων εταιρειών που δραστηριοποιούνται στον τομέα των Η.Ε. στην Ελλάδα (που ανέφερα στο Κεφάλαιο 2).

Εδώ θα τις συμπληρώσω και με άλλες παρόμοιες προτάσεις. Περιττό να πω βέβαια, ότι οι περισσότερες παρέμειναν αναξιοποίητες.

α) Το «όραμα 20/20»

Όπως ανέφερα στο Κεφάλαιο 2, στην πρώτη μου δημόσια ομιλία στις 2/2/2006 είχα τη βασική μου πρόταση (α) να ορισθεί ένα άτομο υπεύθυνο για θέματα Διαδικτύου και Πληροφορικής που θα προΐστατο ενός ευέλικτου Συντονιστικού Κέντρου παρά τω Πρωθυπουργώ και (β) να συσταθεί μια υπερκομματική ομάδα (dream team) με συμβούλους παγκοσμίου βεληνεκούς για την υλοποίηση του «οράματος 20/20», δηλαδή της μετεξέλιξης της Ελλάδας σε *«Κοινωνία της Γνώσης και Υπηρεσιών Υψηλής Τεχνολογίας»*.

β) Άλλες προτάσεις για ενέργειες με συγκεκριμένα αποτελέσματα

Μολονότι θα προαπαιτείτο από το πιο πάνω Συντονιστικό Κέντρο η χάραξη και συμφωνία ενός κατάλληλου οδικού χάρτη, δεν μπόρεσα να αντισταθώ στον πειρασμό από τις πρώτες μέρες της θητείας μου να προτείνω στην Κυβέρνηση διάφορες ενέργειες που θα είχαν άμεσο αποτέλεσμα. Πολλές απ' αυτές αναφέρθηκαν στα αντίστοιχα κεφάλαια του βιβλίου και λίγες πραγματοποιήθηκαν. Μερικές άλλες επιπρόσθετες περιλάμβαναν τις εξής:

1) Προγραμματισμό οικονομικής ενίσχυσης των επενδύσεων σε υποδομές ΤΠΕ από μεγάλο μέρος του 3ου και 4ου ΚΠΣ, με γνώμονα τη σπουδαιότητα του οράματος για τη χώρα, σε αντίστοιχο μέγεθος και βάθος χρόνου με αυτές των οδικών υποδομών, και ενθάρρυνση ιδιωτικών επενδύσεων σε καινοτόμες υποδομές Ευρυζωνικότητας (π.χ., οπτικών ινών). Κατάρτιση συνδυασμένων ρυθμιστικών/ χρηματοδοτικών κινήτρων, που θα απέβλεπαν στην επέκταση των υποδομών στο επίπεδο των δικτύων κορμού, στο επίπεδο των μητροπολιτικών δικτύων και στα δίκτυα πρόσβασης. Ειδική μέριμνα να ληφθεί ώστε να εξασφαλιστεί η επαρκής και αξιόπιστη διεθνής διασύνδεση της χώρας με πολλαπλά δίκτυα οπτικών καλωδίων.

2) Για την αντιμετώπιση του περιορισμένου ψηφιακού περιεχομένου και εφαρμογών ελληνικού ενδιαφέροντος, θα έπρεπε να υπάρξει η παροχή ισχυρών κινήτρων για την ανάπτυξη λειτουργικών και βιώσιμων διαδικτυακών εφαρμογών και βάσεων δεδομένων, που θα προσέλκυαν μεγάλο πλήθος χρηστών. Θα μπορούσαν να χρησιμοποιηθούν ως μοντέλα οι δημοφιλείς εφαρμογές του ΥΠΟΙΟ (www.taxisnet.gr) και του Εθνικού Τυπογραφείου http://www.et.gr/.

3) Να καταστρωθεί σοβαρό πρόγραμμα της Κυβέρνησης για ενημέρωση του κοινού και να προετοιμαστούν ενημερωτικά τηλεοπτικά δίλεπτα σε ώρες υψηλής τηλεθέασης που:

(α) να εξηγούν με απλή γλώσσα την τεχνολογία,
(β) να παρέχουν παραδείγματα των ωφελειών απ' τη χρήση ευρυζωνικών εφαρμογών,
(γ) να καταπολεμούν την τεχνοφοβία.

4) Για τα αρχικά χρόνια της προσπάθειας, να τονωθεί η ζήτηση μέσω ταχύτερης ανάπτυξης των online υπηρεσιών του Δημοσίου – κάτι που συνδεόταν άμεσα με την οποιαδήποτε προσπάθεια για την αποκέντρωση. (Στα πλαίσια αυτά είχα χαιρετίσει την ανακοίνωση για την έναρξη μελέτης για την κεντρική κρατική διαδικτυακή πύλη E-government portal).

γ) Προτάσεις για αύξηση των αρμοδιοτήτων της ΕΕΤΤ

Παραθέτω πιο κάτω μερικές από τις προτάσεις που είχαμε κατά καιρούς υποβάλει στη Κυβέρνηση, για την αναβάθμιση της ΕΕΤΤ:

1) Επειδή η ΕΕΤΤ είναι και Ρυθμιστής και Επιτροπή Ανταγωνισμού σε περισσότερες από μια αγορές (των Η.Ε., των Ταχυδρομείων, των ραδιοτηλεοπτικών συχνοτήτων και των δικτύων ραδιοτηλεόρασης) που εποπτεύονται από τουλάχιστον 3 διαφορετικά υπουργεία (το ΥΜΕ, το Τύπου και το Ανάπτυξης), να υπαχθεί απευθείας στη Γραμματεία του Υπουργικού Συμβουλίου.

2) Να δοθούν στην ΕΕΤΤ αυξημένες αρμοδιότητες και εκτελεστικές εξουσίες ώστε να μπορέσει να οδηγήσει μπροστά την αγορά των Η.Ε. (αντιγράφοντας το πολύ πετυχημένο μοντέλο της αντίστοιχης ρυθμιστικής αρχής του Ηνωμένου Βασιλείου Ofcom). Η ΕΕΤΤ, μολονότι δεν είχε την αρμοδιότητα να επενδύσει το κεφάλαιο του αποθεματικού της σε δράσεις ανάπτυξης της Ευρυζωνικότητας, εντούτοις συχνά αναλάμβανε από μόνη της πρωτοβουλίες για δράσεις και έπαιξε ενεργότατο ρόλο στην ανάπτυξη της Ευρυζωνικότητας στη χώρα μας.

3) Να αυστηροποιηθούν οι νόμοι που εφαρμόζει η ΕΕΤΤ, π.χ., αυξάνοντας τα όρια των χρηματικών προστίμων που μπορεί να επιβάλλει προς τις παρανομούσες εταιρείες.

4) Εάν δεν υπάρξει συγχώνευση ανεξάρτητων αρχών (οι οποίες ήταν πολλές για μια μικρή χώρα), τότε να ανατεθούν στην ΕΕΤΤ η ρύθμιση και συντονισμένη μετάβαση στη ψηφιακή ραδιοτηλεόραση και η χορήγηση των ψηφιακών ραδιοσυχνοτήτων. (Το ΕΣΡ θα συνέχιζε να ελέγχει και να αδειοδοτεί το περιεχόμενο).

5) Εφόσον τα έξοδα της υπηρεσίας δεν επιβαρύνουν τον κρατικό προϋπολογισμό ούτε τον Έλληνα φορολογούμενο και εφόσον απαιτείται η υπηρεσία να απαρτίζεται από επιστημονικό προσωπικό υψηλής στάθμης και διεθνούς εμπειρίας, η αμοιβή τους να μην ισοπεδώνεται με αυτές του Δημοσίου (όπως γίνεται με τις αντίστοιχες Ρυθμιστικές Αρχές άλλων χωρών της Ε.Ε.)

6) Να προχωρήσει η κατασκευή του σημαντικότατου εθνικού έργου του δικτύου οπτικής ίνας μέχρι το σπίτι (FTTH) που έχει αναγγείλει ο

Πρωθυπουργός, το οποίο με την ολιγωρία και τις αλλαγές υπουργών και προσώπων είχε ήδη καθυστερήσει πολύ και υπήρχε ο κίνδυνος να ματαιωθεί. (Όπως και τελικά έγινε).

7) Είχαμε κάνει διάφορες εισηγήσεις προς την Κυβέρνηση σχετικά με την απλοποίηση και επίσπευση έκδοσης αδειών κατασκευής σταθμών κεραιών και ειδική διαδικασία αδειοδότησης για την εγκατάσταση τυποποιημένων κατασκευών κεραιών. Μέχρι σήμερα, το 2015, καμία από τις διάφορες Κυβερνήσεις που μεσολάβησαν δεν κατόρθωσε να επιλύσει το θέμα της αδειοδότησης κεραιών και οι πάροχοι εμποδίζονται να αναβαθμίσουν τις υποδομές τους με αποτέλεσμα την απώλεια σημαντικών επενδύσεων και την καθυστέρηση ανάπτυξης των ασύρματων και κινητών ευρυζωνικών επικοινωνιών. Στο τέλος του 2014 εκτιμάτο ότι υπήρχαν περισσότερες από 4.500 κεραίες σε αδειοδοτική εκκρεμότητα [410].

8) Υποβάλαμε πρόταση για επέκταση του συστήματος εποπτείας φάσματος (ΕΣΔΕΦ) στην Περιφέρεια με τη δημιουργία περιφερειακών σταθμών της ΕΕΤΤ.

Όσο δεν δρομολογούνται τέτοιες μεταρρυθμίσεις για την επίλυση ορισμένων χρόνιων προβλημάτων του κλάδου, είχα την πεποίθηση ότι δεν θα μπορούσε να επιτευχθεί η ταχεία ευρυζωνική πρόοδος που οραματιζόμασταν για τη χώρα και η ΕΕΤΤ δεν θα μπορούσε να πετύχει περισσότερα απ' αυτά που είχε ήδη πετύχει τότε.

ΔΙΚΑΙΩΜΑΤΑ ΚΑΙ ΤΕΛΗ ΔΙΕΛΕΥΣΗΣ

Μια άλλη μεγάλη αμαρτία του Κράτους ήταν ότι, μολονότι πολλοί εναλλακτικοί τηλεπικοινωνιακοί πάροχοι επένδυαν σημαντικά κεφάλαια σε υποδομές, εν τούτοις η τοπική αυτοδιοίκηση τους παρουσίαζε προσκόμματα με τα υπέρογκα τέλη διέλευσης που απαιτούσε (όπως π.χ. ο Δήμος Θεσσαλονίκης), τη στιγμή που σε άλλες χώρες το ποσό που διέθεταν οι εταιρείες για τον σκοπό αυτό ήταν ελάχιστο. Για το μεγάλο αυτό πρόβλημα συστήσαμε στην ΕΕΤΤ ειδική «Ομάδα Εργασίας» *[411]* να το μελετήσει ώστε να προετοιμάσουμε την παρέμβαση μας. Στόχος ήταν να υποχρεωθούν οι Δήμοι να επιτρέψουν τη διέλευση με βάση το κόστος. Μετά από σοβαρή ανάλυση, συγκρίσεις με άλλες χώρες και χρήση διαφορετικών μοντέλων καταλήξαμε στην εκπόνηση μελέτης και κατάθεση Εισήγησης και Απόφασης προς την Κυβέρνηση. (Παρουσίαση Δικαιωμάτων Διέλευσης).

Η χορήγηση «δικαιωμάτων διέλευσης» σε δημόσιους, κοινόχρηστους και ιδιωτικούς χώρους για την εγκατάσταση δικτύων οπτικών ινών σε όλη την Ελληνική Επικράτεια θα ενθάρρυνε την υλοποίηση επενδύσεων στην ανάπτυξη υποδομής Η.Ε. και θα συνέβαλε καθοριστικά στην παροχή ευρυζωνικών υπηρεσιών σε όλους τους πολίτες. Η εισήγηση που υπέβαλε η ΕΕΤΤ το 2007 για τα δικαιώματα διέλευσης, απαιτούσε για την υλοποίηση της την έκδοση της σχετικής ΚΥΑ, η οποία όμως καθόσον δεν έπαιρνε όλες τις υπογραφές από τους συναρμόδιους Υπουργούς. (Μέχρι την αποχώρησή μου από την ΕΕΤΤ τον Αύγουστο του 2009 δεν έχει εκδοθεί αυτή η περίφημη ΚΥΑ).

α) Τι είναι τα δικαιώματα διέλευσης

Η χορήγηση δικαιωμάτων διέλευσης[412] για την παροχή Η.Ε. θεωρείτο μια από τις πλέον καθοριστικές δέσμες μέτρων, με τις οποίες θα προωθείτο η κατασκευή σύγχρονων ευρυζωνικών δικτύων σε συνθήκες υγιούς ανταγωνισμού. Η ύπαρξη ενός πλήρους κανονιστικού πλαισίου ήταν περισσότερο από αναγκαία για την προσέλκυση των απαραίτητων επενδύσεων για την παροχή ποικιλίας προσιτών και ποιοτικών ευρυζωνικών υπηρεσιών.

Τα δικαιώματα διέλευσης αναφέρονται στο δικαίωμα εγκατάστασης ευκολιών υπό, επί και υπέρ δημοσίων και ιδιωτικών χώρων. Αφορούν κυρίως την εγκατάσταση δικτύων οπτικών ινών σε δημοτικούς και νομαρχιακούς δρόμους, υπαίθριων καμπίνων και οικίσκων σε πεζοδρόμια και οικόπεδα, την εγκατάσταση στύλων για εναέριο δίκτυο και την πόντιση οπτικών ινών δια μέσου λιμένων. Το νομοθετικό τους δε πλαίσιο ήταν εξαιρετικά σύνθετο, αφού περιλάμβανε ένα ευρύ φάσμα διαφορετικών εμπλεκόμενων φορέων: τους Δήμους, τις Νομαρχίες, τις Περιφέρειες, τις Λιμενικές Αρχές, την Πολεοδομία, την Τροχαία, την Αρχαιολογία και διάφορα υπουργεία.

Το πλαίσιο και οι ειδικές διαδικασίες χορήγησης των δικαιωμάτων διέλευσης περιλάμβαναν τα κάτωθι:

1) Διατύπωση της έννοιας του δικαιώματος διέλευσης, σύμφωνα με τις επιταγές των άρθρων του νέου Ευρωπαϊκού τηλεπικοινωνιακού νόμου.
2) Περιγραφή των γενικών και ειδικών αρμοδιοτήτων των δημόσιων Αρχών ως προς την παραχώρηση των εν λόγω δικαιωμάτων, καθώς επίσης και των συναρμόδιων Αρχών.
3) Πρόταση μιας ενιαίας και τυποποιημένης διαδικασίας για την παραχώρηση δικαιωμάτων διέλευσης, που βασίζονταν στην τελική Απόφαση του αρμόδιου φορέα που χορηγούσε την άδεια πρόσβασης/διέλευσης στον πάροχο και ρύθμιζε όλες τις σχετικές λεπτομέρειες και τα θέματα τα σχετικά με την καταβολή των αντίστοιχων τελών.
4) Καταγραφή των δικαιολογητικών και των στοιχείων τεκμηρίωσης του φακέλου του έργου που πρέπει να υποβάλλονται κατά το αίτημα.
5) Ορισμός των υποχρεώσεων όλων των εμπλεκόμενων μερών για όλα τα στάδια της διαδικασίας.
6) Ρύθμιση θεμάτων είσπραξης των τελών.
7) Προσδιορισμός των υποχρεώσεων των παρόχων Η.Ε. να επαναφέρουν τους χώρους στην πρότερη κατάσταση τους.
8) Τέλος, ρύθμιση θεμάτων πρόσβασης στην ιδιωτική ακίνητη ιδιοκτησία.

β) Αποφάσεις της ΕΕΤΤ για τα δικαιώματα και τέλη διέλευσης

Η μελέτη της ΕΕΤΤ για τα «δικαιώματα διέλευσης» υποβλήθηκε ως η υπ’ αριθμ. 437/003/1-6-2007 Εισήγηση προς τον Υπουργό Μεταφορών και Επικοινωνιών για την έκδοση της ΚΥΑ που θα καθόριζε το πλαίσιο και τις ειδικές διαδικασίες χορήγησης «Δικαιωμάτων Διέλευσης, Εγκατάστασης και Λειτουργίας δικτύων Η.Ε.» σε χώρους που ανήκουν τόσο στο δημόσιο όσο και σε ιδιώτες. Η ΕΕΤΤ προέβη στην εν λόγω εισήγηση, ύστερα από την επεξεργασία των αποτελεσμάτων της δημόσιας διαβούλευσης που διεξήγαγε για να καταγράψει τις απόψεις κάθε ενδιαφερομένου σχετικά με: α) τη διαδικασία χορήγησης δικαιωμάτων, β) τα απαιτούμενα δικαιολογητικά, γ) τον χρόνο ανταπόκρισης των αρμοδίων υπηρεσιών/φορέων (π.χ., Δήμοι,

Νομαρχίες, Περιφέρειες), δ) τις υποχρεώσεις των μερών καθώς και ε) τον τρόπο υπολογισμού των τελών διέλευσης και χρήσης.

Όσον αφορά τα «τέλη διέλευσης», μετά από αντίστοιχη Μελέτη μας και αφού η ΕΕΤΤ διεξήγαγε νέα δημόσια διαβούλευση, εξέδωσε με την υπ' αριθμ. 528/075/23-06-2009 Απόφασή της τον Κανονισμό «Κανονισμός καθορισμού των τελών διέλευσης, των τελών χρήσης δικαιωμάτων διέλευσης και του ύψους των εγγυήσεων καλής εκτέλεσης των εργασιών διέλευσης για όλη την Ελλάδα» *[413]*, *[414]*.

Τελικά, 3 χρόνια αργότερα (και 5 μετά την πρώτη μας μελέτη) η Κυβέρνηση δημοσίευσε στις 5/1/ 2012 στο υπ' αριθμ. 5 Φύλλο της Κυβέρνησης την υπ' αριθμ. Οικ. 725/23 Απόφαση της για τη «Διαδικασία χορήγησης δικαιωμάτων διέλευσης δικτύων Η.Ε.»

ΟΡΙΣΜΕΝΕΣ ΘΕΤΙΚΕΣ ΕΝΕΡΓΕΙΕΣ ΤΗΣ ΚΥΒΕΡΝΗΣΗΣ

Για να μην είμαι εντελώς άδικος, θα πρέπει να επισημάνω ότι στην 4ετία 2005-2009 είχαν γίνει από την Κυβέρνηση Καραμανλή και ορισμένες αξιόλογες προσπάθειες οι οποίες συνέβαλαν και αυτές, είτε άμεσα είτε έμμεσα, στην ανάπτυξη της Ευρυζωνικότητας και την ενδυνάμωση του κλάδου των Η.Ε. Μερικές απ' αυτές που γνωρίζω ήταν οι ακόλουθες:

α) Ο Νέος Νόμος 3431/2006 περί Ηλεκτρονικών Επικοινωνιών

Η βασικότερη παρέμβαση της Κυβέρνησης για την περαιτέρω ανάπτυξη της αγοράς των Η.Ε. και τη δημιουργία αξιόπιστου περιβάλλοντος για την προσέλκυση επενδύσεων ήταν η (έστω και πιεζόμενη και μετά από μεγάλη καθυστέρηση) ψήφιση τον Φεβρουάριο του 2006 του Νόμου 3431 εναρμόνισης της ελληνικής νομοθεσίας με αυτήν της Ευρωπαϊκής Ένωσης. (Βέβαια, στο τέλος του 2006 η Κοινότητα είχε ήδη ξεκινήσει διαβούλευση για μια νέα αναθεώρηση αυτής της νομοθεσίας). Εν πάσει περιπτώσει, με την ενσωμάτωση των οδηγιών ενισχύονταν η ανεξαρτησία και οι αρμοδιότητες της ΕΕΤΤ και της περέχονταν περισσότερα εργαλεία για να ασκήσει τον εποπτικό της ρόλο στην αγορά των Η.Ε.

β) Πρόγραμμα για την ανάπτυξη ευρυζωνικών υποδομών

Μια άλλη προσπάθεια της Κυβέρνησης έγινε μέσω του ΕΣΠΑ του οποίου ένας από τους 7 Στρατηγικούς Άξονες Ανάπτυξης ήταν η «Ψηφιακή Σύγκλιση». Δράσεις που θα είχαν άμεσα αποτελέσματα στην Ευρυζωνικότητα περιλάμβαναν:

> *1) ανάπτυξη της Ευρυζωνικής Πρόσβασης στις Περιφέρειες της Ελλάδας (210 εκατ. ευρώ, πρόγραμμα του ΥΜΕ μέτρου 4.2, με φορέα υλοποίησης την ΚτΠ)*[415],
> *2) παροχή δορυφορικών ευρυζωνικών συνδέσεων σε σχολεία και δημόσιες υπηρεσίες απομακρυσμένων περιοχών (9,25 εκατ. ευρώ, πρόγραμμα ΔΟΡΥ του ΥΜΕ),*
> *3) χρηματοδότηση ευρυζωνικών υποδομών δικτύων οπτικών ινών σε 75 Δήμους με το πρόγραμμα κατασκευής «Μητροπολιτικών Δακτυλίων Οπτικών Ινών στην Περιφέρεια» (58 εκατ. ευρώ)*[416].

γ) Ανάπτυξη τηλεπικοινωνιακών υποδομών – εφαρμογών

Την ίδια στιγμή, παρατηρούνταν αρκετές παράλληλες δράσεις της Κυβέρνησης που στόχο είχαν τόσο την ανάπτυξη υποδομών όσο και υπηρεσιών: π.χ., η χρηματοδότηση ασύρματων ευρυζωνικών δικτύων σε τοπικές περιφέρειες ή υπηρεσιών του κράτους όπως το taxisnet της Γενικής Γραμματείας Πληροφοριακών Συστημάτων (που συντελούσαν στην εξοικείωση των πολιτών με τις νέες τεχνολογίες και στην άμεση εξυπηρέτησή τους). Επίσης είχαν υπογραφεί διάφορες συμβάσεις για έργα ψηφιακών υπηρεσιών πληροφορικής, τα οποία και αυτά – έστω και έμμεσα – θα βοηθούσαν στη διάδοση της Ευρυζωνικότητας.

δ) Σχετικά έργα της ΚτΠ (Κοινωνία της Πληροφορίας Α.Ε.)

1) Χρηματοδότηση 113 νέων έργων, συνολικού προϋπολογισμού 97 εκατ. ευρώ, για την ανάπτυξη υπηρεσιών που αποσκοπούσαν στη βελτίωση της καθημερινής ζωής των πολιτών, που ενδεικτικά περιλάμβαναν ηλεκτρονικές υπηρεσίες συναλλαγών των συνταξιούχων, ηλεκτρονική ενημέρωση του κοινού (πληρωμές, τελωνεία, κ.λπ.), εξυπηρέτηση πολιτών από τους δήμους και νομαρχίες και έκδοση πιστοποιητικών, ανάπτυξη της κυβερνητικής διαδικτυακής πύλης της Δημόσιας Διοίκησης (Government Portal), υπηρεσίες και ενημέρωση

σχετικά με τον ΟΑΕΔ, ψηφιακή αυτοδιοίκηση (7,3 εκατ. ευρώ), πρόγραμμα της ΚτΠ για την τεχνολογική κατάρτιση εκπροσώπων της πρωτοβάθμιας τοπικής αυτοδιοίκησης)[417], *κ.λπ.*
2) Η ΚτΠ είχε επίσης επιδοτήσει επιχειρήσεις για να αναπτύξουν/λειτουργήσουν Σημεία Ασύρματης Ευρυζωνικής Πρόσβασης (Wireless Hotspots).

ε) Ενδιαφέρον του Πρωθυπουργού

Πολύ ενθαρρυντικό ήταν που η Κυβέρνηση είχε ασπαστεί μερικές μας προτάσεις, όπως π.χ., την δια στόματος του Πρωθυπουργού κ. Κ. Καραμανλή ανακήρυξη του έτους 2007 ως «Έτους Ευρυζωνικότητας» και ανακοίνωση κατασκευής εθνικού δικτύου πρόσβασης οπτικών ινών μέχρι το σπίτι (FTTH). Βέβαια, αυτές μεν ήταν στη σωστή κατεύθυνση, αλλά δυστυχώς (ιδιαίτερα για το εθνικό δίκτυο FTTH), έμειναν μόνον ως ανακοινώσεις που δεν μπόρεσαν να τις υλοποιήσουν οι Υπουργοί του. Επίσης, οι παρουσίες του Πρωθυπουργού, μελών της Κυβέρνησης και εκπροσώπων των υπόλοιπων κομμάτων της Βουλής και οι παρεμβάσεις τους με ομιλίες στα ετήσια διεθνή συνέδρια της ΕΕΤΤ, πιστοποιούσαν το ενδιαφέρον όλων τους για τις Η.Ε. και την Ευρυζωνικότητα.

στ) Ανεξαρτησία λειτουργίας της ΕΕΤΤ

Τέλος, αν και όχι το λιγότερο σημαντικό, ήταν ότι η Κυβέρνηση μας άφησε ελεύθερους να επιτελέσουμε το έργο μας και να δουλέψουμε ανεξάρτητα και ανεπηρέαστα χωρίς καμία της παρεμβολή. Καθ' όλη τη διάρκεια της τετραετίας, ποτέ δεν παρενέβη κατά οποιονδήποτε τρόπο στη λειτουργία ή στις αποφάσεις της ΕΕΤΤ κανένας Υπουργός, άλλο πολιτικό πρόσωπο, ή πρόσωπο φορέα του Δημοσίου τομέα.

Η κυριότερη απογοήτευση που είχα αυτά τα τέσσερα χρόνια (και έχω ακόμα) είναι ότι η εκάστοτε Κυβέρνηση συνεχίζει να βλέπει κοντόφθαλμα τα πράγματα. Οι άλλες χώρες «τρέχουν με την ταχύτητα του φωτός» ενώ στην Ελλάδα πορευόμαστε με το δικό μας αργό και αναποτελεσματικό ρυθμό του αραμπά. Η νέα όμως παγκοσμιοποιημένη κοινότητα που αναπτύσσεται σε όλες τις γωνιές του πλανήτη, δεν έχει καμιά διάθεση ή υποχρέωση να μας περιμένει. (Τις διάφορες απογοητεύσεις μου τις αναφέρω πιο αναλυτικά στο Κεφάλαιο 15).

Ημερίδα της ΕΕΤΤ

Φωτογραφία 2: *Από αριστερά οι κ.κ. Ευστάθιος Χαϊκάλης (Συντονιστής), Teemu Lehtinen (Διευθύνων Σύμβουλος ELDEMAN, Βρυξέλλες), Χρύσα Χατζή (Βοηθός Συνήγορος του Πολίτη, Επικεφαλής του Κύκλου Ποιότητας Ζωής), Νιαζύ Μπεγμαγιώρ (Διευθυντής Πιστοποίησης, ΥΜΕ), Μαριλένα Φατσέα (Εκπρόσωπος Εταιρειών Κινητής Τηλεφωνίας - Διευθύντρια Εταιρικών Σχέσεων COSMOTE).*

Από αριστερά: *Καθηγητής* ***Ιωάννης Σάχαλος*** *(ΑΠΘ), Καθηγήτρια* ***Κωνσταντίνα Νικήτα*** *(ΕΜΠ),* ***Δρ. Ευθύμιος Καραμπέτσος*** *(ΕΕΑΕ), Καθηγητής* ***Νικήτας Αλεξανδρίδης*** *(Πρόεδρος ΕΕΤΤ), Καθηγητής* ***Δημήτριος Χρυσουλίδης*** *(ΑΠΘ), Καθηγητής* ***Αναστάσιος Παπατσώρης*** *(ΤΕΙ Σερρών), Καθηγητής* ***Νικόλαος Ουζούνογλου*** *(ΕΜΠ)*

Κεφάλαιο 14: Ο ανελέητος πόλεμος του ΟΤΕ στην ΕΕΤΤ

«Ποιός μας έλεγε ότι οι αργές ταχύτητες του ISDN επαρκούν για τα σχολεία μας; Ποιός κρατούσε τη χώρα μέχρι πρότινος αιχμάλωτη σ΄ αυτήν την τεχνολογία του αργού ISDN, προφασιζόμενος ότι δεν υπήρχε ζήτηση για μεγαλύτερες ταχύτητες ούτε ενδιαφέρον για το Ιντερνετ;» (6/6/2008)

Κεφάλαιο 14: Ο ανελέητος πόλεμος του ΟΤΕ στην ΕΕΤΤ

Στο Κεφάλαιο 4 αναφέρθηκα στην αντι-ανταγωνιστική συμπεριφορά του ΟΤΕ και στην κατάχρηση της δεσπόζουσας θέσης του που αποτελούσαν εμπόδιο στο άνοιγμα της αγοράς των Η.Ε., ενώ στο Κεφάλαιο 6 στα συνεχή εμπόδια που έβαζε ειδικά στην ανάπτυξη της Ευρυζωνικότητας και τις αντιστάσεις του στην υλοποίηση των υποχρεώσεών του για συνεγκατάσταση και τοπικό βρόχο. Τέλος, η αντι-ανταγωνιστική του συμπεριφορά τεκμηριώθηκε με το πλήθος των ακροάσεων και ποινών που του επέβαλε η ΕΕΤΤ και με την εμπεριστατωμένη Μελέτη που εκπόνησε με τη βοήθεια διεθνούς μελετητικού Οίκου*[418]* για την επιστημονικότερη ανάλυση της συμπεριφοράς του ΟΤΕ, η οποία μελέτη απαριθμούσε μια σειρά από τέτοιου είδους πρακτικές.

Στο κεφάλαιο αυτό, θα εστιάσω ειδικότερα στις επιθέσεις και κατηγορίες του ΟΤΕ τόσο εναντίον της ΕΕΤΤ όσο και εμού προσωπικά, οι οποίες ήταν πρωτοφανείς, θέτοντάς μας υπό αμφισβήτηση. Εμένα δε ειδικά, με θεωρούσε παράνομο(!)*[419]*, ενώ κατέβαλε συστηματική προσπάθεια φίμωσής μου δηλώνοντας (με ανακοίνωση τύπου) ότι *«ο ΟΤΕ έχει αναθέσει στους νομικούς του συμβούλους να εξετάσουν αν, με βάση τα λεγόμενα του κ. προέδρου της ΕΕΤ&Τ, όπως τουλάχιστον αυτά αποτυπώνονται στον Τύπο, εξακολουθούν να συντρέχουν στο πρόσωπό του οι προϋποθέσεις που θέτει ο νόμος για τη συμμετοχή του στη διαδικασία λήψεως αποφάσεων των οργάνων της Αρχής»[420]*. Αφού αναφέρω όλες τις κατηγορίες και επιθέσεις και τις αναλήθειες που κατά καιρούς είχε υποστηρίξει, στο τέλος του κεφαλαίου θα τις αντικρούσω παρουσιάζοντας τις θέσεις της ΕΕΤΤ.

ΑΠΑΞΙΩΣΗ ΤΗΣ ΕΕΤΤ

Όταν αναλάβαμε τα καθήκοντά μας τον Αύγουστο του 2005 ως νέα διοίκηση της ΕΕΤΤ, κληρονομήσαμε μια σωρεία εκκρεμοτήτων και στρεβλωτικών κανονισμών (κυρίως διότι η χώρα δεν είχε ακόμα ψηφίσει το νόμο για την προσαρμογή του νέου κοινοτικού δικαίου για τις Η.Ε. στο εθνικό δίκαιο, που θα οριοθετούσε επακριβέστερα τις υποχρεώσεις του ΟΤΕ και τις αρμοδιότητες της ΕΕΤΤ) τις οποίες έπρεπε να αντιμετωπίσουμε άμεσα. Μερικές από τις πρώτες εκκρεμότητες περιελάμβαναν τις εξής:

1) Μη ικανοποιητικές – και μάλλον ανταγωνιστικές - σχέσεις της διοίκησης του ΟΤΕ με την προηγούμενη διοίκηση της ΕΕΤΤ.
2) Πολλαπλές αντιδικίες για σημαντικές οικονομικές υποχρεώσεις μεταξύ του ΟΤΕ και των εναλλακτικών τηλεπικοινωνιακών παρόχων, χωρίς να υπάρχει σαφές πλαίσιο για τη διαχείριση αυτών των θεμάτων.
3) Πολύχρονες εκκρεμότητες για τον κοστολογικό έλεγχο του ΟΤΕ από την ΕΕΤΤ, οι οποίες στηριζόταν σε «προσωρινές» αποφάσεις, που γίνονταν αντικείμενο διαρκών δικαστικών αντιδικιών, με χαοτικές επιπτώσεις στο επιχειρηματικό κλίμα.
4) Δυσλειτουργικοί κανονισμοί, όπως π.χ., σωρεία παραβάσεων για την «προ-επιλογή φορέα», τόσο από την πλευρά των εναλλακτικών παρόχων (αυθαίρετες ενεργοποιήσεις) όσο και από την πλευρά του ΟΤΕ (παράτυπες ενεργοποιήσεις) συνδρομητών, που δυσκόλευαν την τήρηση της βούλησης του καταναλωτή και ενίοτε διευκόλυναν ακόμη και την παραχάραξή της.
5) Απουσία πλαισίου για την ανάπτυξη νέων τηλεπικοινωνιακών υποδομών, που εξωθούσε τους παρόχους στην «αδάπανη» λύση της απλής μεταπώλησης υπηρεσιών που αγόραζαν χονδρικώς από τον ΟΤΕ και μεταπωλούσαν λιανικώς.
6) Υπολειτουργία της αγοράς των Η.Ε. από την οποίαν απουσίαζε το κλίμα ανταγωνισμού, με τους παρόχους να προσφέρουν παρεμφερείς υπηρεσίες, σε παρεμφερείς τιμές, τις υψηλότερες στην Ε.Ε.

Σ’ αυτό το πλαίσιο, η νέα διοίκηση της ΕΕΤΤ διαχειρίστηκε κατά προτεραιότητα θέματα προστασίας των καταναλωτών και θέματα που θα άνοιγαν την αγορά στον ανταγωνισμό και θα επέτρεπαν την έξοδο από την επενδυτική απραξία, δημιουργώντας ισχυρές αναπτυξιακές προσδοκίες στον χώρο των νέων ηλεκτρονικών υπηρεσιών, με έμφαση το ευρυζωνικό Διαδίκτυο.

Στην αρχή της θητείας μας και με δική μου πρωτοβουλία είχαμε αρχίσει μια διαδικασία άτυπων επαφών, διαβουλεύσεων και επικοινωνίας, εκπροσώπων των δύο Οργανισμών (ΕΕΤΤ και ΟΤΕ) σε διάφορα επίπεδα της ιεραρχίας τους. Σκοπός μου ήταν να λύνονται ευκολότερα οι όποιες διαφορές μας και να μπορώ να επισημαίνω «ανεπίσημα» τις υποχρεώσεις του ΟΤΕ ή αυτές τις οποίες καθυστερούσε να εφαρμόσει, ώστε να αποφεύγουμε, όπου ήταν δυνατό, να καταλήγουμε σε κλήση του σε ακροάσεις και στη συνέχεια - σε περίπτωση μη συμμόρφωσης του – στην επιβολή προστίμων.

Μετά όμως από κάποιο διάστημα, ο ΟΤΕ σταμάτησε αυτές τις άτυπες επαφές μας μονομερώς, όταν είδε ότι ήμασταν αποφασισμένοι να τηρήσουμε τον νόμο και την υποχρέωση μας να ανοίξουμε την αγορά των Ηλεκτρονικών Επικοινωνιών στον ανταγωνισμό. Οι προσπάθειες μας αυτές θεωρούσε ο ΟΤΕ ότι ήταν εναντίον των συμφερόντων του Οργανισμού και ότι απειλούσαν την μονοπωλιακή του ηγεμονία στην αγορά και, έκτοτε, μέσω του Προέδρου του, αναλώθηκε σε έναν ανελέητο πόλεμο εναντίον μας, χρησιμοποιώντας πολλές φορές ανεπίτρεπτες εκφράσεις.

Σε επανειλημμένες προσπάθειές μας να διευθετηθούν μέσω διαλόγου τα διάφορα θέματα, *η διοίκηση του ΟΤΕ από ένα σημείο και μετά εμφανίστηκε απρόθυμη για οποιαδήποτε συνεννόηση*, αποφεύγοντας κάθε επικοινωνία σε υψηλό επίπεδο. Μετά από λίγο καιρό δε, στις επίσημες κλήσεις σε Ακρόαση πάνω σε συγκεκριμένες καταγγελίες παραβάσεων, ο ΟΤΕ προτίμησε να εκπροσωπείται από χαμηλόβαθμα στελέχη, με μηδενική δυνατότητα για επί τόπου επίλυση των σχετικών προβλημάτων, επιδεινώνοντας έτσι το πρόβλημα των εναλλακτικών παρόχων και δημιουργώντας καθυστερήσεις στην ικανοποίηση των αιτημάτων δεκάδων χιλιάδων καταναλωτών.

Ταυτόχρονα, η Διοίκηση του ΟΤΕ καταπιάστηκε με μια πρωτοφανή εκστρατεία απαξίωσης του έργου της ΕΕΤΤ, αμφισβητώντας θεμελιώδεις αρχές που διέπουν την απελευθέρωση της αγοράς των Η.Ε. σε όλη την Ε.Ε. Η επικοινωνιακή του ομάδα είχε επιδοθεί σε εκστρατεία παρασκηνιακής καταδίκης και απομόνωσης της ΕΕΤΤ και εμού προσωπικά στα μέσα ενημέρωσης και σε κορυφαίους πολιτικούς και κοινωνικούς παράγοντες της χώρας, με βάση κυρίως ατεκμηρίωτες καταγγελίες. Ισχυριζόταν ότι προσφεύγει στη δημοσιότητα γιατί τη θεωρεί *«ως τρόπο να μπορέσει να αμυνθεί όταν νομίζει ότι η ΕΕΤΤ ενεργεί αυθαίρετα και κάνει κατάχρηση των εξουσιών της».* Επιπλέον, άρχισε να χρησιμοποιεί συλλήβδην μειωτικούς χαρακτηρισμούς και για όλους τους άλλους εναλλακτικούς παρόχους (που ήταν και μόνιμοι πελάτες του), ως *«περιθωριακούς»* και ως *«παιδάκια που έπρεπε να μεγαλώσουν»* *[421]*. Και όπως είδαμε στο Κεφάλαιο 3, όχι μόνον οι εναλλακτικοί πάροχοι, αλλά και ο ίδιος ο ΟΤΕ ήταν τότε ανέτοιμος, με αποτέλεσμα τις μεταξύ τους προστριβές (που τελικά τις πλήρωνε ο καταναλωτής) και την κατάταξη της Ελλάδας στην τελευταία θέση της Ευρώπης στις ευρυζωνικές συνδέσεις (μόνιμης και ταχείας σύνδεσης) στο Διαδίκτυο*[422]*.

ΕΠΙΘΕΣΕΙΣ & ΚΑΤΗΓΟΡΙΕΣ ΤΟΥ ΟΤΕ ΕΝΑΝΤΙΟΝ ΤΗΣ ΕΕΤΤ

Στην παράγραφο αυτή έχω συστηματοποιήσει τις κατηγορίες του ΟΤΕ, παρουσιάζοντας πρώτα μια ποιοτική τους ανάλυση, στη συνέχεια αναφέροντας τις αναλήθειες και τις έμμεσες αιχμές του και, στο τέλος, τις πιο άμεσες και «κατά μέτωπον» επιθέσεις του στην ΕΕΤΤ και στον Πρόεδρό της, με τις συγκεκριμένες κατηγορίες του που επίσημα αυτός εκτόξευε.

α) Ποιοτική ανάλυση των κατηγοριών του ΟΤΕ

1) Η πλειοψηφία των δελτίων τύπου του ΟΤΕ, μετά τους πρώτους μήνες της θητείας μου, είχε εγκαταλείψει τον ενημερωτικό/πληροφοριακό χαρακτήρα που πρέπει να έχει ένα δελτίο τύπου και υιοθέτησε τη μορφή δημόσιας διαμαρτυρίας.
2) Αξιοσημείωτη ήταν η συχνή χρήση ακραίων προσδιορισμών με αρνητικό περιεχόμενο, σε μια προσπάθεια να προσδώσουν αρνητικά χαρακτηριστικά στην ΕΕΤΤ (π.χ., μετέωρο συμπέρασμα, ανεκδιήγητο πρόστιμο, μοντέλο-φάντασμα, υστερόβουλος χαρακτήρας, κ.λπ.)
3) Σύνηθες φαινόμενο ήταν και η χρήση εισαγωγικών σε λέξεις κλειδιά, δίνοντάς τους άλλοτε ειρωνική χροιά και άλλοτε δημιουργώντας περαιτέρω αρνητικούς συνειρμούς. Επιπλέον παρατηρείτο και η χρήση θαυμαστικών δίπλα από ενέργειες της ΕΕΤΤ, δημιουργώντας την αίσθηση της απορίας για την ίδια την ενέργεια και καλλιεργώντας εντυπώσεις.

4) Επαναλαμβάνονταν αρκετά συχνά στις δηλώσεις του ΟΤΕ, είτε άμεσα είτε έμμεσα, το επιχείρημά του για «καταστροφή», «αναγκαστικό περιορισμό του μεριδίου του ΟΤΕ» και «μεθοδευμένο σχέδιο εξόντωσης και αποδόμησης του ΟΤΕ».

5) Διατυπώνονταν με κάθε ευκαιρία ότι οι Αποφάσεις της ΕΕΤΤ ήταν προϊόν «εκδίκησης», «εμπάθειας», «εμμονής», «προκατάληψης», και όχι τεκμηρίωσης.

6) Αξίζει να σημειωθεί ότι, στα περισσότερα δελτία τύπου που αναφερόταν στην ΕΕΤΤ, ο ΟΤΕ υιοθετούσε το προφίλ του αδικημένου, τόσο σε σχέση με τον Ρυθμιστή όσο και σε σχέση με τους εναλλακτικούς παρόχους. Πέραν από τη διάσταση για «επιχειρηματική του εξόντωση από τον Ρυθμιστή», ο ΟΤΕ μετέθετε το ζήτημα και στον καταναλωτή, για τον οποίο άφηνε να διαφανεί ότι πλήττονταν και έβγαινε χαμένος από τις Αποφάσεις της ΕΕΤΤ, δηλώνοντας:

> *(α) «να σταματήσει η ΕΕΤΤ να επιβαρύνει τους καταναλωτές παρεμβαίνοντας στο πορτοφόλι τους» (sic) και,*
>
> *(β) «πως δικαιολογείται η στάση της ΕΕΤΤ σε πακέτα που συμβάλλουν στη μείωση του λογαριασμού των καταναλωτών και μάλιστα σε μία περίοδο στενότητας για την μέση οικογένεια», κ.λπ.*

7) Διακρίνονταν η τάση αμφισβήτησης και ακύρωσης του ανεξάρτητου χαρακτήρα και των αρμοδιοτήτων της ΕΕΤΤ, ζητώντας την παρέμβαση Υπουργείων και Κυβέρνησης:

> *(α) «Ποια η θέση του ΥΜΕ (εποπτεύουσας πολιτικής ηγεσίας), του Υπουργείου Οικονομικών και της Κυβέρνησης απέναντι στη συστηματική απαξίωση του ΟΤΕ;»*
>
> *(β) «Μέχρι τώρα, η ΕΕΤΤ ως διοίκηση είναι μάλλον η μοναδική στην Ελλάδα που δεν κρίνεται για τις κανονιστικές αποφάσεις με τις οποίες ρυθμίζει την αγορά. Η ΕΕΤΤ κατά παράβαση του Συντάγματος και χωρίς κανένα έλεγχο, όχι μόνο εκδίδει αλλά και εκτελεί όποια κανονιστική απόφαση επιθυμεί χωρίς κανένας να την εμποδίζει».*

β) Αναλήθειες του ΟΤΕ

1) «Οι αποφάσεις για τα πρόστιμα, από την πρώτη κιόλας ανάγνωση, καταδεικνύουν τη «συνέπεια» της ΕΕΤΤ στην πρόσφατα εξαγγελθείσα πολιτική της για τον «αναγκαστικό περιορισμό του μεριδίου του ΟΤΕ», παρεμβαίνοντας στην ομαλή λειτουργία της αγοράς» (Δ.Τ. ΟΤΕ για τα πρόστιμα, 27/7/2007).

2) «Ο ΟΤΕ καταγγέλλει ως ανεδαφικό τον παραλληλισμό της επιβολής προστίμου από την ΕΕΤΤ στον ΟΤΕ με την επιβολή προστίμου από την ΕΕ στην Telefonica» (Δ.Τ. ΟΤΕ για το πρόστιμο των 20 εκατ. ευρώ του Ιουλίου 2007 που του επέβαλε η ΕΕΤΤ, 6/8/2007).

3) «Από την υπόθεση των ευρυζωνικών συνδέσεων σήμερα στην Ελλάδα ζημιώνονται όλοι, «συμπεριλαμβανομένου του ΟΤΕ», καθώς οι χρεώσεις έχουν κατρακυλήσει σε ιδιαίτερα χαμηλά επίπεδα» (Δηλώσεις του Προέδρου του ΟΤΕ στην Καθημερινή της Κυριακής, 12/8/2007) [423].

4) «Η ΕΕΤΤ «επιδεικνύει ιδιαίτερη σπουδή να επιβάλλει στον ΟΤΕ ρυθμίσεις που θα διευκολύνουν το έργο των ανταγωνιστών του», ...ενώ εμφανίζεται μάλλον «ράθυμη» στην αντιμετώπιση της συμπεριφοράς των παρόχων απέναντι στους καταναλωτές, αποφεύγοντας να ενεργοποιήσει αντίστοιχες διαδικασίες.» (Δ.Τ. ΟΤΕ με αφορμή τα προσωρινά μέτρα της ΕΕΤΤ για θέματα ΑΠΤΒ, 1/6/2007).

5) «Σαν ιδέα ο λειτουργικός διαχωρισμός φαίνεται απλός και βολικός, αλλά δεν είναι τυχαίο ότι το πείραμα δεν «έχει εφαρμοστεί παρά μόνον στη Βρετανία» που και εκείνη απελευθέρωσε τις τηλεπικοινωνίες την δεκαετία του '80 και προχώρησε σε κάποιου είδους διαχωρισμό μόλις πριν από δύο χρόνια». Στην υπόλοιπη Ευρώπη ο διαχωρισμός ξεσηκώνει «σφοδρές αντιδράσεις» (Δηλώσεις του Προέδρου του ΟΤΕ κ. Π. Βουρλούμη). (Σημείωση δική μου: είναι φυσικό να σηκώνει αντιδράσεις από τα πρώην μονοπώλια σαν τον ΟΤΕ).

6) «Ο λειτουργικός διαχωρισμός, που μόλις ακούσαμε, είναι «ιδέα που ξεφουσκώνει ήδη στις Βρυξέλλες», αλλά εδώ τα νέα αργούν να φτάσουν». (Ομιλία κ. Βουρλούμη στη 9ο Συνέδριο της InfoCom, 2/10/2007). (Σημείωση δική μου: Όπως ανέφερα στο Κεφάλαιο 8 για τους ισχυρισμούς αυτούς, ο Πρόεδρος του ΟΤΕ θα έπρεπε να γνωρίζει ότι τότε, εκτός από τη Μ. Βρετανία, ο λειτουργικός διαχωρισμός ήδη εφαρμόζονταν στη Σουηδία, στην Ιταλία ήταν στο στάδιο της διαβούλευσης και η εφαρμογή του ήταν υπο μελέτη στην Ιρλανδία και Πολωνία).

7) «Η «σύγχυση» στο πρόσωπο της ΕΕΤΤ τόσο της ρυθμιστικής αρμοδιότητας όσο και της αρμοδιότητας του δικαίου του ανταγωνισμού της δίνει τη δυνατότητα να εφαρμόζει ένα μοντέλο ανάπτυξης βασισμένο «σε παραδοχές άγνωστες στον ΟΤΕ». *(Δηλώσεις κ. Πλούμπη στην Καθημερινή της Κυριακής, 6/5/2007). (Σημείωση δική μου: οι παραδοχές που χρησιμοποιούσε οι ΕΕΤΤ ήταν όλες γνωστές στον ΟΤΕ και ήταν σύμφωνες μ'*

αυτές που εφαρμόζονταν απ' όλους τους εθνικούς ρυθμιστές στην ΕΕ και ετύγχαναν της έγκρισης της Ευρωπαϊκής Επιτροπής).

γ) Έμμεσες αιχμές/επιθέσεις του ΟΤΕ εναντίον της ΕΕΤΤ

1) «Ο έλεγχος τιμών είναι απλούστατος. Η καθυστέρηση είναι αδικαιολόγητη» (Δ.Τ. ΟΤΕ για τη μη λήψη Απόφασης της ΕΕΤΤ για τα νέα πακέτα, 19/9 2007).

2) «Πρόβλημα για τον ΟΤΕ παραμένει ο τρόπος που ασκείται η ρύθμιση στην Ελλάδα. Ο ρυθμιστής θα πρέπει να απέχει από δυσμενή και αιφνιδιαστικά μέτρα για τον ΟΤΕ που ανατρέπουν τη δυνατότητα μεσοπρόθεσμου σχεδιασμού και «αφαιρούν κάθε κίνητρο για επενδύσεις».(Δηλώσεις Προέδρου του ΟΤΕ κ. Π. Βουρλούμη στη γενική συνέλευση των μετόχων του, 21/6/2007).

3) «Η Ελλάδα άργησε να εφαρμόσει την απελευθέρωση της αγοράς στις τηλεπικοινωνίες. Θα είναι όμως τραγικό λάθος και θα το πληρώσουν όλοι να πιεστεί να φτάσει αμέσως εκεί που βρίσκονται χώρες που άρχισαν την απελευθέρωση πολύ νωρίτερα...». (Δηλώσεις του Προέδρου του ΟΤΕ στη γενική συνέλευση των μετόχων ΟΤΕ, 21/6/2007).

4) «Για τον ΟΤΕ «αν δεν λυθεί το πρόβλημα της ρύθμισης» και «αν δεν υπάρξουν συνθήκες ρυθμιστικής βεβαιότητας», θα έχουμε καθήκον .... να κάνουμε ότι μπορούμε για να προφυλάξουμε τον ΟΤΕ «από την απαξίωση που επιχειρείται». (Από την ομιλία του Προέδρου του ΟΤΕ στο 9ο Συνέδριο της InfoCom, 2/10/2007).

5) «Οι εθνικοί στόχοι δεν συμπίπτουν πάντοτε με τα επιχειρηματικά σχέδια των ιδιωτικών φορέων που επενδύουν στην Ευρυζωνικότητα και αυτό δημιουργεί την ανάγκη συγκερασμού με τρόπο που να επιτυγχάνει τις γενικότερες δημόσιες επιδιώξεις χωρίς να καταστρέφει το ιδιωτικό κίνητρο για επενδύσεις. Αυτό δεν είναι πάντα εύκολο γιατί η ρύθμιση είναι ακόμη νέα και πειραματίζεται, κουβαλά ιδεολογικές προκαταλήψεις και έρχεται εκ των υστέρων να παρέμβει σε δημιουργημένες καταστάσεις. Η ανταλλαγή εμπειρίας μεταξύ κρατών εδώ θα μπορούσε να είναι πολύτιμη ώστε να μην επαναλαμβάνονται τα λάθη...». (Ομιλία του Προέδρου του ΟΤΕ στο Συνέδριο της ΕΕΤΤ για το Ευρυζωνικό Διαδίκτυο, 1-3/6/2007).

6) «Στο όνομα δήθεν των συμφερόντων του καταναλωτή, ο τρόπος που εφαρμόζεται η ρύθμιση στην Ελλάδα των τηλεπικοινωνιών, «ο τρόπος που εφαρμόζεται η ρύθμιση των τηλεπικοινωνιών στην Ευρώπη» (!) δημιουργεί κλίμα αβεβαιότητας, αποθαρρύνει τις επενδύσεις και «εκτρέφει παρασιτισμό». (Ομιλία του Προέδρου του ΟΤΕ στο Συνέδριο της Διεθνούς Ένωσης Τηλεπικοινωνιακών Ενώσεων, Απρίλιος 2007).

δ) «Κατά μέτωπον» επιθέσεις του ΟΤΕ

1) «Σκανδαλώδες» το ύψος του προστίμου. Πρόκειται για μια «συστηματική προσπάθεια καταστροφής του ΟΤΕ» που πλέον αναγνωρίζεται από όλους» (Δηλώσεις κ. Βουρλούμη στην Καθημερινή της Κυριακής, 12/8/2007).
2) Ο κ. Βουρλούμης αμφισβητεί ευθέως την άποψη της ρυθμιστικής αρχής αλλά και των Βρυξελλών περί δεσπόζουσας θέσης του ΟΤΕ στην αγορά δηλώνοντας, «Έχουμε αντιρρήσεις» (Ημερησία 5/9/2007).
3) «Ανοίκεια» επίθεση η επιβολή προστίμων στον ΟΤΕ για «υποτιθέμενες παραβάσεις»... Ο ΟΤΕ μελετάει το «σκεπτικό των αποφάσεων» (Δ.Τ. ΟΤΕ, 27/7/2007).
4) «The Regulator is favoring and subsidizing Vodafone" (Δηλώσεις κ. Πλούμπη στην Athens News, 31/8/2007).
5) «Οι πράξεις της ΕΕΤΤ, είτε σκόπιμα είτε όχι, έχουν σαν αποτέλεσμα την ενίσχυση όχι του ανταγωνισμού αλλά των ανταγωνιστών του ΟΤΕ. Η «εκτροπή της ΕΕΤΤ από τον θεσμικό της ρόλο» ζημιώνει σοβαρά τους μετόχους και εργαζόμενους του ΟΤΕ και στερεί τον Έλληνα καταναλωτή από το δικαίωμα της ελεύθερης επιλογής» (sic) (Δ.Τ. ΟΤΕ, 19/9/2007).
6) «...Η Κυβέρνηση να ασχοληθεί με τις εκλογές της ΕΕΤΤ» (δήλωση του Προέδρου του ΟΤΕ).
7) «Τερατώδης» η απόφαση της ΕΕΤΤ για τα πρόστιμα» (Δηλώσεις του Προέδρου του ΟΤΕ στην Καθημερινή της Κυριακής, 12/8/2007).
8) «Η ΕΕΤΤ είναι υπηρεσία με «μειωμένα αντανακλαστικά» και με «αδυναμία» να λειτουργήσει με την ταχύτητα που απαιτεί η εξέλιξη της αγοράς» (Δ.Τ. ΟΤΕ για τα πρόστιμα, 27/7/2007).
9) Η Επιτροπή, όπως καταγγέλλουν στελέχη του ΟΤΕ, «με τον τρόπο που ασκεί τη Ρύθμιση οδηγεί στη μείωση της αξίας της εταιρείας, την επιδότηση των ανταγωνιστών του και όχι στη δημιουργία σωστού πλαισίου λειτουργίας όλης της αγοράς» (Έθνος, 6/8/2007).
10) «Είναι προφανές ότι «η αντικειμενικότητα και η αμεροληψία του ρυθμιστή τίθενται σε σοβαρή αμφιβολία» και η διακριτική του ευχέρεια να χαρακτηρίζει ή όχι αξιόποινες πράξεις και να τις αποστέλλει στον εισαγγελέα «πρέπει να γίνει αντικείμενο ελέγχου κάποιας άλλης συνταγματικά κατοχυρωμένης εξουσίας»(!) (Δ.Τ. ΟΤΕ 6/8/2007 για το θέμα των dialers και τη σύσταση προς τον ΟΤΕ να μην

εισπράξει από τους καταναλωτές τα ποσά των αμφισβητούμενων κλήσεων).
11) Στην παρατήρηση του Προέδρου της ΕΕΤΤ πως ο ΟΤΕ έχει υποχρέωση από τον κοινοτικό και εθνικό νόμο να παραχωρεί «κοστοστρεφώς» μέρος της υποδομής του στους εναλλακτικούς παρόχους, ο Πρόεδρος του ΟΤΕ απάντησε πως διαβλέπει «σχέδιο δήμευσης της περιουσίας του ΟΤΕ» μαζί με την τότε αστεία περίπτωση δήλωσης στην Επιτροπή Έρευνας και Τεχνολογίας της Βουλής, 22/2/2007, ότι η «ΕΕΤΤ υποστηρίζει τους Αιγύπτιους μέτοχους της εταιρείας OrasCom» (που ανέφερα στο Κεφάλαιο 4).
12) Στο πλαίσιο της κλιμάκωσης των αντιδράσεων του ΟΤΕ στα μέτρα απελευθέρωσης της αγοράς των ΗΕ, κινήθηκε εναντίον της ΕΕΤΤ ακόμη και η συνδικαλιστική του οργάνωση ΟΜΕ-ΟΤΕ που με ανακοίνωση της ανέφερε απειλητικά: «Δεν θα επιτρέψουμε τη συνέχιση του «κανιβαλισμού» του ΟΤΕ και της αγοράς και του «αφελληνισμού» των τηλεπικοινωνιών της χώρας και με παρεμβάσεις μας θα ξεσκεπάσουμε όλους αυτούς που «εξαπατούν το καταναλωτικό κοινό»(;).

Άλλες «ενδιαφέρουσες» κατηγορίες που ο ΟΤΕ επίσημα εκτόξευε κατά της ΕΕΤΤ περιλάμβαναν τις ακόλουθες:

1) «Η ΕΕΤΤ έχει πολιτική για «αναγκαστικό περιορισμό του μεριδίου του ΟΤΕ, παρεμβαίνοντας στην ομαλή λειτουργία της αγοράς»[424].
2) «Η ΕΕΤΤ κάνει στρέβλωση της πραγματικότητας που αγγίζει τα όρια του παραλόγου».
3) «Γίνεται στον ΟΤΕ (από την ΕΕΤΤ) ανοίκεια επίθεση».
4) «Αδικαιολόγητη η σπουδή της ΕΕΤΤ να επιβάλλει πρόστιμα στον ΟΤΕ».
5) «Η ΕΕΤΤ έχει διακηρυγμένο στόχο να καταστήσει τον ΟΤΕ διαρκή αιμοδότη κάθε ανταγωνιστή».
6) Κατηγορεί ευθέως την ΕΕΤΤ ότι «ενισχύει τους ανταγωνιστές» του, «εκτρεπόμενη μάλιστα του θεσμικού της ρόλου».
7) Αποδίδει «υστερόβουλο χαρακτήρα» στη λειτουργία του Ρυθμιστή (Ανακοίνωση ΟΤΕ, 4/2/2009).

Τέλος, γινόταν ξεκάθαρα και με άμεσο τρόπο επίθεση σε εμένα προσωπικά:

1) «Ο Πρόεδρος της ΕΕΤΤ υιοθετεί προσωπική βιομηχανική πολιτική στον τομέα των τηλεπικοινωνιών».
2) «Ο ΟΤΕ προετοιμάζεται νομικά για να ζητήσει την καθαίρεση του κ. Ν. Αλεξανδρίδη»[425].
3) «Η ηγεσία της ΕΕΤΤ καλλιεργεί συστηματικά την εντύπωση κάποιου δομικού προβλήματος στην αγορά για να υποστηριχθεί κάποια προκατασκευασμένη λύση που έχει κατά νου ο Πρόεδρος της ΕΕΤΤ».
4) «Η εκ των προτέρων αρνητική στάση του Προέδρου της ΕΕΤΤ».
5) «Η συστηματική δυσφήμιση και προσπάθεια αποδόμησης του ΟΤΕ έχει ουσιαστικά προαναγγελθεί από τον Πρόεδρο της ΕΕΤΤ».

Ο ΟΤΕ ΑΠΑΙΤΕΙ «ΠΑΥΣΗ ΤΗΣ ΡΥΘΜΙΣΗΣ» (!)

Του ΟΤΕ άρεσε βέβαια που μέχρι το 2005 είχε περιχαρακώσει καλά τα στενά του συμφέροντα και μονοπωλούσε το δίκτυο σταθερής τηλεφωνίας και πρόσβασης στο Διαδίκτυο και πολύ θα ήθελε αυτή η κατάσταση να διατηρηθεί, ει δυνατόν, για πάντα. Όταν μάλιστα το 2004 ο ΟΤΕ εμφάνισε για πρώτη φορά ζημίες, τις απέδωσε στις δυσμενείς αποφάσεις της ΕΕΤΤ και στον ανταγωνισμό (!). Σύμφωνα δε με δημοσιεύματα του Τύπου της εποχής εκείνης, ο Πρόεδρος τού ΟΤΕ σχεδόν ζήτησε το 2005 από την Κυβέρνηση τον διορισμό μιας φιλικής προς τον ΟΤΕ Ρυθμιστικής Αρχής (!)*[426]*, ενώ δύο χρόνια αργότερα το 2007 σε ομιλία του δήλωνε ότι οι Ρυθμιστικές Αρχές (συμπεριλαμβανομένης της ΕΕΤΤ) αποτελούν *«συνταγματική ανωμαλία»* και *«αγκάθι στα πλευρά της Δημοκρατίας»* (!)*[427],[428]* και ότι η ρύθμιση στην Ε.Ε. μπορεί να αποτελέσει σοβαρό κίνδυνο για τη βιομηχανία (sic). Δυστυχώς, σύμφωνα με δημοσιεύματα του Τύπου, μαζί του συμφωνούσε και ο τότε υπουργός Οικονομίας και Οικονομικών κ. Γ. Αλογοσκούφης εκφράζοντας «επιφυλάξεις» για τις ανεξάρτητες ρυθμιστικές αρχές*[429],[430]*.

Σε αντίθεση με το τι συνέβη στην υπόλοιπη Ε.Ε. μετά την απελευθέρωση της τηλεπικοινωνιακής της αγοράς, ο ΟΤΕ παρουσίαζε απόλυτη αδυναμία προσαρμογής στις νέες συνθήκες του ελεύθερου ανταγωνισμού. Ως συνέπεια αυτού, καθ' όλην τη διάρκεια της τετραετίας μας, ο Πρόεδρος του ΟΤΕ με πρωτοφανή ένταση επιτίθετο συνεχώς κατά της ΕΕΤΤ, επαναλάμβανε τις ίδιες κατηγορίες εναντίον της, έθετε θέμα αλλαγής του πλαισίου εποπτείας της αγοράς ώστε να εξυπηρετεί τις αναχρονιστικές πρακτικές του ΟΤΕ, ζητούσε από την Κυβέρνηση την ανασύνθεση της Διοίκησης της ΕΕΤΤ, κ.λπ.

Π.χ. τον Φεβρουάριο του 2007 όταν βρεθήκαμε ενώπιον της Κοινοβουλευτικής Επιτροπής Έρευνας και Τεχνολογίας για τις προοπτικές ανάπτυξης της Ευρυζωνικότητας στην Ελλάδα, ο πρόεδρος του ΟΤΕ κατηγόρησε την ΕΕΤΤ ότι *«υπερβαίνει τα όρια της και επεμβαίνει ανοιχτά στην διοίκηση του οργανισμού δίκην μετόχου, μια πρακτική που εγείρει ερωτηματικά συνταγματικής νομιμοποίησης, τη στιγμή που ουσιαστικά απαλλοτριώνει την περιουσία των μετόχων»*[431]. Η δική μου απάντηση τότε ήταν ότι τα χαρακτήριζα όλα αυτά υπερβολές και ότι οι ρυθμίσεις βασίζονται στο Κοινοτικό Δίκαιο και πως η ΕΕΤΤ είναι υποχρεωμένη από το νόμο να τις εφαρμόσει. Βέβαια, από την άλλη μεριά, την ίδια στιγμή που ο πρόεδρος του ΟΤΕ αμφισβητούσε τις αποφάσεις της ΕΕΤΤ, οι εναλλακτικοί πάροχοι προσήπταν στην ΕΕΤΤ μεροληψία υπέρ του ΟΤΕ (!)[432].

Άλλες φορές πάλι, ο Πρόεδρος του ΟΤΕ επιχειρούσε να εμπλέξει και τον πολιτικό κόσμο καθόσον ζητούσε από την Πολιτεία να επεμβαίνει στο έργο του ανεξάρτητου εθνικού Ρυθμιστή για να τον *«συνετίσει»* ώστε να μη θίγει την κερδοφορία του ΟΤΕ. Απαιτούσε δηλαδή παύση της ρύθμισης! Έγραφε σχετικά ο Τύπος της εποχής εκείνης ότι *«ο ΟΤΕ, τόσο δημόσια όσο και ιδιωτικά, αμφισβητούσε την αρμοδιότητα τόσο της Ρυθμιστικής Αρχής όσο και του ίδιου του κ. Αλεξανδρίδη*[433] *και προσωποποιούσε τις κατηγορίες του στο πρόσωπο του Προέδρου της ΕΕΤΤ και στην Διοίκηση της, καθόσον αναφερόταν ξεκάθαρα σε τάχα «συμφέροντα» που «υποκρύπτονταν» πίσω από την στάση τους, υποστήριζε ότι υπάρχει «μεθοδευμένο σχέδιο εξόντωσης του ΟΤΕ» (!) και επιχειρούσε να εμπλέξει όλον τον πολιτικό κόσμο στο «πρόβλημα που αντιμετωπίζει ο ΟΤΕ» της τήρησης των υποχρεώσεών του που του επιβάλλει το κοινοτικό και εθνικό ρυθμιστικό πλαίσιο, επιδιώκοντας να δημιουργηθεί κλίμα «σύγκρουσης» ή ακόμα και «βεντέτας» με τον Ρυθμιστή». «Ενώ ο κ. Βουρλούμης έχει ισχυρά ερείσματα στην κυβέρνηση, όμως ο κ. Αλεξανδρίδης έχει κερδίσει την εκτίμηση των Βρυξελλών»*[434].

Η επίκληση μάλιστα του γεγονότος ότι το Δημόσιο κατέχει ποσοστό μετοχών στον ΟΤΕ και, ως εκ τούτου, αυτό οφείλει να «συνετίσει» τον Ανεξάρτητο Ρυθμιστή ώστε να μη θιγεί η κερδοφορία του ΟΤΕ, είναι ανοιχτή προτροπή για παράβαση της αρχής της ουδετερότητας της Πολιτείας στην απελευθερωμένη τηλεπικοινωνιακή αγορά. Για το γεγονός ότι ο ΟΤΕ ζητούσε από την Κυβέρνηση να παρέμβει υπέρ του, η εφημερίδα «Η ΕΠΟΧΗ» έγραφε χαρακτηριστικά: *«Κατά τρόπο ειρωνικό, όμως οι επιθέσεις στην ΕΕΤΤ έρχονται από μια διοίκηση του ΟΤΕ, υπό τον κ. Παναγή Βουρλούμη, γνωστό «μουτζαχεντίν» του νεοφιλελευθερισμού, ο οποίος όψιμα ανακαλύπτει τις αρετές του κρατικού προστατευτισμού, καθώς αντιλαμβάνεται ότι ο ΟΤΕ χάνει το παιχνίδι της ελεύθερης αγοράς...»*[435].

Την ίδια στιγμή, ο τότε Υπουργός Μεταφορών και Επικοινωνιών κ. Κ. Χατζηδάκης διευκρίνιζε στο 9ο Greek ICT Forum στα τέλη του 2007: «*Προϋπόθεση αποτελεί ο σεβασμός στους κανόνες του Κοινοτικού Δικαίου περί ανταγωνισμού και βεβαίως στις αποφάσεις της Ρυθμιστικής Αρχής, που επιδιώκει ακριβώς αυτό»*[436]. Η Κυβέρνηση έστελνε αντιφατικά μηνύματα.

Αυτές οι επιθέσεις του Προέδρου ΟΤΕ και των συνδικαλιστών του δεν ήταν κάτι καινούριο επί θητείας μου. Όπως προανέφερα, αυτές γίνονταν ακόμα και πριν αναλάβω την Προεδρία της ΕΕΤΤ[437]. Μάλιστα, απαντώντας στον Πρόεδρο του ΟΤΕ, ο οποίος λίγο πριν το τέλος της θητείας μου εμμέσως υποστήριξε ότι με αλλαγή της Διοίκησης της Ρυθμιστικής Αρχής τα πράγματα στις σχέσεις των δύο πλευρών μπορούν να διορθωθούν, επισήμανα τον Ιούλιο του 2009: *«Τα πράγματα ήταν έτσι και πριν από εμάς, δεν άλλαξαν επί των ημερών μας, δεν θα αλλάξουν ούτε και στο μέλλον, όποια και αν είναι η Ολομέλεια της Ρυθμιστικής Αρχής. Ο ρόλος των Ρυθμιστικών Αρχών είναι να επιβάλλουν στην αγορά τη Ρύθμιση την οποία είναι φυσικό να μη θέλουν τα πρώην μονοπώλια. Όσο περισσότερο απορρύθμιση υπάρχει στην αγορά τόσο πιο αυθαίρετα μπορούν να λειτουργούν τα πρώην μονοπώλια»*[438].

Πράγματι, η ίδια τακτική κατηγοριών του ΟΤΕ συνεχίστηκε και το 2010 (ένα χρόνο μετά το τέλος της θητεία μου), εναντίον και της νέας διοίκησης της ΕΕΤΤ[439]. Έγραφε τότε σχετικά ο Τύπος: *«Ο κ. Βουρλούμης παραμένει ιδιαίτερα οξύς σε ότι αφορά τον ρυθμιστικό ρόλο της ΕΕΤΤ και επαναλαμβάνει συχνά-πυκνά ότι οι πρακτικές της ρυθμιστικής αρχής στραγγαλίζουν τον ΟΤΕ, ότι έχει μεταβάλλει τον ΟΤΕ σε «πειραματόζωο των Βρυξελών» και ότι ασκείται «μέθοδος τρομοκρατίας δια προστιμάτων» η οποία είχε ως αποτέλεσμα τον «τραυματισμό του Οργανισμού»*[440]. Η δε εφημερίδα «Το Θέμα - Οικονομία» έγραφε[441]: *«αντί η διοίκηση του ΟΤΕ να συνεργαστεί με την ΕΕΤΤ για να προσφέρει στην αγορά πακέτα υπηρεσιών που θα είναι ελκυστικά στο κοινό, χωρίς να υποκρύπτουν προσπάθεια «γονατίσματος» του ανταγωνισμού με πρακτικές κατάχρησης δεσπόζουσας θέσης, βρίσκεται σε συνεχή τριβή με τους επόπτες, οι οποίοι υποχρεούνται να μπλοκάρουν πολλά από τα προτεινόμενα πακέτα υπηρεσιών και τελικά να στοχοποιούνται από τη διοίκηση Βουρλούμη ως δήθεν υπεύθυνοι για τη συνεχή φυγή συνδρομητών»*.

Κατά τον ΟΤΕ, για το ότι η επιχείρηση είχε δυσκολίες, δεν πήγαινε καλά και δεν μπορούσε να ανταγωνιστεί τους άλλους παρόχους, έφταιγε πάντα η ΕΕΤΤ. Οι διαδικασίες όμως που ακολουθούσε η ΕΕΤΤ, για «το άνοιγμα της αγοράς των ΗΕ προάγοντας τον ανταγωνισμό», για το πώς ερμήνευε την έννοια της «προστασίας του ανταγωνισμού» και για το πώς επέβαλε την «ελεύθερη πρόσβαση στο δίκτυο του ΟΤΕ από τους εναλλακτικούς παρόχους», είχαν πάντα την πλήρη συμφωνία και υποστήριξη της Ευρωπαϊκής Επιτροπής. Το γεγονός ότι η ΕΕΤΤ εφάρμοζε αποτελεσματικά το Εθνικό και Κοινοτικό Δίκαιο, ο ΟΤΕ το θεωρούσε ότι «απεργάζεται την διάλυση του Οργανισμού»!

Και ενώ ο Πρόεδρος του ΟΤΕ κατέκρινε την ΕΕΤΤ ότι δουλεύει υπέρ των εναλλακτικών και κατά του ΟΤΕ, ο ίδιος είχε σε ανύποπτο χρόνο νωρίτερα (στις 5/9/2007) δηλώσει ως *«νομοτελειακή την απώλεια συνδρομητών» του*[442].

Στα μέσα περίπου της τετραετίας και μετά την εμφάνιση αριθμού επιθέσεων εκ μέρους του ΟΤΕ, όταν άρχισαν τα θετικά αποτελέσματα της δράσης της ΕΕΤΤ να γίνονται πλέον ορατά και εντός αλλά και εκτός της Ελλάδος, η Επίτροπος κ. Viviane Reding (Επίτροπος της «Κοινωνίας της Πληροφορίας και των ΜΜΕ») σε συνέντευξή της παρουσία του τότε Υπουργού ΥΜΕ κ. Κ. Χατζηδάκη και σε απάντηση σχετικά με τις πιέσεις που ασκούσε ο ΟΤΕ προκειμένου να χαλαρώσει ο έλεγχος από την ΕΕΤΤ, παρείχε απλόχερα την Κοινοτική στήριξη στην ΕΕΤΤ και την προστασία από τις διαρκείς επιθέσεις του ΟΤΕ, τονίζοντας ότι *«στηρίζουμε την εξαιρετική δουλειά της ΕΕΤΤ, χρειαζόμαστε ισχυρές και ανεξάρτητες ρυθμιστικές αρχές»[443]*.

Αυτά όλα, βέβαια, δεν θεωρούσα ότι αποτελούσαν «προσωπική διαμάχη μεταξύ εμού και του Προέδρου του ΟΤΕ», όπως πολλές φορές ήθελε να το παρουσιάσει ο Τύπος της εποχής. Καταλάβαινα τη θέση του Προέδρου του ΟΤΕ που υπερασπιζόταν τα κεκτημένα συμφέροντα της επιχείρησης της οποίας ηγείτο, εγώ όμως ήμουν υποχρεωμένος να υπερασπιστώ τα συμφέροντα του έλληνα καταναλωτή και της ευρύτερης αγοράς των Η.Ε. εφαρμόζοντας πιστά τους νόμους της Πολιτείας. Κατά συνέπεια, όταν τον Δεκέμβριο 2008 ερωτήθηκα από τη δημοσιογράφο κ. Τ. Ηγουμενίδη «μερικές φορές δίνεται η εντύπωση πως η κόντρα με τον πρόεδρο του ΟΤΕ κ. Π. Βουρλούμη είναι προσωπική», απάντησα: *«Για μένα όχι. Ο ΟΤΕ, όχι μόνο προσωποποιεί τις κατηγορίες του στο πρόσωπο του προέδρου της ΕΕΤΤ, αλλά κατηγορεί και όλη την ΕΕΤΤ και υποστηρίζει ότι υπάρχει «μεθοδευμένο σχέδιο εξόντωσης του ΟΤΕ» Σε καμία περίπτωση βέβαια, δεν προσκομίζει οποιαδήποτε απόδειξη για αυτές τις προσβλητικές του κατηγορίες»[444]*.

<u>ΑΛΛΕΣ «ΕΝΔΙΑΦΕΡΟΥΣΕΣ» ΔΗΛΩΣΕΙΣ ΤΟΥ ΠΡΟΕΔΡΟΥ ΤΟΥ ΟΤΕ</u>

1) Ο Πρόεδρος του ΟΤΕ:

(α) Ζητούσε από την Κυβέρνηση την ανασύνθεση της Διοίκησης της ΕΕΤΤ.
(β) Αμφισβητούσε ευθέως την άποψη της ρυθμιστικής αρχής, αλλά και των Βρυξελλών, περί δεσπόζουσας θέσης του ΟΤΕ στην αγορά.
(γ) Δήλωνε ότι οι πράξεις της ΕΕΤΤ «πρέπει να γίνουν αντικείμενο ελέγχου κάποιας άλλης συνταγματικά κατοχυρωμένης εξουσίας»!
(δ) Δήλωνε ότι η «ΕΕΤΤ έχει πρόθεση και κάνει συστηματική προσπάθεια για να καταστρέψει τον ΟΤΕ».
(ε) Ζητούσε από την Κυβέρνηση να παρέμβει στο έργο της Ανεξάρτητης Αρχής! (λέγοντας ότι «η Κυβέρνηση να ασχοληθεί με τις εκλογές της ΕΕΤΤ»).

2) Επίσης δημόσια (π.χ., Συνέδριο InfoCom, Αθήνα, 2/10/2007) δήλωνε:

(α) «Πίσω από θεωρίες περί δημοσίου συμφέροντος και συμφέροντος του καταναλωτή κρύβονται συνήθως σκληρά οικονομικά συμφέροντα που έχουν τον τρόπο να επηρεάζουν αποφάσεις».
(β) «Ο ΟΤΕ, κάτω από τις ρυθμιστικές συνθήκες και τη νοοτροπία που επικρατεί τώρα πρέπει να παλέψει με τα χέρια δεμένα».
(γ) «Δεν ζηλεύω τον ρόλο του ρυθμιστή στην Ελλάδα. Τον έχουν φορτώσει με τις ιδιότητες του νομοθέτη, του ερμηνευτή των νόμων, του δικαστή και του εκτελεστή των δικαστικών του αποφάσεων».
(δ) «Ο μιμητισμός των Βρυξελλών σαν οδηγός είναι αμφίβολης αξίας.... Είναι επίσης ο μιμητισμός επικίνδυνος.»
(ε) (Περί λειτουργικού διαχωρισμού) ... «Θέλουν ίσως μερικοί «να γίνει ο ΟΤΕ πειραματόζωο», και αν πάθει κάτι στο χειρουργικό τραπέζι τι θα πούν; sorry δεν το θέλαμε;»
(στ) «Ζητώ συγνώμη από τον κ. Αλεξανδρίδη, Πρόεδρο της ΕΕΤΤ, τον οποίο προσωπικά εκτιμώ, αλλά για τον ΟΤΕ αν δεν λυθεί το πρόβλημα της ρύθμισης και αν δεν υπάρξουν συνθήκες ρυθμιστικής βεβαιότητας, θα έχουμε καθήκον απέναντι στους μετόχους μας, τους καταναλωτές και τους εργαζόμενους, αλλά και τη χώρα γιατί υπάρχει υποχρέωση καθολικής υπηρεσίας, να κάνουμε ότι μπορούμε για να προφυλάξουμε τον ΟΤΕ από την απαξίωση που επιχειρείται.»

ΑΝΤΙΚΡΟΥΣΕΙΣ ΣΤΟΥΣ ΙΣΧΥΡΙΣΜΟΥΣ ΤΟΥ ΟΤΕ

Σε απάντηση δηλώσεων σαν τις πιο πάνω (και σε συμπλήρωση των αντικρούσεων που έκανα νωρίτερα σε μερικές από τις αναλήθειες του ΟΤΕ), η ΕΕΤΤ είχε κατά καιρούς προβεί στις ακόλουθες επισημάνσεις:

1) «Η ΕΕΤΤ δεν εμπλέκεται σε επικοινωνιακές αντιπαραθέσεις με τις εποπτευόμενες επιχειρήσεις/παρόχους και δεν μπορεί να παρακολουθεί ούτε να σχολιάζει αήθη σχόλια, ιδίως όταν αυτά προέρχονται από την ελεγχόμενη επιχείρηση που έχει δεσπόζουσα θέση στην τηλεπικοινωνιακή αγορά».

2) «Ο σεβασμός και η τήρηση των ρυθμιστικών κανονιστικών υποχρεώσεων από τον ΟΤΕ και τους λοιπούς παρόχους αποτελεί αναγκαία προϋπόθεση για τη λειτουργία του ανταγωνισμού στην αγορά και την εφαρμογή τόσο του κοινοτικού όσο και του εθνικού δικαίου για τις Η.Ε.».

3) «Ο ΟΤΕ, ως υπόχρεος «πάροχος καθολικής υπηρεσίας», έχει ειδικές υποχρεώσεις προς το σύνολο των πολιτών όλων των γεωγραφικών περιοχών της χώρας».

4) «Ο ΟΤΕ είναι υποχρεωμένος να παράσχει κάθε πληροφορία που του ζητείται από την ΕΕΤΤ, προκειμένου αυτή να επιτελέσει τον ρόλο που της έχει ανατεθεί από την εθνική και την κοινοτική νομοθεσία. Η απαίτηση αυτή δεν είναι διαπραγματεύσιμη. Οποιαδήποτε ολιγωρία ή παρελκυστικότητα στην παροχή των πληροφοριών δεν μπορεί παρά να αντιμετωπίζεται ως παράβαση υποχρεώσεως».

5) «Τα πακέτα του ΟΤΕ τα εγκρίνουμε τελικά, όχι επειδή υπάρχει κάποια πίεση από οπουδήποτε προς την ΕΕΤΤ, αλλά αφού πρώτα ο ΟΤΕ τα τροποποιεί κατάλληλα ώστε να είναι νόμιμα και να μη δημιουργούν πρόβλημα στον ανταγωνισμό μέσω «συμπίεσης περιθωρίου κέρδους» (margin squeeze)».

6) «Η τιμολόγηση πολλών υπηρεσιών του ΟΤΕ ελέγχεται «εκ των προτέρων» («ex ante») από την ΕΕΤΤ για το ενδεχόμενο «συμπίεσης περιθωρίου κέρδους». Ως εκ τούτου δεν είναι δυνατόν να θεωρείται δικαίωμα του ΟΤΕ να μειώνει ανεξέλεγκτα τις λιανικές τιμές των υπηρεσιών του, χωρίς να μειώνει ανάλογα και τις χονδρικές του τιμές, καθώς αυτό θα δημιουργούσε προϋποθέσεις για την εξαφάνιση του ανταγωνισμού και επαναφορά του μονοπωλίου, με αρνητικές μακροχρόνιες συνέπειες για τους καταναλωτές, τις επενδύσεις και την ποιότητα των υπηρεσιών. Εξάλλου, σε καμιά χώρα της ΕΕ δεν έχει

εκχωρηθεί τέτοιο «δικαίωμα» σε επιχείρηση με δεσπόζουσα θέση στην τηλεπικοινωνιακή αγορά.»
7) «Σε καμία περίπτωση δεν είμαστε διατεθειμένοι να προσυπογράψουμε την εξόντωση του ανταγωνισμού προς χάριν εφήμερων τιμολογιακών εξελίξεων».
8) «Ανεξαρτήτως της μετοχικής σύνθεσης του ΟΤΕ, η πρόσβαση σε ορισμένες κρίσιμες τηλεπικοινωνιακές υποδομές του (όπως π.χ., ο τοπικός βρόχος που συνδέει τους καταναλωτές με τα αστικά του κέντρα) υπόκειται, από το κοινοτικό και εθνικό δίκαιο, σε συγκεκριμένες ρυθμιστικές υποχρεώσεις. Αυτές περιλαμβάνουν συχνά και την υποχρέωση «κοστοστρεφούς διάθεσης» των αντίστοιχων υποδομών σε άλλους παρόχους τηλεπικοινωνιακών υπηρεσιών».
9) «Σε καμιά περίπτωση δεν προβλέπεται, ούτε και έχει επιτραπεί στον ΟΤΕ η διάθεση υποδομών κάτω του κόστους».

Θα πρέπει στο τέλος να επισημάνω, ότι οι αποφάσεις της ΕΕΤΤ δεν ήταν προσωπικά δικές μου. *Όλες σχεδόν οι αποφάσεις της που είχαν σχέση με το ΟΤΕ και τα επιβαλλόμενα σ' αυτόν πρόστιμα ελαμβάνοντο κατά ομοφωνία από το 9μελές Διοικητικό Συμβούλιο της ΕΕΤΤ.*

Πολύ φοβάμαι όμως ότι τα περισσότερα απ' αυτά που ισχυριζόταν ο ΟΤΕ εύρισκαν απήχηση και γόνιμο έδαφος σε μεγάλο τμήμα του πολιτικού κόσμου, σε μέρος του Τύπου και στο ελληνικό κοινό, που όλοι τους έβλεπαν με συμπάθεια τον ΟΤΕ, τον οποίο ακόμα θεωρούσαν ως δημόσια υπηρεσία και ως «τον δικό μας ΟΤΕ» που η «κακή» ΕΕΤΤ «ήθελε να εξοντώσει».

Τελικά, η τηλεπικοινωνιακή αγορά αναγνώρισε τις προσπάθειες που καταβάλαμε και το τεράστιο έργο που επιτελέσαμε και βράβευσε την ΕΕΤΤ το 2008, κατά το 10ο Διεθνές Συνέδριο Τηλεπικοινωνιών Info-ComWorld, *«για τη συμβολή της στην ανάπτυξη της Ευρυζωνικότητας στην Ελλάδα».* Στο τέλος της τετραετίας μας δε, οι εταιρείες του κλάδου παρέθεταν το 2009 τα παρακάτω στοιχεία για να υποστηρίξουν ότι η απελευθέρωση της αγοράς που έφερε η ΕΕΤΤ, συνέβαλε τόσο στην αύξηση των επιλογών όσο και στη μείωση του κόστους των τηλεπικοινωνιακών προς όφελος του καταναλωτή*[445]*:

1) «Η επιτάχυνση του ευρυζωνικού βηματισμού της χώρας πραγματοποιήθηκε με την εισαγωγή από την ΕΕΤΤ της αποδεσμοποίησης του τοπικού βρόχου (LLU) στο τέλος του 2006, οδηγώντας τη χώρα μας μέσα σε δύο μόλις χρόνια, από τις 488.000 (12/2006) στις 1.500.000 (12/2008) ευρυζωνικές συνδέσεις, εκ των οποίων το 36% (οι 700.000) παρέχονται αποκλειστικά από τα ιδιόκτητα τηλεπικοινωνιακά δίκτυα των παρόχων.

2) Το διάστημα αυτό παρατηρήθηκε έκρηξη νέων υπηρεσιών η οποία συνεχίζεται και σήμερα (το 2009), αλλά και η μεγάλη πρόοδος στο θέμα των ταχυτήτων ευρυζωνικού Internet. Σήμερα το 93% των καταναλωτών που έχουν επιλέξει ευρυζωνικές συνδέσεις, αποκλειστικά μέσω των δικτύων των παρόχων, απολαμβάνουν ταχύτητες πάνω από 10 Mbps, οδηγώντας έτσι και τη μέση ταχύτητα πρόσβασης στη χώρα σε τριπλασιασμό τη διετία 2007-2008 (από 982 Kbps σε 2.850 Kbps)».

Παρόλα αυτά, τόσο προς τον ΟΤΕ όσο και προς το Μέγαρο Μαξίμου και τους αρμόδιους Υπουργούς, δήλωνα με επιστολή μου ότι: *«εν τούτοις, στην περίπτωση κατά την οποία η διοίκηση του ΟΤΕ επιλέξει την οδό της συνεννόησης, στο πλαίσιο των θεσμοθετημένων ρυθμίσεων της αγοράς Η.Ε., η ΕΕΤΤ μπορεί να εξετάσει αιτήματα και στρατηγικές προτάσεις που θα βελτιώνουν τη λειτουργικότητα των ρυθμίσεων, προς όφελος του ανταγωνισμού, της αποτελεσματικότητας όλων των επιχειρήσεων και των τελικών καταναλωτών».*

***Φωτογραφία 1**: Από αριστερά οι κ.κ. Νικόλαος Κουλούρης (Αντιπρόεδρος Ηλεκτρονικών Επικοινωνιών ΕΕΤΤ), Γεώργιος Αργυρόπουλος (Πρόεδρος FITCE), Στέφανος Βλάχος (Δήμαρχος Πετρούπολης), Νικόλαος Τσεμπερλίδης (Πρόεδρος ΚΕΠΚΑ), Ανδρέας Παπαμιχαήλ (Εκπρόσωπος Δ.Σ. Ιατρικού Συλλόγου Αθηνών), Νικόλαος Βλασσόπουλος (Προϊστάμενος Διεύθυνσης Φάσματος ΕΕΤΤ).*

Κεφάλαιο 15: Σε προσωπικό επίπεδο

«Σε διεθνές επίπεδο, η μεγιστοποίηση της αξιοποίησης του ψηφιακού μερίσματος για ανάπτυξη νέων δικτύων και καινοτόμων υπηρεσιών, αποτελεί μοχλό ανάπτυξης των εθνικών τους οικονομιών» (24/2/2009)

«Είμαι εναντίον της αστυνόμευσης του περιεχομένου στο Ίντερνετ. Έτσι φτιάχτηκε, έτσι αναπτύχθηκε το Ίντερνετ γι' αυτό και πέτυχε ό,τι πέτυχε. Αν το λογοκρίνουμε θα πάψει να είναι αυτό που είναι» (19/7/2009).

Κεφάλαιο 15: Σε προσωπικό επίπεδο

Στο κεφάλαιο αυτό, δίνω μια περισσότερο προσωπική χροιά και αναφέρομαι στον τρόπο που αρχικά έγινε η επιλογή μου για τη θέση του προέδρου της ΕΕΤΤ, στις αντιπαραθέσεις που είχα κατά τη διάρκεια της θητείας μου με το σύστημα, με το κατεστημένο και με μεγάλα και ισχυρά επιχειρηματικά συμφέροντα (ΟΤΕ, DT, καναλάρχες, Δήμοι, κλπ) και στην κριτική που έκανα στους κυβερνητικούς φορείς για την ολιγωρία και αναποφασιστικότητα τους. Επίσης αναφέρομαι και στις απογοητεύσεις που είχα κατά καιρούς, οι οποίες μου δημιουργούσαν δεύτερες σκέψεις σχετικά με το εάν θα ήθελα να μου ανανεωθεί η θητεία για άλλα 4 χρόνια. Τέλος, παραθέτω και τα δημοσιεύματα του Τύπου της εποχής σχετικά με τους λόγους που οδήγησαν στην απόφαση για μη ανανέωση της θητείας μου, σύμφωνα με τα οποία φαίνεται ότι οι πράξεις μου, οι θέσεις που έπαιρνα και οι προτάσεις μου είχαν δυσαρεστήσει αρκετούς!

Η ΕΠΙΛΟΓΗ ΜΟΥ ΣΤΗ ΘΕΣΗ ΤΟΥ ΠΡΟΕΔΡΟΥ ΤΗΣ ΕΕΤΤ

α) Η πρόσκληση

Ήταν ακριβώς πριν 10 χρόνια όταν τον Αύγουστο του 2005 άφησα την μακρόχρονη ακαδημαϊκή μου σταδιοδρομία στις ΗΠΑ για να δεχθώ την πρόσκληση να επιστρέψω στην Ελλάδα και να αναλάβω την προεδρία της ΕΕΤΤ.

Στις αρχές του 2005 βρισκόμουν στην Αθήνα με εξάμηνη σαββατική άδεια από το Πανεπιστήμιο George Washington University στην Washington DC των ΗΠΑ. Σε κάποια συνάντηση μου με συνάδελφο καθηγητή του ΕΜΠ, συζητώντας ανάμεσα σε πολλά θέματα και για ενδεχόμενα μελλοντικά μου σχέδια, με πληροφορεί ότι ανοίγει η θέση του Προέδρου του ΑΣΕΠ και γιατί δεν στέλνω το βιογραφικό μου να δω τι θα γίνει. Πράγματι επικαιροποίησα το βιογραφικό μου, το έστειλα εκεί που έπρεπε και μετά το ... ξέχασα.

Δυο-τρεις μήνες αργότερα, παίρνω ένα τηλεφώνημα από τον ίδιο συνάδελφο που μου λέει ότι το βιογραφικό μου έφτασε στου Μαξίμου και θέλουν να με προτείνουν για τη θέση του Προέδρου της ΕΕΤΤ για την οποία θεωρούν ότι ήμουν καταλληλότερος, επειδή αυτή συμβαδίζει περισσότερο με την τεχνοκρατική μου ιδιότητα, το υπόβαθρο και την εμπειρία που έχω. Βέβαια, για μένα αυτό ήταν κάτι αναπάντεχο που δεν το περίμενα και με ξάφνιασε, κυρίως καθόσον ήμουν εκτός πολιτικού ή άλλου συστήματος στην Ελλάδα και με σχετικά λίγες γνωριμίες, κυρίως ακαδημαϊκού επιπέδου, από την προηγούμενή μου θητεία στο ΕΜΠ. Όταν δε μου περιέγραψε τον ρόλο της ΕΕΤΤ, τα καθήκοντα και τις αρμοδιότητες που θα είχα ως Πρόεδρος, αισθάνθηκα ότι ήταν κάτι που θα μου επέτρεπε να προσφέρω σημαντικό έργο στη χώρα. Μετά από κάποιες σκέψεις και προγραμματισμό διευθέτησης διαφόρων εκκρεμοτήτων μου, αποδέχτηκα την πρόταση και, αφού ακολούθησα όλες τις νόμιμες διαδικασίες και εγκρίσεις από τις Επιτροπές της Βουλής, ανέλαβα τα καθήκοντα του Προέδρου της ΕΕΤΤ στις 5/8/2005.

Από την αρχή της θητείας μου αισθάνθηκα το μεγάλο βάρος που αναλάμβανα να συμβάλω αποτελεσματικά στην βελτίωση του τεχνολογικού περιβάλλοντος της χώρας. Αυτό αποτελούσε για μένα μια μεγάλη πρόκληση (challenge), καθόσον ήθελα να παίξω δημιουργικό ρόλο ώστε να σπάσει ο κύκλος της υστέρησης της χώρας μας στην αξιοποίηση των νέων τεχνολογιών.

β) Ο διορισμός μου και η ανεξαρτησία της ΕΕΤΤ

Μερικούς μήνες αφότου ανέλαβα τα καθήκοντα μου, εκκλήθηκα στις 16/5/2006 από την «Επιτροπή Έρευνας & Τεχνολογίας» της Βουλής για να παρουσιάσω τις θέσεις της ΕΕΤΤ σχετικά με την προώθηση της Ευρυζωνικότητας στην Ελλάδα. Πολλές από τις ερωτήσεις των βουλευτών και τις απαντήσεις που έδωσα τις παρουσίασα σε διάφορα κεφάλαια αυτού του βιβλίου και αναφέρονται αναλυτικά στην υποσημείωση[446]. Μία όμως συγκεκριμένη ερώτηση είχε να κάνει με τον διορισμό μου και την ανεξαρτησία της ΕΕΤΤ.

Η συγκεκριμένη ερώτηση της Επιτροπής ήταν: *«Πόσο ανεξάρτητη είναι η Αρχή σας τη στιγμή που ο διορισμός της Ολομέλειας άλλαξε και έγινε με πρόταση της Κυβέρνησης»;* Η απάντηση που έδωσα, ανάμεσα στα άλλα, περιλάμβανε και τα ακόλουθα:

> *«Ο διορισμός με πρόταση της Κυβέρνησης δεν πιστεύω ότι απαραίτητα αίρει την ανεξαρτησία της ΕΕΤΤ. Εάν ετίθετο τέτοιο θέμα, ο πρώτος που θα είχε αντιδράσει θα ήταν η Ευρωπαϊκή Επιτροπή. Επίσης, προσωπικά, εάν δεν είχα τις απαραίτητες διαβεβαιώσεις ότι θα μπορέσω να ασκήσω το έργο μου ανεξάρτητα και ανεπηρέαστα, δεν θα αποδεχόμουν τη θέση αυτή. Όπως ίσως γνωρίζετε, τη θέση αυτή δεν την επεδίωξα, καθόσον ήμουν μόνιμος Τακτικός Καθηγητής σε μεγάλο Πανεπιστήμιο των ΗΠΑ, με πετυχημένη καριέρα, πολύ καλό μισθό και οικονομική ανεξαρτησία. Ο μόνος λόγος – και σ' αυτό θα σας παρακαλούσα να με πιστέψετε, γιατί δεν με γνωρίζετε ακόμα καθώς δεν υπήρξα ποτέ «παράγοντας του τόπου» – που δέχθηκα την πρόταση να αναλάβω την προεδρία της ΕΕΤΤ, να εγκαταλείψω την θέση μου στις ΗΠΑ και να επιστρέψω στην Ελλάδα, ήταν διότι αντιμετώπισα την θέση αυτή ως μια εξαιρετική πρόκληση. Και αυτό διότι τη θεωρώ θέση από την οποία μπορεί κάποιος να συμβάλει ουσιαστικά και με θετικό τρόπο, βελτιώνοντας την κατάσταση που επικρατεί στους τομείς των Η.Ε., της πληροφορικής και του Ίντερνετ, τομείς των οποίων την ανάπτυξη τόσο μεγάλη ανάγκη έχει η χώρα μας. Επίσης δέχτηκα ως πρόκληση αυτή τη θέση και διότι πιστεύω ότι, αν πετύχω και σ' αυτό μου το έργο, θα έχω προσφέρει μια σημαντική και απαραίτητη υπηρεσία στον τόπο μας. Η ανεξαρτησία του Προέδρου της ΕΕΤΤ – πιστεύω – ότι εξαρτάται πρώτιστα από τον χαρακτήρα του ατόμου, την προσωπικότητα και το κύρος του, ενώ αντίθετα, μια πρότερη πολιτική ή κομματική του πορεία ενδεχομένως του δημιουργούν «δεσμεύσεις» που να υποδηλούν περίπτωση έλλειψης ανεξαρτησίας. Θέλω να σας διαβεβαιώσω δε ότι μέχρι στιγμής δεν έχω δεχθεί ουδεμία παρέμβαση στο έργο μου, ούτε από την Κυβέρνηση, ούτε από κανένα άλλο πολιτικό κόμμα, ούτε από τον ΟΤΕ, ούτε και από κανέναν άλλο παίκτη της αγοράς – και γνωρίζετε βέβαια πόσο ευαίσθητη και σημαντική από οικονομικής άποψης είναι η αγορά των επικοινωνιών στην Ελλάδα. Πιστεύω – και αυτό συμβαδίζει με τα μηνύματα που δεχόμαστε από την αγορά – ότι μέχρι στιγμής έχουμε εργαστεί ανεξάρτητα και με γνώμονα την ανάπτυξη του τόπου και την προστασία του καταναλωτή. Εν πάση περιπτώσει, η ανεξαρτησία της ΕΕΤΤ θα κριθεί στο τέλος από την όλη πορεία της και από το έργο της που ήδη αρχίζει να δείχνει καλά σημάδια».*

Η ΕΕΤΤ, μολονότι δεν είναι «συνταγματικά κατοχυρωμένη», είναι εν τούτοις *«Κοινοτικά κατοχυρωμένη»* Ανεξάρτητη Αρχή, παρόμοια δε διαδικασία διορισμού των διοικήσεων των αντίστοιχων Ανεξάρτητων Αρχών Τηλεπικοινωνιών ακολουθείται και στα περισσότερα κράτη-μέλη της Ε.Ε. Δεν αποτελεί (και δεν πρέπει να αποτελεί) μέρος της κυβερνητικής μηχανής και η λειτουργική και οικονομική της ανεξαρτησία είναι κατοχυρωμένες από το κοινοτικό και εθνικό δίκαιο, ενώ έχει δικά της έσοδα και δεν επιβαρύνει καθόλου τον κρατικό προϋπολογισμό. Σ΄ όλη τη διάρκεια της θητείας μου ως προέδρου της ΕΕΤΤ δεν δώσαμε δικαιώματα για να αμφισβητήσουν την ανεξαρτησία και την αντικειμενικότητα των αποφάσεών μας (γεγονός που αναγνωρίστηκε τόσο από την επιβλέπουσα Ευρωπαϊκή Επιτροπή όσο και από την ελληνική αγορά τηλεπικοινωνιών που αισθανόταν τις επιπτώσεις των αποφάσεών μας).

Η ΤΕΤΡΑΕΤΗΣ ΜΟΥ ΘΗΤΕΙΑ 2005-2009

α) Μια ευχάριστη και εποικοδομητική περίοδος

Καθ' όλη τη διάρκεια της τετραετούς μου θητείας στο τιμόνι της ΕΕΤΤ, προσπάθησα να ανταποκριθώ στα καθήκοντά μου όσο καλύτερα μπορούσα και να ηγηθώ μιας ισχυρής ΕΕΤΤ, σύγχρονης, ανεξάρτητης και ανεπηρέαστης από κάθε ιδιωτική ή πολιτική παρέμβαση. Όπως δε επανειλημμένα έχουν τοποθετηθεί δημοσίως διάφορα σημαίνοντα πρόσωπα της χώρας - χρησιμοποιώντας χαρακτηρισμούς της μορφής όπως *«η ΕΕΤΤ είναι η ναυαρχίδα των Ανεξάρτητων Αρχών», «η ΕΕΤΤ είναι η καλύτερη Ανεξάρτητη Αρχή της χώρας»*, κ.λπ. - η ΕΕΤΤ είχε μέσα στην τετραετία αποκτήσει τον σεβασμό, την αναγνώριση και την «καλή μαρτυρία» όχι μόνον στο εσωτερικό της χώρας, αλλά κυρίως (και εκεί που μετρά περισσότερο, καθότι γνωρίζουν καλύτερα τις υποχρεώσεις μας και το έργο μας) στο εξωτερικό από την Ευρωπαϊκή Επιτροπή και την αντίστοιχη Επίτροπο της «Κοινωνίας της Πληροφορίας και των ΜΜΕ» κυρία V. Reding.

Σε προσωπικό δε επίπεδο, καθ' όλη τη διάρκεια της θητείας μου στην ΕΕΤΤ, είχα άψογη και δημιουργική συνεργασία με τα υπόλοιπα μέλη της Ολομέλειας καθώς και με το επιστημονικό και διοικητικό προσωπικό της Υπηρεσίας. Επιπλέον, συνεργάστηκα αρμονικά και αποτελεσματικά με όλους τους φορείς της Πολιτείας και της αγοράς, ο δε βίος μου στην ΕΕΤΤ δεν εμφάνισε ούτε ένα ψεγάδι μομφής, κατάχρησης εξουσίας, διαφθοράς ή δολοπλοκιών, ή άλλων παρεμφερών δυσλειτουργιών που χαρακτηρίζουν (απ' ότι διαβάζω στον Τύπο) μεγάλη μερίδα του Δημόσιου τομέα. Όπως όμως εξήγησα στο βιβλίο, η μόνη εξαίρεση στην αρμονική συνεργασία μου απετέλεσε ο ΟΤΕ γιατί αισθανόταν ότι το άνοιγμα της αγοράς έθιγε τα δικά του συμφέροντα.

Όσον αφορά στην ίδια την ΕΕΤΤ, προσπάθησα να την καταστήσω μια Ρυθμιστική Αρχή ευρωπαϊκών προδιαγραφών, η οποία θα έπαιζε κομβικό ρόλο στο άνοιγμα της αγοράς και στην ανάπτυξη του κλάδου των ψηφιακών επικοινωνιών και του Διαδικτύου στη χώρα μας. Στο τέλος, ήμουν ακόμα πιο ικανοποιημένος με το συνολικό έργο που καταφέραμε σαν ΕΕΤΤ μέσα στην τετραετία, όπως αυτό παρουσιάστηκε και αναλύθηκε στα διάφορα κεφάλαια αυτού του βιβλίου.

Δυστυχώς όμως, η εισήγηση και μελέτη μας για την κατασκευή του εθνικού δικτύου FTTH, που είχε εγκρίνει και ανακοινώσει η τότε Κυβέρνηση, τελικά ξεχάστηκαν. Μέχρι σήμερα (2015) δεν έγινε τίποτε προς αυτήν την κατεύθυνση και ούτε προγραμματίζεται κάτι ανάλογο για το εύλογο μέλλον. Συνεπώς η χώρα θα συνεχίσει να παραμένει εγκλωβισμένη για πολλά έτη στο πεπαλαιωμένο ακραίο χάλκινο δίκτυο που μονοπωλείται πλέον τώρα από την Deutsche Telecom.

β) Οι συγκρούσεις μου με το σύστημα και τα μεγάλα συμφέροντα

Γνώριζα ότι ο στόχος μου να φέρει το έργο μου απτά αποτελέσματα και η αγωνία μου κλείσει όσο το δυνατόν πιο σύντομα το τεχνολογικό χάσμα που μας χώριζε από τις πιο ανεπτυγμένες χώρες της Ε.Ε. θα με έφερναν σε αντιπαράθεση με πολλούς παίκτες της αγοράς και άλλους φορείς (συνδικάτα, πολιτικούς, φορείς του Δημοσίου και της Τοπικής Αυτοδιοίκησης) που θα θεωρούσαν ότι θίγονται τα επιχειρηματικά τους ή άλλα συμφέρονται ή που δεν ήθελαν αλλαγή στο status quo της αγοράς (ή, τουλάχιστον, όχι τόσο γρήγορη αλλαγή).

1) Με τον ΟΤΕ

Πρώτος και καλύτερος ήταν ο ΟΤΕ, ο οποίος, τρομάζοντας από το γεγονός ότι έχανε το μονοπώλιο που επί δεκαετίες είχε στις τηλεπικοινωνίες και έχανε ταχύτατα πελάτες τους, είχε (κυρίως μέσω του Προέδρου του) εξαπολύσει πόλεμο κατά της ΕΕΤΤ και εμού προσωπικά, εκτοξεύοντας καθ' όλη τη διάρκεια της θητείας μου πολύ σοβαρές κατηγορίες[447], όπως ότι *«μεροληπτούμε υπέρ των εναλλακτικών παρόχων»*, ότι *«απεργαζόμαστε τη διάλυση του Οργανισμού»*, ότι *«εμποδίζουμε την εμπορική πολιτική του»* και άλλες που ανέφερα λεπτομερώς στο προηγούμενο Κεφάλαιο 14. Αυτό που μάλλον έκανε ότι δεν καταλαβαίνει ο ΟΤΕ ήταν ότι η ΕΕΤΤ όφειλε να εφαρμόζει πιστά τον κοινοτικό και τον εθνικό νόμο, τόσο ως Ρυθμιστής της αγοράς των τηλεπικοινωνιών όσο και ως Επιτροπή Ανταγωνισμού στις τηλεπικοινωνίες.

Η αυτονόητη επιδίωξη του Προέδρου του ΟΤΕ ήταν η υπεράσπιση των κεκτημένων συμφερόντων της επιχείρησης της οποίας ηγείτο και η με κάθε τρόπο διατήρηση του μονοπωλίου σε βάρος του ανταγωνισμού. Ως Πρόεδρος της ΕΕΤΤ, εγώ είχα την αντίθετη ευθύνη: να ενισχύσω τον ανταγωνισμό στις τηλεπικοινωνίες προς εξυπηρέτηση του γενικού συμφέροντος και προς όφελος του πολίτη-καταναλωτή. Συνεπώς, εκ του ρόλου μας, οι δύο Πρόεδροι είχαμε να εξυπηρετήσουμε διαφορετικά συμφέροντα, γεγονός που από την φύση του δημιουργούσε προστριβές, αντεγκλήσεις και πολλές φορές εύφλεκτες καταστάσεις.

Οι διάφορες επικρίσεις του προέκυπταν συνήθως από το γεγονός ότι ο ΟΤΕ, ως εταιρεία με σημαντική ισχύ στην αγορά (ΣΙΑ), βάσει της κοινοτικής αλλά και της εθνικής νομοθεσίας, υπάγεται σ' ένα ειδικό ρυθμιστικό καθεστώς, απόρροια του οποίου είναι οι ειδικές επιπρόσθετες υποχρεώσεις που έχει σε σχέση με τους άλλους τηλεπικοινωνιακούς παρόχους. Αυτή η «διαφοροποίηση» επιβάλλεται και εφαρμόζεται σε όλα τα πρώην τηλεπικοινωνιακά μονοπώλια σε όλες τις χώρες της Ε.Ε., ώστε να μην τους επιτραπεί να καταπνίξουν τον ανταγωνισμό και να ξαναγίνουν μονοπώλια. Η ΕΕΤΤ θα ήταν υπόλογη για παράβαση καθήκοντος εάν απέφευγε να εφαρμόσει αυτές τις ειδικές υποχρεώσεις στον ΟΤΕ.

Στις υπόλοιπες χώρες όμως της Ε.Ε., τα εκεί πρώην μονοπώλια προσέρχονται κατά κανόνα και συζητούν με τον εθνικό τους Ρυθμιστή τα εκάστοτε ανακύπτοντα ρυθμιστικά προβλήματα και προσπαθούν να τα διευθετήσουν με διάλογο. Δεν γνωρίζω άλλη ρυθμιστική αρχή της Ε.Ε. προς την οποία το τοπικό πρώην μονοπώλιο να έχει συμπεριφερθεί κατά τον ανάρμοστο τρόπο που είχε συμπεριφερθεί και επιτεθεί ο ΟΤΕ στην ΕΕΤΤ. Και εν πάση περιπτώσει, όπου διαφωνούν με τις αποφάσεις του Ρυθμιστή τους, υπάρχουν τα δικαστήρια της χώρας, το ΣτΕ, ακόμα και το Ευρωπαϊκό Δικαστήριο, τα οποία μπορούν να δώσουν τελεσίδικες λύσεις. Επιπρόσθετα δε, υπάρχουν και οι αρμόδιοι Επίτροποι της Κομισιόν οι οποίοι παρακολουθούν από κοντά τις εξελίξεις και επεμβαίνουν δραστικά όταν παρατηρηθούν στρεβλές συμπεριφορές, τόσο από την πλευρά του πρώην μονοπωλίου όσο και από την πλευρά του Ρυθμιστή. Και όπως ανέφερα στα διάφορα κεφάλαια του βιβλίου, η Κομισιόν πάντα εκθείαζε το εξαιρετικό έργο που επιτελούσε η ΕΕΤΤ.

2) Με τους κυβερνητικούς φορείς

Πολλές φορές πάλι, ερχόμουν σε δυσχέρεια με την αργοκίνητη Κυβέρνηση (που ενώ συμφωνούσε με προτάσεις μας, δεν τις υλοποιούσε) και τη ράθυμη λειτουργία του γραφειοκρατικού Κράτους που έπνιγαν το έργο της ΕΕΤΤ, πατούσαν φρένο στην ώθηση για περαιτέρω ανάπτυξη των τηλεπικοινωνιών (και όχι μόνο), και δεν ήραν τις αγκυλώσεις που εμποδίζουν την ταχεία εγκατάσταση νέων, σύγχρονων τηλεπικοινωνιακών υποδομών στη χώρα μας.

Αναφερόμενος στις διαφωνίες και προστριβές μου με τον ΟΤΕ, τους εναλλακτικούς και την Κυβέρνηση, είχα πει τον Οκτώβριο του 2008 κατά την εναρκτήρια ομιλία μου στο 10ο Συνέδριο τηλεπικοινωνιών Infocom World τα εξής:

> *«Όταν προετοίμαζα αυτήν την ομιλία μου, <u>είχα τον πειρασμό</u> να αναφερθώ διεξοδικά και με λεπτομέρειες κατά πόσο έχουμε πετύχει να διαδώσουμε την Ευρυζωνικότητα σ' όλη τη χώρα και η ομιλία μου θα βασιζόταν στις εξής σκέψεις μου:*
>
> *(α) Αρχικά σκέφτηκα να αναφερθώ στο ότι <u>ο ΟΤΕ</u> ήταν αυτός που από μόνος του είχε καταφέρει να καλύψει όλη τη χώρα με*

Ευρυζωνικότητα, αλλά δεύτερες σκέψεις με ώθησαν να μη το κάνω, καθόσον υπήρχε η πιθανότητα ένα ποσοστό παρευρισκομένων να μη συμφωνούν και να θεωρήσουν ότι πρέπει να αποχωρήσουν από την αίθουσα στο μέσο της ομιλίας μου.

(β) Κατόπιν σκέφτηκα να αναφερθώ στο ότι οι εναλλακτικοί πάροχοι ήταν αυτοί που κυρίως είχαν καταφέρει να καλύψουν όλη την χώρα με Ευρυζωνικότητα, αλλά πάλι δεύτερες σκέψεις μου με ανάγκασαν να το ξεχάσω και αυτό το σενάριο, γιατί ενδεχομένως να οδηγούσε προς την έξοδο ένα άλλο σημαντικό ποσοστό των παρευρισκομένων που είχαν σχέση με τον ΟΤΕ.

(γ) Τέλος, σκέφτηκα μήπως θα έπρεπε να αναφερθώ στο κατά πόσο ήταν η στρατηγική και τα έργα της Κυβέρνησης που το κατάφεραν αυτό μέχρι τώρα, αλλά σύντομα πάλι κατέληξα στο συμπέρασμα ότι μ' αυτόν τον τρόπο οδηγούμουν πλέον, μαθηματικά, στο να καταλήξω να μιλάω μπροστά σε περίπου άδεια αίθουσα.

Κατόπιν αυτών των σκέψεων αποφάσισα να μεταφέρω την ομιλία μου σε άλλο επίπεδο».

Αυτά τα είχα πει αστειευόμενος, αναφερόμενος έμμεσα στο γεγονός ότι τον προηγούμενο Ιούνιο στο συνέδριο της ΕΕΤΤ, ο Πρόεδρος και οι σύνεδροι του ΟΤΕ είχαν αποχωρήσει επιδεικτικά από την αίθουσα κατά τη διάρκεια της ομιλίας μου[448] (προφανώς γιατί δεν συμφωνούσαν με μερικά απ' αυτά που έλεγα).

Επιπλέον δε, όταν στο τέλος του Συνεδρίου η ΕΕΤΤ βραβεύτηκε από την αγορά για την «συμβολή της στην ανάπτυξη της Ευρυζωνικότητας», παραλαμβάνοντας το βραβείο - και σε συνέχεια των ανωτέρω και επειδή πολύ συχνά ασκούσα κριτική και στους τρείς παράγοντες – πρόσθεσα αστειευόμενος: *«αν σε κάποια ομιλία μου «παραμελήσω» να αναφερθώ στις δυσλειτουργίες/κωλυσιεργίες που παρουσιάζει ο ΟΤΕ, στην εσωστρέφεια/διστακτικότητα των εναλλακτικών τηλεπικοινωνιακών παρόχων ή στο αργοκίνητο κρατικο-πολιτικο μας σύστημα, τότε ... μου δίνουνε βραβείο».*

3) Με τους καναλάρχες

Όπως ανέφερα πιο λεπτομερώς στο Κεφάλαιο 11, υπήρξε επίσης μεγάλη αντιπαράθεση μας με τα τηλεοπτικά κανάλια και τον βασικό τους (και μοναδικό στη χώρα!) πάροχο τηλεοπτικού δικτύου τη DIGEA, οι οποίοι διαφωνούσαν ριζικά με την πρότασή μας να διατεθεί το μεγαλύτερο μέρος του «ψηφιακού μερίσματος» στους παρόχους κινητής τηλεφωνίας και όχι στα ΜΜΕ που το ήθελαν όλο (όπως πράγματι έγινε τελικά με μεγάλη όμως καθυστέρηση το 2014 και με τίμημα μόνο 18,39 εκατ. ευρώ για όλες τις τηλεοπτικές συχνότητες στην DIGEA, μικρότερο αυτού που θα επιτυγχάνονταν αν αυτό γινόταν νωρίτερα), για να αναπτύξουν οι πρώτοι καινοτόμες εφαρμογές όπως την *«κινητή Ευρυζωνικότητα» (mobile broadband) και την «κινητή τηλεόραση» (mobile TV)*. Ο πόλεμος τους ήταν εμφανής και από τις επίσημες τοποθετήσεις τους στα σχετικά Συνέδρια και Ημερίδες της ΕΕΤΤ που διαπραγματεύονταν τα θέματα της μετάβασης στη ψηφιακή τηλεόραση και της αξιοποίησης του ψηφιακού μερίσματος.

γ) Οι απογοητεύσεις μου

Μολονότι κατά τη θητεία μου ως Πρόεδρος της, η ΕΕΤΤ είχε να επιδείξει σημαντικότατο έργο με εντυπωσιακά αποτελέσματα, εντούτοις εγώ πίστευα ότι θα μπορούσε να είχε επιτύχει ακόμα περισσότερα. Το βασικό - αν όχι το κύριο - εμπόδιο που αντιμετωπίζαμε ήταν το Κράτος και οι κυβερνητικοί φορείς που αντιμετώπιζαν τα πράγματα με τον ράθυμο, αργό και αναποτελεσματικό τους τρόπο, που με απογοήτευαν και πολλές φορές με εξόργιζαν. Θεωρώ ότι εάν είχαν υλοποιήσει μερικές από τις πολλές προτάσεις που τους είχαμε υποβάλλει όλα αυτά τα τέσσερα χρόνια, η πρόοδος στις Η.Ε. και στην Ευρυζωνικότητα θα ήταν ακόμα πιο εντυπωσιακή.

Ένα βασικό παράπονο που είχα με την τότε Κυβέρνηση ήταν ότι δεν έθετε τον πήχη υψηλοτέρα και δεν αναλάμβανε περισσότερες κυβερνητικές πρωτοβουλίες για την ενίσχυση της Ευρυζωνικότητας. Χαρακτηριστικό παράδειγμα ήταν αυτό που ανέφερα στο Κεφάλαιο 2 σχετικά με τον στόχο που είχα βάλει η Κυβέρνηση στην Ψηφιακή Στρατηγική της να αυξηθεί η διείσδυση της Ευρυζωνικότητας στο 7% μέχρι το 2008, τη στιγμή που στην πραγματικότητα όταν έφτασε το 2008 αυτή είχε ήδη υπερβεί το 13%.

Πολλές φορές κατά τη διάρκεια της θητείας μου αισθανόμουν ότι ενεργούσα ενάντια στο ρεύμα. Η κοινωνία, οι περισσότεροι πολιτικοί, τα συνδικάτα, αλλά ακόμα και το μεγαλύτερο μέρος του Τύπου δεν επικροτούσαν την περισσότερη ιδιωτικοποίηση του ΟΤΕ και την ανάπτυξη του ανταγωνισμού. Είχαν συνηθίσει στην ιδέα του μονοπωλίου του «Δημόσιου ΟΤΕ», του «δικού μας ΟΤΕ». *Βρισκόμουν απέναντι στο εθνικό και πολιτικό συναίσθημα.*

Άλλες φορές πάλι, τα λεγόμενα μου, η ανεξαρτησία μου και η κριτική μου, αισθανόμουν ότι δημιουργούσαν δυσφορία και ενοχλήσεις στους κυβερνητικούς κύκλους (μολονότι ποτέ δεν μου το εξέφρασε αυτό κανείς ανοιχτά). Υπήρξα ιδιαίτερα αιχμηρός απέναντι τους, για τον «αργόσυρτο» ρυθμό λειτουργίας τους*[449]*, για τη μη τήρηση των υποσχέσεών τους, για τις καθυστερήσεις και τους λανθασμένους χειρισμούς τους στην προώθηση κατασκευής του δικτύου οπτικών ινών FTTH, για τα ραδιοτηλεοπτικά για τα οποία είχα προειδοποιήσει (ενώπιον του Πρωθυπουργού) ότι το προωθούμενο νομοσχέδιο περιείχε αντι-ανταγωνιστικές διατάξεις που πιθανόν θα έφερναν την παρέμβαση της Κομισιόν*[450]*, κ.λπ. Όχι μόνον εγώ, αλλά και η ίδια η Ευρωπαϊκή Επιτροπή υπήρξαμε επανειλημμένα επικριτικοί προς την ελληνική Κυβέρνηση για τη μεγάλη καθυστέρηση που παρουσίαζε στην ολοκλήρωση του δευτερογενούς δικαίου, με εμφανέστερο παράδειγμα την μη έκδοση ΚΥΑ για τα «δικαιώματα διέλευσης».

Σχετικά με την ανάπτυξη της Ευρυζωνικότητας, προς το τέλος της θητείας μου, σε κάποια συνάντηση, ένας Διευθύνων Σύμβουλος μιας από τις μεγάλες εταιρείες Ίντερνετ στην Ελλάδα μου είχε πει χαρακτηριστικά (θέλω να πιστεύω επειδή το πίστευε και όχι για να με κολακεύσει, καθόσον είχε πολλές φορές και δημοσίως εκφραστεί θετικά για το αποτελεσματικό έργο της ΕΕΤΤ): *«Με την δική σας προσωπική επιμονή να επιβάλλετε στον ΟΤΕ την Συνεγκατάσταση και την Αποδεσμοποίηση του Τοπικού Βρόχου, πετύχατε – σχεδόν single-handedly – να φέρετε την Ευρυζωνικότητα μέσω LLU στην χώρα μας». Αμέσως δε πρόσθεσε στη συνέχεια: «Μην περιμένετε όμως ότι αυτά θα αναγνωριστούν ποτέ στην Ελλάδα».* Η απάντησή μου ήταν: *«Το ξέρω και δεν το περιμένω. Απλώς κάνω τη δουλειά μου όσο μπορώ καλύτερα. Όσο για το «σχεδόν single-handedly», θεωρώ ότι είναι υπερβολή».*

Η ΜΗ ΑΝΑΝΕΩΣΗ ΤΗΣ ΘΗΤΕΙΑΣ ΜΟΥ

Η τετραετής θητεία μου έληγε στις 5 Αυγούστου 2009 και υπήρχε η δυνατότητα ανανέωσής της για άλλη μια τετραετία.

Όπως ανέφερα προηγουμένως, μολονότι επιφέραμε σημαντικά αποτελέσματα στο άνοιγμα της αγοράς των Η.Ε. και τρομερή ανάπτυξη της Ευρυζωνικότητας μέσω της συνεγκατάστασης των παρόχων στα Α/Κ του ΟΤΕ και την αποδεσμοποίηση του τοπικού βρόχου, πιστεύω ότι θα μπορούσαμε να είχαμε καταφέρει ακόμα πιο εντυπωσιακά αποτελέσματα εάν η ΕΕΤΤ δεν εργάζονταν μέσα σ' ένα τόσο αργοκίνητο και αναποφασιστικό πολιτικό, δικαστικό και δημόσιο περιβάλλον. Οι συνεχείς μου δε παραινέσεις να κάνουν πιο γρήγορα και περισσότερα έργα, καθώς και οι δημόσιες παρατηρήσεις μου και κατακρίσεις προς τους Υπουργούς της Κυβέρνησης σχετικά με αυτά τα θέματα, είμαι σίγουρος ότι δεν βοήθησαν θετικά σε όποια πιθανή απόφαση για ανανέωση της θητείας μου.

α) Οι αμφιταλαντεύσεις μου (για νέα θητεία)

Στη συνέντευξη τύπου τον Φεβρουάριο του 2009, δήλωνα ότι «δεν βλέπω» εύκολα να ανανεώνεται η θητεία μου, καθότι δεν μου είχε γίνει μέχρι τότε καμία διερευνητική επαφή από τους αρμόδιους πολιτικούς.

Το τελευταίο έτος της θητείας μου άφηνα δημόσια ανοιχτό το θέμα της αποχώρησης μου[451] από την ΕΕΤΤ μετά τη λήξη της το καλοκαίρι του 2009[452],[453],[454]. Με έμμεσες βολές κατά της Κυβέρνησης[455] και αιχμηρός κατά του ΟΤΕ δήλωνα ότι *«δεν είμαι σίγουρος ότι θα επιδιώξω ανανέωση της θητείας. Δεν είμαι σίγουρος ότι αξίζει να παλεύω για μία ακόμη θητεία σε ένα περιβάλλον Πολιτείας που δεν λειτουργεί και είναι αργόσυρτο. Ζούμε σε ένα περιβάλλον γραφειοκρατικό»*[456],[457].

Πράγματι, δυσανασχετώντας με τον αργοκίνητο ρυθμό του Κράτους (από το οποίο προσδοκούσα μεγαλύτερο δυναμισμό και τάση για αλλαγή[458]), είχα πολλές φορές σκεφτεί να υποβάλω την παραίτηση μου ή εξέφραζα την επιθυμία μου να μη ζητήσω την ανανέωση της θητείας μου. Έλεγα ότι θα παραιτούμουν εάν έβλεπα ότι δεν μπορούσα να επιτύχω αποτελέσματα και ότι δεν ήταν σίγουρο ότι θα επεδίωκα μία δεύτερη θητεία, ιδιαίτερα αν δεν δίνονταν νέες αρμοδιότητες στην ΕΕΤΤ για να μπορέσει να συμβάλει περισσότερο ώστε η χώρα να μεταβεί στην επόμενη γενιά τεχνολογίας. Από την άλλη μεριά όμως, έβλεπα ότι, έστω και με δυσκολία και με τεράστιες εκ μέρους μας προσπάθειες, φέρναμε σημαντικά αποτελέσματα. Ταυτόχρονα, θεωρούσα ότι θα χρειαζόμουν περισσότερο χρόνο για να υλοποιήσουμε και τον επόμενο στόχο μας, ο οποίος ήταν η προώθηση της κατασκευής ενός εθνικού «δικτύου πρόσβασης επόμενης γενιάς» (NGA) με «οπτική ίνα μέχρι το σπίτι» (FTTH) που θα προσέφερε στον πολίτη Ευρυζωνικότητα απεριόριστων ταχυτήτων.

Εξέφραζα τη δυσφορία μου για μια σειρά πολιτικών και ρυθμιστικών κινήσεων που δεν επέτρεπαν την ανάπτυξη μιας πολλά-υποσχόμενης αγοράς. Σχετικά με τις θέσεις μου ότι θα παραιτούμουν και ότι δεν ήταν σίγουρο ότι θα επεδίωκα δεύτερη θητεία, μερικοί σχετικοί χαρακτηριστικοί τίτλοι στον Τύπο εκείνης της εποχής ήταν:

1) *«Δεν περιμένει στο ακουστικό του».*
2) *«Βολές ΕΕΤΤ κατά Κυβέρνησης».*
3) *«Απογοητευμένος από το σύστημα».*
4) *«Απειλεί να τα βροντήξει».*
5) *«Καρφιά από τον Πρόεδρο της ΕΕΤΤ».*
6) *«Με παραίτηση απειλεί ο πρόεδρος της ΕΕΤΤ».*
7) *«Ανοιχτό το ενδεχόμενο αποχώρησης από ΕΕΤΤ», κ.α.*

Την Άνοιξη του 2009, λίγους μήνες πριν λήξει επίσημα η θητεία μου, είχα στείλει δύο σχετικές επιστολές στο Μέγαρο Μαξίμου με τις οποίες εξέθετα τις ανάγκες της χώρας, τα σχετικά προβλήματα, τις αγωνίες μου και τον προβληματισμό μου για το εάν θα μου ήταν επιθυμητό να διεκδικήσω την ανανέωση της θητείας μου και να συνεχίσω να εργάζομαι μέσα σε ένα τέτοιο αναποτελεσματικό δημόσιο και πολιτικό περιβάλλον. Με τις επιστολές αυτές – ανάμεσα στα άλλα – τους έλεγα τα εξής:

Επιστολή #1 (9/3/2009)

Αφού πρώτα εξέθετα εν συντομία την κατάσταση στην αγορά των Η.Ε. («από την πλευρά ενός τεχνοκράτη που έχει την επιθυμία να συνεισφέρει τα μέγιστα σ' αυτόν τον υψίστης σημασίας για τον τόπο μας κλάδο») και ευχαριστούσα τον Πρωθυπουργό για τη μεγάλη τιμή να με προτείνουν γι' αυτήν την τόσο κρίσιμη και σπουδαία για τη χώρα μας θέση του Προέδρου της ΕΕΤΤ και την εμπιστοσύνη που έδειχνε στο πρόσωπό μου κατά τη διάρκεια της θητείας μου, ανέφερα τους βασικούς αναπτυξιακούς πυλώνες που πίστευα ότι θα δώσουν στη χώρα την τεχνολογική της «φυγή προς τα εμπρός»:

> *1) «το εθνικό δίκτυο οπτικών ινών του προγράμματος Fiber to the Home (FTTH),*
> *2) την απελευθέρωση νέων συχνοτήτων και την απλούστευση των διαδικασιών και ενίσχυση των νέων τεχνολογιών ασύρματης κινητής Ευρυζωνικότητας (και ιδίως για τις απομακρυσμένες περιοχές) και*
> *3) την ταχεία και καλά ενορχηστρωμένη μετάβαση στη ψηφιακή ραδιοτηλεόραση και τη βέλτιστη αξιοποίηση του ψηφιακού μερίσματος.»*

Εξέφραζα δε την απογοήτευσή μου και την μεγάλη μου αγωνία για το ότι η κατάσταση στην Ελλάδα μπορούσε να βελτιωθεί ταχύτερα και παρέθετα μερικές προϋποθέσεις που θα μπορούσαν να φέρουν το επιθυμητό αποτέλεσμα ταχείας μας ψηφιακής σύγκλισης με τα πιο προηγμένα κράτη της ΕΕ, όπως την ταχύτερη ανταπόκριση των Υπουργών στις προτάσεις της ΕΕΤΤ (π.χ., έκδοση των αντίστοιχων ΚΥΑ), την αναβάθμιση και ενδυνάμωση της ΕΕΤΤ με ισχυρότερα εργαλεία και περισσότερες εκτελεστικές αρμοδιότητες, κ.λπ., και πρόσθετα: *«Φοβάμαι ότι εάν δεν γίνουν πολλά απ' αυτά, εγώ δεν θα έχω τα κίνητρα και δεν θα μπορώ να φέρω σε πέρας τις μεγάλες αλλαγές που χρειάζεται η αγορά και, ως εκ τούτου, θα ήταν ανώφελο και ίσως ανόητο να θέλω να συνεχίσω να παραμένω στη θέση αυτή, πολύ περισσότερο δε να επιθυμώ να μου ανανεωθεί η θητεία για ακόμα 4 χρόνια άγονου αγώνα. Αισθάνομαι ότι έχω πλέον «χτυπήσει τη γυάλινη οροφή», πέραν της οποίας δεν έχουν δοθεί οι απαραίτητες αρμοδιότητες στην ΕΕΤΤ ώστε να μπορέσει να συμβάλει ακόμα πιο καθοριστικά στην τεχνολογική ανάπτυξη του τόπου».*

Επιστολή #2 (30/6/2009)

Στη δεύτερη επιστολή μου, αφού ευχαριστούσα που μου εδόθη η δυνατότητα να εξασκήσω τις αρμοδιότητες της ΕΕΤΤ χωρίς εξωθεσμικές παρεμβάσεις, σε στενή συνεργασία και με την Ευρωπαϊκή Επιτροπή σ' αυτήν την τόσο σημαντική για τη χώρα αγορά των Η.Ε., επαναλάμβανα ότι η Πολιτεία είχε καθυστερήσει σημαντικά να λάβει τολμηρές αποφάσεις και να δρομολογήσει τις απαραίτητες εξελίξεις στον κλάδο. *«Όσο δεν δρομολογούνται τέτοιες μεταρρυθμίσεις για την επίλυση ορισμένων χρόνιων προβλημάτων του κλάδου, έχω την πεποίθηση ότι δεν θα μπορέσει να επιτευχθεί η ταχεία ευρυζωνική πρόοδος που οραματιζόμαστε για τη χώρα και η ΕΕΤΤ δεν θα μπορέσει να πετύχει περισσότερα απ' αυτά που έχει ήδη πετύχει μέχρι τώρα, κάτι που με οδηγεί εμένα προσωπικά να μην επιδιώξω την ανανέωση της θητείας μου, διότι αν δεν γίνουν οι απαραίτητες αλλαγές δεν θα μπορέσω να προφέρω περισσότερα και να συμβάλλω καθοριστικά στις ουσιαστικές εξελίξεις που απαιτούνται ..... Συνεχίζω να πιστεύω ότι ο κλάδος των ΤΠΕ (Τεχνολογιών Πληροφορικής και Επικοινωνιών) αποτελεί βασικό πυλώνα ανάπτυξης της χώρας, μέσω του οποίου, υπό ορισμένες προϋποθέσεις και με αποφασιστικά και καλά συντονισμένα μέτρα από την Πολιτεία, θα μπορούσε να υλοποιηθεί το όραμα της μετεξέλιξης της Ελλάδος σε «χώρα υπηρεσιών υψηλής τεχνολογίας».*

Τις τελευταίες μέρες της θητείας μου, οι πληροφορίες που λάμβανα ήταν ότι θα παρέμενα Πρόεδρος και ότι θα γινόταν αλλαγή μόνο στον αντιπρόεδρο και σε 2-3 στελέχη της διοίκησης της ΕΕΤΤ. Όπως θα δούμε στη συνέχεια, ήταν λάθος πληροφορίες.

β) Η μη ανανέωση της θητείας μου

Δεν μπορώ να είμαι σίγουρος ποιοι ήταν οι συγκεκριμένοι λόγοι που τελικά δεν μου ανανεώθηκε η θητεία για άλλη μια τετραετία. Είμαι σίγουρος πάντως ότι η ανεξάρτητη λειτουργία μου, οι πρωτοβουλίες και προληπτικές δράσεις που δρομολόγησα, η κριτική που εξασκούσα στην Κυβέρνηση, η σύγκρουσή μου με τον ΟΤΕ, η εναντίωση των καναλαρχών στις προτάσεις μου για αξιοποίηση του ψηφιακού μερίσματος από τους τηλεπικοινωνιακούς παρόχους, οι πιέσεις του ΟΤΕ και των Γερμανών της DT για αντικατάστασή μου (μολονότι – όπως έγραφαν στο Τύπο [459]– υπήρξε πρόσφατη θετική παρέμβαση της επιτρόπου κ. Βίβιαν Ρέντινγκ στον πρωθυπουργό η οποία καθ' όλη την διάρκεια της τετραετίας είχε εκθειάσει το έργο της ΕΕΤΤ[460]) καθώς και οι άριστες σχέσεις που διατηρούσα με τη Ευρωπαϊκή Επιτροπή, μου είχαν δημιουργήσει αρκετούς εχθρούς. Και όπως έγραφε ο δημοσιογράφος Β. Μανδραβέλης στην Καθημερινή της 2/7/2009 λίγες μέρες πριν τη λήξη της θητείας μου, *«η σύγκρουση συμφερόντων θα καθόριζε την ανανέωση της θητείας μελών της Ολομέλειας της ΕΕΤΤ για άλλα 4 χρόνια»*[461].

Θα αναφέρω ένα σχετικό ανέκδοτο παράδειγμα που συνέβη κατά τη διάρκεια του τελευταίου μας 4ου Διεθνούς Συνεδρίου της ΕΕΤΤ στις 20/5/2009. Όπως ανέφερα λεπτομερέστερα στο Κεφάλαιο 11, στην εναρκτήρια ομιλία μου και ενώπιον του Πρωθυπουργού κ. Κ. Καραμανλή, του αρμόδιου υπουργού ΥΜΕ κ. Ε. Στυλιανίδη και άλλων υπουργών και βουλευτών, εκπροσώπων των τηλεοπτικών καναλιών, φορέων του Δημοσίου και της αγοράς των Η.Ε., επέκρινα την Κυβέρνηση για το ψηφιακό μέρισμα, για τον νέο νόμο της περί των τηλεοπτικών και για τις παρατυπίες και προβληματικές διατάξεις που αυτός περιείχε οι οποίες *δημιουργούν μονοπωλιακή κατάσταση και που ενδεχομένως να κριθούν από την Ευρωπαϊκή Επιτροπή ως ενάντια στο δίκαιο του ανταγωνισμού*[462]. Μολονότι ήμουν σίγουρος ότι τα λεγόμενα μου αυτά δεν θα με έκαναν πολύ δημοφιλή με τους

Υπουργούς της Κυβέρνησης και τους καναλάρχες, εντούτοις αισθανόμουν ότι είχα καθήκον να προειδοποιήσω.

Στο πρώτο διάλειμμα του Συνεδρίου, με πλησιάζει ένα μέλος της Ολομέλειας της ΕΕΤΤ (που ήταν περισσότερο γνώστης της ελληνικής πολιτικής πραγματικότητας και ήξερε απ' αυτά) και μου λέει: *«κύριε Πρόεδρε καλώς τα είπατε αυτά που είπατε στην ομιλία σας και κατακρίνατε σχετικά με την ψηφιακή τηλεόραση και τις παρανομίες με τις άδειες μπροστά στον Πρωθυπουργό (γιατί οι δικοί του δεν του τα λένε). Μόνο που όλα αυτά θα ληφθούν υπόψη μάλλον αρνητικά όταν στους επόμενους μήνες ανακύψει το θέμα της ανανέωσης της θητείας σας».* Σε άλλο δε διάλειμμα του ίδιου συνεδρίου, δημοσιογράφος που ασχολείται με τα τηλεπικοινωνιακά με πλησίασε και μου είπε: *«ελπίζω να μην παραιτηθείτε και να σας ανανεώσουν τη θητεία σας, γιατί αυτοί οι πολιτικοί εδώ δεν έχουν ιδέα γι' αυτά τα θέματα».*

γ) Πιέσεις του ΟΤΕ και της DT για αντικατάστασή μου

Εκτός από τη δυσφορία που είχα προκαλέσει στην Κυβέρνηση και στους καναλάρχες, είχα έντονα εναντίον μου και τον ΟΤΕ και την DT.

Ανέφερα και σε προηγούμενα κεφάλαια ότι ο Τύπος έγραφε πως η DT πίεζε την Κυβέρνηση και τους Υπουργούς Οικονομίας (Γ. Παπαθανασίου) και Μεταφορών & Επικοινωνιών (Ευρ. Στυλιανίδη) και ζητούσε ανταλλάγματα για να προχωρήσει στην αγορά επιπλέον 5% του ΟΤΕ. Ένα απ' αυτά ήταν να μειωθεί η ένταση της ρύθμισης του ΟΤΕ από την ΕΕΤΤ και να «τακτοποιήσουν»*[463]* το θέμα των σχέσεων του ΟΤΕ με την ΕΕΤΤ και αυτό της κατασκευής του εθνικού δικτύου FTTH, τα οποία θα επιτυγχάνονταν με την μη ανανέωση της θητείας μου, *«κάτι το οποίο ενδεχομένως διευκολύνεται από το γεγονός ότι η θητεία του κ. Ν. Αλεξανδρίδη λήγει στο τέλος Ιουλίου»[464]*.

Σύμφωνα δε με δημοσιεύματα του Τύπου του Ιουνίου 2009,

1) «ο υπουργός κ. Ε. Στυλιανίδης είχε ήδη ξεκινήσει την αναζήτηση νέων μελών για την ολομέλεια της ΕΕΤΤ»[465] και

2) «με ενδιαφέρον αναμένεται αν θα ανανεωθεί η θητεία του Προέδρου της ΕΕΤΤ κ. Ν. Αλεξανδρίδη, ο οποίος προσωπικά αποτελεί το «κόκκινο πανί» για τη διοίκηση του ΟΤΕ, τυχόν δε αλλαγή του θα εκληφθεί ως νίκη του ΟΤΕ»[466],[467].

Για όλες αυτές τις ανησυχητικές εξελίξεις και «δραστηριότητες» του ΟΤΕ και της DT είχα στείλει επιστολή[468] σε διάφορους Υπουργούς με την οποία στην ουσία τους ζητούσα για άλλη μια φορά να διαμορφωθεί σαφέστερα η κυβερνητική πολιτική στον τομέα των Η.Ε. και στην κατασκευή του εθνικού δικτύου οπτικών ινών FTTH.

Παρεμπιπτόντως, να αναφέρω εδώ ότι ο Τύπος έγραφε πως ο εκβιασμός των Γερμανών συνεχιζόταν και μετά την αποχώρηση μου από την ΕΕΤΤ και στη νέα Κυβέρνηση Παπανδρέου (που ανέλαβε στο τέλος του 2009) να μη προχωρήσει σε καμία κίνηση ανατροπής της συμφωνίας ΟΤΕ-DT του 2008[469], ακόμα και με την «*απειλή διακοπής της διεθνούς χρηματοδότησης της Ελλάδας*».

δ) Η ανακοίνωση της νέας σύνθεσης της ΕΕΤΤ

Τελικά, σύμφωνα με τα δημοσιεύματα του Τύπου, υπό τις πιέσεις που δεχόταν η Κυβέρνηση από τον ΟΤΕ και τους Γερμανούς της DT, η θητεία μου δεν ανανεώθηκε.

Αμέσως μετά την λήξη της στις 5/8/2009, ο τότε Υπουργός ΥΜΕ κ. Ε. Στυλιανίδης ανακοινώνει την πρότασή του για αλλαγή της ολομέλειας της ΕΕΤΤ και του Προέδρου της. Για την ανακοίνωση της νέας σύνθεσης της Ολομέλειας της ΕΕΤΤ ο Τύπος έγραφε στις 7/8/2009 ότι έγιναν *«κομματικές επιλογές στην Ανεξάρτητη Αρχή ΕΕΤΤ»* και ότι *«απομακρύνεται ο μέχρι τώρα πρόεδρος της ΕΕΤΤ Ν. Αλεξανδρίδης, ο οποίος είχε διαφωνήσει με τις ρυθμίσεις Δένδια για την άρση του απορρήτου των τηλεπικοινωνιών»*, στο σχετικό νομοσχέδιο του ΥΜΕ. (Σχετικά μ' αυτήν τη δικαιολογία, στην τελευταία μου συνέντευξη Τύπου στις 15/7/2009, όταν ρωτήθηκα για το ζήτημα της ονομαστικοποίησης των καρτοκινητών τηλεφώνων, δήλωσα ότι *«η Ρυθμιστική Αρχή δεν ρωτήθηκε για το όλο θέμα»* και ανέφερα χαρακτηριστικά: *«Βλέποντας το προηγούμενο βράδυ ότι βγήκε κάποιο κείμενο για συζήτηση στη Βουλή, εμείς κινηθήκαμε τάχιστα και προσπαθήσαμε να το εξετάσουμε και να προτείνουμε ένα-δύο σημεία για βελτίωση. Τι από αυτά έλαβε υπόψη το υπουργείο θα το δούμε από εδώ και πέρα»*[470]. Τελικά, ψηφίστηκε η ΕΕΤΤ να είναι η επιβλέπουσα Αρχή της τήρησης των αρχείων των καρτοκινητών, η οποία θα επέβαλε και πρόστιμα στους παρόχους που δεν θα συμμορφώνονταν στις σχετικές διατάξεις[471]). Σε άλλο σημείο της συνέντευξής μου, επί ενός γενικότερου θέματος του Διαδικτύου, δεν παρέλειψα να κάνω ένα μικρό σχόλιο λέγοντας: *«Είμαι εναντίον της αστυνόμευσης του περιεχομένου στο Ίντερνετ. Έτσι φτιάχτηκε, έτσι αναπτύχθηκε το Ίντερνετ γι' αυτό και πέτυχε ό,τι πέτυχε. Αν το λογοκρίνουμε θα πάψει να είναι αυτό που είναι»*[472].

Με την ανακοίνωση της νέας σύνθεσης της ΕΕΤΤ, το ΥΜΕ ευχαριστούσε (sic) την απερχόμενη διοίκηση της ΕΕΤΤ *«για το σημαντικό έργο που επιτέλεσε: Είναι γεγονός ότι επί των ημερών της σημειώθηκε ουσιαστική πρόοδος σε ότι αφορά τον έλεγχο και την εποπτεία της τηλεπικοινωνιακής και ταχυδρομικής αγοράς, την προώθηση του ανταγωνισμού, την ανάλυση αγορών, την ενσωμάτωση των ευρωπαϊκών ρυθμίσεων και την προώθηση της Ευρυζωνικότητας»*[473]. Ταυτόχρονα, η αντιπολίτευση κατήγγειλε ότι προτείνονταν *«μια σύνθεση μη ειδικών με το προς ρύθμιση τομέα της οικονομίας»*.

Την ίδια μέρα δημοσιευόταν στην εφημερίδα Financial Box ότι *«η DT που πλέον είναι ο βασικός μέτοχος του ΟΤΕ, κατά τη διάρκεια των διαπραγματεύσεων για την εξαγορά του επιπλέον 5% φέρεται να είχε θέσει ως προϋπόθεση για την ολοκλήρωση της συμφωνίας την αλλαγή πολιτικής από την ΕΕΤΤ καθώς σε πολλές περιπτώσεις έχει βάλει φρένο στα σχέδια του Οργανισμού. Λίγες μέρες, λοιπόν, αφού ο γερμανικός κολοσσός ενίσχυσε τη συμμετοχή του στον Οργανισμό, ανακοινώθηκε και η αντικατάσταση του κ. Αλεξανδρίδη...»*[474].

Άλλα δημοσιεύματα του Τύπου στο ίδιο περίπου μήκος κύματος ανέφεραν:

1) «άλλαξε την Πέμπτη η μισητή στα ανώτατα κλιμάκια του ΟΤΕ ηγεσία της ΕΕΤΤ, που με σειρά αποφάσεών της μπλοκάριζε τα σχέδια Βουρλούμη και Γερμανών για ενίσχυσή της ήδη δεσπόζουσας θέσης του Οργανισμού στην αγορά»[475] και
2) «η αντικατάσταση του προέδρου της ΕΕΤΤ κ. Ν. Αλεξανδρίδη από τον κ. Ε. Στυλιανίδη μπορεί να καταγραφεί ως μια ακόμα επιτυχία του κ. Βουρλούμη»[476].

Όταν όμως κάτι δουλεύει καλά, δεν πας να το χαλάσεις.

Εξάλλου στη χώρα μας είναι συνηθισμένο να «απομακρύνονται» αυτοί που, στην προσπάθεια τους να κάνουν σωστά τη δουλειά τους, έρχονται αντιμέτωποι με το επιχειρηματικό - πολιτικό κατεστημένο της χώρας μας. Τουλάχιστον στη δική μου περίπτωση δεν με «εξανάγκασαν» να παραιτηθώ (μολονότι πολλές φορές είχα σκεφτεί να το κάνω από μόνος μου). Πάλι καλά! Κάτι ήταν κι αυτό για τα ελληνικά δεδομένα!

Η ΕΕΤΤ ΗΤΑΝ ΕΡΩΤΑΣ

Παρ' όλες όμως τις δυσκολίες που περιέγραψα στο βιβλίο αυτό, εν τούτοις θα πρέπει να ομολογήσω ότι η περίοδος μου στην ΕΕΤΤ ήταν για μένα μια από τις πιο προκλητικές, ευχάριστες και αποδοτικές περιόδους της καριέρας μου. Ένοιωθα ότι προσφέρω στον τόπο μου. Μάλιστα, όταν ρωτήθηκα στην τελευταία μου συνέντευξη τύπου to 2009 εάν με όλες αυτές τις δυσκολίες σκοπεύω να παραιτηθώ ή εάν επιμένω σε προηγούμενες δηλώσεις μου περί προϋποθέσεων για τη συνέχιση της θητείας μου στην ΕΕΤΤ και βλέποντας ότι μεγάλες και σημαντικές αποφάσεις και έργα που θα είχαν τρομερές επιπτώσεις στο μέλλον των Η.Ε. στη χώρα μας δεν είχαν ακόμα δρομολογηθεί (όπως π.χ., ο Λειτουργικός Διαχωρισμός του ΟΤΕ και το εθνικό δίκτυο οπτικών ινών FTTH) και λαμβάνοντας υπόψη (α) τις νέες αρμοδιότητες που δόθηκαν στην ΕΕΤΤ από την Πολιτεία σχετικά με τα ραδιοτηλεοπτικά θέματα, (β) τους στρατηγικούς στόχους της ομαλής μετάβασης στην ψηφιακή τηλεόραση και της καλύτερης αξιοποίησης του ψηφιακού μερίσματος, (γ) της για πρώτη φορά διαμόρφωσης ενός κατάλληλου ρυθμιστικού πλαισίου για την προώθηση της σύγκλισης των τηλεπικοινωνιών με τα Μέσα Μαζικής Ενημέρωσης και (δ) τις νέες ενισχυμένες αρμοδιότητες που προβλεπόταν να παράσχει η Ευρωπαϊκή Επιτροπή στην ΕΕΤΤ με το σχεδιαζόμενο νέο Κανονιστικό της Πλαίσιο για τις Η.Ε., απάντησα με χιούμορ ότι ***«για μένα η ΕΕΤΤ είναι έρωτας»***[477], για να συμπληρώσω όμως ταυτόχρονα με νόημα ότι *«όμως όπως σε κάθε μεγάλο έρωτα, υπάρχουν στιγμές που αντικρίζεις το δίλλημα αν θα πρέπει να την παρατήσεις - όπως το επιθυμεί και το συγγενικό της περιβάλλον - ή να της δώσεις μια δεύτερη ευκαιρία».*

ΤΕΛΙΚΟ ΣΥΜΠΕΡΑΣΜΑ

Σε όποιον τομέα η ΕΕΤΤ είχε τον πλήρη έλεγχο, την αρμοδιότητα και τα κατάλληλα εργαλεία (όπως, π.χ., στον τομέα της συνεγκατάστασης και αποδεσμοποίησης του τοπικού βρόχου LLU), προχωρήσαμε σε σημαντικές παρεμβάσεις και τομές που επέφεραν θεαματικά αποτελέσματα. Αλλά και σε τομείς όπου η ΕΕΤΤ δεν είχε κανέναν έλεγχο ή είχε περιορισμένες ή καθόλου αρμοδιότητες, αναλάβαμε πρωτοβουλίες και πιστεύουμε ότι με τις παρεμβάσεις μας και τις προτάσεις μας συμβάλαμε και εμείς στην επίτευξη θετικών αποτελεσμάτων. Ήταν επίσης ευτυχές γεγονός ότι η Κυβέρνηση δεν μπλέχτηκε στα πόδια μας, δεν προσπάθησε να μας επηρεάσει και μας άφησε ήσυχους να κάνουμε τη δουλειά μας.

Εάν το όραμα μου για την τετραετή μου θητεία 2005-2009 ήταν *«η θεμελίωση και ανάπτυξη της Ευρυζωνικότητας»* ανοίγοντας τα Α/Κ του ΟΤΕ στον ανταγωνισμό και απελευθερώνοντας τον τοπικό βρόχο (LLU), το όραμά μου για την επόμενη τετραετία 2009-2013 ήταν η προώθηση *«των δικτυακών υποδομών για το νέο συγκλίνον ψηφιακό περιβάλλον τηλεπικοινωνιών και ΜΜΕ»,* αφενός των Σταθερών Δικτύων (για ευρυζωνικά δίκτυα πρόσβασης οπτικών ινών FTTH μέχρι το σπίτι και για δίκτυα επίγειας ψηφιακής τηλεόρασης), αφετέρου των Ασύρματων Δικτύων (για δίκτυα κινητής Ευρυζωνικότητας, πολυμεσικότητας, mobile TV, κ.α.), που θα ενθάρρυναν τον ανταγωνισμό τόσο στις υποδομές όσο και στις υπηρεσίες.

Με τη μη ανανέωση της θητείας μου, από τη μια μεριά βέβαια ένοιωσα μια κάποια ανακούφιση, από την άλλη όμως, στενοχωρήθηκα διότι ναι μεν προσπάθησα πολύ και κατά την προσωπική μου άποψη φέραμε σε πέρας ένα σημαντικό έργο, πιστεύω όμως ότι θα μπορούσα να το ενισχύσω ακόμα περισσότερο εάν μου δινόταν η ευκαιρία μιας ακόμα τετραετίας. Δεν έχω όμως κανένα παράπονο, γιατί, μολονότι δεν το είχα στο πρόγραμμα, πέρασα μια 4ετία παραγωγικότατη, ευχάριστη (παρόλα τα προβλήματα, τις συγκρούσεις και τις απογοητεύσεις) και αντιμετωπίζοντας – πιστεύω επιτυχώς - τις μεγάλες προκλήσεις της εποχής.

Αισθάνομαι τυχερός που μου δόθηκε η ευκαιρία να συμμετάσχω ενεργά (και να συμβάλω κατά τι) εκείνη την εξαιρετικά ενδιαφέρουσα τετραετία που έφερε την Ευρυζωνικότητα στην Ελλάδα.

Επικοινωνίες...
εν τάχει
ΕΕΤΤ
Επίτευγμα Τετραετίας 2005-2009:
Ευρυζωνικότητα μέσω ΑΠΤΒ
Στόχος Τετραετίας 2009-2013:
Ψηφιακά Δίκτυα 21ου αιώνα

Κεφάλαιο 16: Επίλογος

«Η ουσιαστική ανάπτυξη της Ευρυζωνικότητας δεν προήλθε από την «καλή θέληση και προσπάθεια» του ΟΤΕ, όπως ο Πρόεδρος του διατυμπάνιζε. Εάν η ΕΕΤΤ δεν άνοιγε τα Κέντρα του ΟΤΕ στην «συνεγκατάσταση» εναλλακτικών παρόχων και δεν του επέβαλε την «αδεσμοποίητη πρόσβαση στον τοπικό του βρόχο», η κατάσταση των τηλεπικοινωνιών της χώρας θα ήταν σήμερα πολύ διαφορετική». (Δήλωση του Προέδρου της ΕΕΤΤ).

Κεφάλαιο 16: Επίλογος

Ως επίλογο, θα παρουσιάσω συνοπτικά (α) τη σημαντικότατη πρόοδο που επετεύχθησαν στη χώρα μας την τετραετία 2005-2009 στις Ηλεκτρονικές Επικοινωνίες, στην Ευρυζωνικότητα, στην απελευθέρωση συχνοτήτων και διαχείριση του ραδιοφάσματος, (β) τα θέματα στα οποία ελπίζαμε να τα είχαμε καταφέρει καλύτερα και (γ) μερικές από τις τότε προκλήσεις του κλάδου για την επόμενη τετραετία 2009-2013. Επίσης θα αναφερθώ στα θετικά σχόλια αναγνώρισης του σημαντικού έργου που επιτέλεσε η ΕΕΤΤ στην τετραετία, τόσο από την Ευρωπαϊκή Επιτροπή και άλλους διεθνείς οργανισμούς, όσο και από την ελληνική αγορά τηλεπικοινωνιών. Και θα κλείσω με μια σύνοψη του τι έγινε στην αγορά των Η.Ε. στα χρόνια μετά το 2009, πού βρισκόμαστε σήμερα το 2015 και ποιά είναι τα τελικά μου συμπεράσματα για τον κλάδο των Ηλεκτρονικών Επικοινωνιών της χώρας.

ΠΡΟΟΔΟΙ ΣΤΗΝ ΤΕΤΡΑΕΤΙΑ 2005-2009

Στην τετραετία 2005-2009 καταφέραμε να ξεφύγουμε από την αργή τεχνολογία dial-up του ISDN και να περάσουμε στην ταχύτερη ευρυζωνική τεχνολογία xDSL με τους εναλλακτικούς παρόχους να προσφέρουν τον δικό τους τοπικό βρόχο. Στο διάστημα αυτό, «*η αγορά των Ηλεκτρονικών Επικοινωνιών στην Ελλάδα υπήρξε μια από τις ταχύτερα αναπτυσσόμενες στην Ευρωπαϊκή Ένωση*»*[478]*.

Από την πρώτη στιγμή, οι ενέργειες και πιέσεις μας προς τον ΟΤΕ επέφεραν θεαματικά αποτελέσματα. Σε λιγότερο από ένα έτος - και συγκεκριμένα το δεύτερο τρίμηνο του 2006 – «*η Ελλάδα ήταν η πιο γρήγορα αναπτυσσόμενη χώρα στον κόσμο όσον αφορά στις ευρυζωνικές συνδέσεις*», σύμφωνα με τα επίσημα στοιχεία της τριμηνιαίας έκθεσης Global Broadband Statistics της διεθνούς εταιρείας ερευνών Point Topic*[479]*. Για μας αυτό ήταν μια «*μικρή νίκη*» από τις πολλές που χρειαζόταν η χώρα για την εξάπλωση του ευρυζωνικού Διαδικτύου. Μέσα στο πρώτο εννεάμηνο του 2006, οι τοπικοί βρόχοι των εναλλακτικών παρόχων παρουσίασαν αύξηση 95%, ενώ φυσική συνεγκατάσταση είχε υλοποιηθεί σε 24 αστικά κέντρα του ΟΤΕ (έναντι του ενός μόνον τα χρόνια προ του 2005).

α) Πρόοδος στον τομέα των Η.Ε.

1) Ενίσχυση του υγιούς ανταγωνισμού μέσω εντατικών ρυθμιστικών και εποπτικών παρεμβάσεων, που επέφεραν τα εξής απτά αποτελέσματα για τον πολίτη-καταναλωτή: αύξηση των επιλογών του για τηλεπικοινωνιακό πάροχο και νέες υπηρεσίες, μείωση των τιμών ευρυζωνικών υπηρεσιών, μεγάλη αύξηση των ταχυτήτων πρόσβασης και αύξηση της ευρυζωνικής διείσδυσης. (Ποσοτικοποιημένα στοιχεία δίνω πιο κάτω).
2) Θεμελίωση και ανάπτυξη της Ευρυζωνικότητας.
3) Ταχύτατη ολοκλήρωση της «ανάλυσης αγορών» και άμεση εκπόνηση του συνόλου της δευτερογενούς νομοθεσίας που ήταν απαραίτητα για την πλήρη εφαρμογή του νέου ευρωπαϊκού κανονιστικού πλαισίου τηλεπικοινωνιών.
4) Μείωση των τιμών της κινητής τηλεφωνίας: με το glide path που επέβαλε η ΕΕΤΤ για το διάστημα 2008 μέχρι 2015, ενώ «από το 2012 ήταν χαμηλότερη από εκείνη του μέσου όρου της Ευρώπης»[480].
5) Αμεσότερη επαφή με τον καταναλωτή και καλύτερη εξυπηρέτησή του, μέσω της θέσπισης κανόνων και κωδίκων δεοντολογίας καθώς και της υλοποίησης διαδραστικών εργαλείων για την ενημέρωσή του.

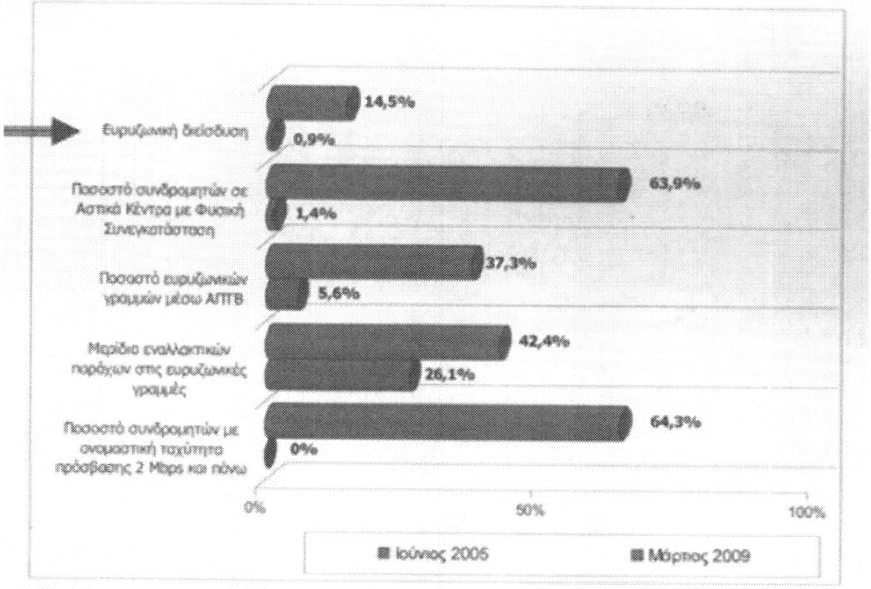

Σχ. 16.1: Ανάπτυξη της αγοράς των Η.Ε. (μια από τις ταχύτερα αναπτυσσόμενες στην Ευρωπαϊκή Ένωση)

β) Πρόοδος στην Ευρυζωνικότητα

Στην τετραετία 2005-2009 πετύχαμε τη *θεμελίωση και θεαματική ανάπτυξη της Ευρυζωνικότητας*, ως απόρροια της απελευθέρωσης του τοπικού βρόχου (LLU) που επέτρεψε την προώθηση νέων πακέτων με ανταγωνιστικές τιμές και υψηλές ταχύτητες.

Στο Κεφάλαιο 1 της Εισαγωγής παρουσίασα στο Σχ. 1.1 πίνακα με την συνοπτική εικόνα της προόδου στην Ευρυζωνικότητα, ενώ στο Κεφάλαιο 6 παρουσίασα τις λεπτομέρειες αυτής της εξέλιξής της μέσα από διαγράμματα με περισσότερα στοιχεία. Η πρόοδος στην τετραετία συνοψίζεται με ποσοτικοποιημένα στοιχεία ως ακολούθως:

1) Αύξηση της ευρυζωνικής διείσδυσης: από το 0,9% στο 17+%.
2) Αύξηση του αριθμού των τοπικών βρόχων εναλλακτικών παρόχων από 5.200 σε 830.000 βρόχους.

3) Αύξηση Αστικών Κέντρων με συνεγκατάσταση εναλλακτικών παρόχων από το 1 σε 165 Κέντρα.
4) Αύξηση του μεριδίου των εναλλακτικών παρόχων στις ευρυζωνικές συνδέσεις από το 24,6% στο 42%.
5) Κατακόρυφη αύξηση των ταχυτήτων πρόσβασης από τα 384 Kbps στα έως 24 Mbps.
6) Μείωση των τιμών των ευρυζωνικών συνδέσεων κατά 80% σε τέσσερα χρόνια, από 106 ευρώ/μήνα στα τέλη του 2005 στα 23 ευρώ/μήνα στο τέλος του 2009[481]*. Το 2009 «η Ελλάδα αναδείχθηκε η φθηνότερη χώρα στις χρεώσεις ευρυζωνικών συνδέσεων στις χώρες του ΟΟΣΑ»*[482]*, ενώ σύμφωνα με την ΕΕΚΤ (Ένωση Εταιρειών Κινητής Τηλεφωνίας) «στην κινητή τηλεφωνία η μέση χρέωση ανά λεπτό υποχώρησε κατά 67%»,*
7) Ανάδειξη της ελληνικής αγοράς Η.Ε. το μεν 2006 ως της πιο γρήγορα αναπτυσσόμενης στον κόσμο, το δε 2008 ως μια από τις ταχύτερα αναπτυσσόμενες στην Ε.Ε. στις ευρυζωνικές συνδέσεις.
8) Οι ευρυζωνικές συνδέσεις που εγκαταστάθηκαν στην Ελλάδα, επέτρεψαν στην εταιρεία Netflix να εκπέμψει το 2015 και στη χώρα μας το διεθνές τηλεοπτικό της πρόγραμμα μέσω Διαδικτύου (και θα ακολουθήσουν και άλλες). Πιστεύω ότι το τηλεοπτικό μας μέλλον ανήκει στη διαδικτυακή (συνδρομητική) τηλεόραση.

γ) Αποτελέσματα στον τομέα του Φάσματος Ραδιοσυχνοτήτων

1) Απελευθέρωση του Wi-Fi, δηλαδή των συχνοτήτων στα 2,6 GHz, που επέτρεψε την ελεύθερη (χωρίς άδεια) κατασκευή δικτύων Wi-Fi και hotspots πρόσβασης στο Διαδίκτυο.
2) Έκδοση του συνόλου των κανονισμών και των εισηγήσεων προς το ΥΜΕ για τη διαχείριση του φάσματος ραδιοσυχνοτήτων.
3) Χορήγηση του Δικαιώματος Χρήσης Ραδιοσυχνοτήτων για Υπηρεσίες Σταθερής Ασύρματης Πρόσβασης στη ζώνη των 3,5 GHz.
4) Δημιουργία δευτερογενούς αγοράς φάσματος ραδιοσυχνοτήτων (από τις πρώτες χώρες στην Ε.Ε.).
5) Εκχώρηση – τροποποίηση περίπου 7.500 δικαιωμάτων χρήσης ραδιοσυχνοτήτων που εξυπηρετούν σταθερά, κινητά και δορυφορικά δίκτυα ραδιοεπικοινωνιών και έκδοση 517 αδειών κατασκευής κεραιών.
6) Εντατικοποίηση της εποπτείας του φάσματος ραδιοσυχνοτήτων μέσω της αντιμετώπισης 8.500 καταγγελιών για παρεμβολές, της πραγματοποίησης 1.053 αυτοψιών σε κεραίες κινητής τηλεφωνίας

σε όλη την επικράτεια, της κατάσχεσης εξοπλισμού εκπομπής 303 ραδιοτηλεοπτικών σταθμών, της απομάκρυνσης παράνομα εγκατεστημένων κοντέϊνερς στο κέντρο εκπομπής Υμηττού και τέλος, της συνολικής καταγραφής των ραδιοτηλεοπτικών εκπομπών από το κέντρο εκπομπής Χορτιάτη, Θεσσαλονίκης.
(7) Εκπόνηση κανονισμών και κατάθεση προτάσεων για την ομαλή μετάβαση στη ψηφιακή τηλεοπτική ευρυεκπομπή και την ενθάρρυνση του ανταγωνισμού στο νέο περιβάλλον.
(8) Μελέτη και εισήγηση για την καλύτερη αξιοποίηση του ψηφιακού μερίσματος.

ΤΙ ΔΕΝ ΚΑΤΑΦΕΡΑΜΕ & ΜΕΛΛΟΝΤΙΚΕΣ ΠΡΟΚΛΗΣΕΙΣ

α) Τι δεν καταφέραμε

Παρ' όλες αυτές τις προόδους, υπάρχουν ακόμα μερικά θέματα θα οποία θεωρώ ότι έμειναν ανολοκλήρωτα. Μερικά απ' αυτά ήταν τα ακόλουθα:

1) Να πείσουμε την Κυβέρνηση, ότι επειδή η Ευρυζωνικότητα αποτελεί βασικό κοινωνικό αγαθό και μεγάλης σημασίας μοχλό ανάπτυξης της οικονομίας και της κοινωνίας, θα έπρεπε να ασπαστεί ένα όραμα ανάπτυξης που θα συναρπάσει την κοινωνία, δίνοντας του ταυτόχρονα την δέουσα προτεραιοποίηση και τον κατάλληλο συντονισμό σε ανώτατο επίπεδο. Τα βήματα της Κυβέρνησης ήταν πολύ δειλά.
2) Να ενημερώσουμε – εκπαιδεύσουμε Δικαστικούς και Βουλευτές για τα θέματα των ΤΠΕ (Τεχνολογίες Πληροφορικής και Επικοινωνιών) και ρύθμισής τους.
3) Να εγκαθιδρύσουμε καλύτερη και πιο επαγγελματική συνεργασία μεταξύ του ΟΤΕ (του «προμηθευτή») και των εναλλακτικών παρόχων (των «πελατών» του).
4) Να θεμελιώσουμε μια πιο ομαλή συνεργασία μεταξύ του Ρυθμιστή και ρυθμιζόμενου και να βελτιωθεί η στάση του ΟΤΕ προς την ΕΕΤΤ.
5) Να ενημερώσουμε καλύτερα την κοινωνία για τα οφέλη από την πύκνωση των δικτύων κεραιών.
6) Να πείσουμε την Κυβέρνηση ότι έπρεπε από τότε (το 2008):

(α) να ασχοληθεί σοβαρά με το ψηφιακό μέρισμα και τη μεθοδευμένη μετάβαση στη ψηφιακή τηλεόραση,
(β) να ψηφίσει τα δικαιώματα και τα τέλη διέλευσης που είχαμε ετοιμάσει,
(γ) να ρυθμίσει το θέμα αδειοδότησης των κεραιών και ορισμού των πάρκων κεραιών,
(δ) να μας επιτρέψει να ιδρύσουμε περιφερειακά κέντρα εποπτείας φάσματος σε 2-3 επιπρόσθετες πόλεις της Περιφέρειας και
(ε) να δημιουργήσει τις προϋποθέσεις ανάπτυξης ενός υγιούς ανταγωνισμού στην ψηφιακή τηλεόραση.

7) Μολονότι η Κυβέρνηση ασπάστηκε την πρότασή μας και ανακοίνωσε την υλοποίηση του εθνικού δικτύου FTTH, για τους λόγους που ανέφερα στο Κεφάλαιο 9, δεν επιτάχυνε τον ρυθμό της ώστε να προβεί στην έναρξη του έργου.

β) Προκλήσεις της επόμενης τετραετίας 2009-2013

Μερικές από τις προκλήσεις για την επόμενη τετραετία 2009-2013 που είχαμε συμπεριλάβει στην στρατηγική της ΕΕΤΤ ήταν οι ακόλουθες:

1) Να καλύψουμε το «ψηφιακό χάσμα» με τις πιο προηγμένες ευρωπαϊκές χώρες.
2) Η ΕΕΤΤ να συμβάλει ενεργά στην:
(α) ανάπτυξη δικτύων πρόσβασης επόμενης γενιάς (NGA),
(β) κατασκευή του «εθνικού δικτύου οπτικών ινών μέχρι το σπίτι» (FTTH),
(γ) γεφύρωση του εσωτερικού ψηφιακού χάσματος και
(δ) μετάβαση στη ψηφιακή TV και αξιοποίηση του ψηφιακού μερίσματος.
3) Να ενισχυθεί η κινητή Ευρυζωνικότητα μέσω:
(α) συνεγκατάστασης κεραιών ή/και διαμοιρασμού δικτύων,
(β) refarming του φάσματος για 3G, WiMax, LTE, κλπ. και,
(γ) διάθεσης του ψηφιακού μερίσματος στις τηλεπικοινωνιακές εταιρείες.
4) Να καταστρωθεί σφαιρική στρατηγική για το σύνολο του φάσματος ραδιοσυχνοτήτων.
5) Να ολοκληρωθεί η επέκταση εποπτείας φάσματος με σταθμούς στην Περιφέρεια.

ΠΟΙΟΙ ΣΥΝΕΒΑΛΑΝ ΣΤΗΝ ΠΡΟΟΔΟ

Πολλοί ήταν αυτοί που εκείνη την περίοδο *συνέβαλαν με τον δικό τους τρόπο στην ανάπτυξη της Ευρυζωνικότητας* στη χώρα μας:

1) οι τηλεπικοινωνιακοί πάροχοι (άλλοι απειλούμενοι και πιεζόμενοι από την ΕΕΤΤ και άλλοι παρασυρμένοι, άλλοι με μεγαλύτερη και άλλοι με μικρότερη όρεξη και ενθουσιασμό) με τις επενδύσεις που έκαναν σε δικτυακές υποδομές,
2) η Κυβέρνηση με την – μετά από μεγάλη καθυστέρηση και αφού απειλήθηκε από την Ευρωπαϊκή Επιτροπή ότι θα επιβληθεί πρόστιμο στην Ελλάδα[483] *- ψήφιση του νέου τηλεπικοινωνιακού νόμου το 2006 και ο ίδιος ο Πρωθυπουργός κ. Κ. Καραμανλής με το ενδιαφέρον που είχε δείξει ανακηρύσσοντας το 2007 ως «Έτος Ευρυζωνικότητας»*[484],[485]*, την ανακοίνωσή*[486] *του για την κατασκευή του εθνικού δικτύου FTTH, τις συχνές του παρουσίες με ομιλίες στα διεθνή συνέδρια της ΕΕΤΤ και τέλος, διότι μας άφησαν ελεύθερους να κάνουμε τη δουλειά μας χωρίς παρεμβάσεις,*
3) τα διάφορα κυβερνητικά προγράμματα[487] *που χρηματοδοτούσε η ΚτΠ*[488]*, όπως πρόσβαση της Περιφέρειας, δορυφορικές ευρυζωνικές συνδέσεις σχολείων, μητροπολιτικά δίκτυα οπτικών ινών σε 75 δήμους, προγράμματα που συνέβαλαν στην διείσδυση νέων τεχνολογιών στο δημόσιο*[489]*, κλπ, που αναφέρω στο Κεφάλαιο 13. (Δεν γνωρίζω όμως την τελική κατάληξη τους και το βαθμό αξιοποίησης τους).*
4) η Ευρωπαϊκή Επιτροπή με την ενθάρρυνση και τις συνεχείς της παροτρύνσεις, οι κοινωνικοί εταίροι, οι διάφορες ενώσεις χρηστών Διαδικτύου, κλπ. και τέλος,
5) η ΕΕΤΤ που έπαιξε καταλυτικό ρόλο καθώς με τις κανονιστικές της αποφάσεις επέφερε την ουσιαστική απελευθέρωση του κλάδου των τηλεπικοινωνιών και δημιούργησε ένα πρωτόγνωρο περιβάλλον ανταγωνισμού στην αγορά. Η επιβολή της ΑΠΤΒ στον ΟΤΕ μείωσε τις εξαρτήσεις των εναλλακτικών παρόχων απ' αυτόν και τους επέτρεψε να προχωρήσουν σε σημαντικές επενδύσεις και σε προσφορά νέων ευρυζωνικών ταχυτήτων και υπηρεσιών, που επέφεραν εντυπωσιακή πρόοδο στην αγορά των Η.Ε. Το αποτέλεσμα μεταφράστηκε σε σημαντικά οφέλη για τον πολίτη-καταναλωτή, όπως η δυνατότητα επιλογής παρόχου για πρόσβαση στο Διαδίκτυο (δυνατότητα που δεν υπήρχε μέχρι τότε), καινοτόμα προϊόντα, χαμηλότερες τιμές, υψηλότερες ταχύτητες, κλπ. Ταυτόχρονα, το καταναλωτικό κοινό εξοικειώθηκε με την Ευρυζωνικότητα, η ζήτηση της οποίας

δημιούργησε την ανάγκη υπερπολλαπλασιασμού των ευρυζωνικών συνδέσεων τοπικού βρόχου.

Εάν η ΕΕΤΤ δεν άνοιγε τα Α/Κ του ΟΤΕ στη «συνεγκατάσταση» των εναλλακτικών παρόχων και δεν «αποδεσμοποιούσε» τον τοπικό βρόχο, σήμερα θα βρισκόμασταν ακόμα στην εποχή της μεταπώλησης από τους εναλλακτικούς παρόχους του ADSL του ΟΤΕ, με τις χαμηλές του ταχύτητες.

ΑΝΑΓΝΩΡΙΣΗ ΤΟΥ ΕΡΓΟΥ ΤΗΣ ΕΕΤΤ

α) Η έξωθεν καλή μαρτυρία για το έργο της ΕΕΤΤ

Η αποτελεσματικότητα της ΕΕΤΤ και ο σημαντικός ρόλος που είχε διαδραματίσει στο άνοιγμα της ελληνικής αγοράς Ηλεκτρονικών Επικοινωνιών, στην εγκαθίδρυση υγιούς ανταγωνισμού και στη σημαντική ανάπτυξη της Ευρυζωνικότητας, αποτυπώνονται πλήρως στις ετήσιες Εκθέσεις της Ευρωπαϊκής Επιτροπής για την αγορά των Η.Ε. στις χώρες της Ευρώπης *[490]* και στις δημοσιεύσεις άλλων διεθνών οργανισμών.

2006

Για το πρώτο μας έτος 2006, η 12η Έκθεση «*αναγνωρίζει και χαιρετίζει τις σημαντικές προσπάθειες της ΕΕΤΤ για κάλυψη των καθυστερήσεων (από την Πολιτεία) στην προσαρμογή του Ευρωπαϊκού Κανονιστικού Πλαισίου, χάρη στις οποίες κατόρθωσε να ολοκληρώσει την ανάλυση 16 από τις 18 επί μέρους αγορές Ηλεκτρονικών Επικοινωνιών, παρά τα γεγονός ότι οι σχετικές αρμοδιότητες της ανατέθηκαν μόλις το Φεβρουάριο 2006*». Επίσης, η Point Topic ανέφερε ότι στο πρώτο έτος της θητείας μας *η Ελλάδα ήταν η πιο γρήγορα αναπτυσσόμενη χώρα στον κόσμο όσον αφορά στις ευρυζωνικές συνδέσεις.*

2007

Η 13η Έκθεση «επικροτεί και *χαρακτηρίζει ως επιτυχημένο το έργο της ΕΕΤΤ για την εφαρμογή του νέου Νόμου, την υιοθέτηση των προβλεπόμενων Κανονισμών και ρυθμιστικών μέτρων (που εμπίπτουν στις αρμοδιότητες της ΕΕΤΤ), την έντονη ενεργοποίηση της ΕΕΤΤ όσον αφορά σε καταγγελίες καταναλωτών, αλλά και τις πρωτοβουλίες της ΕΕΤΤ που συνέβαλαν στη ραγδαία ανάπτυξη της Ευρυζωνικότητας αλλά και εν γένει της ελληνικής αγοράς ηλεκτρονικών επικοινωνιών.*

Επίσης υπάρχει και αναγνώριση στο εσωτερικό της χώρας με διάφορα άρθρα και δημοσιεύματα, όπως π.χ., του κ. Γ. Γεωργατζή που αναφέρει ότι «η αλήθεια είναι ότι η ρύθμιση – *τουλάχιστον όπως λειτουργεί την τελευταία διετία – έχει πάει αρκετά βήματα μπροστά την Αγορά»[491]*.

2008

Εξίσου θετική είναι και η επόμενη 14η Έκθεση, η οποία επικροτεί το έργο της ΕΕΤΤ και το χαρακτηρίζει ως επιτυχημένο. Επίσης αναδεικνύει τα αποτελέσματα των προσπαθειών που κατέβαλε για τη διασφάλιση του υγιούς ανταγωνισμού, την προστασία του καταναλωτή και την προώθηση της Ευρυζωνικότητας. Συγκεκριμένα:

1) Χαρακτηρίζεται ως «επιτυχημένο το έργο της ΕΕΤΤ και ο τρόπος με τον οποίο αυτή αντιμετωπίζει τα όποια προβλήματα της αγοράς, ακόμη και αν οι πρακτικές της προκαλούν την κριτική των παρόχων».
2) Επισημαίνεται ότι η ΕΕΤΤ, «με την υψηλή έμφαση που έδωσε στην ανάπτυξη της ευρυζωνικής αγοράς και με τις παρεμβάσεις της για τη διασφάλιση του υγιούς ανταγωνισμού και την προστασία του καταναλωτή, συνέβαλε σημαντικά στο να καταστεί η ελληνική αγορά μια από τις ταχύτερα αναπτυσσόμενες στην Ε.Ε.»
3) Σύμφωνα με την Έκθεση, γίνεται ιδιαίτερη μνεία στην «εντυπωσιακή αύξηση των ευρυζωνικών γραμμών (>500%) κατά την τριετία από την ψήφιση του τηλεπικοινωνιακού νόμου το 2006, η οποία καταδεικνύει το σημαντικό ρόλο που μπορεί να επιτελέσει ο Εθνικός Ρυθμιστής».
4) Η Έκθεση κάνει ιδιαίτερη μνεία στο χαρακτηρισμό του 2008 ως έτους «Ποιοτικής Ευρυζωνικότητας» και στις «πρωτοβουλίες της ΕΕΤΤ για διαφάνεια στην πληροφόρηση των καταναλωτών, με δράσεις όπως ο Κώδικας Δεοντολογίας».

5) Με θετικά σχόλια αναφέρεται και στην «πρωτοποριακή για την Ευρώπη δημιουργία από την ΕΕΤΤ Κανονισμών Φάσματος Ραδιοσυχνοτήτων», οι οποίοι επιτρέπουν τη μεταπώλησή του, παρέχοντας έτσι μια σημαντική ευελιξία στους παρόχους που δραστηριοποιούνται στον τομέα των ασύρματων ή κινητών επικοινωνιών».
6) Τέλος, γίνεται αναφορά στις πρωτοβουλίες της ΕΕΤΤ να συμβάλλει στην «ενημέρωση και ευαισθητοποίηση του κοινού σχετικά με την Ευρυζωνικότητα».

Έγραφε σχετικά (από την έκθεση της Ε. Επιτροπής για το 2008) ο κ. Β. Μανδραβέλης ότι *«όσο επικριτική είναι όμως η Κομισιόν με την κυβέρνηση, άλλο τόσο εκθειάζει το έργο της ΕΕΤΤ».* Εν γένει, *«η ΕΕΤΤ κατάφερε επιτυχημένα να αντεπεξέλθει στα καθήκοντα της και στη διαχείριση των προβλημάτων της αγοράς», ενώ της καταλογίζει ως «δικό της έργο την αύξηση της ευρυζωνικών συνδέσεων στην Ελλάδα και την επέκταση του ανταγωνισμού στη συγκεκριμένη αγορά»[492].*

2009

Η 15η Έκθεση (για το τέταρτο και τελευταίο έτος) επικροτεί το έργο της ΕΕΤΤ, το οποίο χαρακτηρίζει για μία ακόμη χρονιά ως επιτυχημένο και με εμφανείς θετικές επιδράσεις σε όλους τους τομείς της αγοράς.

Σύμφωνα με την Έκθεση, «*η ΕΕΤΤ συνέβαλε με το έργο της στη συνεχιζόμενη αναπτυξιακή πορεία της ευρυζωνικής αγοράς. Η αύξηση αυτή της ευρυζωνικής διείσδυσης το προηγούμενο έτος είναι η τρίτη υψηλότερη μεταξύ των χωρών της Ε.Ε., σηματοδοτώντας τη συνεχιζόμενη σύγκλιση της Ελλάδας με την υπόλοιπη Ευρώπη. Οι γραμμές Αδεσμοποίητης Πρόσβασης στον Τοπικό Βρόχο (ΑΠΤΒ) συνεχίζουν να αποτελούν κύριο όχημα ανάπτυξης της Ευρυζωνικότητας*».

Σε θέματα προστασίας καταναλωτή, η Έκθεση δίνει ιδιαίτερο βάρος στη μείωση των καταγγελιών. Ως παράγοντες που συνέτειναν στη θετική αυτή εξέλιξη καταγράφονται οι πρωτοβουλίες της ΕΕΤΤ για τη *«δημοσίευση Κωδίκων Δεοντολογίας, η προσπάθεια των παρόχων να βελτιώσουν τις υπηρεσίες τους και τις πρακτικές τους προς τους καταναλωτές, αλλά και η επιβολή κυρώσεων από την ΕΕΤΤ σε περιπτώσεις παραβιάσεων της νομοθεσίας».*

Άλλη μία έκθεση για το 2009, της ECTA (European Competitive Telecommunications Association), αξιολογεί τις διάφορες Ρυθμιστικές Αρχές της Ε.Ε. και αναφέρει ότι η χώρα μας *έχει θετική συνολική πορεία από το 2005 μέχρι σήμερα* και ότι *«στην εφαρμογή του κανονιστικού πλαισίου από τον ρυθμιστή υπήρξε μεγάλη βελτίωση που κατατάσσει την ΕΕΤΤ 9η μεταξύ 22 ρυθμιστών των χωρών της ΕΕ»* (δηλαδή ανέβηκε 5 θέσεις μέσα στο 2009) ξεπερνώντας χώρες όπως η Φινλανδία, η Νορβηγία, η Αυστρία και η Γερμανία (!), ενώ το 2008 η ΕΕΤΤ ήταν μόλις 14η μεταξύ 20 ρυθμιστών της ΕΕ.

Όπως προανέφερα, *το 2009 επίσης η Ελλάδα αναδείχθηκε η φθηνότερη χώρα στις χρεώσεις ευρυζωνικών συνδέσεων στις χώρες του ΟΟΣΑ.*

Θεωρώ ότι η θέση της Ελλάδας θα ήταν ακόμα υψηλότερη αν η Πολιτεία έκανε καλύτερα το έργο της, υλοποιώντας διάφορες προτάσεις που της υπέβαλε η ΕΕΤΤ (όπως πχ. την υπογραφή της προταθείσας ΚΥΑ για τα δικαιώματα διέλευσης που εκκρεμεί από τον Ιούνιο του 2007(!), την ταχύτερη μετάβαση στην ψηφιακή τηλεόραση, την καλύτερη αξιοποίηση του ψηφιακού μερίσματος, την απλοποίηση και επιτάχυνση της διαδικασίας αδειοδότησης και εγκατάστασης κεραιών ασύρματης επικοινωνίας, κ.α.)

Ο τότε επικεφαλής της Γενικής Διεύθυνσης της Ε.Ε. για την «Κοινωνία της Πληροφορίας και τα ΜΜΕ» κ. Fabio Colosanti, ερωτηθείς σε συνέντευξή του στο περιοδικό Infocom τον Αύγουστο του 2009 για το πώς αξιολογεί το έργο της ΕΕΤΤ απάντησε ότι *«η ΕΕΤΤ είναι μια από τις «επαγγελματικές» ρυθμιστικές αρχές της Ευρώπης»*[493].

β) Βράβευση της ΕΕΤΤ από την ελληνική αγορά

Στο τέλος, η ελληνική αγορά τηλεπικοινωνιών αναγνώρισε τις προσπάθειες που καταβάλαμε και το τεράστιο έργο που επιτελέσαμε και βράβευσε την ΕΕΤΤ το 2008, κατά το 10ο Διεθνές Συνέδριο

Τηλεπικοινωνιών Info-Com World, *«για τη συμβολή της στην ανάπτυξη της Ευρυζωνικότητας στην Ελλάδα»[494]*.

Στο τέλος της τετραετίας δε, οι εταιρείες του κλάδου παρέθεταν το 2009 τα παρακάτω στοιχεία για να υποστηρίξουν ότι *«η απελευθέρωση της αγοράς που επιτέλεσε η ΕΕΤΤ συνέβαλε τόσο στην αύξηση των επιλογών όσο και στη μείωση του κόστους των τηλεπικοινωνιακών προς όφελος του καταναλωτή»[495]* και επέφερε:

> *1) «την επιτάχυνση του ευρυζωνικού βηματισμού της χώρας που πραγματοποιήθηκε με την εισαγωγή από την ΕΕΤΤ της αποδεσμοποίησης του τοπικού βρόχου (ΑΠΤΒ-LLU) στο τέλος του 2006, οδηγώντας τη χώρα μας μέσα σε δύο μόλις χρόνια, από τις 488.000 (12/2006) στις 1.500.000 (12/2008) ευρυζωνικές συνδέσεις, εκ των οποίων το 36% (οι 700.000) παρέχονται αποκλειστικά από τα ιδιόκτητα τηλεπικοινωνιακά δίκτυα των εναλλακτικών παρόχων και*
> *2) την έκρηξη νέων υπηρεσιών που παρατηρήθηκε στο διάστημα αυτό και η οποία συνεχίζεται και σήμερα (το 2009), αλλά και τη μεγάλη πρόοδο στο θέμα των ταχυτήτων ευρυζωνικού Internet. Σήμερα το 93% των καταναλωτών που έχουν επιλέξει ευρυζωνικές συνδέσεις, αποκλειστικά μέσω των δικτύων των παρόχων, απολαμβάνουν ταχύτητες πάνω από 10 Mbps, οδηγώντας έτσι και τη μέση ταχύτητα πρόσβασης στη χώρα σε τριπλασιασμό τη διετία 2007-2008 (από 982 Kbps σε 2.850 Kbps)».*

ΕΚΤΟΤΕ (από το 2009 μέρι σήμερα το 2015)

Τον Απρίλιο του 2009 η 14η Έκθεση της Ευρωπαϊκής Επιτροπής συμπέραινε ότι με τους τότε ρυθμούς ανάπτυξης (υπενθυμίζω ότι η αύξηση της ευρυζωνικής διείσδυσης ήταν η τρίτη υψηλότερη στην Ε.Ε.) η Ελλάδα θα έφτανε τον μέσο ευρωπαϊκό όρο στην Ευρυζωνικότητα σε 6 χρόνια.

Παρά την σημαντικότατη πρόοδο που επετεύχθη στην τετραετία 2005-2009 και τις ευοίωνες προϋποθέσεις που δημιουργήσαμε για το μέλλον, εντούτοις από τότε και μετά, όχι μόνο δεν υπήρξε εξίσου σημαντική πρόοδος, αλλά αντίθετα θα λέγαμε ότι τα πράγματα παρέμειναν στάσιμα και σε πολλές περιπτώσεις υπήρξε και οπισθοδρόμηση στην πρόοδο, τη στιγμή μάλιστα που οι άλλες χώρες συνέχιζαν να προχωράνε μπροστά.

Δυστυχώς, στα επόμενα χρόνια και μέχρι σήμερα το 2015, δεν καταφέραμε να ξεφύγουμε από την τεχνολογία xDSL του ΟΤΕ και να περάσουμε στην επόμενη τεχνολογία του FTTH, γιατί το ανακοινωθέν από την Κυβέρνηση τον Μάιο 2009 εθνικό δίκτυο FTTH ματαιώθηκε, καθιστώντας πάλι τον ΟΤΕ (που τώρα πλέον έγινε DT) μονοπώλιο στην πρόσβαση στο Διαδίκτυο μέσω του δικού του χάλκινου δικτύου πρόσβασης τεχνολογίας VDSL στο οποίο θα συνεχίσει για πολύ καιρό ακόμα να βασίζεται η αγορά.

Επιπλέον, οι τηλεπικοινωνίες και η Ευρυζωνικότητα παρουσιάζουν από τότε πτωτική πορεία στη χώρα μας. Πέντε χρόνια μετά το τέλος της θητείας μας, η ευρυζωνική διείσδυση είχε φτάσει στα μέσα του 2914 μόνο στο 27.4% (μεταξύ 2005 και 2009 είχε αυξηθεί από το 0,9% στο 17+%), ενώ οι τηλεπικοινωνιακοί πάροχοι είχαν μειωθεί στους 7. *Η κατανομή ευρυζωνικών γραμμών* ήταν το 2014: εναλλακτικοί = 56% και ΟΤΕ = 44%, των δε ταχυτήτων: το 66.4% πάνω από 10 Mbps και από τις υπόλοιπες τα 2/3 τους από 2 έως 10 Mbps*[496]*,*[497]*.

Από το 2008 μέχρι σήμερα, η ελληνική αγορά τηλεπικοινωνιών συνεχίζει να καταγράφει βουτιά στα έσοδα και τις επενδύσεις. Τα έσοδα από υπηρεσίες της κινητής τηλεφωνίας υποχώρησαν κατά 55% (από 4,3 δις, ευρώ στα 1,9 δις. ευρώ). Ανάλογη υποχώρηση παρατηρήθηκε και στη σταθερή τηλεφωνία (με μικρότερο όμως ρυθμό μείωσης)*[498]*. Το μέγεθος της ελληνικής τηλεπικοινωνιακής αγοράς το 2014 εκτιμάτο ότι είχε συρρικνωθεί περαιτέρω κατά 3% σε σχέση με το 2013. (Το 2013 το μέγεθος της αγοράς ανήλθε στα 5.4 δις. ευρώ έναντι 5,92 δις. ευρώ το 2012). Την ίδια ώρα, τον Απρίλιο 2014, η Ελλάδα υποχωρούσε στην 74η θέση στον τομέα Τεχνολογιών Πληροφορικής και Επικοινωνιών (ΤΠΕ), 10 θέσεις χαμηλότερα απ’ ότι το 2013. Και όπως σχολίαζε ο δημοσιογράφος κ. Β. Μανδραβέλης στην Καθημερινή, *«κάθε πέρσι και καλύτερα»[499]*. Εκτός από την οικονομική κρίση που εν τω μεταξύ μάς προέκυψε, καθοριστικό ρόλο έπαιξαν και (α) η δυσκινησία και αντιτεχνολογική νοοτροπία του Κράτους και των Δήμων (ακόμα και σήμερα υπάρχουν γύρω στις 4.500 κεραίες που δεν έχει αδειοδοτήσει το Κράτος, τα ψηφιακά κανάλια της τηλεόρασης λειτουργούν παράνομα χωρίς άδειες, δεν υπάρχει νόμος που να ορίζει τα δικαιώματα διέλευσης, κ.λπ.), (β) οι αυξημένοι φόροι (ειδικά στις εταιρείες κινητής τηλεφωνίας), (γ) η μείωση των χρεώσεων λόγω ανταγωνισμού και (δ) η γενικότερη αντιεπιχειρηματική νοοτροπία του Δημοσίου.

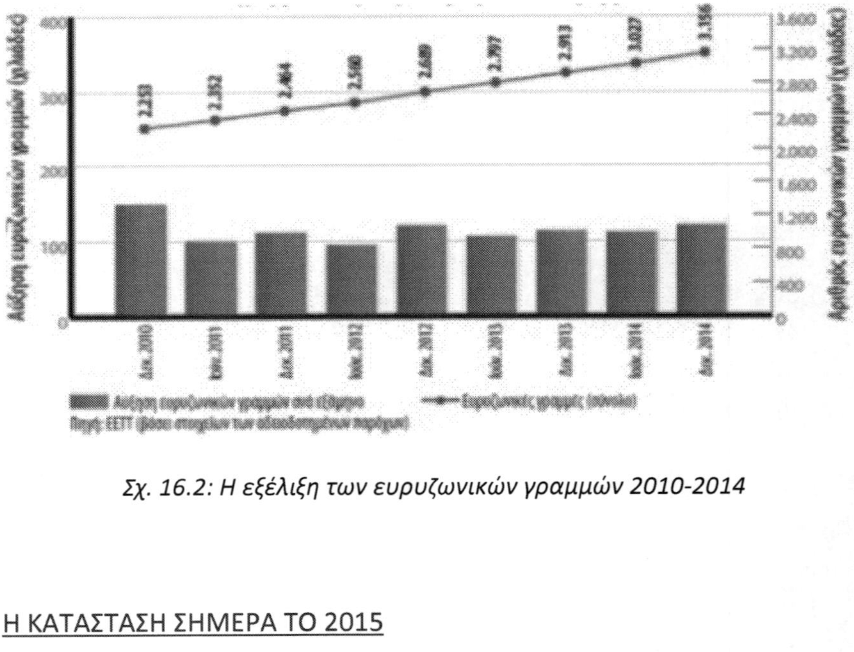

Σχ. 16.2: Η εξέλιξη των ευρυζωνικών γραμμών 2010-2014

<u>Η ΚΑΤΑΣΤΑΣΗ ΣΗΜΕΡΑ ΤΟ 2015</u>

Τι χαρακτηρίζει σήμερα την κατάσταση στην αγορά των Η.Ε. στη χώρα μας;

1) Η νέα ελληνική Κυβέρνηση ετοιμάζεται να μεταβιβάσει το τελευταίο ποσοστό μετοχών του ΟΤΕ κυριότητος Δημοσίου (10%). Σύμφωνα με την συμφωνία τους, η DT η οποία σήμερα συμμετέχει στο ΟΤΕ με ποσοστό 40%, έχει δικαίωμα πρώτης προτίμησης. Ταυτόχρονα θα καταργηθούν τα ειδικά δικαιώματα που θεσπίστηκαν βάσει της ρήτρας για τη διατήρηση της λεγόμενης «χρυσής μετοχής» από το Ελληνικό Δημόσιο, ζήτημα για το οποίο εκκρεμεί από το 2012 διαδικασία επί παραβάσει κατά της χώρας μας από την Ευρωπαϊκή Επιτροπή, η οποία θεωρεί ότι η «χρυσή μετοχή» αποτελεί παράβαση του κοινοτικού δικαίου[500].

2) Ο περιορισμός του ανταγωνισμού και πιθανότητα δημιουργίας ολιγοπωλίου θα έχουν άσχημα νέα για τον καταναλωτή:

(α) Η νέα μονοπωλιακή κατάσταση που δημιουργείται για την DT (ΟΤΕ) στη σταθερή πρόσβαση και η έλλειψη δικτύου οπτικών ινών μέχρι το σπίτι δεν θα παρακινήσουν επενδύσεις σε νέες υποδομές σταθερών επικοινωνιών.
(β) Ο ανταγωνισμός περιορίζεται σημαντικά καθώς μειώνεται και ο αριθμός των εταιρειών (βέβαια και οι πάνω των 25 του 2006 δεν ήταν τότε όλες εύρωστοι εναλλακτικοί πάροχοι). Η On Telecoms έπαψε να λειτουργεί και η Vodafone απέκτησε στις 5/6/2015 τον πλήρη έλεγχο της HOL (Hellas On Line) και έτσι παρέμειναν 5 εταιρείες (DT, Vodafone, Wind, Cyta, και Forthnet) να προσφέρουν σταθερή σύνδεση. Σύντομα θα καταλήξουν μάλλον στις 3 πρώτες, χωρίς οι δύο τελευταίες να έχουν στήσει το δικό τους ανταγωνιστικό δίκτυο πρόσβασης στο Διαδίκτυο (και δίχως να αποκλείει κανείς στο μέλλον τη συγχώνευση και δημιουργία ολιγοπωλίου με 2 μόνο τηλεπικοινωνιακές εταιρείες σταθερής σύνδεσης).

3) Το 44% των νοικοκυριών εκτιμάται ότι έχει πρόσβαση σε υπηρεσίες Διαδικτύου. Στην Ευρώπη το ποσοστό αυτό ανέρχεται σε 78% και έχει πλέον φτάσει τα όρια κορεσμού[501],[502].

4) Η Ευρυζωνικότητα μέσω VDSL είχε στις αρχές του 2015 ως εξής:

(α) οι γραμμές VDSL ανήλθαν σε 101.934 έναντι 48.878 τον Δεκέμβριο του 2013 (ετήσια αύξηση 108,5%),
(β) η διείσδυση του VDSL στον πληθυσμό παραμένει σε χαμηλά επίπεδα (0,92%),
(γ) το VDSL παραμένει χαμηλό επί του συνόλου των ευρυζωνικών γραμμών (3,23%),
(δ) το 89% των γραμμών VDSL ανήκει στον ΟΤΕ,

(ε) το 25,8% των γραμμών VDSL που παρέχουν οι εναλλακτικοί πάροχοι παρέχεται μέσω γραμμών ΑΡΥΣ [503] και το υπόλοιπο 74,2% παρέχεται μέσω γραμμών ΑΠΤΒ (απ' ευθείας παροχή από το Αστικό Κέντρο).

5) Κάναμε όπισθεν στη χρήση του Διαδικτύου:

(α) η Ελλάδα έχει την τρίτη χαμηλότερη επίδοση στην Ε.Ε. των 28 κρατών μελών όσον αφορά τη χρήση του Ιντερνετ[504], καθημερινή δε χρήση του Διαδικτύου κάνει μόνο το 49% των χρηστών (προτελευταίοι στην Ε.Ε.),
(β) ακόμα το 30% των Ελλήνων δεν έχει χρησιμοποιήσει ποτέ Ίντερνετ (ποσοστό που εξακολουθεί να παραμένει σημαντικά υψηλό καθώς το 2006 ήταν 65%[505]).

6) Σχετικα με τις κεραίες κινητής τηλεφωνίας και τηλεόρασης:

(α) ο νόμος για την αδειοδότηση κεραιών κινητής τηλεφωνίας μόλις πέρασε στο τέλος του 2014 και περιμένουμε να δούμε τι αποτελέσματα και τι επιτυχία θα έχει η εφαρμογή του,
(β) το παρατηρητήριο ακτινοβολίας κεραιών ψηφίστηκε μόλις στα τέλη του 2014 και προβλέπεται να λειτουργήσει στο τέλος του 2015 (αν λειτουργήσει),
(γ) τον Ιούνιο 2015, η ΕΕΤΤ με Δελτίο Τύπου της[506] αναφέρει σχετικά με τις κεραίες της τηλεόρασης: «εντοπίστηκε σημαντικό πλήθος παράνομων αναλογικών τοπικών αναμεταδοτών τηλεοπτικού σήματος ... και δημιουργήθηκε πανελλαδικά ένα «δάσος» αναμεταδοτών/κεραιών άναρχης δόμησης και αναμετάδοσης».

7) Δεν έχουν νομοθετηθεί τα τέλη διέλευσης μολονότι η ΕΕΤΤ είχε ετοιμάσει κανονισμό τελών διέλευσης από το 2009.

8) Σύμφωνα με δημοσίευμα του Συνδέσμου Επιχειρήσεων Πληροφορικής και Επικοινωνιών Ελλάδας[507]:

(α) την 92η θέση, μεταξύ 196 κρατών ανά τον κόσμο, καταλαμβάνει η Ελλάδα όσον αφορά τις ταχύτητες του Διαδικτύου,
(β) η μέση ευρυζωνική ταχύτητα στην Ελλάδα είναι 9,64 Mbps (με μέση ευρυζωνική ταχύτητα στην Ευρώπη τα 27,3 Mbps), ενώ το

ταχύτερο Διαδίκτυο έχει η Σιγκαπούρη με μέση ταχύτητα τα 103,99 Mbps, η δε «γειτονική μας» Ρουμανία έχει μέση ταχύτητα 60 Mbps(!).

9) Μέχρι σήμερα και μετά τις επανειλημμένες αλλαγές των κυβερνήσεων, ακόμα και η σημερινή ενεργεί ασυντόνιστα και τα μέλη της συνεχίζουν χωρίς να συνεννοούνται μεταξύ όσον αφορά στην στρατηγική τους για την ανάπτυξη της Ευρυζωνικότητας, των ΤΠΕ και των δικτύων πρόσβασης νέας γενιάς[508].

10) Δεν υπάρχει ακόμα στη χώρα ένα ALL-IP δίκτυο.

Τα συμπεράσματα δικά σας.

ΕΝ ΚΑΤΑΚΛΕΙΔΙ

Κάτω από την αυστηρή εποπτεία της ΕΕΤΤ και την αποτελεσματική υλοποίηση του προγράμματός μας, στην τετραετία 2005-2009 επετεύχθη μια θεαματική αύξηση στην Ευρυζωνικότητα, με τους αριθμούς των αδεσμοποίητων τοπικών βρόχων που παρείχαν οι εναλλακτικοί πάροχοι να έχουν κυριολεκτικά εκτιναχθεί. Η αναβάθμιση του ανταγωνισμού έφερε με τη σειρά της νέες σημαντικές επενδύσεις και προκάλεσε ραγδαία πτώση των τιμών στον κλάδο των Η.Ε. Αυτό είχε σαν απόρροια και την εγρήγορση του ίδιου του ΟΤΕ, που αναγκάστηκε να προσφέρει και αυτός ανταγωνιστικά προϊόντα προσπαθώντας να περιορίσει τις απώλειες στο πελατολόγιό του.

Αυτή η ουσιαστική ανάπτυξη της Ευρυζωνικότητας δεν προήλθε από την *«καλή θέληση και προσπάθεια»* του ΟΤΕ, όπως ο Πρόεδρος του διατυμπάνιζε. Αντιθέτως, την προκάλεσε η ΕΕΤΤ, όταν τον Απρίλιο του 2007 τον εξανάγκασε απειλώντας τον - αφού πρώτα είχε ολοκληρώσει την σχεδίαση του νέου αποτελεσματικότερου Κανονισμού RUO - να υλοποιήσει αυτό που εκ του Νόμου όφειλε να κάνει (και συνεχώς το αρνούνταν), δηλαδή να ανοίξει τα Α/Κ του στους εναλλακτικούς παρόχους και να τους ενοικιάζει σε χονδρική τιμή τον τοπικό του βρόχο.

Ούτε ήταν ο ΟΤΕ ο πρωτοπόρος και καινοτόμος στην Ευρυζωνικότητα. Οι ανταγωνιστές του ήταν αυτοί που πρώτοι παρείχαν υψηλές ταχύτητες πρόσβασης στο Διαδικτύου και που πρώτοι εμφάνισαν καινοτόμες υπηρεσίες. Όπως ανέφερα ήδη, η μεν Vivodi ήταν αυτή που πρώτη έφερε στην αγορά το 2005 το ταχύτερο ADSL2+, η δε On Telecoms ήταν η πρώτη τηλεπικοινωνιακή εταιρεία που έφερε στη χώρα το 2008 το «triple-play» (συνδυασμένες υπηρεσίες τηλεφωνίας, διαδικτύου και οπτικοακουστικού περιεχομένου). Σήμερα το 2015, αυτό στο οποίο εστιάζουν πλέον όλοι οι τηλεπικοινωνιακοί πάροχοι είναι η διάθεση συνδυαστικών υπηρεσιών (bundled services) 4-play (σταθερή + κινητή + internet + τηλεόραση).

Παρ' όλες μας τις προσπάθειες, την επιτυχή ανάπτυξη ενός έντονου ανταγωνισμού στην 4ετία 2005-2009 και τις εισηγήσεις και μελέτες μας, οι συνθήκες και οι πολιτικές αποφάσεις - μετά από έξωθεν πιέσεις - οδήγησαν (α) στη *μη υλοποίηση του λειτουργικού διαχωρισμού* του ΟΤΕ (που θα παρείχε στους εναλλακτικούς παρόχους ίση και δίκαιη (fair) πρόσβαση στις δικτυακές υποδομές του incumbent κύριου παρόχου και θα αποφεύγονταν διπλές και τριπλές επενδύσεις σε δίκτυα) και (β) στη *μη κατασκευή του εθνικού δικτύου οπτικών ινών μέχρι το σπίτι (FTTH).* Το αποτέλεσμα είναι ότι, δυστυχώς, αυτά επαναφέρουν τον ΟΤΕ στην μονοπωλιακή του κατάσταση, συρρικνώνουν επικίνδυνα τον αριθμό των ανταγωνιστών εναλλακτικών παρόχων, θα οδηγήσουν σε νέες στρεβλώσεις στην αγορά και, μακροπρόθεσμα, αυτό θα αποτελέσει πλήγμα για τον καταναλωτή και την οικονομική και τεχνολογική ανάπτυξη της χώρας μας. Ως συνέπεια αυτών, μετά το 2009 η χώρα συνεχίζει να παραμένει εγκλωβισμένη (και θα παραμείνει για πολλά ακόμα έτη) στο πεπαλαιωμένο χάλκινο ακραίο δίκτυο του ΟΤΕ με πλαφόν ταχυτήτων τα 50 Mbps, παρακολουθώντας - ανήμπορη - την επανεγκαθίδρυση μονοπωλίου στην ελληνική αγορά των Η.Ε., τώρα πλέον από την γερμανική Deutsche Telecom που εξαγόρασε τον ΟΤΕ. Το FTTC (Fiber to the Cabinet) που υλοποιεί η DT στη χώρα μας με δίκτυο VDSL αποτελεί καταστροφή για τους εναλλακτικούς παρόχους, καθόσον αυξάνει σημαντικά το κόστος για την αδεσμοποίητη πρόσβαση στον τοπικό υπο-βρόχο (sub-loop unbundling) μέσα στην καμπίνα VDSL του ΟΤΕ και τους προσφέρει περιορισμένες οικονομίες κλίμακας. Το μερίδιο της DT στην αγορά της σταθερής τηλεφωνίας φαίνεται[509] ότι ήδη αυξήθηκε πάλι από τα επίπεδα που ήταν τον Αύγουστο του 2009, προσφέροντας της έτσι ακόμα μεγαλύτερη δεσπόζουσα θέση[510].

Φύγαμε από το ένα κρατικό μονοπώλιο για να εγκλωβιστούμε σε ένα άλλο μεγαλύτερο, πιο ισχυρό μονοπώλιο. Φέτος (στις 21/6/2015) ο νέος πρόεδρος του ΟΤΕ/DT υπερηφανεύονταν ότι η επιχείρησή του έγινε *«ο νέος εθνικός πρωταθλητής»* δηλώνοντας: *«μετά από σχεδόν 7 ολόκληρα χρόνια πτώσης, η μεταστροφή της σταθερής τηλεφωνίας σημείωσε αύξηση εσόδων»*, ενώ για τα δίκτυα νέας γενιάς έλεγε ότι *«έχουμε πάρει πάνω μας τον εθνικό στόχο* (sic) *σε ότι αφορά την ψηφιακή ατζέντα 2020»*[511].

Επιπρόσθετα, από τα τέλη του 2015 το όνομα της εταιρείας δεν θα είναι πλέον ΟΤΕ ή DT, αλλά COSMOTE για να «θωρακίσει τη συνδρομητική της βάση», ενώ ταυτόχρονα ενδιαφέρεται να αποκτήσει (εάν της το επιτρέψει η ΕΕΤΤ) και τη συνδρομητική τηλεόραση Nova για να παρέχει εμπλουτισμένο μίγμα υπηρεσιών quad-play (τηλεφωνία – κινητή - Ίντερνετ – τηλεόραση).

Η συγκέντρωση και καθετοποίηση στο μεγαλείο τους!

Ενώ η πρόταση και μελέτη της ΕΕΤΤ για κατασκευή του εθνικού δικτύου FTTH είχαν γίνει το 2008, φτάσαμε αισίως στον Οκτώβριο τους 2015 για να έλθει ξανά το ίδιο θέμα στην επικαιρότητα - με αφορμή την ολοκλήρωση πρόσφατης σχετικής μελέτης πού έγινε για λογαριασμό της ECTA (Ένωσης Ευρωπαίων Τηλεπικοινωνιακών Παρόχων) - της *«κατασκευής ενός εθνικού δικτύου πρόσβασης νέας γενιάς (NGA), με δημόσιες και ιδιωτικές επενδύσεις από όλους τους τηλεπικοινωνιακούς παρόχους»*[512], [513]. Σε διαφορετική περίπτωση δεν θα μπορέσει να επιτευχθεί ο στόχος της Ψηφιακής Ατζέντας, ο οποίος απαιτεί έως το 2020 την ύπαρξη ευρυζωνικής κάλυψης με ταχύτητες άνω των 30 Mbps για το 100% του πληθυσμού της Ε.Ε. και ευρυζωνικής κάλυψης με ταχύτητες άνω των 100 Mbps για το 50% των νοικοκυριών.

Επειδή, όπως ανέφερα και στο Κεφάλαιο 8, η κατασκευή ενός τέτοιου πανελλαδικού δικτύου FTTH «ανοιχτό σε όλους τους παρόχους» γίνεται πλέον «άπιαστο όνειρο» ή στην καλύτερη περίπτωση αν γίνει θα γίνει πολύ αργότερα, πρέπει να προχωρήσουμε σε κάτι πιο άμεσο: πιστεύω ότι *ήλθε η ώρα να προωθηθεί η «διάσπαση του ΟΤΕ/DT» που μονοπωλιακά ελέγχει το μοναδικό δίκτυο πρόσβασης που διαθέτει η χώρα.*

Το δίλημμα που έχουμε μπροστά μας συνεπώς είναι: ή συνεχίζουμε το αναπτυξιακό και ανταγωνιστικό μοντέλο που εγκαθιδρύσαμε στην αγορά των Η.Ε. ή ξαναγυρίζουμε πίσω στις ημέρες του μονοπωλίου, με τις υψηλές τιμές, την έλλειψη επιλογής παρόχου και υπηρεσιών, την ακινησία και τη μηδαμινή ανάπτυξη καινοτόμων δικτύων και εφαρμογών που απαιτεί ο 21ος αιώνας.

Μόνο η έξυπνη και πρωτοποριακή ρύθμιση θα μπορούσε να επιτρέψει στο Διαδίκτυο να κάνει τον καπιταλισμό περισσότερο ευρύτερα διαδεδομένο προς όφελος της μεσαίας τάξης και όχι στα χέρια των ολίγων. (All this, modulo the lobbying to the politicians, which we cannot predict of course). Από την άλλη μεριά όμως, μολονότι είμαι μεγάλος fan του ευρυζωνικού Διαδικτύου και προσπάθησα με σθένος και ενθουσιασμό να το προωθήσω για τα πολλά οφέλη και τις ευκολίες που παρέχει, *θα πρέπει εντούτοις να προειδοποιήσω ότι πρέπει τάχιστα να προετοιμάσουμε την κοινωνία κατάλληλα ώστε να μπορέσει να αντιμετωπίσει αποτελεσματικά τη μείωση των θέσεων εργασίας που αυτό θα επιφέρει (καθώς το Διαδίκτυο δεν δημιουργεί τόσες θέσεις εργασίας όσες καταστρέφει).*

Το ενθαρρυντικό πάντως πιστεύω είναι ότι με το κατάλληλο μίγμα ολίγων ικανών ανθρώπων, πολλά θετικά πράγματα μπορούν να επιτευχθούν στη χώρα μας. Το ερώτημα των 69 εκατομμυρίων ευρώ είναι *«πώς βρίσκεται αυτό το κατάλληλο μίγμα ικανών ανθρώπων;»*

Το αποτέλεσμα είναι ότι, σ' *αυτήν τη χώρα πάντα μένει κανείς με την πικρία ότι πολλά θα μπορούσαν να γίνουν αλλά δεν γίνονται. Είναι όμως δυνατή μια καλύτερη Ελλάδα.*

Τελικά, μολονότι ο «έρωτας» με την ΕΕΤΤ δεν «ολοκληρώθηκε» με μια δεύτερη θητεία, δεν το θεωρώ ότι για μένα ήταν μια ... «ερωτική απογοήτευση». Κάθε άλλο! Δεν θα το άλλαζα με τίποτα. Είμαι υπερήφανος για τα απτά και χρήσιμα αποτελέσματα που φέραμε για τον τόπο στην τετραετία 2005-2009, υπό τόσο αντίξοες συνθήκες.

Όπως δε ανέφερα και στον Πρόλογο, στο τέλος, αυτό θα το κρίνουν η αγορά, η κοινωνία, εσείς και (αργότερα) ... η ιστορία.

Σχήμα: Οργανόγραμμα της ΕΕΤΤ

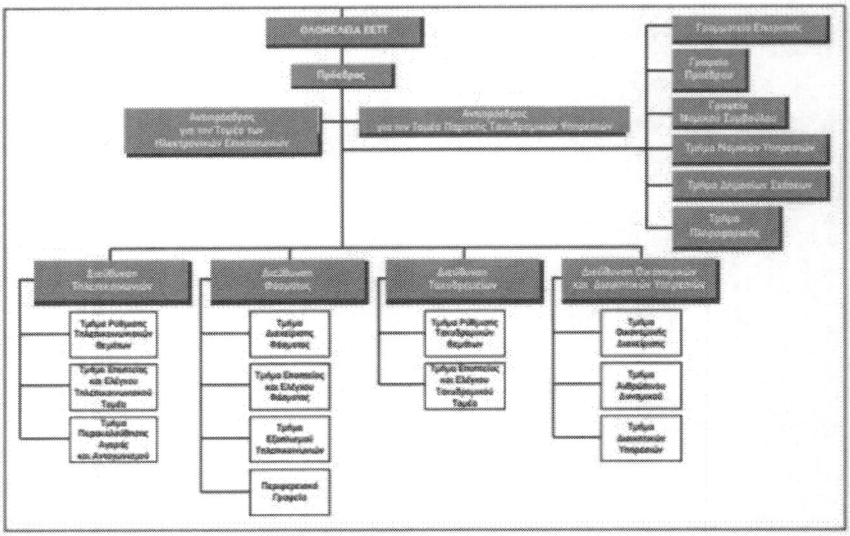

Μέρος Β: Χρονικό 2005-2009

"Ενώ το σημαντικότατο εθνικό πρόγραμμα Fiber to the Home έχει αναγγελθεί από τη Κυβέρνηση εδώ και ένα χρόνο, φοβάμαι ότι η αλλαγές υπουργών και προσώπων θα το καθυστερήσουν τόσο πολύ που κινδυνεύει να ματαιωθεί (9/3/2009)

?

Μέρος Β: Χρονικό 2005-2009

Έτος 2005: Οι πρώτοι μήνες της θητείας (όραμα και στόχοι για το Ευρυζωνικό Διαδίκτυο)

Όραμα και στόχοι για το Ευρυζωνικό Διαδίκτυο, πρώτη ομιλία προς το προσωπικό της ΕΕΤΤ

μεγάλη μου τιμή να ηγούμαι μιας τέτοιας σπουδαίας και κρίσιμης Επιτροπής # το **μοντέλο μου διοίκησης της ΕΕΤΤ**: όχι απλώς μια διαχειριστική Αρχή, αλλά με όραμα, στρατηγική και απτά αποτελέσματα στην αγορά # ποιοι **οι στόχοι και το όραμά μου** για το μέλλον της ΕΕΤΤ, των ψηφιακών επικοινωνιών και του Ίντερνετ στην Ελλάδα η ΕΕΤΤ να λειτουργεί με διαφάνεια και απόλυτη αμεροληψία, να αναλάβει περισσότερο στρατηγικό ρόλο και να αποτελέσει βασικό μοχλό ανάπτυξης και ραγδαίας εξάπλωσης του Ίντερνετ στη χώρα **# το στοίχημα μου για την 4ετία**: ανάπτυξη της Ευρυζωνικότητας (να φτάσει στο 20% η διείσδυση στο Ίντερνετ από το σημερινό 1%) και εγκαθίδρυση υγιούς ανταγωνισμού στις τηλεπικοινωνίες

Κλήση σε ακρόαση τηλεπικοινωνιακών εταιρειών σχετικά με την αύξηση των χρεώσεων σε SMS, (21/9/2005)

κλήση σε ακρόαση των τριών εταιρειών κινητής τηλεφωνίας COSMOTE, TIM και VODAFONE προκειμένου να διερευνηθεί κατά πόσο οι ταυτόσημες αυξήσεις των χρεώσεων τους στα SMS αντίκεινται στην τηλεπικοινωνιακή νομοθεσία και σε εκείνη περί ανταγωνισμού. # κλήση σε Ακρόαση των ΟΤΕ και Teledome σχετικά την Προεπιλογή Φορέα και άλλες παραβάσεις τους

European Regulatory Framework and NRAs, ομιλία στη "Συνάντηση των Ρυθμιστών Τηλεπικοινωνιών της Ν.Α . Ευρώπης", (15/10/2005)

the new "European Telecoms Regulatory Framework" and the NRAs # the procedure for carrying out "telecoms market analysis" # monopoly of telecoms services should be abandoned # EETT's responsibility to increase telecoms' competition and stimulate investments by applying technological neutrality # we need to deal with convergent data in the media and telecoms sectors

Συνεργασία με τη Εισαγγελία Πρωτοδικών Αθηνών, (17/10/2005) # διερεύνηση τρόπων εξάλειψης του φαινομένου της παράνομης εγκατάστασης και λειτουργίας κεραιών ραδιοτηλεοπτικών σταθμών σε ορεινά σημεία της Αττικής # άμεσος συντονισμός των ενεργειών των εμπλεκομένων φορέων της Πολιτείας (όπως ΕΕΤΤ, Εισαγγελία, Πολεοδομία, Δασική Υπηρεσία και ΔΕΗ) για εξάλειψη του φαινομένου

Ο ΟΤΕ αυξάνει απότομα το κόστος του ΕΠΑΚ, (17/11/2005) # η ΕΕΤΤ διαφωνεί, καθόσον η απότομη αύξηση της τιμής του ΕΠΑΚ από τον ΟΤΕ **δεν προάγει την διάδοση του Διαδικτύου στην Ελλάδα** # αντίθετα, μια σταδιακή αύξηση των τιμών ΕΠΑΚ θα προσελκύσει περισσότερους καταναλωτές στην χρήση του Διαδικτύου

Η ΕΕΤΤ χορηγεί άδειες δοκιμών τεχνολογίας WiMax, (2/12/2005)

οι άδειες δοκιμών τεχνολογίας WiMax στα 3.5 GHz θα αρχίσουν τον Φεβρουάριο 2006 και θα είναι διάρκειας 3 μηνών # τελικά οι ενδιαφερόμενες εταιρείες που υπέβαλλαν τεχνικούς φακέλους στην ΕΕΤΤ ανήλθαν στις 29

Έκθεση πεπραγμένων ΕΕΤΤ έτους 2005

οργανωτική ανάπτυξη της ΕΕΤΤ # νέα σύνθεση Ολομέλειας # μήνυμα Προέδρου # επισκόπηση αγορών ΗΕ # δράσεις για ανάπτυξη της ευρυζωνικότητας # εξυπηρέτηση καταναλωτή # τομέας φάσματος ραδιοσυχνοτήτων # ελληνικό νομοθετικό-ρυθμιστικό πλαίσιο

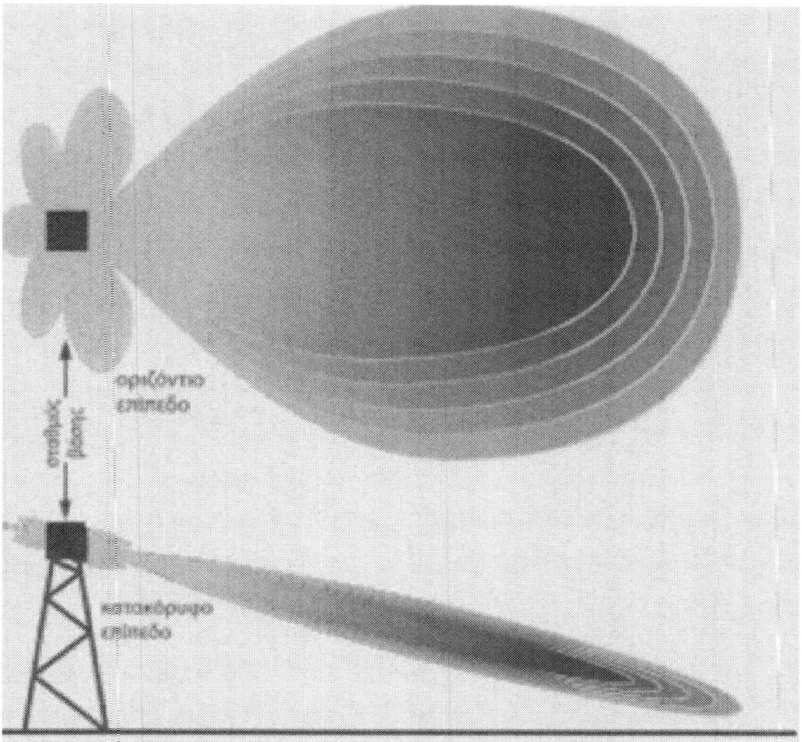

Σχήμα 6: Κατεύθυνση και σχήμα λοβών ακτινοβολίας σταθμών βάσης

Έτος 2006: Έναρξη Ευρυζωνικότητας (νέος νόμος, ανάλυση αγορών, WiFi, WiMAX, κεραίες)

Η «φορητότητα αριθμών» φτάνει στις 100.000, (31/1/2006)

αύξηση της φορητότητας τηλεφωνικών αριθμών -- αριθμοί (συνδρομητές) σταθερής και κινητής τηλεφωνίας που μεταφέρθηκαν από μία εταιρεία σε άλλη και διατήρησαν τον τηλεφωνικό αριθμό τους -- σε σχέση με το 2004 της τάξης του 208% στην κινητή τηλεφωνία και του 2.270% στη σταθερή τηλεφωνία

Η Ευρυζωνικότητα, το Ιντερνετ, και ... άλλες σκέψεις, ομιλία στην Ημερίδα του ΕΜΠ για την «Ψηφιακή Γνώση και Ευημερία», (1/2/2006)

είμαστε οι τελευταίοι των τελευταίων στην ΕΕ # δυστυχώς η χώρα δεν διαθέτει ούτε εναλλακτικές τεχνολογίες ευρυζωνικής πρόσβασης αλλά ούτε και εναλλακτικά δίκτυα υποδομής (πχ, καλωδιακής τηλεόρασης) ν υπάρχει πλήρης απουσία ενός μεγάλου οράματος που θα συναρπάσει τον λαό, το Κράτος και την επιχειρηματική κοινότητα # να «σκεφτούμε έξω από το κουτί» (think outside the box) για το πως μέχρι το 2015 η Ελλάδα θα μπορέσει γίνει μια Διαδικτυακή δύναμη στην Ευρώπη # απαιτείται αλλαγή νοοτροπίας και να σταματήσουμε να λέμε συνεχώς ότι «αυτά δεν γίνονται στην Ελλάδα» # να ορισθεί ένα άτομο υπεύθυνο για θέματα Διαδικτύου και Πληροφορικής που θα προΐσταται μίας ευέλικτης «Υπηρεσίας» παρά τω Πρωθυπουργώ # οι επιχειρηματίες να καταλάβουν ότι η αγορά του Ιντερνετ στην οποία θα πρέπει να απευθύνονται δεν περιορίζεται μόνο στην Ελλάδα # η τεχνολογική προσπάθεια της χώρας θα πρέπει να στοχεύει στη δημιουργία συνθηκών ώστε να βρεθούν οι 2 Έλληνες φοιτητές που θα επινοήσουν στο «γκαράζ» τους την επόμενη εφαρμογή Skype ή τη σύσταση της επόμενης Google. (Χιουμοριστικό σχόλιο δημοσιογράφου: «δεν πάμε μπροστά γιατί δεν έχουμε αρκετά γκαράζ»!)

Η ΕΕΤΤ απαγορεύει στον ΟΤΕ να διακόψει υπηρεσίες προς τις HOL και LANNET. (2/3/2006)

απαγορεύεται προσωρινά στον ΟΤΕ να προβεί σε διακοπή διασύνδεσης, μέχρι η ΕΕΤΤ να αποφασίσει περί της βασιμότητας των απαιτήσεων του ΟΤΕ # ορίζει την έκδοση εγγυητικών επιστολών από τις δύο πλευρές που θα καλύπτουν ένα μέρος της οφειλής, καθώς και την καταβολή από HOL και LANNET μετρητοίς του υπόλοιπου τμήματος της οφειλής.

3,000,000 ευρώ πρόστιμο στις τρείς εταιρείες κινητής τηλεφωνίας για εναρμονισμένη πρακτική, (16/3/2006)

η ΕΕΤΤ έκρινε ότι οι ταυτόσημες αυξήσεις της τιμής των SMS που εφάρμοσαν οι COSMOTE, TIM και VODAFONE συνιστούν **εναρμονισμένη πρακτική #** αυτό αποτελεί παράβαση της νομοθεσίας περί προστασίας του ελεύθερου ανταγωνισμού # επιβάλλει πρόστιμο 1.000.000 σε κάθε μια από τις τρείς εταιρείες κινητής τηλεφωνίας

Αρχίζει στην Ελλάδα η εποχή της Ευρυζωνικότητας, (11/4/2006)

η Ευρωπαϊκή Επιτροπή εγκρίνει τα μέτρα που προτείνει η ΕΕΤΤ για την αγορά «παροχής αδεσμοποίητης πρόσβασης σε μεταλλικούς βρόχους και υποβρόχους» **# το ευρυζωνικό Διαδίκτυο γίνεται πραγματικότητα με την απελευθέρωση του τοπικού βρόχου (LLU)** μέσω της οποίας επιβάλλεται στον ΟΤΕ μια σειρά από κανονιστικές υποχρεώσεις, όπως ελεύθερη συνεγκατάσταση των παρόχων στα Αστικά του Κέντρα, πλήρης πρόσβαση στους τοπικούς βρόχους και υποβρόχους του, υποχρεώσεις λογιστικού διαχωρισμού και διαφάνειας, υποχρέωση κοστοστρέφειας και έλεγχου τιμών, κλπ # η ΕΕΤΤ θα παρακολουθεί αυστηρά την τήρησή τους από τον ΟΤΕ **# η κατάσταση σήμερα:**

Ευρυζωνική διείσδυση: 2%

(α) Αδεσμοποίητες ευρυζωνικές γραμμές LLU εναλλακτικών: 13.000 (8.1% στο σύνολο των ευρυζωνικών γραμμών μέσω ADSL)

(β) Η πλειοψηφία των γραμμών είναι με ταχύτητα: <0,5 Mbps

(γ) Κόστος (για ταχύτητές <1 Mbps): 61 ευρώ/μήνα

Η ΕΕΤΤ και η προώθηση της Ευρυζωνικότητας (κυρίως στην Περιφέρεια), παρουσίαση στην «Επιτροπή Έρευνας & Τεχνολογίας της Βουλής των Ελλήνων» (12/4/2006)

ποια τα αίτια που είμαστε τελευταίοι στην Ευρώπη # ποια η σημερινή κατάσταση στην αγορά # η μέχρι τώρα ακολουθούμενη πρακτική είναι μη αποτελεσματική # προτάσεις μας για άμεσες δράσεις για την ανάπτυξη της Ευρυζωνικότητας και του Ίντερνετ στην Ελλάδα # ο ρόλος και οι ενέργειες της ΕΕΤΤ # απαιτούνται: κοινό όραμα, εθνική στρατηγική, κοινωνική συστράτευση και αλλαγή νοοτροπίας # πρόταση για «όραμα 20/20» (vision 20/20): μέχρι το 2020 να έχει μετατραπεί η Ελλάδα σε μια κοινωνία παροχής ανταγωνιστικών υπηρεσιών υψηλής τεχνολογίας

Η τεχνολογική μας χρεωκοπία είναι εμφανής: χρειαζόμαστε όραμα, πρώτη μου συνέντευξη, δημοσιογράφος Αριστέα Μπουγάτσου, Καθημερινή της Κυριακής (16/4/2006)

σκέψου «έξω από το κουτί» (think outside the box) # το μέλλον ανήκει στο ευρυζωνικό Internet # κεντρικός στόχος της ΕΕΤΤ η Ευρυζωνικότητα (μέσω του αδεσμοποίητου τοπικού βρόχου LLU) και ο υγιής ανταγωνισμός στις Ηλεκτρονικές Επικοινωνίες # οι ευρυζωνικές υπηρεσίες αποτελούν βασικό εργαλείο και αγαθό # όλοι με πρόσβαση στο ευρυζωνικό Internet και **χώρα υπηρεσιών high-tech** # ενθάρρυνση επενδύσεων σε υποδομές και τέλος στο μεταπρατικό μοντέλο # ο ΟΤΕ κατατρύχεται από αντιλήψεις καταστημένου μονοπωλίου # η χαμένη ευκαιρία σύνδεσης ενός δικτύου οπτικής ίνας (FTTH) πάνω στο δίκτυο φυσικού αερίου (ΔΕΠΑ) # εγκλήματα μέσω Διαδικτύου # παραβάσεις στο θέμα υποκλοπών θα έχουν κυρώσεις στην Vodafone # το γενικό περιβάλλον και το νομικό πλαίσιο της χώρας είναι δυσλειτουργικά

Έκθεση πεπραγμένων της ΕΕΤΤ για το έτος 2005, μήνυμα του Προέδρου της ΕΕΤΤ (Μάιος 2006)

συγκροτούμε μια **ΕΕΤΤ Ευρωπαϊκών προδιαγραφών** με περισσότερο στρατηγικό ρόλο # η ΕΕΤΤ ως στρατηγικός εταίρος της Πολιτείας για την ανάπτυξη του ευρυζωνικού Διαδικτύου και καινοτόμων διαδικτυακών υπηρεσιών # οι στοχεύσεις της ΕΕΤΤ για αποτελεσματική εποπτεία και έλεγχο της αγοράς # στρατηγική μετάβασης στη νέα εποχή του IP

Η Ευρυζωνικότητα στη Μεσόγειο: μοχλός για διεθνή συνεργασία προς όφελος της αγοράς και του πολίτη, εναρκτήρια ομιλία στο ετήσιο Συνέδριο της ΕΕΤΤ, Astir Palace, Αθήνα (2/5/2006)

η Ευρυζωνικότητα θα επιτρέψει την οικονομία μας να γίνει εξωστρεφής σε Διαδικτυακά προϊόντα # απαιτείται «**υποδομή σε γνώση**» (intellectual infrastructure) # με το ευρυζωνικό Διαδίκτυο το πεδίο δράσης έχει γίνει «επίπεδο» και έχει «αλφαδιαστεί» # μεμονωμένα άτομα και μικρές ομάδες μπορούν να ανταγωνιστούν σε παγκόσμια κλίμακα # η χώρα να αυξήσει την «**διαδικτυακή της ετοιμότητα**» # ρυθμιστικές δράσεις που θα βοηθήσουν τη διεθνή συνεργασία για την ανάπτυξη της Ευρυζωνικότητας

Η ΕΕΤΤ και η προώθηση της Ευρυζωνικότητας (κυρίως στην Περιφέρεια): Μέρος 2ο, απαντήσεις στις κάτωθι ερωτήσεις Βουλευτών της «Επιτροπής Έρευνας & Τεχνολογίας της Βουλής των Ελλήνων», (16/5/2006)

θα έπρεπε να προβλέπονται πλούσιες ιστοσελίδες στα Ελληνικά; # θα έπρεπε να περιείχαν σπουδαία θέματα αποτελούμενα με αυτά των οποίων έχουν παρέλθει τα πνευματικά δικαιώματα; # τι γνώμη έχετε για την πρόσφατη συνεργασία με την Microsoft που έχει συνάψει ο Αλογοσκούφης; τι σχέση έχει αυτό με τις Ελληνικές ανάγκες; # μήπως όλη αυτή η φασαρία για το Ιντερνετ γίνεται για να εξυπηρετήσει τους σταθμούς τηλεόρασης; # τι έχετε να πείτε για το φακέλωμα μέσω της χρήσης του Διαδικτύου; υπάρχει ασφάλεια στις νέες τεχνολογίες; # αναφέρατε ότι μέχρι σήμερα η μεθοδολογία απέτυχε. Δηλ. αυτό είναι απαξίωση του προηγούμενου έργου; # ποια ήταν η μέχρι τώρα πορεία της ΕΕΤΤ και πως συγκρινόμαστε με το 2001; είπατε για πρώτη και

δεύτερη φάση; # τι έχει γίνει όσον αφορά την ετοιμότητα μας σε νέες τεχνολογίες; ποια είναι τα αποτελέσματα της ΕΕΤΤ από τις 3/2004 μέχρι σήμερα; # τι φταίει για την μέχρι τώρα καθυστέρησή μας; η κακή στελέχωση της ΕΕΤΤ; # έχει η ΕΕΤΤ οικονομική αυτοτέλεια και τι ισχύει με το αποθεματικό της και τα ανταποδοτικά τέλη; # αναφέρατε ότι υπάρχει δυσλειτουργία στο υφιστάμενο Νομικό πλαίσιο; ποια πρόθεση έχει η ΕΕΤΤ για βελτίωση του νόμου; # πόσο ανεξάρτητη είναι η Αρχή σας τη στιγμή που ο διορισμός της Ολομέλειας άλλαξε και έγινε με πρόταση της Κυβέρνησης; # γνωρίζετε αντίστοιχες Εθνικές Ρυθμιστικές Αρχές του εξωτερικού που οι διοικήσεις τους διορίζονται από την Κυβέρνηση; # ποιες είναι οι σχέσεις της ΕΕΤΤ με τον ΟΤΕ; # γιατί υπήρξε καθυστέρηση στη προετοιμασία για ρύθμιση τόσο καιρό; # ποιο είναι το επιχειρησιακό σχέδιο της ΕΕΤΤ και ποιοι οι συγκεκριμένοι στόχοι; # υπάρχουν προτάσεις για το 4ο ΚΠΣ και ποιες είναι αυτές; είναι συγκεκριμένες από την ΕΕΤΤ; # τι έχει αλλάξει στρατηγικά όσον αφορά στην ευρυζωνικότητα και το Ίντερνετ; # η έλλειψη ανάπτυξης της ευρυζωνικότητας είναι ευθύνη της Κυβέρνησης; τι έγινε αυτά τα 2 χρόνια; υπήρχε πολιτική από την Κυβέρνηση και αυτό έφτασε σε μας; # αναφερθήκατε στο Δίοδος σαν πετυχημένο μοντέλο, μπορείτε να το εξηγήσετε τη στιγμή που διάφοροι εναλλακτικοί πάροχοι το θεωρούν μη πετυχημένο; # μήπως τα προγράμματα για την ευρυζωνικότητα έχουν μεγάλο κόστος; πως θα καλυφτούν οι απομακρυσμένες περιοχές; # το Ιντερνετ είναι πολύ ακριβό και όχι διαδεδομένο; # που οφείλεται η καμπύλη που χαρακτηρίζει την ευρυζωνικότητα; είμαστε ουραγός ως απόλυτα μεγέθη, που οφείλεται αυτό; τι παρεμβάσεις έχει η ΕΕΤΤ κάνει για να έχουμε αυτήν την ανάπτυξη; τι πρωτοβουλίες έχει πάρει η ΕΕΤΤ; # τι πρέπει να γίνει; # τέλος, η πρόταση ΣΟΣΣ: Συναίνεση, Όραμα, Συντονισμός, Στρατηγική

Η ΕΕΤΤ απελευθερώνει το WiFi στην Ελλάδα, (17/5/2006)

η ΕΕΤΤ απελευθερώνει τις ζώνες συχνοτήτων 2,4 και 5,4 GHz # εξαιρούνται της υποχρέωσης αδειοδότησης οι εξωτερικές κεραίες για WLAN και WiFi # **ελεύθερη η ασύρματη πρόσβαση στο Ιντερνετ** μέσω δικτύου WiFi που συμβάλει στην προώθηση της ασύρματης

ευρυζωνικότητας # διευκολύνει φορείς και επιχειρήσεις στην παροχή γρήγορων ασύρματων συνδέσεων Internet, χωρίς χρονοβόρες διαδικασίες # επίσης, ενισχύσει περαιτέρω την εξάπλωση των συγκεκριμένων δικτύων υπολογιστών, συμβάλλοντας στην προώθηση της ευρυζωνικής πρόσβασης στο Internet, δεδομένου ότι τα δίκτυα αυτά προσφέρουν υψηλές ταχύτητες μετάδοσης

Η ΕΕΤΤ, ως ανεξάρτητη Ρυθμιστική Αρχή αποτελεί το «proxy» του ανταγωνισμού, συνέντευξη στο περιοδικό SEPE NEWS, (2ο τρίμηνο 2006)

η ΕΕΤΤ αποτελεί φορέα με στρατηγική άποψη για όλους τους τομείς των ηλεκτρονικών επικοινωνιών # **διπλοί στόχοι της ΕΕΤΤ**: (α) ανάπτυξη του ανταγωνισμού σε επίπεδο υποδομών και υπηρεσιών και (β) εξασφάλιση του μέγιστου δυνατού οφέλους για τους καταναλωτές σε επίπεδο τιμών, ποιότητας και εύρους παρεχόμενων υπηρεσιών # πρόβλημα η έλλειψη ανταγωνιστικών υποδομών στο δίκτυο πρόσβασης # η ΕΕΤΤ δημιουργεί ένα ασφαλές και σταθερό ρυθμιστικό περιβάλλον, παρεμβαίνει προληπτικά και κατασταλτικά και αναλαμβάνει πρωτοβουλίες «διαμεσολαβητικού χαρακτήρα» # απελευθέρωσε τις συχνότητες για WiFi και έδωσε 4η άδεια για ασύρματα δίκτυα τύπου WiMAX • προετοιμάζει την διαβούλευση για τα Δικαιώματα Διέλευσης και ενημερωτική εκστρατεία για την πύκνωση του δικτύου κεραιών κινητής τηλεφωνίας # προτείνει σύσταση υπερκομματικής ομάδας (**dream team**) με συμβούλους παγκοσμίου βεληνεκούς και Συντονιστικό Κέντρο παρά τω Πρωθυπουργώ για την υλοποίηση του οράματος του ευρυζωνικού Διαδικτύου

Αντιμετώπιση της Διαδικτυακής απάτης, (24/5/2006)

συνάντηση στα γραφεία της ΕΕΤΤ για την πρόληψη και καταστολή της ηλεκτρονικής απάτης # συμμετείχαν εκπρόσωποι της ΕΕΤ (Ένωση Ελληνικών Τραπεζών) και στελέχη τραπεζών, εκπρόσωποι της ΑΔΑΕ (Αρχή Διασφάλισης του Απορρήτου των Επικοινωνιών), της Διεύθυνσης Ηλεκτρονικού Εγκλήματος της Ελληνικής Αστυνομίας και των εταιρειών

παροχής υπηρεσιών Ιντερνετ # διερευνήθηκαν τρόποι συνεργασίας των φορέων για την πάταξη του φαινομένου # προληπτικές και κατασταλτικές λύσεις # ηλεκτρονική υπογραφή # διακοπή του email και της πρόσβασης σε δικτυακούς τόπους, ενημέρωση καταναλωτών για περιπτώσεις phishing mails, κλπ

2.500.000 ευρώ πρόστιμο στον ΟΤΕ, (22/6/2006)

πρόστιμο για την μη έγκαιρη υποβολή στην ΕΕΤΤ των κοστολογικών στοιχείων του ΟΤΕ (για τα έτη 2005 και 2006) # αυτό δημιουργεί σημαντικότατες καθυστερήσεις στις εγκρίσεις τιμών από την ΕΕΤΤ και κλίμα εμπορικής ανασφάλειας στην αγορά των ηλεκτρονικών επικοινωνιών # ως προς αυτήν την παράβαση **ο ΟΤΕ είναι υπότροπος**

Συνάντηση των Ρυθμιστικών Αρχών της Βαλκανικής, χαιρετισμός του Προέδρου, (3/6/2006)

report on the May 2 International conference organized by EETT # need for international cooperation # the importance of Broadband for the entire Mediterranean region # attract new investments # citizens' participation in Information Society # other countries already offer triple-play services # broadband penetration in EU 13% of population, in Greece 1.5% # telecoms competition a major factor # broadband technologies and related markets # 3G, HSDPA, DSL, WiMAX, QoS, RUO, LLU # 5 critical requirements recognized by ETNO

Βρισκόμαστε εδώ για να κτίσουμε και όχι για να αστυνομεύσουμε, συνέντευξη στο περιοδικό "Infocom", (6/6/2006)

ηλεκτρονικές επικοινωνίες και Ιντερνετ αποτελούν κύριο μοχλό ανάπτυξης της οικονομίας # πίστη στην αναγκαιότητα του οράματος # αλλαγή νοοτροπίας και πίστη στις ικανότητες μας, συναίνεση και συντονισμός, δραστικές καινοτόμες λύσεις # εποικοδομητικός ο ρόλος της ΕΕΤΤ στην αγορά τηλεπικοινωνιών # έχουμε σε χρόνο ρεκόρ ολοκληρώσει το σύνολο των Κανονισμών που όφειλε να εκδώσει η ΕΕΤΤ # ενθαρρύνουμε τον ανταγωνισμό στις υποδομές μέσω της αδεσμοποίησης του τοπικού βρόχου (LLU) και της συνεγκατάστασης

υποδομών (collocation) # δίνουμε ιδιαίτερη σημασία στα δίκτυα οπτικών ινών, στην βέλτιστη χρησιμοποίηση του φάσματος, και στη συνεχή μας διαβούλευση με την αγορά # απελευθερώσαμε τις ζώνες 2.4 GHz και 5.4 GHz για δίκτυα WiFi και WiMAX, συνεχίζουμε τη μείωση των τελών τερματισμού, καταθέτουμε προτάσεις για τα δικαιώματα διέλευσης, κλπ # παραβατικές συμπεριφορές τιμωρούνται κατά τον νόμο δίχως καμία ανοχή # όταν ο ρυθμιστής δέχεται βολές και από τις δύο πλευρές (από το πρώην μονοπώλιο ΟΤΕ και από τους εναλλακτικούς παρόχους) αυτό σημαίνει ότι κάνει καλά τη δουλειά του

Καινοτομία και ανταγωνισμός για να μεγαλώσει η πίττα στην αγορά των τηλεπικοινωνιών, συνέντευξη στην Ναυτεμπορική, (15/6/2006)

έχουμε αγωνία για την καθυστέρηση που παρουσιάζει η χώρα μας στις νέες τεχνολογίες # να κάνουμε κάτι διαφορετικό απ' ότι έχει γίνει μέχρι στιγμής ώστε να μεγαλώσει η πίττα # η πληροφορική, οι τηλεπικοινωνίες, το Διαδίκτυο και η ψηφιακή τηλεόραση (που πρέπει να υλοποιηθεί συντομότερα) **συγκλίνουν** # μεγάλη αμαρτία τα **υπέρογκα τέλη διέλευσης** που ζητούν οι δήμοι για τοποθέτηση οπτικής ίνας # πρόταση προς την πολιτεία να χαραχθεί ο δρόμος και να τεθούν οι στόχοι και οι ενδιάμεσοι σταθμοί # η ΕΕΤΤ ως «δεξαμενή σκέψης» (think tank) μπορεί να συμβάλει στη διαμόρφωση της εθνικής στρατηγικής για την Ευρυζωνικότητα # η εναρμονισμένη πρακτική των κινητών επέσυρε πρόστιμο 3 εκατ. ευρώ **# ο ΟΤΕ έχει συγκεκριμένες υποχρεώσεις** και πρέπει να ανταποκριθεί # πιέσαμε και πετύχαμε την ευκολότερη συνεγκατάσταση των εναλλακτικών στα κέντρα του ΟΤΕ # μας ακούν στην Κυβέρνηση, αλλά κάποιος πρέπει να πάρει το μπαλάκι και να προχωρήσει στην υλοποίηση δράσεων # θα παραιτηθώ αν δεν υπάρξουν αποτελέσματα

Διακοπή λειτουργίας παράνομων ραδιοφωνικών και τηλεοπτικών σταθμών στον Υμηττό, (26/6/2006)

μια από τις πολλές επιχειρήσεις της ΕΕΤΤ στον Υμηττό σε συνεργασία με Εισαγγελία, Αστυνομία, ΜΑΤ, συνεργεία της ΔΕΗ, κλπ # ερευνήθηκαν παράνομα containers και κατασχέθηκε ο εξοπλισμός

τους, αφαιρέθηκαν παράνομες κάμερες παρακολούθησης και έκλεισαν παράνομοι ραδιοφωνικοί και τηλεοπτικοί σταθμοί # στόχος είναι να εκκαθαριστεί πλήρως το τοπίο από παράνομες εγκαταστάσεις και σταθμούς και να μπει τάξη στον τομέα του φάσματος ραδιοσυχνοτήτων

Βάλτε τον πήχη πολύ υψηλότερα, συνέντευξη στο ραδιοφωνικό σταθμό ΣΚΑΪ, (3/7/2006)

με τις παράνομες κεραίες στον Υμηττό παίζεται ένα κρυφτούλι και η λύση είναι να υπάρξει η πολιτική βούληση για να δημιουργηθούν πάρκα κεραιών, να απλοποιηθεί νομικά η αδειοδότηση κεραιών και ραδιοτηλεοπτικών σταθμών, κλπ # φυγή προς τα μπρός: να πάμε σύντομα και οργανωμένα στη ψηφιακή τηλεόραση και το ψηφιακό ραδιόφωνο **# η ΕΡΤ παρανομεί** καθώς εκπέμπει ψηφιακά με τρία κανάλια δίχως να της έχουν αποδοθεί επίσημα οι συχνότητες # η ΕΕΤΤ έχει ήδη ολοκληρώσει την ανάλυση της αγοράς ευρυεκπομπών και προτείναμε τον **διαχωρισμό του «παρόχου περιεχομένου» από τον « πάροχο δικτύου»** # θα μπει σε διαβούλευση το ενδεχόμενο διάσπασης του ΟΤΕ, όπως έχει γίνει και σε άλλες χώρες της ΕΕ, αλλά πριν γίνει αυτό θα απαιτηθεί σοβαρή μελέτη [βλέπε άρθρο της Α. Μπουγάτσου «Σοκ και δέος στον ΟΤΕ για το ενδεχόμενο διάσπασης των υποδομών του» (Καθημερινή, 2/7/2006)] # επίκειται συνάντηση στην Αθήνα των 25 προέδρων των ρυθμιστικών αρχών της ΕΕ με θέματα τη διάσπαση των μονοπωλίων, το ψηφιακό μέρισμα, αναθεώρηση του ευρωπαϊκού νομικού πλαισίου, κλπ # εγώ θα έβαζα τον πήχη πολύ ψηλότερα απ' ότι τον βάζει η Κυβέρνηση

10.000 οι χρήστες τοπικών βρόχων, (4/7/2006)

στις 12/2004 οι τοπικοί βρόχοι ήταν περίπου 2.700, στις 12/2005 περίπου 6.500 ενώ σήμερα έφτασαν τους 10.000 # η **αύξηση των τοπικών βρόχων** συμβάλλει στην ανάπτυξη της Ευρυζωνικότητας και στην τόνωση του ανταγωνισμού στις τηλεπικοινωνιακές υποδομές # επιτρέπει επίσης στους εναλλακτικούς παρόχους να προσφέρουν --

εκτός από σταθερή τηλεφωνία -- και αυτόνομη γρήγορη σύνδεση στο Διαδίκτυο καθώς και υπηρεσίας video και τηλεόρασης

Αποτέλεσμα της δημοπρασίας για το WiMAX, (21/7/2006)

υπέβαλλαν φακέλους αιτήσεων οι κάτωθι εταιρίες: TELLAS, VODAFONE, HELLAS ON LINE, FORTHNET, ΔΙΕΘΝΗΣ ΑΕΡΟΛΙΜΕΝΑΣ ΑΘΗΝΩΝ Α.Ε. – ΕΛΕΥΘΕΡΙΟΣ ΒΕΝΙΖΕΛΟΣ-, COSMOLINE και CLEARWIRE EUROPE S.a.R.L # οι συχνότητες στη ζώνη 3,5 GHz είναι αποκλειστικά για τη δημιουργία υποδομής ΣΑΠ (Σταθερή Ασύρματη Πρόσβαση) # η άδεια θα έχει διάρκεια 10 ετών και ο ανάδοχος έχει συγκεκριμένες υποχρεώσεις κάλυψης # ανάδοχος ανακηρύχτηκε η COSMOTELCO (COSMOLINE) με εκπλειστηρίασμα στα **20.475.000 ευρώ** (τιμή εκκίνησης 1.650.000 ευρώ.

Διεξαγωγή εκτάκτων ελέγχων-αυτοψιών σε τηλεπικοινωνιακές επιχειρήσεις (11/8/2006)

συνεργεία της ΕΕΤΤ (**ως Επιτροπή Ανταγωνισμού για τις τηλεπικοινωνίες**) διεξήγαγαν αυτεπάγγελτους ελέγχους-αυτοψίες στα γραφεία εταιρειών # έλεγχος της συμμόρφωσης των εταιρειών ως προς τις υποχρεώσεις τους προς τον καταναλωτή και για πιθανές αθέμιτες και καταχρηστικές εμπορικές πολιτικές # συλλέχθηκαν στοιχεία, έγγραφα, πληροφορίες και ελήφθησαν ένορκες ή ανωμοτί καταθέσεις # εάν η επεξεργασία των στοιχείων διαπιστώσει παραβατικές συμπεριφορές, οι εταιρείες θα κληθούν σε ακρόαση ενώπιον της Ολομέλειας της ΕΕΤΤ προκειμένου να επιβληθούν οι νόμιμες διοικητικές κυρώσεις

Εξαγορά της ΓΕΡΜΑΝΟΣ από την Cosmote, (17/8/2006)

η ΕΕΤΤ (ως Επιτροπή Ανταγωνισμού στις Τηλεπικοινωνίες) εξέτασε τους όρους της σύμβασης εφαρμόζοντας τις «διατάξεις περί ελέγχου μονοπωλίων και ολιγοπωλίων και προστασίας του ελεύθερου ανταγωνισμού» # ενέκρινε υπό (τουλάχιστον 8 δεσμευτικούς όρους) την εξαγορά (ποσοστού 42% του καταβεβλημένου μετοχικού κεφαλαίου) # **οι όροι περιλαμβάνουν** τους όρους εμπιστευτικότητας,

μη διακριτικής μεταχείρισης, μη υποχρέωσης καταναλωτών στην προμήθεια συνδεδεμένων προϊόντων-προσφορών της εξαγοράζουσας, διάθεσης προς τους καταναλωτές ιδιαίτερων τιμοκαταλόγων, υποχρέωσης της εταιρείας ΓΕΡΜΑΝΟΣ να διατηρήσει στα καταστήματα του το σήμα ΓΕΡΜΑΝΟΣ, κλπ # η ΕΕΤΤ διατηρεί το δικαίωμα αυτεπάγγελτων ελέγχων για εξέταση της τήρησης των όρων έγκρισης

Πιστεύουμε, θέλουμε, μπορούμε να πετύχουμε, ομιλία στο 45ο Συνέδριο της FITCE, Αθήνα, (2/9/2006)

σημαντικές εξελίξεις το 2006: (α) τον Φεβρουάριο 2006 ψηφίστηκε τελικά ο νέος νόμος για τις Ηλεκτρονικές Επικοινωνίες που δίνει εργαλεία στην ΕΕΤΤ για την ουσιαστική απελευθέρωση του ευρυζωνικού Διαδικτύου, (β) η ΕΕΤΤ ολοκλήρωσε την ανάλυση των 16 αγορών τηλεπικοινωνιών, (γ) επιτεύχθηκε σημαντική μείωση των τιμών του ADSL και αύξηση των ταχυτήτων, (δ) εμφανίστηκαν νέες υπηρεσίες: VoIP, Triple play, HSDPA, IPTV, ευρυζωνικές συνδέσεις μέσω LLU, (ε) πιέσαμε για την αύξηση του αριθμού φυσικής συνεγκατάστασης, (στ) απελευθερώσαμε το WiFi και το WiMAX και (ζ) προχωρήσαμε σε έγκριση εξαγορών εταιρειών, προώθηση του ανταγωνισμού, ανάπτυξη της ενιαίας αγοράς και προαγωγή δικαιωμάτων πολιτών # **πιστεύουμε, θέλουμε, μπορούμε** να επιτύχουμε το επιθυμητό άλμα

Η φορητότητα αριθμών ξεπέρασε τις 200.000, (10/10/2006)

τους πρώτους 9 μήνες του 2006 οι αριθμοί (συνδρομητές) σταθερής και κινητής τηλεφωνίας που μεταφέρθηκαν σε άλλη εταιρεία ανήλθαν σε 108.000 (έναντι 77.000 του 2005 και 17.000 το 2004) # η **εταιρεία αποδέκτης** αναλαμβάνει πλέον τη διεκπεραίωση όλων των απαιτούμενων διαδικασιών # η φορητότητα μαζί με την αύξηση των παροχών αδεσμοποίητης πρόσβασης στον τοπικό βρόχο τονώνουν τον ανταγωνισμό μεταξύ των τηλεπικοινωνιακών παρόχων

Πρώτη η Ελλάδα παγκοσμίως στο ρυθμό αύξησης των ευρυζωνικών συνδέσεων, Global Statistics της Point Topic, (12/10/2006)

πρώτη η Ελλάδα στην αύξηση του αριθμού των ευρυζωνικών συνδέσεων της τάξης του 44% (ακολουθεί η Ινδία με 40% και η Νότια Αφρική με 24%) # **μια «μικρή νίκη»** από τις πολλές που χρειάζεται η χώρα για την εξάπλωση του ευρυζωνικού διαδικτύου # το πρώτο εννεάμηνο του 2006 οι τοπικοί βρόχοι των εναλλακτικών παρόχων παρουσίασαν αύξηση 95% ενώ φυσική συνεγκατάσταση υλοποιήθηκε σε 24 αστικά κέντρα του ΟΤΕ (έναντι του ενός μόνον στις αρχές του έτους) # πρέπει να εντατικοποιήσουμε τις προσπάθειές μας και όλοι μας – με πρώτη την Κυβέρνηση – **να βάλουμε πιο ψηλά τον πήχη** θέτοντας υψηλότερους στόχους

Κινητή τηλεφωνία: όσο πιο πυκνό το δίκτυο, τόσο πιο χαμηλή η ακτινοβολία, συνέντευξη τύπου για την αντίστοιχη Ημερίδα της ΕΕΤΤ, (23/11/2006)

δημόσιος διάλογος σχετικά με την κινητή τηλεφωνία και την ηλεκτρονική ακτινοβολία των κεραιών # προβληματισμός και ερωτηματικά # επιστημονικά δεδομένα, δοξασίες, πεποιθήσεις # η εγκατάσταση των σταθμών βάσης και των κεραιών τους είναι απαραίτητη # ασφαλές περιβάλλον # στόχος της ΕΕΤΤ η καταπολέμηση της τεχνοφοβίας, η τήρηση των διατάξεων του νόμου, η σωστή ενημέρωση και η ισχυροποίηση της εμπιστοσύνης του κοινού

Χρειαζόμαστε ενημερωμένους καταναλωτές, συνέντευξη στο Περιοδικό «Καταναλωτικά Βήματα» του ΚΕ.Π.ΚΑ., (27/11/2006)

οι καταναλωτές πρέπει να απολαμβάνουν καινοτόμες, φθηνές και ποιοτικές τηλεπικοινωνιακές υπηρεσίες # **προάσπιση των συμφερόντων και ενίσχυση της εμπιστοσύνης του καταναλωτή** # μια από τις 3 μέρες του διεθνούς συνεδρίου της ΕΕΤΤ αποκλειστικά σε θέματα καταναλωτών # εκδόθηκε νέος κανονισμός για την προεπιλογή φορέα # τροποποιήθηκε ο κανονισμός φορητότητας προς όφελος των καταναλωτών # τιμωρήθηκε εναρμονισμένη πρακτική των κινητών # προετοιμάζεται Κώδικας Δεοντολογίας Παροχής Υπηρεσιών Πολυμεσικής Πληροφόρησης # με την ενίσχυση του Τομέα Εξυπηρέτησης Καταναλωτών (ΤΕΚ) της ΕΕΤΤ, δημιουργήθηκε

μηχανισμός διαρκούς ενημέρωσης και εξυπηρέτησης καταναλωτών, ταχείας επίλυσης γραπτών καταγγελιών, και εμπλουτισμού της ιστοσελίδας της ΕΕΤΤ με διαδραστικές υπηρεσίες, πληροφορίες και συμβουλές προς τους καταναλωτές

Η κινητή τηλεφωνία και ευρυζωνικότητα είναι εδώ για να μείνουν, ομιλία στην Ημερίδα της ΕΕΤΤ για τις Κεραίες Κινητής Τηλεφωνίας, Αθήνα, (30/11/2006)

ο καθένας μας χρησιμοποιεί ένα ή και περισσότερα κινητά # οι κεραίες είναι απαραίτητες για την κινητή τηλεφωνία, την κινητή ευρυζωνικότητα (mobile broadband), την κινητή τηλεόραση (MobileTV), κ.α. εφαρμογές # οι δράσεις της ΕΕΤΤ για ενημέρωση, έλεγχο, διαφάνεια # τα εφαρμοζόμενα στην Ελλάδα πρότυπα και όρια είναι ίδια ή αυστηρότερα άλλων χωρών # το θέμα των κεραιών θεωρείται «ταμπού» και «καυτή πατάτα» # **έχουμε πληθυσμό με συμπτώματα τεχνοφοβίας ενώ χρειαζόμαστε ενημερωμένους πολίτες** # αναγκαία ο ευρύτατος διάλογος και οι τεκμηριωμένες απόψεις για την ασφαλή λειτουργία των δικτύων κινητής τηλεφωνίας # ο πολίτης θα πρέπει να αισθάνεται ότι δεν τον κοροϊδεύουν, ότι όλα γίνονται σύμφωνα με τον νόμο και ότι οι φορείς αντιδρούν άμεσα και τον προστατεύουν

Dinner hosted by EETT in honor of Dr. Robert E. Kahn (the "father" of the Internet), welcoming speech by the President (Great Britain Hotel, Athens, 5/12/2006)

an honor to have with us one of the first pioneers of the Internet #working in the project DARPA, he coined the term "National Information Infrastructure" (later to be known as "Information Superhighway") # he was one of the **collaborators at UCLA (with Prof. Len Kleinrock and Vint Cerf)** to perform the first successful exchange of digital messages over an interconnected network of computers • current challenges and opportunities

Δικαιώματα διέλευσης: το πρώτο βήμα προς το εθνικό δίκτυο οπτικών ινών μέχρι το σπίτι (FTTH), δημόσια διαβούλευση, (12/12/ 2006)

η ΕΕΤΤ διεξάγει δημόσια διαβούλευση με σκοπό τον καθορισμό των διαδικασιών και τελών χορήγησης δικαιωμάτων διέλευσης σε δημόσιους, κοινόχρηστους και ιδιωτικούς χώρους για την εγκατάσταση δικτύων οπτικών ινών στο σύνολο της Ελληνικής Επικράτειας # στόχος για σύντομες και απλές διαδικασίες αδειοδότησης και χρέωσης # η εγκατάσταση εκτεταμένου δικτύου οπτικών ινών θα φέρει σύγχρονες ψηφιακές υπηρεσίες στον πολίτη

Έκθεση πεπραγμένων ΕΕΤΤ έτους 2006

Ψήφιση του νέου Νόμου 3431/2006 για τις Ηλεκτρονικές Επικοινωνίες # ολοκλήρωση «ανάλυσης» 17 αγορών # ανάπτυξη της «φυσικής συνεγκατάστασης» # απελευθέρωση του WiFi στην Ελλάδα # άδεια WiMAX # προετοιμασία απελευθέρωσης του τοπικού βρόχου LLU (έγκριση RUO)

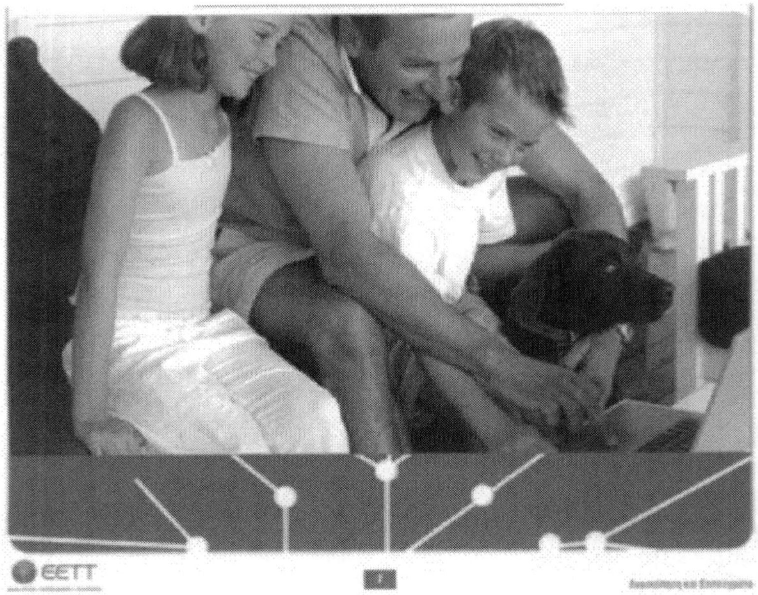

Το κοινό εξοικειώνεται με την Ευρυζωνικότητα-

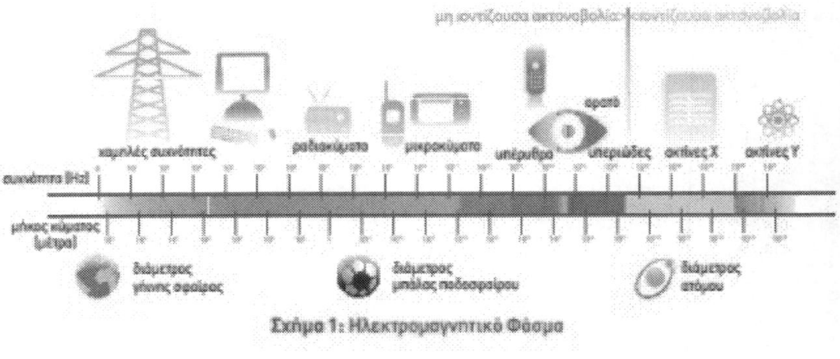

Σχήμα 1: Ηλεκτρομαγνητικό Φάσμα

Έτος 2007: «Έτος Ευρυζωνικότητας» (εμπόδια ΟΤΕ, εφαρμογή νόμου & πρόστιμα, άνοιγμα Κέντρων του ΟΤΕ, τοπικοί βρόχοι LLU)

Το μέλλον φέρνει την κινητή διασυνδεσιμότητα, ομιλία στην Ημερίδα για τις Κεραίες Κινητής Τηλεφωνίας στην Θεσσαλονίκη, (31/1/2007)

πανελλαδική ενημερωτική καμπάνια της ΕΕΤΤ για το κινητό ευρυζωνικό Διαδίκτυο # νέες τεχνολογικές δυνατότητες κινητής επικοινωνίας # δράσεις της ΕΕΤΤ για ενημέρωση-έλεγχο-διαφάνεια # σχόλιο δημοσιογράφου: «**οι δήμαρχοι έχουν ένα κινητό σε κάθε τσέπη αλλά δεν θέλουν τις κεραίες κινητής τηλεφωνίας**»

«Έτος Ευρυζωνικότητας», ομιλία στην αντίστοιχη εκδήλωση της ΕΕΤΤ στη Μεγάλη Βρετανία, Αθήνα, (6/2/2007)

πρώτη επέτειος από την ψήφιση του νέου ν όμου # οι τεχνολογικές εξελίξεις και ο ανταγωνισμός κινούνται με ταχύτητες πολύ μεγαλύτερες απ΄ αυτές που είχαμε συνηθίσει #απαιτούν εκ μέρους μας μεγαλύτερη τόλμη και ταχύτερες αντιδράσεις # ο κλάδος ΤΠΕ (Τεχνολογίες Πληροφορικής και Επικοινωνιών) από τους ταχύτερα αναπτυσσόμενους κλάδους της οικονομίας μας # προωθούμε αναγκαίες ρυθμίσεις και παρεμβάσεις για **ευρυζωνική πρόσβαση στο Διαδίκτυο απ' όλους** # οι εξελίξεις στον τηλεπικοινωνιακό τομέα μέσα στο 2006 # νέες αγορές double-play, triple-play και quad-play # νέο κλίμα εμπιστοσύνης, ενθουσιασμού και ουσιαστικών επενδύσεων στις τηλεπικοινωνιακές υποδομές # τα δύο τελευταία χρόνια οι ευρυζωνικές συνδέσεις κάθε χρόνο τριπλασιάζονται. Πιστεύω ότι αυτό μπορεί να επιτευχτεί και το 2007 **# ο Πρωθυπουργός της Ελλάδας, κ. Κώστας Καραμανλής κηρύττει το 2007 ως «Έτος Ευρυζωνικότητας»** στην ομιλία του στο ξενοδοχείο Μεγάλη Βρετανία.

3.330.000 ευρώ πρόστιμα σε τηλεπικοινωνιακούς παρόχους για αυθαιρεσίες σε θέματα προεπιλογής φορέα, (15/2/2007)

μετά από καταγγελίες πολιτών και σε συνέχεια ακροαματικών διαδικασιών η ΕΕΤΤ επέβαλε τα εξής πρόστιμα: ΟΤΕ=3.000.000 ευρώ

(1.000.000 ευρώ για τηλεπικοινωνιακές παραβάσεις και 2.000.000 ευρώ για παράβαση του Δικαίου του Ανταγωνισμού), TELLAS=150.000 ευρώ, TELEDOME=100.000 ευρώ, FORTHNET=70.000 ευρώ, ALTEC=10.000 ευρώ

Προοπτικές ανάπτυξης της Ευρυζωνικότητας στην Ελλάδα, θέσεις του Προέδρου στην «Ειδική Επιτροπή Έρευνας και Τεχνολογίας της Βουλής», (22/2/2007)

τι επηρεάζει την ευρυζωνικότητα **#** εμπόδια στην ανάπτυξη της ευρυζωνικότητας στην Ελλάδα **#**περιορισμένες ευρυζωνικές υποδομές **#** παρεμβάσεις της ΕΕΤΤ για την ανάπτυξη της ευρυζωνικότητας **#** απαραίτητες προϋποθέσεις επιτυχίας: όραμα, στρατηγική, ένας συντονιστής-υπεύθυνος, οικονομική ενίσχυση για **υποδομές οπτικών ινών από το 3ο και 4ο ΚΠΣ** **#** ενθαρρυντικό το ότι η Κυβέρνηση ανακήρυξε το 2007 ως «έτος ευρυζωνικότητας»

<u>*Προσωρινή διάταξη αναφορικά με την αίτηση ασφαλιστικών μέτρων της Tellas κατά του ΟΤΕ, (26/2/2007)*</u>

προσωρινή διάταξη εξέδωσε η ΕΕΤΤ λόγω της **πρακτικής καθυστερήσεων/ αρνήσεων που αναπτύσσει ο ΟΤΕ** ως προς επαύξηση ζευγών της Tellas που υποχρεούται να της παράσχει **#** η διάταξη ορίζει ότι ο ΟΤΕ εντέλλεται να παραδώσει στην Tellas 70% των ζευγών που αυτή αιτείται σύμφωνα με συγκεκριμένο χρονοδιάγραμμα **#** η αδικαιολόγητη καθυστέρηση υλοποίησης εκ μέρους του ΟΤΕ των κατατεθέντων αιτημάτων επαύξησης ζευγών, δημιουργεί σοβαρά οικονομικά και λειτουργικά προβλήματα στην Tellas, καθόσον αιτήματα χιλιάδων συνδρομητών της παραμένουν σε εκκρεμότητα για (μη εύλογο) μεγάλο χρονικό διάστημα

<u>*Καταγγελίες καταναλωτών για θέματα υπηρεσιών μέσω LLU, (30/3/2007)*</u>

μετά από καταγγελίες καταναλωτών για θέματα που αφορούν υπηρεσίες μέσω Αδεσμοποίητης Πρόσβασης στον Τοπικό Βρόχο (LLU), η ΕΕΤΤ καλεί τις εταιρείες ηλεκτρονικών επικοινωνιών να τοποθετηθούν # η ΕΕΤΤ προβαίνει σε ελέγχους για ενδεχόμενο λήψης διοικητικών μέτρων κατά εταιρειών του κλάδου

Πως θα συγκλίνουμε με την Ε.Ε. στην Ευρυζωνικότητα, άρθρο στην εφημερίδα «Κέρδος», (31/3/2007)

η χώρα μας και το Δημόσιο έχουν χαμηλή ετοιμότητα να δεχθούν νέες τεχνολογίες # σημαντική πρόοδος τα τελευταία 2 χρόνια, αλλά ακόμα τελευταίοι # υπάρχει έλλειψη ελληνικού ψηφιακού περιεχομένου και χαμηλό επίπεδο ανταγωνισμού στις τηλεπικοινωνιακές υποδομές # τα διαδικτυακά προϊόντα και υπηρεσίες μπορούν να παραχθούν εύκολα και σε μικρές χώρες από μικρές εταιρείες και να εξαχθούν με σχετική ευκολία στον υπόλοιπο κόσμο # χρειάζεται ολοκληρωμένη, φιλόδοξη και επιθετική εθνική στρατηγική και ένας συντονιστής-υπεύθυνος παρά τω Πρωθυπουργώ # σε αρχική φάση, ακόμα και επιχορήγηση της ζήτησης και σύνδεσης στο Διαδίκτυο # στην ΕΕ, οι υποδομές της καλωδιακής τηλεόρασης βοήθησαν στην αύξηση της ευρυζωνικής διείσδυσης # η ΕΕΤΤ πρότεινε νομοθετικό πλαίσιο για τα δικαιώματα διέλευσης που θα διευκολύνει την κατασκευή τηλεπικοινωνιακών υποδομών # μολονότι για την ώρα τα όρια του χαλκού επαρκούν για τις παρούσες υπηρεσίες, η δημιουργία ενός δικτύου FTTx θα πρέπει να σχεδιαστεί από τώρα ώστε να καλύψει τις ταχύτητες των 100 Mbps που σύντομα θα απαιτηθούν # περιμένουμε την Κυβέρνηση να εισάγει τον αντίστοιχο νόμο

Η ΕΕΤΤ λειτουργεί σε ένα δυσκίνητο περιβάλλον. συνέντευξη στο περιοδικό ΕΠΥ, (9/4/2007)

ο ΟΤΕ να προσαρμοστεί πολύ γρήγορα στις νέες τεχνολογικές τάσεις και οι εναλλακτικοί πάροχοι να προχωρήσουν γρήγορα σε επενδύσεις υποδομών **# και ο ΟΤΕ και η Πολιτεία δεν τόλμησαν και καθυστέρησαν** # τι σηματοδοτεί η ανακήρυξη του «έτους ευρυζωνικότητας: υιοθέτηση της ευρυζωνικότητας στο δημόσιο, στην εκπαίδευση, στην επιχειρηματικότητα και στην καθημερινή ζωή # κοινωφελής ο χαρακτήρας της ευρυζωνικότητας # απελευθερώσαμε τις ζώνες 2,4GHz και 5GHz για δίκτυα WiFi, που μαζί με την εμφάνιση της τεχνολογίας

WiMAX αναμένεται να δώσουν νέα ώθηση στην ανάπτυξη του **ασύρματου ευρυζωνικού Διαδικτύου #** η γραφειοκρατία όμως του δημόσιου και η έλλειψη αποτελεσματικών νόμων από την Πολιτεία δυσχεραίνουν την αδειοδότηση κεραιών **#** η ΕΕΤΤ δεν έχει την αρμοδιότητα να επενδύσει το κεφάλαιο του αποθεματικού της σε δράσεις ανάπτυξης της Ευρυζωνικότητας, αναλαμβάνει όμως από μόνη της πρωτοβουλίες και ενεργότερο ρόλο που συμβάλλουν στην Ευρυζωνικότητα **#** από το 2007 για πρώτη φορά αξιοποιείται η πλήρης αδεσμοποίητη πρόσβαση στον τοπικό βρόχο, με αποτέλεσμα οι εναλλακτικοί πάροχοι να μπορούν να παρέχουν στο ευρύ κοινό πρωτοπόρες υπηρεσίες που **αποδεσμεύουν τους καταναλωτές από τον ΟΤΕ**, όπως IP τηλεφωνία, video-on-demand και τηλεόραση μέσα από ευρυζωνικές συνδέσεις, κλπ **#** οι τιμές έχουν μειωθεί σημαντικά αλλά δεν έχουν αυξηθεί ακόμα σημαντικά οι ταχύτητες (φτάσαμε στα 2-4Mbps) **#** διατηρώ μερικές επιφυλάξεις για τις διαμαρτυρίες των εναλλακτικών παρόχων γιατί νομίζω ότι και αυτοί δεν είναι ακόμα «έτοιμοι» να αξιοποιήσουν άμεσα όσες φυσικές συνεγκαταστάσεις ή τον αριθμό βρόχων που διατίθενται στον καθένα **#** πρόταση ΣΟΣΣ: Συναίνεση, Όραμα, Συντονισμός και Στρατηγική, ώστε η Ελλάδα να μεταλλαχθεί σε **Χώρα Υπηρεσιών Υψηλής Τεχνολογίας**

Μέτρα κατά του ΟΤΕ σχετικά με τη παροχή αδεσμοποίητης πρόσβασης στον τοπικό βρόχο, (26/4/2007)

τα προσωρινά μέτρα υποχρεώνουν τον ΟΤΕ εντός 10 εργασίμων ημερών να είναι σε θέση να ενημερώνει αυθημερόν τα πληροφοριακά του συστήματα με τα διαθέσιμα στοιχεία της παράδοσης βρόχων **#** μέχρι την ολοκλήρωση της μετάβασης σε νέο πάροχο, ο συνδρομητής θα εξακολουθήσει να εξυπηρετείται από τον προηγούμενο πάροχο **#** ο χρόνος αποκατάστασης βλαβών ορίζεται για τον ΟΤΕ σε 2 εργάσιμες μέρες **#** καθορίζονται θέματα βλαβοληψίας τοπικών βρόχων

Και ο ΟΤΕ και οι πάροχοι ανέτοιμοι για την ευρυζωνικότητα, συνέντευξη στο περιοδικό ΝΕΟ, (30/4/2007)

 # το 2006 η Ελλάδα είχε τον υψηλότερο παγκοσμίως ρυθμό ανάπτυξης της Ευρυζωνικότητας # μέσα στο 2007 η Ελλάδα θα παύσει να είναι ουραγός στην ΕΕ #εμφανής η εντατικοποίηση του ανταγωνισμού προς όφελος του καταναλωτή # υπάρχουν ακόμα **προβλήματα της «παιδικής ηλικίας»** όσον αφορά την εξυπηρέτηση από τις τηλεπικοινωνιακές εταιρείες # και ο ΟΤΕ και οι ανταγωνιστές του επιτίθενται στην ΕΕΤΤ # **η ΕΕΤΤ κρατά λεπτές ισορροπίες** και αμεροληψία, εμποδίζει στρεβλώσεις στην αγορά και «αλφαδιάζει το γήπεδο» # ο ρόλος της ΕΕΤΤ δεν είναι να εξασφαλίσει την βιωσιμότητα της κάθε (ακόμα και κακής) επιχείρησης του κλάδου # η συνεγκατάσταση και απελευθέρωση του τοπικού βρόχου επιτρέπει στους παρόχους να μεταπηδήσουν από το μοντέλο της μεταπώλησης σ΄ αυτό των επενδύσεων σε ιδιωτικές υποδομές # αναγνωρίζομε τη συμβολή του ΟΤΕ στην επέκταση της ευρυζωνικότητας, αλλά και τα προσκόμματα που δημιουργεί στην υποχρέωση του για παροχή πρόσβασης στις υποδομές του (για ευρυζωνικότητα μέσω LLU) που επισύρουν αυστηρά πρόστιμα # ευκαιρία **να απαλλαγεί ο ΟΤΕ από τις κακές κληρονομιές** του κρατικοπροστατευτικού παρελθόντος και να ωφεληθεί κατά πολύ περισσότερο από την μεγέθυνση της συνολικής αγοράς και των νέων εφαρμογών

Η ΕΕΤΤ εγκαινιάζει το RUO για αδεσμοποίητη πρόσβαση στον τοπικό βρόχο του ΟΤΕ, (2/5/2007)

η ΕΕΤΤ παρουσιάζει το RUO (Reference Unbundling Offer) για την υποχρέωση του ΟΤΕ για πλήρη απελευθέρωση του τοπικού του βρόχου (LLU) σε ένα πλήρως απελευθερωμένο περιβάλλον υποδομής δικτύου # το RUO αποτελεί θεμελιώδες δεσμευτικό εργαλείο για την δίκαιη, απρόσκοπτη και αποτελεσματική υλοποίηση των διαδικασιών παροχής υπηρεσιών LLU στους πολίτες # η αποτελεσματική εφαρμογή του RUO θα δημιουργήσει νέες ευκαιρίες επενδύσεων, την δημιουργία νέων θέσεων εργασίας και την **ανάπτυξη νέων πρωτοποριακών εφαρμογών** ψηφιακής τεχνολογίας # μέχρι την υλοποίηση του RUO, οι εναλλακτικοί πάροχοι είχαν πάρει από τον ΟΤΕ μόνο 50.000 βρόχους συνολικά

Δράσεις της ΕΕΤΤ για το νέο RUO και το άνοιγμα των κέντρων του ΟΤΕ στους εναλλακτικούς παρόχους, συνέντευξη τύπου, (9/5/2007)

η συνεγκατάσταση και η απελευθέρωση του τοπικού βρόχου σηματοδοτούν την αρχή μίας **νέας εποχής για τις ψηφιακές επικοινωνίες** # αδεσμοποίηση του τοπικού βρόχου (ορισμός, χρήσεις, μορφές, υπηρεσίες) # οι αρμοδιότητες της ΕΕΤΤ και οι υποχρεώσεις του ΟΤΕ # κυριότερες δράσεις της ΕΕΤΤ μετά το νόμο 3431 (2/2006) # προτάσεις για την ανάπτυξη της Ευρυζωνικότητας (προϋποθέσεις επιτυχίας, προτάσεις για δράσεις από την Πολιτεία, τι πρέπει να κάνει ο ΟΤΕ) # καθυστερήσεις στην εφαρμογή αποφάσεων της ΕΕΤΤ # παρουσίαση του επιχειρησιακού σχεδίου της ΕΕΤΤ για το 2007 και στρατηγικών επιλογών

Απαντήσεις σε επερώτηση 25 βουλευτών του ΠΑΣΟΚ, (9/5/2007)

περιέχονται οι απαντήσεις μου στις κάτωθι ερωτήσεις/σχόλια των βουλευτών: # εκκρεμότητες ενσωμάτωσης κοινοτικών οδηγιών καθυστερούν αδικαιολόγητα την ουσιαστική απελευθέρωση της αγοράς τηλεπικοινωνιών # είμαστε τελευταίοι στην ΕΕ στην διείσδυση των ευρυζωνικών υπηρεσιών # η χώρα μας έχει τις ακριβότερες τιμές της ΕΕ # η αγορά παραμένει αρρύθμιστη, οι παρεμβάσεις της ΕΕΤΤ είναι απολύτως αναποτελεσματικές, σημαντικές υποθέσεις λιμνάζουν σχεδόν επί δύο χρόνια και η ΕΕΤΤ δεν είναι Ανεξάρτητη Αρχή # **δεν υπάρχει πολιτική για τις τηλεπικοινωνίες** # κυβερνητική ανεπάρκεια και αδιαφορία, # συνεχής διαμάχη μεταξύ Υπουργείου, ΕΕΤΤ και ΟΤΕ # περιορισμένη η χρήση ηλεκτρονικών υπολογιστών στην Ελλάδα

Όπου κι αν είσαι, είσαι στο κέντρο του κόσμου με την Ευρυζωνικότητα, ομιλία στο Σύνταγμα για την «Εβδομάδα Ευρυζωνικότητας», (17/5/2007)

«οι τηλεπικοινωνίες του χθες δεν είναι οι τηλεπικοινωνίες του σήμερα» # το Διαδίκτυο αποτελεί πλέον απαραίτητο μέσο και εργαλείο για τους Έλληνες πολίτες στη νέα αυτή Κοινωνία της Γνώσης # οι ευρυζωνικές υποδομές και υπηρεσίες αποτελούν το απαραίτητο

όχημα που θα καταστήσει τη χώρα μας ανταγωνιστική στον παγκόσμιο στίβο της επανάστασης της πληροφορίας # αυτές οι υποδομές θα πρέπει να επεκταθούν και στις πλέον απομακρυσμένες και λιγότερο ανεπτυγμένες περιοχές της ελληνικής περιφέρειας # δέσμευση της Πολιτείας για την μείωση του «ψηφιακού χάσματος» # η πρόσφατη αδεσμοποίηση του τοπικού βρόχου εγκαινιάζει πλέον μια νέα εποχή # σχετικές ενημερωτικές δράσεις και καμπάνια της ΕΕΤΤ # είμαστε εν γένει μια τεχνοφοβική κοινωνία # ο ενημερωμένος πολίτης όχι μόνο θα ασπαστεί τις νέες τεχνολογίες, αλλά και «θα την πατήσει» , όπως άλλωστε την έχουμε «πατήσει» και εμείς προ πολλού!

Απόκτηση από την COMSTAR του 51% της εταιρείας HELLAS ON LINE, (9/7/2007)

η Ολομέλεια της ΕΕΤΤ ενέκρινε τη συμφωνία κάλυψης μετοχών μεταξύ των εταιρειών JSC COMSTAR - UNITED TELESYSTEMS και INTRACOM S.A. HOLDINGS, δυνάμει της οποίας συμφωνήθηκε η κάλυψη και απόκτηση του 51% του μετοχικού κεφαλαίου και των δικαιωμάτων ψήφου της εταιρείας HELLAS ONLINE

Δεν υπάρχει, ούτε μπορεί να υπάρξει έξωθεν παρέμβαση στο έργο της ΕΕΤΤ, συνέντευξη στην εφημερίδα CITYPRESS, (30/5/2007)

χαμηλή η ανάπτυξη της Ευρυζωνικότητας # η ΕΕΤΤ εφαρμόζει αποτελεσματικά το νέο νόμο # αντιμετώπιση της **σύγκλισης σταθερών-κινητών** # πρόκληση τα δίκτυα πρόσβασης επόμενης γενεάς # η ΕΕΤΤ άρχισε το πρόγραμμα συνεγκατάστασης # η Πολιτεία άρχισε **το πρόγραμμα ανάπτυξης τηλεπικοινωνιακών υποδομών στην περιφέρεια** # το ετήσιο διεθνές συνέδριο μας θέλουμε να γίνει θεσμός # η ΕΕΤΤ έχει τα δικά της έσοδα και δεν επιβαρύνει καθόλου τον κρατικό προϋπολογισμό # από τότε που ανέλαβα Πρόεδρος της ΕΕΤΤ, κανένα υπουργείο ή κυβερνητικός παράγοντας ή πολιτικός άλλου κόμματος ή παράγοντας της αγοράς ή της κοινωνίας δε έχει ποτέ παρέμβει και δεν μπορεί να παρέμβει με οποιοδήποτε τρόπο στο έργο της ΕΕΤΤ **# ουδείς εξωτερικός παράγων μπορεί να θέσει βέτο στις αποφάσεις της ΕΕΤΤ #** ο πρόεδρος και οι δύο αντιπρόεδροι της ΕΕΤΤ εκλέγονται με τις

διαδικασίες που ισχύουν και για άλλες ρυθμιστικές Αρχές σε πολλές άλλες χώρες-μέλη της ΕΕ

Όλοι να επιτείνουμε τις προσπάθειες για την Ευρυζωνικότητα, ομιλία στο 2ο διεθνές συνέδριο της ΕΕΤΤ, Grand Resort, Λαγονήσι, (1-3/6/2007)

νέα εποχή για τον κλάδο των ψηφιακών επικοινωνιών και του ευρυζωνικού Διαδικτύου για τη χώρα μας # οι ευρυζωνικές υποδομές αποτελούν όχημα για την οικονομική ανάπτυξη της χώρας που θα επιτρέψουν να παράγει **εξαγώγιμες υπηρεσίες και εφαρμογές υψηλής τεχνολογίας** # κύριοι στόχοι μας η ενίσχυση του ανταγωνισμού και των ασύρματων ευρυζωνικών δικτύων # είμαστε στο κρίσιμο σημείο (breakpoint) που με λίγα κίνητρα η ευρυζωνική αγορά μπορεί να απογειωθεί # το σύστημα είναι αργοκίνητο # πρέπει όλοι οι εμπλεκόμενοι φορείς για τις νέες τεχνολογίες να βρίσκονται κάτω από μια στέγη **# ΟΤΕ και εναλλακτικοί πάροχοι είναι ανέτοιμοι για την εμφανιζόμενη υψηλή ζήτηση** #η πιθανότητα διαχωρισμού του δικτύου του ΟΤΕ παραμένει στο τραπέζι # καταπολέμηση της τεχνοφοβίας και διευθέτηση της ψηφιακής τηλεόρασης # τρέχουμε αλλά θα πρέπει να τρέξουμε ακόμα πιο γρήγορα

Νέα μέτρα κατά του ΟΤΕ για μη τήρηση διαδικασιών του RUO, (7/6/2007)

οι εταιρείες TELLAS, TELEDOME, VIVODI, FORTHNET καταγγέλλουν τον ΟΤΕ # Η ΕΕΤΤ επιβάλλει προσωρινά μέτρα στον ΟΤΕ ώστε να συμμορφωθεί πλήρως με τις υποχρεώσεις του # ο ΟΤΕ (σύμφωνα με το RUO) υποχρεούται να αποκαταστήσει άμεσα και ουσιαστικά βλάβες των συνδρομητών, να παραδώσει εκκρεμείς βρόχους στις εταιρείες και να ενεργοποιήσει άμεσα τους βρόχους προς καταναλωτές που εκκρεμούν για μεγάλο χρονικό διάστημα # μη τήρηση των ανωτέρω υποχρεώσεων του θα εξαναγκάσει την ΕΕΤΤ να επιβάλλει στον ΟΤΕ χρηματικές κυρώσεις ανά ημέρα καθυστέρησης **# η ΕΕΤΤ είναι**

αποφασισμένη να διασφαλίσει την ορθή και πιστή εφαρμογή εκ μέρους του ΟΤΕ των διατάξεων του συμφωνηθέντος RUO

Η ΕΕΤΤ εισαγάγει τα RBO και RIO, (12/6/2007)

η ΕΕΤΤ καθορίζει τις διαδικασίες παροχής εκ μέρους του ΟΤΕ της Χονδρικής Ευρυζωνικής Πρόσβασης (Reference Broadband Offer - RBO) και της Διασύνδεσης (Reference Interconnection Offer - RIO)

Επιχείρηση της ΕΕΤΤ στον Υμηττό, (14/6/2007)

η ΕΕΤΤ κατεδάφισε παρανόμως εγκατεστημένα containers και κατάσχεσε εξοπλισμό παράνομου ραδιοφωνικού σταθμού στο κέντρο εκπομπής Υμηττού # η επιχείρηση διεξήχθη σε συνεργασία με την Περιφέρεια Αττικής, το Δασαρχείο Πεντέλης, την Ελληνική Επιτροπή Ατομικής Ενέργειας, την ΔΕΗ, την Ασφάλεια Αττικής και την Εισαγγελία Πρωτοδικών Αθηνών

Ενημέρωση της Ειδικής Μόνιμης Επιτροπής Θεσμών και Διαφάνειας της Βουλής, επιστολή στον Πρόεδρό της, (24/6/2007)

απόψεις της ΕΕΤΤ ως προς τα ερωτήματα βουλευτών προς το ΥΜΕ # ποιες οι αρμοδιότητες της ΕΕΤΤ και ποιες οι υποχρεώσεις του ΟΤΕ # οικονομική, διοικητική και λειτουργική ανεξαρτησία της ΕΕΤΤ # ποιος ελέγχει την ΕΕΤΤ # αποτελέσματα του έργου της ΕΕΤΤ τα 2 τελευταία χρόνια

Τροποποίηση του Κανονισμού Γενικών Αδειών προς διευκόλυνση των καταναλωτών, (29/6/2007)

η ΕΕΤΤ τροποποιεί τον Κανονισμό Γενικών Αδειών προς διευκόλυνση των καταναλωτών # εξυπηρέτηση και πληροφόρηση χρηστών τηλεφωνίας και υπηρεσιών ευρυζωνικής πρόσβασης # οι υποχρεώσεις των παρόχων για υπηρεσίες VoiP # εξυπηρέτηση καταναλωτών για βλάβες μέσω τηλεφωνικής γραμμής χωρίς χρέωση # υποχρεωτική έγκαιρη ενημέρωση συνδρομητών σε περιπτώσεις διακοπής υπηρεσιών

Η ΕΕΤΤ παρακολουθεί στενά την λειτουργία της αγοράς, άρθρο στο Yearbook του Περιοδικού Infocom, (30/6/2007)

οι πρωτοβουλίες της ΕΕΤΤ για την ανάπτυξη της ευρυζωνικότητας (κυρίως μέσω της αδεσμοποίησης του τοπικού βρόχου) καρποφορούν **# ειδικές ομάδες της (task forces)** καθημερινά παρακολουθούν την υλοποίηση της συνεγκατάστασης και παροχής τοπικών βρόχων # 115% η αύξηση καταναλωτών που εξυπηρετούνται από εναλλακτικούς παρόχους # η ΕΕΤΤ εξασφαλίζει σ' όλους τους παρόχους ένα σταθερό, διαφανές και ασφαλές ρυθμιστικό περιβάλλον για επενδύσεις # ενεργεί αυτοψίες και έκτακτους επιτόπιους ελέγχους στις τηλεπικοινωνιακές εταιρείες #κάνει προτάσεις για την ταχύτερη μετάβαση στην ψηφιακή τηλεόραση # διενεργεί την **πιστοποίηση ηλεκτρονικών υπογραφών**

Δικαιώματα Διέλευσης, (10/7/2007)

 # η ΕΕΤΤ καταθέτει εισήγηση προς την Πολιτεία για ΚΥΑ των Δικαιωμάτων Διέλευσης • η εισήγηση καθορίζει το πλαίσιο και τις ειδικές διαδικασίες χορήγησης των Δικαιωμάτων Διέλευσης, Εγκατάστασης και Λειτουργίας δικτύων ηλεκτρονικών επικοινωνιών σε χώρους που ανήκουν στο δημόσιο και σε ιδιώτες # καθορίζει τον τρόπο υπολογισμού των τελών διέλευσης και χρήσης # μετά την έκδοση της ΚΥΑ, η ΕΕΤΤ πρόκειται να εκδώσει, σύμφωνα με την νομοθεσία, τον σχετικό Κανονισμό (σημ. μέχρι σήμερα το 2015 δεν έχει ακόμα εκδοθεί αυτή η ΚΥΑ!) # η ΕΕΤΤ προτείνει *επίσης σενάρια εγκατάστασης δικτύων οπτικών ινών (FTTH)*

100.000+ οι χρήστες τοπικών βρόχων, (12/7/2007)

αύξηση των αδεσμοποίητων τοπικών βρόχων που διαθέτουν οι εναλλακτικοί πάροχοι προς τους καταναλωτές της τάξης του 450% σε σχέση με τις αρχές του χρόνου # έχουν ήδη παραδοθεί στους παρόχους 320.000 τοπικοί βρόχοι προς εκμετάλλευση # ο αριθμός των Α/Κ στα οποία παρέχονται υπηρεσίες ΑΠΤΒ αυξάνεται με ρυθμό 15 Α/Κ το μήνα

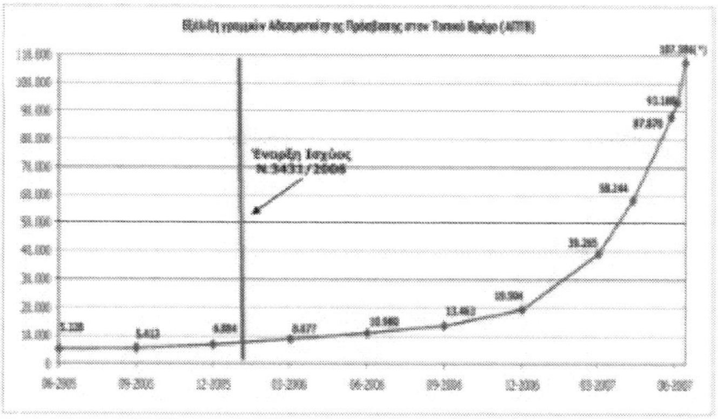

Οι Δήμαρχοι θέλουν κινητά αλλά δεν θέλουν κεραίες, συνέντευξη στην Ελευθεροτυπία, (14/7/2007)

η Ευρυζωνικότητα είναι εργαλείο Δημοκρατίας που επιτρέπει μεγαλύτερη συμμετοχή του πολίτη στα κοινά # τηρούμε τον κοινοτικό νόμο # αρχίζει να σημειώνεται πρόοδος στην αγορά των γραμμών που αποδεσμεύονται από τον ΟΤΕ # η Ευρυζωνικότητα δεν παρέχεται μόνο μέσω σταθερού ADSL αλλά και μέσω της κινητής τηλεφωνίας που παρεμποδίζεται όμως από τις θεσμοθετημένες διαδικασίες τοποθέτησης κεραιών (η ΕΕΤΤ είναι με τα χέρια δεμένα) # διοριζόμαστε όπως οι αρεοπαγίτες # κανείς δεν επεμβαίνει στο έργο μας ούτε επιτρέπεται να επιβάλλει veto στις αποφάσεις μας # έχουμε άριστη συνεργασία με συγγενείς Ανεξάρτητες Αρχές # αν έχω κάποια απογοήτευση, αυτή είναι με την **Πολιτεία που βλέπει κοντόφθαλμα τα πράγματα**

20.000.000 ευρώ πρόστιμο στον ΟΤΕ για σοβαρή κατάχρηση της δεσπόζουσας θέσης του, (26/7/2007)

μετά από ελέγχους διαπιστώσαμε σημαντικές παραβατικές συμπεριφορές και καταστρατήγηση διατάξεων του δικαίου του ελεύθερου ανταγωνισμού εκ μέρους του ΟΤΕ # η **κατάχρηση από τον ΟΤΕ της δεσπόζουσας θέσης** του στην αγορά της ευρυζωνικότητας ήταν με την μορφή «**συμπίεσης περιθωρίου κέρδους**» (margin squeeze) # ο ΟΤΕ διατηρούσε τη διαφορά μεταξύ χονδρικής (προς παρόχους) και

λιανικής τιμής (προς πελάτες του) μικρότερη απ' ότι ορίζει ο νόμος (με αποτέλεσμα την οδήγηση παρόχων εκτός αγοράς)

11.600.000 ευρώ πρόστιμα σε τηλεπικοινωνιακές εταιρείες, (26/7/2007)

μετά από ανάλυση των στοιχείων μεγάλου αριθμού καταγγελιών προς όλες τις τηλεπικοινωνιακές εταιρείες, η ΕΕΤΤ διαπίστωσε σημαντικές παραβατικές συμπεριφορές και καταστρατήγηση του νόμου από τις εταιρείες και επέβαλε τα αντίστοιχα διοικητικά πρόστιμα # ΟΤΕ=7.250.000 ευρώ # TELLAS=1.550.000 ευρώ # VIVODI=200.000 ευρώ • TELEDOME=1.200.000 ευρώ # FORTHNET=350.000 ευρώ # HELLAS ONLINE=50.000 ευρώ • MAKNAN=1.000.000 ευρώ

Κώδικας δεοντολογίας για την παροχή πολυμεσικής πληροφόρησης, (18/9/2007)

η ΕΕΤΤ θεσπίζει κανόνες για παροχή υπηρεσιών Audiotext, Videotext, SMS, MMS και προστασίας χρηστών από παράνομους dialers

Ο ΟΤΕ αποτελεί εμπόδιο στην περαιτέρω απελευθέρωση των ηλεκτρονικών επικοινωνιών, συνέντευξη στην Καθημερινή, (19/8/2007)

στην αντεπίθεση η ΕΕΤΤ μετά τις πρόσφατες επιθέσεις του ΟΤΕ εναντίον της # μετά τα πρόσφατα πρόστιμα στον ΟΤΕ, εκκρεμεί και νέα καταγγελία εναντίον του από ανταγωνιστή του για «συμπίεση περιθωρίου κέρδους» # εάν η ΕΕΤΤ δεν κάνει σωστά την δουλειά της, θα επιληφθεί η Επιτροπή Ανταγωνισμού της ΕΕ που έχει δικαίωμα να επιβάλλει μεγαλύτερο πρόστιμο στον ΟΤΕ # η ΕΕΤΤ δεν έχει ακόμα εκπονήσει σχέδιο διχοτόμησης του ΟΤΕ («**λειτουργικού διαχωρισμού του**») # το θέμα θα παραμένει υπό εξέταση, όσο η αγορά τηλεπικοινωνιών εμφανίζει «αρρυθμίες» και ο ΟΤΕ αποτελεί εμπόδιο στην περαιτέρω απελευθέρωση του κλάδου # το πρόστιμα που επιβλήθηκαν βασίζονται σε συγκεκριμένες διατάξεις του εθνικού και κοινοτικού δικαίου **# οι δηλώσεις του κ. Βουρλούμη για σχέδιο της ΕΕΤΤ καταστροφής του ΟΤΕ, αποτελούν σενάρια επιστημονικής φαντασίας #** η ΕΕΤΤ ούτε μπορεί ούτε επιδιώκει να προκαλέσει κάποια

«υποχρεωτική» μετακίνηση πελατών από μια επιχείρηση σε άλλη # ο κ. Βουρλούμης πρέπει να δώσει εξηγήσεις όταν παραδέχεται ότι ο ΟΤΕ (ως «επιχείρηση με σημαντική ισχύ στην αγορά») πουλάει (παράνομα) ευρυζωνικές συνδέσεις κάτω του κόστους («ληστρική τιμολόγηση»)

Η ΕΕΤΤ διευκολύνει την εξάπλωση της Ευρυζωνικότητας στην Περιφέρεια, (27/9/2007)

εντατικοποίηση της κατασκευής χώρων φυσικής συνεγκατάστασης στην Περιφέρεια # η ΕΕΤΤ επιβάλλει υποχρεώσεις στον ΟΤΕ για την πιο εύκολη επιλογή παρόχου ευρυζωνικών υπηρεσιών από τον καταναλωτή της Περιφέρειας # οι τέσσερεις άδειες WiMAX θα διευκολύνουν την παροχή ευρυζωνικών υπηρεσιών και με ασύρματα μέσα # η ΕΕΤΤ επιτρέπει την δημιουργία ασύρματων δικτύων WiFi χωρίς την απαίτηση σχετικής άδειας

Η «Ευρυζωνικοποίηση» φέρνει τη σύγκλιση των κόσμων των Τηλεπικοινωνιών, της Πληροφορικής και των ΜΜΕ, ομιλία στο συνέδριο της InfoCom, Αθήνα, (2/10/2007)

η ανταγωνιστικότητα βοηθάει στην «**ευρυζωνικοποίηση**» (broadbandization), η οποία με τη σειρά της φέρνει τη σύγκλιση # η ενδυνάμωση του ανταγωνισμού έφερε -- σε πολύ σύντομο χρονικό διάστημα -- πρωτοποριακά ευρυζωνικά προϊόντα, με μεγαλύτερες ταχύτητες και σε πολύ χαμηλότερες λιανικές τιμές # η ΕΕΤΤ ως Ρυθμιστής της αγοράς εφαρμόζει εθνική και κοινοτική νομοθεσία ex ante, ενώ ως Επιτροπή Ανταγωνισμού στις Τηλεπικοινωνίες εφαρμόζει το δίκαιο του ανταγωνισμού ex post # **όλες οι κανονιστικές αποφάσεις της ΕΕΤΤ εκδόθηκαν σε πνεύμα συνεργασίας ανάμεσα σε όλες τις επιχειρήσεις του κλάδου και μετά από αλλεπάλληλες και εξαντλητικές διαβουλεύσεις** # οι επιχειρήσεις που κατέχουν «σημαντική ισχύ στην αγορά» (όπως ο ΟΤΕ) έχουν από τον Νόμο επιπρόσθετες υποχρεώσεις #ο Ρυθμιστής δεν θα επιτρέψει οι παράγοντες της αγοράς να επανέλθουν στην εσωστρέφεια του παρελθόντος που **κράτησε την Ελλάδα στην «ψηφιακώς λίθινη εποχή»** για χρόνια # η ΕΕΤΤ δεν θα διστάσει να προχωρήσει στον «χωρισμό» των υπηρεσιών χονδρικής

από αυτές της λιανικής του ΟΤΕ # η σύγκλιση αλλάζει τις μέχρι τώρα «κάθετες αγορές» σε νέες «οριζόντιες αγορές» # υπάρχει ανάγκη ανάπτυξης δικτύων οπτικών ινών μέχρι το σπίτι # η σύγκλιση υποδομών απαιτεί ρύθμιση επι σφαιρικής βάσεως # **η «ουδετερότητα του νέου συγκλίνοντος δικτύου» επιφέρει την «ουδετερότητα των υπηρεσιών»** # η σύγκλιση θα αναγκάσει τις τηλεπικοινωνιακές επιχειρήσεις να ξεφύγουν από το «μοντέλο πρόσβασης στο δίκτυο» και να μετακινηθούν προς «**μοντέλο πρόσβασης σε υπηρεσίες**» # ο ανταγωνισμός όμως θα είναι μεγάλος από διεθνείς παίκτες # η «ευρυζωνικοποίηση» θα πρέπει να είναι εθνικής προτεραιότητας # υποστηρίξτε τον τοπικό σας Ρυθμιστή: η Ευρωπαϊκή Επιτροπή απαιτεί έναν ανεξάρτητο και ισχυρό Εθνικό Ρυθμιστή, η χώρα μας τον χρειάζεται, η αγορά και ο κλάδος τον απαιτούν, και ο καταναλωτής τον έχει ανάγκη # πιστέψτε λοιπόν στο όραμα και κάντε το πράξη!

3.014.000 ευρώ πρόστιμο στον ΟΤΕ για τη μη συμμόρφωσή του με τα προσωρινά μέτρα που του είχαν επιβληθεί, (5/10/2007)

πρόστιμο για τη μη έγκαιρη ενεργοποίηση τοπικών βρόχων καταναλωτών και για τη μη παράδοση στους εναλλακτικούς παρόχους των επιπλέον ζευγών συνδετικού καλωδίου που του είχαν αιτηθεί # παράβαση των υποχρεώσεων του ΟΤΕ # επιβολή και νέων προσωρινών μέτρων κατά του ΟΤΕ # **η αδεσμοποίητη πρόσβαση στον τοπικό βρόχο προσφέρει στους Έλληνες καταναλωτές μεγαλύτερη επιλογή τηλεπικοινωνιακών παρόχων και υπηρεσιών**

Συνάντηση προέδρων Εθνικών Ρυθμιστικών Αρχών Τηλεπικοινωνιών της Ε.Ε., συνέντευξη τύπου, Αθήνα, (11/10/2007)

συνοπτική εκτίμηση για την πρόοδο και τις προοπτικές της χώρας στην Ευρυζωνικότητα # ο ανταγωνισμός έχει επεκταθεί # στόχος, η ανάδειξη της χώρας μας ως **προνομιακό χώρο ανάπτυξης δικτυακών υποδομών και υπηρεσιών** # απαιτούνται πολύ συντονισμένες και δραστικές προσπάθειες απ' όλους μας # ακολουθούν δηλώσεις της Επιτρόπου V. Redding και του Υπουργού Κ. Χατζηδάκη και στη συνέχεια ερωτήσεις δημοσιογράφων σχετικά με τον λειτουργικό

διαχωρισμό, την «επιθετική πολιτική» που ακολουθεί η ΕΕΤΤ ως προς τον ΟΤΕ, τις άδειες WiMAX, τα πρόστιμα που επιβάλλει η ΕΕΤΤ που χρονίζουνε στα δικαστήρια, την δεσπόζουσα θέση του ΟΤΕ, το «έτος Ευρυζωνικότητας», τα τέλη τερματισμού, το θέμα ανασύνθεσης της ΕΕΤΤ που έχει τεθεί από τον ΟΤΕ, την ψηφιακή τηλεόραση, κλπ.

19.100.000 ευρώ πρόστιμο στην Vodafone για την υπόθεση των υποκλοπών, (18/10/2007)

πρόστιμο για παραβίαση συγκεκριμένων όρων της Ειδικής της Άδειας κινητής τηλεφωνίας # ως προς τη διερεύνηση των παραβάσεων του απορρήτου των τηλεπικοινωνιών, αρμοδιότητα έχει η αρμόδια Αρχή ΑΔΑΕ που έχει επιληφθεί

Η ΕΕΤΤ εγκαινιάζει την αγορά Υπηρεσιών Χονδρικής Ραδιοτηλεοπτικής Μετάδοσης, (6/11/2007)

χονδρικές υπο-αγορές ραδιοφωνικής και τηλεοπτικής μετάδοσης # δεν υπάρχει πάροχος με Σημαντική Ισχύ στην αγορά τηλεοπτικής μετάδοσης σε περιφερειακά/τοπικά αναλογικά επίγεια δίκτυα

100.000 ευρώ πρόστιμο στην HELLAS ONLINE, (7/11/2007)

πρόστιμο για εκπρόθεσμη γνωστοποίηση της εξαγοράς της εταιρείας ΑΤΤΙΚΕΣ ΤΗΛΕΠΙΚΟΙΝΩΝΙΕΣ (αφού αναγκάστηκε η ΕΕΤΤ να διεξάγει αυτεπάγγελτες ακροάσεις) # η ΕΕΤΤ, ως Επιτροπή Ανταγωνισμού στις τηλεπικοινωνίες, επέβαλε το πρόστιμο εφαρμόζοντας τον νόμο «περί ελέγχου μονοπωλίων και ολιγοπωλίων και προστασίας του ελεύθερου ανταγωνισμού»

1.320.000 ευρώ πρόστιμα σε τηλεπικοινωνιακές εταιρείες, (15/11/2007)

πρόστιμα για αυθαίρετη ενεργοποίηση προεπιλογής φορέα, ελλιπή ενημέρωση καταναλωτών για την ενεργοποίηση του βρόχου, αδικαιολόγητες καθυστερήσεις ενεργοποίησης υπηρεσιών και αποκατάστασης βλαβών, κλπ # VIVODI=170.000 ευρώ

FORTHNET=350.000 ευρώ # TELEDOME=350.000 ευρώ # TELLAS=250.000 ευρώ # COSMOLINE=100.000 ευρώ • ON TELECOM=100.000 ευρώ

Functional separation of OTE, Dow Jones Newswires, (28/11/2007)

we will evaluate the behavior of the incumbent and figure out **whether we should look into functional separation** in more detail next year # until early this year, OTE controlled close to 100% of Greece's telephone lines # while we have robust competition among the three mobile operators, among fixed-line services OTE still rules the roost # this is now starting to change when the Greek Telecoms Regulator forced OTE to open up its network to rivals # OTE should not become an obstacle to the development of a healthy and competitive environment **# OTE both publicly and privately challenged the authority of both the Commission and Alexandridis himself** # the public, the politicians, the unions and even the press don't favor further privatization of OTE **# I feel I am going against the national and political sentiment # the country should leapfrog to a new fiber-optic network to each home** # when OTE looks backward to maintain the status quo, this is not to the advantage of the whole country

Καταναλωτές: υπηρεσίες και υποστήριξη, ομιλία στην Ημερίδα της ΕΕΤΤ ¨Ποιότητα Τηλεπικοινωνιακών Υπηρεσιών & Προστασία Καταναλωτών", (11/12/2007)

απαιτείται καλύτερο επίπεδο εξυπηρέτησης, τεχνικής υποστήριξης και ποιότητας υπηρεσιών προς τον καταναλωτή # ο καταναλωτής δεν γνωρίζει τα δικά του δικαιώματα ούτε τις υποχρεώσεις των εταιρειών # όχι μόνον διάλογος, αλλά παραγωγή λύσεων που αντιμετωπίζουν τα προβλήματα αποτελεσματικά # θα παρεμβαίνουμε έγκαιρα και αποτελεσματικά για την εξάλειψη αρρυθμιών # 10λογος προτάσεων μας προς συζήτηση # δείκτες ποιότητας και κώδικας δεοντολογίας και συμπεριφοράς των παρόχων προς τον καταναλωτή **# ο καταναλωτής θα πρέπει να αισθάνεται ότι του παρέχουν τη σωστή εξυπηρέτηση, δεν**

τον κοροϊδεύουν και δεν τον εξαπατούν # «ο καταναλωτής είναι βασιλιάς» και «ο πελάτης έχει πάντα δίκαιο»

Έγκριση εξαγοράς της TELLAS από την WIND, (14/12/2007)

έγκριση της εξαγοράς εκ μέρους της WIND για την απόκτηση ποσοστού 50% συν μία μετοχή του μετοχικού κεφαλαίου και των δικαιωμάτων ψήφου της ολλανδικής WIND PPC HOLDING (TELLAS HOLDING), στην οποία ανήκει το 100% του μετοχικού κεφαλαίου και των δικαιωμάτων ψήφου της TELLAS (ΤΕΛΛΑΣ Τηλεπικοινωνίες Α.Ε.) # εντός 6 μηνών να προβούν σε όλες τις ενέργειες ώστε τουλάχιστον ένα εκ των δυο δικαιωμάτων χρήσης ραδιοσυχνοτήτων που κατέχουν στη ζώνη των 25 GHz είτε να μεταβιβαστεί σε άλλη εταιρεία είτε να ζητηθεί η ανάκλησή του από την ΕΕΤΤ

Έκθεση πεπραγμένων ΕΕΤΤ έτους 2007

Κυβέρνηση το ανακηρύττει « Έτος Ευρυζωνικότητας» # έτος πλήρους εφαρμογής του νέου κανονιστικού πλαισίου **# το μοντέλο της αγοράς αλλάζει: από μεταπώληση υπηρεσιών στον ανταγωνισμό σε υποδομές** # η Ελλάδα μια από τις ταχύτερα αναπτυσσόμενες χώρες στις ΗΕ της ΕΕ # οι αδεσμοποίητοι τοπικοί βρόχοι (LLU) εκτινάσσονται # η ενημέρωση του καταναλωτή στο επίκεντρο της ΕΕΤΤ # πρώτη νύξη για λειτουργικό διαχωρισμό του ΟΤΕ

ο Οδηγός
του Ενημερωμένου Καταναλωτή

Έτος 2008: Ραγδαία πρόοδος στην Ευρυζωνικότητα (σημαντική αύξηση LLU και ανταγωνισμού στις ΗΕ, ποιότητα & καταναλωτές, εξαγγελία δικτύου FTTH, εξαγορά ΟΤΕ)

Οι πάροχοι διαφοροποιούνται από την ποιότητα ευρυζωνικότητας που παρέχουν. άρθρο στην εφημερίδα «Το Βήμα», (11/1/2008)

ο ανταγωνισμός στις ηλεκτρονικές επικοινωνίες εντείνεται # ο καταναλωτής έχει σήμερα περισσότερες επιλογές παρόχων, ψηφιακών δικτύων, υπηρεσιών και προϊόντων # οι ταχύτητες της ευρυζωνικότητας συνεχώς αυξάνουν ενώ παράλληλα οι τιμές μειώνονται # πρέπει όμως να βρεθεί σύντομα λύση στο απαράδεκτο επίπεδο εξυπηρέτησης και ποιότητας υπηρεσιών από τους παρόχους # μη ικανοποιημένος καταναλωτής οδηγεί σε λιγότερο αξιόπιστη επιχείρηση # οι πάροχοι θα διαφοροποιούνται πλέον από την ποιότητα υπηρεσιών και εξυπηρέτησης που προσφέρουν # το 2008 έχει ορισθεί ως «**Έτος Ποιοτικής Ευρυζωνικότητας**» που πρέπει να εστιαστεί στον καταναλωτή

Για μας ΟΤΕ είναι μια από τις επιχειρήσεις του κλάδου. Δεν μας ενδιαφέρει η μετοχική του σύνθεση, συνέντευξη στην Εφημερίδα ΠΡΩΤΟ ΘΕΜΑ, (28/1/2008)

θεωρώ καταστροφική την αρχή της «ήσσονος προσπάθειας», την αποθέωση του γενικευμένου κρατισμού υπό τον μανδύα της «προστασίας των αδυνάτων» και την διαλυτική αντίληψη ότι «αυτά δεν γίνονται στη χώρα μας» # πρέπει να αποβάλουμε τα συμπλέγματα μειονεξίας και ατολμίας απέναντι σε κατεστημένες νοοτροπίες του παρελθόντος # χρειάζεται ενσωμάτωση των νέων τεχνολογιών στην εκπαίδευση και ανάπτυξη ψηφιακού περιεχομένου για τις υπηρεσίες του Κράτους **# η νέα παγκοσμιοποιημένη κοινότητα που αναπτύσσεται σε όλες τις γωνιές του πλανήτη δεν έχει καμιά διάθεση ή υποχρέωση να μας περιμένει #** ως Πρόεδρος της ΕΕΤΤ θέλω να συμβάλω ώστε να σπάσει ο κύκλος της υστέρησης της χώρας μας στην αξιοποίηση των νέων τεχνολογιών και **να συνδέσω το όνομά μου με το άνοιγμα της αγοράς και τη μαζική χρήση του ευρυζωνικού Internet #** η ΕΕΤΤ δεν είναι

μέρος της κυβερνητικής μηχανής, ενώ η λειτουργική και οικονομική ανεξαρτησία της δεν επιβαρύνει τον δημόσιο προϋπολογισμό # επιβάλουμε κυρώσεις σε επιχειρήσεις που παραβαίνουν τους κανονισμούς και οι αποφάσεις της ΕΕΤΤ δεν υπόκεινται στην έγκριση ή βέτο κάποιου υπουργού **# η ΕΕΤΤ έρχεται συχνά σε αντιπαράθεση με μεγάλα και ισχυρά επιχειρηματικά συμφέροντα #** με τις κανονιστικές αποφάσεις της ΕΕΤΤ δημιουργήθηκε πρωτόγνωρο περιβάλλον ανταγωνισμού, με σημαντικές νέες επενδύσεις και με την προσφορά νέων ταχυτήτων και υπηρεσιών # ο κλάδος των ηλεκτρονικών επικοινωνιών και οι καταναλωτές έχουν ωφεληθεί σημαντικά από τις αξιόλογες επενδύσεις που έγιναν πρόσφατα **# οι εναλλακτικοί πάροχοι ήταν οι πρώτοι που εμφάνισαν νέες πρωτοπόρες υπηρεσίες**, όπως double- και triple-play, video on demand, κλπ # οι **τηλεπικοινωνίες είναι ο μόνος κλάδος στον οποίο, αντί κάθε χρόνο να ανεβαίνουν οι τιμές, αυτές πέφτουν #** τα δύο τελευταία χρόνια οι τιμές στο ευρυζωνικό Ιντερνετ έχουν μειωθεί κατά 80% περίπου # η ΕΕΤΤ δεν ασχολείται ούτε ενδιαφέρεται για την μετοχική σύνθεση των επιχειρήσεων του κλάδου, συμπεριλαμβανομένης αυτής του ΟΤΕ (συμμετοχή MIG, Deutsche Telecom, Κράτος, κλπ) **# το γεγονός ότι η ΕΕΤΤ εφαρμόζει αποτελεσματικά το εθνικό και κοινοτικό δίκαιο, ο ΟΤΕ το θεωρεί ότι «απεργάζεται την διάλυση του Οργανισμού»! #** για να αποφύγει η χώρα μας τον εγκλωβισμό στην τεχνολογική παγίδα του αργού xDSL του ΟΤΕ, θα πρέπει σύντομα **να στραφεί στην διαχρονική επιλογή (future-proof) των «δικτύων οπτικών ινών μέχρι το σπίτι» (FTTH).**

<u>300.000 οι χρήστες τοπικών βρόχων, (4/2/2008)</u>

συνεχίζεται η ταχεία πορεία ανάπτυξης της ευρυζωνικότητας στην Ελλάδα # αυξήσεις σε ένα χρόνο: 900% στους αδεσμοποίητους βρόχους (300.000 έχουν ήδη διατεθεί σε πελάτες από τους εναλλακτικούς παρόχους), 200% στα αστικά κέντρα συνεγκατάστασης εναλλακτικών παρόχων, 200% στην φορητότητα αριθμών, 100% στις ευρυζωνικές συνδέσεις (πλησίασαν τις 1.000.000) # πάνω από 9% η διείσδυση της ευρυζωνικότητας # ο ΟΤΕ και οι εναλλακτικοί πάροχοι

μοιράζονται πλέον με περίπου ίσα ποσοστά τις ευρυζωνικές συνδέσεις (ο ιδανικός ανταγωνισμός)

Διάγραμμα 1 :Εξέλιξη των γραμμών Αδεσμοποίητης Πρόσβασης στον Τοπικό Β
Δεκέμβριος 2005 – Ιανουάριος 2008

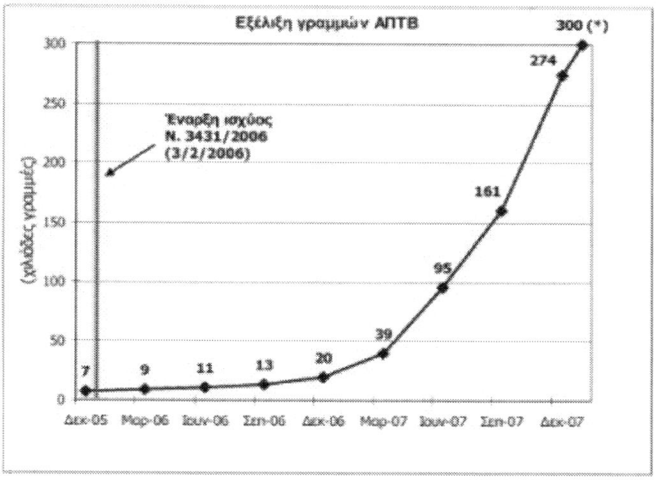

Διάγραμμα 2 :Εξέλιξη των Ευρυζωνικών Γραμμών, Δεκέμβριος 2005 – Δεκέμβριος 2007

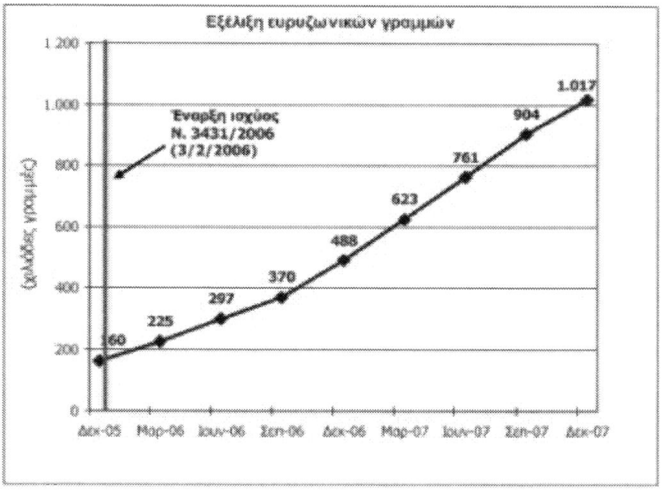

Broadband Forum: dialogue for Broadband development, ομιλία στην αντίστοιχη ημερίδα της ΕΕΤΤ (26/2/2008)

the unbundling of the local loop that EETT imposed resulted in significant advances and investments # our **multidimensional objective** requires: (a) applications that give useful and appealing content to broadband, (b) new skills on the part of the citizens, the companies and the State and (c) new business models and new policies # we initiate a broad dialog that embraces all parties involved, through regular meetings and drafting of working papers # the ideas and suggestions gathered are put for consideration to all involved parties # issues studied include: (a) digital content and broadbandization, (b) broadband and education, (c) digital divide and how to combat it, (d) broadband and entrepreneurship and (e) policies and actions

Στρατηγική της ΕΕΤΤ για τις ΗΕ 2008-2011, (6/3/2008)

ο στόχος μέχρι το 2011: η δημιουργία μιας πλήρως απελευθερωμένης και ανταγωνιστικής αγοράς ηλεκτρονικών επικοινωνιών, βασιζόμενης σε σταθερό και προβλέψιμο ρυθμιστικό περιβάλλον, ώστε να προσελκύει επενδύσεις σε υποδομές ευρυζωνικών δικτύων που θα βελτιώσουν την ποιότητα ζωής των πολιτών και θα διευκολύνουν την ανάπτυξη καινοτόμων και εξαγώγιμων υπηρεσιών μέσω του Διαδικτύου # οι 5 άξονες της στρατηγικής μας: (α) ενθάρρυνση του ανταγωνισμού σε επίπεδο υπηρεσιών, (β) πλήρης ανάπτυξη ανταγωνισμού σε επίπεδο υποδομών, (γ) βελτίωση διαθεσιμότητας φάσματος και δημιουργία προηγμένης υποδομής σε ασύρματα δίκτυα, (δ) διάθεση καινοτόμων υπηρεσιών στον πολίτη και (ε) ποιότητα υπηρεσιών προς τον καταναλωτή # τα έργα που προγραμματίζει η ΕΕΤΤ μέχρι το 2011 για να πετύχει τον στόχο

Πρόοδος στα 2 πρώτα χρόνια της θητεία μου, συνέντευξη τύπου, (6/3/2008)

το πρώτο έτος 2006 ήταν έτος προσαρμογής του Κοινοτικού Δικαίου στο Εθνικό, ενώ το δεύτερο έτος 2007 ήταν το πρώτο έτος εφαρμογής

του # σύντομη ανασκόπηση των 10 επιτυχιών και παρουσίαση των βραχυπρόθεσμων και μεσοπρόθεσμων **στρατηγικών στόχων της ΕΕΤΤ**: (α) οι ηλεκτρονικές επικοινωνίες είναι ο μόνος κλάδος που οι τιμές συνέχεια μειώνονται, (β) άλλαξε το μοντέλο λειτουργίας της αγοράς, από μεταπωλητές σε επενδυτές σε υποδομές, (γ) το κοινό πλέον εξοικειώνεται με την ευρυζωνικότητα, (δ) ραγδαία ανάπτυξη της πρόσβασης στον τοπικό βρόχο, (ε) ραγδαία αύξηση των ταχυτήτων, (στ) επιλογή παρόχου και υπηρεσιών από τον καταναλωτή, (ζ) ξεπεράσαμε συνολικά (ADSL και LLU) τις 1.000.000 ευρυζωνικές συνδέσεις, (η) διευκολύναμε την ανάπτυξη της ασύρματης/κινητής ευρυζωνικότητας και (θ) έχουν γίνει σημαντικές επενδύσεις μέσα στην διετία # χρειάζεται από την Πολιτεία πιο φιλόδοξη επιθετική πολιτική με ρηξικέλευθες και καινοτόμες δράσεις # η Πολιτεία πρέπει να μελετήσει πως η περιφέρεια θα αποκτήσει πρόσβαση στην ευρυζωνικότητα # θα αξιολογήσουμε τη ρυθμιστική συμπεριφορά του ΟΤΕ και θα προχωρήσουμε σε **διαβούλευση για ενδεχόμενο λειτουργικού διαχωρισμού των δικτύων και υπηρεσιών του** # ο ΟΤΕ, είτε επίτηδες, είτε παίζοντας παιχνίδια, είτε επειδή δεν έχει ξεκαθαρίσει κάθε φορά τι ακριβώς θέλει, μας υποβάλλει ημιτελείς προτάσεις για νέα προγράμματα, των οποίων οι διευκρινίσεις όμως παίρνουν πολύ χρόνο # το σλόγκαν για το μέλλον που θα πρέπει να πάρετε μαζί σας σήμερα φεύγοντας απ εδώ είναι: «δίκτυα FTTH» (Fiber To The Home) # η ΕΕΤΤ συνέστησε ομάδα εργασίας σε συνεργασία με το ΥΜΕ για την **στρατηγική ανάπτυξης του FTTH** # αν είναι ή όχι ουτοπιστικό δεν ξέρω. εμένα μου αρέσει και λίγο το τρελό και πρέπει να το πιέζεις

Σημαντική πρόοδο για την Ελλάδα στις ΗΕ καταγράφει η 13η Έκθεση της Ευρωπαϊκής Επιτροπής, (20/3/2008)

η Έκθεση της Ευρωπαϊκής Επιτροπής αποτελεί την εγκυρότερη έξωθεν καλή μαρτυρία για το έργο που επιτελεί η ΕΕΤΤ # η Έκθεση επικροτεί το έργο της ΕΕΤΤ το οποίο χαρακτηρίζει ως **επιτυχημένο** # επίσης επικροτεί τις πρωτοβουλίες της για την ανάπτυξη της ευρυζωνικής αγοράς και την έντονη ενεργοποίηση της στις καταγγελίες καταναλωτών με την επιβολή προστίμων στους τηλεπικοινωνιακούς παρόχους # παρατηρεί ότι η Ελλάδα συγκαταλέγεται στις πρώτες χώρες

όπου **η αποτελεσματική ρυθμιστική πολιτική έχει βελτιώσει τις συνθήκες της αγοράς** και έχει επιτρέψει στους εναλλακτικούς παρόχους να μεταβούν σε υψηλότερες βαθμίδες της κλίμακας επενδύσεων

Δίαυλοι σε τηλεοπτικούς σταθμούς, (21/3/2008)

Η ΕΕΤΤ προέβη στην έκδοση κανονισμού χορήγησης Δικαιωμάτων Χρήσης Διαύλων στους αδειούχους τηλεοπτικούς σταθμούς εθνικής εμβέλειας και τους νομίμως λειτουργούντες τηλεοπτικούς σταθμούς περιφερειακής και τοπικής εμβέλειας

«Η Βίβλος της Ευρυζωνικότητας» (16/4/2008)

εκτεταμένη συνέντευξη τύπου στον ιστότοπο **adslgr.com** την οποία ο τότε Γενικός Γραμματέας ονόμασε «Βίβλο της Ευρυζωνικότητας» **#** κανονιστικές υποχρεώσεις παρόχων και ρύθμιση των 18 αγορών Ηλεκτρονικών Επικοινωνιών **#** δημόσιο δίκτυο, κρατικό δίκτυο, ιδιοκτησιακό καθεστώς ΟΤΕ επί του δικτύου και το εργαλείο του λειτουργικού διαχωρισμού **#** ευρυζωνικές συνδέσεις και καθολική υπηρεσία **#** κανονισμός συμπεριφοράς εναλλακτικών παρόχων **#** χρόνος ενεργοποίησης LLU, το νέο RUO και κριτήρια αξιολόγησης παρόχων **#** στρατηγική επικοινωνιών του ΥΜΕ, FTTH και ΕΕΤΤ **#** πολιτική επιβολής και είσπραξης προστίμων της ΕΕΤΤ **#** άδειες WiMAX **#** άδειες κινητής τηλεφωνίας **#** το μέλλον του φάσματος των 700 MHz **#** το φάσμα των 900 MHz και η ανάπτυξη δικτύων GSM & UMTS **#** τέλη τερματισμού κλήσεων **#** φορητότητα αριθμών και ενημέρωση καταναλωτών για τις διάφορες χρεώσεις

Κανονισμός «δεικτών ποιότητας» υπηρεσιών, (13/5/2008)

διαμορφώνεται ένα σαφές πλαίσιο υποχρεώσεων των τηλεπικοινωνιακών παρόχων το οποίο εγγυάται αντικειμενική, διαφανή και αμερόληπτη ενημέρωση του πολίτη-καταναλωτή **#** οι **δείκτες ποιότητας** παρεχόμενων υπηρεσιών των παρόχων θα δημοσιεύονται στην ιστοσελίδα της ΕΕΤΤ και θα διευκολύνουν τους καταναλωτές να συγκρίνουν την ποιότητα των υπηρεσιών που παρέχονται από διάφορους τηλεπικοινωνιακούς παρόχους

Η Κυβέρνηση εξαγγέλλει την ανάπτυξη δικτύου οπτικών ινών μέχρι το σπίτι (FTTH), συνέντευξη στο Περιοδικό ΝΕ.Ο., (20/5/2008)

η χώρα υστερεί γιατί δεν διαθέτει επαρκή σύγχρονη υποδομή εναλλακτικών δικτύων πρόσβασης (το δίκτυο φυσικού αερίου θα μπορούσε να είχε προβλεφτεί να λειτουργήσει ως πλατφόρμα εγκατάστασης εκτεταμένου δικτύου οπτικών ινών) **#** χαιρετίζουμε την εξαγγελία της Κυβέρνησης του κ. Κώστα Καραμανλή για την ανάπτυξη δικτύου πρόσβασης οπτικών ινών μέχρι το σπίτι **(FTTH), συνολικού προϋπολογισμού περίπου 2.1 δις ευρώ, που (αρχικά) θα φτάσει τα 2.000.000 οικογένειες και θα ολοκληρωθεί σε 7 χρόνια #** το ψηφιακό άλμα προϋποθέτει τη συμβολή της Πολιτείας, του επιχειρηματικού κόσμου, των τοπικών κοινοτήτων και των κοινωνικών φορέων **#** η ΕΕΤΤ συνέβαλε αποτελεσματικά με την εφαρμογή της φυσικής συνεγκατάστασης και της αδεσμοποίητης πρόσβασης στον τοπικό βρόχο **#** χαιρετίζουμε τα νέα έργα της Κοινωνίας της Πληροφορίας για την ανάπτυξη της ευρυζωνικότητας στην περιφέρεια **#** χρειάζεται καλύτερος συντονισμός των φορέων για την δημιουργία ελληνικού ψηφιακού περιεχομένου **# πρέπει να αναπτυχθεί η προσφορά ευρυζωνικών υπηρεσιών**

Ο ΟΤΕ στο μικροσκόπιο της ΕΕΤΤ, άρθρο στην Καθημερινή της Κυριακής (25/5/2008)

ο ΟΤΕ πλέον ανταγωνίζεται τους άλλους παρόχους, χωρίς κανένα προνόμιο **#** η ΕΕΤΤ εφαρμόζει εθνικές και κοινοτικές ρυθμίσεις στην αγορά, ανεξάρτητα από το ποσοστό συμμετοχής του κράτους στο μετοχικό κεφάλαιο του ΟΤΕ **# ο ΟΤΕ διαθέτει Σημαντική Ισχύ Αγοράς (ΣΙΑ) και συνεπώς έχει αυξημένες υποχρεώσεις #** η ΕΕΤΤ πρέπει να λαμβάνει προληπτικά μέτρα για την αποτροπή της «κατάχρησης της δεσπόζουσας θέσης από τον ΟΤΕ», ένα από τα οποία είναι να ελέγχει ex ante και να εγκρίνει τις τιμές των προϊόντων του προτού αυτά διατεθούν στην αγορά **#** ο ΟΤΕ δεν δύναται να προβεί σε οποιαδήποτε δημοσιοποίηση ή εφαρμογή τιμολογιακής πολιτικής, προτού αυτή εγκριθεί από την ΕΕΤΤ **#** η υποχρέωση αυτή ισχύει ανεξάρτητα της μετοχικής και διοικητικής σύνθεσης του ΟΤΕ

Μονόδρομος το δίκτυο οπτικών ινών μέχρι το σπίτι (FTTH), συνέντευξη στην Εφημερίδα ΤΟ ΒΗΜΑ, (3/6/2008)

τα δίκτυα οπτικών ινών μέχρι το σπίτι (FTTH) αποτελούν μια «ανθεκτική στο μέλλον τεχνολογία» (future proof technology) και το μόνο μέσο κάλυψης μακροχρόνιων αναγκών # σε λίγα χρόνια οι Διαδικτυακές εφαρμογές θα απαιτούν για τη χώρα ταχύτητες των 100 Mbps # διάφορες δικαιολογίες και συμφέροντα όμως εγκλωβίζουν τη χώρα μας σε παρωχημένες τεχνολογικές λύσεις # αν δεν εφαρμοστεί σύντομα το σχέδιο ανάπτυξης δικτύου FTTH, η χώρα θα εγκλωβιστεί – για άλλη μια φορά – σε μονοπωλιακές, λιγότερο δραστικές και μη επεκτάσιμες τεχνολογίες (βλέπε VDSL του ΟΤΕ) # ο στόχος των δικτύων FTTH μπορεί να επιτευχθεί αρκεί να υιοθετηθεί σύγχρονο μοντέλο ανάπτυξης και εκμετάλλευσης τους με ιδιωτικοοικονομικά κριτήρια # **η τοπική αυτοδιοίκηση δεν θα πρέπει να εμποδίζει της παροχή δικαιωμάτων διέλευσης**, αν θέλουμε να υλοποιηθεί η εγκατάσταση οπτικών δικτύων # μετέχουμε σε διαβουλεύσεις με την ΕΕ ώστε και η ευρυζωνικότητα να συμπεριληφθεί στην «καθολική υπηρεσία» (δηλ. υποχρεωτικής κάλυψης και των δυσπρόσιτων περιοχών της χώρας)

Ενημέρωση καταναλωτών, συνέντευξη στο portal του ΣΕΠΕ sepe.gr, (6/6/2008)

ο **κώδικας δεοντολογίας** που ετοιμάζει η ΕΕΤΤ στοχεύει στην καλύτερη συνεργασία μεταξύ καταναλωτών και παρόχων # στόχος είναι να μην υπάρχουν αποκλίσεις ανάμεσα στην προδιαγραφή ενός προϊόντος και στο προϊόν που τελικά λαμβάνει ο καταναλωτής # θέτουμε συγκεκριμένους κανόνες που θα πρέπει να τηρούν οι πάροχοι πριν, κατά και μετά την υπογραφή του συμβολαίου # ολοκληρωμένη ενημέρωση του καταναλωτή, λεπτομερής παρουσίαση χρεώσεων και τεχνική υποστήριξη καταναλωτή # δείκτες ποιότητας παρεχόμενης υπηρεσίας

Για καινοτομία μέσω Διαδικτύου απαιτούνται ταχύτερα ευρυζωνικά δίκτυα και ποιοτικότερες υπηρεσίες, ομιλία στο 3ο Διεθνές Συνέδριο της ΕΕΤΤ, Grant Resort Lagonisi, (6/6/2008)

η πρόσφατη έκθεση της Ευρωπαϊκής Επιτροπής χαιρετίζει την αποτελεσματική ρυθμιστική πολιτική της ΕΕΤΤ και τις πετυχημένες ενέργειές της με απτά αποτελέσματα # επισκόπηση των μέχρι τώρα ενεργειών μας στο 2008 και δωδεκάλογος ενεργειών μας για το υπόλοιπο του 2008 # είμαστε ακόμα πολύ πίσω και τώρα είναι η στιγμή που χρειάζεται να δοθεί μια μεγάλη ώθηση ώστε να απογειωθούμε # η «δυσκαμψία» του ΟΤΕ και η μέχρι τώρα παντελώς αρνητική του στάση απέναντι στον Εθνικό Ρυθμιστή Τηλεπικοινωνιών δυσχέραναν την πρόοδο και περαιτέρω διάδοση της ευρυζωνικότητας # πιστεύουμε ότι με την έλευση της Deutsche Telekom, η συμπεριφορά του «νέου ΟΤΕ» και η προσέγγισή του προς τον Ρυθμιστή θα είναι πιο σωστές. Θα δούμε! # ποιος μας έλεγε ότι οι αργές ταχύτητες του ISDN επαρκούν για τα σχολεία μας; # ποιος κρατούσε τη χώρα μέχρι πρότινος αιχμάλωτη σ' αυτήν την τεχνολογία του αργού ISDN, προφασιζόμενος ότι δεν υπήρχε ζήτηση για μεγαλύτερες ταχύτητες ούτε ενδιαφέρον για το Ιντερνετ; # σήμερα η αγορά δεν προλαβαίνει να ικανοποιήσει την συνεχώς αυξανόμενη ζήτηση # η χώρα χρειάζεται μεγαλύτερες ευρυζωνικές ταχύτητες από τις σημερινές (**Ο Πρόεδρος του ΟΤΕ κ. Π. Βουρλούμης – προφανώς μη συμφωνώντας με τα λεγόμενα -- αποχωρεί επιδεικτικά από την αίθουσα του συνεδρίου**) # θα πρέπει η Πολιτεία να παράσχει τα απαραίτητα εργαλεία ώστε η ΕΕΤΤ να γίνει ακόμα πιο αποτελεσματική # ένας ισχυρός, ανεξάρτητος και ανεπηρέαστος Ρυθμιστής είναι προς όφελος του κλάδου, θα βοηθήσει στην ανταγωνιστικότητα και θα ωφελήσει τους πολίτες-καταναλωτές # wish us "good luck"!

Η εξαγορά του ΟΤΕ από την Deutsche Telecom (10/6/2008)

 # παρουσίαση του Προέδρου της ΕΕΤΤ στην Επιτροπή Οικονομικών Υποθέσεων της Βουλής για την εξαγορά του ΟΤΕ από την Deutsche Telecom # η ΕΕΤΤ θα εξετάσει τον φάκελο της εξαγοράς και τις αναμενόμενες επιπτώσεις των μεταβολών στη διάρθρωση του ανταγωνισμού ανάμεσα στους παίκτες της αγοράς και θα αποφασίσει # επειδή ο ΟΤΕ είναι εταιρεία με ΣΙΑ (Σημαντική Ισχύ Αγοράς), η ΕΕΤΤ είναι υποχρεωμένη να του επιβάλλει (και με την έγκριση της

Ευρωπαϊκής Επιτροπής) ειδικά «ρυθμιστικά μέτρα» (remedies) # η ΕΕΤΤ ελέγχει τις τιμές προγραμμάτων του ΟΤΕ «εκ των προτέρων» (ex ante) και είτε εγκρίνει είτε απορρίπτει την εφαρμογή τους στην αγορά # επίσης η ΕΕΤΤ ελέγχει την "εφαρμογή συνεγκατάστασης παρόχων στα αστικά κέντρα του ΟΤΕ», την αποφυγή καταστάσεων «αθέμιτης συμπίεσης τιμών», «ληστρικής τιμολόγησης» ή «πώλησης κάτω του κόστους» εκ μέρους του ΟΤΕ # όλες αυτές τις υποχρεώσεις του ΟΤΕ θα συνεχίσει να τις έχει και η Deutsche Telecom # μετά την έγκριση της συμφωνίας, να γνωρίζετε ότι το δίκτυο θα παραμείνει στην ιδιοκτησία και τη μονοπωλιακή χρήση του από την Deutsche Telecom, η οποία βέβαια θα πρέπει να τηρεί τις υποχρεώσεις διάθεσής του στους άλλους παρόχους που της επιβάλλει ο νόμος # η ανάπτυξη υποδομών πρόσβασης με οπτικές ίνες είναι απολύτως αναγκαία, διαφορετικά η χώρα μας κινδυνεύει να επανέλθει στην «λίθινη εποχή» των ηλεκτρονικών επικοινωνιών # όσοι εμμείνουν σε ξεπερασμένα σχήματα του μονοπωλιακού παρελθόντος, θα ξεπεραστούν από τους ανταγωνιστές τους

2.250.000 ευρώ πρόστιμα σε τηλεπικοινωνιακές εταιρείες, (27/6/2008)

πρόστιμα για την αυθαίρετη ενεργοποίηση προεπιλογής φορέα και ακύρωσης αιτήσεων κατάργησης προεπιλογής: TELEDOME=500.000 ευρώ, TELLAS=100.000 ευρώ, VIVODI=100.000 ευρώ # πρόστιμα για τη μη παροχή στοιχείων αναφορικά με καταγγελίες καταναλωτών: ΟΤΕ=180.000 ευρώ, VODAFONE=160.000 ευρώ, ON TELECOMS=150.000 ευρώ, VIVODI=200.000 ευρώ, TELEDOME=230.000 ευρώ, FORTHNET=290.000 ευρώ, HELLAS ONLINE=150.000 ευρώ, TELLAS=190.000 ευρώ

3.500.000 ευρώ πρόστιμα σε ΟΤΕ και TELLAS, (4/7/2008)

πρόστιμο στον ΟΤΕ 2.000.000 ευρώ λόγω άρνησης παροχής στοιχείων για το πρόγραμμα conn-x # πρόστιμο στον ΟΤΕ 1.000.000 ευρώ για εκπρόθεσμη και μη προσήκουσα παροχή των απαραίτητων οικονομικών στοιχείων για την από τη ΕΕΤΤ "ex ante" εξέταση του προγράμματος "ALL-IN-ONE" # πρόστιμο στην TELLAS 500.000 ευρώ

κατόπιν καταγγελιών καταναλωτών για μη αποδέσμευση των καταναλωτών από το δίκτυο της

Κώδικας Δεοντολογίας (15/7/2008)

η ΕΕΤΤ εκδίδει κώδικα δεοντολογίας τηλεπικοινωνιακών παροχών # γενικές αρχές, διαδικασίες, συμπεριφορά και **υποχρεώσεις των τηλεπικοινωνιακών παρόχων απέναντι στους καταναλωτές** # ενημέρωση καταναλωτών # σύναψη σύμβασης και ποιότητα υπηρεσίας # ενεργοποίηση υπηρεσίας # παρουσίαση χρεώσεων

9.000.000 ευρώ πρόστιμο στον ΟΤΕ (25/7/2008)

πρόστιμο 1.000.000 ευρώ για παραβίαση της νομοθεσίας περί ηλεκτρονικών επικοινωνιών και πρόστιμο 8.000.000 ευρώ για παραβίαση της νομοθεσίας περί προστασίας του ανταγωνισμού **# ο ΟΤΕ παρενέβαλε ανυπέρβλητα προσκόμματα** στο πρώτο εγχείρημα εμπορικής προώθησης στην ελληνική αγορά από την TELLAS της υπηρεσίας double play (συνδυασμός σταθερής τηλεφωνίας με Ιντερνετ) # ο ΟΤΕ παραβίασε τις σχετικές διατάξεις της Κοινοτικής νομοθεσίας περί παροχής «ανοικτού δικτύου» και **καταχράστηκε τη δεσπόζουσα θέση του** στις τηλεπικοινωνίες # αποτέλεσμα αυτού ήταν να υποχρεωθεί η TELLAS να αναστείλει την εμπορική προώθηση της υπηρεσίας, να υποστεί σημαντική οικονομική ζημιά και να δυσφημιστεί σε χιλιάδες πελάτες της # παρόμοιες καταγγελίες κατά του ΟΤΕ υπάρχουν και από άλλες εταιρείες, για τις οποίες η ΕΕΤΤ διεξάγει ακροάσεις μετά τις οποίες θα λάβει τις σχετικές αποφάσεις

Εξαγορά των NETMED και INTERVISION SERVICES από την FORTHNET (25/7/2008)

η ΕΕΤΤ, βάσει των αρμοδιοτήτων της και μετά από ανάλυση των στοιχείων χονδρικής αγοράς της παροχής ραδιοτηλεοπτικών υπηρεσιών, ενέκρινε τη συγκέντρωση και εξαγορά από την FORTHNET των θυγατρικών εταιρειών NETMED και INTERVISION που ανήκουν στην εταιρεία MYRIAD INTERNATIONAL HOLDINGS

Προσωρινά μέτρα κατά του ΟΤΕ (27/8/2008)

η ΕΕΤΤ έλαβε προσωρινά μέτρα αναφορικά με την αίτηση ασφαλιστικών μέτρων της ALTEC TELECOMS κατά του ΟΤΕ # ο ΟΤΕ υποχρεούται να προβεί σε αποκατάσταση της παροχής υπηρεσιών διασύνδεσης στο σύνολο των κυκλωμάτων της ALTEC TELECOMS άμεσα # τα προσωρινά μέτρα θα ισχύουν υπό την προϋπόθεση ότι η ALTEC θα καταβάλει στον ΟΤΕ το σύνολο των οφειλομένων ποσών εντός 4 εργασίμων ημερών από την αποκατάσταση της παροχής υπηρεσιών διασύνδεσης από τον ΟΤΕ

Η ΕΕΤΤ προωθεί την ευρυζωνικότητα και τον ανταγωνισμό, συνέντευξη στην 73η Δ.Ε.Θ., (6/9/2008)

η ΕΕΤΤ προωθεί την ευρυζωνικότητα και τον ανταγωνισμό στην ευρυζωνική αγορά • η εξέλιξη των ευρυζωνικών γραμμών, της αδεσμοποίητης πρόσβασης στον τοπικό βρόχο (έχουν φτάσει το 40% όλων των ευρυζωνικών γραμμών) και της φυσικής συνεγκατάστασης # η ευρυζωνικότητα στη Β. Ελλάδα # ο καταναλωτής στο επίκεντρο του έργου της ΕΕΤΤ # ενημερώνουμε τον καταναλωτή για το πολύπλευρο έργο της ΕΕΤΤ και τα δικαιώματα και υποχρεώσεις του ως χρήστης τηλεπικοινωνιακών υπηρεσιών # οι πέντε στρατηγικοί άξονες των ρυθμιστικών ενεργειών της ΕΕΤΤ # ο αριθμός των εργαζομένων στον ΟΤΕ μειώνεται ενώ αυξάνει αυτών που εργάζονται στους εναλλακτικούς παρόχους

500.000 οι χρήστες τοπικών βρόχων, (6/9/2008)

εκρηκτική η ανάπτυξη της Ευρυζωνικότητας μέσω του τοπικού βρόχου # η ΕΕΤΤ (εφαρμόζοντας τον Νόμο) έχει υποχρεώσει τον ΟΤΕ να υλοποιήσει την φυσική συνεγκατάσταση και την αδεσμοποίητη πρόσβαση στον τοπικό βρόχο από τους εναλλακτικούς παρόχους, δεσμεύοντας τον σε αυστηρά χρονοδιαγράμματα # οι τοπικοί βρόχοι εναλλακτικών παρόχων ανήλθαν στα τέλη Αυγούστου 2008 σε 524.000 (91% αύξηση από το τέλος του 2007) # η ευρυζωνικότητα μέσω βρόχων των εναλλακτικών παρόχων ξεπέρασε αυτήν μέσω γραμμών ADSL του

ΟΤΕ # το σύνολο των ευρυζωνικών γραμμών στα τέλη Ιουνίου 2008 ανήλθε σε 1.246.000 (αύξηση κατά 23% σε σχέση με το τέλος του 2007)

Το σύστημα GIS της ΕΕΤΤ (6/9/2008)

αναπτύξαμε το GIS (Γεωγραφικό Σύστημα Πληροφοριών Τηλεπικοινωνιακού Δικτύου) που καταγράφει και απεικονίζει τις υποδομές των τηλεπικοινωνιακών, ραδιοτηλεοπτικών και ευρυζωνικών δικτύων στην ελληνική επικράτεια # αναπτύσσει εφαρμογές με χρήσιμες και διαδραστικές υπηρεσίες ενημέρωσης των καταναλωτών, των παρόχων και της Τοπικής Αυτοδιοίκησης # θα καταγράφει τα τοπικά έργα Δικαιωμάτων Διέλευσης δικτύων ώστε να επιταχυνθεί η ανάπτυξη «ευρυζωνικών δικτύων οπτικών ινών μέχρι το σπίτι» # για τους Δήμους, αποτυπώνονται σε πανελλαδικό επίπεδο τα μητροπολιτικά δίκτυα οπτικών ινών

Λειτουργικός Διαχωρισμός στον ΟΤΕ, αν χρειαστεί, συνέντευξη στην Εφημερίδα Οικονομία, (20/9/2008)

οι ρυθμιστικές μας ενέργειες δεν θα επηρεαστούν από το γεγονός ότι στον ΟΤΕ υπάρχει πλέον συνδιοίκηση με την Deutsche Telecom # όσο ο ΟΤΕ δεν αλλάζει νοοτροπία και συμπεριφορά, ο καταναλωτής δεν απολαμβάνει αυτά που του αξίζουν # έχουμε ήδη ξεκινήσει την εκπόνηση μελέτης που θα κρίνει εάν είναι αναγκαίος ο λειτουργικός διαχωρισμός του ΟΤΕ # ο Ευρωπαϊκός νόμος περί ανταγωνισμού δίνει στην ΕΕΤΤ (που είναι η Επιτροπή Ανταγωνισμού για τις Τηλεπικοινωνίες στην Ελλάδα) τη δυνατότητα να επιβάλλει τον λειτουργικό διαχωρισμό # μετά την ολοκλήρωση της μελέτης (στα τέλη του 2008) θα ακολουθήσει δημόσια διαβούλευση # **κεντρικός σκοπός του λειτουργικού διαχωρισμού** των δικτύων και υπηρεσιών του ΟΤΕ είναι η αποτελεσματικότερη αντιμετώπιση προβλημάτων στον ανταγωνισμό με την άρση εμποδίων και πρακτικών διακριτικής μεταχείρισης εκ μέρους του ΟΤΕ # μη ξεχνάτε ότι μέρος της υποδομής του ΟΤΕ κατασκευάστηκε με επιδοτήσεις από την ΕΕ # ο ΟΤΕ έχει δικά του επιχειρηματικά κίνητρα που έρχονται σε αντίθεση με την υποχρέωση του για «δίκτυο ανοιχτής πρόσβασης» (γι' αυτό και ο παρεμβατικός

ρόλος του Κράτους) # για πολλά χρόνια, **το μονοπώλιο του ΟΤΕ δεν επέτρεπε στους εναλλακτικούς παρόχους να διαφοροποιηθούν από την εμπορική πολιτική του ΟΤΕ**, με αποτέλεσμα τις χαμηλές ταχύτητες, υψηλές τιμές, μια αγορά σε στάσιμη εμβρυακή κατάσταση και μηδενική καινοτομία # η ουσιαστική ανάπτυξη της ευρυζωνικότητας ξεκίνησε όταν εμείς (εφαρμόζοντας το Κοινοτικό και Εθνικό Δίκαιο) εξαναγκάσαμε τον ΟΤΕ να υλοποιήσει την «φυσική συνεγκατάσταση» άλλων παρόχων στα Αστικά Κέντρα του και την απελευθέρωση της πρόσβασής τους στον τοπικό βρόχο (στο τελευταίο μίλι του δικτύου του) #από τον Απρίλιο του 2007 που η ΕΕΤΤ (αφού είχε πλέον ολοκληρώσει τον Κανονισμό για την αδεσμοποίηση του τοπικού βρόχου, το RUO) και άρχισε την αυστηρή εποπτεία υλοποίησης του, οι αριθμοί των τοπικών βρόχων έχουν στην κυριολεξία εκτιναχθεί, από τις 40.000 στις σημερινές 500.000 (αύξηση 1.325%)! # έτσι **ο καταναλωτής απέκτησε πλέον τη δυνατότητα να απολαμβάνει καινοτόμες συνδυασμένες υπηρεσίες τηλεφωνίας, ευρυζωνικής πρόσβασης στο Διαδίκτυο και τηλεόρασης ή βίντεο μέσω διαδικτύου, επιλέγοντας τον πάροχο της αρεσκείας του, δυνατότητα που δεν υπήρχε μέχρι σήμερα** # όσον αφορά την ερώτηση σας αν θεωρώ ότι η συμπεριφορά κ. Βουρλούμη (αποχώρηση από προγραμματισμένες ομιλίες, κλπ) είναι σωστή απέναντι στην ΕΕΤΤ, ο θεσμικός μου ρόλος **δεν μου επιτρέπει να κριτικάρω** την συμπεριφορά και τις ενέργειες των Διευθυνόντων Συμβούλων των εταιρειών του κλάδου τις οποίες η ΕΕΤΤ εποπτεύει # έχουμε παρέμβει ώστε ο χρόνος της άρσης βλαβών δικτύου μέσω συνδυαστικού ραντεβού μεταξύ του τεχνικού του εναλλακτικού παρόχου και του τεχνικού του ΟΤΕ να μη ξεπερνά τις 2 εργάσιμες μέρες # το Διοικητικό Εφετείο έχει εν γένει μια τάση να μειώνει το ύψος των προστίμων που επιβάλλει η ΕΕΤΤ # η μη πληρωμή προστίμων που εκκρεμούν επί σειρά ετών στα δικαστήρια δεν επιφέρει την επιθυμητή αποτελεσματικότητα # ποσά που εισπράττει η ΕΕΤΤ από πρόστιμα αποδίδονται στον κρατικό προϋπολογισμό (μεταξύ 2006 και 2008 η ΕΕΤΤ έχει αποδώσει στον κρατικό προϋπολογισμό συνολικά περίπου 200 εκ ευρώ) # μολονότι τον τελευταίο χρόνο μειώσαμε τα τέλη τερματισμού κατά 30%, το σχέδιο που εκπονήσαμε θα τα μειώνει σταδιακά ώστε στις αρχές του 2011 να συγκλίνουν με τον μέσο όρο των

15 χωρών τα ΕΕ # δημοσιογράφος: **η πρόσφατη πρωτοβουλία σας για μείωση των τιμών στην κινητή τηλεφωνία έγινε δεκτή από τον Έλληνα καταναλωτή σχεδόν με αγαλλίαση!**

10.991.300 ευρώ πρόστιμο στον ΟΤΕ, (3/10/2008)

η ΕΕΤΤ διαπίστωσε την **μερική μόνο συμμόρφωση του ΟΤΕ** με τα προσωρινά μέτρα που του είχαν επιβληθεί για θέματα τοπικού βρόχου # πρόστιμο 4.678.400 ευρώ για μη εμπρόθεσμη ενεργοποίηση εκκρεμών ενεργών βρόχων # πρόστιμο 828.900 ευρώ για μη εμπρόθεσμη ενεργοποίηση εκκρεμών ανενεργών βρόχων # πρόστιμο 5.400.000 ευρώ για μη εμπρόθεσμη παράδοση εκκρεμών ΕΣΚ (εσωτερικά καλώδια) # πρόστιμο 84.000 ευρώ για μη εμπρόθεσμη υλοποίηση αιτημάτων ΦΥΠ (φρεατίων υποδοχής παρόχων)

Προσωρινά μέτρα κατά της TELEDOME (6/10/2008)

η ΕΕΤΤ έλαβε προσωρινά μέτρα κατά της TELEDOME για την φορητότητα αριθμών

Η «Ευρυζωνικότητα» δεν είναι μόνο τεχνολογία. Είναι κοινωνικο-οικονομικό αγαθό και δικαίωμα του πολίτη, ομιλία στο 10ο Συνέδριο της Infocom '08 (7/10/2008)

όταν ο τίτλος του συνεδρίου είναι «ευρυζωνικότητα παντού», τι εννοούμε με τον όρο «ευρυζωνικότητα» και τι με τον όρο «παντού»; # μήπως είναι προτιμότερο να θέσουμε το ζήτημα «ευρυζωνικότητα παντού **και για όλους**»; # ο όρος «παντού» αναφέρεται μόνον τις περιοχές όπου ήδη υπάρχουν κάτοικοι; Τότε πως θα καλύψουμε τις επερχόμενες εφαρμογές όπως «**Διαδίκτυο Πραγμάτων**» (Internet of Things) που δεν προϋποθέτει ανθρώπινη παρουσία; # όσο για τον όρο «για όλους», μπορεί ο παππούς και η γιαγιά στην «Άνω Ραχούλα» ποτέ να μη φτάσουν στο σημείο διάδρασης με τα δικά τους Avatar σε περιβάλλοντα «2ης ζωής», στο σύντομο όμως μέλλον θα μπορούν να είναι ζωσμένοι με ή περιστοιχισμένοι από διάφορα είδη ειδικών αισθητηρίων που θα τους συνδέουν μέσω του Ιντερνετ με αγαπημένα τους πρόσωπα, με νοσοκομεία και με σταθμούς πρώτης ανάγκης. Κατ'

αυτόν τον τρόπο θα γίνονται και αυτοί, χωρίς να το καταλαβαίνουν, **«παραγωγείς περιεχομένου»** (εξ ου και οι απαιτήσεις για ταχύτητες uplink) # συνεπώς, η «Ευρυζωνικότητα» θα πρέπει πλέον να αντιμετωπιστεί και ως κοινωνικό αγαθό ή δικαίωμα, καθόσον η έλλειψη της οδηγεί αναπόφευκτα σε κοινωνικό αποκλεισμό # η ταχεία ανάπτυξη της «Ευρυζωνικότητας» και η επέκτασή της παντού και για όλους πρέπει να αποτελεί σήμερα κεντρικό εθνικό στόχο # ο Κοινοτικός **ορισμός της «Ευρυζωνικότητας»** περιλαμβάνει 6 τεχνολογικές και μη τεχνολογικές συνιστώσες: κάλυψη, ταχύτητα και ποιότητα, τιμές, προηγμένες υπηρεσίες, κοινωνικό-οικονομικό περιβάλλον και ανταγωνιστικότητα ως προς την κάλυψη. Παραθέτουμε τις προτάσεις μας για κάθε μία συνιστώσα

Challenges for Broadband development: the Greek perspective, speech at the Global Forum, Athens, (11-12/10/2008)

broadband is a necessity, a right of every citizen and a public good from which no one should be left behind # in order for a country to progress towards such a challenging target, **4 elements are essential**: (a) a regulatory framework promoting competition, particularly infrastructure based competition, (b) a national strategy for migrating to the next generation access networks, even through subsidization – whenever necessary -- of the relevant projects, (c) a national strategy for an effective mechanism to ensure that all people have access to broadband networks and services and (d) a powerful and independent regulator, who will apply effectively the European Framework Directive and ensure that the development of the next generation access networks does not lead to new monopolies # infrastructure based competition drives broadband development # the Greek government decided to initiate a project to deploy an FTTH network that will (initially) reach 2.000.000 households, to be completed in 7 years

Βραβείο στην ΕΕΤΤ, 10ο Συνέδριο Τηλεπικοινωνιών Info-Com World, (13/10/2008)

στην ομιλία μου στην αρχή του συνεδρίου αναφέρθηκα στο γεγονός ότι η ευρυζωνικότητα έχει πλέον ξεπεράσει τα όρια της τεχνολογικής διάστασης και αποτελεί ένα προϊόν αλληλεπίδρασης της τεχνολογίας με πολλές πτυχές της κοινωνικής και οικονομικής ζωής μιας σύγχρονης και ταχύτατα μεταλλασσόμενης κοινωνίας # ότι η ευρυζωνικότητα πρέπει πλέον να αντιμετωπιστεί και ως κοινωνικό αγαθό ή δικαίωμα, καθόσον η έλλειψη της οδηγεί αναπόφευκτα σε κοινωνικό αποκλεισμό # τέλος, αναφέρθηκα σε έξι συνιστώσες της Ευρυζωνικότητας στις όποιες πρέπει να επικεντρωθεί η προσοχή όλων των εμπλεκόμενων (της Κυβέρνησης, της αγοράς ΤΠΕ και του Ρυθμιστή) ώστε να διαμορφωθεί μια εθνική στρατηγική # παραλαμβάνοντας δε στο τέλος της ημέρας το βραβείο και αστειευόμενος είπα ότι «**αν σε κάποια ομιλία μου «παραμελήσω» να αναφερθώ στις δυσλειτουργίες/κωλυσιεργίες που παρουσιάζει ο ΟΤΕ, στην εσωστρέφεια/διστακτικότητα των εναλλακτικών τηλεπικοινωνιακών παροχών ή στο αργοκίνητο κρατικο-πολιτικο μας σύστημα, τότε ... μου δίνουνε βραβείο**»

Η Ευρυζωνικότητα σκαλώνει στα προβλήματα συντονισμού, συνέντευξη στην Εφημερίδα Ναυτεμπορική. (15/12/2008)

η χώρα πρέπει να στραφεί στο όραμα μετεξέλιξης στης Ελλάδας σε «**Κοινωνία της Γνώσης και Υπηρεσιών Υψηλής Τεχνολογίας**» # ο Πρόεδρος της ΕΕΤΤ επισημαίνει ότι υπάρχουν μεγάλα προβλήματα συντονισμού για την ανάπτυξη της ευρυζωνικότητας και επαναφέρει την πρόταση του για τη δημιουργία **ενός επιτελικού κέντρου υπό τον ίδιο τον πρωθυπουργό** • όλοι οι πολίτες έχουν δικαίωμα σε μια βασική σύνδεση στο Διαδίκτυο και πρόσβαση στις εφαρμογές του μέσω ποιοτικών ευρυζωνικών συνδέσεων # εμπόδια αποτελούν η έλλειψη χρηστικού ελληνικού περιεχομένου, η έλλειψη του Internet στα σχολεία, κλπ # άλλες χώρες «τρέχουν με την ταχύτητα του φωτός» ενώ στην Ελλάδα πορευόμαστε με τον δικό μας αργό και αναποτελεσματικό ρυθμό **# η αποτελεσματικότητα της ΕΕΤΤ μειώνεται**

επειδή λειτουργεί μέσα σε ένα δυσκίνητο περιβάλλον # ο πρόεδρος του ΟΤΕ κ. Βουρλούμης προσωποποιεί τις κατηγορίες του στο πρόσωπο του Προέδρου της ΕΕΤΤ και σ΄ όλη την ΕΕΤΤ καθόσον αναφέρεται ξεκάθαρα σε τάχα «συμφέροντα» που «υποκρύπτονται» πίσω από την στάση της **#** ο κ. Βουρλούμης επιχειρεί να εμπλέξει και τον πολιτικό κόσμο και ζητά από την Πολιτεία να επεμβαίνει στο έργο του Ανεξάρτητου Εθνικού Ρυθμιστή (κατά παράβαση της αρχής της ουδετερότητας της Πολιτείας στην απελευθερωμένη τηλεπικοινωνιακή αγορά) ώστε να τον «συνετίσει» για να μη θίγει την κερδοφορία του ΟΤΕ. **Απαιτεί δηλαδή παύση της ρύθμισης! #** η έκρηξη στην ευρυζωνικότητα – που επέτρεψε στους εναλλακτικούς παρόχους να αποκτήσουν «δικές τους γραμμές» και πρώτοι αυτοί να προσφέρουν υψηλότερες ταχύτητες και καινοτόμες υπηρεσίες, όπως double- και triple-play – δεν προήλθε από της «καλή θέληση και προσπάθεια» του ΟΤΕ, όπως ο Πρόεδρος του κ. Βουρλούμης διατυμπανίζει. Αντιθέτως, την προκάλεσε η διοίκηση της ΕΕΤΤ, όταν τον Απρίλιο του 2007 εξανάγκασε τον ΟΤΕ να υλοποιήσει αυτό που εκ του νόμου όφειλε να κάνει (και συνεχώς το αρνούνταν), δηλαδή να ανοίξει τα Αστικά του Κέντρα στους εναλλακτικούς παρόχους και να τους ενοικιάζει σε χονδρική τιμή τον «τοπικό βρόχο» **#** στη συνέχεια ο ανταγωνισμός αυτός είχε σαν απόρροια την εγρήγορση και του ΟΤΕ, που αναγκάστηκε να προσφέρει και αυτός παρόμοια προϊόντα προσπαθώντας να περιορίσει τις απώλειες στο πελατολόγιό του **# ο ΟΤΕ λοιπόν, δεν ήταν πρωτοπόρος και καινοτόμος στην Ευρυζωνικότητα.** Οι ανταγωνιστές του ήταν οι πρώτοι που έφτασαν στις σημερινές υψηλές ταχύτητες του Ιντερνετ και αυτοί ήταν που πρώτοι εμφάνισαν καινοτόμες υπηρεσίες double και triple play **#** το σχεδιαζόμενο από την Πολιτεία δίκτυο οπτικών ινών μέχρι το σπίτι (FTTH) δεν απαιτεί την διάθεση τεράστιου ποσού από το Δημόσιο: υπολογίζεται σε περίπου 70 εκατ ευρώ ετησίως (που μπορούν να τα αντλήσουν ακόμα και από το ετήσιο αποθεματικό της ΕΕΤΤ) **#** όσον αφορά στη «γκρίνια» για την ΕΕΤΤ του ΟΤΕ και των εναλλακτικών παρόχων, στην Ευρώπη λένε ότι «αν βάλλεσαι και από τις δυο πλευρές, αυτό σημαίνει ότι κάνεις καλά την δουλειά σου» **• η ΕΕΤΤ δεν είναι εδώ για να προστατεύει καμία από τις εταιρείες του κλάδου παρά μόνο τον υγιή ανταγωνισμό μεταξύ τους**

Έγκριση από την ΕΕΤΤ της αλλαγής ελέγχου των εταιρειών ΟΤΕ και COSMOTE (15/10/2008)

η ΕΕΤΤ ενέκρινε την αλλαγή έλεγχου των εταιρειών ΟΤΕ και COSMOTE, υπό την προϋπόθεση ότι θα κοινοποιηθεί στην ΕΕΤΤ εντός 2 μηνών η εγκριτική απόφαση της αρμόδιας Επιτροπής Ανταγωνισμού των Ευρωπαϊκών Κοινοτήτων, η οποία και έχει επιληφθεί της σχετικής συγκέντρωσης μεταξύ ΟΤΕ και Deutsche Telecom

60.000 ευρώ πρόστιμο στην On Telecoms (3/12/2008)

πρόστιμο για παράνομη σύναψη τηλεφωνικών συμβάσεων για υπηρεσίες τοπικού βρόχου

Η Ευρυζωνικότητα απελευθερώνει τον πολίτη, Εφημερίδα το ΘΕΜΑ, Τεύχος 257 (12/2008)

ο κλάδος των Ηλεκτρονικών Επικοινωνιών αποτελεί σήμερα τον μόνο κλάδο στον οποίο ο αναπτυσσόμενος ανταγωνισμός οδηγεί κάθε χρόνο σε μείωση των τιμών, αντί της αύξησης που παρουσιάζεται σε όλους τους υπόλοιπους κλάδους # οι εναλλακτικοί πάροχοι παρουσιάζουν καινοτόμα προϊόντα και **οι καταναλωτές έχουν πλειάδα επιλογών σε ανταγωνιστικές τιμές από τον πάροχο της αρεσκείας τους** # η άνθιση στην ευρυζωνικότητα εξαπλώνεται από τη Αθήνα στην Περιφέρεια # η απελευθέρωση από την ΕΕΤΤ των δικτύων Wi-Fi και η ανάπτυξη της **προσιτής κινητής Ευρυζωνικότητας** απελευθερώνει τον χρήστη από κάθε γεωγραφικό περιορισμό # η ευρυζωνικότητα αποτελεί πλέον προϊόν αλληλεπίδρασης της τεχνολογίας με πολλές πτυχές της κοινωνικής και οικονομικής ζωής μιας σύγχρονης και ταχύτατα μεταλλασσόμενης κοινωνίας

Ελληνική ομάδα δράσης για το IPv6, Δελτίο Τύπου, (16/12/2008)

με πρωτοβουλία των ΕΔΕΤ και ΕΕΤΤ δημιουργείται ανεξάρτητη ομάδα δράσης για την προώθηση της τεχνολογίας IPv6 (νέο πρωτόκολλο επικοινωνίας του Διαδικτύου) στην Ελλάδα # προς αυτόν τον σκοπό οργανισμοί, φορείς, πάροχοι υπηρεσιών διαδικτύου, εταιρείες

δικτυακού υλικού, λογισμικού & υπηρεσιών ενώνουν τις δυνάμεις τους # το Δελτίο Τύπου παραθέτει χρήσιμα links για το IPv6

Πτώχευση της TELEDOME, (23/12/2008)

αίτηση πτωχεύσεως κατέθεσε η TELEDOME η οποία παύει τις εργασίες της # η ΕΕΤΤ καλεί τους πελάτες της TELEDOME να επιλέξουν εγκαίρως νέο πάροχο και τους εξηγεί τις εναλλακτικές λύσεις που έχουν

Έκθεση πεπραγμένων ΕΕΤΤ έτους 2008

η χώρα ως η ταχύτερα αναπτυσσόμενη ευρυζωνική αγορά στον κόσμο # ο ΟΤΕ και οι πάροχοι ανέτοιμοι # δείκτες ποιότητας και Κώδικας Δεοντολογίας # αιχμή και βασικό όχημα την Αδεσμοποίητη Πρόσβαση στον Τοπικό Βρόχο (ΑΠΤΒ) # μείωση τελών τερματισμού # ρυθμιστικό πλαίσιο για την προώθηση σύγκλισης τηλεπικοινωνιών και ΜΜΕ

Έτος 2009: «Έτος Σύγκλισης» (ευρυζωνικότητα κοινωνικό αγαθό, ψηφιακό μέρισμα, σύγκλιση τηλ/νιων με ΜΜΕ, ψηφιακή TV, FTTH)

Η ανάπτυξη της Ευρυζωνικότητας στην Ελλάδα, (29/1/2009)

οι βρόχοι ΑΠΤΒ έφτασαν τις 650.000 από τις 274.000 πριν ένα χρόνο (αύξηση 240%) αστειευόμενος είπα τάση των εναλλακτικών παρόχων να μεταφέρουν τη συνδρομητική τους βάση από την Χονδρική Ευρυζωνική Πρόσβαση (ADSL) στην Αδεσμοποίητη Πρόσβαση στον Τοπικό Βρόχο (LLU) αστειευόμενος είπα ο αριθμός των ευρυζωνικών γραμμών φτάνει τις 1.500.000 συγκρινόμενος με τις 1.017.257 του Δεκεμβρίου 2007 (διείσδυση 13,4%)

Διάγραμμα 1. Εξέλιξη των ευρυζωνικών γραμμών στην Ελλάδα

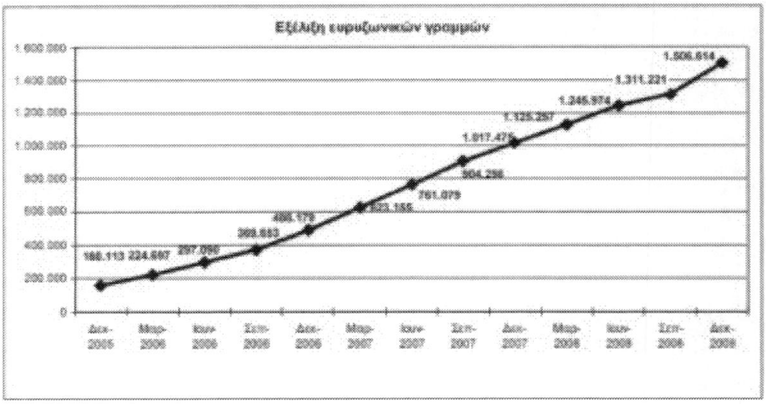

Διάγραμμα 2: Εξέλιξη γραμμών ΑΠΤΒ (πλήρους και μεριζόμενης πρόσβασης

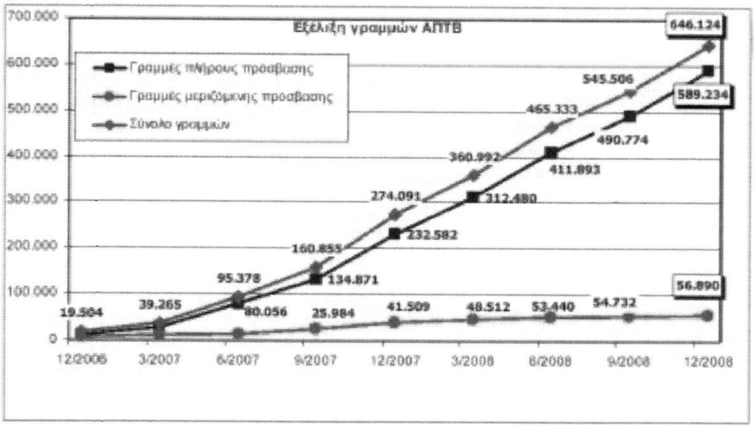

2.000.000 ευρώ πρόστιμο στον ΟΤΕ, (4/2/2009)

πρόστιμο στον ΟΤΕ για την παραβίαση της τηλεπικοινωνιακής νομοθεσίας και συγκεκριμένα τη **μη παροχή στην ΕΕΤΤ οικονομικών στοιχείων** ώστε αυτή να μπορέσει να προχωρήσει στον κοστολογικό έλεγχο έτους 2008 και έλεγχο των κανόνων του ανταγωνισμού, ιδίως τον έλεγχο συμπίεσης περιθωρίου τιμών # ο ΟΤΕ έχει υπάρξει **επανειλημμένα υπότροπος** όσον αφορά την τήρηση των υποχρεώσεών του

Ψηφιακό μέρισμα, ομιλία στην αντίστοιχη ημερίδα της ΕΕΤΤ, Αθήνα, (24/2/2009)

η ΕΕΤΤ ανακηρύττει το 2009 ως «**έτος ευρυζωνικής σύγκλισης τηλεπικοινωνιών και ΜΜΕ**» # ως «**ψηφιακό μέρισμα**» εννοούμε το φάσμα συχνοτήτων που θα απελευθερωθεί όταν γίνει η πλήρης μετάβαση (switchover) από την αναλογική στην ψηφιακή ευρυεκπομπή # με το Νόμο 3548/2007 η ΕΕΤΤ απόκτησε τις αρμοδιότητες **αδειοδότησης των δικτύων ραδιοτηλεόρασης** και της επιτροπής ανταγωνισμού σ' αυτά # το γεγονός ότι τα αναλογικό ραδιοτηλεοπτικό τοπίο έχει παραμείνει από το Κράτος επί μακρόν αρρύθμιστο και

άναρχο, δεν επιτρέπει στην ΕΕΤΤ να εξασκήσει αποτελεσματικά τις αρμοδιότητες της # φοβούμαστε ότι και κατά την μετάβαση στην ψηφιακή τηλεόραση **θα επαναληφθούν πάλι τα ίδια λάθη**, δηλαδή η μετάβαση θα γίνει ασυντόνιστα και δίχως να αξιοποιηθεί βέλτιστα το «ψηφιακό μέρισμα» (digital dividend) που θα επιτρέψει την ανάπτυξη νέων βελτιωμένων δικτύων και την εμφάνιση νέων καινοτόμων εφαρμογών # η ΕΕ καλεί τα κράτη να καταστρώσουν σχετική εθνική στρατηγική μέχρι το 2009 # θέματα και **προβληματισμοί μου ως προς την μετάβαση στην ψηφιακή ραδιοτηλεόραση** # θέματα και απόψεις μου ως προς το ψηφιακό μέρισμα # 6 προτάσεις μας για τα θέματα αυτά # ποια είναι η σειρά βημάτων που θα πρέπει να ακολουθηθεί

(Μέρος 1ο , Μέρος 2ο)

Εκστρατεία ενημέρωσης: «Ευρυζωνικότητα, κοινωνικό αγαθό και δικαίωμα για όλους», συνέντευξη τύπου,(23/3/2009)

εκστρατεία ενημέρωσης του κοινού από την ΕΕΤΤ για την Ευρυζωνικότητα, τις ασύρματες επικοινωνίες και τον καταναλωτή # ενέργειες προβολής στα ΜΜΕ σε πανελλαδικό επίπεδο, δράσεις για διαφορετικές ηλικιακές ομάδες και έντυπο ενημερωτικό υλικό **# στόχος να στραφεί ο καταναλωτής προς το ευρυζωνικό διαδίκτυο και τις νέες τεχνολογίες** # ανάγκη επέκτασης του ευρυζωνικού Διαδικτύου στην καθημερινότητα της Περιφέρειας # θέλουμε να βρούμε τα ΜΜΕ θερμούς υποστηρικτές και πολλαπλασιαστές των μηνυμάτων μας

7.500.000 ευρώ πρόστιμο στον ΟΤΕ, (26/3/2009)

πρόστιμο 2.000.000 λόγω υπέρμετρης και αδικαιολόγητης καθυστέρησης στην παράδοση μισθωμένων κυκλωμάτων στη εταιρεία HELLAS ONLINE # πρόστιμο 5.000.000 λόγω μη συμμόρφωσής της με την Απόφαση Προσωρινών Μέτρων που είχε λάβει η ΕΕΤΤ τον Ιούλιο 2008 # απορριπτική απόφαση επί καταγγελίας της NEWSPHONE κατά του ΟΤΕ σχετικά με τη μη νόμιμη χρήση του σύντομου κωδικού 131 # η ΕΕΤΤ απηύθυνε Σύσταση στον ΟΤΕ για την παροχή υπηρεσιών καταλόγου

The digital dividend: challenges and opportunities in the new digital era, presentation at the 7th SE Europe Regulatory Brainstorming Session, Thessaloniki, (7/4/2009)

"digital dividend" refers to the frequency spectrum to be freed up when full transition (switchover) from analog to digital TV broadcasting occurs # part of it to be used for TV services and the rest for a number of innovative telecoms and Internet applications # in many European countries this has already happened **# the EETT has commissioned a study to identify possible uses of the digital dividend** # the current situation in Greece # issues and concerns for the transition to digital broadcasting # issues and concerns for the digital dividend # our proposals and 5 basic principles for allocating the digital dividend

1.500.000 ευρώ πρόστιμο στον ΟΤΕ, (8/4/2009)

πρόστιμο λόγω καθυστέρησης υποβολής των κοστολογικών στοιχείων του έτους 2009 και των καταστάσεων λογιστικού διαχωρισμού ετών 2007-2009 (τα οποία όφειλε να καταθέσει στο τέλος Ιουλίου 2008) **# ο ΟΤΕ έχει γίνει επανειλημμένα υπότροπος όσον αφορά στην τήρηση των υποχρεώσεων του**

2.060.000 ευρώ πρόστιμα σε τηλεπικοινωνιακούς παρόχους, (5/5/2009)

πρόστιμο 2.000.000 ευρώ στον ΟΤΕ για την επί 18μηνο παράνομη συμπεριφορά του μη τήρησης ανώτατου ορίου τιμής στο τέλος παρακράτησης για κλήσεις από συνδρομητές του δικτύου του προς συνδρομητές παρόχων δικτύων κινητής τηλεφωνίας # η απάντηση της ΕΕΤΤ σε δημοσιεύματα στον Τύπο που αναφέρονται στην δήλωση του Προέδρου του ΣΕΛΠΕ (Σύνδεσμος Επιχειρήσεων Λιανικής Πώλησης Ελλάδος) κ. Θ. Βάρδα, ήταν ότι το ύψος του προστίμου που επέβαλε η ΕΕΤΤ στον ΟΤΕ είναι το μέγιστο δυνατό που ο Νόμος «περί Ηλεκτρονικών Επικοινωνιών» επιτρέπει στη Ρυθμιστική Αρχή να επιβάλλει (η ΕΕΤΤ έχει από καιρό εισηγηθεί στην Κυβέρνηση την αύξηση του ύψους των προστίμων) # πρόστιμα 50.000 ευρώ και 10.000 ευρώ στις εταιρείες VODAFONE και NETONE αντίστοιχα για την

μη πλήρη αξιοποίηση, ως όφειλαν εντός της προβλεπόμενης προθεσμίας, του συνόλου του χώρου φυσικής συνεγκατάστασης που τους είχε διατεθεί, παρεμποδίζοντας έτσι την είσοδο άλλου παρόχου

Η ΕΕΤΤ αδειοδοτεί τον πρώτο «πάροχο δικτύου» ψηφιακής ευρυεκπομπής, (9/5/2009)

μετά την υποβληθείσα σ΄ αυτήν γνωστοποίησης των εταιρειών ALPHA, STAR, SKAI, ALTER, ΜΑΚΕΔΟΝΙΑ, ANTENNA και MEGA , η ΕΕΤΤ ενέκρινε τη σύσταση της κοινής επιχείρησης «ΨΗΦΙΑΚΟΣ ΠΑΡΟΧΟΣ», αντικείμενο της οποίας θα είναι η ανάπτυξη και παροχή υπηρεσιών επίγειου ψηφιακού τηλεοπτικού δικτύου

Οι νέοι παίκτες εμποδίζονται (ακόμη) να μπουν στην ψηφιακή τηλεόραση, συνέντευξη στην Εφημερίδα Ελεύθερος Τύπος της Κυριακής, (10/5/2009)

κρούω τον κώδωνα του κινδύνου για το ψηφιακό τηλεοπτικό μέλλον **# η μετάβαση στην ψηφιακή τηλεόραση γίνεται χωρίς κανένας σταθμός να έχει επίσημη άδεια ευρυεκπομπής #** πέρασαν 20 χρόνια και ούτε μία άδεια τηλεόρασης δεν μπόρεσε να δώσει το Κράτος. Ποιος μας λέει ότι δεν θα φθάσουμε στο 2012 ή στο 2020 δίχως να έχουν ακόμα δοθεί επίσημες άδειες; **#** αυτά που έγιναν πριν από 20 χρόνια στην αναλογική τηλεόραση **είναι αμαρτία να επαναληφθούν και στην ψηφιακή #** ο νόμος παρέχει **αδικαιολόγητα πλεονεκτήματα** στους έχοντες προσωρινές άδειες εκπομπής και **παρεμποδίσει** νέες επιχειρήσεις να εισέλθουν και να επενδύσουν στην ψηφιακή τηλεόραση και ενδεχομένως να κριθεί (ο νόμος) από την Ευρωπαϊκή Επιτροπή ως **ενάντια στο δίκαιο του ανταγωνισμού #** προτάσεις της ΕΕΤΤ: **να διαχωριστεί η έννοια του «παρόχου περιεχομένου» από τον «πάροχο δικτύου»**, η ΕΕΤΤ να καταστεί ο ενιαίος φορέας διαχείρισης του συνόλου του φάσματος συχνοτήτων, να συσταθεί συντονιστικό όργανο που θα εποπτεύει την ομαλή μετάβαση στην ψηφιακή τηλεόραση, να αξιοποιηθεί κατάλληλα το ψηφιακό μέρισμα, κλπ **#** δεν είναι σίγουρο ότι θα επιδιώξω μία ακόμη θητεία, ιδιαίτερα αν δεν δοθούν νέες αρμοδιότητες στην ΕΕΤΤ για την τεχνολογική ώθηση της χώρας στο επόμενο επίπεδο

Το δίκτυο FTTH, το ψηφιακό μέρισμα και η ψηφιακή TV, ομιλία στο 4ο Διεθνές Συνέδριο της ΕΕΤΤ, Καβούρι, Αττικής, (20-21/5/2009)

αναστaλτικό παράγοντα ανάπτυξης αποτελεί η πλήρης απουσία εναλλακτικού σταθερού δικτύου πρόσβασης # πρέπει να υλοποιήσουμε τα νέα «ψηφιακά δίκτυα υποδομών του 21ου αιώνα» # **σύντομα θα απαιτηθούν ταχύτητες πολλαπλάσιες της τεχνολογίας xDSL που υποστηρίζει το υφιστάμενο δίκτυο του ΟΤΕ** # είτε ο ΟΤΕ θα προχωρήσει στην πεπερασμένου χρόνου και δυνατοτήτων τεχνολογία VDSL, είτε το Κράτος θα κατασκευάσει με τη μέθοδο ΣΔΙΤ (Συνεργασία Δημόσιου και Ιδιωτικού Τομέα) το εξαγγελθέν δίκτυο οπτικών ινών FTTH. (**Στην ομιλία του ο Πρωθυπουργός κ. Κώστας Καραμανλής** αναφέρει ότι το σχεδιαζόμενο από την Κυβέρνηση δίκτυο FTTH θα είναι ανοιχτό σε όλους τους τηλεπικοινωνιακούς παρόχους, θα καλύψει 2.000.000 νοικοκυριά σε 7 χρόνια και προϋπολογίζεται συνολικά για το Δημόσιο στα 700 εκ ευρώ) # εάν δεν γίνει σύντομα το δεύτερο, φοβάμαι ότι η χώρα θα παραμείνει πάλι εγκλωβισμένη για χρόνια στο μονοπωλιακό και «προϊστορικό» δίκτυο του ΟΤΕ # για την γεφύρωση του ψηφιακού χάσματος στη επικράτεια θα απαιτηθούν **δίκτυα υψηλής ταχύτητας ασύρματης πρόσβασης** # τα ασύρματα-κινητά ευρυζωνικά δίκτυα θα χρειαστούν μέρος του ψηφιακού μερίσματος # τι πρέπει να γίνει με το ψηφιακό μέρισμα: η μελέτη της ΕΕΤΤ δείχνει ότι, το ψηφιακά μέρισμα, εκτός από την ζώνη 790-862 MHz (κανάλια 61-69) περιλαμβάνει και πρόσθετο διαθέσιμο φάσμα στη ζώνη 526-MHz (κανάλια 28-32) για προηγμένες εφαρμογές # πορευόμαστε τάχιστα προς μια **πλήρως διασυνδεδεμένη κοινωνία** # η σύγκλιση τεχνολογιών, δικτύων, υπηρεσιών και εφαρμογών θα είναι **αγνωστική** ως προς τις τεχνολογίες, τα δίκτυα και τις τερματικές συσκευές που θα χρησιμοποιούνται # ο διαχωρισμός ψηφιακών δικτύων και υπηρεσιών αποτελεί βασική προϋπόθεση στη νέα ψηφιακή εποχή της Ευρυζωνικής σύγκλισης # να διαχωριστεί ο «πάροχος δικτύου» από τον «πάροχο περιεχομένου», να δημιουργηθεί ένας φορέας για την απονομή και

διαχείριση ολόκληρου του φάσματος, **να μη παρεμποδίζονται νέοι επενδυτές στον χώρο**, να δημιουργηθεί «συντονιστικό όργανο» για στρατηγική και μεθοδολογία μετάβασης στην ψηφιακή τηλεόραση, κλπ **# ο προωθούμενος νόμος για την επίγεια ψηφιακή ευρυεκπομπή περιέχει προβληματικά σημεία που είναι ενάντια στο δίκαιο του ανταγωνισμού** # η σημασία των παραδοσιακών παρόχων οπτικοακουστικού περιεχομένου μειώνεται πλέον **# το μέλλον ανήκει στο ευρυζωνικό Διαδίκτυο**: οπτικοακουστικές υπηρεσίες αρχίζουν πλέον να διανέμονται μέσω του Ευρυζωνικού Διαδικτύου, γεγονός που θα μειώσει την τηλεθέαση μέσω επίγειας ευρυεκπομπής # μήπως όμως έχουμε ήδη καθυστερήσει, γιατί φοβάμαι ότι το τζίνι έχει ήδη βγει από το μπουκάλι

Χάνουμε το τραίνο της Ευρυζωνικότητας, Εφημερίδα Κέρδος, (21/5/2009)

ο Πρόεδρος ΕΕΤΤ υπήρξε **ιδιαίτερα αιχμηρός απέναντι στην κυβέρνηση**, τόσο για τους λανθασμένους χειρισμούς της στην κατασκευή δικτύου οπτικών ινών όσο και για τα ραδιοτηλεοπτικά # έκρουσε τον κώδωνα του κινδύνου για πιθανές παρεμβάσεις της Κομισιόν για την ψηφιακή τηλεόραση # την κατηγόρησε για «**αρρύθμιστο και άναρχο ραδιοτηλεοπτικό τοπίο**» # τόνισε ότι **η ισχύουσα νομοθεσία παρέχει «αδικαιολόγητα πλεονεκτήματα» στους σημερινούς τηλεοπτικούς σταθμούς**

Infrastructure sharing potential: consideration of separation models, speech at the INA-ITU-EETT workshop, Athens, (10/6/2009)

infrastructure sharing acquires even higher importance in times of economic downturn, like the one we are currently experiencing # **infrastructure sharing** has the potential to reshape the telecoms outlook in two important areas: Next Generation Access and Mobile Communications Networks **# typical examples of infrastructure sharing:** (a) among alternative operators (joint ventures to lay out a common passive fiber network), (b) for mobile communications networks, sharing can be done on the site, mast, radio access and core network

basis and (c) among utility companies, such as power and water & sewage companies (deploy trenches and make them available to telecom operators) # a number of positive outcomes of infrastructure sharing # infrastructure sharing requires of the Regulator to be extra vigilant to avoid possible anti-competitive practices # in Greece we have the great difficulty of complicated procedures that hamper the deployment of base stations by the mobile operators # mast sharing among mobile operators will enable increased coverage while minimizing rollout costs # the "functional separation" as a regulatory tool

290.000 ευρώ πρόστιμο στη VIVODI, (9/6/2009)

πρόστιμο στην Εταιρεία VIVODI για θέματα αυθαίρετης ενεργοποίησης προεπιλογής φορέα χωρίς την απαιτούμενη συγκατάθεση των καταναλωτών

100.000 ευρώ πρόστιμο σε μη νόμιμο ραδιοφωνικό σταθμό, (23//6/2009)

στο πλαίσιο της πρόσφατης αρμοδιότητας που της εδόθη, η ΕΕΤΤ για πρώτη φορά επιβάλλει πρόστιμο σε μη νόμιμο ραδιοφωνικό σταθμό (στον ΣΤΥΛ FM) # επίσης επέβαλε σύσταση στο σταθμό να προβεί αυθημερόν στη διακοπή της παράνομης εκπομπής του

Μελέτη της ΕΕΤΤ για τη διάθεση του «Ψηφιακού Μερίσματος», (7/7/2009)

η Ελλάδα είναι υποχρεωμένη να ολοκληρώσει την μετάβαση στην ψηφιακή τηλεόραση μέχρι τέλους του 2012 # η ΕΕΤΤ εκπόνησε μελέτη (από την Aegis Spectrum Engineering) και την κατέθεσε στην Πολιτεία για την καλύτερη αξιοποίηση του φάσματος ραδιοσυχνοτήτων που θα απελευθερωθεί απ' αυτήν την μετάβαση # προτείνεται η διάθεση ψηφιακού μερίσματος στην «εναρμονισμένη» ζώνη συχνοτήτων 790-862 MHz # προσδιορίζεται δεύτερο τμήμα φάσματος στην περιοχή των καναλιών 28-32 που θα μπορούσε επίσης να χρησιμοποιηθεί για καινοτόμες εφαρμογές # η Πολιτεία πρέπει να προχωρήσει στην

διαδικασία προκήρυξης των διαγωνισμών για τις αντίστοιχες αδειοδοτήσεις και την διάθεση του φάσματος ραδιοσυχνοτήτων **#** οι τηλεπικοινωνιακές εταιρείες θα πρέπει να γνωρίζουν τους κανόνες διάθεσης του ψηφιακού μερίσματος για να καταστρώσουν από τώρα τα στρατηγικά και επενδυτικά τους σχέδια

Achievements during my tenure at EETT 2005-2009 (15/7/2009)

big changes and considerable progress in telecoms • **brought the broadband Internet to Greece through the unbundling of the local loop #** established a healthy competition among telecom operators **#** increased speeds, reduced prices and offered more choices (of products and services by various alternative operators) to the consumer/citizen **#** at the end of the day, the consumers and the market will best evaluate whether our 4-year term has been successful **# our vision for the next 4 years** is "the network infrastructure for the new digital environment" based on the deployment of the FTTH access network

Απολογισμός του έργου της ΕΕΤΤ κατά την θητεία μου 2005-2009, (15/7/2009)

αναλυτική παρουσίαση των επιτευγμάτων της ΕΕΤΤ κατά την τετραετία **#** οι αλλαγές στην αγορά ήταν τεράστιες **#** προεξάρχουσα όλων ήταν η ανάπτυξη του ευρυζωνικού Διαδικτύου **#** τα χαρακτηριστικά της προόδου στην Ευρυζωνικότητα και την αγορά των Ηλεκτρονικών Επικοινωνιών δόθηκαν συνοπτικά στην εισαγωγή του παρόντος βιβλίου, ενώ οι λεπτομέρειες δίνονται στο περιοδικό της ΕΕΤΤ «Επικοινωνίες .. εν Τάχει», τεύχος 21, Ιούλιος 2009.

Έκδοση νέου «Κανονισμού Τελών Διέλευσης και Τελών Χρήσης Δικαιωμάτων Διέλευσης», (30/7/2009)

λόγω της καθυστέρησης της Πολιτείας στην έκδοση της εν λόγω ΚΥΑ, η ΕΕΤΤ εξέδωσε νέο Κανονισμό με τον όποιο καθορίζονται τα τέλη διέλευσης και χρήσης δικαιωμάτων διέλευσης δικτύων υπό, επί και υπέρ εδάφους που ανήκει σε κοινόχρηστους και δημόσιους χώρους καθώς και σε χώρους αρμοδιότητας Οργανισμών Τοπικής

Αυτοδιοίκησης (ΟΤΑ) # η μεθοδολογία υπολογισμού των τελών καθορίστηκε βασιζόμενη στο κοινό αίτημα όλων των φορέων της αγοράς για απλότητα και διαφάνεια

Τέθηκε σε λειτουργία ο Κόμβος Μετρήσεων Ευρυζωνικών Χαρακτηριστικών (ΚΟ.Μ.Ε.Χ.), (24/8/2009)

σε συνεργασία με το ΕΔΕΤ και άλλες διεθνείς κοινοπραξίες, η ΕΕΤΤ προέβη στην ανάπτυξη μιας νέας Εθνικής υποδομής (ΚΟ.Μ.Ε.Χ.) για τη μέτρηση των ποιοτικών χαρακτηριστικών των ευρυζωνικών συνδέσεων στη χώρα[*Ref_515*] # οι χρήστες έχουν πλέον τη δυνατότητα να μετρούν τα πραγματικά ποιοτικά χαρακτηριστικά της ευρυζωνικής τους σύνδεσης, όπως π.χ., πραγματικές ταχύτητες πρόσβασης, ποιότητα ανά υπηρεσία/εφαρμογή, διαγνωστικό έλεγχο και εντοπισμό τεχνικών προβλημάτων στη σύνδεση, κλπ

Έκθεση πεπραγμένων ΕΕΤΤ έτους 2009

η ΕΕΤΤ ανακηρύσσει το 2009 ως «έτος ευρυζωνικής σύγκλισης Τηλεπικοινωνιών & ΜΜΕ # δίκτυα πρόσβασης επόμενης γενιάς FTTH # μελέτη για το ψηφιακό μέρισμα # κανονισμός αδειών για τους παρόχους δικτύων που παράγουν ή μεταδίδουν ραδιοτηλεοπτικά προγράμματα # η ΕΕΤΤ εξέδωσε Κανονισμό για τον υπολογισμό των τελών διέλευσης δικτύων # Εθνικό Μητρώο Ραδιοσυχνοτήτων

ΓΝΩΡΙΣΤΕ ΤΗΝ
ΕΥΡΥΖΩΝΙΚΟΤΗΤΑ
ΜΠΕΙΤΕ
ΣΕ
ΤΡΟΧΙΑ...
ΕΤΟΣ ΕΥΡΥΖΩΝΙΚΟΤΗΤΑΣ
ΕΕΤΤ

Μέρος Γ: Videos, Ομιλίες, Δημοσιεύματα και Ενημερωτικά Έντυπα της ΕΕΤΤ στην τετραετία 2005-2009

Μέρος Γ: Videos, Ομιλίες, Δημοσιεύματα και Ενημερωτικά Έντυπα της ΕΕΤΤ στην τετραετία 2005-2009

Για όποιον ενδιαφέρεται για περισσότερες ιστορικές λεπτομέρειες, παραθέτω links σε ομιλίες, συνεντεύξεις, videos, τεύχη και ετήσιες εκθέσεις της ΕΕΤΤ σχετικά με την πρόοδο στις ΗΕ στην τετραετία 2005-2009, δελτία τύπου και περιοδικά της ΕΕΤΤ, ημερίδες και παρουσιάσεις της, κλπ

1) ΟΜΙΛΙΕΣ & ΣΥΝΕΝΤΕΥΞΕΙΣ ΜΟΥ ΚΑΤΑ ΤΗ ΘΗΤΕΙΑ ΜΟΥ ΣΤΗΝ ΕΕΤΤ 2005-2009:

1) 2005, October 15: *"Brainstorming Session: Telecom Regulation in SE Europe: Current Challenges & Future Prospects",* Meeting of the SE European Regulators, INA
2) 2005, Νοέμβριος 7: *Παρουσίαση Μελών Ολομέλειας στο Προσωπικό της ΕΕΤΤ ("Introduction of the members of EETT's Board of Directors")*
3) 2006, Φεβρουάριος 1: *«Η Ευρυζωνικότητα, το Ίντερνετ, και ... άλλες Σκέψεις»,*
4) *("Broadband, the Internet, and ...other Considerations"),* Ημερίδα του ΕΜΠ για την «Ψηφιακή Γνώση και Ευημερία».
5) 2006, Φεβρουάριος 2: *«Η Εξέλιξη των Υπηρεσιών Ταχυμεταφορών και ο Ρόλος της ΕΕΤΤ», ("The Evolutions of the High Speed Post Services and EETT's Role"),* Εναρκτήρια Ομιλία στην αντίστοιχη Ημερίδα της ΕΕΤΤ.
6) 2006, Απρίλιος 12: *«Η ΕΕΤΤ και η Προώθηση της Ευρυζωνικότητας (κυρίως στην Περιφέρεια)-1» ("EETT and Advancing Broadband, primarily in the Rural Areas -1),* Παρουσίαση στην Επιτροπή Έρευνας και Τεχνολογίας της Βουλής των Ελλήνων.
7) 2006, Απρίλιος 16: *«Η Τεχνολογική μας Χρεοκοπία είναι Εμφανής: Χρειαζόμαστε Όραμα», ("Our Technological*

Bankrupsy is Obvious: We need a Vision"), Πρώτη Συνέντευξη σε εφημερίδα στην ΚΑΘΗΜΕΡΙΝΗ της ΚΥΡΙΑΚΗΣ

8) 2006, Μάιος: *«Έκθεση Πεπραγμένων της ΕΕΤΤ για το Έτος 2005», ("EETT Progress Report for 2005"),* Μήνυμα Προέδρου

9) 2006, Μάιος 2: *«Η Δυναμική της Ευρυζωνικότητας στη Μεσόγειο: Μοχλός για Διεθνή Συνεργασία προς Όφελος της Αγοράς και του Πολίτη», ("Broadband's Dynamism in the Mediterranean: A Lever for International Cooperation for the Benefit of the Markets and the Citizen"),* Εναρκτήρια ομιλία στο 1ο Διεθνές Συνέδριο της ΕΕΤΤ, Astir Palace, Αθήνα

10) 2006, Μάιος 12: *«Η ΕΕΤΤ και η Προώθηση της Ευρυζωνικότητας (κυρίως στην Περιφέρεια-2», ("EETT and Advancing Broadband, primarily in the Rural Areas-2»),* Απαντήσεις σε ερωτήσεις μελών της Ειδικής Επιτροπής Έρευνας και Τεχνολογίας της Βουλής των Ελλήνων

11) 2006, 2ο Τρίμηνο: *«Η ΕΕΤΤ, ως Ανεξάρτητη Ρυθμιστική Αρχή, Αποτελεί το «Proxy» του Ανταγωνισμού»,* ("The EETT as an Independent Regulatory Agency is the "Proxy" for Cometitio9n"), Συνέντευξη στο Περιοδικό ΣΕΠΕ NEWS.

12) 2006, Ιούνιος 3: Χαιρετισμός κατά την *Συνάντηση των Ανεξάρτητων Ρυθμιστικών Αρχών των Χωρών της Βαλκανικής. (Meeting of the Independent Regulatory Agencies of the Balkan Countries")*

13) 2006, Ιούνιος 6: *«Βρισκόμαστε εδώ για να Κτίσουμε και όχι για να Αστυνομεύσουμε», ("We are here in Order to Build and not to Police"),* Συνέντευξη στο Περιοδικό INFOCOM

14) 2006, Ιούνιος 15: *«Καινοτομία και Ανταγωνισμός για να μεγαλώσει η Πίτα στην Αγορά Τηλεπικοινωνιών», ("Innovation and Competition in order to Increase the Pie of the Telecoms Market"),* Συνέντευξη στην εφημερίδα ΝΑΥΤΕΜΠΟΡΙΚΗ

15) 2006, Ιούλιος 3: *Συνέντευξη στο Ραδιοφωνικό Σταθμό ΣΚΑΙ 100,3 ("Press Conference to Radio Station SKAI 100.3").*

16) 2006, Σεπτέμβριος 2: *«Πιστεύουμε, Θέλουμε, Μπορούμε να Πετύχουμε», ("We Believe, We Want, We Can Succeed"),* Ομιλία στο 45ο Συνέδριο της FITCHE).

17) 2006, Νοέμβριος 23: *«Κεραίες Κινητής Τηλεφωνίας: Υπεύθυνος Διάλογος για την Έγκυρη Ενημέρωση και την Προστασία των Πολιτών»,* *("Antennas for Mobile Telephony: Responsible Dialog for the Correct Informing and Protection of Citizens"),* Συνέντευξη Τύπου για την προαναγγελία διοργάνωσης αντίστοιχης ημερίδας της ΕΕΤΤ.
18) 2006, Νοέμβριος 27: *«Με Γνώμονα τον Καταναλωτή»,* *("Minding the Consumer"),* Συνέντευξη στο Περιοδικό «Καταναλωτικά Βήματα του ΚΕ.Π.ΚΑ.
19) 2006, Νοέμβριος 30: *«Κεραίες Κινητής Τηλεφωνίας»,* Εναρκτήρια Ομιλία στο Αντίστοιχο Συνέδριο της ΕΕΤΤ.
20) 2006, Δεκέμβριος 5: *Ομιλία στο Πλαίσιο του Δείπνου προς τιμή του Δρος Robert Kahn* («πατέρα του Internet»), *("Welcoming Dinner in honor of Dr. Robert Kahn, Father of the Internet"),* Ξενοδοχείο Μεγάλη Βρετανία.
21) 2007, Ιανουάριος 30: *«Το μέλλον φέρνει την (Ασύρματη) Κινητή Διασυνδεσιμότητα»,* *("The Future Brings the (Wireless) Mobile Interconnectivity"),* Εναρκτήρια ομιλία στην Ημερίδα της ΕΕΤΤ για τις Κεραίες Κινητής Τηλεφωνίας, Μακεδονία Palace, Θεσσαλονίκη.
22) 2007, Φεβρουάριος 6: *«Έτος Ευρυζωνικότητας»,* *("2007: The Broadband Year"),* Εναρκτήρια ομιλία του δείπνου για την εκδήλωση του Έτους Ευρυζωνικότητας, Μεγάλη Βρετανία.
23) 2007, Φεβρουάριος 22: *«Προοπτικές Ανάπτυξης της Ευρυζωνικότητας στην Ελλάδα»,* *("Perspectives for the Growth of Broadband in Greece"),* Εμφάνιση ενώπιον της Ειδικής Επιτροπής Έρευνας και Τεχνολογίας της Βουλής των Ελλήνων
24) 2007, Μάρτιος 31: *«Πώς θα Συγκλίνουμε με την ΕΕ στην Ευρυζωνικότητα»,* *("How to Converge with the EU in Broadband"),* Άρθρο στην Εφημερίδα ΚΕΡΔΟΣ
25) 2007, Απρίλιος 9: *«Πολυσχιδής Στόχος η Ευρυζωνικότητα»,* *("Broadband: A Multifarious Target"),* Συνέντευξη στο Περιοδικό ΕΠΥ.
26) 2007, Απρίλιος 30: *«Broadband x-play»,* Συνέντευξη στο Περιοδικό ΝΕ.Ο.

27) 2007, Μάιος 9: *«Απάντηση του Προέδρου της ΕΕΤΤ σε Επερώτηση 25 Βουλευτών του ΠΑΣΟΚ», (Chairman's Reply to the Question Submitted to Parliament by 25 MPs of the PASOK Party").*
28) 2007, Μάιος 9: *Δράσεις της ΕΕΤΤ και το νέο RUO για το άνοιγμα των Κέντρων του ΟΤΕ στους Εναλλακτικούς Παρόχους, ("EETT's Activities and the New RUO for Opening the Exchange Centers of Incumbent OTE to the Alternative Operators"),* Συνέντευξη Τύπου.
29) 2007, Μάιος 17: Ομιλία κατά την έναρξη της *«Εβδομάδας Ευρυζωνικότητας» ("Broadband Week"),* στο Σύνταγμα, 17-23 Μαΐου.
30) 2007, Μάιος 30: *Συνέντευξη στη Εφημερίδα CityPress, (Press Conference to the Newspaper CityPress).*
31) 2007, Ιούνιος 1: *«Ευρυζωνικό Διαδίκτυο»,* Εναρκτήρια Ομιλία στο 2ο Διεθνές Συνέδριο της ΕΕΤΤ για την Ευρυζωνικότητα, Grand Resort, Lagonisi.
32) 2007, June 1: *"Broadband Internet",* Opening Speech at the 2nd International Conference on Broadband Technology, Grand Resort, Lagonisi, Athens, Greece.
33) 2007, Ιούνιος 24: *Επιστολή προς Πρόεδρο της Ειδικής Μόνιμης Επιτροπής Θεσμών και Διαφάνειας σχετικά με την Επερώτηση των 25 Βουλευτών του ΠΑΣΟΚ (Letter to the President of the Parliament's Special Permanent Committee for Institutions and Transparency w.r.t the Question Submitted toParliament by 25 MPs of the PASOK Party").*
34) 2007, Ιούνιος 30: *«Η ΕΕΤΤ Εφαρμόζει Πολιτικές χωρίς Αιφνιδιασμούς», ("EETT Applies Policies without Surprises"),* Άρθρο στο Yearbook του Περιοδικού INFOCOM.
35) 2007, Ιούλιος 14: *«Οι Δήμαρχοι Θέλουν Κινητά αλλά δεν Θέλουν Κεραίες», ("The Mayors want Cell Phones but do not Want Antenna Base Stations"),* συνέντευξη στην Εφημερίδα ΕΛΕΥΘΕΡΟΤΥΠΙΑ του ΣΑΒΒΑΤΟΥ.
36) 2007, Ιούλιος 26: *Δελτίο Τύπου της ΕΕΤΤ για Πρόστιμο 20.000.000 ευρώ στον ΟΤΕ για Σοβαρή Κατάχρηση της*

Δεσπόζουσας Θέσης του, (*Press Announcement for the 20,000,000 euros Fine EETT levied to Incumbent OTE for Serious Abuse of its Dominant Position").*

37) 2007, Αύγουστος 19: *«Δεν έχει Κλείσει το Θέμα των Προστίμων για τον ΟΤΕ»* (*"The Issue with the Incumbent OTE is not yet Closed"),* ΚΑΘΗΜΕΡΙΝΗ

38) 2007, Οκτώβριος 2, *«Η Ευρυζωνικοποίηση φέρνει τη Σύγκλιση (των Κόσμων των Τηλεπικοινωνιών, της Πληροφορικής και των ΜΜΕ)»,* (*"Broadbanding Brings Convergence (of the Telecoms, IT and Media Worlds"),* Ομιλία στο Συνέδριο INFOCOM).

39) 2007, Οκτώβριος 11: *Συνέντευξη Τύπου* (για τις ενέργειες της ΕΕΤΤ), *(Press Conference about EETT's Activities).*

40) 2007, Νοέμβριος 28: *Συνέντευξη στο Dow Jones Newswires* (για πιθανό Λειτουργικό Διαχωρισμό του ΟΤΕ) *(Press Conference to Dow Jones Newswires for the Possible Functional Separation of the Incumbent OTE).*

41) 2007, Δεκέμβριος 11: *«2008: Έτος Ποιοτικής Ευρυζωνικότητας, ("2008: Year of Quality Broadband"),* Εναρκτήρια Ομιλία στην Ημερίδα της ΕΕΤΤ με τίτλο «Ποιότητα Τηλεπικοινωνιακών Υπηρεσιών & Προστασία Καταναλωτών».

42) 2008, Ιανουάριος 11: *«Άποψη για την Ποιοτική Ευρυζωνικότητα», ("Our Position for Quality Broadband),* Εφημερίδα ΤΟ ΒΗΜΑ

43) 2008, Ιανουάριος 28: *«Για μας η ΟΤΕ Α.Ε. είναι μια από τις Επιχειρήσεις του Κλάδου. Δεν μας Ενδιαφέρει η μετοχική της Σύνθεση», ("For us, OTE is just one of the Telecoms Market Players. We are not Concerned with its Stock Holders Composition"),* Συνέντευξη στην Εφημερίδα ΠΡΩΤΟ ΘΕΜΑ.

44) 2008, February 26: *«Broadband Forum: Dialogue for Broadband Development",* Opening Speech at the similarly-named Conference Organized by EETT

45) 2008, Φεβρουάριος 26: *«Forum Ευρυζωνικότητας: Διάλογος για την Ευρυζωνική Ανάπτυξη», ("Broadband Forum: Conversation for Broadband's Growth"),* Εναρκτήρια Ομιλία στο αντίστοιχο Συνέδριο που οργάνωσε η ΕΕΤΤ

46) 2008, Μάρτιος 6: *"2 Χρονια από την Ψήφιση του Νέου Νόμου για τις Ηλεκτρονικές Επικοινωνίες», ("2 Years since Passing the New Act for Electronic Communications"), Συνέντευξη Τύπου*

47) 2008, Μάρτιος 6: «Ρυθμιστική Στρατηγική της ΕΕΤΤ για τις Ηλεκτρονικές Επικοινωνίες», *("EETT's Regulatory Strategy for Electronic Communications").*

48) 2008, April 16: *Press Conference to adslgr*

49) 2008, Απρίλιος 16: *Συνέντευξη Τύπου στο adslgr*

50) 2008, Μάιος 17: Ομιλία κατά την έναρξη της *«Εβδομάδας Ευρυζωνικότητας», ("Broadband Week")*, στο Σύνταγμα

51) 2008, Μάιος 20: *«Το Νέο Ευρυζωνικό Τοπίο: Ο Ρόλος της ΕΕΤΤ», ("The New Broadband Landscape and EETT's Role")*, Συνέντευξη στο Περιοδικό ΝΕ.Ο.

52) 2008, Μάιος 25: *«Ο ΟΤΕ στο Μικροσκόπιο της ΕΕΤΤ», ("OTE under EETT's Microscope")*, Άρθρο στην Εφημερίδα ΚΑΘΗΜΕΡΙΝΗ της ΚΥΡΙΑΚΗΣ

53) 2008, Ιούνιος 3: *«Υποχρεωτική η Ευρυζωνική Κάλυψη και των πλέον Δυσπρόσιτων Περιοχών», ("Mandatory Broadband Coverage of even the most Remote Areas")*, Άποψη στην Εφημερίδα ΤΟ ΒΗΜΑ

54) 2008, Ιούνιος 6: *«Κώδικας Δεοντολογίας Παρόχων-Καταναλωτών», ("Ethics Code for Providers-Consumers")*, Συνέντευξη στο portal του ΣΕΠΕ

55) 2008, Ιούνιος 6: *«Η Καινοτομία στο Διαδίκτυο Απαιτεί Ταχύτερα Ευρυζωνικά Δίκτυα και Ποιοτικότερες Υπηρεσίες», (Innovation on the Internet Requires Faster Broadband Networks and Higher Quality Services")*, Εναρκτήρια Ομιλία στο 3ο Διεθνές Συνέδριο της ΕΕΤΤ, Grand Resort, Lagonisi.

56) 2008, June 10: *Presentation to the Hellenic Parliament (Standing Committee on Economic Affairs) for the Agreement between the Greek State and Deutsche Telecom.*

57) 2008, Ιούνιος 10: *Παρουσίαση ενώπιον της Επιτροπής Οικονομικών Υποθέσεων της Βουλής για τη Εξαγορά του ΟΤΕ από την Deutsche Telecom.*

58) 2008, Σεπτέμβριος 6: *Παρουσίαση στην 73η Δ.Ε.Θ, (Presentation during Thessaloniki's 73rd International Fair").*

59) 2008, Σεπτέμβριος 20: *«Θα Σπάσουμε τον ΟΤΕ στα δύο αν Χρειαστεί», ("We will Break-up OTE into two, if Necessary"),* Συνέντευξη Τύπου στη Εφημερίδα ΟΙΚΟΝΟΜΙΑ.

60) 2008, Οκτώβριος 7: *«Η Ευρυζωνικότητα δεν είναι μόνο Τεχνολογία, είναι Κοινωνικο-Οικονομικό Αγαθό και Δικαίωμα του Πολίτη», ("Broadband is not Only Technology, it is a Socio-economic Good and a Citizen's Right"),* Ομιλία στο 10° Συνέδριο Infocom '88.

61) 2008, October 21: *"Challenges for Broadband Development: the Greek Perspective",* Speech at the Global Forum Conference, Athens, Greece.

62) 2008, Οκτώβριος 29: *Δελτίο Τύπου για το Global Forum Conference, (Press Release for the Global Forum Conference),* Athens, Greece.

63) 2008, Δεκέμβριος 15: *«Η Ευρυζωνικότητα Σκαλώνει στα Προβλήματα Συντονισμού», ("Broadband is Hindered by Coordination Problems"),* Συνέντευξη στην Εφημερίδα ΝΑΥΤΕΜΠΟΡΙΚΗ.

64) 2008, Δεκέμβριος, *«Στην Εποχή των Τηλεπικοινωνιών», ("In the Telecommunications Era,* Εφημερίδα το ΘΕΜΑ.

65) 2009, Φεβρουάριος 24: *«Ψηφιακό Μέρισμα: 2009: Έτος Ευρυζωνικής Σύγκλισης Τηλεπικοινωνιών & ΜΜΕ», ("Digital Dividend: 2009 The Year of Convergence between Telecoms and Media"),* Εναρκτήρια Ομιλία στην Ημερίδα της ΕΕΤΤ με τίτλο: «Ψηφιακό Μέρισμα: Προκλήσεις και Ευκαιρίες στη Νέα Ψηφιακή Εποχή» (με video).

66) 2009, Μάρτιος 18: *«Η Ελλάδα ως Διεθνής Διακομετακομιστικός Κόμβος Ταχυδρομικών Αντικειμένων», ("Greece as an International Transfer Hub for Postal Objects"),* Εναρκτήρια Ομιλία στην Ημερίδα της ΕΕΤΤ με τίτλο «Οι Εξελίξεις στην Ταχυδρομική Αγορά: Ρυθμιστικές Παρεμβάσεις και Προοπτικές Ανάπτυξης».

67) 2009, Μάρτιος 23: *Συνέντευξη Τύπου για την Εκστρατεία Ενημέρωσης με Πρώτο Άξονα την Ευρυζωνικότητα. (Press Conference for the Campaign of Informing the Public about Broadband").*

68) 2009, April 7: *"The Digital Dividend: Challenges and Opportunities in the New Digital Era",* Presentation at the 7th SE Europe Regulatory Brainstorming Session.

69) 2009, Μάιος 10: *«Οι Νέοι Παίκτες Εμποδίζονται (Ακόμη) να μπούν στην Ψηφιακή, ("New Players are still Prevented from Entering the Digital Market"),* Συνέντευξη στην Εφημερίδα ΕΛΕΥΘΕΡΟΣ ΤΥΠΟΣ της ΚΥΡΙΑΚΗΣ.

70) 2009, Μάιος 20: *«Διαχωρισμός Ψηφιακών Δικτύων και Υπηρεσιών: Βασική Προϋπόθεση Ανάπτυξης στην Νέα Ψηφιακή Εποχή της Ευρυζωνικής Σύγκλισης», ("Separation of Digital Networks and Services: Fundamental Prerequisite for Growth in the New Digital Era of Broadband Convergence"),*

71) Εναρκτήρια Ομιλία στο 4ο Διεθνές Συνέδριο της ΕΕΤΤ με τίτλο «Ευρυζωνική Σύγκλιση Τηλεπικοινωνιών και ΜΜΕ», Καβούρι, Αθήνα (με video).

72) 2009. Μάιος 21: *«Χάνουμε το Τραίνο της Ευρυζωνικότητας», ("We are Losing the Broadband Train"),* Εφημερίδα ΚΕΡΔΟΣ.

73) 2009, June 10: *«Infrastructure Sharing Potential – Consideration of Separation Models",* Opening Speech at the similarly-named INA-ITU-EETT Workshop.

74) 2009, July 15: *«Review of EETT's work for the period 2005-2009»,* Introductory Speech of the Corresponding Press Conference.

75) 2009, July 15: *"Achievements of Tenure 2005-2009",* in EETT's "Communications in High Speed Magazine".

76) 2009, Ιούλιος 15: *«Απολογισμός του Έργου της ΕΕΤΤ για την Περίοδο 2005-2009»,* Συνέντευξη Τύπου (με video).

77) 2009, Ιούλιος 15: *«Απολογισμός Τετραετίας 2005-2009»,* Περιοδικό της ΕΕΤΤ «Εν Τάχει».

78) 2010, Μάρτιος 5: *«Αποδοχή Βραβείου της ΕΕΤΤ, (Accepting the Award on behalf of EETT).*

79) 2010, Οκτώβριος 9: *«Οι Οπτικές Ίνες και το Σχέδιο του ΟΤΕ», ("Fiber Optics Network and OTE's Plan"),* Άρθρο στην Εφημερίδα Καθημερινή.

2) VIDEOS ΠΑΡΟΥΣΙΑΣΕΩΝ ΣΤΗΝ ΤΕΤΡΕΤΙΑ 2005-2009:

2006, Μάιος 23: Ομιλία του Dr. Robert Kanh (του «Πατέρα του Internet") σε εκδήλωση που οργάνωσε η ΕΕΤΤ για τις εταιρείες Πληροφορικής και Τηλεπικοινωνιών με τίτλο: "Internet: Past, Present & Future"

2007, Φεβρουάριος 6: «Έτος Ευρυζωνικότητας», ("2007: The Broadband Year"), Εκδήλωση για το Έτος Ευρυζωνικότητας, Μεγάλη Βρετανία. (NET, ET1, STAR, ET3, ANT)

2007, June 1: «Ευρυζωνικό Διαδίκτυο» (Broadband Internet), Ομιλίες στο 2° Διεθνές Συνέδριο της ΕΕΤΤ Grand Resort, Lagonisi, Athens, Greece. (Αλεξανδρίδης-1, Αλεξανδρίδης-2, Commissioner V. Reding-1, V. Reding-2, V. Reding-3)

2008, Ιούνιος 6: «Η Καινοτομία στο Διαδίκτυο Απαιτεί Ταχύτερα Ευρυζωνικά Δίκτυα και Ποιοτικότερες Υπηρεσίες», (Innovation on the Internet Requires Faster Broadband Networks and Higher Quality Services"), Ομιλίες στο 3° Διεθνές Συνέδριο της ΕΕΤΤ, Grand Resort, Lagonisi, Athens, Greece. (Αλεξανδρίδηςο-1, Commissioner V. Reding)

2008, Σεπτέμβριος 6: Παρουσίαση Προέδρου ΕΕΤΤ Καθηγητή Νικήτα Αλεξανδρίδη στην 73^{η} Δ.Ε.Θ, (Presentation during Thessaloniki's 73rd International Fair"). (4 Videow

2009, Φεβρουάριος 24: «Ψηφιακό Μέρισμα: 2009: Έτος Ευρυζωνικής Σύγκλισης Τηλεπικοινωνιών & ΜΜΕ», ("Digital Dividend: 2009 The Year of Convergence between Telecoms and Media"), Εναρκτήρια Ομιλία Προέδρου ΕΕΤΤ Καθηγητή Νικήτα Αλεξανδρίδη στην Ημερίδα της ΕΕΤΤ με τίτλο: «Ψηφιακό Μέρισμα: Προκλήσεις και Ευκαιρίες στη Νέα Ψηφιακή Εποχή» (2 Videows)

2009, Μάιος 20: *«Διαχωρισμός Ψηφιακών Δικτύων και Υπηρεσιών: Βασική Προϋπόθεση Ανάπτυξης στην Νέα Ψηφιακή Εποχή της Ευρυζωνικής Σύγκλισης»,* *("Separation of Digital Networks and Services: Fundamental Prerequisite for Growth in the New Digital Era of Broadband Convergence"), Ομιλίες στο 4ο Διεθνές Συνέδριο της ΕΕΤΤ με τίτλο «Ευρυζωνική Σύγκλιση Τηλεπικοινωνιών και ΜΜΕ», Καβούρι, Αθήνα 2009 (Αλεξανδρίδης-1, Αλεξανδρίδης-2, Καραμανλής-1, Καραμανλής-2)*

2009, Ιούλιος 15: *«Απολογισμός του Έργου της ΕΕΤΤ για την Περίοδο 2005-2009», Συνέντευξη Τύπου του Προέδρου Καθηγητή Νικήτα Αλεξανδρίδη (4 Videos)*

3) ΔΙΑΦΗΜΙΣΤΙΚΑ/ΕΝΗΜΕΡΩΤΙΚΑ VIDEOS ΤΗΣ ΕΕΤΤ:

Σύγκλιση Τηλεπικοινωνιών και ΜΜΕ

Καινοτομία και Ευρυζωνικότητα

Δύο χρόνια Ευρυζωνικότητας

4) ΔΥΟ ΔΙΑΦΗΜΙΣΤΙΚΑ VIDEO-ΣΠΟΤΑΚΙΑ ΤΗΣ ΕΕΤΤ ΓΙΑ ΤΟ ΕΥΡΥΖΩΝΙΚΟ ΔΙΑΔΙΚΤΥΟ:

Το Ποδήλατο

Τα Περιστέρια

ΚΩΔΙΚΑΣ
ΔΕΟΝΤΟΛΟΓΙΑΣ
ΓΙΑ ΤΗΝ ΠΑΡΟΧΗ
ΥΠΗΡΕΣΙΩΝ
ΗΛΕΚΤΡΟΝΙΚΩΝ
ΕΠΙΚΟΙΝΩΝΙΩΝ
ΣΤΟΥΣ ΚΑΤΑΝΑΛΩΤΕΣ
ΕΕΤΤ

Βιβλιογραφία

Περιεχόμενα

[1]: «Η τεχνολογική μας χρεωκοπία είναι εμφανής: χρειαζόμαστε όραμα» (πρώτη μου συνέντευξη, δημοσιογράφος Αριστέα Μπουγάτσου, Καθημερινή της Κυριακής, 16/4/2006).

[2]: «Η Δυναμική της Ευρυζωνικότητας στη Μεσόγειο: Μοχλός για Διεθνή Συνεργασία προς Όφελος της Αγοράς και του Πολίτη» Εναρκτήρια ομιλία του Προέδρου της ΕΕΤΤ Καθ. Νικήτα Αλεξανδρίδη, (1ο Διεθνές Συνέδριο της ΕΕΤΤ, Astir Palace, Αθήνα, 2/5/2006)

[3]: Το ποσοστό διείσδυσης είναι το πλήθος των ευρυζωνικών συνδέσεων ανά 1000 κατοίκους.

[4]: LLU = Local Loop Unbundling

[5]: «Η «Ευρυζωνικότητα» δεν είναι μόνο τεχνολογία, είναι κοινωνικο-οικονομικό αγαθό και δικαίωμα του πολίτη» του Καθηγητή Νικήτα Αλεξανδρίδη, Προέδρου της ΕΕΤΤ 10ο Συνέδριο Infocom '88 (7/10/2008).

[6]: "The New Digital Age: transforming nations, businesses and our lives", Eric Schmidt and Jared Cohen, Google Inc., 2014

[7]: «Στα τηλέφωνα το 3,4% του ΑΕΠ», Β. Μανδραβέλης (Καθημερινή, 27/3/2009, σελ. 30).

[8]: Βραβείο στην ΕΕΤΤ, 10ο Συνέδριο Τηλεπικοινωνιών Info-Com World (Αθήνα, 13/10/2008).

[9]: «Ο ΟΤΕ μπορεί και θέλει να εκτελέσει το έργο οπτικής ίνας» (Online-New Technology, 1/8/2010, σελ. 78)

[10]: «Ναρκοθετημένη η πορεία του ΟΤΕ στην αγορά ADSL", Α. Μπουγάτσου (Καθημερινή της Κυριακής, 3/7/2005, σελ. 3 Οικονομική).

[11]: «Το ελληνικό Ίντερνετ ...καίει κάρβουνο». Κ. Ντελέζος (Τα Νέα, 7/10/2005, σελ. 13).

[12]: «Άχρηστο» το Διαδίκτυο για επτά στους δέκα Έλληνες», Φ. Κόλλιας (Καθημερινή, 21/9/2005).

[13]: Καθημερινή 25/6/2010 (σελ. 24)

[14]: «Έχουμε τις φθηνότερες συνδέσεις στην Ευρωζώνη», Καθημερινή 25/6/2010 (σελ. 24).

[15]: «5η πιο ακριβή χώρα στη χρήση κινητού», Γ. Δαράτου (Έθνος, 26/3/2008, σελ. 49).

[16]: «Για μας η ΟΤΕ Α.Ε. είναι μία από τις επιχειρήσεις του κλάδου. Δεν μας ενδιαφέρει η μετοχική της σύνθεση», Δ. Μαρκόπουλος, (Πρώτο Θέμα, 28/1/2008, σελ. 10,11).

[17]: FTTH = Fiber to the Home

[18]: «Κρίσιμα θέματα στις τηλεπικοινωνίες», Τ. Ηγουμενίδη (Ναυτεμπορική, 19/8/2009, σελ. 8).

[19]: Κυβέρνηση ήταν η Νέα Δημοκρατία, Πρωθυπουργός ο κ. Κ. Καραμανλής και αρμόδιος υπουργός ο κ. Ε. Στυλιανίδης.

[20]: «Υπό την εποπτεία της Ε.Ε.Τ&Τ το δίκτυο οπτικών ινών του ΟΤΕ», Β. Μανδραβέλης (Καθημερινή, 23/7/2009).

[21]: «Παντοδυναμία ΟΤΕ στην αγορά», Β. Μανδραβέλης (Κέρδος, 7/10/2005).

[22]: «Γνωρίστε το ADSL», (PC WORLD, 12/11/2005, σελ. 56-66).

[23]: «ΣΕΠΕ και πάροχοι είναι αντίθετοι στο πρόγραμμα Δίοδος» (Καθημερινή, 15/12/2005).

[24]: «Χωρίς ανταγωνισμό λειτουργεί ο ΟΤΕ» (Κέρδος, 6/12/2005).

[25]: «Έργα 2,1 δις. ευρώ για την ανάπτυξη των οπτικών ινών στην Ελλάδα», Β. Μανδραβέλης (Καθημερινή, 21/5/2009).

[26]: «Η Deutsche Telecom κατά του νέου δικτύου οπτικών ινών», Τ. Ηγουμενίδη, (Ναυτεμπορική, 24/8/2009, σελ. 15).

[27]: «Παραδώστε τον ΟΤΕ, αλλιώς θα χρεοκοπήσετε», Ν. Χαλδούπης (Το Παρόν, 11/7/2010).

[28]: «Η Deutsche Telecom κατά του νέου δικτύου οπτικών ινών» (Ναυτεμπορική, 24/8/2009, σελ. 15).

[29]: «Υπό την εποπτεία της Ε.Ε.Τ&Ε το δίκτυο οπτικών ινών», Β. Μανδραβέλης (Καθημερινή, 23/07/2009).

[30]: «Η υψηλή φορολόγηση κρύβει την κάμψη των χρεώσεων στην κινητή», Β. Μανδραβέλης (Καθημερινή της Κυριακής 27/9/2015, σελ. 7 Οικονομική).

[31]: «Ευρυζωνικότητα – Μονόδρομος η ανάπτυξη», Σ. Κράλογλου (Κεφάλαιο, 12/8/2006, σελ. 66).

[32]: ΚτΠ = Κοινωνία της Πληροφορίας

[33]: Τι σημαίνουν Ευρυζωνικότητα, "ρύθμιση", ο ρόλος της ΕΕΤΤ, οι υποχρεώσεις των εταιρειών της αγοράς, κλπ, αναφέρονται συνοπτικά στην «Βίβλο Ευρυζωνικότητας» (όπως ονόμασαν τη συνέντευξη μου στον διαδικτυακό τόπο adslgr.com στις 16/4/2008) και θα παρουσιαστούν λεπτομερέστερα στα επόμενα κεφάλαια του παρόντος βιβλίου.

[34]: «Στα τηλέφωνα το 3,4% του ΑΕΠ», Β. Μανδραβέλης (Καθημερινή, 27/3/2009, σελ. 30)

[35]: Βραβείο στην ΕΕΤΤ, 10ο Συνέδριο Τηλεπικοινωνιών Info-ComWorld (Αθήνα, 13/10/2008).

[36]: «Η Ευρυζωνικότητα δεν είναι μόνο τεχνολογία, είναι κοινωνικο-οικονομικό αγαθό και δικαίωμα του πολίτη», ομιλία του Καθ. Νικήτα Αλεξανδρίδη, Προέδρου της ΕΕΤΤ (10ο Συνέδριο Infocom '88, 7/10/2008).

[37]: Ομιλία του Καθηγητή Νικήτα Αλεξανδρίδη, Προέδρου της ΕΕΤΤ, κατά την έναρξη της «Εβδομάδας Ευρυζωνικότητας» στο Σύνταγμα, 17- 23 Μαΐου 2007.

[38]: «Αναμείνατε στο ακουστικό σας», Θ. Τσίρος (Οικονομία & Ναυτιλιακά Νέα, 27/10/2005, σελ. 30-37)

[39]: Παρουσίαση του Προέδρου της ΕΕΤΤ Καθηγητή Νικήτα Αλεξανδρίδη στην Επιτροπή Έρευνας και Τεχνολογίας της Βουλής των Ελλήνων (Βουλή, 12/4/2006)

[40]: «Η ΕΕΤΤ και η Προώθηση της Ευρυζωνικότητας – 2: Απαντήσεις του Προέδρου της ΕΕΤΤ Καθηγητή Νικήτα Αλεξανδρίδη σε σχετικές ερωτήσεις Βουλευτών (στην Επιτροπή έρευνας και Τεχνολογίας της Βουλής, 16/5/2006).

[41]: «Η τεχνολογία, παρά τω πρωθυπουργώ, στο Μέγαρο Μαξίμου», Β. Μανδραβέλης (Καθημερινή, 19/4/2014).

[42]: «Στο ίδιο έργο θεατές», Τ. Ηγουμενίδη (Ναυτεμπορική, 23/10/2014).

[43]: NGAs = Next Generation Access Networks

[44]: «Το δίλλημα σχετικά με την ανάπτυξη των δικτύων νέα γενιάς (NGN):ανταγωνισμός ή συνεργασία;» Επικοινωνίες εν Τάχει (Ενημερωτικό Δελτίο ΕΕΤΤ), τεύχος 17, Ιούλιος 2008, σελ. 8.

[45]: «Ρυθμιστική στρατηγική της ΕΕΤΤ για τις Η.Ε. (2008-2011)», Ιούλιος 2007

[46]: «Στο προσκήνιο οι οπτικές ίνες» (Net-Economy-Ημερήσια, 14/7/2007).

[47]: «Έργα 2,1 δις. ευρώ για την ανάπτυξη των οπτικών ινών στην Ελλάδα», Β. Μανδραβέλης (Καθημερινή, 21/5/2009.)

[48]: «ΕΕΤΤ: Ποια είναι τα νέα μέλη της ολομέλειας», Ηγουμενίδη (Ναυτεμπορική, 6/8/2005).

[49]: Παρουσίαση Μελών Ολομέλειας στο Προσωπικό της ΕΕΤΤ (7/11/2005)

[50]: «Η τεχνολογική μας χρεωκοπία είναι εμφανής: χρειαζόμαστε όραμα» (πρώτη μου συνέντευξη, δημοσιογράφος Αριστέα Μπουγάτσου, Καθημερινή της Κυριακής, 16/4/2006).

[51]: Δήλωση του Υπουργού Οικονομίας και Οικονομικών κ. Γ. Αλογοσκούφη για την Ψηφιακή Στρατηγική της Ελλάδας (25/10/2005).

[52]Q «ΕΕΤΤ: Σερίφης με «βαρύ» χέρι» (combusiness, 3/9/2007, σελ. 9).

[53]: «Ελληνική πρωτιά στην αύξηση ευρυζωνικών συνδέσεων» (Απογευματινή, 13/10/2006, σελ. 13).

[54]: «ΕΕΤΤ: Διευκολύνσεις από τον ΟΤΕ στους εναλλακτικούς» (Ναυτεμπορική, 28/9/2007).

[55]: RUO (Reference Unbundling Offer) ονομάζεται η «Προσφορά Αναφοράς για την παροχή Αδεσμοποίητης Πρόσβασης στον Τοπικό Βρόχο».

[56]: «Οι Βρυξέλλες», Δ. Μαρκόπουλος (4/11/2007).

[57]: «Ανησύχησαν τα ... συγχαρητήρια¨ (Τύπος της Κυριακής, 14/10/2007, σελ. 52).

[58]: 13η έκθεση της Κομισιόν για το 2007 (Επικοινωνίες εν Τάχει, ΕΕΤΤ, Τεύχος Νο 16, Απρίλιος 2008).

[59]: ULLs = Unbundled Local Loops

[60]: Ν. Αλεξανδρίδης (ne.o, 30/4/2007).

[61]: «Η πληροφορική μας υπανάπτυξη», Απογευματινή της Κυριακής (11/9/2005).

[62]: «Στη συνδρομητική TV η «μάχη» των τηλεπικοινωνιακών παρόχων», Β. Μανδραβέλης (Καθημερινή της Κυριακής, 20/12/2015, σελ. 7)

[63]: «Αντιμέτωπη με το ...off η On Telecoms» (Capital.gr, 23/12/2014).

[64]: «Καταπέλτης η Επίτροπος» (Μέτοχος, 9/12/2005, σελ. 11).

[65]: «Τα σχέδια της διοίκησης για τη νέα χρονιά» (Οικονομία, 18/1/2006, σελ.14).

[66]: «Πάμε σε ξαναμοίρασμα της τηλεπικοινωνιακής τράπουλας», Δ. Κοντογιάννης & Ν. Μουμούρης (Ελευθεροτυπία, 25/10/2005).

[67]: «Ουραγοί στα ευρυζωνικά δίκτυα», (Το Βήμα της Κυριακής, 16-10-2005).

[68]: 13η έκθεση της Ευρωπαϊκής Επιτροπής για το έτος 2007 (σελ. 72).

[69]: «Τα εγκληματικά σφάλματα Βουρλούμη στον ΟΤΕ», Λ. Χαλδούπης (Η Εποχή, 31/7/2007, σελ. 8)

[70]: «Βουρλούμης λάβρος κατά Αλεξανδρίδη μετά το νέο πρόστιμο στον ΟΤΕ», Β. Μανδραβέλης (Καθημερινή της Κυριακής, Οικονομική, 12/10/2008, σελ. 13).

[71]: «Νέες βολές του κ. Π. Βουρλούμη κατά κυβέρνησης και ΕΕΤΤ» (Κέρδος, 13/3/2007. σελ. 13).

[72]: «Κυβερνητική προστασία ζητεί τώρα ο Βουρλούμης», Ν. Μουμούρης (Ελευθεροτυπία, 12/3/2007, σελ. 58).

[73]: «Ο ΟΤΕ οφείλει να εφαρμόσει τους κανόνες ανταγωνισμού» (ΕΞΠΡΕΣ, 10/5/2007, σελ. 7).

[74]: «Πυρά κατά κυβέρνησης και Π. Βουρλούμη από την ΕΕΤΤ», Μ. Μόσχου (Ημερησία, 10/5/2007, σελ. 19).

[75]: «Το Μέγαρο Μαξίμου θα μείνει ...χωρίς τηλέφωνο;», Β. Μανδραβέλης (Καθημερινή της Κυριακής, 14/9/2008, σελ. 7 Οικονομική).

[76]: «ΕΕΤΤ: Η αγορά δεν αντέχει τόσους εναλλακτικούς» (Κέρδος, 9/9/2008, σελ. 14).

[77]: «Ακόμη και «λουκέτα» στους μικρούς παρόχους» (Έθνος, 8/9/2008, σελ. 30).

[78]: «Ρυθμιστική στρατηγική της ΕΕΤΤ για τις Η.Ε. 2008-2011»

[79]: «Για ένα προβλέψιμο περιβάλλον» (combusiness, 17/3/2008, σελ. 22)

[80]: «Η υψηλή φορολόγηση κρύβει την κάμψη των χρεώσεων στην κινητή», Β. Μανδραβέλης (Καθημερινή της Κυριακής 29/9/2015, σελ. 7 Οικονομική).

[81]: «Εξαγορές και «λουκέτα» βλέπει στις τηλεπικοινωνίες ο πρόεδρος της Ε.Ε.ΤΤ», Καθημερινή, 9/9/2008, σελ. 31).

[82]: «Δικαιολογημένα διεκδικεί ο ΟΤΕ τα 76.000.000 ευρώ», Χρ. Κάππου (Αυριανή, 8/9/2008, σελ. 15).

[83]: «Μήλον της έριδος η ευρυζωνικότητα», Κ. Φικάρη, (Χρηματιστήριο, 20/5/2006).

[84]: «Επίθεση στον ΟΤΕ για την προβολή των ευρυζωνικών», Τ. Ηγουμενίδη (Ναυτεμπορική, 27/3/2009).

[85]: «Καμπάνες 104 εκατ. στις τηλεπικοινωνίες», Φ. Φωτεινός (Ισοτιμία, 5/12/2009).

[86]: «Οι Βρυξέλλες», Δ. Μαρκόπουλος (4/11/2007).

[87]: «Έκρηξη Βουρλούμη από ολίσθημα της Ε.Ε.Τ&Τ», Γ. Π. Τερζής (Καθημερινή, 23/2/1007).

[88]: «Ομαδικό διαζύγιο από ΟΤΕ», Ν. Μουμούρης (Ελευθεροτυπία, 27/2/2007)

[89]: «Έλλειψη ανταγωνισμού σε επίπεδο υποδομών», Γ. Ιωαννίδης, (Τα Νέα, 24/3/06, σελ. 12).

[90]: «Νέες κατηγορίες κατά ΟΤΕ από τους εναλλακτικούς», Π. Μπουλούκος (Το Βήμα, 27/10/2005, σελ. 22).

[91]: «Ν. Αλεξανδρίδης: δεν έχει κλείσει το θέμα των προστίμων για τον ΟΤΕ», Β. Μανδραβέλης (Καθημερινή, 19/8/2007).

[92]: «Φάκελος: Στο δρόμο για την ψηφιακή εποχή», Ν. Μουρμούρης (Ελευθεροτυπία, 22/8/2009, σελ. 17).

[93]: "Evaluation of the capability of EETT to impose additional regulatory measures to companies that have SMP on particular Electronic Communication markets and methods that will enable E ETT to apply such measures», Μελέτη της A.T. Kearney, 2008.

[94]: «ΟΤΕ-Ε.Ε.Τ&Τ: το χρονικό της μεγάλης ρήξης» (Καθημερινή της Κυριακής, 5/8/2007, σελ. 4 Οικονομία).

[95]: 20.000.000 ευρώ πρόστιμο στον ΟΤΕ για σοβαρή κατάχρηση της δεσπόζουσας θέσης του, (26/7/2007).

[96]: «Να μη γίνει Φαρ Ουέστ η τηλεπικοινωνιακή αγορά», Φ. Κόλλιας (Καθημερινή της Κυριακής, 12/6/2005, σελ. 11 Οικονομική).

[97]: «Θέλουν διαχωρισμό του ΟΤΕ σε δύο επιχειρήσεις», Β. Μανδραβέλης (Καθημερινή της Κυριακής, 12/8/2007, σελ. 5 Οικονομική).

[98]: «Θεωρεί τον πρόεδρο παράνομο!», Τ. Ηγουμενίδη (Ναυτεμπορική, 31/3/2009),

[99] «Τηλεπικοινωνίες: ζητούνται κανόνες και διαιτητής», Φ. Κόλλιας (Καθημερινή-Οικονομική, 4/3/2007, σελ. 9),

[100]: «ΟΜΕ-ΟΤΕ κατά της Ε.Ε.Τ&Τ για υπονόμευση δράσεων», Β. Μανδραβέλης (Καθημερινή, 18/10/2007, σελ. 28 Επιχειρήσεις).

[101]: «Η Ευρυζωνικοποίηση φέρνει τη Σύγκλιση (των κόσμων των Τηλεπικοινωνιών, της Πληροφορικής και των ΜΜΕ)», Ομιλία μου στο Συνέδριο της InfoCom, Αθήνα 2/10/2007.

[102]: «Η Ευρυζωνικότητα δεν είναι μόνο τεχνολογία, είναι κοινωνικό-οικονομικό αγαθό και δικαίωμα του πολίτη», ομιλία μου στο 10ο Συνέδριο InfoCom '88, (Αθήνα 7/10/2008).

[103]: «Νίκη του Net Neutrality στις ΗΠΑ» (nnn, adslgr.com, 26/2/2015).

[104]: «Άχρηστο» το Διαδίκτυο για επτά στους δέκα Έλληνες», Φ. Κόλλιας (Καθημερινή, 21/9/2005)

[105]: «Ανταγωνιστικό πλεονέκτημα τα ευρυζωνικά δίκτυα», (Εξπρές της Κυριακής, 25/9/2005, σελ. 9).

[106]: «Χωρίς ανταγωνισμό λειτουργεί ο ΟΤΕ», (Κέρδος, 6/12/2005, σελ. 11).

[107]: «Κατακραυγή. Ο ΟΤΕ θάβει το Ιντερνετ», Κ. Ντελέζος (Τα Νέα, 17/11/2005).

[108]: «Το ελληνικό Ίντερνετ ... καίει κάρβουνο», Κ. Ντελέζος (Τα Νέα, 7/10/2005, σελ. 13).

[109]: «Παντοδυναμία ΟΤΕ στην αγορά», Β. Μανδραβέλης (Κέρδος, 7/10/2005, σελ. 6).

[110]: «Με ρυθμό χελώνας η διείσδυση του Διαδικτύου», Φ. Κόλλιας (Καθημερινή, 26/1/2005, σελ. 27).

[111]: «Η πληροφορική μας υπανάπτυξη» (Απογευματινή της Κυριακής, 11/9/2005)

[112]: «Ο ΟΤΕ μπορεί και θέλει να εκτελέσει το έργο οπτικής ίνας» (Online-New Technology, 1/8/2010, σελ. 78)

[113]: «Ψηλά τον πήχη βάζει ο Νικήτας Αλεξανδρίδης» (Com Today, 4/2/2006, σελ. 4).

[114]: «Επιλογή με όραμα», Τ. Ηγουμενίδη (Ναυτεμπορική, 2/2/2006).

[115]: «Θα συμφωνήσουν;» (Αυριανή της Κυριακής, 5/2/2006).

[116]: «Προτάσεις χωρίς «μασημένα λόγια», Τ. Ηγουμενίδη (Ναυτεμπορική, 17/4/2006).

[117]: «Ακριβό το «γρήγορο» Ιντερνετ στην Ελλάδα» (Financial Box, 17/5/2006, σελ. 2).

[118]: «Η Ευρυζωνικότητα πέρασε από τη Βουλή» (Weekly Telecom, 17/5/2006).

[119]: « Όπου κι αν είσαι, είσαι στο κέντρο του κόσμου με την Ευρυζωνικότητα», ομιλία Ν. Αλεξανδρίδη στο Σύνταγμα για την «Εβδομάδα Ευρυζωνικότητας», (17/5/2007)

[120]: «Η Ευρυζωνικότητα δεν είναι μόνο τεχνολογία, είναι κοινωνικό-οικονομικό αγαθό και δικαίωμα του πολίτη», ομιλία μου στο 10ο Συνέδριο Infocom '88, (Αθήνα 7/10/2008)

[121]: «Κομβικό σημείο για την τηλεπικοινωνιακή αγορά η «απελευθέρωση» του Τοπικού Βρόχου» (Το Θέμα, Οικονομία, 10/5/2007, σελ. 8)

[122]: «ΕΕΤΤ: Διευκολύνσεις από ΟΤΕ στους εναλλακτικούς παρόχους¨ (Ναυτεμπορική, 28/9/2007)

[123]: «Η ΕΕΤΤ αλλάζει τους κανόνες της ευρυζωνικότητας» (Καθημερινή, 24/5/2006, σελ. 29)

[124]: «Έγκριση από την Ευρωπαϊκή Επιτροπή του Σχεδίου Μέτρων της ΕΕΤΤ για την Αγορά Χονδρικών Υπηρεσιών Ευρυζωνικής Πρόσβασης» (ΕΕΤΤ, Δελτίο Τύπου, 23/5/2006)

[125]: «Φθηνότερες επικοινωνίες ενόψει» (Οικονομία, 7/6/2006, σελ. 8).

[126]: «ΣΑΤΠΕ: Δίκτυα επόμενης γενιάς» (Com Business,5/9/2007, σελ 8).

[127]: «Απόφαση για αποδεσμοποίηση του τοπικού βρόχου» (Οικονομία, 14/2/2007, σελ. 27)

[128]: «Οι Βρυξέλλες», Δ. Μαρκόπουλος (Μακεδονία Κυριακής, 5/11/2007)

[129]: «Ο ΟΤΕ ανοίγει τα κέντρα στους εναλλακτικούς», Φ. Κόλλιας (Καθημερινή, Οικονομία, 6/2/2007, σελ. 28)

[130]: Ν. Αλεξανδρίδης (ne.o, 4/2007)

[131]: «Ανοίγει ο δρόμος των ευρυζωνικών δικτύων για τους ιδιώτες παρόχους», Α. Σρόϋτερ (Ισοτιμία, 27/5/2006, σελ. 31)

[132]: «Πρόστιμα ύψους 40 εκατ. ευρώ στους παρόχους από την Ε.Ε.Τ&Τ», Β. Μανδραβέλης (Καθημερινή, 11/10/2007, σελ. 25).

[133]: «ΟΤΕ: παράνομα το πρόστιμα της Ε.Ε.Τ&Τ». Β. Μανδραβέλης (Καθημερινή, 11/10/2007, σελ. 29).

[134]: «Καμπάνες για καρτέλ στη κινητή τηλεφωνία», (Χρηματιστήριο, 17/3/2006, σελ. 15)

[135]: Ομάδα Εργασίας της ΕΕΤΤ για την ΑΠΤΒ: Συντονιστής: Παναγιώτης Καραμηνάς. Μέλη: Βασίλης Ανδρονικίδης και Σάββας Ανδρεάδης. Περιπτωσιακά μέλη: Περσεφόνη Αποστολέλλη, Δημήτριος Κούτρας και Νικόλαος Τσαρμπόπουλος

[136]: «Όμηροι του ΟΤΕ», Κ. Ντελέζος (Τα Νέα, 27/2/2007)

[137]: «Τέταρτη η Ελλάδα παγκοσμίως στην αύξηση ευρυζωνικών συνδέσεων», Νατ. Φραγκούλη (Κέρδος, 11/12/2008, σελ. 17)

[138]: «Σε 6 χρόνια θα φθάσουμε τον μέσο ευρωπαϊκό όρο στην ευρυζωνικότητα», Π. Μπουλούκος (Το Βήμα, 22/4/2009, σελ. 11 Οικονομία)

[139]: «Τρίπτυχο προώθησης νέων τεχνολογιών», Α. Μπουγάτσου (Καθημερινή, 18/5/2006, σελ. 25).

[140]: «Τρίπτυχο προώθησης νέων τεχνολογιών», Α. Μπουγάτσου (Καθημερινή, 18/5/2006, σελ. 25).

[141]: «Φθηνοί υπολογιστές σε 80.000 φοιτητές», Α. Μπουγάτσου (Καθημερινή της Κυριακής, 14/5/2006, σελ. 1).

[142]: «Θέλει προσπάθεια για να υλοποιηθεί ή να ...αποτύχει», Ι. Γιανναράκης (Το Βήμα-Οικονομικό, 6/8/2009, σελ. 2)

[143]: «Να μην τριτώσει», Ι. Γιανναράκης (Το Βήμα της Κυριακής, 9/8/2009, σελ. 21.)

[144]: «Μειώθηκε κατά 80% το κόστος του ADSL σε τέσσερα χρόνια», Β. Μανδραβέλης (Καθημερινή, 16/7/2009, σελ. 23)

[145]: Καθημερινή 25/6/2010 (σελ. 24)

[146]: «Καυγάς Βουρλούμη με Αλεξανδρίδη» (Νίκη, 23/2/2007, σελ. 6).

[147]: «Μήλο της έριδος η παροχή υποδομών κάτω του κόστους» (COMTODAY, 27/2/2007, σελ.2).

[148]: «Ο ΟΤΕ, οι ανταγωνιστές του και η ...απελευθέρωση» (Φ. Κόλλιας, Οικονομική Καθημερινή, 23/2/2007).

[149]: ΟΤΕ: Και η ψηφιακή φτώχια φέρνει γκρίνια...» (Το Ποντίκι, 1/3/2007, σελ. 35).

[150] : «Έκρηξη Βουρλούμη από ολίσθημα ΕΕΤΤ», Γ. Τερζής (Οικονομική Καθημερινή, 23/2/2007).

[151]: «ΕΕΤΤ: Διευκρινίσεις για ΟΤΕ» (Ναυτεμπορική, 24/2/2007, σελ. 13).

[152]: «Εκκωφαντική» σιωπή πριν από τη σύμβαση Cosmote-Γερμανός, Α. Μπουγάτσου (Καθημερινή της Κυριακής, 24/9/2006, σελ. 11 Οικονομική).

[153]: «Έγκριση υπό όρους της εξαγοράς των εταιρειών «ΓΕΡΜΑΝΟΣ Α.Β.Ε.Ε.» και «MOBILBEEP Ε.Π.Ε.» από την εταιρεία 'COSMOTE – ΚΙΝΗΤΕΣ ΤΗΛΕΠΙΚΟΙΝΩΝΙΕΣ Α.Ε.», Δελτίο Τύπου ΕΕΤΤ (17/8/2006).

[154]: «Υπό όρους εγκρίνει η ΕΕΤΤ τη συμφωνία Γερμανός-Cosmote» (Καθημερινή, 18/8 2006, σελ. 25).

[155]: «Οξύνεται η πολιτική αντιπαράθεση για τη Γερμανός», Α. Μπουγάτσου (Καθημερινή, 21/7/2006, σελ. 32).

[156]: «Σύγχυση προκάλεσαν οι διαφορετικές προσεγγίσεις για το τίμημα της Γερμανός», Α> Μπουγάτσου (Καθημερινή, 22/7/2006, σελ. 3 Οικονομική).

[157]: «Cosmote-Γερμανός» για κακούργημα και ξέπλυμα βρώμικου...», Κ. Κάτη και Α. Μπουγάτσου (13/7/2008).

[158]: «Διώξεις για πώληση της Γερμανός» (Καθημερινή, 12/7/2008).

[159]: "Θύελλα για τον «Γερμανό»», Ε. Τριανταφύλλου, Κ. Ζούλας (Καθημερινή, 12/7/2008, σελ.12).

[160]: «Εισαγγελέα για Cosmote-Γερμανός», Α. Μπουγάτσου και Γ. Σακκάς (Καθημερινή, 6/10/2006, σελ. 25).

[161]: «Καρκίνωμα» στο ΟΤΕ η εξαγορά» (Οικονομία, 30/8/2008, σελ. 5).

[162]: «Αποδεικνύεται «φούσκα» η εξαγορά της Γερμανός!», (Οικονομία, Το πρώτο θέμα, 7/6/2008, σελ. 4).

[163]: «ΟΤΕ-Telefonica-BT» (ατ-ΑΞΙΑ, 1/10/2005, σελ. 78).

[164]: «ΟΤΕ-Cosmote: Συγχώνευση ζητά ο Παναγής Βουρλούμης» (Metro, 4/7/2007, σελ.10).

[165]: «Θέμα χρόνου η εξαγορά της Cosmote από τον ΟΤΕ», Τ. Ηγουμενίδη (Ναυτεμπορική, 4/7/2007, σελ. 31).

[166]: «ΟΤΕ: Telefonica-BT» (Αξία, 1/10/2005).

[167]: «Ξεκίνησε η διαδικασία αποκρατικοποιήσεως του ΟΤΕ» (Αδέσμευτος Τύπος, 28/6/2007, σελ. 11).

[168]: «Θολό τοπίο», Τ. Ηγουμενίδη (Combusiness, 3/12/2007, σελ. 12).

[169]: «Που θα κυμανθεί το τίμημα του ΟΤΕ», Α.Μ. Παναγοπούλου (Βραδυνή της Κυριακής, 4/5/2008, σελ. 5).

[170]: «6 δις. Από την πώληση των πακέτων του ΟΤΕ» (Ελεύθερος, 5/7/2007. σελ. 15).

[171]: «Δηλώσεις Βουρλούμη εφ' όλης της ύλης» (Καθημερινή, 5/9/2007, σελ. 36).

[172]: «Σκληραίνει ο ανταγωνισμός για τον ΟΤΕ» (Καθημερινή, 4/7/2007, σελ. 32).

[173]: «Θέμα χρόνου η εξαγορά Cosmote από τον ΟΤΕ», Τ. Ηγουμενίδη, Ναυτεμπορική, 4/7/2007, σελ. 31).

[174]: «Προς συγχώνευση ΟΤΕ-Cosmote;» (Αξία, 1/10/2005, σελ. 19).

[175]: «ΟΤΕ: τα σχέδια για την Cosmote», Α. Μπουγάτσου (Κυριακάτικη Ελευθεροτυπία, 1/7/2007, σελ. 2).

[176]: «Το πολιτικό κόστος οδήγησε στον «προστατευτισμό», Τ. Μαντικίδης (Το Βήμα της Κυριακής, 9/12/2007, σελ. Β6 Επικαιρότητα).

[177]: «Φρένο από την Κυβέρνηση στα σχέδια της MIG για τον ΟΤΕ», Β. Κώτσης (Βήμα της Κυριακής, 9/12/2007, σελ. Β6 Επικαιρότητα).

[178]: «Το θέατρο του πολέμου» (Σύμβουλος, 12/12/2007, σελ. 40).

[179]: «Επιχείρησε να δικαιολογήσει τα αδικαιολόγητα για τον ΟΤΕ» (Έθνος, 11/12/2007, σελ. 41).

[180]: "Συμφωνία μετόχων για τον ΟΤΕ προτείνει η MIG στην κυβέρνηση», Χ. Κίτσιος (Εξπρές, 11/12/2007, σελ. 17).

[181]: «Νέος «βασικός μέτοχος» η ρύθμιση για ΟΤΕ-ΔΕΚΟ», Τιμ. Ασπιώτης (Ο Κόσμος του επενδυτή, 12/1/2008, σελ. 3).

[182]: «Αντικείμενο κριτικής από την Κομισιόν η τροπολογία περί ΟΤΕ», Β. Μανδραβέλης (Καθημερινή, 15/1/2008, σελ. 28).

[183]: «Και το μαχαίρι και το πεπόνι», Γρ. Νικολόπουλος (Το Βήμα της Κυριακής, 9/12/2007, σελ. 27).

[184]: «Ο Βουρλούμης, οι Γερμανοί και οι συνδικαλιστές» (Ελευθεροτυπία, 3/5/2008, σελ. 24).

[185]: «Με 28,5 ευρώ ανά μετοχή «κλείδωσε το deal του ΟΤΕ με τους Γερμανούς», Δ. Παφίλα (Πρώτο Θέμα Κυριακής, 4/5/2008, σελ. 31).

[186]: «Σκληρό πόκερ για τα ινία του ΟΤΕ», Α. Γυπάκη (Απογευματινή, 22/4/2008, σελ. 17).

[187]: «Εκχωρούν στους Γερμανούς και τα τιμολόγια του ΟΤΕ», Γ. Πολίτης (Τα Νέα, 3/5/2008, σελ. 9).

[188]: «Τελετή παράδοσης του ΟΤΕ», Ε. Χρυσολωρά (Τα Νέα, 5/5/2008, σελ. 56).

[189]: «Ένα βήμα από την πώληση», Μ. Σπυράκη (Αγγελιοφόρος, 5/5/2008, σελ. 5).

[190]: «Στον «αέρα» η συμφωνία για τον ΟΤΕ», Β. Μανδραβέλης (Καθημερινή της Κυριακής Οικονομία, 3/5/2009, σελ. 5).

[191]: «Χάνει τα στρατηγικά δικαιώματα στον ΟΤΕ το ελληνικό κράτος», Α. Χεκίμογλου (Το Βήμα, 21/8/2015).

[192]: «Ένα βήμα από την πώληση», Μ. Σπυράκη (Αγγελιοφόρος, 5/5/2008, σελ. 5).

[193]: «Βήμα, βήμα ο ΟΤΕ στις γερμανικές προδιαγραφές», Κ. Φλώρου (Αδέσμευτος Τύπος, 5/5/2008, σελ. 10).

[194]: «Οι βασικοί όροι της συμφωνίας του Δημοσίου με την DeutscH.E. Telecom» (Ναυτεμπορική, 5/5/2008, σελ. 3).

[195]: «Η συμφωνία Δημοσίου και Deutsche Telecom στην Επιτροπή Οικονομικών Θεμάτων της Βουλής», Παρουσίαση Ν. Αλεξανδρίδη (10/6/2008).

[196]: «Και η ΕΕΤΤ συμφωνεί για την D.T.», Β. Μανδραβέλης (Καθημερινή Οικονομική, 11/6/2008, σελ. 36).

[197]: «Δόθηκε το «πράσινο φώς» από την Ε.Ε.Τ&Τ για τη συμφωνία DT-OTE», Καθημερινή Οικονομική, 16/10/2008, σελ. 28).

[198]: «Σοκ και δέος στον ΟΤΕ για το ενδεχόμενο διάσπασης της υποδομής του», Α. Μπουγάτσου (Καθημερινή, 2/7/2006).

[199]: «Αντίθετη στον λειτουργικό διαχωρισμό η διοίκηση», Καθημερινή, (22/4/2008).

[200]: «Οι μύχιες σκέψεις της Ε.Ε.Τ&Τ για τον διαχωρισμό του ΟΤΕ», Β. Μανδραβέλης (Καθημερινή της Κυριακής, 22/2/2009).

[201]: «Παραδώστε τον ΟΤΕ αλλιώς, χρεοκοπήσετε», Ν. ΧαΛ.Δ.ούπης (Το Παρόν, 11/7/2010).

[202]: «Οι Βρυξέλλες», Δ. Μαρκόπουλος (4/11/2007).

[203]: "Σχέδιο Κομισιόν για διαχωρισμό των τηλεπικοινωνιακών οργανισμών», Δ. Μάλλα, (Ημερησία, 17/3/2007).

[204]: «Κρίσιμες διεργασίες για το μέλλον του ΟΤΕ», Β. Μανδραβέλης, (Καθημερινή της Κυριακής, 14/10/2007).

[205]: «Θα σπάσουμε τον ΟΤΕ στα δύο αν χρειαστεί», Ι. Α. Φωτόπουλος (Οικονομία, 20/9/2008).

[206]: «Φθηνό και γρήγορο Internet για όλους», Α. Δρυμιώτης (Καθημερινή, 2/11/2014).

[207]: «Ενεργειακή στρατηγική και η Μικρή ΔΕΗ», Π. Βουρλούμης (Καθημερινή, 3/8/2014).

[208]: «Six Degrees of separation», Martin Cave (COMMUNICATIONS & STRATEGIES, no. 64, 4th quarter 2006, p. 1).

[209]: Ν. Αλεξανδρίδης (Συνέντευξη στο ADSLgr.com, 16/4/2008).

[210]: «Οι Ευρωπαϊκοί τηλεπικοινωνιακοί οργανισμοί θα τμηματοποιηθούν», (Καθημερινή Ειδική Έκδοση, 12.10.2007, σελ. 25).

[211]: «Λειτουργικός διαχωρισμός ελέω Ε.Ε.» (Καθημερινή Ειδική Έκδοση, 12/10/2007, σελ. 36).

[212]: Περιοδικό της ΕΕΤΤ «Επικοινωνίες εν Τάχει» (τεύχος 19, Ιανουάριος 2009).

[213]: «Η Ευρυζωνικοποίηση φέρνει τη σύγκλιση (των κόσμων των Τηλεπικοινωνιών, της Πληροφορικής και των ΜΜΕ)», Ν. Αλεξανδρίδης (Συνέδριο Infocom, 2/10/2007).

[214]: «Θέμα λειτουργικού διαχωρισμού του ΟΤΕ ανοίγει η Ε.Ε.Τ&Τ» (Καθημερινή, 29/11/2007, σελ. 29).

[215]: «ΕΕΤΤ: ενδεχόμενο διάσπασης του ΟΤΕ σε υπηρεσίες λιανικής και χονδρικής» (Το Βήμα, 29/11/2007).

[216]: «Κρίσιμες διεργασίες για το μέλλον του ΟΤΕ», Β. Μανδραβέλης, (Καθημερινή της Κυριακής, 14/10/2007).

[217]: Η μη ανανέωση όμως της θητείας μου για δεύτερη 4ετία δεν μας επιτρέπει να γνωρίζουμε τι θα γινόταν.

[218]: «Σοκ και δέος στον ΟΤΕ για το ενδεχόμενο διάσπασης της υποδομής του», Α. Μπουγάτσου (Καθημερινή, 2/7/2006).

[219]: Ν. Αλεξανδρίδης (Συνέντευξη στο ADSLgr.com, 16/4/2008).

[220]: «Αντίθετη στον λειτουργικό διαχωρισμό η διοίκηση», Καθημερινή, (22/4/2008).

[221]: «Άρνηση για λειτουργικό διαχωρισμό», Τ. Ηγουμενίδη, Ναυτεμπορική, 22/4/2008, σελ.4).

[222]: «Θέλουν διαχωρισμό του ΟΤΕ σε δύο επιχειρήσεις», Β. Μανδραβέλης (Καθημερινή της Κυριακής, Οικονομική, 12/8/2007, σελ. 5).

[223]: «ΕΕΤΤ απειλεί ΟΤΕ με διάσπαση», Ν. Μουμούρης (Ελευθεροτυπία, 3/10/2007, σελ. 24).

[224]: «Polish regulator heading toward TPSA split» (The daily telecoms intelligence briefing, 15/12/2008).

[225]: «Σοκ και δέος στον ΟΤΕ για το ενδεχόμενο διάσπασης των υποδομών του», Α. Μπουγάτσου (Καθημερινή της Κυριακής, 2/7/2006, σελ. 5).

[226]: «Ανακοίνωση ΟΤΕ με αφορμή συνέντευξη του προέδρου ΕΕΤΤ» (ΟΤΕ 21/4/2008).

[227]: «Άρνηση για λειτουργικό διαχωρισμό», Τ. Ηγουμενίδη (Ναυτεμπορική, 22/4/2008, σελ. 4).

[228]: «Ο κ. Π. Βουρλούμης καταρρίπτει τα επιχειρήματα της ΕΕΤΤ», Νατ. Φραγκούλη (Κέρδος, 22/4/2008, σελ. 6).

[229]: «Δελτίο Τύπου της Αντιπροσωπίας της Ευρωπαϊκής Επιτροπής σχετικά με δηλώσεις της επιχείρησης ΟΤΕ Α.Ε.» (Αντιπροσωπία Ε.Ε., 23/4/2008).

[230]: «Ενεργειακή στρατηγική και η Μικρή ΔΕΗ», Π. Βουρλούμης (Καθημερινή, 3/8/2014).

[231]: «Η κάλπη αναβάλλει τη «βελούδινη διάσπαση» του ΟΤΕ», Ν. Μουμούρη, (Ελευθεροτυπία, 4/6/2007).

[232]: «Γερή κόντρα με αφορμή το συνέδριο Info-Com" (Combusiness, 8/10/2007).

[233]: «Πιθανόν να μην εφαρμοστεί η διάσπαση του ΟΤΕ», Α. Γυπάκη, (Απογευματινή, 3/11/2007).

[234]: «Επίτροπος: Συμβαίνουν αυτά με τον ΟΤΕ» (Ελευθεροτυπία, 24/5/2008, σελ. 27).

[235]: «Οι μύχιες σκέψεις της Ε.Ε.Τ&Τ για τον διαχωρισμό του ΟΤΕ», Β. Μανδραβέλης (Καθημερινή της Κυριακής, 22/2/2009).

[236]: "Evaluation of the capability of EETT to impose additional regulatory measures to companies that have SMP on particular Electronic Communication markets and methods that will enable EETT to apply such measures», A.T. Kearney, 2008.

[237]: «Η Vodafone ζητά την διάσπαση της BT» (Euro2day. 8/10/2015)

[238]: «Το προηγούμενο ΕΣΠΑ...ροκανίζει 4,4 δις. ευρώ από το νέο πρόγραμμα», Ε. Τζωρτζή. (Καθημερινή της Κυριακής - Οικονομία, 18/10/2015, σελ. 4).

[239]: «Το δίλλημα σχετικά με την ανάπτυξη των δικτύων νέα γενιάς (NGN):ανταγωνισμός ή συνεργασία;» Επικοινωνίες εν Τάχει, (Ενημερωτικό Δελτίο ΕΕΤΤ, τεύχος 17, Ιούλιος 2008, σελ. 8).

[240]: «Πρωτοβουλία της ΕΕΤΤ για την ανάπτυξη σύγχρονων δικτύων οπτικών ινών σε όλη την Ελλάδα» (Δελτίο Τύπου της ΕΕΤΤ, 7/12/2006).

[241]: «Στο προσκήνιο οι οπτικές ίνες» (Net-Economy-Ημερήσια, 14/7/2007).

[242]: «Πρόταση υλοποίησης δικτύου FTTH μέσω των Εταιρειών Παροχής Φυσικού Αερίου (ΕΠΑ)», (ΕΕΤΤ, 7/8/2007).

[243]: «Non-paper προς τις Εταιρείες Παροχής Φυσικού Αερίου (ΕΠΑ) Αττικής και Θεσσαλονίκης για παροχή Οπτικής Ίνας Μέχρι Το Σπίτι (ΙΜΤΣ), Fiber To The Home (FTTH)» (Ιούλιος 2007).

[244]: «Θέσεις του ΣΑΤΠΕ για τα δίκτυα επόμενης γενιάς» (NETFAX, 27/7/2007. σελ. 5).

[245]: «Σχολιασμός του κειμένου του ERG για τα NGAs» (επιστολή ΕΕΤΤ, Ιούλιος 2007).

[246]: «Ενέργειες ΕΕΤΤ για τα δικαιώματα διέλευσης» (Σ. Ανδρεάδης, ΕΕΤΤ, 24/7/2007.)

[247]: «Απόψεις του ERG για τα δίκτυα NGAs» (Π. Καραμηνάς, ΕΕΤΤ, 24/7/2007).

[248]: «Απαντήσεις ελληνικής αγοράς στην Διαβούλευση για NGAs» (Ι. Ζαχαρόπουλος, ΕΕΤΤ, 24/7/2007).

[249]: «Χωρίς κρατική προστασία οι επενδύσεις σε οπτικές ίνες» (Καθημερινή, 25/4/2009).

[250]: «Σε εφαρμογή το σχέδιο για οπτικές ίνες στα ελληνικά σπίτια» (in.gr, 6/3/2008).

[251] : Τα μέλη της Ομάδας Εργασίας ήταν: Καθηγητής Χρ. Μπούρας (Παν/μιο Πατρών), Καθηγητής Π. Τσανάκας (Μέλος της Ολομέλειας της ΕΕΤΤ και ΕΜΠ), Σ. Σαρτζετάκης (ΕΔΕΤ), Ν. Νιστικάκη και Χρ. Ακρατόπουλος (ΥΜΕ, σύμβουλοι του Γεν. Γραμματέα) και Γ. Ζαχαρόπουλος και Π. Καραμηνάς (στελέχη της ΕΕΤΤ.)

[252]: «Θεμέλιο για το μέλλον» (Combusiness, 3/3/2008, σελ. 27).

[253]: «Έργα 2,1 δις. ευρώ για την ανάπτυξη των οπτικών ινών στην Ελλάδα», Β. Μανδραβέλης (Καθημερινή, 21/5/2009).

[254]: «Θέλει προσπάθεια για να υλοποιηθεί ή να ...αποτύχει», Ι. Γιανναράκης (Το Βήμα Οικονομικό, 6/8/2009, σελ. 2).

[255]: ISP = Internet Service Provider

[256]: «ΟΤΕ - Σκληρό μονοπώλιο και νέα χαράτσια!» (Οικονομία, 15/5/2009, σελ. 11).

[257]: Επιστολή μου προς τον κ. Ε. Στυλιανίδη (και αντίγραφο στον κ. Ι. Παπαθανασίου), 12/6/2009.

[258]: Επιστολή μου προς τον κ. Ε. Στυλιανίδη, 19/6/2009.

[259]: «Αχρείαστο το έργο για τις οπτικές ίνες» (Καθημερινή Οικονομική, 13/9/2009, σελ. 7).

[260]: «Κινήσεις γερμανικής τακτικής με το δίκτυο των οπτικών ινών», Τ. Ηγουμενίδη (Ναυτεμπορική, 22/6/2009).

[261]: «Εντείνεται η αντιπαράθεση μεταξύ της ΕΕΤΤ και της διοίκησης ΟΤΕ» (Εξπρές, 24/3/2009, σελ. 18).

[262]: «Η Deutsche Telecom αποφασίζει για το δίκτυο οπτικών ινών», Γ. Ζώτος (Το Βήμα, 24/3/2009, σελ. 6).

[263]: «Νέα δριμεία επίθεση της ΕΕΤΤ κατά ΟΤΕ και Deutsche Telecom", Ν. Φραγκούλη (Κέρδος, 24/3/2009).

[264]: «Οξύτατη επίθεση ΕΕΤΤ σε Βουρλούμη, ΟΤΕ και Deutsche Telecom», Β. Μανδραβέλης (Καθημερινή, 24/3/2009).

[265]: «Διαχωρισμός ψηφιακών δικτύων και υπηρεσιών: βασική προϋπόθεση ανάπτυξης στη νέα ψηφιακή εποχή της ευρυζωνικής σύγκλισης», ομιλία Ν. Αλεξανδρίδη, 40 Διεθνές Συνέδριο της ΕΕΤΤ, Αττική, 20-21 Μαΐου 2009.

[266]: «Υστερεί η Ελλάδα στην ευρυζωνικότητα», Μ. Λιλιοπούλου (Έθνος, 21/5/2009, σελ. 27).

[267]: «Επιστολή προς Υπουργούς για στρατηγική στις Η.Ε. και το δίκτυο FTTH» (10/6/2009).

[268]: «Διαφωνούν Δημόσιο και D.T. για τις οπτικές ίνες» Β. Μανδραβέλης (Καθημερινή της Κυριακής Οικονομία, 21/6/2009, σελ. 7).

[269]: «Βγήκαν τα μαχαίρια», Μ. Τσαντήλα (Βραδινή, 24/3/2009, σελ. 19).

[270]: «Στην Αθήνα ο επικεφαλής της DT για το 5% του ΟΤΕ», Β. Μανδραβέλης (Καθημερινή, 17/6/2009, σελ. 25).

[271]: «Η πίεση των Γερμανών και η άμυνα της κυβέρνησης», Β. Μανδραβέλης (Καθημερινή, 7/6/2009, σελ. 7 Οικονομική).

[272]: «Στην τελική ευθεία οι διαπραγματεύσεις για το 5% του ΟΤΕ», Β. Μανδραβέλης (Καθημερινή, 17/6/2009, σελ.28).

[273]: «ΤΟ ΠΑΣΟΚ φέρνει στη Βουλή το έργο των οπτικών ινών», (Κέρδος, 23/7/2009).

[274]: «Η Deutsche Telecom κατά του νέου δικτύου οπτικών ινών» (Ναυτεμπορική, 24/8/2009, σελ. 15).

[275]: «ΟΤΕ-Γερμανοί φτιάχνουν δικό τους δίκτυο οπτικών ινών», Τ. Ηγουμενίδη (Ναυτεμπορική, 12/9/2009, σελ. 15).

[276]: «Με τις οπτικές ίνες «καίνε» τον ΟΤΕ», Φ. Φωτεινού (Ισοτιμία, 8/8/2009).

[277]: «Η Deutsche Telecom κατά του νέου δικτύου οπτικών ινών» (Ναυτεμπορική, 24/8/2009, σελ. 15).

[278]: «Μάχη για τα 2 δις. ευρώ», Π. Μπουλούκος (Το Βήμα, 16/8/2009, σελ. Β5-35).

[279]: «Ένα δίκτυο χωρίς δημόσιο έλεγχο» (Ελευθεροτυπία, 22/8/2009, σελ. 32).

[280]: «Θέσεις του ΟΤΕ επί του έργου του ΥΜΕ «Οπτική Ίνα στο Σπίτι»», ΟΤΕ (9/2009).

[281]: «Αχρείαστο το έργο για τις οπτικές ίνες» (Καθημερινή Οικονομική, 13/9/2009, σελ. 7).

[282]: «Παραδώστε τον ΟΤΕ αλλιώς, χρεοκοπήσετε», Ν. Χαλδούπης (ΤΟ ΠΑΡΟΝ, 11/7/2010).

[283]: «Παραδώστε τον ΟΤΕ αλλιώς, χρεοκοπήσετε», Ν. Χαλδούπης (ΤΟ ΠΑΡΟΝ, 11/7/2010).

[284]: «Βαρίδια για τον ΟΤΕ κράτος, συνδικαλιστές και Ρυθμιστική Αρχή», (Καθημερινή Οικονομία, 4/11/2009, σελ. 28).

[285]: «Η παραίτηση Βουρλούμη δεν γίνεται αποδεκτή», Ν. Καρούτσος (Σύμβουλος Χρηματιστηρίου, Θέμα, 14/7/2010).

[286]: «Παραδώστε τον ΟΤΕ αλλιώς, χρεοκοπήσετε», Ν. Χαλδούπης (ΤΟ ΠΑΡΟΝ, 11/7/2010)

[287]: «Πως βουλιάζει ο ΟΤΕ, για να παραδοθεί στους Γερμανούς!» (Οικονομία Το Θέμα, 21/8/2010, σελ. 10).

[288]: "Τα πήραν όλα οι Γερμανοί» (Το Παρόν, 4/5/2008, σελ. 14).

[289]: «Ο Βουρλούμης, οι Γερμανοί και οι συνδικαλιστές» (Ελευθεροτυπία, 3/5/2008, σελ. 24).

[290]: «Χτίζουν σε γερά θεμέλια ΟΤΕ-DT» (PressTime, 28/3/2009, σελ. 31).

[291]: «Παραδώστε τον ΟΤΕ αλλιώς, χρεοκοπήσετε», Ν. Χαλδούπης (Το Παρόν, 11/7/2010).

[292]: «Το δίκτυο οπτικών ινών αιτία διένεξης ΟΤΕ-ΕΕΤΤ», Ν.Μ., (Ελευθεροτυπία, 31/3/2009, σελ. 43).

[293]: «ΕΕΤΤ: η προεδρική καρέκλα» (Ελευθεροτυπία-Οικονομική, 6/6/2009, σελ.22).

[294]: «Χωρίς κρατική προστασία οι επενδύσεις σε οπτικές ίνες» (Καθημερινή, 25/4/2009).

[295]: «ΟΤΕ-Γερμανοί φτιάχνουν δικό τους δίκτυο οπτικών ινών», Τ. Ηγουμενίδη (Ναυτεμπορική. 12/9/2009, σελ. 15).

[296]: «Παραδώστε τον ΟΤΕ, αλλιώς θα χρεοκοπήσετε», Ν. Χαλδούπης (Το Παρόν, 11/7/2010).

[297]: «Οι οπτικές ίνες και το σχέδιο του ΟΤΕ», Ν. Αλεξανδρίδης (Καθημερινή, 9/10/2010).

[298]: «ΟΤΕ: Δίκτυο οπτικών ινών χωρίς κρατική ενίσχυση» (Καθημερινή, 18/6/2010, σελ. 24).

[299]: «Πως οι δύο πολυεθνικοί όμιλοι εμπλέκονται», Φ. Κόλιας (Euro2day, 2/1/2015).

[300]: «Πατάει γκάζι το αγροτικό Ίντερνετ», Κ. Ντελέζος (Digital, 7/1/2005).

[301]: «Γιατί θα αργήσουν να εξαφανιστούν τα σταθερά τηλέφωνα από τη ζωή μας», Α. Κασσίμη (Καθημερινή Κυριακής-Οικονομικά, 14/12/2014, σελ. 7).

[302]: «Προτάσεις ΕΕΤΤ για άρση του ψηφιακού χάσματος των περιαστικών αγροτικών περιοχών», 27/8/2008.

[303]: «Πρόταση για άρση ψηφιακού χάσματος των περιαστικών-αγροτικών περιοχών» (ΕΕΤΤ, 1/9/2008).

[304]: Μελέτη επέκτασης της ευρυζωνικής πρόσβασης στο σύνολο της Ελληνικής Επικράτειας (Πρόταση ΕΕΤΤ, 11/2/2009).

[305]: «Υπό την εποπτεία της Ε.Ε.Τ&Ε το δίκτυο οπτικών ινών», Β. Μανδραβέλης (Καθημερινή, 23/07/2009).

[306]: «Υπό την εποπτεία της Ε.Ε.Τ&Τ το δίκτυο οπτικών ινών», Β. Μανδραβέλης (Καθημερινή, 23/07/2009).

[307]: «Το εθνικό στοίχημα του ΟΤΕ για τα δίκτυα νέας γενιάς» (Καθημερινή Οικονομική, 21/6/2015)

[308]: «Το μέλλον φέρνει την (ασύρματη) κινητή διασυνδεσιμότητα», Ν. Αλεξανδρίδης (Ημερίδα ΕΕΤΤ για τις κεραίες, Θεσσαλονίκη, 30/1/2007).

[309]: «Γη της επαγγελίας» για την κινητή τηλεφωνία η Ελλάδα», Φ. Κόλλιας (Καθημερινή, 28/8/2005).

[310]: «3,000,000 ευρώ πρόστιμο στις τρείς εταιρείες κινητής τηλεφωνίας για εναρμονισμένη πρακτική», ΕΕΤΤ (16/3/2006).

[311]: «Αντιδράσεις για τα πρόστιμα ΕΕΤΤ στις εταιρείες κινητής», Χ. Κοντοκόλια (Ναυτεμπορική, 18/3/2006).

[312]: «Η κινητή τηλεφωνία και Ευρυζωνικότητα είναι εδώ για να μείνουν», Ν. Αλεξανδρίδης, ομιλία στην Ημερίδα της ΕΕΤΤ για τις Κεραίες Κινητής Τηλεφωνίας, Αθήνα (30/11/2006).

[313]: «Το μέλλον φέρνει την (ασύρματη) κινητή διασυνδεσιμότητα», Ν. Αλεξανδρίδης, Ημερίδα ΕΕΤΤ για τις κεραίες, Θεσσαλονίκη (30/1/2007).

[314]: «Θα σπάσουμε τον ΟΤΕ στα δύο αν...». Ν. Αλεξανδρίδης (Οικονομία, 20/9/2008, σελ. 1-5).

[315]: «Η υψηλή φορολόγηση κρύβει την κάμψη των χρεώσεων στην κινητή», Β. Μανδραβέλης (Καθημερινή της Κυριακής 27/9/2015, σελ. 7 Οικονομική).

[316]: «Ενημέρωση σχετικά με την Αγορά Τερματισμού Κλήσεων σε Κινητά Δίκτυα» (Δελτίο Τύπου ΕΕΤΤ 23/3/2006.

[317]: «Ανακοίνωση της ΕΕΤΤ σχετικά με Δημοσιεύματα για τα Τέλη Τερματισμού Κινητής Τηλεφωνίας» (Δελτίο Τύπου ΕΕΤΤ, 19/7/2006).

[318]: «Έγκριση από την ΕΕΤΤ και Κοινοποίηση στην Ευρωπαϊκή Επιτροπή του Τροποποιημένου Σχεδίου Μέτρων της ΕΕΤΤ για την Αγορά Τερματισμού Κλήσεων σε Κινητά Δίκτυα. Διεξαγωγή σχετικής Δημόσιας Διαβούλευσης» (Δελτίο Τύπου ΕΕΤΤ, 27/4/2006).

[319]: WiMax (Wireless to the Maximum) ή ασύρματα δίκτυα στο μέγιστο της απόδοσής τους.

[320] «WiMax: ο νέος μεγάλος πόλεμος των τηλεπικοινωνιών», Γ. Χαλαβαζής (Ο Κόσμος του Επενδυτή, 23/12/2005, σελ. 14).

[321]: "Εταιρείες που αιτήθηκαν συμμετοχή στη Δημοπρασία για το WiMax», Δελτίο τύπου ΕΕΤΤ, 21 Ιουλίου 2006.

[322]: «Παράνομα λειτουργεί το 80% των κεραιών κινητής τηλεφωνίας», Β. Μανδραβέλης (Καθημερινή, 28/3/2009, σελ. 5).

[323]: «Για μας η ΟΤΕ ΑΕ είναι μια από τις επιχειρήσεις του κλάδου. Δεν μας ενδιαφέρει η μετοχική της σύνθεση», Δ. Μαρκόπουλος (Πρώτο Θέμα Κυριακής, 20/1/2008, σελ. 10-11).

[324]: «Το μέλλον φέρνει την (Ασύρματη) Κινητή Διασυνδεσιμότητα» Ομιλία του Προέδρου της ΕΕΤΤ Καθ. Ν. Αλεξανδρίδη (Ημερίδα για τις Κεραίες Κινητής Τηλεφωνίας, Θεσσαλονίκη, 30/1/2007).

[325]: «Κινητή τηλεφωνία: όσο πιο πυκνό το δίκτυο, τόσο πιο χαμηλή η ακτινοβολία», συνέντευξη τύπου για την αντίστοιχη Ημερίδα της ΕΕΤΤ, (23/11/2006).

[326]: «Χωρίς έλεγχο η εγκατάσταση κεραιών κινητής τηλεφωνίας» (ΝΙΚΗ, 15/12/2005, σελ. 11).

[327]: «Πρόταση δημιουργίας «ΚΤΕΟ» για κεραίες κινητής τηλεφωνίας», Μ. Τσιντίλα (Ελεύθερος Τύπος, 15/12/2005, σελ. 18).

[328]: «ΚΤΕΟ για κεραίες τηλεφωνίας» (Η Χώρα, 15/12/2005, σελ. 33).

[329]: «Οι ταράτσες, το νέο πεδίο σύγκρουσης ΟΤΕ-ΕΕΤΤ», Β. Μανδραβέλης (Καθημερινή της Κυριακής, 29/3/2009, σελ. 7).

[330]: «Πληρώσατε για φάσμα; Αναμείνατε στο ακουστικό σας», Ρ. Χαΐκου (Finance & Markets Voice, 13/11/2014)

[331]: «Τέλος στη γραφειοκρατία για άδειες των κεραιών κινητής τηλεφωνίας», Μ. Τσιμιτάκης, (Καθημερινή της Κυριακής, 28/12/2014).

[332]: «Έρχεται νέο σύστημα αδειοδοτήσεις κεραιών κινητής τηλεφωνίας», Φ. Κόλλιας (euro2day, 9/6/2015).

[333]: «Ενημερωτική πύλη κατασκευών κεραιών ανέπτυξε η ΕΕΤΤ» (Χρηματιστήριο, 14/9/2015, σελ. 2).

[334]: Ομάδα εργασίας για την ψηφιακή τηλεόραση και το ψηφιακό μέρισμα: Συντονιστές: Α-Α Αγγιούς και Νινέττα Βρετού, Μέλη:

Νάντια Κατσάνου, Κώστας Μπακάλης, Γιώργος Κολυβάς, Μίρκα Κωνσταντινοπούλου, Ειρήνη Νικηφοράκη, Σπύρος Πολυκαλάς.

[335]: Μέχρι σήμερα (2015) οι εκκρεμότητες και η μη χοροθέτηση των πάρκων κεραιών υφίστανται ακόμα.

[336]: «Διαχωρισμός Ψηφιακών Δικτύων και Υπηρεσιών: Βασική Προϋπόθεση Ανάπτυξης στην Νέα Ψηφιακή Εποχή της Ευρυζωνικής Σύγκλισης» (ομιλία μου στο 4ο Διεθνές συνέδριο της ΕΕΤΤ με τίτλο «Ευρυζωνική Σύγκλιση Τηλεπικοινωνιών και ΜΜΕ», Καβούρι, Αττικής, 20-21 Μαΐου 2009).

[337]: «20 χρόνια χάος. Το κρυφτούλι με τις άδειες», Σ. Μανιάτης (Ελευθεροτυπία, 20/6/2009, σελ. 21).

[338]: «Διασπορά των αρμοδιοτήτων για τα Μέσα Μαζικής Ενημέρωσης», Σ. Ιωάννου (Ναυτεμπορική, 8/10/2009, σελ. 20).

[339]: «Καταπέλτης η ΕΕΤΤ για το νόμο περί Μέσων Μαζικής Επικοινωνίας» (Κέρδος,18/1/2006, σελ/6).

[340]: «Μελλοντικές ρυθμίσεις που αφορούν το ...παρελθόν», Σ. Ιωάννου (Ναυτεμπορική, 18/1/2006, σελ. 30).

[341]: «Ασυντόνιστη η πορεία προς την ψηφιακή τηλεόραση» (Καθημερινή, 25/2/2009, σελ. 26).

[342]: «Να πέσει το βάρος στην ψηφιακή ραδιοτηλεόραση, προτείνει ο πρόεδρος της ΕΕΤΤ» (Ελεύθερη Θράκη, 6/3/2009, σελ. 13).

[343]: «Οι νέοι παίκτες εμποδίζονται (ακόμη) να μπουν στην ψηφιακή» (συνέντευξη μου στην εφημερίδα Ελεύθερος Τύπος της Κυριακής, 10/5/2009).

[344]: «Ψηφιακό μέρισμα: η μάχη φουντώνει μεταξύ κινητών και broadcasters», Γ. Γεωργατζής (Infocom, 6/2009, σελ. 32-35).

[345]: «Πόσα «χάρισε» το κράτος στους καναλάρχες» (Triklopodia, 14/4/2014)

[346]: «Ψηφιακές συχνότητες για όλους», Σ. Χαϊμαντά (AD Business, 2/3/2009, σελ. 27).

[347]: «Η νέα ψηφιακή εποχή» (Άνω Κάτω, 28/2/2009, σελ. 16).

[348]: «Προτάσεις ΕΕΤΤ για τον νέο νόμο για το Ραδιόφωνο και την Τηλεόραση», Ε.Ε..ΤΤ, Φεβρουάριος 2006.

[349]: «Καμπανάκι για το νομοσχέδιο των ΜΜΕ», Σ. Χαϊμαντά (Ημερήσια, 18/1/2006, σελ. 37).

[350]: «Προτάσεις ΕΕΤΤ για το νέο Νόμο και Ψηφιακή Τηλεόραση», ΕΕΤΤ, 8/3/2006.

[351]: «Να δοθεί ιδιαίτερη έμφαση στην ψηφιακή τηλεόραση» (Αυγή, 18/1/2006, σελ. 14).

[352]: «Καταπέλτης η ΕΕΤΤ για το νόμο περί Μέσων Μαζικής Επικοινωνίας» (Κέρδος,18/1/2006, σελ/6).

[353]: «Μετάβαση στην επίγεια ψηφιακή τηλεόραση» (Καθημερινή, 18/1/2006, σελ. 27).

[354]: Στο τέλος του 2007 το 4ο τμήμα του ΣτΕ αποφάσισε πως το καθεστώς της «προσωρινής λειτουργίας» στο οποίο στηριζόταν όλο το οικοδόμημα της ιδιωτικής τηλεόρασης στη χώρα μας μετά το 1989 ήταν (και συνεχίζει να παραμένει και σήμερα το 2015) παράνομο.

[355]: «Να πέσει το βάρος στην ψηφιακή ραδιοτηλεόραση, προτείνει ο πρόεδρος της ΕΕΤΤ» (Ελεύθερη Θράκη, 6/3/2009, σελ. 13).

[356]: «Ψηφιακό μέρισμα: προκλήσεις και ευκαιρίες στη νέα ψηφιακή εποχή» (Ακρόπολη, 26/2/2009, σελ.9).

[357]: «Η μετάβαση στην ψηφιακή τηλεόραση ελευθερώνει τις συχνότητες», Τ. Ηγουμενίδη (Ναυτεμπορική, 25/2/2009, σελ. 61).

[358]: «Διασπορά των αρμοδιοτήτων για τα Μέσα Μαζικής Ενημέρωσης», Σ. Ιωάννου (Ναυτεμπορική, 8/10/2009, σελ. 20).

[359]: «Μελλοντικές ρυθμίσεις που αφορούν το ...παρελθόν», Σ. Ιωάννου (Ναυτεμπορική, 18/1/2006, σελ. 30).

[360]: «Βλέπει στο παρελθόν και όχι στο μέλλον», Ν.Μ. (Ελευθεροτυπία, 18/1/2006, σελ. 36.

[361]: «Πρόσω ολοταχώς για την ψηφιακή ραδιοTV» (Μακεδονία, 28/2/2009, σελ. 59).

[362]: «ΨΗΦΙΑΚΟ ΜΕΡΙΣΜΑ (2009: Έτος Ευρυζωνικής Σύγκλισης Τηλεπικοινωνιών & ΜΜΕ)», ομιλία μου στην Ημερίδα της ΕΕΤΤ για το ψηφιακό μέρισμα, Αθήνα, 24/2/2009.

[363]: «Εναρμονισμό των ΜΜΕ με το τεχνολογικό μέλλον», Χρ. Κάππου (Αυριανή, 18/1/200, σελ. 16).

[364]: «Μελέτη για το ψηφιακό μέρισμα ανέθεσε η ΕΕΤΤ» (Το Βήμα-Οικονομικά, 8/7/2009, σελ. 11).

[365]: «Μετάβαση στην ψηφιακή τηλεόραση: παρατηρήσεις και προτάσεις», ΕΕΤΤ, 2008.

[366]: «Ασυντόνιστη η πορεία προς την ψηφιακή τηλεόραση» (Καθημερινή, 25/2/2009, σελ. 26).

[367]: «Απαραίτητο ένα θεσμικό πλαίσιο», Ελ. Σακκέτου (Financial Box, 25/2/2009, σελ. 6).

[368]: «Κυβερνητική απραξία για την ψηφιακή TV», Σ. Χαϊμαντά (Ημερησία, 28/2/2009, σελ. 51).

[369]: «Διανομή του ψηφιακού μερίσματος: απαιτούνται άμεσες θεσμικές παρεμβάσεις», Τ. Ηγουμενίδη (6/2009, ComBusiness, σελ. 46-47).

[370]: «Το ψηφιακό μέρισμα, οι μέτοχοι και οι αμέτοχοι», Παπαγάλ(λ)ος (ICT Plus, 25/2/2009).

[371]: «ΨΗΦΙΑΚΟ ΜΕΡΙΣΜΑ(2009: Έτος Ευρυζωνικής Σύγκλισης Τηλεπικοινωνιών & ΜΜΕ)», ομιλία μου στην Ημερίδα της ΕΕΤΤ για το ψηφιακό μέρισμα, Αθήνα, 24/2/2009.

[372]: «Μετάβαση από την αναλογική στην ψηφιακή τηλεόραση», επιστολή μου προς Υπουργούς και γεν, γραμματείς, 26/4/2009.

[373]: «Οι νέοι παίκτες εμποδίζονται (ακόμη) να μπουν στην ψηφιακή» (συνέντευξη μου στην εφημερίδα Ελεύθερος Τύπος της Κυριακής, 10/5/2009).

[374]: «Διαχωρισμός Ψηφιακών Δικτύων και Υπηρεσιών: Βασική Προϋπόθεση Ανάπτυξης στην Νέα Ψηφιακή Εποχή της Ευρυζωνικής Σύγκλισης» (ομιλία μου στο 4ο Διεθνές συνέδριο της ΕΕΤΤ με τίτλο «Ευρυζωνική Σύγκλιση Τηλεπικοινωνιών και ΜΜΕ», Καβούρι, Αττικής, 20-21 Μαΐου 2009).

[375]: «Ριπές σε Καραμανλή για ψηφιακή TV» (Ελευθεροτυπία, 21/5/2009, σελ. 23)

[376]: «Ένα θολό «success story» το νομοσχέδιο για τα ΜΜΕ, Δ. Γαλάνης (Το Βήμα της Κυριακής, 25/10/2015, σελ. 36).

[377]: «Αντιφάσεις χτυπητές και κραυγαλέες», Π. Καψής (Καθημερινή της Κυριακής, 25/10/2015, σελ. 20)

[378]: «Η ψηφιακή τηλεόραση και τα παιχνίδια με τις συχνότητες», Β. Μανδραβέλης (Καθημερινή Οικονομία, 1/3/2009, σελ. 4).

[379]: «Ψηφιακό μέρισμα: η μάχη φουντώνει μεταξύ κινητών και broadcasters», Γ. Γεωργατζής (Infocom, 6/2009, σελ. 32-35).

[380]: «DIGEA ante portas», Α. Νταρζάνου (Ο Κόσμος του Επενδυτή, 5/6/2010, σελ. 39).

[381]: «Ψηφιακή επανάσταση φέρνει το νέο φάσμα των παρόχων», Δ. Δελεβέγκος (Capital.gr, 14/10/2014).

[382]: «Οι συχνότητες δόθηκαν από το ΤΑΙΠΕΔ για να περάσουν στις εταιρείες κινητής και στους μεγαλοκαναλάρχες» (Η Ακρόπολη, 7/11/2014, σελ. 9)

[383]: «Πόσα «χάρισε» το κράτος στους καναλάρχες» (Triklopodia, 14/4/2014)

[384]: «Οι νέοι παίκτες εμποδίζονται (ακόμη) να μπουν στην ψηφιακή», Μ. Παπαχριστούδη, Ρ. Ράικου (Ελεύθερος Τύπος της Κυριακής, 10/5/2009)

[385]: «Χρειαζόμαστε ενημερωμένους καταναλωτές», συνέντευξη Ν. Αλεξανδρίδη στο Περιοδικό «Καταναλωτικά Βήματα» του ΚΕ.Π.ΚΑ., (27/11/2006).

[386]: «Καταναλωτές: υπηρεσίες και υποστήριξη», ομιλία Ν. Αλεξανδρίδη στην Ημερίδα ¨Ποιότητα Τηλεπικοινωνιακών Υπηρεσιών & Προστασία Καταναλωτών (11/12/2007).

[387]: Ομάδα εργασίας: Μ. Καρατζόγλου (προϊστάμενος του Τμήματος Παρακολούθησης Αγοράς και Ανταγωνισμού της ΕΕΤΤ) ως συντονιστής, Δ. Νικολακοπούλου των Δημοσίων Σχέσεων της ΕΕΤΤ, Μ. Σακκάς (μέλος της Ολομέλειας της ΕΕΤΤ) ως επιβλέπων της δράσης, Καθ. Κ. Χαλάτσης (εξωτερικός συνεργάτης) ως μέλος και 5 υποομάδες με 3 μέλη της ΕΕΤΤ η καθεμία.

[388]: «Μάθε τα δικαιώματα σου, όταν καταναλώνεις ...ηλεκτρονικά», Σ. Ανδρεάδης (Ναυτεμπορική-working, 27/7/2009, σελ. 3).

[389]: «Κερδίστε συγκρίνοντας τις τηλεπικοινωνιακές υπηρεσίες» (Κέρδος, 12/8/2008, σελ. 5)

[390]: Η σύμβαση για την υλοποίηση έργου μέτρησης_των δεικτών επεγράφη τελικά στο τέλος του 2014.

[391]: «Δημοσιοποίηση Δεικτών Ποιότητας των Υπηρεσιών Ηλεκτρονικών Επικοινωνιών», Ε.Ε.ΤΤ, 2008

[392]: Έργο της ένωσης Vector Technologies -Άρτεμις για την ΕΕΤΤ, NETFAX, 7/1/2015

[393]: «Μάθε τα δικαιώματα σου, όταν καταναλώνεις ...ηλεκτρονικά!», Σ. Ανδρεάδης (Ναυτεμπορική eWorking, 27/7/2009, σελ. 3).

[394]: «Κώδικας Δεοντολογίας Παρόχων-Καταναλωτών», Συνέντευξη Ν. Αλεξανδρίδη στο portal του ΣΕΠΕ, 6/6/2008.

[395]: Τα υπόλοιπα μέλη της Ομάδας Εργασίας ήταν οι Ε. Βυτόγιαννη, Μ. Γιαννοπούλου και Σ. Φραγκουλοπούλου, στελέχη της Ε.Ε.ΤΤ.

[396]: «Οκτώ κατηγορίες κατά Vodafone», Α. Μπουγάτσου (Καθημερινή, 18/7/2006, σελ. 5).

[397]: «Στην Επιτροπή Θεσμών τα θέμα», Φ. Καλλιαγκοπούλου (Καθημερινή, 3/2/2006).

[398]: «Χρειαζόμαστε αντιχάκερ» (Αγγελιοφόρος, 3/2/2006, σελ. 12).

[399]: «Πρόστιμο 19,11 εκατ. στη Vodafone", Β. Μανδραβέλης (Καθημερινή, 19/10/2007, σελ. 36).

[400]: «Στόχος η ενίσχυση του θεσμικού πλαισίου για τις τηλεπικοινωνίες» (Financial Box, 11/2/2006, σελ. 9).

[401]: «ΕΕΤΤ: Όχι βιασύνες στις αποφάσεις» (Κέρδος, 28/3/2006, σελ. 71)

[402]: «Πίσω από τις γραμμές, πάντα η αλήθεια» (Απογευματινή, 28/3/2006, σελ. 7)

[403]: Άλλα μέλη της Ομάδας Εργασίας ήταν: Ε. Βυτόγιαννη και Α. Σοφού (στελέχη της ΕΕΤΤ) και οι Π. Μπάσιος, Γ. Μαριάς και Καθ. Κ. Χαλάτσης (εξωτερικοί συνεργάτες).

[404]: «Ο «χάρτης» του γρήγορου Ιντερνετ», Μ. Λιλιοπούλου (Έθνος, 16/7/2009, σελ. 17).

[405]: «Το γρήγορο Ίντερνετ απέκτησε κτηματολόγιο» (Τα Νέα, 16/7/2009, σελ. 16).

[406]: Σοφοκλέουςin (17/8/2009)

[407]: ΥΠΕΡΙΩΝ

[408]: Ομιλία Προέδρου Ν. Αλεξανδρίδη στην Ημερίδα της ΕΕΤΤ με τίτλο "Forum Ευρυζωνικότητας: Διάλογος για την Ευρυζωνική Ανάπτυξη» (Αθήνα, 26-2-2008).

[409]: «Η Ευρυζωνικότητα, το Ιντερνετ και ... άλλες σκέψεις», ομιλία Ν. Αλεξανδρίδη στην Ημερίδα του ΕΜΠ για την «Ψηφιακή γνώση και ευημερία», Αθήνα 1/2/2006.

[410]: «Πληρώσατε για φάσμα; Αναμείνατε στο ακουστικό σας», Ρ. Χαϊκου (Finance & Markets Voice, 13/11/2014).

[411]: Συντονιστής ήταν ο Δικηγόρος Γιώργος Τσαπρούνης (μέλος της Ολομέλειας της ΕΕΤΤ). Μετείχαν τα στελέχη της ΕΕΤΤ: Σάββας Ανδρεάδης, Γιάννης Ζαχαρόπουλος, Ξανθή Μπιτζίδου και Αγγελική Σοφού και Στέλιος Σαρτζετάκης ως εξωτερικός συνεργάτης. Ο Καθηγητής του ΑΠΘ Γιάννης Σάχαλος έδωσε μελέτη--γνωμάτευση σχετικά με την οικονομική διάσταση και αποτίμηση των δικαιωμάτων διέλευσης.

[412]: «Έκδοση της ΕΕΤΤ για τα δικαιώματα διέλευσης», Ιούνιος 2008.

[413]: «Διαδικασία χορήγησης Δικαιωμάτων Διέλευσης Δικτύων Ηλεκτρονικών Επικοινωνιών» ΦΕΚ 725/23, Αριθμ. Φύλου 5, 5/1/2012

[414]: Όταν κάποτε ένας Δήμος προσέφυγε στο ΣτΕ για τον κανονισμό μας αυτόν, το ΣτΕ απέρριψε την προσφυγή το 2014, δικαιώνοντας την ΕΕΤΤ.

[415]: «Γίνεται πράξη το όραμα Λιάπη για τα ευρυζωνικά δίκτυα» (Η Ακρόπολη, 9/8/2006, σελ. 3).

[416]: «Αλλάζει ο χάρτης της Ευρυζωνικότητας» (Το Βήμα, 9/6/2007, σελ. 4).

[417]: «Έργα 7,3 εκατ. ευρώ για την «ψηφιακή αυτοδιοίκηση» (Financial Box, 7/2/2007, σελ. 4).

[418]: «Οι μύχιες σκέψεις της Ε.Ε.Τ&Τ για τον διαχωρισμό του ΟΤΕ», Β. Μανδραβέλης (Καθημερινή της Κυριακής, 22/2/2009).

[419]: «Θεωρεί τον πρόεδρο παράνομο!», Τ. Ηγ. (Ναυτεμπορική, 31/3/2009, σελ. 8).

[420]: «Κορυφώνεται η κόντρα ΟΤΕ-ΕΕΤ&Τ», Β. Μανδραβέλης (Καθημερινή, 31/3/2009, 30).

[421]: «Έκρηξη Βουρλούμη από ολίσθημα της ΕΕΤ&Τ», Γ. Π. Τερζής (Καθημερινή, 23/2/1007).

[422]: «Ο ΟΤΕ, οι ανταγωνιστές του και η ...απελευθέρωση», Φ. Κόλλιας (Καθημερινή, 23/2/1007).

[423]: «Θέλουν διαχωρισμό του ΟΤΕ σε δύο επιχειρήσεις», Β. Μανδραβέλης (Καθημερινή, 12/8/2007).

[424]: «Ο ΟΤΕ κατηγορεί την ΕΕΤΤ για στρέβλωση της πραγματικότητας» (Εξπρές, 22/4/2009, σελ.9).

[425]: «Κορυφώνεται η κόντρα ΟΤΕ-ΕΕΤ&Τ», Β. Μανδραβέλης (Καθημερινή Οικονομία, 31/2/2009, σελ.25,30).

[426]: «Ζημιές για πρώτη φορά ο ΟΤΕ», Α. Μπουγάτσου (Καθημερινή, 17/6/2005, σελ. 36).

[427]: «Ομιλία προέδρου και διευθύνοντος συμβούλου ΟΤΕ κ. Π. Βουρλούμη», Δελτίο Τύπου ΟΤΕ, 19/11/2007.

[428]: «Βουρλούμης: Συνταγματική ανωμαλία οι ρυθμιστικές αρχές», Ν. Μουμούρης (Ελευθεροτυπία, 15/11/2007, σελ. 23).

[429]: «Επιφυλάξεις Αλογοσκούφη για τις ρυθμιστικές αρχές» (Τα Νέα, 20/11/2007).

[430]: «Στο στόχαστρο οι Ανεξάρτητες Αρχές» (Ημερησία, 20/11/2007).

[431]: «Καβγάς στη Βουλή για «τα παιδάκια» του ΟΤΕ», Π. Μπουλούκος (Το Βήμα – Ανάπτυξη, 23/2/2007).

[432]: «Τηλεπικοινωνίες: ζητούνται κανόνες και διαιτητής», Φ. Κόλλιας (Καθημερινή-Οικονομική, 4/3/2007).

[433]: "Interview: The Greek telecoms regulator mulls breaking of OTE", A. Granitsas (Dow Jones Newswires, 28/11/2007).

[434]: «Επιχείρηση συμφιλίωσης για ΟΤΕ και ΕΕΤ&Τ», Β. Μανδραβέλης (Καθημερινή, 5/10/2007).

[435]: «Τα εγκληματικά σφάλματα Βουρλούμη στο ΟΤΕ», Λ. Χαρδούπης (Η ΕΠΟΧΗ, 31/7/2007, σελ. 8)

[436]: «Δέσμευση για νέα δυναμική» (ομιλία του ΥΜΕ στο 9º Greek ICT Forum, combusiness, 5/11/2007).

[437]: «ΟΤΕ κατά ρυθμιστικής αρχής για ανάρμοστη συμπεριφορά», Α. Μπουγάτσου (Καθημερινή, 16/11/2004, σελ. 25).

[438]: «Παραμένουν οι διαφορές», Χρ. Κάππος (Αυριανή, 16/7/2009, σελ. 15).

[439]: «Ανοιχτή αντιπαράθεση ΟΤΕ-ΕΕΤ&Τ, Απειλή προστίμου στον Οργανισμό», (Καθημερινή, 5/8/2010, σελ. 24).

[440]:_ «Η παραίτηση Βουρλούμη δεν γίνεται αποδεκτή», Ν. Καρούτζος (Θέμα, 14/7/2010, σελ. 11).

[441]: «Πώς βουλιάζει ο ΟΤΕ για να παραδοθεί στους Γερμανούς!» (Οικονομία, 21/8/2010).

[442]: «Χαρακτηρίζει σαχλαμάρες όσα έλεγε παλαιότερα», Μπ. Γιαννακίδης (Ελευθεροτυπία, 7/9/2007, σελ. 22)

[443]: «Ασπίδα επιτρόπου στην ΕΕΤΤ», Ν. Μουμούρης (Ελευθεροτυπία Οικονομική, 12/10/2007, σελ. 24.

[444]: «Η Ευρυζωνικότητα σκαλώνει στα προβλήματα συντονισμού», Τ. Ηγουμενίδη (Ναυτεμπορική Οικονομία, 15/12/2008, σελ. 6).

[445]: «Επίθεση στον ΟΤΕ για την προβολή των ευρυζωνικών», Τ. Ηγ., (Ναυτεμπορική, 27/3/2009).

[446]: «Η ΕΕΤΤ και η προώθηση της Ευρυζωνικότητας (κυρίως στην Περιφέρεια): Μέρος 2ο, απαντήσεις στις κάτωθι ερωτήσεις Βουλευτών της «Επιτροπής Έρευνας & Τεχνολογίας της Βουλής των Ελλήνων», (16/5/2006).

[447]: «Για μας η ΟΤΕ Α.Ε. είναι μία από τις επιχειρήσεις του κλάδου. Δεν μας ενδιαφέρει η μετοχική της σύνθεση», Δ. Μαρκόπουλος, (Πρώτο Θέμα, 20/1/2008, σελ. 10,11).

[448]: «Κόντρες Βουρλούμη-Αλεξανδρίδη στο συνέδριο της Infocom", Δ. Γκολ. (Αδέσμευτος Τύπος, Καναλάρχες8/10/2008, σελ. 11).

[449]: «Εμμένει σε λειτουργικό διαχωρισμό του ΟΤΕ η ΕΕΤ&Τ», Β. Μανδραβέλης (Καθημερινή, 13/2/2009).

[450]: «Διαχωρισμός ψηφιακών δικτύων και υπηρεσιών: Προϋπόθεση ανάπτυξης στη νέα ψηφιακή εποχή της ευρυζωνικής σύγκλισης», ομιλία Ν. Αλεξανδρίδη στο 4ο Διεθνές Συνέδριο ΕΕΤΤ (20/5/2009).

[451]: «Διάθεση αποχώρησης», Τ. Ηγ. (Ναυτεμπορική, 13/2/2009, σελ. 8).

[452]: «Απειλεί να τα βροντήξει ο πρόεδρος της Ρυθμιστικής Αρχής Τηλεπικοινωνιών», Ν. Μουμούρης (Ελευθεροτυπία, 13/2/2009, σελ. 16).

[453]: «Η γραφειοκρατία .. πνίγει το έργο της Αρχής», Χρ. Κάππου (Αυριανή, 13/2/2009, σελ. 15).

[454]: «Απογοητευμένος από το σύστημα δηλώνει ο πρόεδρος της ΕΕΤΤ» (Εξπρές, 113/2/2009, σελ. 8).

[455]: «Βολές από τον πρόεδρο της ΕΕΤΤ κατά της κυβέρνησης και ΟΤΕ», Ν. Φραγκούλη (Κέρδος, 13/2/2009, σελ. 15).

[456]: «Με παραίτηση απειλεί ο πρόεδρος της ΕΕΤΤ», Π. Μπουλούκος (Το Βήμα - Οικονομία, 13/2/2009, σελ. 5).

[457]: «Εμμένει σε λειτουργικό διαχωρισμό του ΟΤΕ η ΕΕΤΤ», Β. Μανδραβέλης (Καθημερινή Επιχειρήσεις, 13/2/2009, σελ.28).

[458]: «Μετέωρος ο διαχωρισμός του ΟΤΕ» (Infocom, 5/2007).

[459]: «Υπό την εποπτεία της ΕΕΤ&Ε το δίκτυο οπτικών ινών», Β. Μανδραβέλης (Καθημερινή, 23/07/2009).

[460]: «Ανησύχησαν τα ... συγχαρητήρια¨ (Τύπος της Κυριακής, 14/10/2007, σελ. 52).

[461]: «Υπό την εποπτεία της ΕΕΤ&Τ το δίκτυο οπτικών ινών του ΟΤΕ», Β. Μανδραβέλης, (Καθημερινή, 23/7/2009).

[462]: «Ριπές σε Καραμανλή για ψηφιακή TV» (Ελευθεροτυπία, 21/5/2009, σελ. 23).

[463]: «Στην Αθήνα ο επικεφαλής τηςDTγια το 5% του ΟΤΕ», Β. Μανδραβέλης (Καθημερινή, 17/6/2009, σελ. 25).

[464]: «Στην τελική ευθεία οι διαπραγματεύσεις για το 5% του ΟΤΕ», Β. Μανδραβέλης (Καθημερινή, 17/6/2009, σελ.28).

[465]: «Η πίεση των Γερμανών και η άμυνα της κυβέρνησης», Β. Μανδραβέλης (Καθημερινή, 7/6/2009, σελ. 7).

[466]: «Κινήσεις γερμανικής τακτικής με το δίκτυο των οπτικών ινών», Τ. Ηγουμενίδη (Ναυτεμπορική, 22/6/2009).

[467]: «ΕΕΤΤ: η προεδρική καρέκλα» (Ελευθεροτυπία-Οικονομικήή, 6/6/2009, σελ.22).

[468]: «Επιστολή προς Υπουργούς για ανησυχητικές εξελίξεις και την στρατηγική στις ΗΕ και το δίκτυο FTTH» 10/6/2009.

[469]: «Παραδώστε τον ΟΤΕ αλλιώς χρεοκοπήσετε», Ν. Χαλδούπης (ΤΟ ΠΑΡΟΝ, 11/7/2010).

[470]: «Δεν ρωτήθηκε η ΕΕΤΤ», Χ.Κ. (Αυριανή, 16/7/2009, σελ. 8).

[471]: «Θετική η ψηφοφορία για την ταυτοποίηση των καρτοκινητών» COM-TODAY, 15/7/2009, σελ. 1).

[472]: «Κατά της λογοκρισίας» (Αυριανή της Κυριακής, 19/7/2009, σελ. 18).

[473]: «Κομματικές επιλογές σε Ανεξάρτητη αρχή» (Νίκη, 7/8/2009. σελ. 4).

[474]: «Τι σηματοδοτεί η αλλαγή προέδρου στην ΕΕΤΤ» (Financial Box, 7/8/2009, σελ. 2).

[475]: «Πάρε-Δώσε» (Το Παρόν, 9/8/2009, σελ. 22).

[476]: «Επιτυχία», Γ. ΣΤ. (Εξπρές, 8/8/2009, σελ. 2).

[477]: «Ο έρωτας», Τ. Ηγ. (Ναυτεμπορική, 24/3/2009, σελ. 8).

[478]: 14η ετήσια έκθεση της Ευρωπαϊκής Επιτροπής για την ελληνική αγορά και το έργο της ΕΕΤΤ.

[479]: «Ελληνική πρωτιά στην αύξηση ευρυζωνικών συνδέσεων» (Απογευματινή, 13/10/2006, σελ. 13).

[480]: «Η υψηλή φορολόγηση κρύβει την κάμψη των χρεώσεων στην κινητή», Β. Μανδραβέλης (Καθημερινή της Κυριακής 29/9/2015, σελ. 7 Οικονομική).

[481]: «Μειώθηκε κατά 80% το κόστος του ADSL σε τέσσερα χρόνια», Β. Μανδραβέλης (Καθημερινή, 16/7/2009, σελ. 23).

[482]: «Έχουμε τις φθηνότερες συνδέσεις στην Ευρωζώνη», Καθημερινή 25/6/2010 (σελ. 24).

[483]: «Τελεσίγραφο Κομισιόν για τηλεφωνία, ευρυζωνικές», Κ. Μοσχονά (Ελευθεροτυπία, 24/1/2006)

[484]: «Επίσημη ανακήρυξη του έτους 2007 σε Έτος Ευρυζωνικότητας» (Δελτίο Τύπου Ε.Ε.ΤΤ, 7/2/2007).

[485]: «Κύριο μέλημα ο περιορισμός του ψηφιακού χάσματος» (Com. Today, 12/2/2007, σελ. 4).

[486]: «Πρώτη μέρα του 4ου Συνεδρίου της Ε.Ε.ΤΤ για την ευρυζωνική σύγκληση Τηλεπικοινωνιών και ΜΜΕ» 20/5/2009.

[487]: «Ευρυζωνικότητα – Μονόδρομος η ανάπτυξη», Σ. Κράλογλου (Κεφάλαιο, 12/8/2006, σελ. 66).

[488]: ΚτΠ = Κοινωνία της Πληροφορίας

[489]: «Τέσσερα έργα οδηγούν στο ψηφιακό άλμα» (Το Βήμα, 11/8/2007, σελ. 11).

[490]: Εκθέσεις της Ευρωπαϊκής Επιτροπής για την Ελλάδα (Επικοινωνίες εν Τάχει, ΕΕΤΤ, Ιούλιος 2009, Τεύχος 21).

[491]: «Το «υπαρξιακό» ζήτημα της ρύθμισης ...», Γ. Γεωργατζής, (Infocom, 16/11/2007, σελ. 4).

[492]: «Στα τηλέφωνα το 3,4% του ΑΕΠ», Β. Μανδραβέλης (Καθημερινή. 27/3/2009, σελ. 30).

[493]: «Fabio Colosanti:Την ώρα που στην Ελλάδα συζητάτε τις 9 υπογραφές των υπουργείων, κάπου αλλού κάποιοι ήδη αναπτύσσουν LTE...» (Infocom, 7/8/2009, σελ. 28-32).

[494]: Βραβείο στην ΕΕΤΤ, 10ο Συνέδριο Τηλεπικοινωνιών Info-ComWorld (Αθήνα, 13/10/2008).

[495]: «Επίθεση στον ΟΤΕ για την προβολή των ευρυζωνικών», Τ. Ηγ., (Ναυτεμπορική, 27/3/2009).

[496]: «Στο 27,5% η διείσδυση της σταθερής Ευρυζωνικότητας» (Ναυτεμπορική, 3/12/2014, σελ. 15).

[497]: «Ουραγοί στο Διαδίκτυο», Κ. Ντελέζος (Τα Νέα, 24/12/2014, σελ. 29).

[498]: «Πτώση 55% στα έσοδα της κινητής», Β. Μανδραβέλης, (Καθημερινή Κυρ. Οικονομικά, 17/5/2015).

[499]: «Στην 74η θέση υποχώρησε η Ελλάδα στον τομέα τεχνολογιών πληροφορικής και επικοινωνιών», Β. Μανδραβέλης (Καθημερινή, 24/4/2014).

[500]: «Χάνει τα στρατηγικά δικαιώματα στον ΟΤΕ το ελληνικό κράτος», Α. Χεκίμογλου (Το Βήμα, bima.gr, 21/8/2015).

[501]: «Επικοινωνίες ... εν Τάχει», Περιοδικό ΕΕΤΤ (Τεύχος 41, Ιαν-Μάρτιος 2015).

[502]: «ΕΕΤΤ Έκθεση Πεπραγμένων 2014»

[503]: ΑΡΥΣ: χονδρική ευρυζωνική πρόσβαση

[504]: «Στις τελευταίες θέσεις στη χρήση διαδικτύου οι Έλληνες» (Ακρόπολη, 5/1/2015).

[505]: «Με γρήγορους ρυθμούς η διείσδυση του Διαδικτύου στα ελληνική νοικοκυριά» (Το Βήμα της Κυριακής, 22/7/2007, σελ. 27).

[506]: «Η πρόοδος στην ψηφιακή κάλυψη» (Δελτίο Τύπου της ΕΕΤΤ, 10/6/2015).

[507]: «Η Ελλάδα στην 92η θέση μεταξύ 196 χωρών στην ταχύτητα του Διαδικτύου» (adslgr.com, 4/2/2015).

[508]: «Συνεργασία για ΤΠΕ με στόχο και χρονοδιάγραμμα», Τ. Ηγ (Ναυτεμπορική, 23/10/2015, σελ. 8).

[509]: «Επενδύουμε στην Ελλάδα με μακρά προοπτική», Γ. Παλαιολόγος (Καθημερινή της Κυριακής, 13/9/2015, σελ. 24).

[510]: «Η Vodafone ζητά την διάσπαση της ΒΤ» (Euro2day, 8/10/2015).

[511]: «Το εθνικό στοίχημα του ΟΤΕ για τα δίκτυα νέας γενιάς» (Καθημερινή Οικονομική, 21/6/2015).

[512]: «Ζητούν ρύθμιση και στα δίκτυα νέας γενιάς» (Τα Νέα, 23/10/2015, σελ. 29)

[513]: «Πρόταση για τα NGA", Τ. Ηγουμενίδη (Ναυτεμπορική, 23/10/2015, σελ. 2).

Σύντομο βιογραφικό του συγγραφέα

Η *διδακτική και ερευνητική εμπειρία* του Καθηγητή Ν. Αλεξανδρίδη καλύπτει πάνω απο μιά 35ετία σε διάφορα Πανεπιστήμια και Ερευνητικά Κέντρα του εσωτερικού και του εξωτερικού.

Αφού επι μία 10ετία έκανε όλες τις Πανεπιστημιακές του σπουδές και εργάστηκε στις ΗΠΑ, επέστρεψε στήν Ελλάδα και εξελέγη Καθηγητής της πρώτης Εδρας «Ηλεκτρονικών Υπολογιστών» που ιδρύθηκε στην Ελλάδα στην Πολυτεχνική Σχολή του Πανεπιστημίου Πατρών. Μετά απο 5 χρόνια εξελέγη Καθηγητής της Εδρας «Ψηφιακών Συστημάτων και Υπολογιστών» στο Εθνικό Μετσόβιο Πολυτεχνείο στο οποίο υπηρέτησε για μιά άλλη 5ετία. Από το 1984, και επί μια εικοσαετία υπήρξε Καθηγητής στο Τμήμα Ηλεκτρολόγων Μηχανικών και Μηχανικών Ηλεκρονικών Υπολογιστών του Πανεπιστημίου George Washington, στην Washington DC, ΗΠΑ. Εχει δε διδάξει και σε διάφορα άλλα πανεπιστήμια του εξωτερικού, όπως π.χ. στο UCLA (Los Angeles) και Ohio University (Ohio) τών ΗΠΑ.

Έχει επίσης εκτεταμένη *τεχνολογική, διοικητική και συμβουλευτική πείρα* σε εταιρίες και κυβερνητικές υπηρεσίες τόσο στην Ελλάδα όσο και στο εξωτερικό. Υπηρέτησε ως επιστημονικός εκπρόσωπος της Ελλάδος κατά τα πρώτα βήματα του Ευρωπαϊκού ερευνητικού προγράμματος ESPRIT, για ένα σύντομο διάστημα ήταν (αναπληρωματικό) μέλος του Διοικητικού Συμβουλίου του ΟΤΕ, έχει εργαστεί στο ΚΕΠΕ και την Στατιστική Υπηρεσία ΕΣΥΕ, και ήταν από τους πρωτεργάτες Καθηγητές Πανεπιστημίων που ίδρυσαν και διοίκησαν μετά την μεταπολίτευση του 1974 το ΓΕΤΕΝ (Γραφείο Ερευνας και Τεχνολογίας των Ενόπλων Δυνάμεων) για περίπου 5 χρόνια.

Ο Καθηγητής Αλεξανδρίδης έχει επίσης *πλούσιο συγγραφικό έργο* που περιλαμβάνει έναν αριθμό από πάνω από 150 μονογραφίες ή δημοσιεύσεις σε επιστημονικά περιοδικά και συνέδρια διεθνώς αναγνωρισμένου κύρους καθώς και την συγγραφή 13 βιβλίων (3 στα Αγγλικά και τα υπόλοιπα 10 στα Ελληνικά). Επίσης έχει οργανώσει και συμετάσχει σε μεγάλο αριθμό διεθνών επιστημονικών συνεδρίων, και υπήρξε μέλος επιτροπών κρίσης και αξιολόγησης επιστημονικών εργασιών και ερευνητικών προτάσεων τόσον στο εσωτερικό όσο και στο εξωτερικό.

Είναι ο ιδρυτής της Ελληνικής Εταιρείας ΕΠΥ (Εταιρία Επιστημόνων Πληροφορικής και Υπολογιστών), τής οποίας υπήρξε ο πρώτος πρόεδρος για 2 χρόνια, είναι μέλος διαφόρων διεθνών τιμητικών εταιριών, αναφέρεται σε διάφορα Who's Who in the World, έχει λάβει αριθμό τιμών, ευρεσιτεχνιών και βραβείων στο εξωτερικό και εσωτερικό (π.χ., Εμπειρίκιον Βραβείο), και είναι μέλος του Τεχνικού Επιμελητηρίου Ελλάδος.

Μεταξύ Αυγούστου 2005 και Αυγούστου 2009 ύπηρξε Πρόεδρος της Ανεξάρτητης Αρχής ΕΕΤΤ (Εθνική Επιτροπή Τηλεπικοινωνιών και Ταχυδρομείων). Οι δραστηριότητες και τα επιτεύγματα της τετραετούς του θητείας καταγράφονται στο παρόν βιβλιο.

Περισσότερα στο site:
https://sites.google.com/site/nikitasalexandridis/home
email: nalexandridis@gmail.com

Made in the USA
Middletown, DE
17 March 2021

34090470R00334